국내 최초로 「정본 : 소방시설의 설계 및 시공」 단행본을 저술한지 27년이 흘렀습니다. 그동안 개정증보 12판을 거듭하면서 소방의 바이블로 정착되어 스테디셀러가 된 것은 애독자 여러분들의 성원에 따른 결과입니다.

그럼에도 <소방시설의 설계 및 시공> 과목에 대한 단기완성을 희망하는 수험생과 대학에서 교재로 사용할 경우 두 권으로 구성된 정본의 방대한 분량으로 인하여 요약된 편집본을 희망하는 독자분들의 요청이 많았습니다. 이에 2022년도에 에센스만을 선정하여 「에센스 : 소방시설의 설계 및 시공」을 출간하여 큰 호응을 얻었으며 2년만에 다시 전면 개정판을 출간하게 되었습니다.

지난 한 해는 소방법령 분야에 매우 큰 변화가 발생한 시기입니다. 그동안 NFSC(국가화재안전기준) 체계에 변화를 주어 2022년 12월 1일자로 고시기준인 NFPC(성능기준)와 공고기준인 NFTC(기술기준)로 분법화되고 NFPC는 소방청에서, NFTC는 국립소방연구원에서 담당하는 이원화 구조의 화재안전기준으로 변모하였습니다.

또한 NFPC와 NFTC로 이원화되면서 화재안전기준에서 사용하는 법령 용어도 대폭 변경되었으며, 이 시기를 전후하여 경보방식의 변경, 무선통신보조설비에 대한 옥외안테나 도입, 거실제연설비 및 유도등의 설치기준 변경 등 많은 분야의 기준이 대폭 개정되었습니다. 필자는 이러한 여러 개정사항 이외 국내 화재안전기준의 출전과 관련된 NFPA Code와 일본 소방법 및 관련 고시를 모두 입수하여 이를 모두 반영하고 해설을 한 전면적인 개정판을 이번에 출간하게 되었습니다.

본 저서는 소방기술사 수험생부터 관리사, 기사 수험생까지 또한 소방 관련 학과의 재학생부터 현장에서 소방업무를 담당하는 현장 종사자까지 누구나 평소에 의문을 가졌던 소방의 궁금한 제반사항에 대하여 그 원리를 설명하고 화재안전기준의 출전을 규명한 책입니다.

본 저서는 문제집이나 Sub-Note 위주인 시중의 책과 달리 입법의 취지를 설명하고 근거를 제시한 소방전문 해설서로서 본 저서의 특징은 다음과 같습니다.

- ☑ 소방에서 사용하는 모든 관련 Table에 대하여 원전을 직접 찾아 모든 자료의 출전을 명시하였습니다.
- ☑ 화재안전기준에 대하여 NFPA Code와 일본 소방법을 비교하여 기술하고, 화재안전기준의 각 조문에 대한 해설을 하였습니다.
- ☑ 단기간에 소방시설의 설계 및 시공 분야를 공부하고 파악할 수 있도록 에센스만 선정하여 기술하였습니다.
- ☑ 충실한 각주(脚註), 다양한 기출문제를 게재하였습니다.
- ☑ 모든 기준에 대해 NFPC와 NFTC 조문을 병기하여 조문 찾기에 편리하도록 편집하였습니다.

본 저서가 소방기술사 및 관리사, 기사를 공부하는 분들의 수험서로 그리고 대학에서 소방을 전공하는 학생들의 교재로, 소방공무원이나 현장에서 설계, 감리, 점검, 공사 업무를 수행하는 소방인의 현장 지침서로 활용되기를 바랍니다.

그동안 출판에 심혈을 기울여 주시고 에센스본을 출간할 수 있도록 격려해 주신 성안당 관계자 여러분께 감사드리며, 그리고 본 저서를 여러 차례 개정할 때마다 언제나 마음속으로 성원을 아끼지 않은 가족에게 이 책을 바칩니다.

2023년 여름

저자 남상욱(yyfpec@naver.com)

차례

CHAPTER

01

소화설비

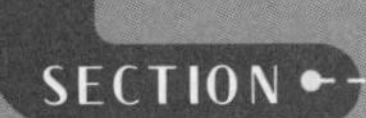

SECTION 01 소화기구 및 자동소화장치 (NFPC & NFTC 101)

01 개 요

❶ 용어의 정의 및 설치대상

[1] 소화기구

(1) 용어의 정의

소화기구는 소방시설법 시행령 별표 1에서 소화기, 간이소화용구 및 자동확산소화기로 구분하고 있다.

① **소화기** : 소화약제를 압력에 따라 방사하는 기구로서 사람이 수동으로 조작하여 소화하는 것으로, 종류에는 소형 소화기와 대형 소화기가 있으며 자동소화장치가 자동식 소화기라면 소화기는 수동식 소화기에 해당된다.

② **간이소화용구** : 소화기 및 자동확산소화기 이외의 것으로 간이소화용으로 사용하는 것을 말하며 에어로졸식 소화용구, 투척용 소화용구, 소공간용 소화용구와 소화약제 외의 것(예 팽창질석, 팽창진주암, 마른모래)을 이용한 소화용구가 있다.

> **꼼꼼체크 ▌ 간이소화용구와 소화기와의 차이점**
>
> 간이소화용구와 소화기와의 차이점은 간이소화용구는 능력단위 1단위 미만의 제품으로 화재발생 초기 단계에서 사용하지 않으면 소화효과를 기대하기 어려운 1회용의 소화보조용구이다.

③ **자동확산소화기** : 화재를 감지하여 자동으로 소화약제를 방출·확산시켜 국소적으로 소화하는 소화기를 말한다.

(2) 설치대상 : 소방시설법 시행령 별표 4

소화기 또는 간이소화용구를 설치하여야 하는 특정소방대상물은 다음과 같다.

① 연면적 $33m^2$ 이상인 것. 다만, 노유자시설의 경우에는 투척용 소화용구 등을 화재안전기준에 따라 산정된 소화기 수량의 1/2 이상으로 설치할 수 있다.

② 위에 해당하지 아니하는 시설로서 가스시설, 발전시설 중 전기저장시설 및 문화재
③ 터널
④ 지하구

[2] 자동소화장치

자동소화장치란 소화약제를 자동으로 방사하는 고정된 소화장치로서 형식승인이나 성능인증을 받은 유효설치범위(설계방호체적, 최대설치높이, 방호면적 등) 이내에 설치하여 소화하는 자동식의 소화장치를 말한다.

(1) 주거용 주방 자동소화장치

① **용어의 정의 :** 주거용 주방에 설치된 열 발생 조리기구의 사용으로 인한 화재발생 시 열원(전기 또는 가스)을 자동으로 차단하며 소화약제를 방출하는 소화장치
② **설치대상 :** 아파트 및 30층 이상 오피스텔의 모든 층(시행령 별표 4)
③ **설치장소 :** 해당 장소의 주방

(2) 상업용 주방 자동소화장치

① **용어의 정의 :** 상업용 주방에 설치된 열 발생 조리기구의 사용으로 인한 화재발생 시 열원(전기 또는 가스)을 자동으로 차단하며 소화약제를 방출하는 소화장치
② **설치대상**(시행일 2023. 12. 1.)
㉠ 판매시설 중 유통산업발전법 제2조 3호에 해당하는 대규모점포에 입점해 있는 일반음식점
㉡ 식품위생법 제2조 12호에 따른 집단급식소

(3) 기타 자동소화장치

① **용어의 정의 :** 기타 자동소화장치는 열, 연기 또는 불꽃 등을 감지하여 소화약제를 방사하는 자동소화장치로 주방용(주거용 및 상업용) 자동소화장치를 제외한 것을 말한다. 이 중 캐비닛형은 캐비닛 형태의 소화장치이며, 가스형은 가스계 소화약제를, 분말형은 분말소화약제를, 고체에어로졸형은 에어로졸의 소화약제를 방사하는 소화장치이다.
② **설치대상 :** NFTC 101 표 2.1.1.3에서 정하는 개별 장소에 설치한다.

❷ 소화기구의 분류

[1] 소화기의 종류

화재발생 시 사람이 직접 조작하여 물이나 소화약제를 방사하는 수동식의 소화기로 소화약제, 가압방식, 약제용량에 따라 다음과 같이 분류한다.

(1) 소화약제에 의한 종류

① 수계(水系) 소화기 : 물소화기, 산・알칼리소화기, 강화액(强化液)소화기, 포말소화기

② 가스계 소화기 : CO_2 소화기, 할로겐화물소화기

> **꼼꼼체크** **할로겐화물(Halogen化物)소화기**
>
> NFTC 101의 2.1(설치기준)에서는 Halon 1211이나 1301 소화기의 약제를 할론소화약제로, 기존의 할로겐 계열의 청정약제는 할로겐화합물소화약제로 표현하고 있으나, 이를 총칭하여 "소화기의 형식승인 및 제품검사의 기술기준"에서는 "할로겐화물소화기"로 표현하고 있다.

③ 분말계 소화기 : 분말소화기

(2) 가압방식(가스 사용)에 의한 종류

① 축압식 소화기 : 소화기의 용기 내부에 소화약제를 방사시키기 위한 압력원으로서 CO_2 (또는 N_2)를 축압시킨 후 소화기 작동 시 축압된 가스압력에 의해 소화약제를 방사시키는 소화기

② 가압식 소화기 : 소화기 내부 또는 외부에 별도의 가압용기(Gas cartridge)를 설치한 후 소화기 작동 시 가압용기 내의 가스압력에 의해 소화약제를 방사시키는 소화기로, 국내에서는 현재 생산이 중단되어 단종된 상태이다.

(3) 약제용량에 의한 종류

① 대형 소화기 : 능력단위가 A급은 10단위 이상, B급은 20단위 이상의 소화기로 보통 바퀴가 있는 차륜식(車輪式)의 소화기

② 소형 소화기 : 능력단위가 A급 또는 B급 1단위 이상으로서 대형 소화기에 해당되지 않는 A급 10단위 미만, B급 20단위 미만의 소화기[1)]

[2] 간이소화용구의 종류

(1) 소화약제를 이용하는 경우

소화약제를 방사하는 1단위 미만 소규모의 수동식 소화용구(用具)로 에어로졸식 소화용구, 투척용 소화용구, 소공간용 소화용구가 있다.

(2) 소화약제 외의 것을 이용하는 경우

팽창질석(膨脹蛭石)・팽창진주암(膨脹眞珠岩)・마른모래가 있다.

[3] 자동확산소화기의 종류

밀폐 또는 반밀폐된 장소에 고정부착하여 화재 시 화염이나 열에 의해 소화약제가 자동으로 방출하여 국소적으로 소화하는 소화기로 방사방식(분사식, 파열식), 가압방식(가압식, 축압식), 설치용도(일반화재용, 주방화재용, 전기설비용)에 따라 분류할 수 있다.

---

1) C급의 경우는 능력단위를 지정하지 아니한다.

❸ 자동소화장치의 분류

[1] 주거용 주방 자동소화장치의 종류

(1) 압력형 자동소화장치

소화약제의 방출원이 되는 가압가스를 별도의 용기에 저장하는 가압식과 소화약제 저장용기에 소화약제와 소화약제 방출원인 압축가스를 함께 저장하는 축압식의 2종류가 있다.

(2) 비압력형 자동소화장치

소화약제에 가스압력을 직접 가하지 아니하는 방식에 의하여 소화약제를 방출하는 구조의 자동소화장치를 말한다.

[2] 상업용 주방 자동소화장치의 종류

(1) 가압식 자동소화장치

가압가스를 별도의 용기에 저장하고 외부조작으로 가압가스가 방출되도록 하여 소화약제를 방출시키는 상업용 주방 자동소화장치를 말한다.

(2) 축압식 자동소화장치

소화약제 저장용기에 소화약제와 압축가스를 함께 저장하고 있다가 외부조작에 의하여 소화약제를 방출시키는 상업용 주방 자동소화장치를 말한다.

[3] 기타 자동소화장치의 종류

주방이 아닌 구획된 소공간이나 특정된 장치류에 설치하는 자동소화장치이다.

(1) 캐비닛형 자동소화장치

화재를 감지하여 소화약제를 자동으로 방사하는 자동소화장치로 보통 소형 전산실이나 방재실 등에 설치한다.

(2) 가스 · 분말 자동소화장치

화재를 감지하여 가스계 또는 분말계 소화약제를 자동으로 방사하는 자동소화장치로 보통 밀폐된 소공간에 설치하며, 단독형, 일체형, 분리형의 3종류가 있다.

(3) 고체에어로졸 자동소화장치

화재를 감지하여 고체에어로졸 소화약제를 자동으로 방사하는 자동소화장치로 보통 밀폐된 소공간에 설치하며, 설비용, 패키지용, 등급용의 3종류가 있으며 패키지용의 경우는 구조에 따라 단독형, 일체형, 분리형으로 구분한다.

[표 1-1-1] 가스·분말 또는 고체에어로졸 자동소화장치의 종류

종 류	가스·분말 또는 고체에어로졸(패키지용) 자동소화장치
단독형 자동소화장치	다른 소화장치와 연동하지 않고 자동소화장치 1개만 단독으로 사용되는 자동소화장치를 말한다.
일체형 자동소화장치	2개 이상의 자동소화장치가 연동되어 있는 구조로 용기와 용기 간 방출구와 방출구 간의 거리가 고정되어 있어 조정이 불가한 구조의 자동소화장치를 말한다.
분리형 자동소화장치	2개 이상의 자동소화장치를 연동하여 사용하는 구조로 용기와 용기 간 방출구와 방출구 간의 거리를 승인받은 거리 내에서 수직 또는 수평방향으로 조정이 가능한 구조의 자동소화장치를 말한다.

02 소화기의 각론

❶ 소화약제

소화기의 종류별 소화약제는 다음의 [표 1-1-2]와 같다.

[표 1-1-2] 소화기 종류별 소화약제

구 분			주성분
수계 소화기	물소화기		H_2O + 침윤제(浸潤劑) 첨가
	산·알칼리소화기		A제 : $NaHCO_3$, B제 : H_2SO_4
	강화액소화기		K_2CO_3
	포소화기	화학포	A제 : $NaHCO_3$, B제 : $Al_2(SO_4)_3$
		기계포	수성막포(AFFF)
가스계 소화기	CO_2 소화기		CO_2
	Halogen화물 소화기	Halon 1211	CF_2ClBr
		Halon 1301	CF_3Br
		HCFC-123	$CCHCl_2CF_3$
		HCFC Blend B	HCFC-123, FC-1-4, Ar
		FK-5-1-12	$CF_3CF_2C(O)CF(CF_3)_2$
		HFC-236fa	$CF_3CH_2CF_3$
분말계 소화기	ABC급 분말소화기		$NH_4 \cdot H_2PO_4$(제일인산암모늄)
	BC급 분말소화기		$NaHCO_3$ 또는 $KHCO_3$

꼼꼼체크 | 주성분

1. 침윤제란 인산염, 황산염, 계면활성제가 주성분으로 물에 첨가하여 사용할 경우 물의 침투능력, 분산능력 및 유화(乳化)능력 등을 증대하기 위한 첨가물이다.
2. AFFF(Aqueous Film Forming Foam)는 수성막포(水成膜泡)를 말한다.
3 할로겐화물소화기 중 HCFC-123, HCFC Blend B, FK-5-1-12, HFC-236fa 소화기는 "소화기 형식승인 및 제품검사의 기술기준"에서 규정하고 있는 소화약제이다.

❷ 소화효과 및 화재적응성

연소의 4요소는 열(점화에너지)·산소·가연물·연쇄반응으로서 4가지 중에서 어느 한 가지라도 성립되지 못할 경우 연소는 진행되지 못한다. 소화기의 소화효과 및 화재에 대한 적응성은 다음과 같다.

[표 1-1-3] 소화기 종류별 소화효과 및 적응성

구 분			소화효과			적응성		
			냉각	질식	억제	A급	B급	C급
수계 소화기	물 또는 산·알칼리소화기		◎			O		
	강화액소화기		◎	O	O	O		
	포말소화기		O	◎		O	O	
가스계 소화기	CO_2 소화기		O	◎			O	O
	Halogen화물 소화기	1211		△	◎	O	O	O
		1301		△	◎		O	O
분말계 소화기	ABC급 소화기		△	O	◎	O	O	O
	BC급 소화기		△	O	◎		O	O

(주) 1. ◎표시는 소화의 주체로서 소화의 효과가 매우 크며, O표시는 소화효과에 보조적인 역할을 하며, △표시는 미소한 효과가 있는 것을 나타낸다.
2. 산·알칼리소화기는 무상(霧狀)방사의 경우 C급 화재에도 적응성이 있다.
3. 강화액소화기는 무상(霧狀)방사의 경우 BC급 화재에도 적응성이 있다.

[1] 냉각소화(Cooling extinguishment)

약제방사 시 약제가 열분해되는 반응식은 흡열반응에 의하거나 또는 액상의 약제인 경우 기화하면서 연소면의 열을 탈취하여 온도가 내려가고 연소열을 제거시켜 준다.

[2] 질식소화(Smothering extinguishment)

약제방사 시 약제가 연소면을 차단하여 산소의 공급을 차단하고 약제와 반응 시 발생하는 CO_2 가스 등으로 인하여 연소면 주위의 산소 농도를 연소한계 농도 이하로 조성시켜 준다.

[3] 억제소화(Inhibition extinguishment)

약제방사 시 약제가 열분해되어 발생하는 활성 라디칼(radical)로 인하여 부촉매 효과를 나타내어 연쇄반응을 차단시켜 준다.

[4] 제거소화(Fuel removal extinguishment)

가연물을 다른 곳으로 이동시키거나 제거함으로써 연소를 중단시켜 준다.

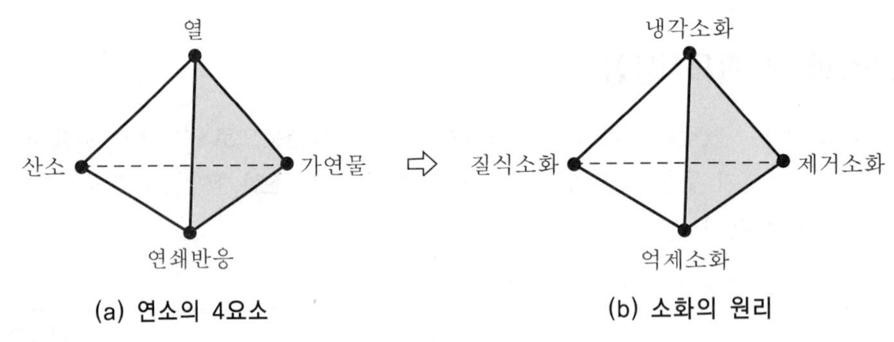

[그림 1-1-1] 연소의 4요소 및 소화의 원리

❸ 소화기의 종류

[1] 물소화기

(1) 소화기 용기 내에 물과 소화효과를 증대시키기 위하여 인산염(燐酸鹽), 황산염, 계면활성제 등의 침윤제(浸潤劑)를 첨가한 수용액을 소화약제로 사용하는 소화기이다. 동결방지를 위하여 보통 염화칼슘($CaCl_2$) 또는 식염수 등을 첨가할 수 있다.

(2) 가압방식은 축압식과 수동펌프식이 있으며, 소화 적응성은 A급 전용으로 노즐구조에 따라 봉상(棒狀) 또는 무상(霧狀)방사도 가능하다. 국내의 경우 형식승인 기준은 있으나 제조된 사례가 없으며 일본에서도 현재는 생산되지 않고 있다.

[2] 산・알칼리소화기

(1) 소화기 내부에는 알칼리성의 중탄산나트륨($NaHCO_3$) 수용액이 충전되어 있으며 산성의 황산(H_2SO_4)은 별도의 용기(유리병)에 수납한 후 전도(顚倒) 또는 파병(破甁)에 의해 두 약제가 혼합되면 이때 화학적 반응에 의해 발생하는 CO_2 가스 압력에 의해 약제를 방사시키는 소화기이다.

(2) 방사 후 CO_2를 함유한 반응액의 냉각작용에 의해 소화되며 적응성은 A급으로, 화학반응식은 다음과 같다. 현재 산·알칼리소화기는 국내에서 생산되고 있지 않으며 일본의 경우도 현재에는 사용하고 있지 않다.

$$2NaHCO_3 + H_2SO_4 = Na_2SO_4 + 2CO_2 \uparrow + 2H_2O$$

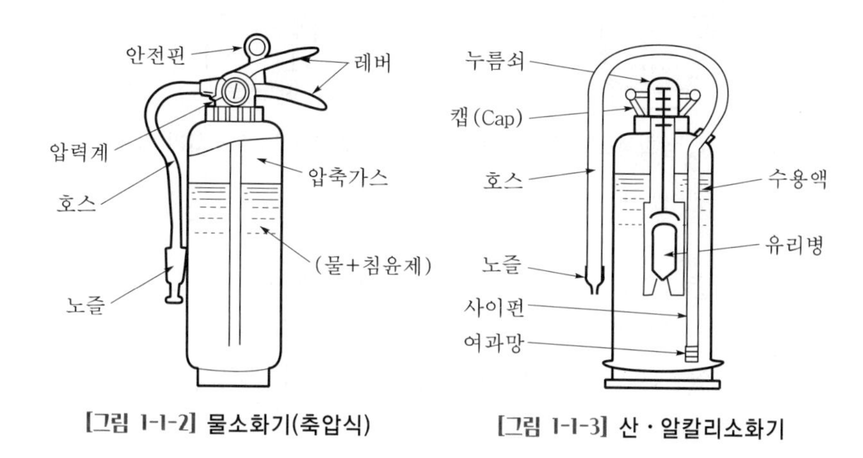

[그림 1-1-2] 물소화기(축압식)

[그림 1-1-3] 산·알칼리소화기

[3] 강화액소화기

(1) 강화액(强化液 ; Loaded stream)이란 물에 다량의 알칼리금속염류 등을 첨가하여 사용하는 소화약제로서 일반화재에 적응성이 있으며 응고점이 매우 낮아 영하의 온도에서도 사용할 수 있는 특징이 있다. 보통 알칼리금속염류(鹽類)인 K_2CO_3 수용액을 사용하며 이는 부식성이 매우 강한 강알칼리성(pH 12 이상)이다. 사용온도범위의 하한은 국내 형식승인 기준에서 −20℃이며 무색투명하나 물과 구별하기 위하여 담황색(淡黃色)으로 착색하여 사용한다.

(2) 냉각소화가 소화의 주체이나 강화액은 연쇄반응을 단절하는 부촉매(負觸媒) 효과도 있어 이로 인하여 억제소화도 보조적으로 작용한다. 또한 강화액은 재연(再燃 ; 재발화)을 억제하는 효과가 크고 동결점이 낮다. 국내의 경우 AB급이 출시되어 있으며 K급 화재에도 적응성이 있는 제품이 개발되어 있다.

$$K_2CO_3 + H_2SO_4 = K_2SO_4 + H_2O + CO_2 \uparrow$$

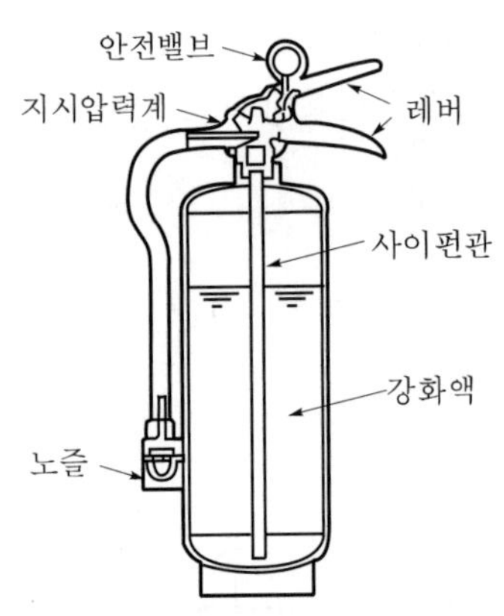

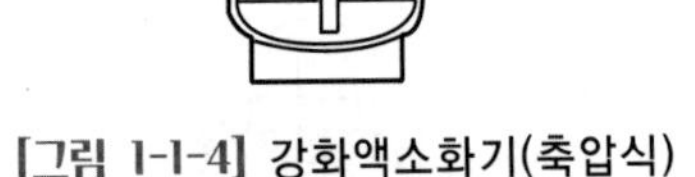

[그림 1-1-4] 강화액소화기(축압식)

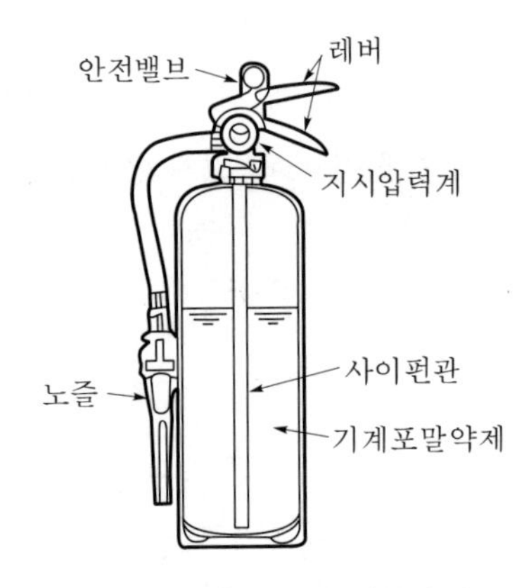

[그림 1-1-5] 포소화기(기계포)

[4] 포소화기

(1) 포약제는 화학적 방법으로 포를 생성하는 화학포와 천연단백질을 이용하여 포를 생성하는 기계포의 2가지 종류가 있다. 화학포 소화기의 경우 1980년도 이전에는 국내에서도 제조와 사용을 하였으나 약제 변질 및 정기적인 재충약의 문제로 인하여 1980년도 중반부터 제조가 완전 중단된 상태이다.

(2) 약제 구분

① **화학포소화기** : 외통에 A제[$NaHCO_3$], 내통에 B제[$Al_2(SO_4)_3$]를 수용액 상태로 내장한 후, 일반적으로 전도식(顚倒式 ; 용기를 뒤집음)으로 약제를 혼합시키면 A, B약제가 화학반응을 일으키고 이때 포가 생성되고 화학반응에 의해 발생하는 CO_2 가스에 의해 포를 외부로 방사하게 되며, 포는 점착성(粘着性)이 있어 연소물질에 부착하여 냉각과 질식소화의 역할을 하게 된다. 포가 발생할 때의 화학반응식은 다음과 같다.

$$6NaHCO_3 + Al_2(SO_4)_3 \cdot 18H_2O = 3Na_2SO_4 + 2Al(OH)_3 + 6CO_2 \uparrow + 18H_2O$$

② **기계포소화기** : 축압식 또는 가압식의 2종류가 있으며, 소화약제로는 일반적으로 수성막포(AFFF)를 사용한다. 포수용액이 노즐을 통과하는 순간 공기를 흡입하여 포가 형성되는 것으로 발포를 위해 공기 흡입구가 있는 노즐을 사용한다. A급 및 B급 화재에 적응성이 있으며 특히 수용성의 인화성 액체 화재에 적합하며, 원칙적으로 동결의 우려가 없는 장소에서만 사용하여야 한다.

[5] CO_2 소화기

(1) CO_2 가스는 포화증기압이 상온에서 6MPa(60kg/cm^2)로 매우 높아 이를 압축하여 액상으로 용기 내에 저장하며 방사 시 별도의 가압원이 필요 없이 자체 증기압으로 방사된다. 자기증기압으로 방사되기에 압력계를 설치하지 아니하며 또한 용기 내부가 포화상태이

므로 가스가 소량 누설되어도 압력의 변화가 없다. 따라서 충전되어 있는 소화기가 어느 정도 누설되었을 때 재충전할 것인가 하는 사항은 중량 측정에 의해 판정하여야 한다.

(2) CO_2 가스 방사 시 질식작용 이외에 기화 시에 기화열을 탈취함으로써 냉각작용이 보조적으로 작용하며 BC급 화재에 한하여 소화적응성이 있다. 방사관(CO_2가 통과되는 호스 전단부)은 CO_2의 냉각작용으로 인하여 열에 대한 불량도체로 제작하고, 방사나팔(노즐 앞에 붙어 있는 원뿔 모양으로 가스가 분사되는 부위)은 전기절연성이 있는 재료이어야 한다.

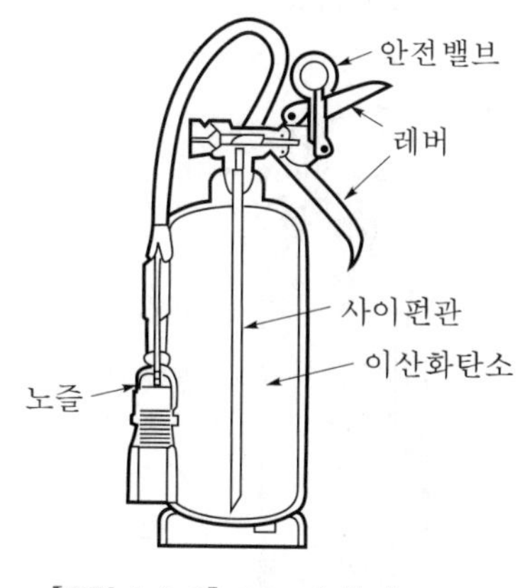

[그림 1-1-6] CO_2 소화기

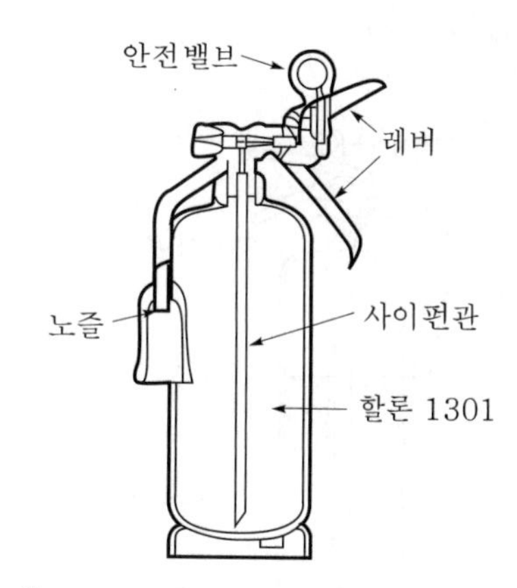

[그림 1-1-7] Halon 소화기(1301)

CHAPTER 01
CHAPTER 02
CHAPTER 03
CHAPTER 04
CHAPTER 05

[6] Halogen화물소화기

Halon 약제는 연쇄반응을 억제하는 부촉매 효과 즉, 억제소화가 소화의 주체로서 소화약제는 보통 Halon 1211, 1301을 사용하며 소화기의 경우 1211은 ABC급, 1301은 BC급 화재에 적응성이 있다.

[표 1-1-4] CO_2와 Halogen화물 소화기의 비교

구 분	CO_2 소화기	Halogen화물소화기
소화작용	CO_2 소화기는 질식소화가 소화의 주체이며 보조적으로 냉각소화가 작용한다.	Halogen화물소화기는 억제소화가 소화의 주체이다.
가압원	CO_2 소화기는 증기압이 높아 자기증기압을 가압원으로 사용한다.	Halogen화물소화기는 보통 질소로 축압하여 압축압을 이용한다.
소화적응성	CO_2 소화기는 BC급 화재에 적응성이 있다.	Halogen화물소화기는 1211의 경우는 ABC급에, 1301 소화기는 BC급 화재에 적응성이 있다.
약제 검정	CO_2 소화약제는 형식승인 대상품목이 아니다.	Halogen화물소화약제는 형식승인 대상품목이다.

[7] 분말소화기

(1) BC급 소화기

중탄산나트륨($NaHCO_3$) 또는 중탄산칼륨($KHCO_3$)을 사용하며 화재 시 열분해 반응식은 다음과 같다.[2)]

① **소형 소화기의 경우** : 소형 소화기용으로 주로 사용하는 중탄산나트륨($NaHCO_3$)의 경우 약 60℃ 전후에서 분해가 시작되어 다음과 같이 온도에 따라 2단계로 열분해가 된다.

㉠ $2NaHCO_3 \xrightarrow[\triangle]{270℃} Na_2CO_3 + CO_2\uparrow + H_2O\uparrow - 30.3kcal$

㉡ $2NaHCO_3 \xrightarrow[\triangle]{850℃} Na_2O + 2CO_2\uparrow + H_2O\uparrow - 104.4kcal$

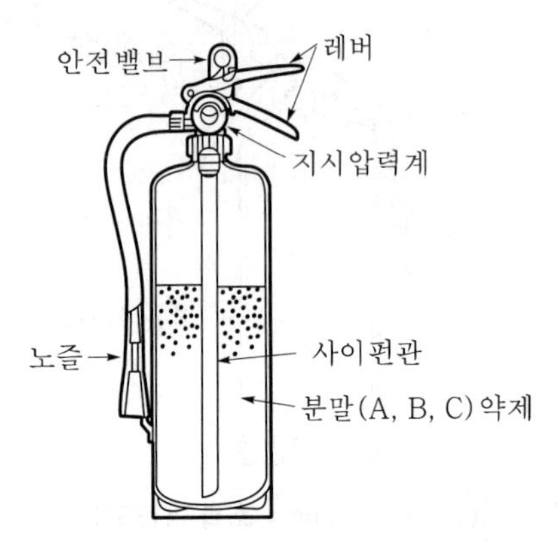

[그림 1-1-8] 분말소화기(축압식)

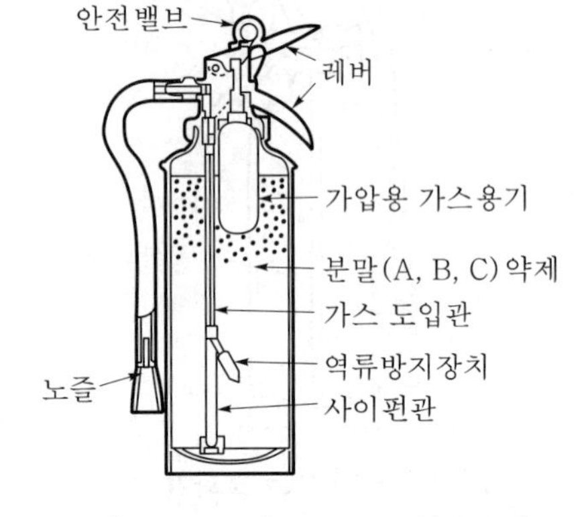

[그림 1-1-9] 분말소화기(가압식)

② **대형 소화기의 경우** : 대형 소화기용으로 주로 사용하는 중탄산칼륨($KHCO_3$)의 경우 다음과 같이 온도에 따라 2단계로 열분해가 된다.

㉠ $2KHCO_3 \xrightarrow[\triangle]{190℃} K_2CO_3 + CO_2\uparrow + H_2O\uparrow - 29.82kcal$

㉡ $2KHCO_3 \xrightarrow[\triangle]{891℃} K_2O + 2CO_2\uparrow + H_2O\uparrow - 127.1kcal$

(2) ABC급 소화기

ABC급 화재에는 $NH_4 \cdot H_2PO_4$(제1인산암모늄)를 사용하며 화재 시 온도에 따라 여러 단계의 열분해 과정을 거치며 반응식은 다음과 같다.

① $NH_4H_2PO_4 \xrightarrow[\triangle]{166℃} H_3PO_4 + NH_3\uparrow$ (탈수탄화작용 및 부촉매 작용)

② $2H_3PO_4 \xrightarrow[\triangle]{216℃} H_4P_2O_7 + H_2O\uparrow - 77kcal$ (냉각작용)

③ $H_4P_2O_7 \xrightarrow[\triangle]{360℃} 2HPO_3 + H_2O\uparrow$ (피막 형성으로 재연(再燃) 방지)

---

2) 최회형(崔晦炯) 불과 소화약제 자치소방 1997년 6월호 및 7월호

따라서 위 과정을 종합하면 다음과 같이 정리할 수 있다.

$$NH_4H_2PO_4 \underset{\triangle}{\longrightarrow} HPO_3 + NH_3 \uparrow + H_2O \uparrow - Q\text{kcal}$$

03 간이소화용구의 각론

화재 초기에 소규모의 특정된 화재(예 난방기구 등) 발생 시 사용하는 소화용구(用具)로서, 보통 능력단위 1단위 이하의 제품이다. 이는 화재발생 초기단계에서 사용하지 않으면 소화효과를 기대하기 어려우며 보통 1회용의 소화보조용구이다.

❶ 간이소화용구의 종류

[1] 소화약제를 이용하는 경우

(1) 에어로졸(Aerosol)식 소화용구

① 능력단위는 1단위 미만의 보관이 편리한 분사식 형태의 1회용 소화용구로서 소화약제는 할론 1211, 강화액, BC 분말 등을 주로 사용한다.

② 적응성이 있는 화재는 휴지통 화재, 석유난로 화재, 커튼 화재, 방석 화재, 튀김냄비 화재, 자동차 엔진실 화재이다. 화재발생 초기단계에서 사용 시 효과적으로 불을 끌 수 있는 간이용 소화용구이다.

[그림 1-1-10] 에어로졸식 소화용구의 적응성 화재

(주) 각 그림표시의 크기는 한 변이 2cm의 정방형으로 소화기 표면에 표시하여 적응성 화재를 알려주고 있다. (2개 이상 복수표시 가능)

CHAPTER 01
CHAPTER 02
CHAPTER 03
CHAPTER 04
CHAPTER 05

(2) 투척용 소화용구

화재 시 화재현장에 투척하여 사용하는 경질유리 또는 합성수지류 재질로 된 소화탄(消火彈) 형태의 소화용구이다. 총 중량은 9kg 미만이고 축압가스를 제외한 소화약제만을 충전한 것으로 4개 이하의 소화용구를 1세트로 구성하여 화재가 발생한 곳에 던져서 소화하는 간이소화용구이다.

(3) 소공간용 소화용구

① 소공간이란 분전반이나 배전반 등으로 체적 $0.36m^3$ 미만의 작은 공간을 말하며, 이러한 장소에 설치하는 소화용구이다. 전기설비의 발화 위험성이 높은 분배전반 내부 화재를 감지하고 자동으로 이를 소화할 수 있도록 소방시설법 시행령 별표 1(소방시설)을 2020. 9. 15. 개정하여 소공간용 소화용구를 간이소화용구로 추가하였다.

② 소공간용 소화용구의 소화약제는 기체나 고체에 한하며 액체소화약제는 사용하지 않는다.

[2] 소화약제 외의 것을 이용하는 경우

(1) 팽창질석 및 팽창진주암

① **팽창질석(膨脹蛭石 ; Expanded vermiculite)** : 질석은 운모(雲母)가 풍화·변질되어 생성된 것으로 불연성 및 내화성의 재질로서 내화도는 1,400℃ 전후로 건축자재 및 요업(窯業) 등에 이용한다. 질석을 가열하면 팽창하는 성질을 이용한 팽창질석은 주성분은 SiO_2, Al_2O_3, MgO로서 불연성 및 단열효과가 우수하여 방음, 보온, 내화재로 사용하며 화재 시 질식소화의 약제로 이용할 수 있다.

② **팽창진주암(膨脹眞珠岩 ; Expanded perlite)** : 화산암 지대에서 화산 활동으로 생성되는 용암이 냉각되어 생성되는 유리질 암석으로 이를 분해 후 급속 가열하여 팽창한 것으로 성상은 팽창질석과 유사하다.

③ **능력단위 산정** : NFPC 101(이하 동일) 제3조 6호/NFTC 101(이하 동일) 표 1.7.1.6
팽창질석이나 팽창진주암의 경우는 최소 80L 이상을 최소 체적으로 하여 1포대(包袋)를 0.5단위로 인정하며 반드시 삽을 비치하여야 한다.

구 분		능력단위
팽창질석 또는 팽창진주암	80L 이상(1포)+삽	0.5단위

(2) 마른모래

① 모래가 아니라 마른모래라고 한 것은 건조사(乾燥沙)를 의미하며 즉, 습기가 없는 충분히 건조한 모래이어야 한다. 마른모래도 최소 50L 이상을 최소 체적으로 하여 1포대(包袋)를 0.5단위로 인정하며 마른모래 역시 반드시 삽을 비치하여야 한다.

② **능력단위 산정** : 제3조 6호(표 1.7.1.6)

구 분		능력단위
마른모래	50L 이상(1포)+삽	0.5단위

❷ 간이소화용구의 설치기준 : NFTC 2.1.1.5

(1) 능력단위 2단위 이상의 소화기를 설치하는 경우 간이소화용구는 전체 능력단위 합계 수의 $\frac{1}{2}$을 초과하지 아니할 것. 다만, 노유자시설의 경우에는 이를 제외한다.

(2) 거주자 등이 손쉽게 사용할 수 있는 장소에 바닥으로부터 높이 1.5m 이하의 곳에 비치하고, 표지를 보기 쉬운 곳에 부착할 것

04 자동확산소화기의 각론

❶ 구 성

화재를 감지한 후 소화약제를 자동적으로 방사하여 국소적으로 소화시키는 소화장치를 말하며 구성은 감지부, 방출구, 방출도관으로 되어 있다.

❷ 분 류

[1] 방사방식에 의한 종류

(1) 분사식 자동확산소화기

소화약제를 충전한 용기가 감지부에서 열을 감지한 후 분리되면 감지부의 작동으로 인하여 용기 내 저장된 소화약제가 방출구를 통하여 분사되는 방식으로, 소화에 유효한 분사각도가 확보되어야 한다.

(2) 파열식 자동확산소화기

소화약제를 충전한 용기가 파열되어 약제가 분사되는 방식으로, 보통 두께 3mm 이내의 경질유리를 사용한다. 파열식은 2023. 7. 12. 형식승인 기준을 개정하여 용기의 재질은 금속제로 한정하고 파열식에서 이를 삭제하였다.

[2] 가압방식에 의한 종류

(1) 가압식 자동확산소화기

소화약제와 방출원이 되는 질소 등의 압축가스를 별도의 가압용 용기에 저장하고 가압가스가 방출하여 소화약제를 방사시키는 자동확산소화기이다.

(2) 축압식 자동확산소화기

소화약제와 방출원이 되는 질소 등의 압축가스를 약제저장용기 내에 함께 저장한 형식으로 지시압력계가 부착되어 있는 자동확산소화기이다.

[3] 설치용도에 의한 종류

(1) 일반화재용 자동확산소화기

부속용도별로 추가하여야 할 소화기구에서 보일러실, 건조실, 세탁소, 대량화기취급소 등에 설치되는 자동확산소화기이다.

(2) 주방화재용 자동확산소화기

부속용도별로 추가하여야 할 소화기구에서 주방에 설치하는 자동확산소화기이다.

(3) 전기설비용 자동확산소화기

부속용도별로 추가하여야 할 소화기구에서 관리자의 출입이 곤란한 변전실, 송전실, 변압기실, 배전반실에 설치하는 자동확산소화기이다.

❸ 설치대상 및 기준 : NFTC 표 2.1.1.3([표 1-1-9] 참조)

다음의 장소에 해당 용도의 바닥면적 $25m^2$마다 1단위 이상의 자동확산소화기를 바닥면적 $10m^2$ 이하는 1개, $10m^2$를 초과할 경우는 2개를 설치한다. 단, 스프링클러설비·간이스프링클러설비·물분무등소화설비 또는 상업용 주방 자동소화장치가 설치된 경우와 방화구획된 아파트의 보일러실은 제외할 수 있다.

[1] 화기취급장소

보일러실·건조실·세탁소·대량화기취급소

[2] 주방

음식점·다중이용업소·호텔·기숙사·노유자시설·의료시설·업무시설·공장·장례식장·교육연구시설·교정 및 군사시설의 주방. 다만, 의료시설, 업무시설 및 공장의 주방은 공동취사를 위한 것에 한한다.

[3] 전기 관련실

관리자의 출입이 곤란한 변전실·송전실·변압기실 및 배전반실(불연재료로 된 상자 안에 장치된 것은 제외한다)

꼼꼼체크 ▌ 불연재료로 된 상자

불연재료로 된 상자란 큐비클(Cubicle) 형태의 함을 뜻한다.

05 주거용 주방 자동소화장치의 각론

❶ 기 능

(1) 가연성 가스누설 감지(열원이 가스인 경우) 및 자동경보기능

(2) 열원(가스 또는 전기)을 자동으로 차단하는 기능

(3) 주방의 연소기 화재 시 감지 및 자동경보기능

(4) 주방의 연소기 화재 시 소화약제 자동방사기능

❷ 구성부품

[1] 소화기 본체

(1) 소화약제로는 보통 ABC 분말이나 강화액 약제를 사용하며, 각 방출구의 최소공칭방호면적은 검정기준상 0.4m^2 이상이어야 한다.

(2) 작동장치(소화약제 저장용기의 밸브를 개방하여 주는 부분)의 구동에 의해 소화약제의 방출관이 자동으로 개방되며 약제방출 도관(導管)은 동관으로 구성하고 말단에 분사 노즐을 설치한다.

[2] 감지부

화재 시 발생하는 열이나 불꽃을 감지하는 장치로서 보통 1차 온도감지부 및 2차 온도감지부로 구성되어 있다. 감지부의 종류로는 ① 감지기, ② 이융성 금속(易融性 金屬 ; Fusible－link), ③ 유리벌브(Bulb), ④ 온도센서의 4가지가 있다.

[3] 탐지부

가스가 누설되어 사전에 설정된 농도 이상이 되면 이를 탐지하여 음향을 경보하고 동시에 수신부에 가스누설신호를 발신하는 장치이다.

[4] 수신부

제어장치 부분으로서 감지부(온도) 또는 탐지부(가스)의 발신신호를 수신하여 경보를 발하도록 하고 가스차단장치나 소화약제를 방출하는 작동장치에 제어신호를 발신하는 장치이다.

[5] 가스차단장치

수신부에서 발하는 가스누설신호에 따라 원격으로 가스밸브를 자동으로 차단하는 구동장치로서 전동개폐식 또는 전자솔레노이드 밸브를 이용한다. 자동기능 이외에 손잡이를 수동으로 돌려서 조작할 수도 있다.

[6] 작동장치

수신부 또는 감지부로부터 직접 작동신호를 받아 소화약제 저장용기의 밸브를 개방시켜 소화약제를 방출시켜 주는 장치로 작동방식은 전기적 방식, 기계적 방식, 가스압 방식의 3가지가 있다.

[7] 방출구

약제저장용기로부터 소화약제를 유효하게 방사되도록 하는 노즐부분으로 저장용기로부터 방출구에 이르는 배관을 방출도관이라 한다.

❸ 동작의 개요

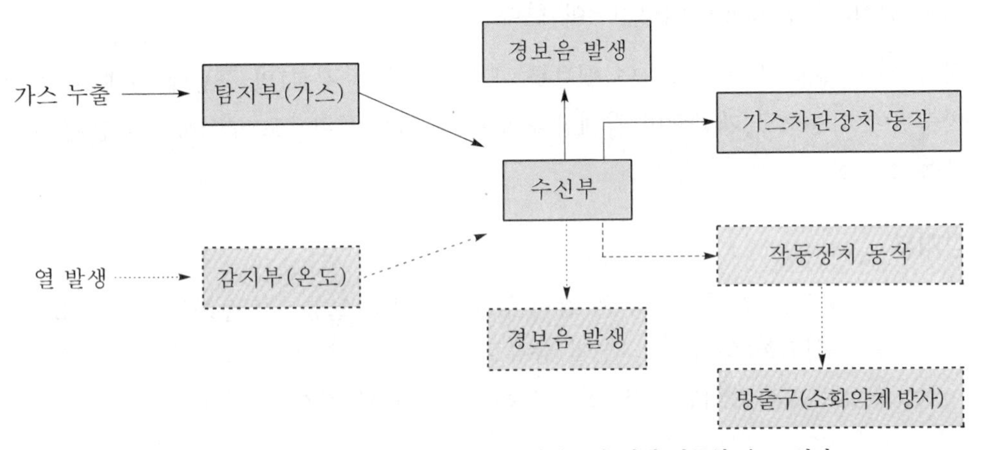

(주) 작동장치는 감지부로부터의 동작신호에 의해 작동할 수도 있다.

[그림 1-1-11] 주거용 주방 자동소화장치의 동작개요(열원이 가스인 경우)

❹ 설치기준 : 제4조 2항 1호(2.1.2.1)

(1) 소화약제 방출구는 환기구(주방에서 사용하는 열기류 등을 밖으로 배출하는 장치를 말한다)의 청소부분과 분리되어 있어야 하며 형식승인을 받은 유효설치 높이 및 방호면적에 따라 설치할 것

(2) 감지부는 형식승인을 받은 유효한 높이 및 위치에 설치할 것

(3) 차단장치(전기 또는 가스)는 상시 확인 및 점검이 가능하도록 설치할 것

(4) 가스용 주방 자동소화장치를 사용하는 경우 탐지부는 수신부와 분리하여 다음과 같이 설치한다.

① 공기보다 가벼운 가스의 경우 : 천장면으로부터 30cm 이하 위치에 설치

② 공기보다 무거운 가스의 경우 : 바닥면으로부터 30cm 이하 위치에 설치

꼼꼼체크 ▮ LNG와 LPG

LNG는 주성분이 CH_4(메탄)으로 메탄의 기체비중은 0.55로서 공기보다 가벼우며, LPG의 주성분은 C_3H_8(프로판)과 C_4H_{10}(부탄)으로 프로판의 비중은 1.55이며 부탄의 비중은 2.08로서 공기보다 무겁다.

(5) 수신부는 주위의 열기류 또는 습기 등과 주위온도에 영향을 받지 아니하고 사용자가 상시 볼 수 있는 장소에 설치할 것

06 기타 자동소화장치의 각론

시행령 별표 1(소방시설)의 자동소화장치 중 "캐비닛형, 가스형, 분말형, 고체에어로졸 자동소화장치"를 총칭하여 본서에서는 기타 자동소화장치라고 하였다. 기타 자동소화장치는 최근에 스프링클러헤드를 설치하기 곤란한 소공간에 설치하는 대체 소화설비로서 각광받고 있는 실정이다.

❶ 캐비닛형 자동소화장치

- 캐비닛형 자동소화장치란 화재(열, 연기 또는 불꽃 등)를 자동으로 감지하여 소화약제(200kg 이하)를 방사하는 고정된 자동소화장치를 말한다. 일반적으로 소형 전산실이나 방재실에 설치하며 패키지형 가스계 설비로 부르는 것이 캐비닛형 자동소화장치이다.
- 동 제품은 형식승인을 받아야 하는 대상품목(캐비닛형 자동소화장치)으로, 과거에는 전역방출방식의 방호구역에도 이를 설치한 사례가 있었으나 소방시설법 시행령 별표 1에서 이를 소화설비가 아닌 자동소화장치로 분류하고 있어 물분무등소화설비로서의 법 적용을 받을 수 없다.
- 캐비닛형 자동소화장치에 대해 별도의 소화성능 검사는 하지 않고 있으나, 형식승인 검사 시 방사성능과 약제성능시험을 실시하고 있다. 최근에는 스프링클러헤드가 없는 EPS(Electric Pipe Shaft)나 TPS(Telephone Pipe Shaft)실 등에 대해서도 본 제품을 적용하고 있는 실정이다.

[1] 구성

캐비닛형 자동소화장치는 다음과 같은 항목으로 구성되어 있다.

감지부(수신장치에 신호를 발신하는 장치), 방출구, 방출유도관(저장용기로부터 방출구에 이르는 내부의 유도관), 소화약제 저장용기, 수신장치, 작동장치

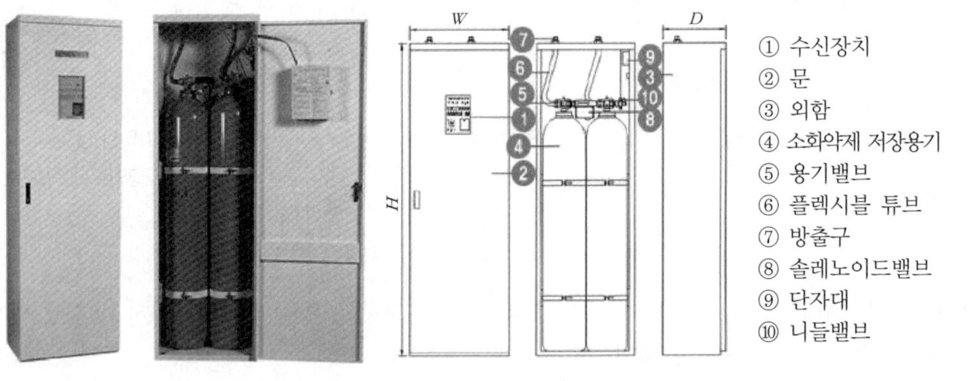

[그림 1-1-12(A)] 캐비닛형 자동소화장치(예)

[2] 설치기준 : 제4조 2항 3호(2.1.2.3)

(1) 분사헤드(방출구)의 설치 높이는 방호구역의 바닥으로부터 형식승인을 받은 범위 내에서 유효하게 소화약제를 방출시킬 수 있는 높이에 설치할 것

(2) 화재감지기는 방호구역 내의 천장 또는 옥내에 면하는 부분에 설치하되 NFPC 203(자동화재탐지설비) 제7조에 적합하도록 할 것

(3) 화재감지기의 회로는 교차회로방식으로 설치할 것

(4) 개구부 및 통기구(환기장치 포함)를 설치한 것에 있어서는 약제가 방사되기 전에 해당 개구부 및 통기구를 자동으로 폐쇄할 수 있도록 할 것

(5) 구획된 장소의 방호체적 이상을 방호할 수 있는 소화성능이 있을 것

❷ 가스 · 분말형 자동소화장치

- 밀폐된 소공간에서 발생하는 화재를 감지하여 자동으로 가스 또는 분말소화약제를 방사하여 소화를 시키는 소화장치로 이를 위하여 형식승인 기준[3]이 제정되어 있다.
- 부속용도별로 추가하여야 할 소화기구에서는 가스 · 분말 자동소화장치에 대한 적용 범위를 전기실 등(발전실 · 변전실 · 송전실 · 변압기실 · 배전반실 · 전산기기실)이나 지하구의 제어반 또는 분전반 내부나 위험물 소량 취급소에 대하여 적용한다.

3) 가스 · 분말 자동소화장치의 형식승인 및 제품검사의 기술기준

[1] 구성

가스·분말형 자동소화장치는 다음과 같은 항목으로 구성되어 있다.

(1) **감지부 :** 화재에 의해 발생하는 열, 연기 및 불꽃 등을 이용하여 자동적으로 화재발생을 감지하는 장치

(2) **제어부 :** 감지부에서 발하는 신호를 수신하여 경보를 발하고 작동장치에 신호를 발신하는 장치

(3) **작동장치 :** 신호를 받아 밸브 등을 개방하여 약제저장용기로부터 소화약제를 방출해주는 장치

[그림 1-1-12(B)] 가스·분말 자동소화장치(예)

[2] 설치기준 : 제4조 2항 4호(2.1.2.4)

(1) 소화약제 방출구는 형식승인을 받은 유효설치범위 내에 설치하고, 자동소화장치는 방호구역 내에 형식승인된 1개의 제품을 설치할 것. 이 경우 연동방식으로서 하나의 형식을 받은 경우에는 1개의 제품으로 본다.

(2) 감지부는 형식승인된 유효한 범위 내에 설치하여야 하며, 설치장소의 평상시 최고주위온도에 따라 적합한 표시온도의 것으로 설치할 것

[표 1-1-5] 최고주위온도와 표시온도

설치장소의 최고주위온도	표시온도
39℃ 미만	79℃ 미만
39℃ 이상 ~ 64℃ 미만	79℃ 이상 ~ 121℃ 미만
64℃ 이상 ~ 106℃ 미만	121℃ 이상 ~ 162℃ 미만
106℃ 이상	162℃ 이상

❸ 고체에어로졸 자동소화장치

- 화재를 감지한 후 구획된 소공간에 자동적으로 에어로졸을 방사하여 소화하는 고정된 소화장치이다. 소화약제는 활성화될 경우 에어로졸을 방사하는 고체화합물을 사용하고 있다. 현재 형식승인 대상품목으로 지정되어 “고체에어로졸 자동소화장치의 형식승인 및 제품검사의 기술기준”에 따라 제품검사를 실시하고 있다.
- 고체에어로졸식 자동소화장치의 경우는 부속용도별 추가하여야 할 소화기구에서 “추가할 자동소화장치”로 설치를 인정해 주고 있다.

[1] 구성

고체에어로졸 화합물(주로 사용하는 고체에어로졸 화합물은 KNO_3, K_2CO_3 등의 칼륨염을 주성분으로 함), 에어로졸 발생기, 감지부, 제어부(화재신호를 수신하여 경보를 발하고 작동장치에 신호를 보내는 장치), 작동장치(동작에 따라 고체에어로졸 화합물을 활성화시켜 에어로졸을 발생시키는 장치) 등으로 구성되어 있다.

[그림 1-1-12(C)] 고체에어로졸 자동소화장치(예)

[2] 설치기준 : 제4조 2항 4호(2.1.2.4)

※ 설치기준은 제4조 2항 4호에 따라 가스 · 분말 자동소화장치와 동일하므로 이를 참고할 것

07 소화기구의 화재안전기준

❶ 화재적응성

소화기의 화재적응성은 일반화재(A급), 유류화재(B급), 전기화재(C급), 주방화재(K급)로 분류하며 이에 대해 능력단위를 산정하는 소화능력시험을 형식승인 기준에서 별도로 규정하고 있으며 소화기 본체 용기에 표시하여야 한다.4) 전기화재(C급)를 별도로 분류하는 이유는 금수성(禁水性) 화재인 관계로 소화약제의 적응성을 별도로 검토하여야 하기 때문이다.

[1] 일반화재(A급 화재)

나무, 섬유, 종이, 고무, 플라스틱류와 같은 일반 가연물이 타고 나서 재가 남는 화재를 말한다. 일반화재에 대한 소화기의 적응 화재별 표시는 'A'로 표시한다.

[2] 유류화재(B급 화재)

인화성 액체, 가연성 액체, 석유 그리스, 타르, 오일, 유성도료, 솔벤트, 래커, 알코올 및 인화성 가스와 같은 유류가 타고 나서 재가 남지 않는 화재를 말한다. 유류화재에 대한 소화기의 적응 화재별 표시는 'B'로 표시한다.

[3] 전기화재(C급 화재)

전류가 흐르고 있는 전기기기, 배선과 관련된 화재를 말한다. 전기화재에 대한 소화기의 적응 화재별 표시는 'C'로 표시한다.

[4] 주방화재(K급 화재)

주방에서 동·식물유를 취급하는 조리기구에서 일어나는 화재를 말하며 적응 화재별 표시는 'K'로 표시한다.

[표 1-1-6] 국가별 화재 분류 기준

화재 분류	국 내		일 본	미국(NFPA)	국제 규격(ISO)
	형식승인 기준	KS 기준			
일반화재	A급	A급	A급	A급	A급
유류 및 가스화재	B급	B급	B급	B급	B급(유류)
					C급(가스)
전기화재	C급	C급	C급	C급	–
금속화재	–	D급	–	D급	D급
주방화재	K급	–	–	K급	F급

4) 소화기의 형식승인 및 제품검사의 기술기준 : 제38조 1항 11호

❷ 소화약제별 적응성 : NFTC 표 2.1.1.1

[1] 기준

소방대상물에 따라 소화기구의 소화약제별 적응성은 다음 표에 적합한 소화기를 설치할 것

[표 1-1-7] 소화기구의 소화약제별 적응성

소화약제 구분 / 적응대상	가스			분말		액체				기타			
	이산화탄소소화약제	할론소화약제	할로겐화합물 및 불활성기체소화약제	인산염류소화약제	중탄산염류소화약제	산·알칼리소화약제	강화액소화약제	포소화약제	물·침윤소화약제	고체에어로졸화합물	마른모래	팽창질석·팽창진주암	그 밖의 것
일반화재 (A급 화재)	–	○	○	○	–	○	○	○	○	○	○	○	–
유류화재 (B급 화재)	○	○	○	○	○	○	○	○	○	○	○	○	–
전기화재 (C급 화재)	○	○	○	○	○	*	*	*	*	○	–	–	–
주방화재 (K급 화재)	–	–	–	–	*	–	*	*	*	–	–	–	*

(주) "*"의 소화약제별 적응성은 소방시설법 제36조에 의한 "형식승인 및 제품검사의 기술기준"에 따라 화재 종류별 적응성에 적합한 것으로 인정되는 경우에 한한다.

[2] 해설

(1) 할론소화약제의 경우

Halon 1301 소화기나 할로겐화합물 및 불활성기체소화약제(기존의 청정소화약제) 소화기의 경우는 기본적으로 BC급 소화기이므로 별표 1에 불구하고 A급으로 형식승인 받은 제품에 한하여 일반건축물 화재에 사용할 수 있다.

(2) 분말약제의 경우

인산염류(燐酸鹽類)약제란 제1인산암모늄($NH_4 \cdot H_2PO_4$)을 사용하는 ABC급 분말소화기를 뜻하며, 중탄산염류약제란 중탄산나트륨($NaHCO_3$)이나 중탄산칼륨($KHCO_3$)을 사용하는 BC급 분말소화기를 뜻한다.

(3) 위험물의 경우

표에서 위험물에 대한 기준이 없는 것은 위험물의 경우 소화기의 적응성 기준은 위험물안전관리법에서 별도로 규정하고 있기 때문이다.

❸ 소요단위 기준

[1] 기본 소요단위 : NFTC 표 2.1.1.2

(1) 기준

소방대상물 용도별로 소화기를 산정할 경우 능력단위 적용은 다음 표에 의한 기준 이상이어야 한다.

[표 1-1-8] 특정소방대상물별 소화기구의 능력단위

특정소방대상물	소화기구의 능력단위
1. 위락시설	1단위 이상/해당 용도 바닥면적 30m^2
2. 공연장·집회장·관람장·문화재·장례식장 및 의료시설	1단위 이상/해당 용도 바닥면적 50m^2
3. 근린생활시설·판매시설·운수시설·숙박시설·노유자시설·전시장·공동주택·업무시설·방송통신시설·공장·창고시설·항공기 및 자동차관련시설·관광휴게시설	1단위 이상/해당 용도 바닥면적 100m^2
4. 그 밖의 것	1단위 이상/해당 용도 바닥면적 200m^2

(주) 건물의 주요 구조부가 내화구조이고, 내장재(벽 및 반자의 실내에 면하는 부분)가 불연재료, 준불연재료 또는 난연재료로 된 특정소방대상물에 있어서는 위 표의 기준면적의 2배를 해당 특정소방대상물의 기준면적으로 한다.

(2) 해설

① **능력단위** : 소화기 산정 시 층별로 설치수량(소화기 대수)을 구하기 위해서는 먼저 층별로 해당 용도에 대한 능력단위를 구하여야 한다. 즉, 소화기 산정 시 소화기 수량을 구하는 것이 아니라 먼저 소요 능력단위를 구한 후 능력단위에 맞는 소화기 수량을 산정하고 이를 보행거리 이내가 되도록 배치하는 것이다.

② **복합건축물 용도의 적용** : 소화기는 2개 이상의 용도가 복합된 경우에도 이를 복합건축물(그 밖의 것) 항목으로 적용하지 않아야 하며 각 층에 대해 "해당 용도"별로 단위수를 개별적으로 산정하여 적용하여야 한다. 즉, 소화기 산정은 건물의 용도단위로 산정하는 것이 아니라 층별로 사용 중인 해당 용도에 대해 각각 바닥면적별로 [표 1-1-8]을 적용하는 것이 입법의 취지이다.

[2] 추가 소요단위 : NFTC 표 2.1.1.3

부속용도로 사용하는 부분에 대해서는 [표 1-1-9]의 소화기구를 추가로 설치하여야 한다.

별표 4에서 1호는 소화기 및 자동확산소화기에 대해, 2 ~ 3호는 고압의 전기사용장소, 소량취급소(위험물)에 대한 자동소화장치에 대해, 4 ~ 6호는 특수가연물, 가스사용장소에 대한 소화기 추가 적용에 대해 설치하는 기준이다.

[표 1-1-9] 부속용도별로 추가하여야 할 소화기구 및 자동소화장치

<table>
<tr><th colspan="2">용도별</th><th>소화기구의 능력단위</th></tr>
<tr><td colspan="2">1. 다음 각 목의 시설. 다만, 스프링클러설비 · 간이스프링클러설비 · 물분무등소화설비 또는 상업용 주방 자동소화장치가 설치된 경우에는 자동확산소화기를 설치하지 아니할 수 있다.
가. 보일러실(아파트의 경우 방화구획된 것을 제외한다) · 건조실 · 세탁소 · 대량 화기취급소
나. 음식점(지하가의 음식점을 포함한다) · 다중이용업소 · 호텔 · 기숙사 · 노유자시설 · 의료시설 · 업무시설 · 공장 · 장례식장 · 교육연구시설 · 교정 및 군사시설의 주방. 다만, 의료시설, 업무시설 및 공장의 주방은 공동취사를 위한 것에 한한다.
다. 관리자의 출입이 곤란한 변전실 · 송전실 · 변압기실 및 배전반실(불연재료로 된 상자 안에 장치된 것을 제외한다)</td><td>1. 소화기 및 자동확산소화기
① 소화기 : 능력단위 1단위 이상/해당 용도 바닥면적 $25m^2$마다
② 자동확산소화기
• 바닥면적 $10m^2$ 이하 → 1개
• 바닥면적 $10m^2$ 초과 → 2개
2. K급 소화기
나목의 주방의 경우 설치하는 소화기 중 1개 이상은 주방 화재용 소화기(K급)를 설치할 것</td></tr>
<tr><td colspan="2">2. 발전실 · 변전실 · 송전실 · 변압기실 · 배전반실 · 통신기기실 · 전산기기실 · 기타 이와 유사한 시설이 있는 장소. 다만, 제1호 다목의 장소를 제외한다.</td><td>적응소화기 1개 이상 또는 유효설치 방호체적 이내의 가스 · 분말 · 고체에어로졸 자동소화장치 · 캐비닛형 자동소화장치/해당 바닥면적 $50m^2$ (다만, 통신기기실 · 전산기기실을 제외한 장소는 교류 600V 또는 직류 750V 이상의 것에 한한다)</td></tr>
<tr><td colspan="2">3. 위험물안전관리법 시행령 별표 1에 따른 지정수량 1/5 이상 지정수량 미만의 위험물저장 또는 취급하는 장소</td><td>능력단위 2단위 이상 또는 유효설치방호체적 이내의 가스 · 분말 · 고체에어로졸 자동소화장치 · 캐비닛형 자동소화장치</td></tr>
<tr><td rowspan="2">4. 소방기본법 시행령 별표 2에 따른 특수가연물을 저장 또는 취급하는 장소</td><td>지정수량 이상</td><td>능력단위 1단위 이상/지정수량 50배마다</td></tr>
<tr><td>지정수량의 500배 이상</td><td>대형 소화기 1개 이상</td></tr>
<tr><td rowspan="2">5. 가스 3법에서 규정하는 가연성 가스를 연료로 사용하는 장소</td><td>액화석유가스, 기타 가연성 가스를 연료로 사용하는 연소기기가 있는 장소</td><td>각 연소기로부터 보행거리 10m 이내에 3단위 이상 소화기 1개 이상. 다만, 상업용 주방 자동소화장치가 설치된 장소는 제외한다.</td></tr>
<tr><td>액화석유가스, 기타 가연성 가스를 연료로 사용하기 위하여 저장하는 저장실(저장량 300kg 미만은 제외한다)</td><td>5단위 이상 소화기 2개 이상 및 대형 소화기 1개 이상</td></tr>
</table>

<table>
<tr><th colspan="4">용도별</th><th>소화기구의 능력단위</th></tr>
<tr><td rowspan="5">6. 가스 3법에서 규정하는 가연성 가스를 제조하거나 연료 외의 용도로 저장·사용하는 장소(주)</td><td rowspan="5">저장하고 있는 양 또는 1개월 동안 제조·사용하는 양</td><td>200kg 미만</td><td>저장, 제조, 사용 장소</td><td>3단위 이상 소화기 2개 이상</td></tr>
<tr><td rowspan="2">200kg 이상 300kg 미만</td><td>저장 장소</td><td>5단위 이상 소화기 2개 이상</td></tr>
<tr><td>제조, 사용 장소</td><td>5단위 소화기 1개 이상 /바닥면적 $50m^2$마다</td></tr>
<tr><td rowspan="2">300kg 이상</td><td>저장 장소</td><td>대형 소화기 2개 이상</td></tr>
<tr><td>제조, 사용 장소</td><td>5단위 소화기 1개 이상 /바닥면적 $50m^2$마다</td></tr>
</table>

(비고) 액화석유가스·기타 가연성 가스를 제조하거나 연료 외의 용도로 사용하는 장소에 소화기를 설치하는 때에는 해당 장소 바닥면적 $50m^2$ 이하인 경우에도 해당 소화기를 2개 이상 비치해야 한다.

(주) 가스 3법이란 별표 4 원문에서는 고압가스안전관리법·액화석유가스의 안전관리 및 사업법·도시가스사업법으로 명기되어 있으나 약칭으로 가스 3법이라고 표현한다.

4 설치기준

[1] 기본 배치기준 : NFTC 2.1.1.4.2

(1) 각 층마다 설치하되 특정소방대상물의 각 부분으로부터 1개의 소화기까지의 거리는 다음과 같이 배치하도록 한다. 다만, 가연성 물질이 없는 작업장의 경우에는 작업장의 실정에 맞게 보행거리를 완화하여 배치할 수 있다.

① **소형 소화기** : 보행거리 20m 이내

② **대형 소화기** : 보행거리 30m 이내

(2) 보행거리(Travel distance)란 층별로 특정 지점에서 해당 지점까지 복도나 실내의 통로를 이용하거나, 구획된 경우에는 출입문을 이용하는 동선(動線)상의 이동거리를 말한다.

[2] 배치 제한기준 : NFTC 2.1.3

(1) 이산화탄소 또는 할로겐(Halogen)화합물을 방사하는 소화기구(자동확산소화기를 제외한다)는 지하층이나 무창층 또는 밀폐된 거실로서 그 바닥면적이 $20m^2$ 미만의 장소에는 설치할 수 없다. 다만, 배기를 위한 유효한 개구부가 있는 장소인 경우에는 그렇지 않다.

(2) CO_2 소화기는 산소농도를 줄여주는 질식소화가 주체이며, 할로겐화합물 소화기는 열분해 시 분해 부산물로 인한 독성물질의 발생 가능성이 있어 인명안전을 위하여 $20m^2$ 미만의 소규모 밀폐공간(지하층, 무창층, 밀폐된 거실)에서는 사용을 제한한다. 이 경우 "바닥면적 $20m^2$ 미만"이란 지하층으로 $20m^2$ 미만 또는 무창층으로 $20m^2$ 미만 또는 밀폐된 거실로서 $20m^2$ 미만을 의미한다.

[3] 추가 배치기준 : NFTC 2.1.1.4.1

(1) 특정소방대상물의 각 층이 2 이상의 거실로 구획된 경우에는 위 기본 설치 기준에 따라 각 층마다 설치하는 것 외에 바닥면적 $33m^2$ 이상으로 구획된 각 거실(아파트의 경우에는 각 세대)에도 배치할 것

(2) 기본 배치기준에 따라 산정된 소화기 수량을 해당 층 전체에 보행거리 20m마다 전부 배치한 경우에도, 바닥면적이 $33m^2$(10평 기준임) 이상인 거실이 2 이상 있는 경우에는 거실 외부(예 복도 등)의 소화기가 거실 내부까지 보행거리 20m 이내가 될지라도 거실 내부에 추가로 소화기를 배치하라는 뜻이다. 다만, 아파트는 각 세대 내의 방을 구획된 거실로 적용하지 않도록 아파트에 한하여 완화시켜 준 것이다.

[4] 감소 및 제외기준 : NFTC 2.2

(1) 소형 소화기를 설치하여야 하는 특정소방대상물의 경우

소화설비 또는 대형 소화기를 설치한 경우에는 해당 설비의 유효범위의 부분에 대해서는 소형 소화기의 2/3(대형 소화기를 둔 경우에는 1/2)를 감소할 수 있다. 다만, 11층 이상인 부분, 근린생활시설, 위락시설, 문화 및 집회시설, 운동시설, 판매시설, 운수시설, 숙박시설, 노유자시설, 의료시설, 아파트, 업무시설(무인변전소는 제외), 방송통신시설, 교육연구시설, 항공기 및 자동차관련시설, 관광휴게시설은 그렇지 않다.

① **소화설비가 있는 경우** : 소형 소화기 소요단위수의 2/3를 감소 → 즉, 1/3만 설치할 수 있다.

② **대형 소화기가 있는 경우** : 소형 소화기 소요단위수의 1/2을 감소 → 즉, 1/2만 설치할 수 있다.

(2) 대형 소화기를 설치하여야 하는 특정소방대상물의 경우

소화설비를 설치한 경우에는 해당 설비의 유효범위 안의 부분에 대해서는 대형 소화기를 설치하지 아니할 수 있다.

꼼꼼체크 **보충자료**

본 교재에서는 편의상 옥내소화전설비 · 스프링클러설비 · 물분무등소화설비 · 옥외소화전설비라는 표현을 "소화설비"라고 표기하였다.

단원문제풀이

01 열원이 가스인 경우 주거용 주방 자동소화장치의 기능 4가지를 써라.

| 해답 |

1. 가스누설 감지 및 자동경보기능
2. 가스누설 시 가스밸브의 자동차단기능
3. 주방의 연소기 화재 시 감지 및 자동경보기능
4. 주방의 연소기 화재 시 소화약제 자동방사기능

02 CO_2 소화기 사용상 주의할 점을 5가지 이상 기술하라.

| 해답 |

1. 직사광선 및 고온 다습한 장소에 두지 말 것 : CO_2 소화기는 충전 시에는 액화상태이나 온도와 함께 내부 충전압력이 크게 증가한다.
2. 화점(火點)에 가장 근접함과 동시에 바람을 등지고 방사할 것 : CO_2 소화기는 모든 소화기 중에서 가장 방사거리가 짧다.
3. 유류화재 시에는 방사압력으로 유류가 비산되지 않도록 주의할 것
4. 방사 시 CO_2 가스가 신체에 접촉되지 않도록 주의할 것 : CO_2 가스가 신체에 접촉 시에는 동상의 우려가 있다.
5. A급 화재는 적응성이 없으므로 사용하지 말 것
6. 방사나팔은 금속제를 사용하지 말 것 : 동상, 감전, 정전기 발생의 가능성으로 합성수지 계통의 제품을 사용하여야 한다.
7. 바닥면적 $20m^2$ 미만의 지하층, 무창층, 밀폐된 장소에서는 사용하지 말 것

03 CO_2와 Halon화물 소화기를 소화작용, 가압원, 소화의 적응성, 약제의 검정, 장소의 제한 항목에 대해 상호 비교하라.

| 해답 |

1. 소화작용 : CO_2 소화기는 질식소화가 소화의 주체이나(보조적으로 냉각소화가 영향을 준다), Halon화물 소화기는 억제소화가 소화의 주체이다.
2. 가압원 : CO_2 소화기는 증기압이 높아 자체 증기압을 가압원으로 사용하나, Halon화물 소화기는 보통 질소로 축압하여 사용한다.
3. 소화의 적응성 : CO_2 소화기는 BC급 화재에 적응성이 있으나, Halon화물 소화기는 1211의 경우는 ABC급 화재에, 1301 소화기는 BC급 화재에 적응성이 있다.

4. 약제의 검정 : CO_2 소화약제는 형식승인 대상품목이 아니나, Halon화물 소화기는(Halon 1301, 1211, 할로겐화합물약제 포함) 형식승인을 받아야 한다.
5. 장소의 제한 : CO_2 소화기 및 할로겐화물소화기는 환기가 불량한 장소(지하층, 무창층, 밀폐된 거실 및 사무실로서 바닥면적이 20m^2 미만)에서는 사용할 수 없다.

04 A, B, C, K급 화재의 정의와 표시사항에 대해 기술하라.

| 해답 |

1. A급 화재
   ① 정의 : 나무, 섬유, 종이, 고무, 플라스틱류와 같은 일반 가연물이 타고 나서 재가 남는 화재를 말한다.
   ② 표시 : 일반화재
2. B급 화재
   ① 정의 : 인화성 액체, 가연성 액체, 석유 그리스, 타르, 오일, 유성도료, 솔벤트, 래커, 알코올 및 인화성 가스와 같은 유류가 타고 나서 재가 남지 않는 화재를 말한다.
   ② 표시 : 유류화재
3. C급 화재
   ① 정의 : 전류가 흐르고 있는 전기기기, 배선과 관련된 화재를 말한다.
   ② 표시 : 전기화재
4. K급 화재
   ① 정의 : 주방에서 동·식물유를 취급하는 조리기구에서 일어나는 화재를 말한다.
   ② 표시 : 주방화재

05 에어로졸식 소화용구를 사용하는 적응성 있는 화재 종류 6개를 예시하라.

| 해답 |

1. 휴지통 화재
2. 석유난로 화재
3. 커튼 화재
4. 방석 화재
5. 튀김냄비 화재
6. 자동차 엔진실 화재

06 다음 건물의 각 층에 기본적으로 ABC 분말소화기(2단위) 및 K급 소화기를 설치하고자 한다. 각 층별 최저로 필요한 소요 소화기구 개수를 구하여라. (풀이과정을 제시하라.)

[조건]
지하층에서 10층까지는 구획된 장소가 없이 개방된 공간이며, 11층은 20m^2×1개소, 40m^2×2개소, 50m^2×4개소의 구획된 사무실이 별도로 있다.

1) B1~B2 : 주차장
   B2의 경우 : 보일러실(200m^2) 내 경유 800L 사용, 주차장(400m^2), 변전실(150m^2)

2) 1~11층 : 주용도는 사무실
단, 11층의 구내식당 주방($40m^2$)에 LPG 20kg×2대 사용(연소기는 1개소이며, 용기실은 주방 옆에 있다)
3) 전층에 옥내소화전 설치, 지하 주차장 및 보일러실에 한하여 스프링클러 설치(기존 건물로 11층은 스프링클러 미설치)
4) 건물구조는 내화구조이며, 내장재는 불연재이다.
5) 각 층의 바닥면적은 25m×30m=$750m^2$이다.
6) 11층 주방에 상업용 주방 자동소화장치는 없다.
7) 지하 주차장 용도는 항공기 및 자동차관련시설의 주차장으로 적용한다.

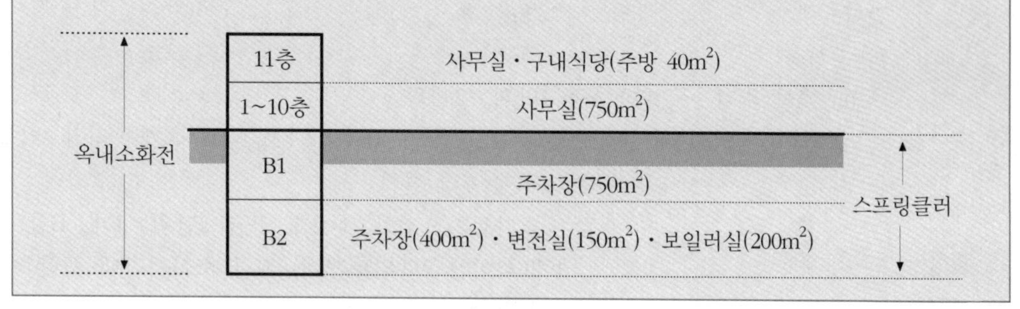

| 해답 |

NFTC 표 2.1.1.2에 의거하여 다음과 같이 적용한다.

1. 기본 소요량([표 1-1-8] 참조)
   ① 전층은 주용도가 업무시설(사무실, 변전실, 보일러실) 및 항공기 및 자동차관련시설(지하 주차장) 등이며 기타 부속용도이므로 기본적으로 $100m^2$당 1단위이다. 그러나 내장재가 불연재이므로 2배를 완화하여 $200m^2$당 1단위가 된다.
   ∴ 기준층의 소요단위수=$750m^2$÷$200m^2$=3.75단위
   ② 동 건물은 소화설비가 설치되어 있으나 업무시설, 항공기 및 자동차관련시설(주차장)이므로 소화기 감소기준은 적용하지 않는다.
   ∴ 감소 조항을 적용 받지 않으므로 기준층의 3.75단위 → A급 4단위(2단위×2개)로 한다.
   ③ 11층의 경우 7개의 실 중에서 $33m^2$ 이상의 구획된 실이 6개소 있으므로 해당 실마다 적응성(A급)소화기를 총 6개 추가로 설치하여야 한다.
2. 추가 소요량([표 1-1-9] 참조)
   ① 주방 : 11층 이상으로 감면 조항을 적용하지 아니한다.
   ㉠ 주방 $40m^2$÷$25m^2$=1.6단위 → B급 2단위×1개
   ㉡ 주방이 $40m^2$로 $10m^2$를 초과하므로 → 자동확산소화기 2개(스프링클러 없음)
   ㉢ LPG 가스의 경우 → [표 1-1-9]의 제5호에서 연소기는 1개소이므로 보행거리 10m 이내에 B급 3단위 소화기 1개(LPG 용기실은 저장량이 300kg 미만이므로 추가 소화기 해당 없음)
   ㉣ 주방에 설치한 소화기 중 1대는 K급 소화기로 적용

② 변전실

$150m^2 \div 50m^2$ = 소화기 3개(C급) → C급은 단위수와 무관하다.

③ 보일러실 : 업무시설로 적용

㉠ $200m^2 \div 25m^2$ = B급 8단위 → 스프링클러가 설치되어 있으나 업무시설이므로 감면 안 됨.

㉡ 스프링클러 설치로 자동확산소화기는 면제됨.

㉢ 경유는 지정수량이 1,000L이므로 지정수량 미만으로 → B급 2단위 1개

3. 결론

① 조건에 의해 ABC 분말소화기로 2단위 소화기를 비치하여야 하므로 층별 수량은 다음과 같다.

㉠ 지상층

ⓐ 기본 수량 → 층별 A급 2단위×2개씩

ⓑ 추가 수량(11층) → • 11층 구획된 장소=$40m^2$×2개소, $50m^2$×4개소 각각 A급 2단위 소화기 총 6대 설치

• 주방=자동확산소화기×2개, B급 2단위×1개, B급 3단위×1개(=이는 2단위로 2개), K급 소화기 1대 포함

㉡ B1층 : 기본 수량 → A급 2단위×2개

㉢ B2층

ⓐ 기본 수량 → A급 2단위×2개

ⓑ 추가 수량 → 변전실(C급 소화기 3대)

보일러실(B급 8단위=2단위×4개)+경유 사용(B급 2단위×1개)

② 층별 배치(ABC 분말소화기 2단위 기준)

㉠ 11층 : 11개(기본 수량 2개+구획된 사무실 추가 6개+주방 3개)+자동확산소화기 2개, 주방소화기 3대 중 1대는 K급 소화기로 비치

㉡ 1~10층 : 각 층별로 2개씩

㉢ 지하 1층 : 2개

㉣ 지하 2층 : 10개(기본 수량 2개+변전실 추가 3개, 보일러실 추가 5개)

따라서 총 43개(2단위 기준)를 설치하여야 한다.

꼼꼼체크 최종 검토

위와 같이 소화기를 배치하고 난 후, 각 부분으로부터의 보행거리가 20m를 초과하게 된다면 위의 경우에도 불구하고 20m 이내가 되도록 소화기를 추가로 배치하여야 한다.

07 축압식 소화기와 가압식 소화기를 사용 가스, 장기보관, 지시압력계 항목에 대해 상호 비교하여 기술하라.

| 해답 |

구 분	축압식	가압식
사용 가스	약제와 가스가 직접 접촉하는 축압식의 경우는 다른 물질과 반응하지 않는 안정된 기체인 N_2를 주로 사용한다.	약제와 가스가 직접 접촉하지 않는 가압식의 경우는 압축압력이 더 큰 CO_2를 주로 사용한다.
장기 보관	소화기 내부의 N_2 가스로 인하여 습기의 침투가 어려워 약제의 응고현상이 가압식보다 적다.	소화기 내부에 압축가스가 없는 관계로 외부에서 습기가 침투되어 약제의 응고현상이 발생할 수 있다.
지시 압력계	소화기에 충전한 압축가스의 누설 등 내부압력의 변화를 확인하기 위해 지시압력계를 설치한다.	소화기 내부가 압축상태가 아니므로 지시압력계를 별도로 설치하지 않는다.

㈜ 지시압력계

- 지시압력계는 고압가스안전관리법의 규제(1MPa)를 받지 않도록 최대사용압력을 0.98MPa로 한다.
- CO_2 및 Halon 1301 소화기의 경우는 축압식일 경우에도 자기증기압으로 방출되므로 지시압력계를 설치하지 아니한다.

08 에어로졸 자동소화장치의 장단점을 각각 4가지 이상 기술하라.

| 해답 |

구분	내용
장 점	• 방사되는 에어로졸은 환경지수(ODP, GWP, ALT)가 0인 친환경적인 약제이다. • 기존의 가스계 소화설비에 비해 소화농도가 저농도로 약제질량 대비 소화성능이 우수하다. • 독성가스나 질식위험이 없는 인명안전에 우수한 약제이다. • 배관이나 약제용기 등 부속장치가 필요 없으며 이동이나 설치가 간편하다.
단 점	• 구획된 소공간에 한하여 소화적응성이 있다. • 승인 받은 설계방호체적 범위 내의 구획공간에서만 유효하다. • 수명이 10년 이내로 재설치 비용이 발생하게 된다. • 에어로졸 방사 시 부산물인 칼륨(K)이 발생하여 주변 장치류에 고착(固着)하게 된다.

㈜ • ODP(Ozone Depletion Potential) : 오존층 파괴지수
• GWP(Global Warming Potential) : 지구온난화지수
• ALT(Atmospheric Life Time) : 대기권 잔존수명

02 옥내소화전설비(NFPC & NFTC 102)

01 개 요

❶ 적용기준

[1] 설치대상 : 소방시설법 시행령 별표 4

위험물저장 및 처리시설 중 가스시설, 지하구, 업무시설 중 무인변전소(방재실 등에서 스프링클러설비 또는 물분무등소화설비를 원격으로 조정할 수 있는 무인변전소로 한정한다)는 옥내소화전을 제외한다.

[표 1-2-1] 옥내소화전설비 설치대상 기준

특정소방대상물		설치대상	
용도별	연면적(지하가 중 터널은 제외)	3,000m^2 이상	전층 설치
	지하층・무창층(축사는 제외한다)・4층 이상인 것 중 바닥면적	바닥면적 600m^2 이상	
	위에 해당되지 아니하는 근린생활시설, 판매시설, 운수시설, 의료시설, 노유자시설, 업무시설, 숙박시설, 위락시설, 공장, 창고시설, 항공기 및 자동차관련시설, 교정 및 군사시설 중 국방・군사시설, 방송통신시설, 발전시설, 장례식장 또는 복합건축물	연면적 1,500m^2 이상이거나 지하층・무창층・4층 이상인 층의 바닥면적이 300m^2 이상	
지하가 중 터널		길이 1,000m 이상	
		행정안전부령으로 정하는 터널(주)	
건물 옥상에 설치된 차고 또는 주차장		차고 또는 주차의 용도로 사용되는 부분의 면적이 200m^2 이상	
위에 해당되지 아니하는 공장 또는 창고시설		지정수량 750배 이상의 특수가연물을 저장・취급하는 것	

(주) 예상 교통량, 경사도 등 터널의 특성을 고려하여 행정안전부령으로 정하는 터널

[2] 설치 제외 : NFPC 102(이하 동일) 제11조/NFTC 102(이하 동일) 2.8

불연재료로 된 특정소방대상물 또는 그 부분으로서 옥내소화전설비 작동 시 소화효과를 기대할 수 없는 장소이거나 2차 피해가 예상되는 장소 또는 화재발생 위험이 적은 장소에는 옥내소화전 방수구를 설치하지 않을 수 있다. 방수구 설치 제외에 대한 대상은 NFTC 2.8(방수구의 설치 제외)에서 다음과 같이 규정하고 있다.

(1) 냉장창고 중 온도가 영하인 냉장실 또는 냉동창고의 냉동실

> **꼼꼼체크 ▌ 냉장**
>
> 냉장은 0℃ 이상인 온도를 유지하는 것이며, 냉동은 0℃ 이하인 온도를 유지하는 것이다.

(2) 고온의 노(爐)가 설치된 장소 또는 물과 격렬하게 반응하는 물품의 저장 또는 취급장소

(3) 발전소·변전소 등으로서 전기시설이 설치된 장소

(4) 식물원·수족관·목욕실·수영장(관람석 부분은 제외) 또는 그 밖의 이와 비슷한 장소

(5) 야외음악당·야외극장 또는 그 밖에 이와 비슷한 장소

> → ① 설치 면제는 옥내소화전 시스템 자체를 면제하는 것이며, 설치 제외(방수구)는 시스템 자체를 면제하는 것이 아니라 해당 장소에 국한하여 옥내소화전 방수구를 제외시켜 주는 것이다.
> ② 따라서 변전실 건물의 경우 옥내소화전설비를 면제하는 것이 아니라 방수구 설치를 제외한다는 의미는 변전실 내부에 대해서는 방수구를 설치하지 아니하나, 변전실 건물의 사무실, 복도 및 계단 등은 옥내소화전이 포용되도록 설치하라는 것이 입법의 취지이다.

❷ 옥내소화전설비의 분류

[1] 설비방식별 종류

(1) 호스방식과 호스릴방식의 비교

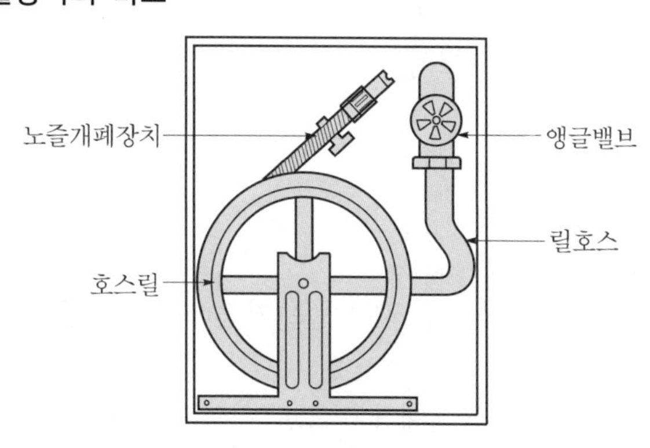

[그림 1-2-1] 호스릴용 호스와 노즐

[표 1-2-2] 옥내소화전설비 방식별 비교

구 분	호스방식	호스릴방식
수평거리	25m 이내	
수원	1개=$2.6m^3$	
	최대=$5.2m^3$(2개)	
방사압	0.17~0.7MPa	
방사량	130Lpm 이상	
개폐장치(노즐)	해당 없음	필요함 (NFPC 제7조 2항 4호, NFTC 2.4.2.4)
호스구경	40mm 이상	25mm 이상
최소배관구경	주관 50mm, 가지관 40mm	주관 32mm, 가지관 25mm

(2) 호스릴의 개념 및 특징

호스릴용 호스는 원형으로 감은 수납상태에서도 사용이 용이하도록 호스 단면(斷面)이 항상 원형이 유지되는 호스로 호스 바깥부분에 수지(樹脂)나 철심 등을 보강하여 변형되지 않도록 하고 호스 내외면에 합성수지나 고무를 사용한 호스이다. 호스릴 소화전은 호스방식 소화전에 비해 호스의 중량이 가벼우며 이로 인하여 방수 시 압력에 의한 반발력도 적기 때문에 노약자나 부녀자, 어린이 등 누구나 혼자서 손쉽게 사용하도록 배려한 설비로서 다음과 같은 특징이 있다.

① 소화전을 한 사람이 용이하게 조작하여 노약자 등도 간편하게 사용할 수 있는 설비이다.
② 호스구경이 작은(25mm) 관계로 무게가 가벼워 사용하기에 편리하다.
③ 호스는 회전하는 호스릴[원형의 드럼(Drum)]에 감아두고, 감아둔 상태에서도 호스 단면이 원형을 유지하도록 보형(保形) 호스를 사용한다.
④ 사용 시 호스가 중간에서 꺾이지 않아 즉각적으로 호스를 인출할 수 있다.
⑤ 호스 앞부분에는 노즐을 개폐할 수 있는 노즐개폐장치가 있다.
⑥ 호스가 접히지 않고 릴에 감겨져 있으므로 장기간 보관 시 소화전 호스와 같이 내장고무가 점착(粘着)되지 아니한다.
⑦ 수평거리, 방사압, 방사량, 수원의 기준은 소화전과 동일하나 주관 및 가지관의 관경은 다르다.

[2] 기동방식별 종류

(1) 수동기동방식(=원격기동방식)

ON-OFF 버튼을 이용하여 펌프를 원격으로 기동하는 방식을 말한다.

① 기준

㉠ 기동장치로는 기동용 수압개폐장치 또는 이와 동등 이상의 성능이 있는 것을 설치할 것. 다만, 학교, 공장, 창고시설(옥상에 2차 수원으로 옥상수조를 설치한 대상은

제외한다)로서 동결의 우려가 있는 장소에 있어서는 기동스위치에 보호판을 부착하여 옥내소화전함 내에 설치할 수 있다[제5조 1항 9호 단서(2.2.1.9 단서)].

㉡ 이 경우, 주펌프와 동등 이상의 성능이 있는 별도의 펌프로서 내연기관의 기동과 연동하여 작동되거나 비상전원을 연결한 펌프를 추가 설치할 것. 다만, 다음의 어느 하나에 해당하는 경우는 제외한다(NFTC 2.2.1.10).

ⓐ 지하층만 있는 건축물

ⓑ 고가수조를 가압송수장치로 설치한 경우

ⓒ 수원이 건축물의 최상층에 설치된 방수구보다 높은 위치에 설치된 경우

ⓓ 건축물의 높이가 지표면으로부터 10m 이하인 경우

ⓔ 가압수조를 가압송수장치로 설치한 경우

② **도입 배경** : 대규모 부지에 설치하는 다수 동의 건물(예 학교, 공장, 창고시설)의 경우는 다음과 같은 사유로 인하여 현재까지도 원격기동방식을 인정하고 있다. 또한 엔진펌프의 경우도 엔진 특성상 원격기동에 의한 방식을 인정하고 있다.

㉠ 넓은 부지에 많은 건물이 있는 경우 모든 동에 대하여 난방시설이 완비되지 않아 배관 내 충수되어 있는 경우에는 동파의 우려가 높다.

㉡ 외부에서 불특정 다수인이 출입하는 장소가 아닌 근무자만 출입하는 장소이므로 수동기동방식을 사용하여도 오조작의 가능성이 높지 않다.

㉢ 부지가 넓어 소화전 배관 내 충전되어 있는 소화수의 체적이 큰 관계로 소화전에서 방수를 하여도 배관 내 감압이 되는데 장시간이 소요되어 압력 체임버를 사용하는 자동기동방식의 경우 배관 내 감압을 즉시 감지하여 조기 작동하기가 곤란하다.

(2) 자동기동방식(=기동용 수압개폐방식)

① 기동용 수압개폐장치 또는 이와 동등 이상의 성능이 있는 것을 이용하여 펌프를 자동으로 기동하는 방식을 말한다. 제3조 9호(1.7.1.9)에서 "기동용 수압개폐장치"란 소화설비의 배관 내 압력 변동을 검지하여 자동적으로 펌프를 기동 및 정지시킬 수 있는 것으로서 압력 체임버 또는 기동용 압력 S/W 등으로 정의하고 있다.

② "기동용 수압개폐장치"라는 용어는 일본 소방법에서 사용하는 용어로 NFPC나 NFTC에서 이를 그대로 준용하고 있으나, 일본의 경우는 압력 체임버에 사용하는 압력 S/W를 "수압개폐기"라고 칭하고 있다.

[3] 가압송수장치별 종류

- 펌프방식(Pump type) ┬ 압력 체임버 사용방식
  └ 압력스위치 직결방식
- 고가수조방식(Gravity tank type)
- 압력수조방식(Pressure tank type)
- 가압수조방식(Cylinder tank type)

(1) **펌프방식** : 제5조 1항(2.2.1)

① **펌프의 기동방식** : 유지관리 및 소화설비의 성능 확보를 위하여 가압송수장치 중 주펌프는 전동기 펌프를 설치하도록 2015. 1. 23. 개정하였다.

㉠ 압력 체임버 사용방식 : 압력 체임버 외부에 부착된 압력스위치가 압력 체임버 내의 물의 압력에 따른 변위(變位)를 검출하여 이를 전기적 접점신호로 출력하는 장치로서 펌프를 기동하거나 정지시킬 수 있다. 압력 체임버 내의 수압 변화에 따라 벨로스의 접점이 on-off를 하면 이에 따라 펌프가 기동하거나 정지하게 된다.

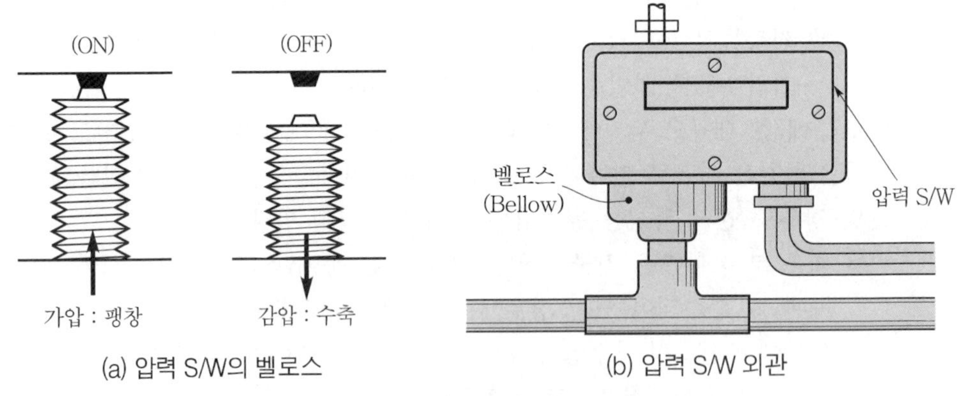

(a) 압력 S/W의 벨로스 (b) 압력 S/W 외관

[그림 1-2-2(A)] 압력 체임버 방식의 압력스위치

㉡ 압력스위치 직결방식 : 배관에 압력스위치를 직접 설치하는 방식이다. 입상관에 압력스위치를 직접 설치하게 되면 맥동압력에 대해서 즉각적으로 펌프가 작동하게 되어 단속(斷續)운전을 하게 된다. 따라서 이를 방지하기 위하여 펌프 토출측에서 분기한 15mm 이상의 황동관에 체크밸브를 2개 설치하고, 체크밸브 내부의 디스크에 2mm 크기의 오리피스 구멍을 뚫은 후 황동관의 한쪽은 펌프의 토출측에 접속하고 한쪽은 이곳에 압력스위치를 설치하는 방식이다.

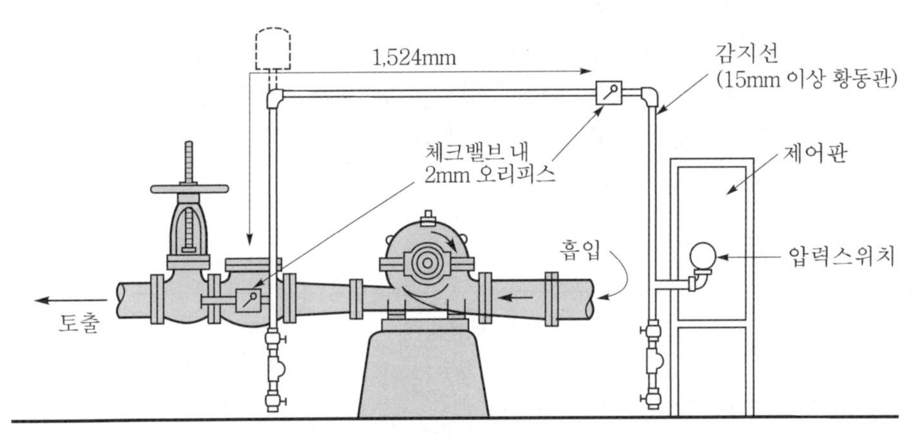

[그림 1-2-2(B)] 압력스위치 직결방식

② 성능기준

$$\text{펌프의 양정 } H(\text{m}) = H_1 + H_2 + H_3 + 17 \quad \cdots [\text{식 } 1-2-1]$$

(주) 호스릴옥내소화전설비를 포함한다.

여기서, H_1 : 건물의 실양정(Actual Head)(m)

H_2 : 배관의 마찰손실수두(m)

H_3 : 호스의 마찰손실수두(m)

단, 고층 건축물(30층 이상이거나 높이 120m 이상)은 펌프를 전용으로 설치하여야 하며, 주펌프 외에 동등 이상인 별도의 예비펌프를 추가로 설치해야 한다[NFPC 604(고층건축물) 제5조 3항].

③ 장단점

가압펌프방식에는 주펌프, 충압펌프, 압력 체임버, 물올림장치 등을 설치한다.

장 점	단 점
• 건물의 위치나 구조에 관계없이 설치가 가능하다. • 소요양정 및 토출량을 임의로 선정할 수 있다.	• 일정 규모 이상의 소방대상물에서는 비상전원이 필요하다. • 2차 수원이나 또는 예비펌프를 설치하여야 한다.

(2) 고가수조방식 : 제5조 2항(2.2.2)

저수와 송수를 겸하는 설비로서 고가수조의 자연낙차압을 이용하여 가압 송수하는 방식이다. 고가수조방식은 방수구를 열게 되면 펌프 및 전원이 없이 자연압으로 수조에서 가압수가 토출하게 된다.

① 성능기준

$$\text{필요한 낙차 } H(\text{m}) = H_1 + H_2 + 17 \quad \cdots [\text{식 } 1-2-2]$$

(주) 호스릴옥내소화전설비를 포함한다.

여기서, H_1 : 배관의 마찰손실수두(m)

H_2 : 호스의 마찰손실수두(m)

② 장단점

고가수조방식에는 수위계, 배수관, 급수관, Over-flow관 및 맨홀을 설치한다.

장 점	단 점
• 가장 안전하고 신뢰성이 높은 방식이다. • 별도의 동력원 및 비상전원을 필요로 하지 않는다.	• 필요한 낙차수두를 만족하는 저층부에 한하여 법정 압력이 발생하게 된다. • 고층부에서도 규정압이 발생하려면 건물보다 높은 위치에 수조를 설치하여야 한다.

(3) **압력수조방식** : 제5조 3항(2.2.3)

① **압력수조의 구조** : 소방분야에서 흔히 압력탱크로 칭하는 것은 압력수조가 아닌 압력 체임버(Pressure chamber)이다. 압력수조란 물을 압입(壓入)하고 컴프레서를 이용하여 압축한 공기압에 의해 가압 송수하는 방식으로 국제적으로 만수(滿水) 시 물의 부피는 탱크의 2/3이며, 나머지 1/3은 압축공기를 충전하여 탱크 용적의 2/3가 저수량의 최대한도가 된다.

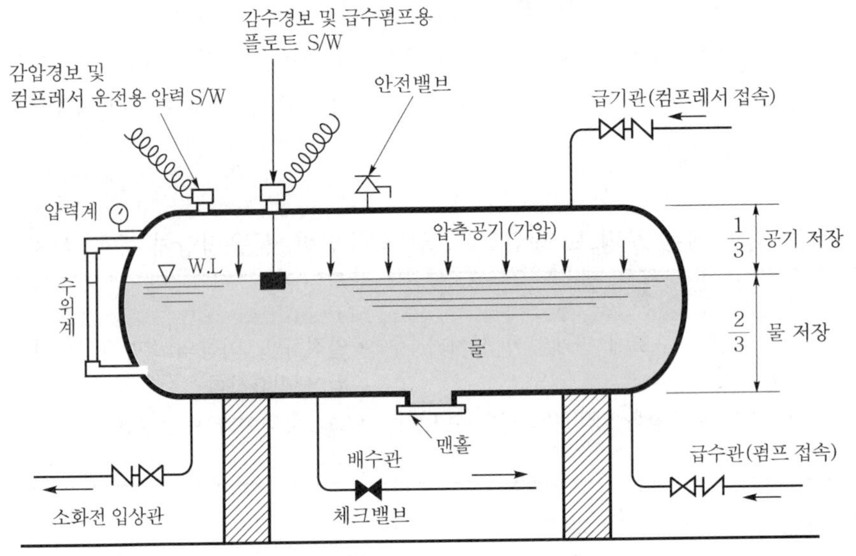

[그림 1-2-2(C)] 압력수조방식의 압력수조

② **성능기준** : 제5조 3항

$$\text{필요한 압력 } P(\text{MPa}) = P_1 + P_2 + P_3 + 0.17 \quad \cdots \text{[식 1-2-3(A)]}$$

(주) 호스릴옥내소화전설비를 포함한다.

여기서, P_1 : 낙차에 의한 환산수두압(MPa)

P_2 : 배관의 마찰손실수두압(MPa)

P_3 : 호스의 마찰손실수두압(MPa)

③ **장단점**

압력수조방식에는 수위계, 급수관, 배수관, 급기관, 맨홀, 압력계, 안전장치, 자동식 공기압축기(컴프레서)를 설치한다.

장 점	단 점
• 펌프방식보다 신속하게 기준수량에 대한 토출이 가능하다.	• 만수(滿水) 시 탱크용량의 2/3만 저수가 가능하다(1/3은 압축공기). • 방사 시 시간 경과에 따라 방사압이 감소하게 된다. • 컴프레서 등 부대설비가 필요하다.

(4) 가압수조방식 : 제5조 4항(2.2.4)

① **가압수조의 개념** : 가압수조란 사전에 충전한 압축공기나 불연성의 고압가스(주로 질소를 사용함)를 별도의 용기에 충전시킨 후 소화배관 내 압력 변화가 발생하면 이를 감지하여 자동으로 용기밸브가 개방되면 수조 내 물을 가압하여 그 압력으로 수조 내의 물을 송수하는 방식이다.

② **가압수조의 구조** : 압력수조와의 차이점은 컴프레서가 없이 가압원으로 가압수조 외부에 가압가스(공기나 불연성 가스 등을 압축한 것)의 용기 세트(set)를 설치하고, 가압수조와 연결되어 있으며, 가압가스 용기와 가압수조 사이에 압력조정기(압축공기의 압력을 감압하는 부분) 및 제어용 밸브가 부착되어 있다.

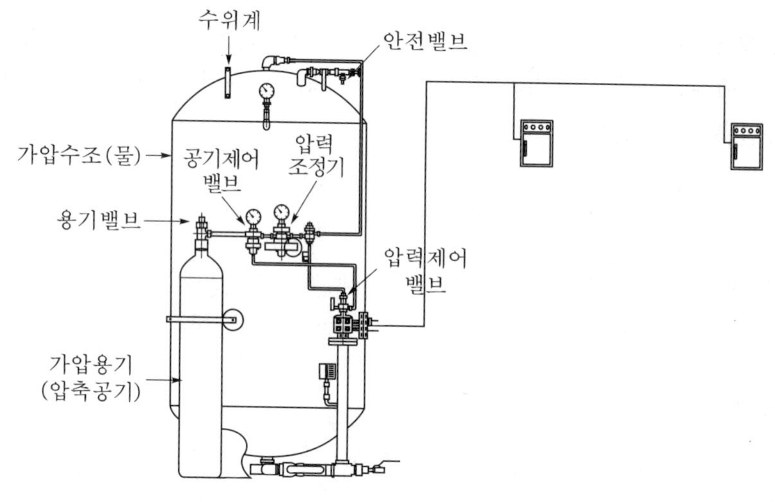

[그림 1-2-2(D)] 가압수조방식의 송수장치

③ **성능기준**

$$\text{필요한 압력 } P(\text{MPa}) = P_1 + P_2 + P_3 + 0.17 \quad \cdots \text{ [식 1-2-3(B)]}$$

여기서, P_1 : 낙차에 의한 환산수두압(MPa)

P_2 : 배관의 마찰손실수두압(MPa)

P_3 : 호스의 마찰손실수두압(MPa)

④ **장단점** : 가압수조방식에는 수위계 · 급수관 · 배수관 · 급기관 · 압력계 · 안전장치 및 수조에 소화수와 압력을 보충하는 장치를 설치한다.

장 점	단 점
• 수조 내의 수위나 가압가스의 압력을 임의로 설정하여 조정할 수 있다. • 비상전원이 필요 없는 가압송수장치이다.	• 가압용기의 압력 누설이 발생할 경우 이를 보충하지 않으면 규정 방사압과 방사량을 확보할 수 없게 된다. • 수조 및 가압용기는 방화구획된 장소에 한하여 설치가 가능하다.

02 옥내소화전의 수원

❶ 수원의 수량기준

[1] 1차 수원(주수원)

(1) **저층의 경우** : 옥내소화전의 설치 개수가 가장 많은 층의 설치 개수(2개 이상 설치된 경우에는 2개)에 2.6m^3(호스릴 옥내소화전설비를 포함한다)을 곱한 양 이상으로 한다[제4조 1항(2.1.1)].

(2) **고층의 경우** : 설치 개수가 가장 많은 층의 설치 개수(5개 이상 설치된 경우에는 5개)에 30층 이상 50층 미만은 5.2m^3를, 50층 이상은 7.8m^3를 곱한 양 이상이 되어야 한다[NFTC 604(고층건축물) 2.11)].

$$수원의\ 양(m^3) = N \times K \quad \cdots [식\ 1-2-4]$$

여기서, N : 1개 층당 최대소화전의 수(30층 미만 최대 2개, 30층 이상 최대 5개)
K : 2.6(30층 미만), 5.2(30층 이상 50층 미만), 7.8(50층 이상)

꼼꼼체크 | *K* 값의 개념

*K*는 유효방사시간 내 토출되는 노즐 1개당 토출량으로 2.6은 130Lpm × 20분, 5.2는 40분, 7.8은 60분을 방사하는 것을 기준으로 한 것이다.

[2] 2차 수원(옥상수원)

(1) **기준** : NFTC 2.1.2

산출된 유효수량 외 유효수량의 1/3 이상을 옥상(옥내소화전이 설치된 건축물의 주된 옥상을 뜻한다)에 설치해야 한다. 다만, 다음의 어느 하나에 해당하는 경우에는 그렇지 않다.

① 지하층만 있는 건축물
② 고가수조를 가압송수장치로 설치한 경우
③ 수원이 건축물의 최상층에 설치된 방수구보다 높은 위치에 설치된 경우
④ 건축물의 높이가 지표면으로부터 10m 이하인 경우
⑤ 주펌프와 동등 이상의 성능이 있는 별도의 펌프로서 내연기관과 연동하여 작동되거나 비상전원을 연결하여 설치한 경우

→ 최근에는 경제성 등의 문제로 인하여 2차 수원으로 옥상수조 대신 예비펌프 설치를 선호하고 있으며 옥상수조보다 예비펌프로 설치하는 비율이 압도적으로 높다.

⑥ NFTC 2.2.1.9의 단서에 해당하는 경우

> **꼼꼼체크** | NFTC 2.2.1.9 단서
>
> 학교·공장·창고시설로서 동결의 우려가 있는 장소에 있어서 기동스위치에 보호판을 부착하여 함내에 설치한 경우를 말한다.

⑦ 가압수조를 가압송수장치로 설치한 옥내소화전설비

(2) 해설

옥상수조는 화재 시에 주펌프 고장 등과 같은 비상상황이 발생할 경우 옥상에 설치한 수조를 이용하여 자연 낙차압으로 방사되는 물을 가지고 소화전을 사용하기 위한 조치이다. 그러나 이는 어디까지나 보조적인 조치인 것이 옥상의 아래쪽에 있는 고층부에서는 규정압이 발생하지 못하기 때문이다.

[3] 설비 겸용 시 수원

(1) 기준 : 제12조 1항(2.9.1)

옥내소화전설비의 수원을 수계 소화설비의 수원과 겸용하여 설치하는 경우 각 소화설비에 필요한 저수량을 합한 양 이상이 되도록 해야 한다. 다만, 이들 소화설비 중 고정식 소화설비(펌프·배관과 소화수 또는 소화약제를 최종 방출하는 방출구가 고정된 설비를 말한다. 이하 같다)가 2 이상 설치되어 있고, 그 소화설비가 설치된 부분이 방화벽과 방화문으로 구획되어 있는 경우에는 각 고정식 소화설비에 필요한 저수량 중 최대의 것 이상으로 할 수 있다.

> **꼼꼼체크** | 수계 소화설비
>
> 본 교재에서 수계 소화설비라고 기술한 것은 스프링클러설비(간이 및 화재조기진압용 포함)·물분무소화설비·미분무소화설비·포소화설비 및 옥외소화전설비를 총칭한 단어이다.

(2) 해설

① 2개 이상의 소화설비가 설치된 경우 해당하는 유효수량을 서로 합산하여 1개의 저수조에 이를 설치할 수 있다는 근거를 제시함과 동시에, 2개 이상의 고정식 소화설비가 각각 설비별로 방화구획되어 있을 경우에는 (물론 완전구획을 포함하여) 각 해당 설비의 유효수량 중에서 최대량을 겸용 설비의 수량으로 적용할 수 있다는 뜻이다.

② 이는 설비별로 방화구획(완전구획 포함하여)이 되어 있으므로 화재가 동시에 2개소에서 발생하지 않는다는 싱글 리스크(Single risk) 개념에 따라 화재 초기에 방화구획된 2개의 장소에서 동시에 소화설비를 사용하지 않는다는 전제하에 위 기준을 제정한 것이다.

❷ 유효수량의 기준

[1] 유효수량의 개념 : 제4조 5항(2.1.5)

지하수조 및 옥상수조의 저수량을 산정함에 있어서 다른 설비와 겸용하여 수조를 설치하는 경우에는 옥내소화전설비의 풋밸브(Foot valve) · 흡수구 또는 수직배관의 급수구와 다른 설비의 풋밸브 · 흡수구 또는 수직배관의 급수구와의 사이의 수량을 그 유효수량으로 한다.

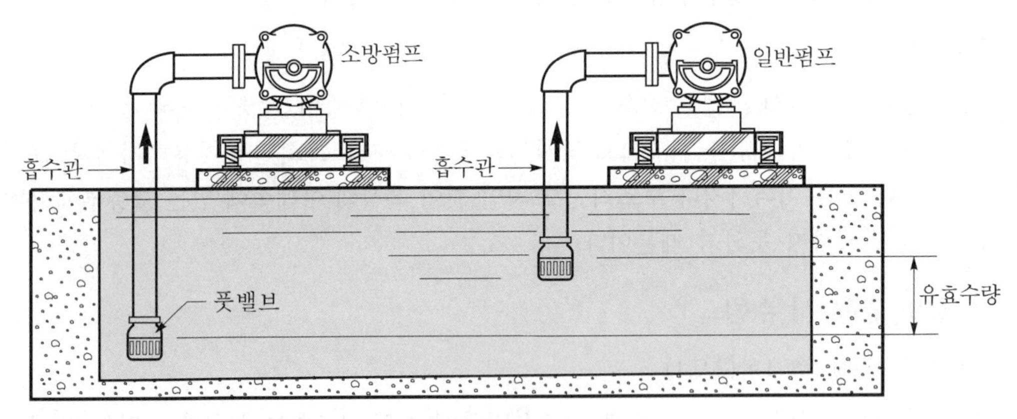

[그림 1-2-3] 유효수량(지하수조)

[2] 설비 겸용 시 유효수량 : NFTC 2.1.4

수원을 수조로 설치하는 경우에는 소방설비의 전용수조로 해야 한다. 다만, 다음의 어느 하나에 해당하는 경우에는 그렇지 않다.

(1) 옥내소화전펌프의 풋밸브 또는 흡수배관의 흡수구를 다른 설비(소방용 설비 외의 것을 말한다)의 풋밸브 또는 흡수구보다 낮은 위치에 설치한 때

(2) 고가수조로부터 옥내소화전설비의 수직배관에 물을 공급하는 급수구를 다른 설비의 급수구보다 낮은 위치에 설치한 때

03 소방펌프의 개요

❶ 원심펌프의 분류

원심(遠心)펌프(Centrifugal pump)란 펌프 회전 시의 토출량이 부하에 따라 일정하지 않은 비용적(Turbo)형의 펌프로서 이는 임펠러(회전차)의 회전으로 유체에 회전운동을 주어 이때 발생하는 원심력에 의한 속도에너지를 압력에너지로 변환하는 방식의 펌프이다.

펌프 동체(胴體)에 물을 채운 후 임펠러를 고속으로 회전시키면 원심력에 의해 중심부의 물이 밖으로 흘러나오게 되며, 중심부는 압력이 저하되어 진공에 가까워진다. 이때 대기압에 의해 임펠러 중심을 향해 흡입구로부터 계속해서 물이 흘러들어오게 되며 이후 흡입배관으로부터 물을 항상 보충하여 주면 물은 연속적으로 흡입되고 이후 속도에너지에 의해 가압상태로 변환하게 된다.
소방용 펌프는 일반적으로 원심식 펌프를 사용하며 다음과 같이 구분할 수 있다.

[1] 안내날개에 의한 종류

(1) 볼류트(Volute)펌프

임펠러의 바깥둘레에 안내날개(Guide vane)가 없으며 이로 인하여 임펠러가 직접 물을 케이싱(Casing)으로 유도하는 펌프로서 주로 저양정이나 중양정 펌프에 사용한다.

(2) 터빈(Turbine)펌프

임펠러의 바깥둘레에 안내날개가 있어 임펠러 회전운동 시 물을 일정하게 유도하는 펌프로서 주로 고양정 펌프에 사용한다.

[표 1-2-3] 볼류트펌프와 터빈펌프의 비교

구 분	볼류트(Volute)펌프	터빈(Turbine)펌프
안내날개	없다.	있다.
임펠러의 수량	1단인 경우가 많다.	다단인 경우가 많다.
양정	저양정 · 중양정	고양정
토출량	터빈펌프보다 소량이다.	볼류트펌프보다 다량이다.
캐비테이션(Cavitation) 현상	발생하기 쉽다.	발생하기 어렵다.
형상	소형으로 간단하다.	대형으로 복잡하다.

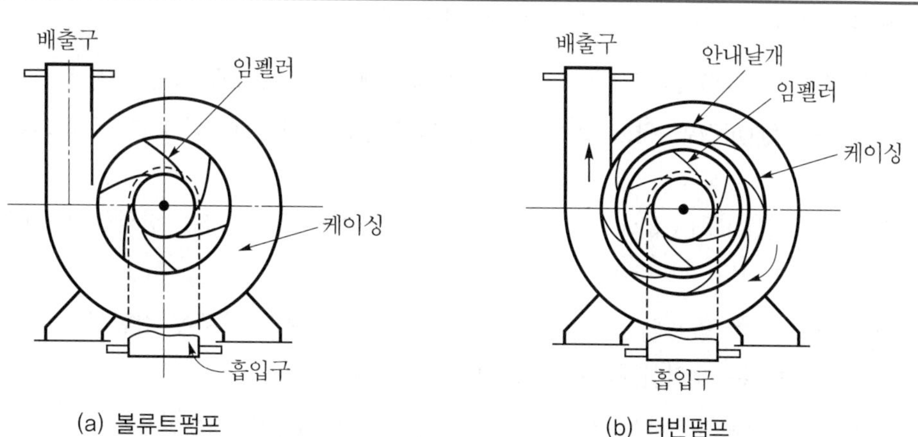

[그림 1-2-4] 볼류트펌프와 터빈펌프

[2] 단수에 의한 종류

(1) 1단펌프(Single stage)

하나의 케이싱 내에 1개의 임펠러를 가지고 있는 펌프로 저양정의 경우에 주로 사용한다.

(2) 다단(Multi stage)펌프

하나의 케이싱 내의 동일 축상에 2개 이상의 임펠러가 나란히 배열된 펌프로 고양정의 경우에 주로 사용한다. 다단펌프의 경우는 제1단을 통과한 물이 다음 임펠러의 중심으로 흡입되어 압력이 증가된 후 또 다음 단으로 흡입되며 이를 연속적으로 수행하여 높은 토출압력을 얻게 된다. 다단의 경우에 토출능력은 증가시킬 수 있으나 흡입능력을 증가시킬 수는 없다.

[3] 흡입구에 의한 종류

(1) 편흡입(Single suction)펌프

임펠러의 한쪽에서만 물을 흡입하는 펌프로 토출유량이 양정에 비해 적은 경우에 주로 사용한다.

(2) 양흡입(Double suction)펌프

임펠러의 양쪽에서 흡입하는 펌프로 1단펌프에 비해 토출량이 큰 경우에 주로 사용한다.

❷ 소방펌프의 특성

[1] 기준

(1) 주펌프는 전동기에 따른 펌프로 설치해야 한다[제5조 1항 단서(2.2.1 단서)].

(2) 체절운전 시 정격토출압력의 140%를 초과하지 아니하고, 정격토출량의 150%로 운전 시 정격토출압력의 65% 이상이 되어야 한다[제5조 1항 7호(2.2.1.7)].

(3) 위 기준은 토출압력을 양정으로 변환시켜 작성해 보면 다음과 같은 의미가 된다.

① 체절양정(締切揚程 ; Shut off head)은 정격양정(Rated head)의 140%를 초과하지 않아야 한다.

② 정격토출량(Rated capacity)의 150%를 방사하여도 토출압력은 정격양정의 65% 이상이 되어야 한다.

(4) 부식 등으로 인한 펌프의 고착을 방지할 수 있도록 다음의 기준에 적합한 것으로 할 것. 다만, 충압펌프는 제외한다(NFTC 2.2.1.17).

① 임펠러는 청동 또는 스테인리스 등 부식에 강한 재질을 사용할 것

② 펌프축은 스테인리스 등 부식에 강한 재질을 사용할 것

[2] 해설

(1) 소방펌프의 조건 : 제5조 1항 4호(2.2.1.4)

옥내소화전설비의 경우 펌프 정격토출량은 최대로 소화전 2개(층별)의 소요 방사량이며, 스프링클러설비의 경우 정격토출량은 기준개수의 헤드 소요 방사량이 된다. 따라서 펌프 동작 시 최소방사유량은 소화전 1개(또는 헤드 1개)의 방사량부터 정격토출량을 초과하여 방사되는 경우 등 여러 가지 상황이 발생할 수 있다. 일반 공업용 펌프와 달리 이와 같이 소화설비용 펌프는 방사량이 매우 가변적이므로, 정격토출량에서는 규정 방사압을 유지하여야 하면서 방사량이 정격점보다 지나치게 작을 경우와 방사량이 정격점을 초과할 경우 양정의 급격한 상승이나 하강이 되는 것을 방지하여야 한다.

따라서 제5조 1항 7호(2.2.1.7)의 조건은 소방펌프의 경우 다양한 유량 변동에 따라 압력이 급격하게 상승하거나 감소하지 않도록 요구한 것으로 이러한 상황 때문에 소방펌프는 별도의 특성이 필요하다.

(2) 소방펌프의 특성(Characteristic)

① **펌프의 특성곡선** : 소방펌프는 다음과 같은 별도의 특성을 요구하며 이를 그래프화하여 펌프의 토출량과 양정과의 변화를 나타낸 곡선을 펌프의 특성곡선(일명 성능곡선)이라 한다.

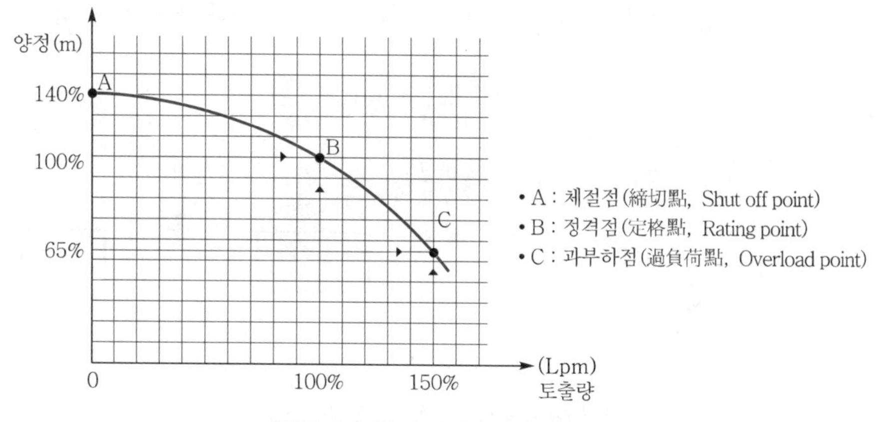

[그림 1-2-5] 소방펌프의 특성곡선

② **체절운전** : 펌프의 토출측 밸브를 잠그고 펌프를 가동시키는 무부하 운전상태를 체절운전이라고 하며, 이 경우에는 압력 및 수온이 상승하고 펌프가 공회전하게 된다. 이러한 체절운전 시의 압력은 펌프가 발생하는 상한압이 되며 이를 체절압력(수두는 체절양정)이라 하며 NFPA Code에서는 Churn Pressure라 한다. 체절(締切)이란 일본식 한자 표현으로 '전부 닫혀 있다'는 뜻으로 밸브를 전부 잠그고 시험한다는 의미이다. 체절운전 시는 소방펌프의 경우 정격토출압의 최소 101%에서 최대 140% 이하가 되어야 한다. 이는 토출유량이 0이므로 배관 내 압력이 급격히 상승하는 것을 방지하기 위한

조치이다. 옥내소화전설비에서 체절운전 시에는 압력이 급격히 상승하므로 배관이나 부속류의 안전을 위하여 펌프의 토출측에 릴리프밸브를 설치한다.

③ **과부하운전** : 정격토출량의 1.5배를 방사하는 과부하운전의 경우 과부하운전점에서의 펌프 압력은 정격압력의 65% 이상이 되어야 한다. 체절운전이나 과부하운전에서의 유량과 압력은 성능시험배관을 이용하여 측정하며, 이 경우 압력은 펌프 토출측의 체크밸브 하단에 설치된 압력계로 확인하며, 유량은 성능시험배관상에 부착된 유량계를 이용하여 확인하도록 한다.

3 소방펌프의 동력

[1] 펌프동력의 개념

펌프에 의해 유체(소화수)에 주어지는 동력을 수동력(水動力) P_W라 하며, 모터에 의해 펌프에 주어지는 동력을 축동력(軸動力) P_S라 한다.

이 경우 실제 운전에 필요한 실제 소요동력 즉, 모터 자체의 동력인 모터동력을 P라 하면 $P > P_S > P_W$가 된다.

이때 축동력에너지가 물에 주는 에너지의 비(수동력과 축동력의 비)를 효율(Efficiency)이라 하며 $\eta(\text{효율}) = \frac{P_W}{P_S}$가 되며, 모터동력과 축동력의 비가 전달계수 $K = \frac{P}{P_S}$가 된다.

따라서 모터동력 $P = K \times P_S = K \times \left(\frac{P_W}{\eta}\right)$이 된다.

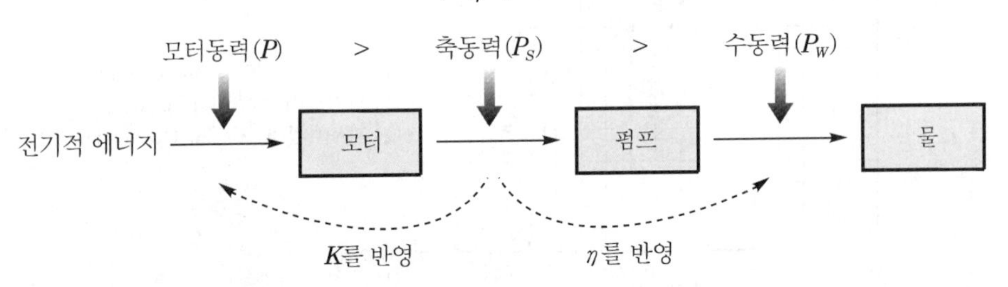

[그림 1-2-6] 수동력 · 축동력 · 모터동력의 관계

$$K = \frac{P}{P_S} \text{ 및 } \eta = \frac{P_W}{P_S} \quad \cdots \text{[식 1-2-5]}$$

여기서, K : 전달계수(1보다 크다)
P : 모터동력(kW)
η : 효율(1보다 작다)
P_S : 축동력
P_W : 수동력

[2] 전달계수(K)

전달계수는 결국 모터에 의해 발생되는 동력이 축(Shaft)에 의해 펌프에 전달될 때 발생하는 손실을 보정한 것으로 여유율의 개념이다. 전동기 직결의 경우 $K=1.1$, 전동기 직결이 아닌 경우(내연기관 등)는 $K=1.15\sim1.2$를 적용한다.

[3] 펌프동력의 일반식

$$P(\text{kW})=\frac{0.163\times Q\times H}{\eta}\times K \quad \cdots \text{[식 1-2-6]}$$

여기서, P : 전동기의 출력(kW)
Q : 토출량(m^3/min)
H : 양정(m)
η : 효율(소수값)
K : 전달계수

04 소방 유체역학

❶ 연속의 법칙

배관 내를 정상류(定常流 ; Steady flow)가 흐를 때 2개의 단면을 가정하고 다음 그림과 같이 각각의 단면적을 A_1, A_2, 유속을 V_1, V_2라고 하자.

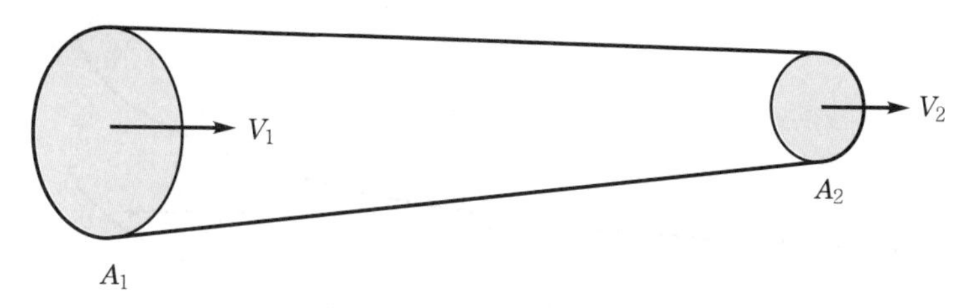

[그림 1-2-7(A)] 관 내의 유속과 단면

이때 단면 A_1과 단면 A_2를 유체가 연속하여 흐를 때, 질량보존의 법칙에 따라 단면 A_1을 통과하는 유입량과 단면 A_2를 통과하는 유출량은 동일하다. 만일 그렇지 않다면 흐르는 유체가 도중에서 소멸 또는 생성되었다는 뜻으로 이는 불가하다. 유체의 밀도를 ρ_1, ρ_2라면 단위시간 동안 단면을 통과하는 질량유량(kg/sec) $m=\rho_1A_1V_1=\rho_2A_2V_2$가 된다. 소방에서 취급하는 물의 경우는 비압축성 유체이므로 모든 구간에서 $\rho_1=\rho_2$가 되므로 결국

$A_1 \cdot V_1 = A_2 \cdot V_2 = Q(\mathrm{m^3/sec})$가 된다. 이와 같이 단위시간당 모든 단면을 통과하는 유량의 체적은 같으며 이를 연속의 법칙(Principle of continuity)이라 하며, 비압축성 유체에 대해서는 $Q(\mathrm{m^3/sec}) = A_1 \cdot V_1 = A_2 \cdot V_2 = \mathrm{const}$(일정)하다.

$\therefore \dfrac{V_1}{V_2} = \dfrac{A_2}{A_1}$가 된다.

$$Q = A_1 \cdot V_1 = A_2 \cdot V_2 \quad \cdots [\text{식 } 1-2-7(\text{A})]$$

여기서, Q : 단면을 통과하는 체적유량($\mathrm{m^3/sec}$)

A_1, A_2 : 배관의 단면($\mathrm{m^2}$)

V_1, V_2 : 단면에서의 유속(m/sec)

위 식은 "단위시간당 단면 A를 통과하는 체적유량 Q는 관경에 관계없이 일정하다"는 의미로 이는 질량이 중간에서 증가하거나 감소하지 않는 것을 나타낸 유체에 대한 「질량보존의 법칙」으로 "배관 내를 흐르는 체적유량은 언제나 일정하다"는 의미이다.

❷ 베르누이(Bernoulli) 정리

유체는 배관 내에서도 에너지 보존법칙이 성립하므로 배관 내를 흐르는 유체는 모든 위치에서 일정한 에너지 값을 가지며 즉, 에너지는 보존(保存)된다.

따라서 손실을 고려하지 않는 이상유체라면 에너지 보존법칙에 따라 모든 위치에서 "운동에너지+위치에너지+압력에너지=일정"하므로 이 식을 베르누이 정리(Bernoulli's theorm)라 하며 이는 결국 유체에 대한 「에너지 보존법칙」을 의미한다. 이를 수두로 표현하면 다음의 식이 된다.

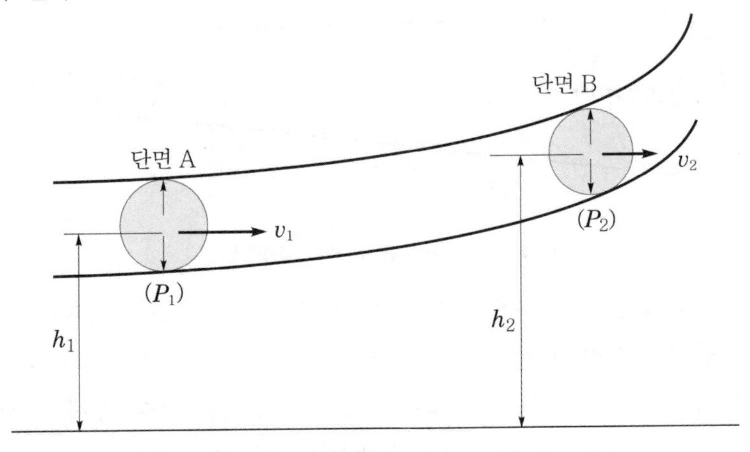

[그림 1-2-7(B)] 배관 내의 소방유체

$$\frac{v^2}{2g} + h + \frac{P}{\gamma} = \text{const.} \qquad \cdots [식\ 1-2-7(B)]$$

여기서, v : 배관의 단면을 통과하는 유체의 속도(m/sec)

g : 중력가속도

h : 기준위치에서 배관 단면 중심까지의 높이(m)

P : 배관에 작용하는 유체의 압력(N/m^2)

γ : 물의 비중량(比重量 ; Specific weight) 1,000kgf/m^3=9,800N/m^3

각 항은 물리적 성격이 다른 물성량이나 $\frac{v^2}{2g} = \left(\frac{L}{T}\right)^2 \Big/ \left(\frac{L}{T^2}\right)$=[L]이 되며, h=[L]이며, $\frac{P}{\gamma} = \left(\frac{F}{L^2}\right) \Big/ \left(\frac{F}{L^3}\right)$=[L]로서 모두 길이 [L]의 차원으로 표시할 수 있다. 즉, 이는 에너지로 된 각 항을 길이 [L]의 단위로 표시한 것으로 이때 각 항을 수두(水頭 ; Head)라 하며 S.I 단위는 미터(m)가 된다. 결국 수두란 물 1kgf가 가지고 있는 에너지를 물기둥의 높이(m)로 표시한 것이다. 이때 각 항은 유체의 단위중량에 대한 에너지 개념으로 다음의 의미를 갖는다.

- $\frac{v^2}{2g}$ =속도수두(Velocity Head) → H_v(m)
- h =위치수두(Potential Head) → H_h(m)
- $\frac{P}{\gamma}$ =압력수두(Pressure Head) → H_p(m)

따라서 전 수두(Total Head)를 H라고 하면 전 수두 $H(m) = H_v + H_h + H_p = \text{const}$가 된다. "속도수두+위치수두+압력수두=일정"하므로 동일 높이에서는 위치수두가 같으므로 결국 "속도수두+압력수두=일정"하며, 이는 배관 내에 유체가 흐를 때 속도가 증가하면 압력이 감소하고, 속도가 감소하면 압력이 증가한다는 속도와 압력과의 관계를 나타내는 것으로 이것이 베르누이 정리의 핵심이라 할 수 있다.

예제 직경 400mm의 대형 배관에 직경 75mm이고 속도계수가 0.96인 노즐이 부착되어 물이 분출되고 있다. 이때 400mm 관 내의 압력수두가 6m라면 노즐 출구에서의 유속(m/sec)은 얼마인가?

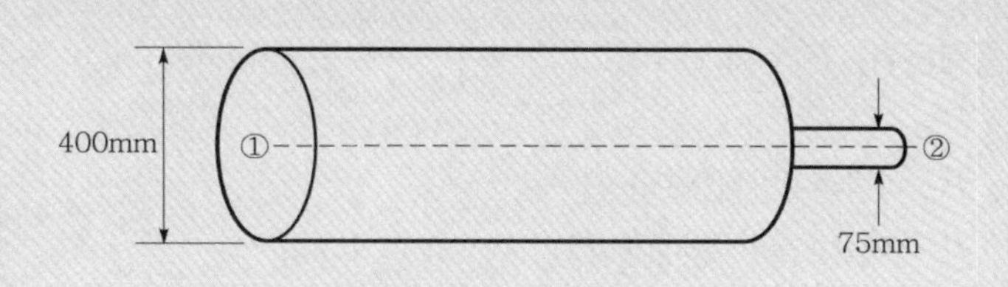

풀이 관경 내부 ①과 동일 위치의 노즐 출구 ②에서 베르누이의 정리는 다음과 같다.

$$\frac{P_1}{\gamma}+\frac{V_1^2}{2g}+h_1=\frac{P_2}{\gamma}+\frac{V_2^2}{2g}+h_2$$

이때 $h_1=h_2$이며 정압인 $P_2=0$, $\frac{P_1}{\gamma}=6\text{m}$이다.

$$\therefore\ 6+\frac{V_1^2}{2g}=\frac{V_2^2}{2g}\ \cdots\cdots\cdots\cdots \text{식 ⓐ}$$

또 ①지점과 ②지점에서 연속방정식이 성립하므로

$$V_1\times A_1=V_2\times A_2,\ V_1\times\frac{\pi}{4}d_1^2=V_2\times\frac{\pi}{4}d_2^2$$

$$V_1=V_2\times\left(\frac{d_2}{d_1}\right)^2=\left(\frac{75}{400}\right)^2\times V_2\fallingdotseq(0.035)\times V_2\ \cdots\cdots\cdots\cdots \text{식 ⓑ}$$

따라서 식 ⓑ를 식 ⓐ에 대입하고, $g=9.81$이므로

$$6+\frac{(0.035\,V_2)^2}{2\times 9.81}=\frac{V_2^2}{2\times 9.81}$$, 양변에 2×9.81을 곱하면

$$V_2^2(1-0.035^2)=6\times 19.62$$

$$V_2=\sqrt{\frac{6\times 19.62}{(1-0.035^2)}}\fallingdotseq\sqrt{\frac{117.72}{0.999}}\fallingdotseq 10.855$$

그런데 속도계수가 0.96이므로 유속 $V=C\times V_2=0.96\times 10.855\fallingdotseq 10.42\text{m/sec}$

❸ 하젠-윌리엄스(Hazen-Williams)의 식

[1] 개념

소화설비에서 다루는 물은 비압축성 유체이며, 온도 및 점성을 고려할 필요가 없는 유체인 관계로 배관의 마찰손실 계산은 특별히 물만을 기준으로 한 Hazen-Williams의 공식을 소방분야에서는 많이 사용한다. 실험을 기초로 하여 제정한 Hazen-Williams의 공식은 물에 대해서만 적용이 가능하며 기타 유체에서는 적용할 수 없다.

$$[\text{SI 단위}]\ P=6.053\times 10^4\times\frac{Q^{1.85}}{C^{1.85}\times d^{4.87}}\times L \qquad \cdots [\text{식 } 1-2-8(\text{A})]$$

$$[\text{중력단위}]\ P_f=6.174\times 10^5\times\frac{Q^{1.85}}{C^{1.85}\times d^{4.87}}\times L \qquad \cdots [\text{식 } 1-2-8(\text{B})]$$

여기서, P : 마찰손실압력(MPa)
P_f : 마찰손실압력(kgf/cm²)
Q : 유량(L/min)

C : 관마찰손실계수(상수)
d : 관의 내경(mm)
L : 배관의 길이(m)

근사값으로 P와 P_f의 상수값(6.053과 6.174)을 같다고 보면, 배관의 마찰손실압력은 "SI(MPa) 단위의 수치×10=중력단위(kg/cm²)의 수치"가 된다.

[2] C factor(관마찰손실계수)

(1) 개념

C값은 무차원의 수로 배관의 재질, 상태, 조건에 관련된 수치로 이를 마찰손실계수(Friction loss coefficient)라 하며 이는 전기공학에서 말하는 전기회로에서 도전율(導電率; Conductivity)과 유사한 개념이다.

꼼꼼체크 ▌ C factor

C factor를 일명 유량(流量)계수 또는 조도(粗度)계수라고도 한다.

배관의 재질이나 상태에 따라서 C값이 달라지며, C값이 작아지면 손실압력이 증가하며 C값이 커지면 손실압력이 감소하게 된다. 따라서 경년(經年)변화에 따라 C값은 점차로 감소하게 되며 강관보다 동관이나 스테인리스관의 경우는 C값이 증가하게 된다.

(2) 적용

① Hazen-Williams의 식을 적용할 경우 유량(Q), 배관의 내경(d) 및 배관길이(L)는 사전에 알 수 있는 값이나 C factor에 대해서는 무차원의 수로 배관의 재질, 상태, 경년(經年)에 따라 관련 테이블(Table)을 이용하여야 하며 NFPA에서는 배관의 재질에 따라 다음의 표를 제시하고 있다.

[표 1-2-4] 배관 종류별 C의 수치

백 관		흑 관		① 동관 ② 스테인리스관 ③ PVC관
① 습식 ② 일제살수식	① 준비작동식 ② 건식	① 습식 ② 일제살수식	① 준비작동식 ② 건식	
C=120	C=100	C=120	C=100	C=150

㈜ NFPA 13(Sprinkler) 2022 edition Table 28.2.4.8.1

② C값은 원칙적으로 신규 건물은 C=140이나 경년변화를 감안하여 설계 시에는 일반적으로 C=120으로 적용하며, 또한 시스템별로 C값이 다를 경우에는 환산계수(Conversion factor)를 이용하여 각 수두값을 변환시켜 사용하여야 하며, 이 경우는 다음의 표를 이용하여 계산하여야 한다. 다음의 표는 C값을 120을 기준으로 하고 C값이 다른 경우 이를 환산하는 계수를 나타낸 것이다.

[표 1-2-5] C의 환산계수(C=120을 기준으로 할 경우)

C의 값	100	120	130	140	150
환산계수	0.713	1.00	1.16	1.33	1.51

05 옥내소화전 펌프의 설계(양정 및 토출량)

❶ 펌프의 양정 기준

펌프의 설계는 결국 양정 및 토출량을 설계하는 것으로 양정(揚程) 계산은 가압펌프의 성능을 결정하는 가장 중요한 요소로 다음의 기준에 의해 적용한다.

$$H(\mathrm{m}) = H_1 + H_2 + H_3 + 17\mathrm{m} \quad \cdots \text{[식 1-2-9]}$$

여기서, H : 펌프의 양정(m)
H_1 : 건물의 실양정(m)
H_2 : 배관의 마찰손실수두(m)
H_3 : 호스의 마찰손실수두(m)

국내의 경우 마찰손실수두인 H_2 및 H_3에 대하여 공인된 테이블이 없는 관계로 실무에서는 설계 시 미국이나 일본 등 외국의 여러 기준을 준용하고 있으며 설계 테이블이 통일되어 있지 않는 실정이다. 특히 부속류의 경우는 각 제조사에서 자사 제품에 대한 손실압력을 시험 후 공인된 등가길이를 반드시 제시하여야 한다. H_1, H_2, H_3에 대하여 각각 개별 사항을 검토하면 다음과 같다.

[1] 건물의 실양정(= 낙차 및 흡입수두) : H_1

H_1의 개념은 최고 위치에 설치된 방수구 높이로부터 수조 내 펌프의 흡수면까지의 수직 높이를 뜻한다. 따라서 H_1은 다음과 같이 표현할 수 있다.

H_1(m) = 흡입 실양정(Actual suction head) + 토출 실양정(Actual delivery head)

이때 흡입 실양정이란 흡수면에서 펌프축 중심까지의 수직거리이며, 토출 실양정이란 최고 위치에 설치된 소화전 방수구의 높이에서 펌프축 중심까지의 수직거리를 뜻한다. 따라서 H_1은 실양정(實揚程 ; Actual Head)을 말한다.

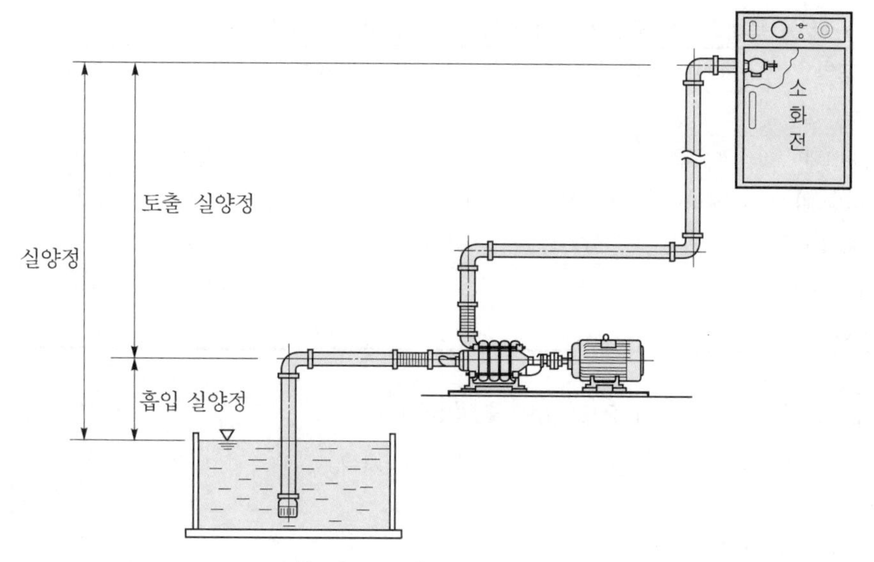

[그림 1-2-8] 펌프의 실양정

[2] 배관의 마찰손실수두 : H_2

물이 배관 내를 흐르면 마찰손실에 의하여 압력 강하가 일어나며 이때 발생하는 배관 및 관 부속류의 마찰손실(Friction loss)을 수두로 나타낸 것이 배관의 "마찰손실수두"이다. 이는 관경, 유량, 배관의 종류 및 관의 상태, 부속류의 종류에 따라 달라진다.
배관의 마찰손실수두 H_2는 다음과 같이 구분할 수 있다.

H_2(m) = 직관(直管)의 손실수두 + 관 부속류 등의 손실수두

직관의 마찰손실을 구하는 이론식은 여러 방법이 있으나 물을 대상으로 하는 소방 유체역학에서는 직관의 손실계산에서는 Hazen－Williams의 식을 사용한다.
그러나 부속류의 경우는 식에 의해 손실수두를 구할 수가 없으므로 부속류별로 배관의 등가(等價)길이(Equivalent length)로 환산하여 직관으로 변환한 후 이를 부속류의 손실로 계산하여야 한다.

(1) 직관의 경우

① 옥내소화전설비의 경우

정확한 직관의 마찰손실을 구하기 위해서는 Hazen－Williams의 식을 이용하여 매번 수계산을 하여야 하나, 소화전의 경우 유량이 130Lpm의 1~5배수가 되는 특정한 값에 국한하여 적용되기에 대부분 규약배관의 테이블을 이용하여 직관의 손실을 구한다.

[표 1-2-6(A)] 옥내소화전 직관의 마찰손실수두(관길이 100m당)

유량 (L/min)	40mm	50mm	65mm	80mm	100mm	125mm	150mm
	마찰손실수두(m)						
130(1개)	13.32	4.15	1.23	0.53	0.14	0.05	0.02
260(2개)	47.84	14.90	4.40	1.90	0.52	0.18	0.08
390(3개)	–	31.60	9.34	4.02	1.10	0.38	0.17
520(4개)	–	–	15.65	6.76	1.86	0.64	0.28
650(5개)	–	–	–	10.37	2.84	0.99	0.43

꼼꼼체크 ▌ [표 1-2-6(A)]의 출전(出典)

소방설비 attack 강좌(上) P.255 : 일본 근대소방사 2002년

② 호스릴소화전의 경우

일본의 경우 호스릴은 노즐 유량은 60Lpm이나 펌프는 여유율을 감안하여 70Lpm으로 적용하고 있다. 국내의 경우도 호스릴 도입 당시의 노즐 유량은 60Lpm이었으나 현재는 옥내소화전과 동일하게 130Lpm으로 개정하였으며 기존 건물을 위해 다음의 손실수두 표를 제시하였다.

[표 1-2-6(B)] 호스릴소화전 직관의 마찰손실수두(관길이 100m당)

유량 (L/min)	25mm	32mm	40mm	50mm	65mm	80mm	100mm	125mm	150mm
	마찰손실수두(m)								
60(1개)	16.65	4.76	2.26	0.70	0.21	0.09	0.02	0.01	–
120(2개)	60.04	17.15	8.14	2.53	0.75	0.32	0.09	0.03	0.01

꼼꼼체크 ▌ [표 1-2-6(B)]의 출전(出典)

동경소방청 사찰편람(査察便覽) 2001년판 : 5.2 옥내소화전 – 표4

(2) 관 부속 및 밸브류의 경우

관 부속 및 밸브류는 직관의 마찰손실과 같이 H－W식을 사용하여서 구할 수 없으므로 부속류 등의 손실은 일반적으로 시험에 의해 측정된 손실수두를 배관의 등가(等價)길이로 환산하여 적용한다. 즉 각종 밸브 및 부속류를 등가길이의 직관(直管)으로 변환하여 직관의 손실로 계산하는 것이다. 국내에서는 설계 시 외국에서 사용하는 각종 마찰손실 테이블을 준용하고 있으며 대체로 [표 1－2－7]을 가장 많이 사용하고 있다.

[표 1-2-7] 관 부속 및 밸브류의 상당(相當) 직관장 (단위 : m)

관 경	90° 엘보	45° 엘보	분류 티	직류 티	게이트 밸브	볼밸브	앵글밸브	체크밸브
25mm	0.90	0.54	1.50	0.27	0.18	7.5	4.5	2.0

관 경	90° 엘보	45° 엘보	분류 티	직류 티	게이트 밸브	볼밸브	앵글밸브	체크밸브
32mm	1.20	0.72	1.80	0.36	0.24	10.5	5.4	2.5
40mm	1.50	0.90	2.10	0.45	0.30	13.5	6.5	3.1
50mm	2.10	1.20	3.00	0.60	0.39	16.5	8.4	4.0
65mm	2.40	1.50	3.60	0.75	0.48	19.5	10.2	4.6
80mm	3.00	1.80	4.50	0.90	0.63	24.0	12.0	5.7
100mm	4.20	2.40	6.30	1.20	0.81	37.5	16.5	7.6
125mm	5.10	3.00	7.50	1.50	0.99	42.0	21.0	10.0
150mm	6.00	3.60	9.00	1.80	1.20	49.5	24.0	12.0
200mm	6.50	3.70	14.0	4.00	1.40	70.0	33.0	15.0

(비고) 1. 위의 표의 엘보(Elbow), 티(Tee)는 나사접합을 기준으로 한 것임(용접의 경우는 일반적으로 손실을 더 작게 적용한다).
2. 리듀서는 45° 엘보와 같다(다만, 관경이 작은 쪽에 따른다).
3. 커플링은 직류 T와 같다.
4. 유니언, 플랜지, 소켓은 손실수두가 미소하여 생략한다.
5. 오토밸브(포소화설비), 글로브밸브는 볼밸브와 같다.
6. 알람밸브, 풋밸브 및 스트레이너는 앵글밸브와 같다.

꼼꼼체크 ❙ **[표 1-2-7]의 출전(出典)**

ASHRAE(American Society of Heating, Refrigerating & Air-Conditioning Engineers)의 Heating Ventilating Air Conditioning Guide를 출전으로 하나 이는 소화설비에 적용하는 것이 아니고 위생설비 배관 등에 사용하는 것이 원칙이나, 국내에서는 관행상 규약배관 설계 시 이를 가장 많이 사용하고 있다.

[3] 호스의 마찰손실수두 : H_3

설계 시 호스의 마찰손실수두는 국내의 경우 [표 1-2-8]을 대부분 사용하나 이는 일본 기준의 호스 손실수두를 그대로 준용한 것으로 호스의 경우 고무내장호스는 마(麻)호스보다 손실수두가 작다. 또한 과거 마호스는 국내의 경우 2016. 4. 1. 형식승인 기준이 폐지되어 단종되었기에 고무내장호스만 게재하였다.

[표 1-2-8] 호스의 마찰손실수두(호스 100m당) (단위 : m)

유량(L/min)	호스의 구경(mm)		
	40(고무내장)	50(고무내장)	65(고무내장)
130(옥내)	12m	3m	–
350(옥외)	–	15m	5m

꼼꼼체크 ❙ **[표 1-2-8]의 출전**

일본의 소방설계 실무 자료 : 호스의 손실압력 조견표(ホースの損失圧力早見表)

❷ 펌프의 토출량 기준

[1] 방사량의 기준 : 제5조 1항 3호(2.2.1.4)

호스 및 호스릴방식 : $Q = 130 \times N$ … [식 1-2-10(A)]

여기서, Q : 방사량(Lpm)
N : 층별 소화전 수량(최대 2개)

소화전 노즐에서 측정하여 방사량은 130Lpm 이상이어야 하며, 측정은 1개층당 소화전 2개를 한도로 하여 2개를 동시에 사용하는 경우를 기준으로 한다.

[2] 방사압과 방사량의 관계

노즐의 단면적 A를 통하여 소화수가 방사될 때의 방사압력(P)과 방사량(q)과의 관계를 구하면 다음과 같다. 피토 게이지(Pitot gauge)로 소화전 방수압을 측정할 경우 노즐에서 방사되는 동압을 측정하는 것으로 이때의 토출량은 q가 된다.

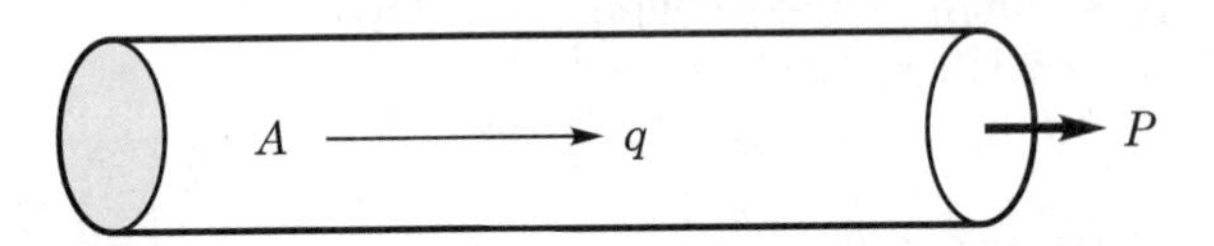

방사압과 방사량의 관련 식은 오리피스(Orifice) 구조 및 재질에 따라 방출률에 차이가 발생하므로 실제의 상황과 일치시키기 위해 보통 보정계수 C를 도입하고 있다.
이 경우 $q = 0.6597 \times C \times d^2 \times \sqrt{P}$의 식이 성립한다. (단, $0 < C < 1$)
노즐이 일정할 경우 $0.6597 \times C \times d^2$은 상수가 되므로 $q = K\sqrt{P}$가 된다. 즉 방사량과 방수압과의 관계는 $y = a\sqrt{x}$의 그래프가 된다.
이때 C를 방출계수(또는 유출계수 ; Coefficient of discharge), K를 K factor라 한다. 옥내소화전 노즐에서 봉상(棒狀)방수의 경우 C값을 일반적으로 0.985로 적용하며 이 경우 $q ≒ 0.65d^2\sqrt{P}$가 되며 국내의 경우도 이를 사용하고 있다.

[중력단위] $q = 0.65d^2\sqrt{P}$ … [식 1-2-10(B)]

여기서, q : 노즐 방사량(L/min)
d : 노즐의 내경(mm)
P : 노즐 방사압(kg/cm^2)

[SI 단위] $q = 0.65d^2\sqrt{10P}$ … [식 1-2-10(C)]

여기서, q : 노즐 방사량(L/min)
d : 노즐의 내경(mm)
P : 노즐 방사압(MPa)
(주) 1kg/cm^{2}를 0.1MPa로 환산한 것임.

꼼꼼체크 ▌ d의 값

옥내소화전의 경우 $d=13$mm이며, 옥외소화전의 경우 $d=19$mm이다.

06 옥내소화전 배관의 기준

❶ 배관의 규격 : 제6조 1항 & 2항(2.3.1 & 2.3.2)

- 옥내소화전설비에서 사용할 수 있는 배관은 화재안전기준에서 ① 배관용 탄소강관(KS D 3507), ② 압력배관용 탄소강관(KS D 3562), ③ 이음매 없는 구리 및 구리합금관(KS D 5301), ④ 배관용 스테인리스강관(KS D 3576)이나 일반배관용 스테인리스강관(KS D 3595), ⑤ 덕타일 주철관, ⑥ 배관용 아크용접 탄소강강관, ⑦ 합성수지배관(CPVC)의 8종류(스테인리스 2종)로 규정하고 있다. 국내는 소화전 금속배관에 원칙적으로 탄소강관, 동관, 스테인리스강관, 주철관만을 인정하고 있으며, 사용압력이 1.2MPa 이상일 경우는 일반강관이 아닌 압력배관용 탄소강관, 배관용 아크용접 탄소강강관을 사용해야 한다.
- 급수배관을 겸용할 경우 소방시설에 국한하는 것으로 예를 들면 옥내소화전과 스프링클러설비의 주배관을 겸용할 수 있으나, 소방시설 이외의 설비(위생용, 난방용 등)와 절대로 겸용하여서는 아니 된다. 다만, 30층 이상의 경우는 고층 건축물의 안전을 위하여 옥내소화전 배관을 스프링클러설비용 배관과 겸용으로 사용할 수 없도록 2012. 2. 15. 개정하였다.

[1] 배관용 탄소강관 : 사용압력이 1.2MPa 미만일 경우

KS D 3507로 규정하고 있으며 사용압력이 비교적 낮은 유체에 사용하는 배관으로 탄소강관에 일차 방청(防靑)도장만 한 것을 흑관, 흑관에 아연도금한 것을 백관이라고 한다.

[2] 압력배관용 탄소강관 : 사용압력이 1.2MPa 이상일 경우

KS D 3562로 규정하고 있으며 온도 350℃ 이하에서 압력배관에 사용하는 것으로서 소방에서는 사용압력이 높은 소화설비용 배관이나 가스계 소화설비 배관에 사용한다.

[3] 이음매 없는 구리 및 구리합금관 : 사용압력이 1.2MPa 미만일 경우(습식의 경우)

KS D 5301로 규정하고 있으며, 동관을 옥내소화전설비의 배관에 사용할 수 있으나 반드시 이음매 없는 관(Seamless pipe ; KS D 5301)에 한하여 사용할 수 있다. 동관은 내열성이 약하므로 열성이 약한 동관에서 화재 시 화열에 의한 용접부위의 용융 문제에 대한 안전성으로 인하여 이음매가 있는 일반동관은 사용할 수 없다.

[4] 스테인리스강관 : 사용압력이 1.2MPa 미만일 경우

(1) 배관용 스테인리스강관

KS D 3576으로 규정하고 있으며, 제6조 1항 1호에서는 1.2MPa 미만에서 사용하도록 하고 있으나 일반배관용 스테인리스강관에 비해 높은 압력(KS D 3562와 동일함)에 사용하는 배관이다.

(2) 일반배관용 스테인리스강관

KS D 3595로 규정하고 있으며 최고사용압력 10kg/cm^2 이하의 급수, 급탕, 난방 등에 널리 사용하고 있는 스테인리스강관으로, 소화설비용 배관에 사용할 경우는 대부분 일반배관용 스테인리스강관을 사용한다.

[5] 덕타일 주철관 : 사용압력이 1.2MPa 미만일 경우

덕타일 주철관(Ductile cast iron pipe)은 KS D 4311로 규정하고 있으며, 해당 배관의 적용은 지상이나 지하구간에 압력 또는 무압력 상태의 상하수도, 공업용 수도, 농업용 수도와 같은 급수에 사용하는 급수용 배관이다.

[6] 배관용 아크용접 탄소강강관 : 사용압력이 1.2MPa 이상일 경우

배관용 아크용접 탄소강강관은 KS D 3583으로 규정하고 있으며 물, 증기, 가스, 기름 및 공기를 수송하는 데 사용되는 배관용 강관으로 산업현장에서 다양하게 사용하고 있다.

[7] 합성수지배관 : 제한적인 범위 내에서 사용할 경우

(1) 기준 : 제6조 2항(2.3.2)

제한적인 범위 내에서 옥내소화전설비에 합성수지관을 허용하고 있으며, 다음의 어느 하나에 해당하는 경우 사용할 수 있다.

① 배관을 지하에 매설하는 경우
② 다른 부분과 내화구조로 구획된 덕트 또는 피트의 내부에 설치하는 경우
③ 천장(상층이 있는 경우에는 상층바닥의 하단을 포함)과 반자를 불연재료 또는 준불연재료로 설치하고 그 내부에 습식으로 배관을 설치하는 경우

(2) 합성수지배관

소방용 합성수지관배관에 사용하는 제품은 CPVC(Chlorinated polyvinyl chloride) 배관으로 이는 내화성 경질염화비닐관으로 배관 접속 및 부속용 이음쇠도 동일 성상의 CPVC를 이용하여 접착제를 사용하여 시공한다.

2 배관의 압력

[1] 배관의 사용압력 : 제6조 1항 2호(2.3.1.2)

배관 내 사용압력이 1.2MPa 이상일 경우에는 압력배관용 탄소강관 또는 배관용 아크용접 탄소강강관(KS D 3583)이나 이와 동등 이상의 강도·내식성 및 내열성을 가진 것으로 해야 한다.

[2] 방수압력의 상한

(1) **기준** : 제5조 1항 3호 단서(2.2.1.3)

노즐 선단에서의 방수압력이 0.7MPa을 초과할 경우 호스 접결구의 인입측에 감압장치를 설치해야 한다.

(2) **해설**

일반인이 소화활동상 지장을 받지 않으려면 소방대의 1인당 반동력을 20kgf로 제한하고 있다. 따라서 옥내소화전 노즐 압력이 0.7MPa 이상일 경우 감압조치를 하여야 한다.

[3] 배관의 감압방법

(1) **감압밸브방식**

① **앵글밸브용 감압밸브** : 가장 많이 사용하는 방식으로 호스 접결구인 앵글밸브(Angle valve)의 인입구 측에 감압용 밸브(Pressure reducing valve) 또는 오리피스를 설치하는 방식으로 다음과 같은 특징이 있다.

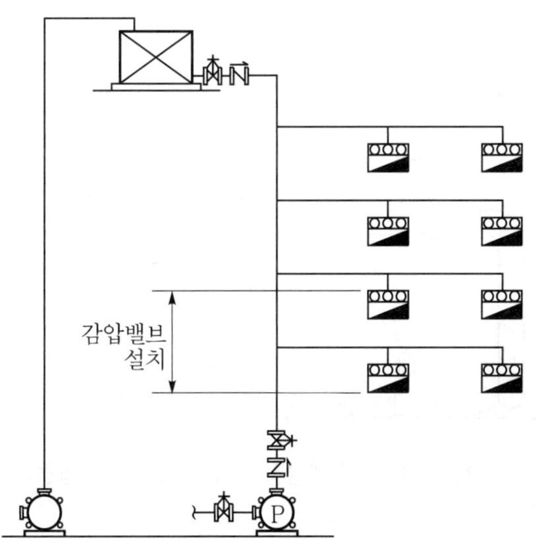

[그림 1-2-9(A)] 감압밸브방식

㉠ 설치가 용이하며 기존 건물의 경우에도 적용할 수 있다.

㉡ 수계산을 하여 층별로 방사압력이 0.7MPa 이상인 위치를 선정하여 해당 구간의 소화전 앵글밸브 내에 설치한다.

㉢ 모든 감압방식에 공통적으로 적용할 수 있는 범용의 방식이다.

㉣ 시스템을 변경하지 않아도 사용이 가능하며 경제성이 높은 방법이다.

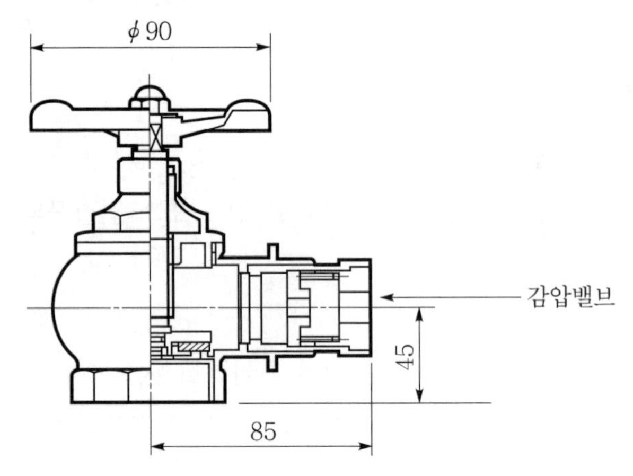

[그림 1-2-9(B)] 앵글밸브 내 감압밸브

② 배관용 감압밸브

㉠ 주펌프가 자동으로 정지하지 않게 시스템 구성을 하고 아울러 초고층건물이 급격히 건설되고 있기에 단순히 소화전 앵글밸브 내에 오리피스 타입의 감압밸브를 설치하여 감압 문제를 해결할 수 없는 건물이 많이 발생하고 있다.

㉡ 이로 인해 최근에는 펌프 주변에 배관용 감압밸브를 직접 설치함으로서 이를 해결하고 있으며, 배관용 감압밸브는 대구경과 소구경으로 구분하여 사용하며 소구경 및 대구경의 배관에 2대의 감압밸브를 병렬로 각각 설치하고 있다.

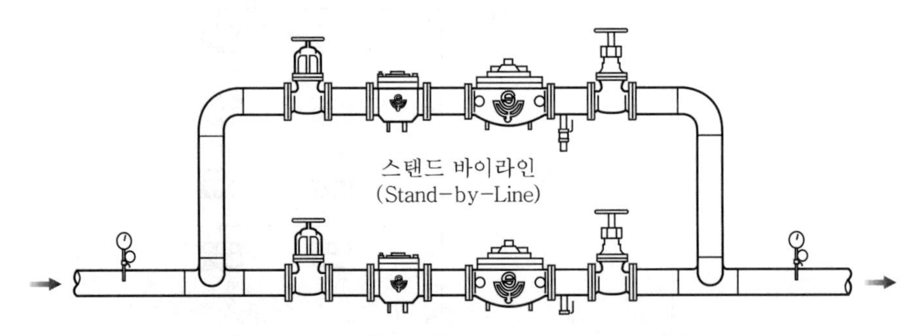

[그림 1-2-9(C)] 배관형 감압밸브(대-대감압형)

(2) 고가수조방식

고가수조를 건물 옥상에 설치하고 저층부에 대하여 0.7MPa를 초과하지 않는 범위 내에서 가압펌프가 없이 자연낙차를 이용하여 사용하는 방식으로 다음과 같은 특징이 있다.

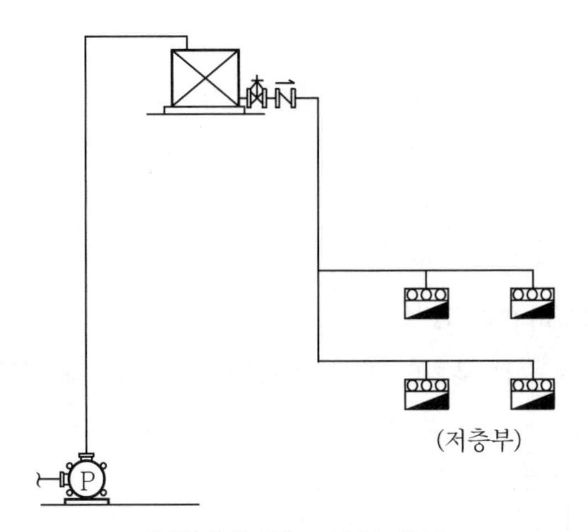

[그림 1-2-10] 고가수조방식

① 고가수조 하부의 몇 개 층의 경우는 자연낙차압이 부족하여 소요 방수압력이 발생하지 않으므로 고가수조방식을 적용할 수 없으므로 저층부에 한하여 유효하다.

② 건물의 층고가 높을 경우 건물의 하부층에서는 자연낙차압에 의해 과압이 발생하게 되므로 해당 층에는 별도로 감압밸브를 설치하여야 한다.

③ 가압펌프 및 비상전원이 필요 없는 가장 신뢰도가 높은 방식이다.

(3) 전용배관방식

시스템을 고층부 Zone과 저층부 Zone으로 분리한 후 Zone별로 입상관 및 펌프 등을 각각 별도로 구분·설치하는 방식으로 다음과 같은 특징이 있다.

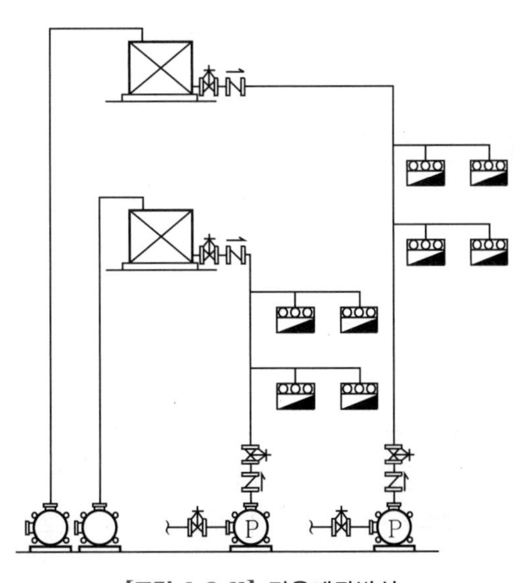

[그림 1-2-11] 전용배관방식

① 고층부와 저층부 Zone의 펌프를 분리한 관계로 각 층에서 소화전 방사압력이 0.7MPa 이상이 되지 않도록 펌프의 양정을 선정할 수 있다.
② 고층부 Zone의 경우는 펌프실은 지하층 이외 건물 중간층에도 설치할 수 있다.
③ 설비를 별도로 구분하여 시공하여야 하므로 공사비가 과다하게 소요된다.
④ 하나의 소방대상물임에도 소화전설비의 감시, 제어 및 관리를 이중으로 하여야 한다.

(4) 부스터 펌프(Booster pump) 방식

고층부 지역의 경우는 중간 부스터 펌프 및 중간수조를 별도로 설치하는 방식으로 다음과 같은 특징이 있다.

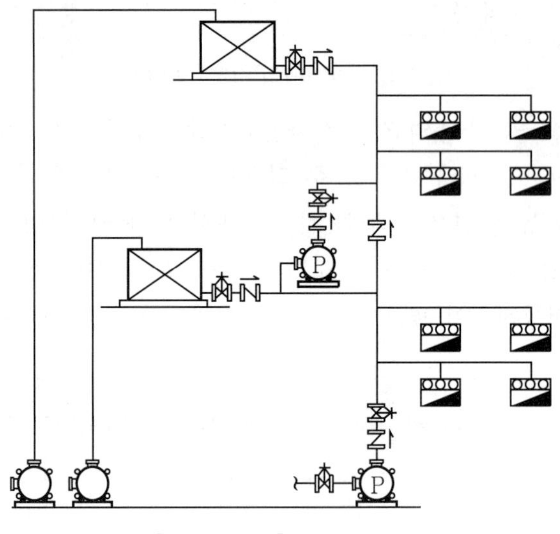

[그림 1-2-12] 부스터방식

① 건물의 중간층에 중간 펌프실 및 수조를 별도로 설치하여야 한다.
② 전용배관방식과 같이 공사비가 과다하게 소요된다.
③ 부스터 펌프 고장 시에도 주펌프를 이용하여 고층부에 송수할 수 있어야 한다.

❸ 배관의 유속과 관경

[1] 기준 : NFTC 2.3.5

펌프의 토출측 주배관의 관경은 유속이 4m/sec 이하가 될 수 있는 크기 이상으로 하여야 하고, 옥내소화전 방수구와 연결되는 가지배관의 관경은 40mm(호스릴의 경우에는 25mm) 이상으로 하여야 하며, 주배관 중 수직관의 관경은 50mm(호스릴의 경우에는 32mm) 이상으로 하여야 한다.

[2] 옥내소화전 배관의 유속

일반적으로 옥내소화전의 표준 유수량에 대한 허용관경은 설계 시 다음과 같이 적용한다. 다음 표의 출전은 일본에서 소화전 유수량에 대한 배관 선정에 사용하는 기준으로 이는 정격유량의 150% 유량(펌프특성곡선에서 과부하점의 유량)을 반영하여 적용한 결과이다.

[표 1-2-9] 옥내소화전 표준 유수량 대 주배관

소화전 수량	1개	2개	3개	4개	5개
표준 유수량(L/min)	130	260	390	520	650
주배관(mm)	40	50	65	80	100

위 표에 불구하고 NFTC 2.3.5의 후단 기준에 따라 소화전의 주배관 중 입상관은 반드시 50mm(호스릴의 경우는 32mm) 이상이며, 가지관은 40mm(호스릴의 경우는 25mm) 이상이어야 한다. 또한 제6조 6항(2.3.6)에서 연결송수관과 겸용일 경우 주배관은 관경 100mm 이상, 방수구로 연결되는 배관의 관경은 65mm 이상의 것으로 하여야 한다.

4 밸브 및 관이음쇠

[1] 밸브의 종류

소방설비에서의 밸브는 유수의 유량을 조절하고, 유수의 방향을 전환시키며, 유수의 압력을 제어하며 유수를 차단하는 등의 역할을 한다.

(1) 게이트(Gate)밸브

개폐밸브의 대표적인 밸브로서 게이트밸브는 유체의 흐름을 밸브 디스크(Disk)가 몸체에서 수직으로 차단하는 것으로 밸브를 완전히 열면 배관 관경과 같은 단면적을 가지게 된다.

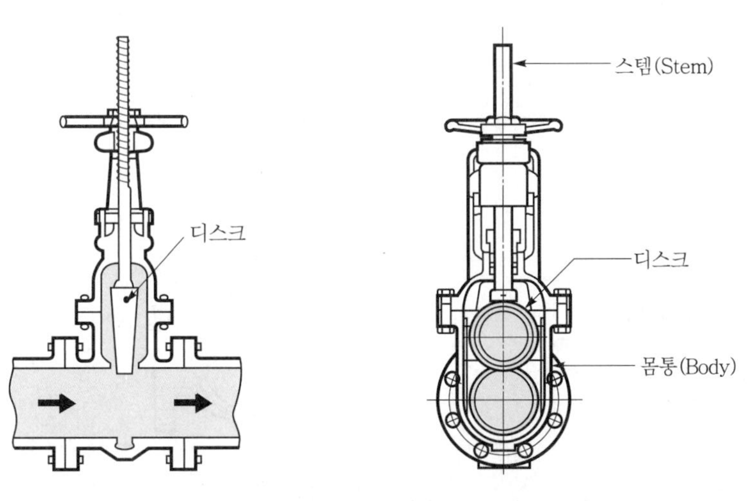

(a) 밸브 내 유수방향 (b) 밸브 내부 모습

[그림 1-2-13(A)] OS & Y 밸브의 개방상태

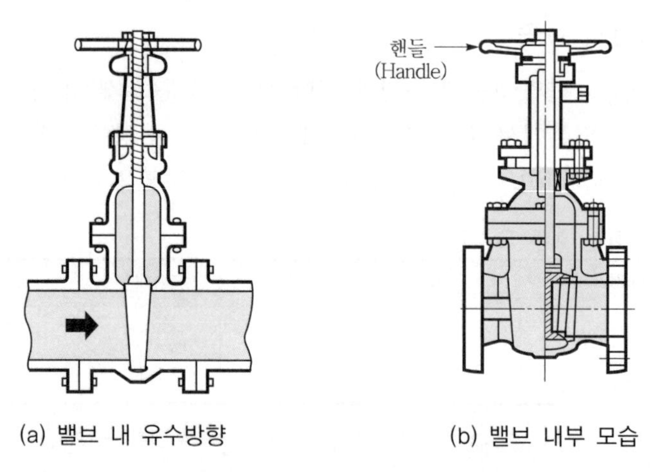

(a) 밸브 내 유수방향 (b) 밸브 내부 모습

[그림 1-2-13(B)] OS & Y 밸브의 폐쇄상태

① 디스크가 유체의 흐름을 직각으로 폐쇄한다.
② 급속한 개폐조작은 부적절하며 개폐에 시간이 소요된다.
③ 완전 개방 시에는 유체의 마찰저항이 적다.
④ 대형 배관 및 고압용 밸브에도 사용할 수 있다.
⑤ 안나사식(Inside screw type)과 바깥나사식(Out side screw & yoke type ; OS & Y)이 있다.
⑥ 개폐표시형 밸브로서 소화설비용 제어밸브에 가장 적합하다.

(2) 글로브(Globe)밸브

글로브밸브는 물이 밸브의 한쪽 방향에서 유입되어 밸브시트를 지나서 밸브의 다른 쪽 방향으로 흐르게 되어 있으며, 개폐 시 마개가 상하로 이동하여 밸브시트를 차단하는 구조로서 유량조절이 용이하나 반면에 유체의 흐름이 쉽게 변경되므로 유체의 저항이 큰 특징이 있다. 게이트밸브와 마찬가지로 핸들(Handle), 스템(Stem)을 이용하여 밸브개폐를 조절한다.

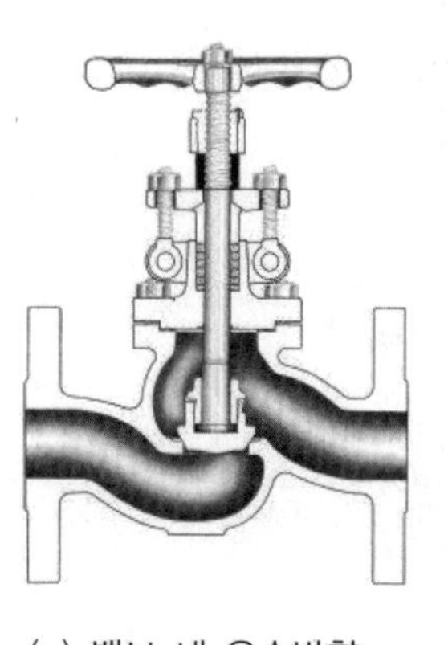

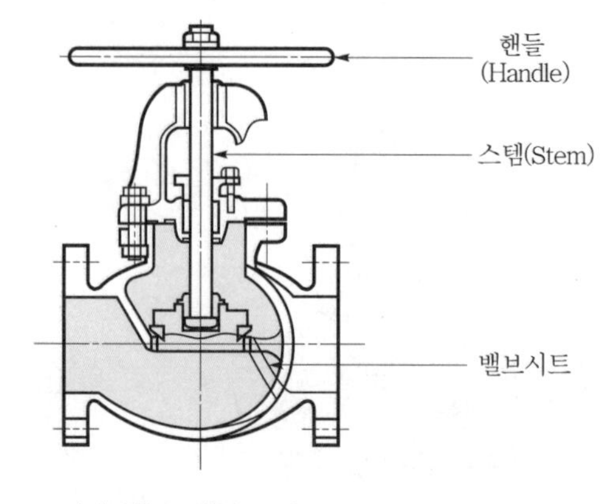

(a) 밸브 내 유수방향 (b) 밸브 내부 모습

[그림 1-2-14] 글로브밸브

① 게이트밸브에 비해 스템(Stem)의 길이가 짧아서 개폐시간이 짧고 유량조절이 용이하다.
② 밸브 몸체에 밸브시트(Valve seat)가 있어 유체의 마찰저항이 크다.
③ 주로 200mm 이하의 배관에 사용한다.
④ 소화전용 앵글밸브는 유수의 방향을 90°로 변환시켜 주는 글로브밸브의 일종이다.

(3) 체크(Check)밸브

유체를 한쪽 방향으로만 흐르게 하고 반대방향으로는 흐르지 못하게 하는 역할의 밸브로서 밸브 구조에 따라 여러 가지 다양한 종류가 있어 이를 분류하고 있으나, 소화설비에서 사용하는 가장 대표적인 체크밸브는 스윙(Swing)타입과 리프트(Lift)타입이 있다.

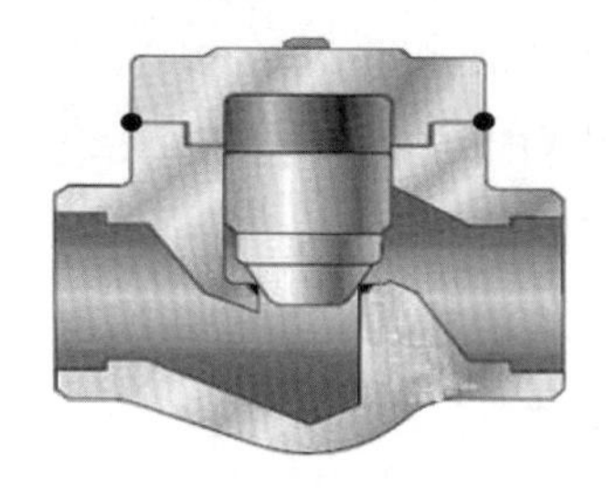
(a) 스윙타입(Swing type)

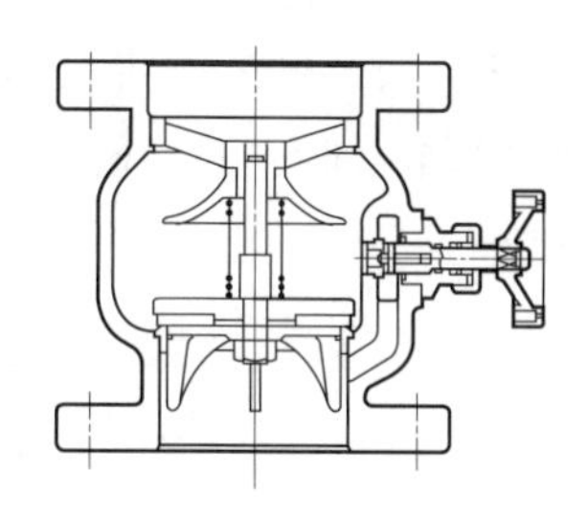
(b) 리프트 타입(Lift type)

[그림 1-2-15(A)] 체크밸브의 종류

① 스윙형(Swing type)

밸브시트의 고정핀을 축으로 하여 유체의 흐름에 따라 디스크가 상하로 개폐되는(Swing) 구조로서 스윙각도는 45° 이하이며 밸브가 개방 후 유체가 정지되면 출구쪽의 압력과 디스크의 자중에 따라 밸브가 닫히는 구조이다.

㉠ 물의 흐름에 따라 자중(自重)에 의해 개폐가 되는 밸브로서 디스크와 시트 사이에 이물질이 낄 경우 완전한 개폐가 되지 않는다.
㉡ 유체 흐름이 불규칙할 경우 디스크의 빈번한 개폐로 인하여 고정핀의 마모가 발생하며 밸브 구조상 완벽한 기밀 유지가 곤란하다.
㉢ 급격한 역류 발생 시 디스크가 닫히는 시간이 비교적 길어지며 큰 충격력이 작용하는 관계로 유체의 흐름이 불균일하거나 유속이 빠른 계통에서는 리프트형 체크밸브보다 불리하다.
㉣ 마찰손실이 리프트형 체크밸브보다 적다.
㉤ 수평배관에서도 사용할 수 있으나 수직배관의 경우가 신뢰도가 더 우수하며, 다만 수격에 약하기 때문에 펌프 토출측 수직배관에서는 일반적으로 사용하지 않는다.

② 리프트형(Lift type)

글로브밸브와 유사한 밸브시트의 구조로서 유체의 압력에 밸브가 수직으로 올라가게(Lift) 되어 있는 구조이다.

㉠ 스윙 체크밸브에 비하여 맥동(脈動)이 있는 유체나 비교적 유속이 빠른 배관에 적합한 구조를 가지고 있다.

㉡ 디스크면에 고무처리(Rubber facing)를 하여 기능은 우수하나 유량이 통과하는 면으로 인하여 마찰손실이 매우 크다.

㉢ 수평 및 수직배관에 모두 사용이 가능하다.

㉣ 디스크가 완전 개방되는 데 필요한 유속이 스윙형보다 큰 관계로 유속이 낮거나 중력에 의해 물이 흐르는 관에는 적용 시 유의하여야 한다.

③ **스모렌스키(Smolensky)형[5] 체크밸브** : 서지(Surge)에 강해 소화설비용으로 토출측에 가장 많이 사용하는 스모렌스키형 밸브는 리프트형 체크밸브의 일종이다. 스모렌스키라는 용어는 상품명으로 공식 명칭은 수격작용(Water hammer)이 없는 관계로 KS B 2350에서 "해머레스(Hammerless) 체크밸브"라 하며 이는 결국 리프트형 스프링 체크밸브이다.

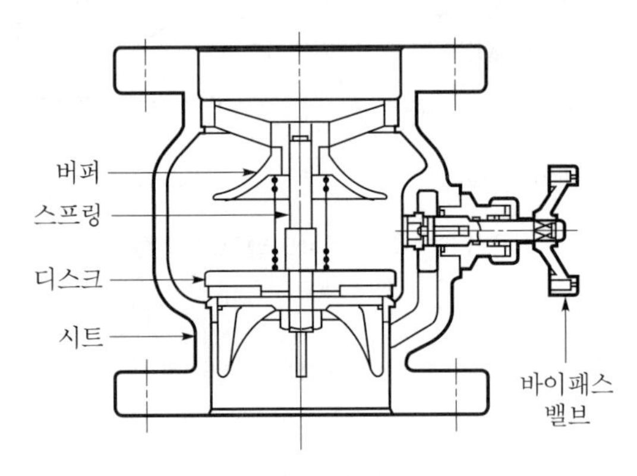

[그림 1-2-15(B)] 스모렌스키 체크밸브

[2] 개폐표시형 밸브

(1) 기준 : 제6조 10항(2.3.10)

급수배관에 설치되어 급수를 차단할 수 있는 개폐밸브(옥내소화전 방수구를 제외한다)는 개폐표시형으로 하여야 한다. 이 경우 펌프의 흡입측 배관에는 버터플라이밸브 외의 개폐표시형 밸브를 설치하여야 한다.

(2) 해설

① 개폐표시형 밸브란 개폐상태를 외부에서 식별할 수 있는 밸브로서 소화설비에서는 대표적으로 OS & Y 밸브(바깥나사식의 게이트밸브), 버터플라이밸브(개폐의 표시기능이 있는)를 사용한다.

---

5) 스모렌스키 체크밸브는 상품명으로 공식적인 밸브 명칭이 아니다.

② "급수배관에 설치하여 급수를 차단할 수 있는 개폐밸브"에 개폐표시형 밸브를 사용하도록 하고 있다. 이 경우 급수배관이란 "수원 및 옥외송수구로부터 옥내소화전 방수구에 급수하는 배관"을 뜻한다. 성능시험배관이나 물올림수조에 설치하는 개폐밸브는 개폐표시형 밸브로 설치하는 위치에 해당하지 아니한다.

[표 1-2-10] 개폐표시형 밸브의 설치위치

급수를 차단할 수 있는 개폐밸브의 위치 (소화전 방수구는 제외함)	주펌프의 흡입측 개폐밸브
	주펌프의 토출측 개폐밸브
	옥상수조와 소화전 주배관(가지관 포함)과 접속된 부분의 개폐밸브
	지하수조로부터 소화전 펌프의 흡입측 배관에 설치한 개폐밸브
	옥외송수구로부터 주배관(가지관 포함)에 접속된 부분의 개폐밸브(다른 설비와 겸용하는 경우)

[3] 분기배관 : 제6조 13항(2.3.13)

(1) 기준

확관형 분기배관을 사용할 경우에는 소방청장이 정하여 고시한 "분기배관의 성능인증 및 제품검사의 기술기준"에 적합한 것으로 설치하여야 한다.

(2) 해설

"분기배관"이란 배관 측면에 구멍을 뚫어 둘 이상의 관로가 생기도록 가공한 배관으로서 확관형 분기배관과 비확관형 분기배관으로 구분한다.
"확관형 분기배관"이란 배관의 측면에 조그만 구멍을 뚫고 소성가공으로 확관시켜 배관 용접이음자리를 만들거나 배관 용접이음자리에 배관이음쇠를 용접 이음한 배관을 말한다.
"비확관형 분기배관"이란 배관의 측면에 분기호칭내경 이상의 구멍을 뚫고 배관이음쇠를 용접 이음한 배관을 말한다.
비확관형의 경우 성능인증 대상품목에서 제외된 것은 비확관형 분기배관은 시공현장에서 배관 천공 및 배관이음쇠 용접이 가능하도록 기준을 완화시켜 준 것이다

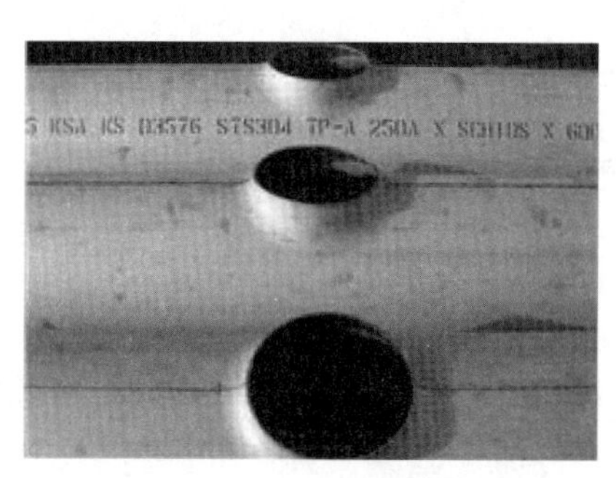

[그림 1-2-16] 분기배관의 외형

07 옥내소화전의 화재안전기준

1 방수구와 소화전함

[1] 방수구의 배치

(1) 기준

① 특정소방대상물의 층마다 설치하되, 해당 특정소방대상물의 각 부분으로부터 하나의 옥내소화전방수구까지의 수평거리가 25m(호스릴옥내소화전설비를 포함한다) 이하가 되도록 할 것. 다만, 복층형 구조의 공동주택의 경우에는 세대의 출입구가 설치된 층에만 설치할 수 있다(NFTC 2.4.2.1).

② 호스는 구경 40mm(호스릴의 경우에는 25mm) 이상의 것으로서 특정소방대상물의 각 부분에 물이 유효하게 뿌려질 수 있는 길이로 설치할 것[제7조 2항 3호(2.4.2.3)]

③ (수평거리) 기준을 초과하는 경우로서 기둥 또는 벽이 설치되지 아니한 대형 공간의 경우는 다음의 기준에 따라 설치할 수 있다(NFTC 2.4.1.2).

㉠ 호스 및 관창은 방수구의 가장 가까운 장소의 벽 또는 기둥 등에 함을 설치하여 비치할 것

㉡ 방수구의 위치표지는 표시등 또는 축광도료 등으로 상시 확인이 가능토록 할 것

(2) 해설

① **수평거리** : 소화전 포용거리는 수평거리이므로 칸막이나 벽 설치 여부에 불구하고 설계 시 평면상에서 반경 25m 이내에 전 건물이 포용되도록 배치한다.

② **호스 수량** : 칸막이나 벽 등으로 인하여 소화전으로부터 소방대상물의 각 부분까지 호스 1개로 살수가 불가한 경우에는 호스를 2개 이상 접속하여 유효한 방수가 되도록 한다. 따라서 옥내소화전의 경우는 함 내 설치하는 호스의 수량을 규정하지 않고 "소방대상물의 각 부분에 물이 유효하게 뿌려질 수 있는 길이로 설치할 것"으로 규정한 것이다.

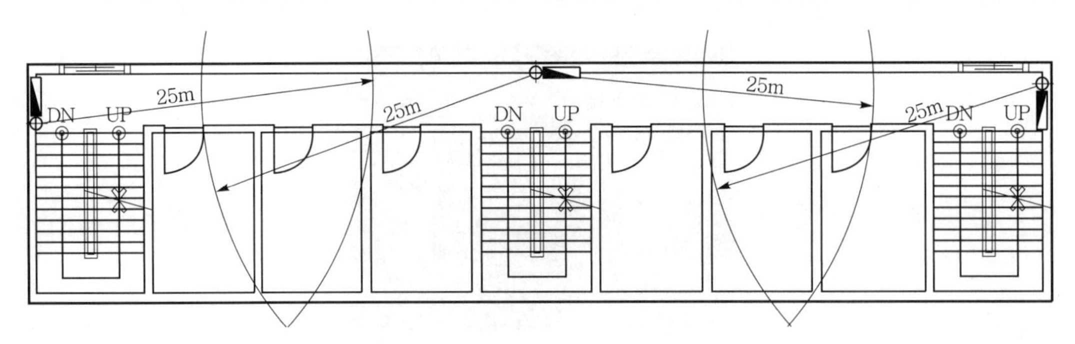

[그림 1-2-17(A)] 소화전의 수평거리

③ **대공간의 적용** : 실내경기장 등과 같은 대공간의 경우는 수평거리 25m 기준에 불구하고 25m 수평거리 이내에 벽이나 기둥이 없어 소화전함 자체를 설치할 수 없는 경우가 있으며 NFTC 2.4.1.2는 이를 보완하기 위하여 제정된 조항으로, 동 기준은 소화전함만을 완화시켜 준 것이며 소화전 방수구까지 완화시킨 것은 아니다.

④ **복층형 구조의 적용** : 아파트 세대의 내부에 계단이 있는 복층형 구조인 경우는 복층구조의 위층에는 소화전 설치를 제외할 수 있다.

[2] 방수구의 높이 : 제7조 2항 2호(2.4.2.2)

(1) 기준

바닥으로부터 높이가 1.5m 이하가 되도록 할 것

(2) 해설

바닥으로부터의 높이는 개폐밸브로부터 개폐밸브 직하에 있는 바닥면까지의 높이를 뜻한다. 소화전 방수구의 설치위치는 설계 시 복도에 설치하는 것이 원칙이며, 복도에 설치할 수 없는 경우에 한하여 실내에 설치하여야 한다.

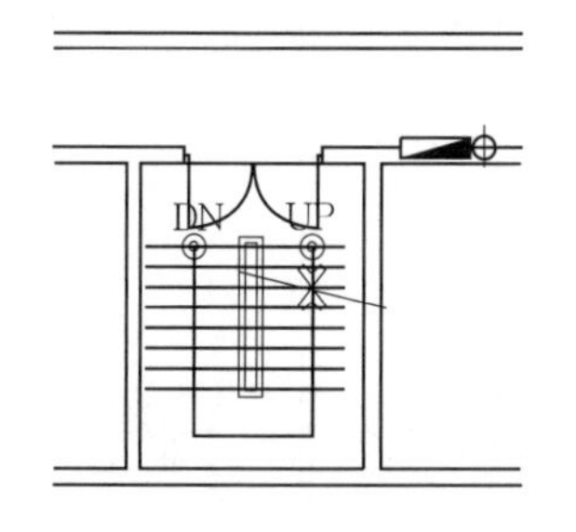

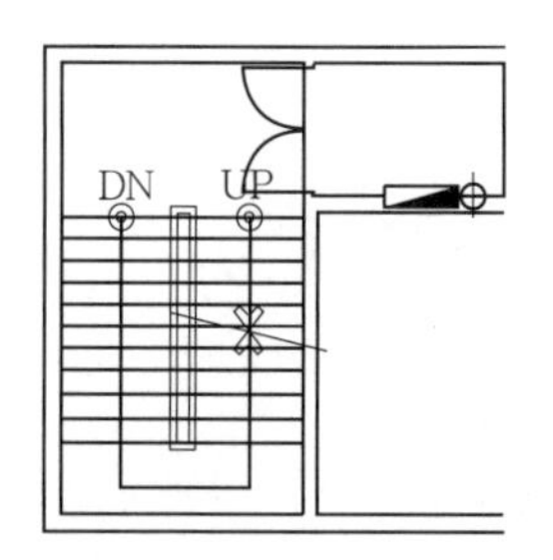

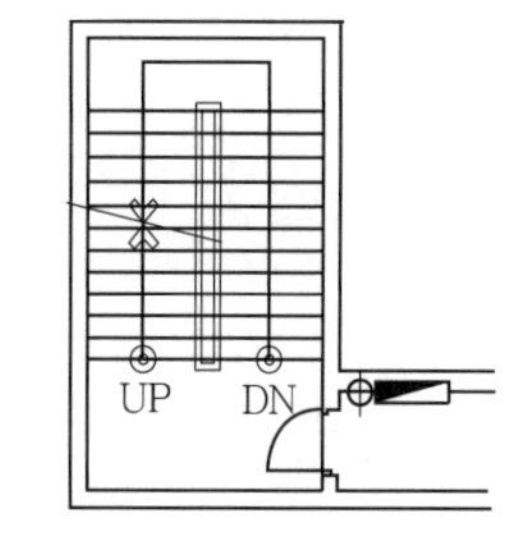

[그림 1-2-17(B)] 소화전 설치위치

[3] 소화전함

(1) 기준

① 함은 소방청장이 정하여 고시한 "소화전함 성능인증 및 제품검사의 기술기준"에 적합한 것으로 설치하되 밸브의 조작, 호스의 수납 및 문의 개방 등 옥내소화전 사용에 장애가 없도록 설치할 것. 연결송수관의 방수구를 같이 설치하는 경우에도 또한 같다(NFTC 2.4.1.1).

② 옥내소화전설비의 위치를 표시하는 표시등은 함의 상부에 설치하되, 소방청장이 고시하는 "표시등의 성능인증 및 제품검사의 기술기준"에 적합한 것으로 할 것(NFTC 2.4.3.1)

③ 가압송수장치의 기동을 표시하는 표시등은 옥내소화전함의 상부 또는 그 직근에 설치하되 적색등으로 할 것. 다만, 자체소방대를 구성하여 운영하는 경우(위험물안전관리법 시행령 별표 8에서 정한 소방자동차와 자체소방대원의 규모를 말한다) 가압송수장치의 기동표시등을 설치하지 않을 수 있다(NFTC 2.4.3.2).

④ 옥내소화전설비의 함에는 그 표면에 "소화전"이라는 표시를 해야 하며(NFTC 2.2.2), 함 가까이 보기 쉬운 곳에 그 사용요령을 기재한 표지판을 붙여야 하며, 표지판을 함의 문에 붙이는 경우에는 문의 내부 및 외부 모두에 붙여야 한다. 이 경우 사용요령은 외국어와 시각적인 그림을 포함하여 작성하여야 한다(NFTC 2.4.5).

(2) 해설

소화전함에는 위치를 식별할 수 있는 적색의 위치표시등과 펌프가 작동 시 작동 중임을 알려주는 시동표시등을 설치하여야 하며 위치표시등은 함의 상부에, 시동표시등은 함의 상부나 그 직근에 설치하여야 한다.

❷ 펌프 주변 배관의 기준

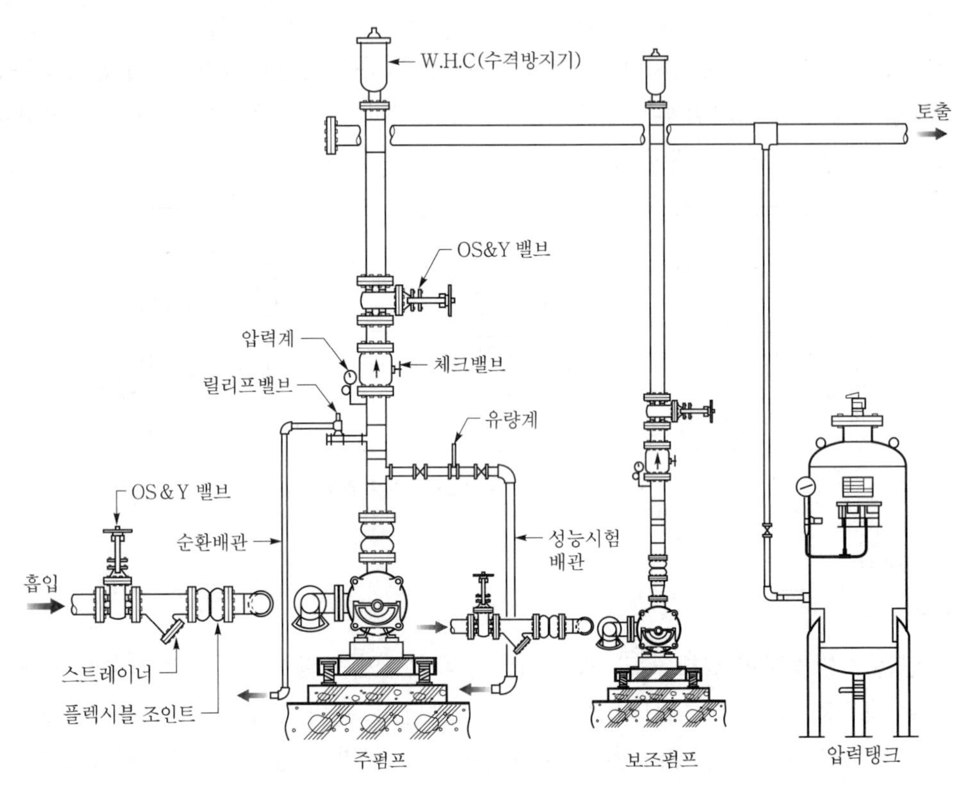

[그림 1-2-18] 옥내소화전 펌프의 주위 상세도

[1] 흡입측 배관

(1) 기준 : 제6조 4항(2.3.4)

펌프의 흡입측 배관은 다음의 기준에 따라 설치하여야 한다.

① 공기고임이 생기지 아니하는 구조로 하고 여과장치를 설치할 것

② 수조가 펌프보다 낮게 설치된 경우에는 각 펌프(충압펌프를 포함한다)마다 수조로부터 별도로 설치할 것

(2) 해설

① **풋밸브** : 펌프가 수조의 위에 있는 경우 수면 내에 있는 흡입배관의 흡수구와 펌프의 임펠러 사이의 배관에 물을 채워주기 위하여 흡수구의 끝부분에 체크밸브가 달려 있고, 이물질이 흡입되는 것을 방지하기 위하여 여과망이 부착되어 있는 밸브가 풋밸브(Foot valve)이다.

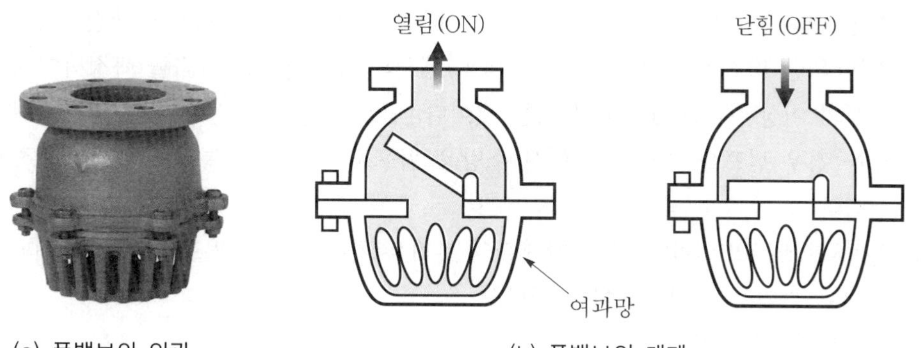

(a) 풋밸브의 외관　　(b) 풋밸브의 개폐

[그림 1-2-19] 풋밸브의 구조와 형상

② **여과장치** : 저수조 바닥 등에 침전되어 있는 각종 이물질을 펌프가 흡일할 경우 펌프 내부에 침입하여 펌프의 고장이나 기능의 저하를 초래하므로 이를 방지하기 위하여 펌프 흡입측 배관에 여과(濾過)장치(Strainer)를 설치하게 된다.

③ **공기고임(Air pocket)** : 펌프의 흡입배관 내에 공기가 고이게 되면, 펌프로 물을 흡입하는 경우 펌프의 흡입배관 내부에서 공기의 압력이 형성되어 물의 흡입을 방해하고 펌프의 성능 저하를 가져오게 된다.

④ **펌프별 흡입배관 설치** : 수조가 펌프보다 낮게 설치된 경우에는 펌프 흡입측 배관에는 부압이 발생하여 대기압보다 낮은 압력이 형성된다. 이로 인하여 유효흡입수두가 불량할 경우 펌프에서 물을 흡입하지 못하는 경우가 발생할 수 있다. 따라서 펌프의 급수 불능이 다른 펌프에 영향을 주지 않기 위하여 흡입배관은 펌프별로 별도로 설치하여야 한다.

[2] 성능시험배관

(1) 기준

① 펌프의 성능은 체절운전 시 정격토출압력의 140%를 초과하지 않고, 정격토출량의 150%로 운전 시 정격토출압력의 65% 이상이 되어야 하며, 펌프의 성능을 시험할 수 있는 성능시험배관을 설치할 것. 다만, 충압펌프의 경우에는 그렇지 않다(NFTC 2.2.1.7).

② 펌프의 성능시험배관은 다음의 기준에 적합하도록 설치해야 한다(NFTC 2.3.7).

㉠ 성능시험배관은 펌프의 토출측에 설치된 개폐밸브 이전에서 분기하여 설치하고, 유량측정장치를 기준으로 전단 직관부에 개폐밸브를, 후단 직관부에는 유량조절밸브를 설치할 것

㉡ 이 경우 개폐밸브와 유량측정장치 사이의 직관부 거리 및 유량측정장치와 유량조절밸브 사이의 직관부 거리는 해당 유량측정장치 제조사의 설치사양에 따르고, 성능시험배관의 호칭지름은 유량측정장치의 호칭지름에 따른다.

㉢ 유량측정장치는 펌프의 정격토출량의 175% 이상 측정할 수 있는 성능이 있을 것

(2) 해설

① 성능시험배관의 목적 : 성능시험배관을 이용하여 정기적으로 펌프의 체절점(유량 0), 정격점(유량 100%), 과부하점(유량 150%)에서의 유량과 토출압력을 측정하여 펌프특성곡선의 이상유무를 판단하기 위한 것이다. 펌프 특성의 적정 여부를 검토하여 이상이 있을 경우 펌프를 수리하여 항시 소방용 펌프로서 펌프의 특성곡선을 만족하기 위한 것이다.

② 성능시험배관의 위치 : 성능시험배관의 분기 위치는 펌프와 펌프의 토출측 개폐밸브 이전에서 분기하여 설치하여야 한다.

③ 유량계의 설치기준

㉠ 유량계용 밸브 : 유량계 설치 시 밸브 V_1만 설치할 경우는 짧은 성능시험배관 말단에서 대기 중으로 토출되는 물로 인하여 배관 내에서 난류(亂流)가 형성되므로 정확한 유량 측정이 곤란하다. 따라서 다음 그림과 같이 밸브 V_1 이외 별도의 밸브 V_2를 설치하고, 측정 시 V_1은 완전 개방한 후 V_2로 유량을 조절하면서 측정하여야 하며 이때 V_1을 개폐밸브, V_2를 유량조절밸브라 한다.

㉡ 유량계 전후 간격 : 최근에는 소방산업의 발달로 다양한 유량계가 생산되어, 현재는 제조사의 사양에 따라 유량계 간격을 결정하는 것이 바람직하다.

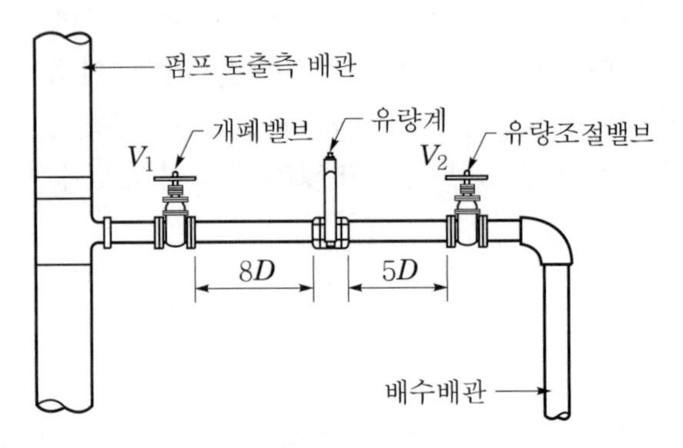

[그림 1-2-20] 성능시험배관의 설치

④ 성능시험배관의 관경 : 종전에는 화재안전기준에서 성능시험배관의 관경에 대한 별도의 기준은 없었으나, NFTC 2.3.7에서 "성능시험배관의 호칭지름은 유량측정장치의 호칭지름에 따른다"라고 규정하였다. [표 1-2-11(A)] 또는 [표 1-2-11(B)]를 참조하여 유량계 구경에 적합한 배관경을 선정하도록 한다.

[표 1-2-11(A)] 유량계 규격 : 오리피스 타입(Orifice type)

구경(mm)	25A	32A	40A	50A	65A	80A	100A	125A	150A
유량범위(Lpm)	35 ~ 180	70 ~ 360	110 ~ 550	220 ~ 1,100	450 ~ 2,200	700 ~ 3,300	900 ~ 4,500	1,200 ~ 6,000	2,000 ~ 10,000
1눈금(Lpm)	5	10	10	20	50	100	100	200	200

[표 1-2-11(B)] 유량계 규격 : 클램프 타입(Clamp type)

구경(mm)	25A	32A	40A	50A	65A	80A	100A	150A	200A
유량범위(Lpm)	20 ~ 150	55 ~ 275	75 ~ 375	150 ~ 550	250 ~ 900	300 ~ 1,125	500 ~ 2,000	900 ~ 3,900	1,800 ~ 7,200

[3] 순환배관

(1) 기준 : NFTC 2.2.1.8 & 2.3.8

① 가압송수장치에는 체절운전 시 수온의 상승을 방지하기 위한 순환배관을 설치할 것. 다만, 충압펌프의 경우에는 그렇지 않다.

② 가압송수장치의 체절운전 시 수온의 상승을 방지하기 위하여 체크밸브와 펌프 사이에서 분기한 구경 20mm 이상의 배관에 체절압력 미만에서 개방되는 릴리프밸브를 설치하여야 한다.

(2) 해설

순환배관의 설치 목적은 펌프의 체절운전 시 유량은 토출되지 않으나 펌프는 계속하여 운전을 하게 되며, 또한 물은 비압축성 유체인 관계로 배관 내 유체가 압축이나 순환이 되지 않으므로 임펠러 부위의 수온이 상승하며 기포가 발생하게 된다. 이는 펌프에서 물이 토출되지 않으므로 압력에너지가 열에너지로 변환되는 것으로 이로 인하여 펌프나 모터에 무리가 발생하며 고장의 요인이 되므로 이를 방지하기 위하여 순환배관 및 릴리프(Relief) 밸브를 설치한다.

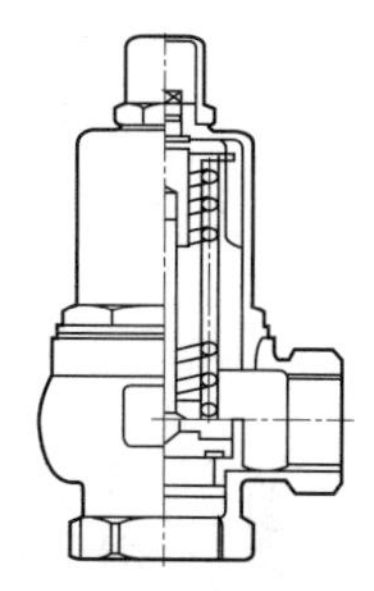

[그림 1-2-21(A)] 릴리프밸브

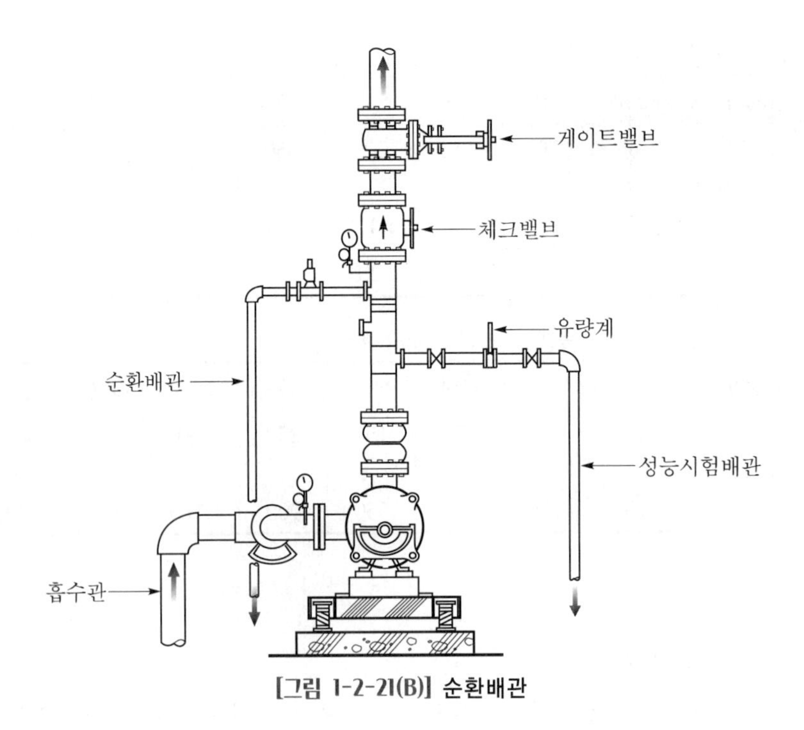

[그림 1-2-21(B)] 순환배관

❸ 펌프 주변 부속장치의 기준

[1] 압력계, 연성계, 진공계

(1) **기준** : 제5조 1항 6호(2.2.1.6)

펌프의 토출측에는 압력계를 체크밸브 이전에 펌프 토출측 플랜지에서 가까운 곳에 설치하고, 흡입측에는 연성계 또는 진공계를 설치할 것. 다만, 수원의 수위가 펌프의 위치보다 높거나 수직회전축 펌프의 경우에는 연성계 또는 진공계를 설치하지 아니할 수 있다.

(2) **해설**

① 압력계의 구분

종 류	계 기	설치 목적
압력계	5 10 15 0 20 Kg/cm2	"양의 게이지압을 측정하는 것"으로 펌프의 토출측에 설치하여 대기압 이상의 압력을 측정한다.
진공계	20 30 40 50 10 60 0 70 76 cmHg	"음의 게이지압을 측정하는 것"으로 수조가 펌프보다 아래쪽에 있는 경우 펌프의 흡입측에 설치하여 대기압 이하의 압력을 측정한다.

종 류	계 기	설치 목적
연성계 (連成計)		• "양 및 음의 게이지압을 측정하는 것"으로 수조가 펌프보다 아래쪽에 있는 경우 펌프의 흡입측 배관에 설치한다. • 연성계는 펌프의 흡입측에 설치할 경우에는 대기압 이하의 흡입압력을 측정하며, 토출측에 설치할 경우에는 대기압 이상의 토출압력을 측정한다.

② **압력계 설치 :** 압력계(Pressure gauge)는 펌프의 토출측에 설치하여 펌프의 토출압력(양의 게이지 압력)을 측정하게 된다. 펌프 토출측의 압력계는 성능시험 시 펌프의 정확한 토출압을 측정하는 것이 목적이므로, 체크밸브 상부에 있을 경우는 압력 측정 시 체크밸브에 대한 손실수두가 반영되어 펌프의 정확한 토출압력 측정에 장애가 된다.

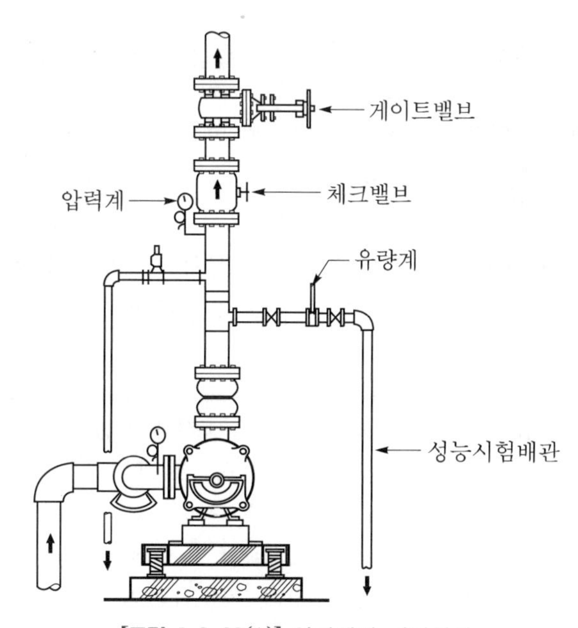

[그림 1-2-22(A)] 압력계의 설치위치

③ **연성계 또는 진공계 설치 :** 연성계(連成計 ; Compound gauge)란 수조가 펌프보다 아래쪽에 위치하는 흡입방식에서는 흡입배관 내의 압력은 항상 대기압 이하가 되므로 흡입배관의 부압(負壓)을 측정하도록 하여 물의 흡입상황을 파악하기 위한 일종의 압력계로 수원의 수위가 펌프보다 아래쪽에 위치하는 흡입방식에서는 펌프의 흡입측 배관에 설치한다.

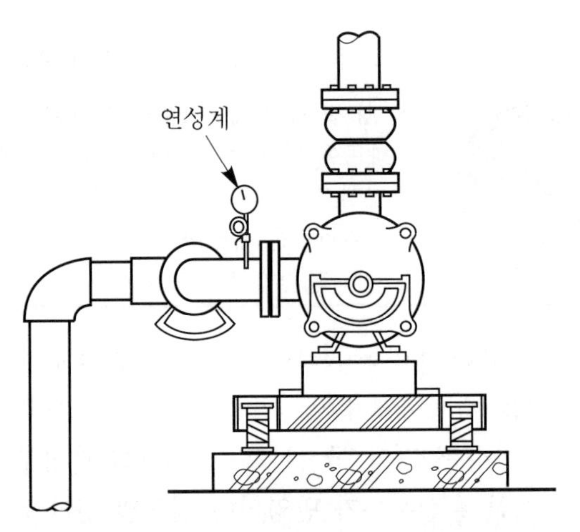

[그림 1-2-22(B)] 연성계의 설치위치

연성계의 눈금이 300mmHg를 지시할 경우 흡입측 양정은 얼마인가?

대기압은 760mmHg이며 이를 수두로 나타내면 10.33mAq가 된다.

따라서 $10.33 \times \frac{300}{760} \doteqdot 4.08$m가 된다.

진공계(Vacuum gauge)란 펌프의 흡입측에 설치하여 부압(負壓)의 게이지 압력을 측정하는 게이지로서 여러 종류가 있으나 측정되는 범위는 0~76cmHg까지이다.

진공도

① 물리학에서는 완전진공을 기준점으로 하여 진공상태의 압력을 0으로 하는 절대압력을 사용하나 실무에서는 대기압이 존재하고 있으므로 대기압을 기준으로 하여 대기압을 0으로 하는 게이지압력을 적용한다. 이 경우 "절대압력＝대기압＋게이지압력"이 된다.

② 게이지압력으로 측정할 경우 대기압보다 낮은 압력(예 흡입측 배관의 경우)을 부압이라고 하며 이를 일명 진공압력이라고 한다. 진공압력은 이를 수은주(mmHg)나 백분율(%)로도 표시하며, 완전진공은 절대압력 0mmHg, 게이지압력 -760mmHg, 진공도 100%라고 할 수 있다. 이에 비해 대기압의 경우는 절대압력 760mmHg, 게이지압력 0, 진공도 0%라고 표시할 수 있다.

[2] 물올림장치(Priming tank)

(1) 기준 : 제5조 1항 11호(2.2.1.12)

수원의 수위가 펌프보다 낮은 위치에 있는 가압송수장치에는 다음의 기준에 따른 물올림장치를 설치할 것

① 물올림장치에는 전용의 수조를 설치할 것

② 수조의 유효수량은 100L 이상으로 하되, 구경 15mm 이상의 급수배관에 따라 해당 수조에 물이 계속 보급되도록 할 것

(2) 해설

풋밸브가 고장 등으로 누수되어 흡입관에 물이 없을 경우 펌프가 공회전을 하게 되는데 이를 방지하기 위하여 설치하는 보충수의 역할을 하는 탱크이다. 따라서 물올림장치는 펌프의 위치가 수원의 위치보다 높을 경우에 한하여 설치하는 것이다.

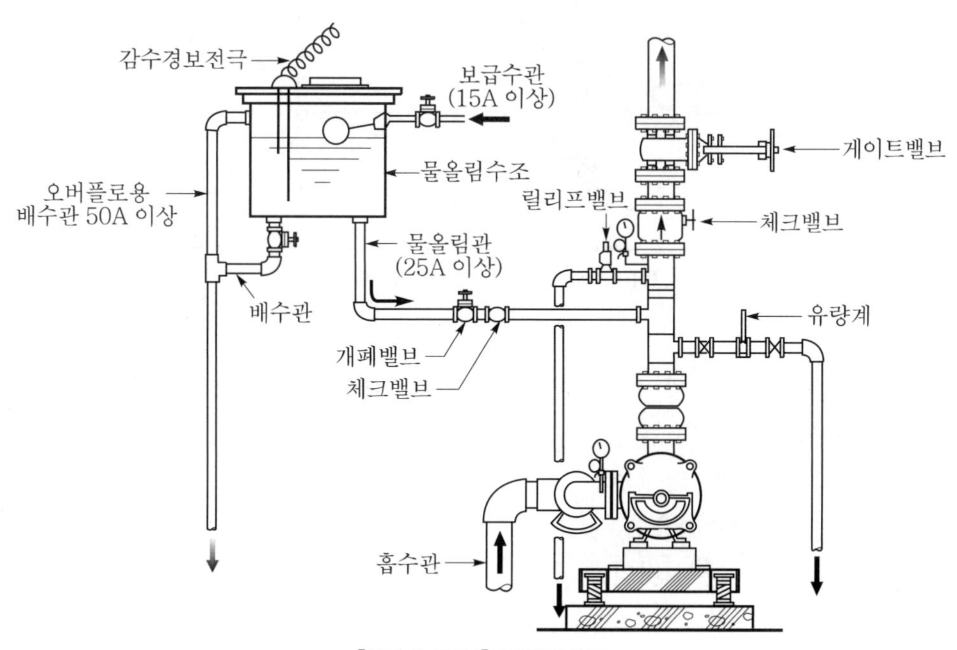

[그림 1-2-23] 물올림장치

[3] 압력 체임버(Chamber)

(1) 기준

① 기동장치로는 기동용 수압개폐장치 또는 이와 동등 이상의 성능이 있는 것을 설치할 것(NFTC 2.2.1.9)

② 기동용 수압개폐장치(압력 체임버)를 사용할 경우 그 용적은 100L 이상의 것으로 할 것(NFTC 2.2.1.11)

③ 기동용 수압개폐장치를 기동장치로 사용할 경우에는 충압펌프를 설치할 것(NFTC 2.2.1.13)

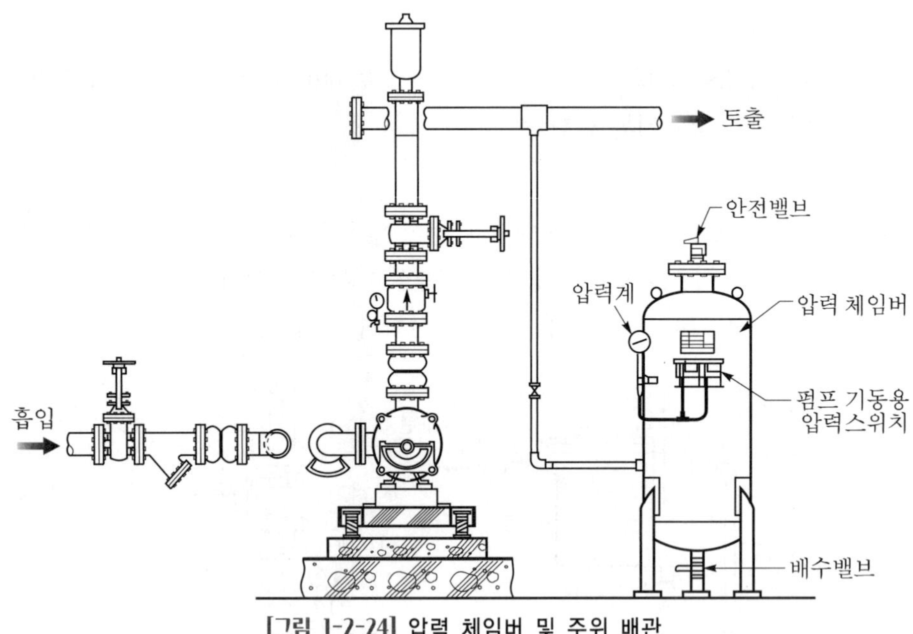

[그림 1-2-24] 압력 체임버 및 주위 배관

(2) 해설

① 압력 체임버의 역할 : 압력 체임버란 자동기동방식의 옥내소화전설비에서 다음의 역할을 수행한다.

㉠ 펌프의 자동기동 및 정지

㉡ 압력변화의 완충작용

㉢ 압력변동에 따른 설비의 보호

② 압력 체임버의 규격

㉠ 압력 체임버의 체적 : 압력 체임버에는 체적단위로 100L와 200L용의 2가지가 있으며 토출량이 큰 대용량 펌프의 경우는 200L 이상의 체임버를 사용하여야 한다. 그러나 국내나 일본의 경우에 국한하여 소화용 펌프에 압력 체임버를 적용하고 있기 때문에 압력 체임버 체적과 관련된 엔지니어링 데이터가 거의 없는 실정이다.

㉡ 압력 체임버의 호칭압력 : 압력 체임버의 압력은 체임버의 호칭압력 1MPa의 경우 시스템의 사용압력은 1MPa 미만이며, 체임버의 호칭압력이 2MPa의 경우는 시스템의 사용압력이 1MPa 이상 2MPa 미만으로 형식승인 기준에서 규정하고 있다.

③ 충압펌프의 의무 설치

종전에는 옥내소화전이 각 층에 1개씩 설치된 경우 충압펌프를 제외할 수 있었으나, 이 경우 건물에서 누수 등으로 인해 배관 내 압력이 낮아지면 압력을 보충하기 위하여 주펌프가 기동하게 되며 주펌프는 자동으로 정지되지 않아 유지관리에 어려움이 발생하였다. 이에 따라 충압펌프 제외규정을 삭제(2022. 10. 13.)하고 압력 체임버 설치 시 충압펌프를 의무적으로 설치하도록 하였다.

[4] 송수구 : 제6조 12항(2.3.12) & 제12조 4항(2.9.4)

소방 펌프차로부터 소화전에 송수하는 송수구는 다음의 기준에 의할 것

(1) 소방차가 쉽게 접근할 수 있는 잘 보이는 장소에 설치하되 화재층으로부터 지면으로 떨어지는 유리창 등이 송수 및 그 밖의 소화작업에 지장을 주지 아니하는 장소에 설치할 것

(2) 송수구로부터 주배관에 이르는 연결배관에는 개폐밸브를 설치하지 아니할 것. 다만, 스프링클러설비·물분무소화설비·포소화설비 또는 연결송수관설비의 배관과 겸용하는 경우에는 그렇지 않다.

> ① 자동식 소화설비인 스프링클러, 물분무소화설비, 포소화설비 등의 경우에는 주배관에 이르는 연결배관에 개폐밸브를 설치할 경우 탬퍼(Tamper) S/W를 설치하는 관계로 개폐밸브의 Off(차단) 상태를 즉시 확인할 수 있으므로 언제나 정상적인 유지관리가 가능하다. 따라서 이러한 설비와 옥내소화전설비가 겸용일 경우에도 마찬가지 사유로 인하여 연결배관에 개폐밸브를 설치하여도 탬퍼 S/W를 설치하여야 하므로 정상적인 유지관리가 가능하다.
>
> ② 이에 비하여 옥내소화전 전용 송수구의 경우는 옥내소화전설비가 수동식 설비인 관계로 탬퍼 S/W 설치가 의무사항이 아니므로 연결배관에 개폐밸브가 설치된 경우에는 이의 Off 상태 여부를 관계인이 확인하기가 곤란하다. 따라서 이 경우는 밸브 Off 시 옥외송수구를 통한 급수불능 상태가 발생하게 되므로 개폐밸브의 설치를 금지한 것이다.

(3) 지면으로부터 높이가 0.5m 이상 1m 이하의 위치에 설치할 것

(4) 구경 65mm의 쌍구형 또는 단구형으로 할 것

(5) 송수구의 부근에는 자동배수밸브(또는 직경 5mm의 배수공) 및 체크밸브를 설치할 것. 이 경우 자동배수밸브는 배관 안의 물이 잘 빠질 수 있는 위치에 설치하되, 배수로 인하여 다른 물건 또는 장소에 피해를 주지 않아야 한다.

(6) 송수구에는 이물질을 막기 위한 마개를 씌울 것

❹ 전원 및 배선 기준

[1] 상용전원 : 제8조 1항(2.5)

옥내소화전설비에는 그 특정소방대상물의 수전방식에 따라 다음의 기준에 따른 상용전원회로의 배선을 설치해야 한다. 다만, 가압수조방식으로서 모든 기능이 20분 이상(층수가

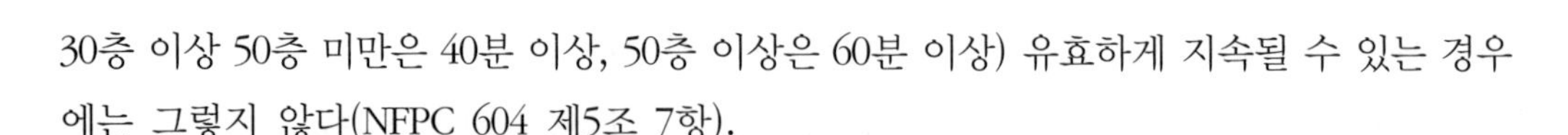

30층 이상 50층 미만은 40분 이상, 50층 이상은 60분 이상) 유효하게 지속될 수 있는 경우에는 그렇지 않다(NFPC 604 제5조 7항).

(1) 저압수전인 경우

① 인입개폐기 직후에서 분기하여야 한다.

② 전용배선으로 하고 전용의 전선관에 보호되도록 한다.

(2) 고압(또는 특별고압)수전인 경우

① 전력용 변압기 2차측의 주차단기 1차측에서 분기하여 전용배선으로 하되, 상용전원의 상시공급에 지장이 없을 경우에는 주차단기 2차측에서 분기하여 전용배선으로 할 것

② 다만, 가압송수장치의 정격입력전압이 수전전압과 같은 경우에는 저압수전 기준에 따른다.

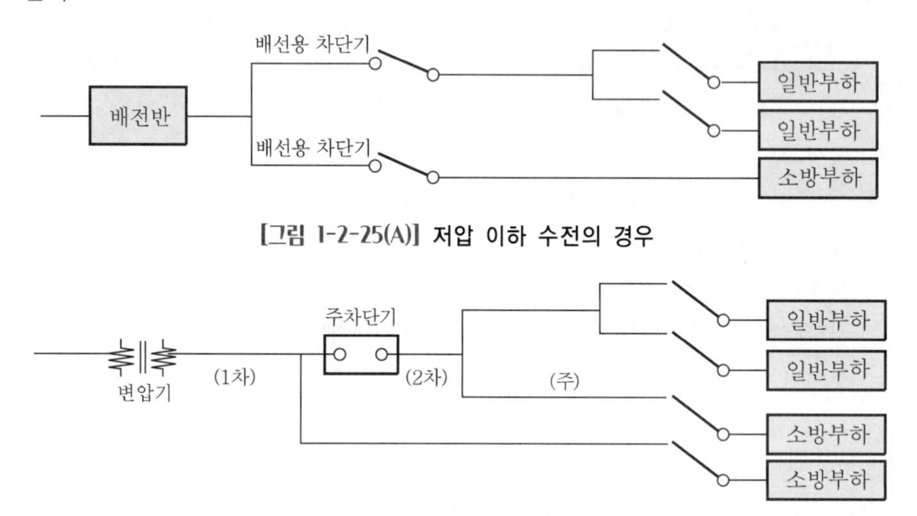

[그림 1-2-25(A)] 저압 이하 수전의 경우

(주) 상용전원의 상시공급에 지장이 없는 경우

[그림 1-2-25(B)] 고압 이상 수전의 경우

[2] 비상전원

(1) 비상전원 설치대상 : 제8조 2항(2.5.2)

다음의 어느 하나에 해당하는 경우 비상전원을 설치하여야 한다. 다만, 2 이상의 변전소에서 전력을 동시에 공급받을 수 있거나 하나의 변전소로부터 전력의 공급이 중단되는 때에는 자동으로 다른 변전소로부터 전원을 공급받을 수 있도록 상용전원을 설치한 경우와 가압수조의 경우에는 비상전원을 설치하지 않을 수 있다.

① 층수가 7층 이상으로서 연면적 2,000m^2 이상인 것

② 위에 해당하지 아니하는 소방대상물로서 지하층 바닥면적의 합계가 3,000m^2 이상인 것

(2) 비상전원의 적용

자가발전설비, 축전지설비(내연기관에 따른 펌프를 사용하는 경우에는 내연기관의 기동 및 제어용 축전지를 말한다) 또는 전기저장장치(ESS ; Energy Storage System)에 한한다.

(3) 비상전원의 설치기준 : 제8조 3항(2.5.3)

① 점검에 편리하고 화재 및 침수 등의 재해로 인한 피해를 받을 우려가 없는 곳에 설치할 것

② 옥내소화전설비를 유효하게 20분 이상(층수가 30층 이상 50층 미만은 40분 이상, 50층 이상은 60분 이상) 작동할 수 있도록 할 것

③ 상용전원으로부터 전력의 공급이 중단된 때에는 자동으로 비상전원으로부터 전력을 공급받을 수 있도록 할 것

④ 비상전원(내연기관의 기동 및 제어용 축전지를 제외한다)의 설치장소는 다른 장소와 방화구획할 것. 이 경우 그 장소에는 비상전원의 공급에 필요한 기구나 설비 외의 것(열병합발전설비에 있어서 필요한 기구나 설비는 제외)을 두지 말 것

⑤ 비상전원을 실내에 설치할 때에는 그 실내에 비상조명등을 설치할 것

[3] 배선의 기준 : 제10조(2.7)

옥내소화전설비의 배선에 대한 적용 기준은 다음과 같다.

> **꼼꼼체크**
>
> 배선에 대한 상세 내용은 제2장의 자동화재탐지설비의 내화 및 내열배선을 참조할 것

(1) 내화배선 이상

비상전원으로부터 동력제어반 및 가압송수장치에 이르는 전원회로의 배선은 내화배선으로 할 것. 다만, 자가발전설비와 동력제어반이 동일한 실에 설치된 경우에는 자가발전기로부터 그 제어반에 이르는 전원회로 배선은 그렇지 않다.

(2) 내열배선 이상

① 상용전원으로부터 동력제어반에 이르는 배선

② 그 밖의 옥내소화전설비의 감시·조작 또는 표시등 회로의 배선은 내화배선 또는 내열배선으로 할 것. 다만, 감시제어반 또는 동력제어반 안의 감시·조작 또는 표시등 회로의 배선은 그렇지 않다.

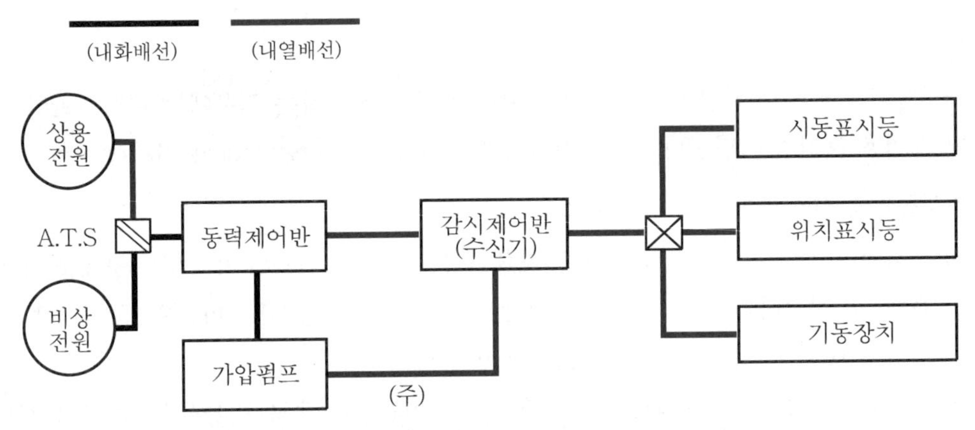

[그림 1-2-26] 옥내소화전의 배선

(주) 가압펌프~감시제어반 간의 배선은 탬퍼 S/W 및 압력 체임버용 압력 S/W 배선임.

5 제어반의 기준

[1] 제어반의 구분 : NFTC 2.6.1

제어반은 감시제어반과 동력제어반으로 구분하여 설치하여야 하며 다만, 다음의 어느 하나에 해당하는 경우에는 감시제어반과 동력제어반으로 구분하여 설치하지 않을 수 있다.

(1) 비상전원 설치대상에 해당하지 않는 특정소방대상물의 옥내소화전설비

(2) 내연기관에 따른 가압송수장치를 사용하는 옥내소화전설비

(3) 고가수조에 따른 가압송수장치를 사용하는 옥내소화전설비

(4) 가압수조에 따른 가압송수장치를 사용하는 옥내소화전설비

꼼꼼체크 ▌ 제어반

1. 감시제어반이란 소화설비용 수신반으로서 제어기능이 있는 것을 말한다.
2. 동력제어반이란 속칭 MCC Panel로서 이는 Motor Control Center의 약어로서 각종 동력장치의 제어기능이 포함된 주분전반을 의미한다.

[2] 감시제어반의 기능 : NFTC 2.6.2

감시제어반의 기능은 다음의 기준에 적합하여야 한다.

(1) 각 펌프의 작동 여부를 확인할 수 있는 표시등 및 음향경보기능

(2) 각 펌프를 자동 및 수동으로 작동시키거나 중단시킬 수 있어야 할 것

⊡ 감시제어반에서 펌프의 기동스위치를 주펌프만 설치하는 경우가 있으나 충압펌프에 대해서도 설치하여야 한다.

(3) 비상전원을 설치한 경우에는 상용전원 및 비상전원의 공급 여부를 확인할 수 있어야 할 것

⊡ 종전의 규정은 자동 또는 수동으로 상용 및 비상전원으로의 전환기능을 요구하였으나 발전기는 정전 시 자동으로 절환되는 것이며 또한 수동으로 절환할 경우에도 이를 발전실이 아닌 방재실에서 조작하는 것은 많은 무리가 있는 관계로 상용전원이나 비상전원의 공급상태를 확인할 수 있는 것으로 개정하였다.

(4) 수조 또는 물올림 수조가 저수위가 될 때 표시등 및 음향경보기능

(5) 각 확인회로(기동용 수압개폐장치의 압력스위치회로 · 수조 또는 물올림수조의 감시회로, 개폐밸브의 폐쇄상태 확인, 그 밖의 이와 비슷한 회로)의 도통시험 및 작동시험기능

(6) 예비전원의 확보 및 예비전원의 적합 여부 시험기능

꼼꼼체크 | **예비전원**

감시제어반(수신반)에서의 예비전원이란 감시제어반에 내장되어 있는 비상용 배터리(Battery)를 뜻한다.

[3] 감시제어반의 설치기준 : 제9조 3항(2.6.3)

(1) 화재 및 침수 등의 재해로 인한 피해를 받을 우려가 없는 곳에 설치할 것

(2) 옥내소화전설비 전용으로 할 것. 단, 옥내소화전설비의 제어에 지장이 없을 경우 다른 설비와 겸용할 수 있다.

(3) 다음의 어느 하나에 해당하는 경우와 공장, 발전소 등에서 설비를 집중 제어 · 운전할 목적으로 설치하는 중앙제어실 내에 감시제어반을 설치하는 경우에는 전용실 내에 설치하지 아니할 수 있다(제9조 3항 3호).

① 비상전원 설치대상에 해당하지 않는 소방대상물의 옥내소화전설비
② 내연기관에 따른 가압송수장치를 사용하는 옥내소화전설비
③ 고가수조에 따른 가압송수장치를 사용하는 옥내소화전설비
④ 가압수조에 따른 가압송수장치를 사용하는 옥내소화전설비

(4) 다음의 기준에 따른 전용실 내에 설치할 것

① 다른 부분과 방화구획을 할 것. 이 경우 전용실의 벽에는 기계실 또는 전기실 등의 감시를 위하여 두께 7mm 이상의 망입유리(두께 16.3mm 이상의 접합유리 또는 두께 28mm 이상의 복층유리를 포함한다)로 된 4m^2 미만의 붙박이창을 설치할 수 있다.

② 피난층 또는 지하 1층에 설치할 것. 다만, 다음의 어느 하나에 해당하는 경우에는 지상 2층에 설치하거나 지하 1층 외의 지하층에 설치할 수 있다.

㉠ 특별피난계단이 설치되고 그 계단(부속실 포함) 출입구로부터 보행거리 5m 이내 전용실의 출입구가 있는 경우

㉡ 아파트의 관리동(관리동이 없는 경우에는 경비실)에 설치하는 경우

③ 비상조명등 및 급・배기설비를 설치

⊡ 제연설비의 경우에도 원칙적으로 지하층이나 무창층을 위주로 적용하는 것과 같이, 감시제어반 내 급・배기설비의 경우에도 창이 있는 유창층 구조로서 피난층일 경우에는 급・배기설비를 제외하도록 법의 개정이 필요하다.

④ NFPC(NFTC) 505(무선통신보조설비)에 따라 유효하게 통신이 가능할 것(무선통신보조설비가 설치된 경우에 한한다)

⑤ 바닥면적은 감시제어반의 설치에 필요한 면적 외에 화재 시 소방대원이 감시제어반의 조작에 필요한 최소 면적 이상으로 할 것

(5) 특정소방대상물의 기계・기구 또는 시설 등의 제어 및 감시설비 외의 것을 두지 말 것

[4] 동력제어반의 설치기준 : NFTC 2.6.4

(1) 앞면은 적색으로 하고 “옥내소화전설비용 동력제어반”이라 표시한 표지를 설치할 것

(2) 외함은 두께 1.5mm 이상 강판 또는 동등 이상의 강도 및 내열성능이 있는 것으로 할 것

(3) 그 밖의 동력제어반의 설치에 관하여는 NFTC 2.6.3.1 & 2.6.3.2의 기준을 준용할 것

08 옥내소화전 계통도

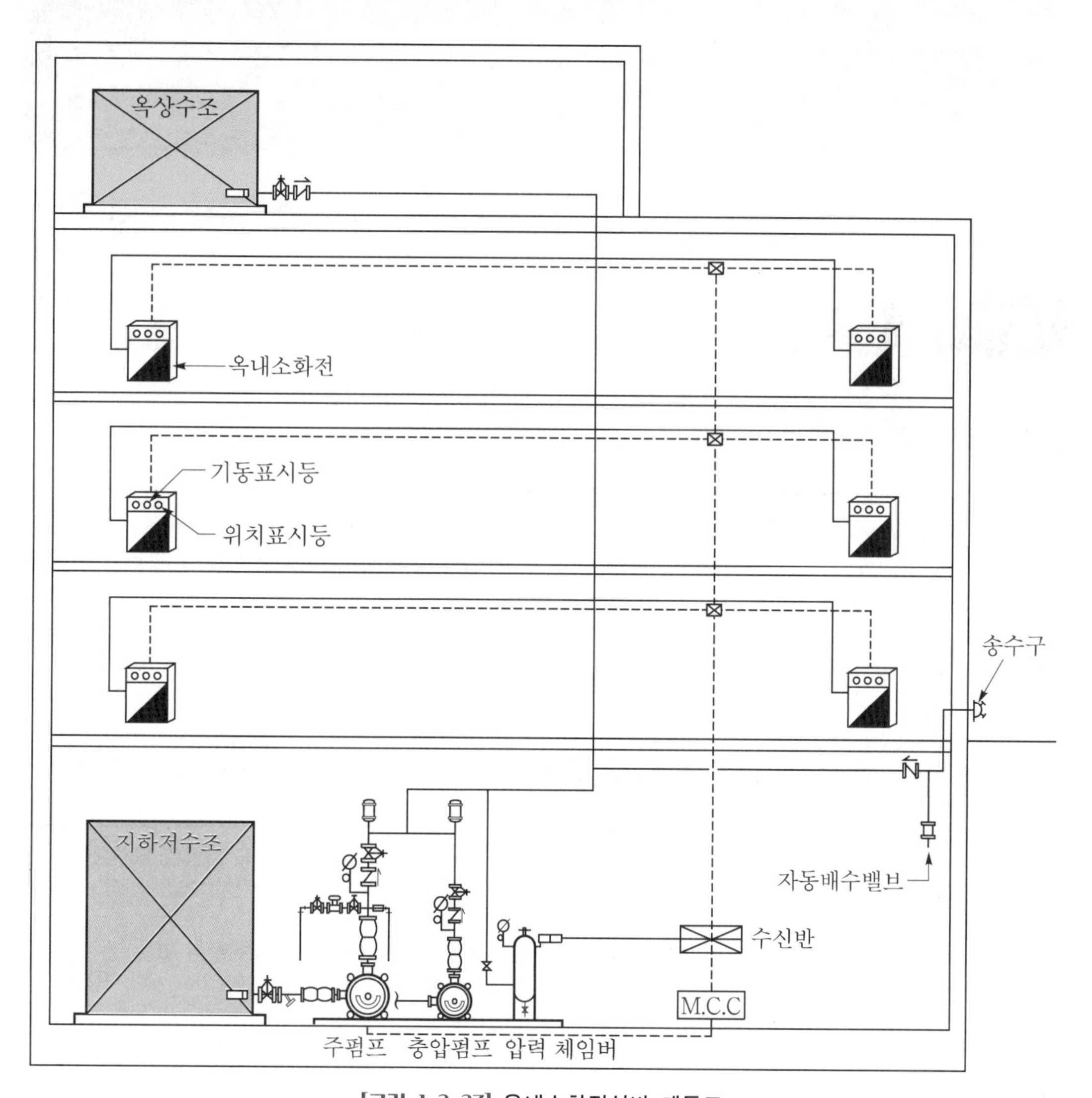

[그림 1-2-27] 옥내소화전설비 계통도

SECTION 02-1 옥외소화전설비(NFPC & NFTC 109)

01 개 요

❶ 설치대상 : 소방시설법 시행령 별표 4

	설치대상 소방대상물	비 고
①	1층 및 2층의 바닥면적의 합계 9,000m^2 이상	같은 구내에 2 이상의 특정소방대상물이 "연소 우려가 있는 구조"인 경우에는 이를 하나의 특정소방대상물로 본다.
②	문화재보호법 제23조에 따라 국보 또는 보물로 지정된 목조건축물	–
③	공장 또는 창고시설로서 지정수량 750배 이상의 특수가연물을 저장·취급하는 것	①에 해당하지 아니하는 공장 및 창고를 말한다.

(비고) 1. 아파트등, 위험물저장시설 및 처리시설 중 가스시설, 지하구 및 지하가 중 터널은 제외한다.
2. "연소(延燒) 우려가 있는 구조"란 다음의 기준에 모두 해당하는 구조를 말한다(소방시설법 시행규칙 제7조).
① 건축물대장의 건축물 현황도에 표시된 대지경계선 안에 둘 이상의 건축물이 있는 경우
② 각각의 건축물이 다른 건축물의 외벽으로부터 수평거리가 1층의 경우에는 6m 이하, 2층 이상의 층의 경우에는 10m 이하인 경우
③ 개구부(시행령 제2조 1호에 따른 개구부를 말한다)가 다른 건축물을 향하여 설치되어 있는 경우

(저자 주) 시행령 별표 4의 옥외소화전 대상에서 2013. 1. 9.자로 동일 구내를 "같은 구(區)내"로 개정하였으나, 이는 "같은 구내(構內)"의 오류이므로 수정되어야 한다.

❷ 옥외소화전설비의 특징 및 방식

[1] 옥외소화전설비의 특징

(1) 적응성

옥외소화전설비는 옥외에서 옥내의 소방대상물에 대한 방호조치이며 근본적으로 1층 및 2층 부분에 한하여 소화의 유효성이 있는 설비이다. 이로 인하여 옥외소화전에 대한 대상 기준에서 1, 2층 바닥면적의 합계가 9,000m^2 이상일 경우를 대상으로 적용하고 있으며,

또한 연소할 우려가 있는 경우(1층에 있어서는 6m 이하, 2층 이상의 층에 있어서는 10m 이하) 이를 옥외소화전대상 적용 시 합산하여 적용하는 것도 1층과 2층에 대한 유효성 때문이다.

(2) 비상전원

옥외소화전설비의 경우는 화재안전기준에서 비상전원을 별도로 규정하고 있지 않다. 이는 옥외소화전의 경우는 건물 외부에서 방수하여 사용하는 수동식 설비이므로 결국 소방차가 옥외소화전 역할을 대신할 수 있기 때문이다.

[2] 설비의 방식

국내는 설치방식에 대한 별도의 기준이 없으나 옥외소화전설비는 지상식과 지하식이 있다. 지상식은 건물 외부의 지면에 스탠드형으로 노출하여 설치하며, 지하식은 지하전용 맨홀에 설치하여 사용하는 방식이다.

(1) 지상식

① 호스 접결구는 지면으로부터 높이 0.5~1m 위치에 설치하여야 한다[NFPC 109(이하 동일)제6조 1항/NFTC 109(이하 동일) 2.3.1].
지상식의 경우 호스를 접결하는 방수구는 단구형과 쌍구형이 있으며 밸브의 개폐는 맨 상단의 밸브 나사를 스패너를 이용하여 회전시켜 개방한다. 지상식 소화전을 설치할 경우는 차량에 의해 파손되는 경우가 많으므로 차량의 운행이 빈번한 장소는 피하고 필요시에는 주변에 방호장치를 설치하거나 지하식으로 설치하도록 한다.

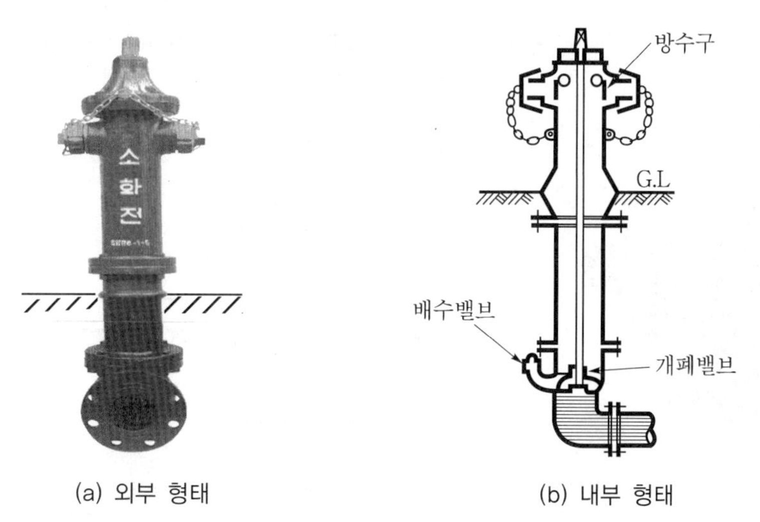

(a) 외부 형태 (b) 내부 형태

[그림 1-2-28(A)] 지상식 옥외소화전설비

② 옥외소화전의 사용을 마친 후에는 밸브를 잠그면 지상배관과 지하 급수배관이 접속되는 구간에 있는 땅속의 개폐밸브가 잠기게 된다. 이후 지상부분의 배관에 있는 물이 체류하게 되면 동절기에 동파의 우려가 있으므로 개폐밸브의 옆쪽에 설치된 볼밸브(Ball valve)가 자연히 개방되어 지상구간의 배관 안에 있는 물이 자연적으로 땅속으로 배수가 되는 구조이다.

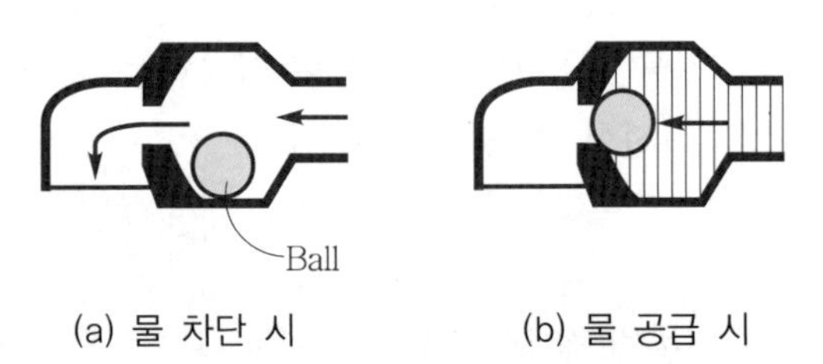

(a) 물 차단 시 (b) 물 공급 시

[그림 1-2-28(B)] 배수밸브의 구조(볼밸브형)

(2) 지하식

지하식은 지면으로부터 60cm 이내의 깊이에 설치하고, 또한 지하에 설치하는 호스 접결구는 지면으로부터 30cm 이내의 깊이에 설치하도록 규정하고 있다.[6] 지하식은 차량의 통행이 잦은 장소에 설치하며 지하에 맨홀을 만든 후 맨홀 내에 옥외소화전을 설치하는 것으로 소화전 상부에는 철제판을 덮어 대형 차량이 통과할 경우에도 이에 견디는 구조이어야 한다. 밸브를 개방할 경우에는 맨홀에 들어가지 않아도 외부에서 개방할 수 있도록 지하용 밸브개폐장치를 비치하도록 한다.

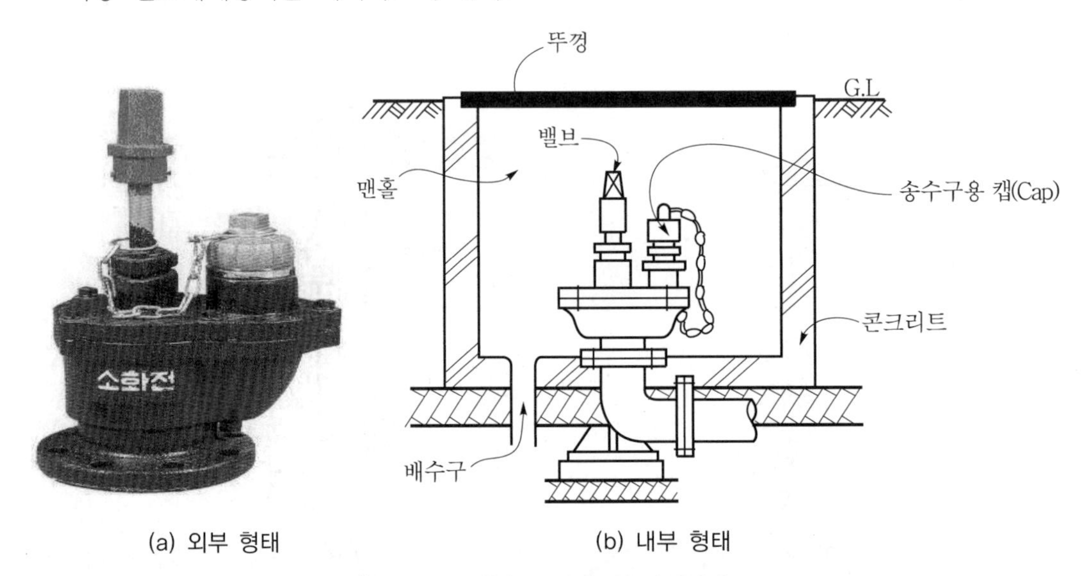

(a) 외부 형태 (b) 내부 형태

[그림 1-2-29] 지하식 옥외소화전설비

6) 일본 소방법 시행규칙 제22조 1호

02 옥외소화전설비의 화재안전기준

❶ 옥외소화전 설치기준

[1] 설치 수량 : 제6조 1항(2.3.1)

호스 접결구는 특정소방대상물의 각 부분으로부터 하나의 호스 접결구까지의 수평거리가 40m 이하가 되도록 설치하여야 한다.

> ⊡ 바닥면적이 큰 대규모의 공장이나 창고 등의 건물이 옥외소화전 대상일 경우 옥외소화전의 수평 거리는 40m로서 공장이나 창고 건물의 폭 또는 길이가 80m를 초과할 경우는 건물 내부에 옥외소화전 40m의 수평거리가 초과되는 부분이 발생하게 된다.
> 이와 같이 수평거리 40m를 초과하는 옥내의 부분에는 옥외소화전 방수구를 적용하지 아니하여도 무방하다.

[2] 호스 : 제6조 2항

호스는 구경 65mm의 것으로 하여야 한다.

[3] 옥외소화전함

(1) 기준 : 제7조(2.4)

① 함의 설치 수량은 옥외소화전마다 그로부터 5m 이내의 장소에 다음의 표와 같이 설치하며 위치표시등 및 기동표시등은 옥내소화전설비를 준용한다.

[표 1-2-12] 옥외소화전함 설치기준

옥외소화전	옥외소화전함
옥외소화전 10개 이하인 경우	옥외소화전마다 5m 이내의 장소에 1개 이상의 소화전함을 설치
옥외소화전 11개 이상 30개 이하	11개 이상의 소화전함을 각각 분산하여 설치
옥외소화전 31개 이상	옥외소화전 3개마다 1개 이상의 소화전함을 설치

② 함은 소방청장이 정하여 고시한 "소화전함의 성능인증 및 제품검사의 기술기준"에 적합한 것으로 설치하되, 밸브의 조작, 호스의 수납 등에 충분한 여유를 가질 수 있도록 할 것. 연결송수관의 방수구를 같이 설치하는 경우에도 또한 같다.

(2) 해설

옥내소화전은 항상 호스를 방수구에 접결하도록 하고 있으나 옥외소화전의 경우는 별도의 호스함에 호스와 노즐을 비치하고 있다. 호스의 수량은 규정하고 있지 않으나 옥외소화전 수평거리가 40m이므로 20m용 호스를 2개 설치하는 것이 원칙이며 별도로 노즐을 설치하여야 한다.

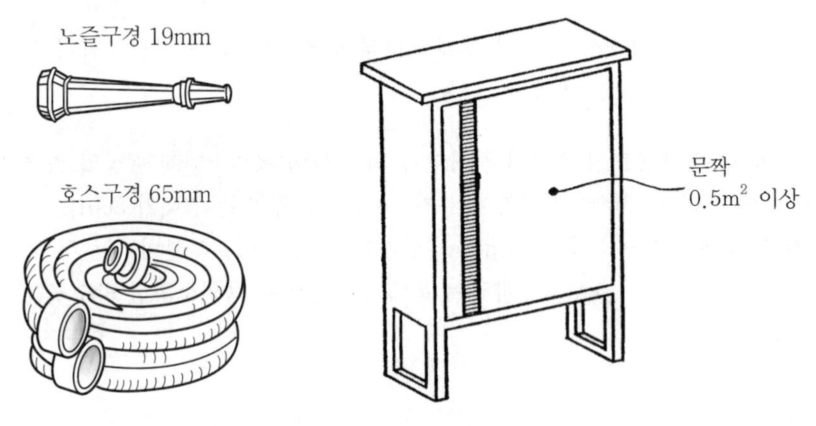

[그림 1-2-30] 옥외소화전 호스함

❷ 수원의 기준

[1] 1차 수원 : 제4조(2.1)

옥외소화전설비의 수원은 그 저수량이 옥외소화전의 설치개수(2개 이상 설치된 경우에는 2개)에 $7m^3$를 곱한 양 이상이 되도록 하여야 하며 다음의 식과 같다.

$$Q = 7 \times N \qquad \cdots \text{[식 1-2-11]}$$

여기서, Q : 수원의 양(m^3)

N : 옥외소화전 설치개수(최대 2개)

(주) 이 경우 $7m^3$은 350Lpm×20분간의 값을 말한다.

[2] 2차 수원

옥외소화전설비의 2차 수원인 옥상수조는 당초 옥내소화전설비와 마찬가지로 법정유효수량의 1/3 이상을 옥상에 설치하도록 규정하였으나, 옥외소화전설비의 경우 수원의 양은 소방차 출동으로 인하여 법정 수원만으로 기능 유지에 문제점이 없으며 옥상수조 설치에 따른 물탱크 설치와 옥외소화전의 경우 대지에 매립하는 경우 동파로 인한 기능 정지 등을 고려하여 2차 수원인 옥상수조 설치기준을 2015. 1. 23. 삭제하였다.

※ 상세한 내용은 CHAPTER 01(소화설비) – SECTION 02(옥내소화전설비) 기준을 참고할 것

❸ 옥외소화전 펌프의 설계(양정 및 토출량)

[1] 펌프의 양정 계산 : 제5조 1항 3호(2.2.1.3)

옥외소화전(최대 2개)을 동시에 사용할 경우 각 옥외소화전의 노즐선단에서의 방수압력이 0.25MPa 이상이고, 이 경우 하나의 옥외소화전을 사용하는 노즐선단에서의 방수압력이 0.7MPa을 초과할 경우에는 호스 접결구의 인입측에 감압장치를 설치하여야 한다. 가압송수장치에서 펌프방식의 경우 양정은 다음과 같다.

$$\text{양정 } H(\text{m}) = H_1 + H_2 + H_3 + 25\text{m} \quad \cdots \text{[식 1-2-12]}$$

여기서, H_1 : 필요한 실양정(m)
H_2 : 배관의 마찰손실수두(m)
H_3 : 호스의 마찰손실수두(m)

(1) 필요한 실양정 : H_1

옥외소화전의 경우는 건물 내부가 아닌 옥외에 설치하는 관계로 펌프와 옥외소화전의 낙차수두 H_1은 고려하지 않는 것으로 생각할 수 있으나, 펌프실의 위치와 대지 내 설치되는 옥외소화전 방수구의 위치에 대해 고저차를 반드시 검토하여야 한다. 즉 부지가 넓은 공장이나 아파트 단지의 경우 평탄한 대지가 아닌 고저차가 있는 경우가 많으며 이 경우 펌프실과 최고 위치의 옥외소화전 방수구 간에는 수직높이 차에 대한 낙차수두를 반드시 반영하여야 한다.

(2) 배관의 마찰손실수두 : H_2

① **직관의 손실수두** : 옥외소화전 최대 기준수량은 2개로 하고 노즐 1개당 350Lpm으로 토출량을 적용하고 있다. 그러나 일본의 경우 노즐 방사량은 350Lpm이나 펌프의 정격토출량은 경년(經年)변화를 감안하여 여유율을 두어 1개소당 400Lpm으로 적용하고 있다. 옥외소화전의 배관손실수두는 일반적으로 다음 표를 사용하며 옥내소화전 부분에서 언급한 일본 소방청 고시의 Hazen－Williams 간략식을 이용하여 손실수두를 구한 후 셋째자리에서 반올림한 것이다.

[표 1-2-13] 직관의 마찰손실수두(관장 100m당)

관 경 / 유 량	50mm	65mm	80mm	100mm	125mm	150mm	200mm	
	마찰손실수두(m)							
350Lpm(1개)	－	5.02	2.30	0.64	0.23	0.10	0.03	➡ 국내 기준
700Lpm(2개)	－	－	－	2.31	0.82	0.35	0.09	
400Lpm(1개)	－	6.94	2.99	0.81	0.28	0.12	0.03	➡ 일본 기준
800Lpm(2개)	－	25.25	10.79	2.95	1.02	0.44	0.11	

꼼꼼체크 I [표 1-2-13]의 출전(出典)

동경소방청 사찰편람(査察便覽) : 5.2 옥내소화전 표 4

② 밸브 및 부속류의 손실수두

※ 옥내소화전에서 설명한 내용을 참고할 것

(3) 호스의 마찰손실수두 : H_3

일본은 펌프의 여유율 관계로 옥외소화전 노즐은 350Lpm이나 펌프 토출량은 400Lpm으로 적용한다. 마호스는 2016. 4. 1. 형식승인 기준이 폐지되어 국내 생산이 단종되었기에 고무내장호스만 게재하였다.

[표 1-2-14] 호스의 마찰손실수두(호스 100m당)

유량(L/min)	40mm 호스		50mm 호스		65mm 호스	
	마호스	고무내장	마호스	고무내장	마호스	고무내장
350(옥외)	–	–	–	–	10m	4m
400(옥외)	–	–	–	–	–	6m

꼼꼼체크 I [표 1-2-14]의 출전(出典)

일본 동경소방청 사찰편람(査察便覽) 1984년판 / 2001년판 : 5.2 옥내소화전

[2] 펌프의 토출량 계산 : 제5조 1항 3호(2.2.1.3)

옥외소화전(최대 2개)을 동시에 사용할 경우 각 옥외소화전의 노즐선단에서의 방수량이 350Lpm 이상이 되는 성능의 것으로 할 것

$$토출량\ Q = 350(\mathrm{L/min}) \times N$$ … [식 1−2−13]

여기서, Q : 펌프의 토출량(Lpm)

N : 옥외소화전 수량(최대 2개)

[3] 방사압과 방사량 : 제5조 1항 3호(2.2.1.3)

당해 특정소방대상물에 설치된 옥외소화전(최대 2개소)을 동시에 사용할 경우 각 옥외소화전의 노즐선단에서의 방수압력이 0.25MPa 이상이고, 방수량이 350Lpm 이상이 되는 성능의 것으로 할 것. 이 경우 하나의 옥외소화전을 사용하는 노즐선단에서의 방수압력이 0.7MPa을 초과할 경우에는 호스 접결구의 인입측에 감압장치를 설치하여야 한다.

규약배관방식의 경우 유수량에 대한 배관의 관경은 설계 시 아래의 표를 적용한다.

[표 1-2-15] 옥외소화전 표준 유수량 대 관경

표준 유수량(L/min)	350(1ea)	700(2ea)
관경(mm)	65	100

❹ 옥외소화전설비 배관의 규격 : 제6조 3항(2.3)

(1) 일반기준

배관과 배관이음쇠는 다음의 어느 하나에 해당하는 것 또는 동등 이상의 강도·내식성 및 내열성 등을 국내·외 공인기관으로부터 인정받은 것을 사용해야 하고, 배관용 스테인리스 강관(KS D 3576)의 이음을 용접으로 할 경우에는 텅스텐 불활성 가스 아크용접(Tungsten Inertgas Arc Welding)방식에 따른다.

(2) 배관 내 사용압력이 1.2MPa 미만인 경우

KS D 3507(배관용 탄소강관), KS D 5301(이음매 없는 구리 및 구리합금관으로 습식 배관에 한한다), KS D 3576(배관용 스테인리스 강관) 또는 KS D 3595(일반배관용 스테인리스 강관), KS D 4311(덕타일 주철)을 사용한다.

(3) 배관 내 사용압력이 1.2MPa 이상인 경우

KS D 3562(압력 배관용 탄소강), KS D 3583(배관용 아크용접 탄소강강관)을 사용한다.

(4) CPVC 적용의 경우

위 규정에도 불구하고 다음의 어느 하나에 해당하는 장소에는 소방청장이 고시한 소방용 합성수지배관(CPVC 배관)으로 설치할 수 있다.

① 배관을 지하에 매설하는 경우

② 다른 부분과 내화구조로 구획된 덕트 또는 피트의 내부에 설치하는 경우

③ 천장(상층이 있는 경우에는 상층바닥의 하단을 포함한다)과 반자를 불연재료 또는 준불연 재료로 설치하고 소화배관 내부에 항상 소화수가 채워진 상태로 설치하는 경우

※ 기타 배관의 규격 및 특징은 SECTION 02에서 "옥내소화전 배관의 기준"을 참고할 것

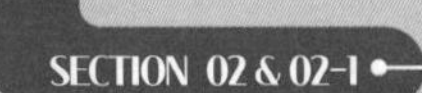

SECTION 02 & 02-1 옥내소화전설비(NFPC & NFTC 102)
옥외소화전설비(NFPC & NFTC 109)

단원문제풀이

01 다음과 같이 물이 흐르는 배관에서 분기되는 경우 구간별로 유속과 관경을 알고 있을 경우 구간 3지점에서의 유량(m^3/sec)과 유속(m/sec)을 산출하라. (단, $\pi=3.14$로 하고 계산은 소수 넷째자리까지 구한다.)

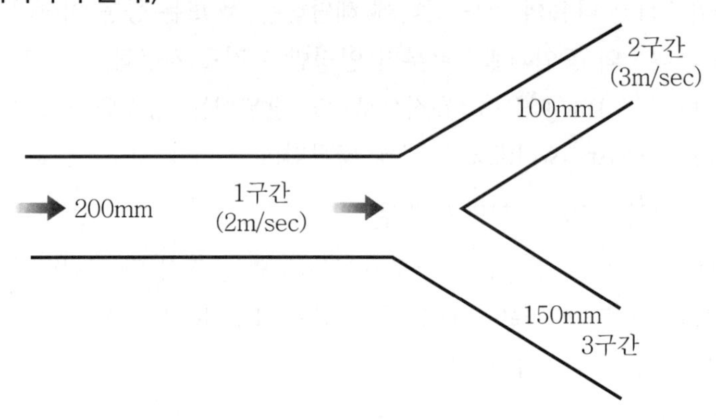

| 해답 |

연속의 법칙에서 $Q=VA=V\times\frac{\pi}{4}d^2$이 된다.

1구간 : $Q_1=2\times\frac{\pi}{4}\times0.2^2=0.0628\text{m}^3/\text{sec}$

2구간 : $Q_2=3\times\frac{\pi}{4}\times0.1^2=0.0236\text{m}^3/\text{sec}$

또한 $Q_1=Q_2+Q_3$이다.

따라서 $Q_3=Q_1-Q_2=0.0628-0.0236=0.0392\text{m}^3/\text{sec}$

$Q_3=V_3\times A_3$이므로

$$V_3=\frac{Q_3}{A_3}=\frac{0.0392}{\frac{\pi}{4}\times0.15^2}=\frac{0.0392\times4}{\pi\times0.15^2}=2.2194\text{m}^3/\text{sec}$$

02 그림과 같은 배관에 물이 흐를 경우 배관 ①, ②, ③에 흐르는 각각의 유량(Lpm)을 자연수 값으로 계산하여라. 단, A, B 사이의 배관 ①, ②, ③의 마찰손실수두는 모두 각각 10m로 같고, 관경 및 유량은 다음 그림과 같다. 이때 다음의 Hazen－Williams의 식을 이용하라.

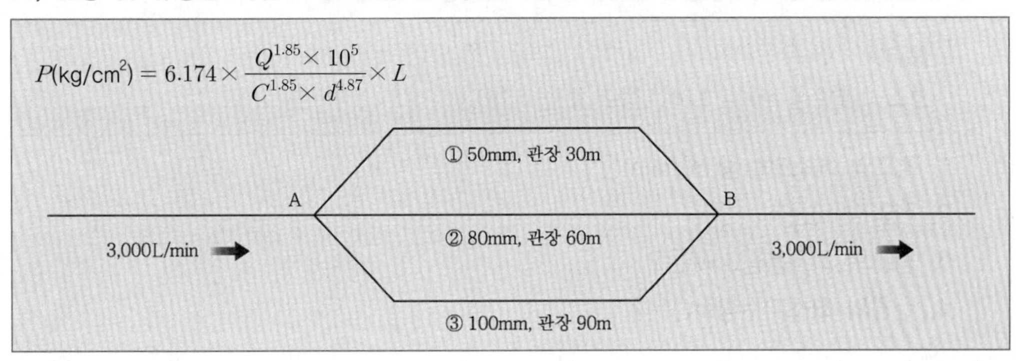

| 해답 |

배관의 마찰손실을 P라고 하면, 주어진 조건에 의해 $P_1 = P_2 = P_3$ ……… [식 ⓐ]

각 배관에 흐르는 유량을 Q_1, Q_2, Q_3라면 $Q_1 + Q_2 + Q_3 = 3{,}000(\text{L/min})$ ……… [식 ⓑ]

위의 배관에 Hazen－Williams의 식을 이용하면

- $P_1(\text{kg/cm}^2) = 6.174 \times \dfrac{Q_1^{1.85} \times 10^5}{C^{1.85} \times 50^{4.87}} \times 30$
- $P_2(\text{kg/cm}^2) = 6.174 \times \dfrac{Q_2^{1.85} \times 10^5}{C^{1.85} \times 80^{4.87}} \times 60$
- $P_3(\text{kg/cm}^2) = 6.174 \times \dfrac{Q_3^{1.85} \times 10^5}{C^{1.85} \times 100^{4.87}} \times 90$

식 ⓐ에 의해 $P_1 = P_2 = P_3$이므로

$\dfrac{Q_1^{1.85}}{50^{4.87}} \times 30 = \dfrac{Q_2^{1.85}}{80^{4.87}} \times 60 = \dfrac{Q_3^{1.85}}{100^{4.87}} \times 90$ ……… [식 ⓒ]

ⓒ의 각 항에 $\left(\dfrac{100^{4.87}}{30}\right)$를 곱하면

$$\left(\frac{100}{50}\right)^{4.87} \times Q_1^{1.85} \times 1 = \left(\frac{100}{80}\right)^{4.87} \times Q_2^{1.85} \times 2 = Q_3^{1.85} \times 3$$

$Q_2^{1.85} = \left(\dfrac{100/50}{100/80}\right)^{4.87} \times \dfrac{1}{2} \times Q_1^{1.85}$ (양변을 $\left(\dfrac{1}{1.85}\right)$승을 곱하면)

$$Q_2 = 1.6^{\frac{4.87}{1.85}} \times \left(\frac{1}{2}\right)^{\frac{1}{1.85}} Q_1 = 2.369 Q_1$$

$Q_3^{1.85} = \left(\dfrac{100}{50}\right)^{4.87} \times \dfrac{1}{3} \times Q_1^{1.85}$ (양변을 $\left(\dfrac{1}{1.85}\right)$승을 곱하면)

$$Q_3 = 2^{\frac{4.87}{1.85}} \times \left(\frac{1}{3}\right)^{\frac{1}{1.85}} Q_1 = 3.42 Q_1$$

식 ⓑ에서 $Q_1 + Q_2 + Q_3 = 3{,}000\text{L/min}$이므로

$Q_1 + 2.369 Q_1 + 3.42 Q_1 = 3{,}000$

$\therefore\ Q_1 \doteqdot 442\text{L/min},\ Q_2 \doteqdot 1{,}047\text{L/min},\ Q_3 \doteqdot 1{,}511\text{L/min}$

03 지상 4층 건축물에 옥내소화전을 설치하고자 한다. 각 층에 소화전을 3개씩 설치하고 이때의 실양정은 40m이며, 배관의 손실수두는 실양정의 25%일 때 다음 조건을 가지고 물음에 답하여라. (단, 층별 최대수량 기준은 2개로 적용한다. 소수 둘째자리까지 구한다.)

[조건]
호스 마찰손실수두 = 3.5m, 펌프 효율 = 75%

1. 펌프의 최소토출량(m^3/min)은?
2. 전양정(m)은?
3. 펌프의 최소용량(kW)은?
4. 수원의 최소저수량(m^3)은?

| 해답 |

1. 펌프의 토출량 $=130\text{L/min}\times$개수$=130\times2=0.26\text{m}^3/\text{min}$
2. 전양정 $=H_1+H_2+H_3+17=40+(40\times0.25)+3.5+17=70.5\text{m}$
3. 펌프 용량

$$P(\text{kW})=\frac{0.163\times Q\times H}{E}\times K=\frac{0.163\times0.26\times70.5}{0.75}\times1.1=4.38\text{kW}$$

4. 수원의 양 $=130\text{L/min}\times$개수$\times20$분$=130\times2\times20=5{,}200\text{L}=5.2\text{m}^3$

04 어느 층의 소화전의 개폐밸브를 열고 방수량과 방사압을 측정하였더니 방사압 $=1.7\text{kg/cm}^2$, 방사량 $=130\text{L/min}$가 되었다. 이 소화전에서 유량을 200L/min로 할 경우 압력(kg/cm^2)은 얼마가 되겠는가? (소수 셋째자리까지 구한다.)

| 해답 |

$$Q=K\sqrt{P},\ K=\frac{Q_1}{\sqrt{P_1}}=\frac{130}{\sqrt{1.7}}=99.705$$

따라서 K factor가 99.705가 된다.

즉, $Q=99.705\sqrt{P}$

따라서 $P_2=\left(\frac{Q_2}{K}\right)^2=\left(\frac{200}{99.705}\right)^2=4.024\text{kg/cm}^2$

05 펌프를 이용하여 지하탱크의 물을 매시간 36m^3의 비율로 소화설비의 옥상수조의 수원으로 사용하기 위하여 옥상수조에 양수하는 경우 다음 물음에 답하여라. (각 항의 답은 소수 둘째자리까지 구한다.)

1. 배관의 구경은 최소 얼마(mm) 이상으로 하여야 하는가?
2. 밸브류 및 관이음쇠의 등가길이(m)는 얼마인가?

3. 배관의 총 등가길이는 얼마(m)인가?
4. 전체 손실수두(m)는 얼마인가?
5. 펌프의 소요양정(m)은 얼마인가?
6. 펌프의 최소동력(kW)은 얼마인가? (단, 효율은 60%)

[조건]

1) 유속 = 2m/sec, 배관길이 = 100m, 실양정 = 50m, 엘보(90°×5개), 게이트밸브 2개, 체크밸브 1개, 풋밸브 1개를 사용한다.
2) 양수 배관의 마찰손실은 단위길이(m)당 80mmAq로 한다.
3) 관이음쇠 및 밸브류의 마찰저항의 등가길이(m)는 다음 표를 이용한다.

관경(mm)	90° 엘보	45° 엘보	게이트밸브	체크밸브	풋밸브
40	1.50	0.90	0.30	13.5	13.5
50	2.10	1.20	0.39	16.5	16.5
65	2.40	1.50	0.48	19.5	19.5
80	3.00	1.80	0.60	24.0	24.0

4) π는 3.14로 한다.

| 해답 |

1. 조건에서 $V=2\text{m}$, $Q=36\text{m}^3/\text{h}=0.01\text{m}^3/\text{sec}$

$$Q(\text{m}^3/\text{sec})=A(\text{m}^2)\times V(\text{m/sec})=\pi\frac{d^2}{4}\times V$$

따라서, $d=\sqrt{\dfrac{4Q}{\pi V}}=\sqrt{\dfrac{4\times 0.01}{3.14\times 2}}=0.07981(\text{m})=79.81(\text{mm})$

2. 배관의 구경이 79.81mm이므로 80mm 배관을 기준으로 한다.
   ① 90° 엘보=3.00m×5개=15m
   ② 게이트밸브=0.60m×2개=1.2m
   ③ 체크밸브=24.0m×1개=24m
   ④ 풋밸브=24.0m×1개=24m
   따라서 밸브 및 관이음쇠의 등가길이=15+1.2+24+24=64.2m
3. 총 등가길이=실제 배관길이+밸브 및 이음쇠 등가길이=100m+64.2m=164.2m
4. 조건에서 마찰손실수두 80mmAq/m=0.08mAq/m이므로
   전체 손실수두=총 등가길이×(0.08mAq)=164.2m×0.08mAq/m=13.136m≒13.14m
5. 펌프의 소요양정(H) : H=실양정+전체 손실수두=50+13.14=63.14m
6. 이때 $Q=36\text{m}^3/\text{h}=0.6\text{m}^3/\text{min}$이다.

$$P(\text{kW})=\frac{0.163\times Q\times H}{E}\times K=\frac{0.163\times 0.6\times 63.14}{0.6}\times 1.1=11.32\text{kW}$$

06 최소 양정 40m의 성능으로 펌프가 운전 중 노즐 방수압이 1.5kg/cm²이었다. 그러나 이 노즐에 필요한 방수압이 2.5kg/cm²라 가정하면 이때 펌프가 필요로 하는 양정은 얼마인가? (단, 급수배관의 압력손실은 Hazen − Williams식을 사용하며, 펌프의 특성곡선은 송출유량과 무관하며 노즐의 K값은 100이며 각 항은 소수 첫째자리까지 구한다.)

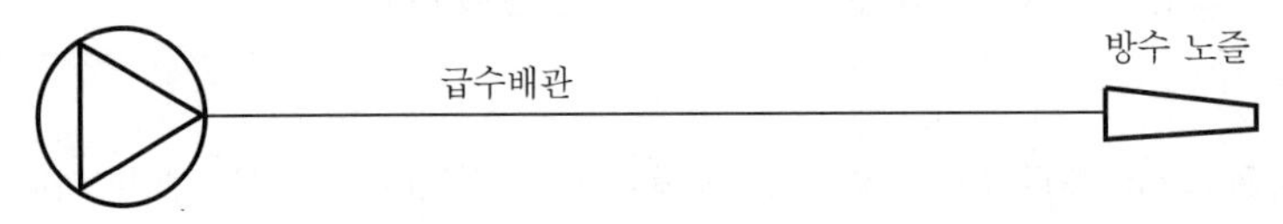

| 해답 |

압력 변동 시 이에 따라 유량이 변화하므로 유량 변동에 대한 마찰손실을 구하여야 한다.

1. 방사압이 1.5kg/cm²인 경우

   방수압력 1.5kg/cm²이며 노즐의 $K=100$이므로 방수량 $Q_1=K\sqrt{P}=100\sqrt{1.5}=122.5\text{Lpm}$이 된다. 이때 제시된 그림에 의하면 펌프와 노즐이 동일 평면으로 낙차압=0이므로 양정 40m−방사압력 15m=25m(2.5kg/cm²)이다. 이를 Hazen−Williams 공식을 사용하면 총 마찰손실은 다음과 같다.

   $$\Delta P_1 = 6.174\times10^5\times\frac{Q^{1.85}}{C^{1.85}\times D^{4.87}}\times L = 2.5\text{kg/cm}^2$$

2. 방사압이 2.5kg/cm²인 경우

   필요한 방수압은 2.5kg/cm²이므로, 이때의 방수량은 $Q_2=K\sqrt{P}=100\times\sqrt{2.5}=158.1\text{Lpm}$이 된다.

   마찰손실은 C, d, L이 동일하므로 $Q^{1.85}$에 비례하게 된다.

   $$\Delta P_2 = \Delta P_1\times\left(\frac{Q_2}{Q_1}\right)^{1.85} = 2.5\text{kg/cm}^2\times\left(\frac{158.1}{122.5}\right)^{1.85} = 4.0\text{kg/cm}^2$$

   따라서, 펌프 양정=낙차+마찰손실+소요 방수압=0+4.0+2.5=6.5kg/cm²=65m가 필요하다.

07 다음 옥내소화전 배관 계통도에서 펌프가 동작할 경우 위치 A와 ③에서의 펌프에 의한 압력(단위 : m)을 구하여라. (단, 고가수조의 영향은 무시한다.)

> [조건]
> 1) 펌프 양정 130m 배관 내 압력손실 4m/100m당
> 2) 부속류 등가길이
>   - 90° 엘보 : 4m
>   - 게이트밸브 : 1m
>   - 체크밸브 : 16m

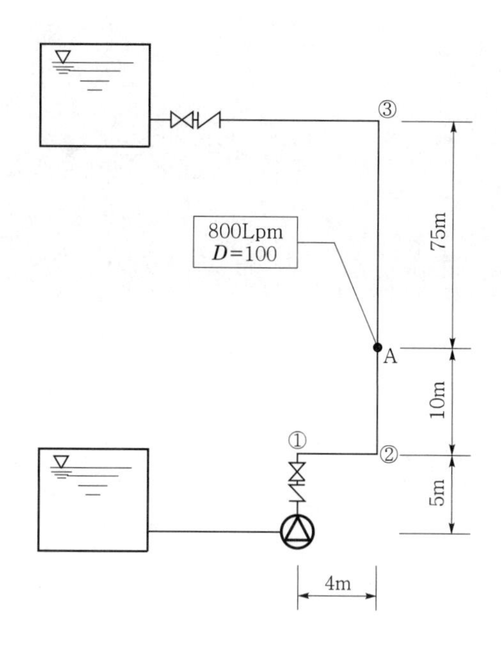

| 해답 |

펌프의 양정은 130m이므로 마찰손실을 고려하면 다음과 같다.

1. 펌프~①점 : 전 등가길이=직관장 5m+게이트밸브(1m)+체크밸브(16m)=22m
   마찰손실은 $22\times\frac{4}{100}=\frac{88}{100}=0.88$m, 높이차는 5m이므로
   ①점의 수두는 $130-(0.88+5)=124.12$m
2. ①점 직후 : 엘보로 수두는 $124.12-4\text{m}\times\left(\frac{4}{100}\right)=124.12-0.16=123.96$m
3. ①점~②점 : 직관장 4m이므로 마찰손실은 $4\times\frac{4}{100}=\frac{16}{100}=0.16$m
   ②점의 수두는 $123.96-0.16=123.80$m
4. ②점 직후 : ①점과 마찬가지로 엘보로 압력강하 0.16m가 발생하므로
   ②점 직후의 수두는 $123.80-0.16=123.64$m
5. ②점~A점 : 직관장 10m이므로 마찰손실은 $10\times\frac{4}{100}=0.4$m 높이차 10m
   A점의 압력 $123.64-(10+0.4)=113.24$m
6. A점~③점 : 직관장 75m이므로 마찰손실은 $75\times\frac{4}{100}=3$m
   높이차 75m이므로 ③점의 압력 $113.24\text{m}-(75+3)=35.24$m

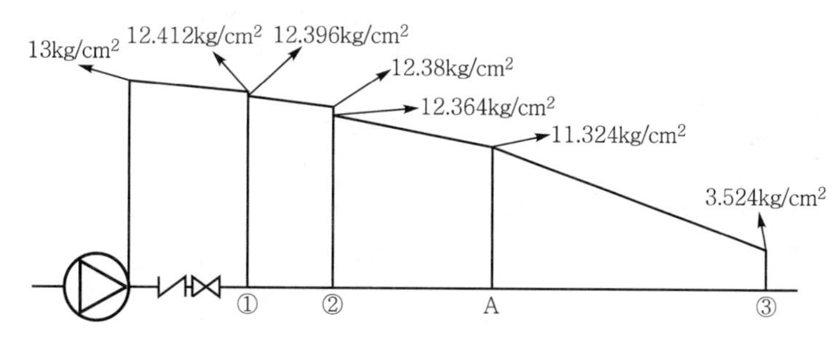

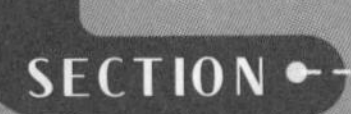

SECTION 03 스프링클러설비(NFPC & NFTC 103)

01 개 요

❶ 적용기준

[1] **설치대상** : 소방시설법 시행령 별표 4

위험물저장 및 처리시설 중 가스시설 및 지하구는 스프링클러 대상에서 제외한다.

[표 1-3-1] 스프링클러설비 설치대상

<table>
<tr><th colspan="2">특정소방대상물</th><th>스프링클러설비 적용기준</th><th>설치장소</th></tr>
<tr><td colspan="2">① 6층 이상 특정소방대상물</td><td>다음의 어느 하나일 경우 제외한다.
• 주택관련법령에 의하여 기존의 아파트를 리모델링하는 경우로서 건축물의 연면적 및 층높이가 변경되지 않는 경우에는 해당 아파트의 사용검사 당시의 소방시설 설치기준을 적용한다.
• SP가 없는 기존 건물을 용도변경하는 경우. 다만, ②~⑥까지 및 ⑨~⑫까지의 규정에 해당하는 특정소방대상물의 용도변경은 설치한다.</td><td rowspan="5">모든 층</td></tr>
<tr><td colspan="2">② 기숙사(교육연구시설 · 수련시설 내에 있는 학생 수용을 위한 것을 말한다) 또는 복합건축물</td><td>연면적 5,000m² 이상인 경우</td></tr>
<tr><td rowspan="3">③</td><td>문화 및 집회시설 : 동 · 식물원은 제외</td><td rowspan="3">다음의 어느 하나에 해당하는 경우
• 수용인원 100명 이상
• 영화상영관 용도로 쓰이는 층의 바닥면적
– 지하층, 무창층 : 500m² 이상인 경우
– 기타 층 : 1,000m² 이상인 경우
• 무대부 면적
– 지하층 · 무창층 · 4층 이상의 층 : 300m² 이상인 경우
– 기타 층 : 500m² 이상인 경우</td></tr>
<tr><td>종교시설 : 주요 구조부가 목조인 것은 제외</td></tr>
<tr><td>운동시설 : 물놀이형 시설 및 바닥이 불연재료이고 관람석이 있는 경우는 제외</td></tr>
</table>

<table>
<tr><th colspan="2">특정소방대상물</th><th>스프링클러설비 적용기준</th><th>설치장소</th></tr>
<tr><td colspan="2">④ 판매시설, 운수시설 및 창고시설 중 물류터미널</td><td>다음의 어느 하나에 해당하는 경우
• 바닥면적의 합계가 5,000m² 이상
• 수용인원 500명 이상</td><td rowspan="8">모든 층</td></tr>
<tr><td rowspan="6">⑤</td><td>조산원 및 산후조리원</td><td rowspan="6">어느 하나에 해당하는 용도로 사용되는 시설의 바닥면적의 합계가 600m² 이상</td></tr>
<tr><td>정신의료기관</td></tr>
<tr><td>종합병원, 병원, 치과병원, 한방병원 및 요양병원</td></tr>
<tr><td>노유자시설</td></tr>
<tr><td>숙박 가능한 수련시설</td></tr>
<tr><td>숙박시설</td></tr>
<tr><td colspan="2">⑥ 창고시설(물류터미널 제외)</td><td>바닥면적의 합계가 5,000m² 이상</td></tr>
<tr><td colspan="2">⑦ 특정소방대상물의 경우</td><td>지하층·무창층(축사는 제외한다) 또는 4층 이상인 층의 바닥면적 1,000m² 이상인 층이 있는 경우</td><td>해당하는 층</td></tr>
<tr><td colspan="2">⑧ 랙식 창고(주)</td><td>천장 또는 반자(반자가 없는 경우에는 지붕의 옥내에 면하는 부분)의 높이가 10m를 초과하면서 랙이 설치된 바닥면적의 합계가 1,500m² 이상</td><td>모든 층</td></tr>
<tr><td colspan="2">⑨ 공장 또는 창고시설</td><td>다음의 어느 하나에 해당하는 경우
• 지정수량 1,000배 이상의 특수가연물의 저장·취급하는 시설
• 중·저준위방사선폐기물의 저장시설 중 소화수를 수집·처리하는 설비가 있는 저장시설</td><td>해당하는 시설</td></tr>
<tr><td colspan="2" rowspan="5">⑩ 공장 또는 창고시설(지붕 또는 외벽이 불연재가 아니거나 내화구조가 아닌 경우)</td><td>창고시설(물류터미널에 한함)로 바닥면적의 합계가 2,500m² 이상이거나 수용인원 250명 이상</td><td rowspan="5">모든 층</td></tr>
<tr><td>창고시설(물류터미널 제외)로 바닥면적의 합계가 2,500m² 이상</td></tr>
<tr><td>랙식 창고시설 중 바닥면적의 합계가 750m² 이상</td></tr>
<tr><td>공장 또는 창고시설 중 지하층, 무창층, 4층 이상인 것 중 바닥면적이 500m² 이상</td></tr>
<tr><td>공장 또는 창고시설 중 지정수량 500배 이상의 특수가연물을 저장·취급하는 시설</td></tr>
</table>

CHAPTER 01 CHAPTER 02 CHAPTER 03 CHAPTER 04 CHAPTER 05

특정소방대상물	스프링클러설비 적용기준	설치장소
⑪ 교정 및 군사시설	다음의 어느 하나에 해당하는 경우 • 보호감호소, 교도소, 구치소 및 그 지소, 보호관찰소, 갱생보호시설, 치료감호시설, 소년원 및 소년분류심사원의 수용 거실 • 출입국관리법에 따른 보호시설(외국인보호소의 경우는 보호대상자의 생활공간에 한함)로 사용하는 부분. 다만, 보호시설이 임차건물에 있는 경우는 제외한다. • 유치장	해당 장소
⑫ 지하가(터널 제외)	연면적 1,000m^2 이상	해당하는 지하가
⑬ 발전시설 중	전기저장시설	해당하는 시설
⑭ ①~⑬까지의 특정대상물에 부속된 경우	보일러실 또는 연결통로 등	해당하는 보일러실 또는 연결통로

(주) 랙식 창고(Rack warehouse)란 물건을 수납할 수 있는 선반이나 이와 비슷한 것을 갖춘 것을 말한다.
(저자 주) 소방시설법 시행령 별표 4의 경우 래크(Rack)를 랙으로 수정하였으며, 화재안전기준은 랙크(Rack)식으로 표기하고 있어 본 교재에서는 시행령의 경우만 랙으로 표기하였음.

[2] 제외대상

(1) 설치 면제 : 소방시설법 시행령 별표 5의 제2호

① 스프링클러설비를 설치해야 하는 특정소방대상물(전기저장시설은 제외)에 적응성 있는 자동소화장치 또는 물분무등소화설비를 화재안전기준에 적합하게 설치한 경우에는 그 설비의 유효범위에서 설치가 면제된다.

② 스프링클러설비를 설치해야 할 전기저장시설에 소화설비를 소방청장이 고시하는 방법에 따라 설치한 경우에는 그 설비의 유효범위에서 설치가 면제된다.

(2) 특례조항 : 소방시설법 시행령 별표 6의 2호

화재안전기준을 적용하기 어려운 특정소방대상물로서, 펄프공장의 작업장·음료수 공장의 세정(洗淨) 또는 충전하는 작업장 등 그 밖에 이와 비슷한 용도로 사용하는 장소

(3) 설치 제외

설치 제외란 스프링클러설비를 면제한 것과 달리 스프링클러설비는 대상이나 해당 장소의 용도와 적응성으로 인하여 해당 장소에 한하여 스프링클러설비 구성요소 중 헤드에 한하여 설치를 제외할 수 있도록 한 것이다.

① NFPC 103(이하 동일) 제15조 1항/NFTC 103(이하 동일) 2.12 : 스프링클러설비를 설치해야 할 특정소방대상물에 있어서 스프링클러설비 작동 시 소화효과를 기대할 수 없는

장소이거나 2차 피해가 예상되는 장소 또는 화재 발생 위험이 적은 장소에는 스프링클러헤드를 설치하지 않을 수 있다.

② 제15조 2항(2.12.2) : 연소할 우려가 있는 개구부에 드렌처설비를 적합하게 설치한 경우에는 해당 개구부에 한하여 스프링클러헤드를 설치하지 않을 수 있다.

❷ 스프링클러설비의 종류

스프링클러설비의 종류는 방호대상물이나 설치장소 등에 따라 구분하여 적용하며, 폐쇄형 헤드를 사용하는 경우와 개방형 헤드를 사용하는 경우에 따라 다음과 같이 구분한다.

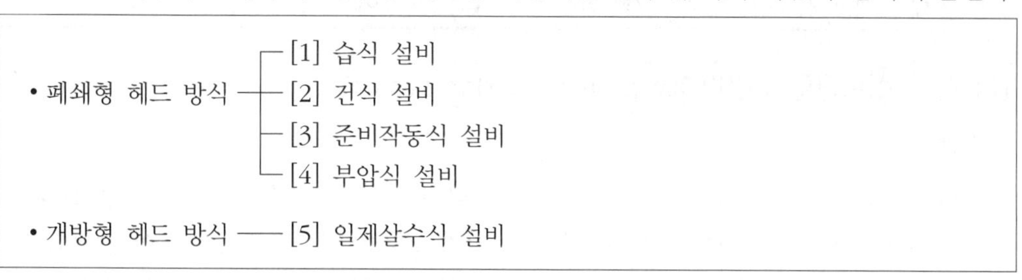

[1] 습식 스프링클러설비(Wet pipe sprinkler system)

(1) 개요

가장 일반적인 스프링클러설비로서 유수검지는 알람밸브(Alarm valve)를 사용하며 알람밸브 1차측과 2차측에는 가압수가 충수되어 있으며 폐쇄형 헤드를 사용한다. 화재가 발생하여 헤드가 개방되면 알람밸브의 2차측 물이 방출되며 이때 밸브가 개방되어 1차측의 가압수가 2차측으로 유입되어 방사되는 방식이다.

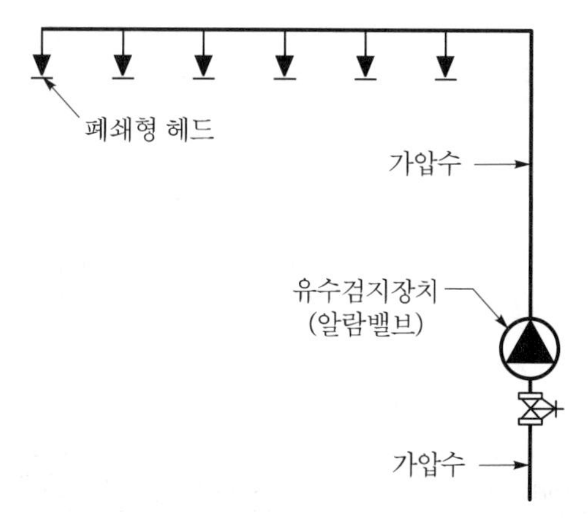

[그림 1-3-1] 습식 설비

유수검지장치	배관(1차/2차측)	헤드	감지기 유무	수동기동장치
알람밸브	가압수/가압수	폐쇄형	×	×

(2) 적용

동결의 우려가 없는 장소로서 층고가 높지 않은 장소

예 사무실, 옥내 판매장, 숙박업소 등

(3) 장단점

장 점	단 점
• 다른 스프링클러설비보다 구조가 간단하고 경제성이 높다. • 다른 방식에 비해 유지관리가 용이하다. • 헤드 개방 시 즉시 살수가 개시된다.	• 동결의 우려가 있는 장소에는 사용이 제한된다. • 헤드 오동작 시에는 수손(水損)의 피해가 크다. • 층고가 높을 경우 헤드 개방이 지연되어 초기 화재에 즉시 대처할 수 없다.

[2] 건식 스프링클러설비(Dry pipe sprinkler system)

(1) 개요

난방이 되지 않는 대공간에 설치하는 스프링클러설비로서 유수검지는 건식 밸브(Dry valve)를 사용하며 건식 밸브의 1차측에는 가압수가, 2차측에는 컴프레서를 이용한 압축공기가 충전되어 있으며 폐쇄형 헤드를 사용한다. 화재가 발생하여 헤드가 개방되면 건식 밸브 2차측 압축공기가 방출되며 이때 건식 밸브가 개방되어 1차측의 가압수가 2차측으로 유입되어 방사되는 방식이다.

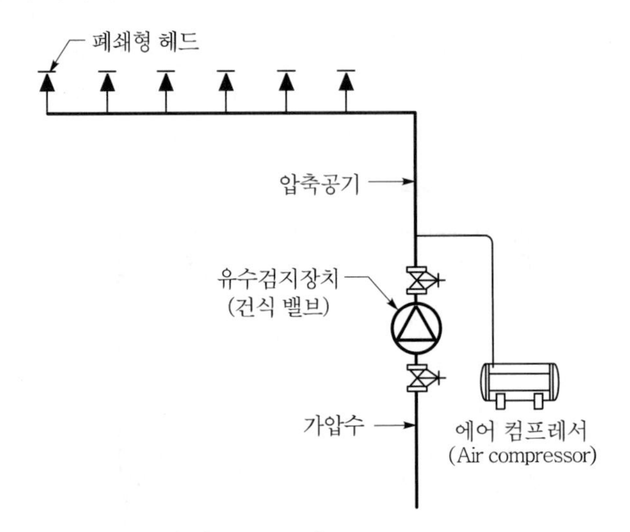

[그림 1-3-2] 건식 설비

유수검지장치	배관(1차/2차측)	헤드	감지기 유무	수동기동장치
건식 밸브	가압수/압축공기	폐쇄형	×	×

(2) 적용

① 난방이 되지 않는 옥내외의 대규모 장소

② 전원 공급이 불가하여 기동용 감지기를 설치할 수 없는 장소
  예 동결의 우려가 있는 장소, 주차장, 대단위 옥외창고 등

(3) 장단점

장 점	단 점
• 동결의 우려가 있는 장소에도 사용이 가능하며 보온을 하지 않는다. • 옥외에서도 사용이 가능하다. • 별도의 감지장치가 필요하지 않다. • 동파의 위험이 없어 배관을 보온하지 않는다.	• 압축공기가 전부 방출된 후에 살수가 개시되므로 살수개시까지의 시간이 지연된다. • 화재 초기에는 압축공기가 방출되므로 화점 주위에서는 화세(火勢)를 촉진시킬 우려가 있다. • 일반헤드의 경우에는 원칙적으로 상향형으로만 사용하여야 한다. • 공기압축 및 신속한 개방을 위한 부대설비(컴프레서, 긴급개방장치 등)가 필요하다.

[3] 준비작동식 스프링클러설비(Preaction sprinkler system)

(1) 개요

난방이 되지 않는 옥내의 장소에 설치하는 스프링클러설비로서 유수검지는 준비작동식 밸브(Preaction valve)를 사용하며 밸브 1차측에는 가압수가, 2차측에는 대기압 상태로 폐쇄형 헤드가 설치되어 있다.

화재가 발생하면 먼저 감지기 동작에 의해 솔레노이드(Solenoid)밸브가 작동되고 이로 인하여 준비작동식 밸브가 개방되면 1차측의 가압수가 2차측으로 유입된다. 이후 헤드가 열에 의해 개방되면 2차측으로 유입된 물이 방사되는 방식이다. 준비작동식 밸브를 원격기동으로 수동개방하기 위한 수동기동장치를 설치하여야 한다.

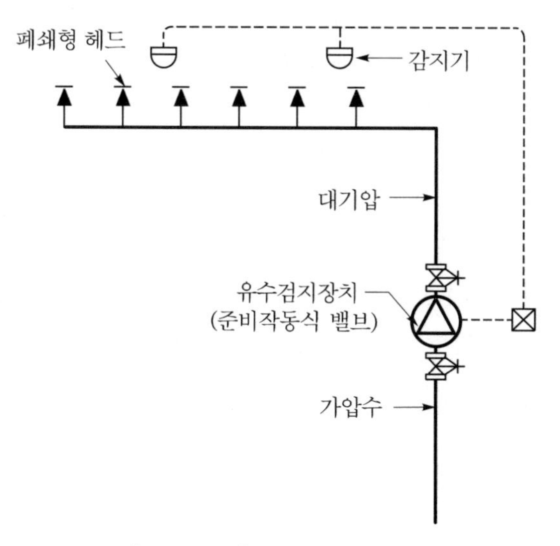

[그림 1-3-3] 준비작동식 설비

유수검지장치	배관(1차/2차측)	헤 드	감지기 유무	수동기동장치
준비작동식 밸브	가압수/공기(대기압)	폐쇄형	○	○

(2) 적용

난방이 되지 않는 옥내의 장소 등

예 로비부분, 주차장, 공장, 창고 등

(3) 장단점

장 점	단 점
• 동결의 우려가 있는 장소에도 사용이 가능하며 보온을 하지 않는다. • 헤드가 개방되기 전에 감지기에 의한 경보가 발생하므로 조기대응이 가능하다. • 평상시 헤드가 파손 등으로 개방되어도 밸브 개방 전까지는 수손의 피해가 없다.	• 감지장치로 감지기 등을 별도로 설치하여야 한다. • 일반헤드의 경우에는 원칙적으로 상향형으로만 사용하여야 한다. • 헤드나 배관에 손상이 있어도 배관 내 물이나 압축공기가 없으므로 설비 동작 전까지는 발견이 용이하지 않다.

[4] 부압식 스프링클러설비(Vacuum sprinkler system)

(1) 개요

① 습식 설비의 경우는 헤드의 오동작으로 인한 수손(水損) 피해가 발생할 수 있으며, 건식 설비의 경우는 헤드 개방 후 살수개시까지의 시간이 지연되는 단점이 있다. 또한 준비작동식 설비의 경우는 배관이나 헤드에 이상이 발생하여도 유수검지장치가 개방되어 물이 충수되기 전까지는 이를 발견할 수 없는 문제가 있다.

② 부압식은 이러한 문제점을 보완하기 위하여 일본에서 개발된 새로운 스프링클러설비로 유수검지장치는 준비작동식 밸브를 사용하고 2차측에는 항상 물이 충수되어 있으며 2차측 배관은 진공펌프를 사용하여 평상시에는 대기압보다 낮은 -0.05MPa의 부압(負壓)을 유지하고 있다.

③ 화재 시 감지기 기동신호에 따라 화재수신기의 동작신호가 진공펌프 제어반으로 송신되면 진공펌프는 그 순간 작동이 정지되며 동시에 감지기 기동신호에 따라 유수검지장치가 개방되어 가압수가 흐르고 2차측 배관은 정압(正壓)상태가 된다. 이후 헤드가 개방되면 2차측으로 가압수가 유입되면서 헤드에서 물이 방사되는 방식이다.

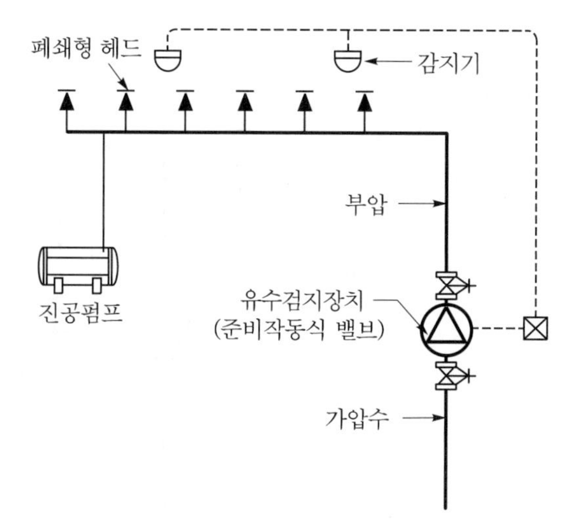

[그림 1-3-4] 부압식 설비

유수검지장치	배관(1차/2차측)	헤 드	감지기 유무	수동기동장치
준비작동식 밸브	가압수/부압	폐쇄형	○	○

(2) 적용

① 오동작에 의한 수손피해를 방지해야 할 장소

② 배관이나 헤드에서 누수 시 심각한 수손피해가 우려되는 장소

(3) 장단점

장 점	단 점
• 비화재 시에는 헤드가 파손되어도 배관 내 부압으로 인하여 누수가 되지 않아 수손의 피해가 없다. • 배관의 부식으로 인해 핀홀(Pin hole)이 발생하여도 누수가 되지 아니한다.	• 진공펌프가 고장 시에는 부압식의 기능이 상실된다. • 2차측은 충수상태이므로 동파의 우려가 있는 장소에서는 사용이 제한된다. • 화재 시 감지기 동작보다 헤드 개방이 빠를 경우에는 살수가 개시되지 않는다.

[5] 일제살수식 스프링클러설비(Deluge sprinkler system)

(1) 개요

화재 초기에 연소확대가 빠른 장소에 대해 신속하게 대처하여 다량의 물을 주수하여야 하는 목적으로 설치하는 스프링클러설비로서 유수검지는 일제개방밸브(Deluge valve)를 사용한다. 밸브 1차측에는 가압수가, 2차측에는 대기압상태로 개방형 헤드가 설치되어 있으며 화재가 발생하면 먼저 감지기 동작에 의해 솔레노이드밸브가 작동되고 이로 인하여 일제개방밸브가 개방되면 1차측의 가압수가 2차측으로 유입되어 해당 방호구역의 전체 헤드(개방형)에서 물이 방사되는 설비이다. 일제개방밸브를 원격기동으로 수동개방하기 위한 수동기동장치를 설치하여야 한다.

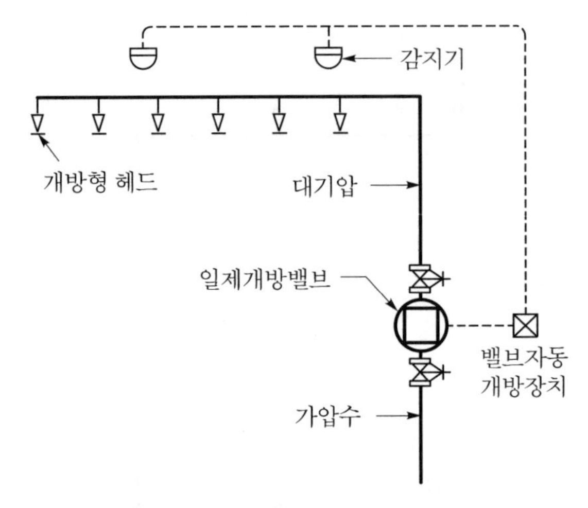

[그림 1-3-5] 일제살수식 설비

일제개방밸브	배관(1차/2차측)	헤 드	감지기 유무	수동기동장치
일제개방밸브 (Deluge valve)	가압수/공기(대기압)	개방형	○	○

(2) 적용

① 천장이 높아서 폐쇄형 헤드가 개방되기 곤란한 장소

② 화재가 발생하면 순간적으로 연소확대가 우려되어 초기에 대량의 주수(注水)가 필요한 장소

예 무대부, 연소할 우려가 있는 개구부, 랙크식 창고 등

(3) 장단점

장 점	단 점
• 밸브 개방 시 전체 헤드에서 동시에 살수가 개시되므로 대형 화재나 급속한 화재에도 신속하게 대처할 수 있다. • 감지기에 의한 기동방식이므로 층고가 높은 경우에도 적용할 수 있다.	• 대량의 급수체계가 필요하다. • 헤드가 개방형인 관계로 오동작 시에는 수손에 의한 피해가 매우 크다. • 감지장치를 별도로 설치하여야 한다.

02 스프링클러헤드의 분류 및 특성

1 감열부(感熱部)별 구분

[1] 폐쇄형(Close type)

감열부가 있어 방수구가 폐쇄되어 있는 구조의 헤드

(1) **퓨지블 링크형(Fusible link type)** : 화재 시 열에 의해 녹는 이융성(易融性)의 금속을 레버(lever)형으로 조립한 것을 감열체를 이용하는 것으로, 국내는 주로 감열동판에 이융성 금속으로 납(Pb)을 융착시킨 감열체가 사용된다.

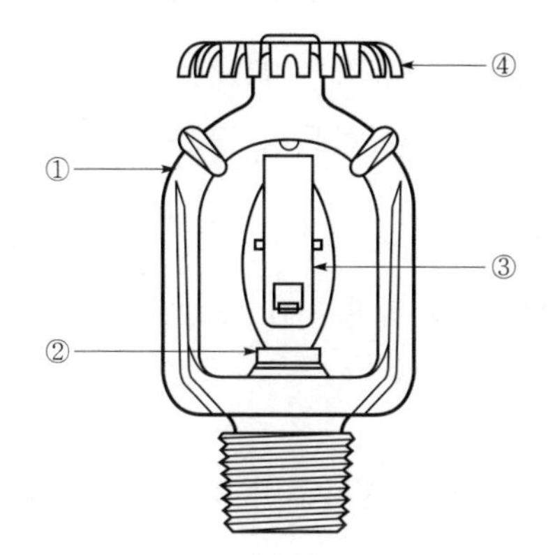

① 프레임(Frame)
② 개스킷 홀더(Gasket holder)
③ 퓨지블 링크(Fusible link)
④ 디플렉터(Deflector)

[그림 1-3-6(A)] 폐쇄형(퓨지블 링크형)

(2) **유리벌브형(Glass bulb type)** : 화재 시 열에 의해 파열되는 유리구(球) 내에 알코올, 에테르(Ether) 등 액체를 봉입하여 밀봉한 것을 감열체로 이용하는 것

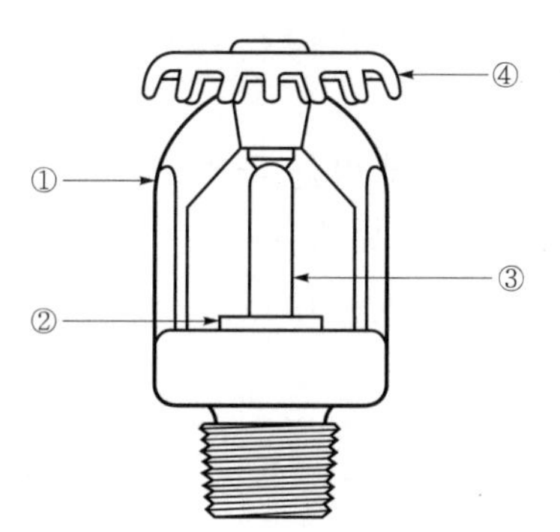

① 프레임(Frame)
② 밸브캡(Valve cap)
③ 유리벌브(Glass bulb)
④ 디플렉터(Deflector)

[그림 1-3-6(B)] 폐쇄형(유리벌브형)

[2] 개방형(Open type)

감열부가 없이 방수구가 개방되어 있는 구조의 헤드

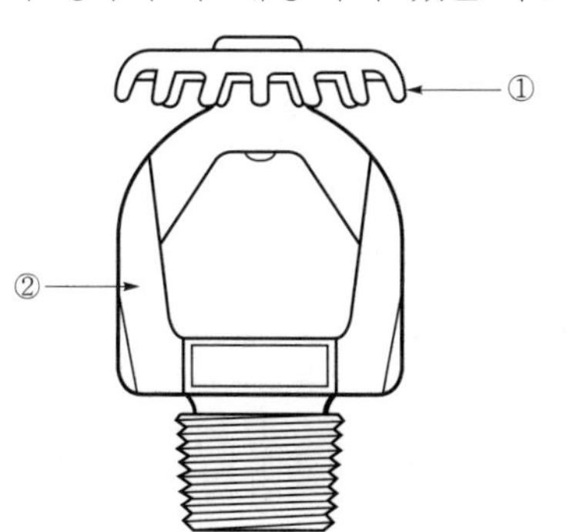

① 디플렉터(Deflector)
② 프레임(Frame)

[그림 1-3-6(C)] 개방형 헤드

CHAPTER 01
CHAPTER 02
CHAPTER 03
CHAPTER 04
CHAPTER 05

❷ 감도별 구분

감도란 화재 시 헤드의 열감도에 해당하는 것으로 이러한 헤드의 열에 의한 민감도를 수치화한 것이 RTI[7]로서 이는 화재 시 기류의 온도·속도 및 작동시간에 대하여 스프링클러헤드의 반응을 예상한 지수로서 표준형 헤드의 경우 RTI값에 따라 감도를 다음과 같이 구분하며 RTI를 시험하는 감도시험장치에서 기류온도와 기류속도를 측정한다.

[1] 표준반응(Standard response) 헤드

가장 일반적인 스프링클러헤드로서 RTI가 80 초과 350 이하인 헤드

[2] 특수반응(Special response) 헤드

특수용도의 방호를 위하여 사용하는 스프링클러헤드로서 RTI가 51 초과 80 이하인 헤드

[3] 조기반응(Fast response) 헤드

속동형에 사용하는 스프링클러헤드로서 RTI가 50 이하인 헤드

❸ 최고주위온도별 구분 : 제10조 6항(2.7.6)

폐쇄형 헤드는 설치장소의 평상시 최고주위온도에 따라 다음 표에 의한 표시온도의 헤드로 설치해야 한다. 다만, 높이가 4m 이상인 공장 및 창고(랙크식 창고 포함)에 설치하는 헤드는 그 설치장소의 평상시 최고주위온도에 관계없이 121℃ 이상의 것으로 할 수 있다.

[표 1-3-2] 폐쇄형 헤드의 표시온도

설치장소의 최고주위온도	표시온도(℃)
39℃ 미만	79℃ 미만
39℃ 이상~64℃ 미만	79℃ 이상~121℃ 미만
64℃ 이상~106℃ 미만	121℃ 이상~162℃ 미만
106℃ 이상	162℃ 이상

❹ 설치형태(Installation orientation)별 구분

헤드의 설치형태에 따라 다음과 같이 구분할 수 있다.

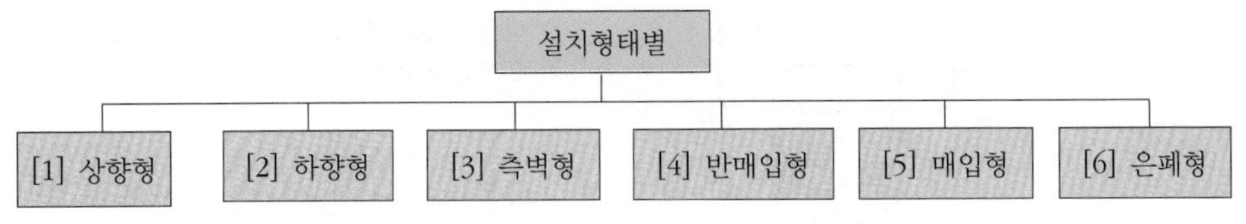

7) RTI : 반응시간지수(Response time index)

[1] 상향형(Upright type)

반사판(Deflector)이 헤드의 부착방향으로 구부러진 것이 상향형이고, 반사판이 수평면으로 되어 있는 것이 하향형이다.

(1) 일반적으로 반자가 없는 곳에 적용한다.

(2) 분사패턴이 가장 우수하다.

(3) 습식 설비 또는 부압식 설비 이외의 경우(준비작동식 및 건식 설비)는 상향형 헤드를 사용하여야 하나 다음의 경우는 예외로 한다(NFTC 2.7.7.7).

① 드라이 펜던트 헤드(Dry pendent head)를 사용하는 경우
② 스프링클러헤드의 설치장소가 동파의 우려가 없는 곳인 경우
③ 개방형 헤드를 사용하는 경우

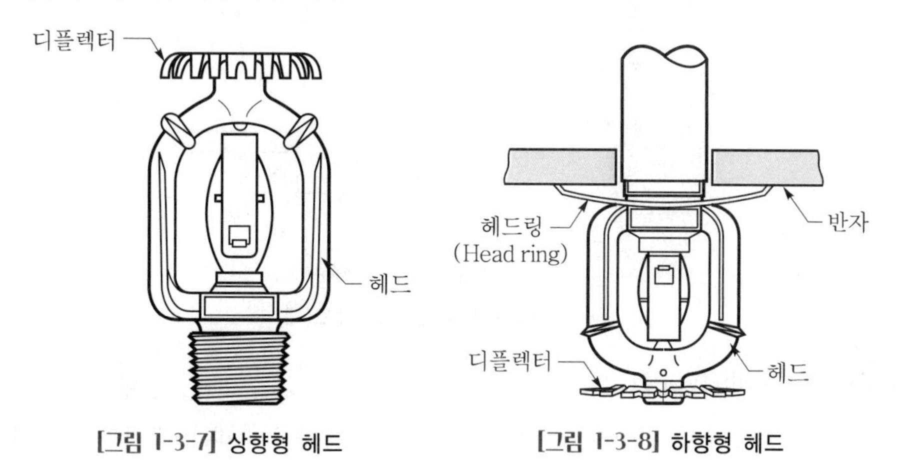

[그림 1-3-7] 상향형 헤드　　[그림 1-3-8] 하향형 헤드

[2] 하향형(Pendent type)

(1) 습식 설비에 사용하며 일반적으로 반자가 있는 경우에 적용한다. 습식의 경우 하향식 헤드 설치 시에는 회향식으로 가지관 상부에서 분기하여야 한다. 다만, 음용수 수질기준(먹는 물 관리법 제5조)에 적합하고, 덮개가 있는 저수조로부터 물을 공급받는 경우에는 가지배관의 측면 또는 하부에서 분기할 수 있다(NFTC 2.5.10.3).

꼼꼼체크 | 회향식(回向式 ; Return bend type)

하향식 헤드를 설치할 경우 물속에 있는 침전물로 인하여 헤드가 막히는 것을 방지하기 위하여 위로 한번 꺾은 후 밑으로 내리는 헤드 설치 방식으로, 수질이 음용수 기준인 경우는 하향식 헤드의 경우도 가지배관의 측면이나 하부에서도 분기할 수 있다.

(2) 분사패턴이 상향형보다 못하다.

(3) 습식 설비 이외의 경우(준비작동식 및 건식 설비)는 하향식일 경우 반드시 드라이 펜던트 헤드를 사용하여야 한다. 난방이 되지 않는 장소는 습식을 적용할 수 없으므로 준비작동식이나 건식 설비를 적용하고 상향식 헤드를 설치하는 것이 원칙이다. 그러나 실내에 반자가 있을 경우는 부득이하게 헤드를 하향식으로 하여야 하므로, 이때는 평상시에는 헤드 부분으로 물이 유입되지 않는 구조의 헤드인 드라이 펜던트 헤드를 설치하여야 하며 이는 헤드 입구 쪽에 압축공기나 질소 등을 충전한 헤드이다.

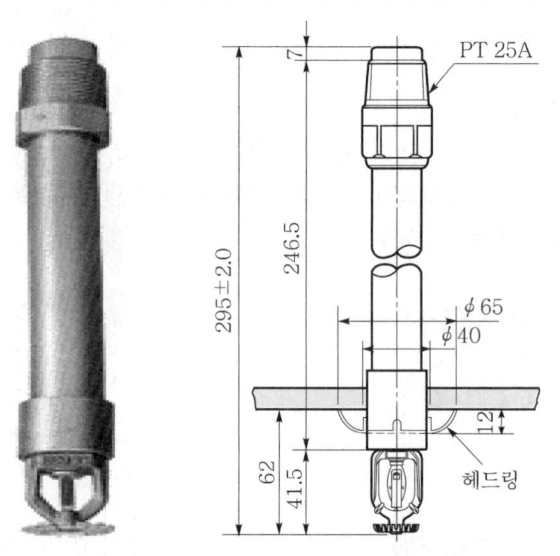

[그림 1-3-9] 드라이 펜던트 헤드(예)

[3] 측벽형(Side wall type)

반사판이 90° 방향으로 꺾어져 있으며, 헤드의 설치방향에 따라 바닥면과 수직이나 수평방향으로 설치하며 한쪽방향으로만 살수가 가능하다.

(1) 실내의 폭이 9m 이하인 경우에 한하여 적용한다(NFTC 2.7.7.8).

(2) 옥내의 벽면에 설치한다.

(3) 분사패턴은 축심(軸心)을 중심으로 한 반원상으로 균일하게 방사된다.

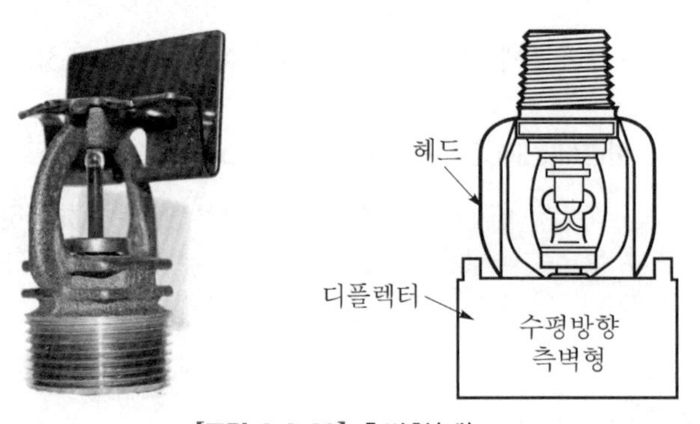

[그림 1-3-10] 측벽형(예)

[4] 반매입형(Flush type)

반매입형이란 부착나사를 포함한 몸체의 일부나 전부가 천장면 위에 설치되어 천장면과 거의 평탄하게 부착되는 헤드로서 일명 "플러시(Flush)형"으로 부르며, 사람의 출입이 많은 업무용 건물에서 미관을 고려할 경우 설치한다.

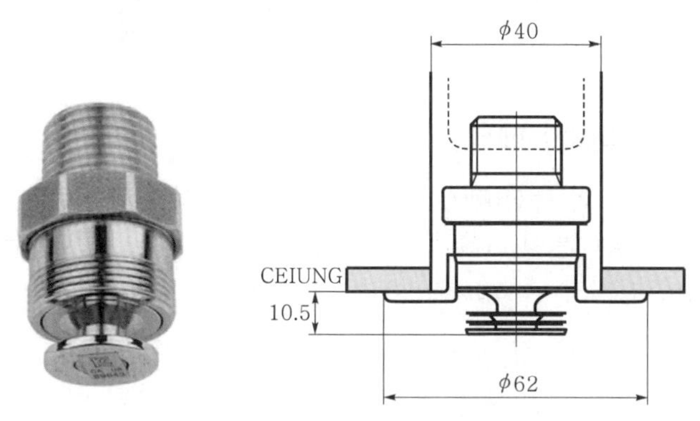

[그림 1-3-11] 반매입(플러시)형(예)

[5] 매입형(Recessed type)

부착나사 외 몸체 일부나 전부가 보호집 안에 설치되어 있는 스프링클러헤드로서 설치 후 천장면 밖으로 돌출될 수 있는 높이를 조정할 수 있는 특징이 있으며, 내부 배관과 천장면과의 차이로 인한 높이 조정폭이 크므로 설치 작업이 매우 편리한 헤드이다.

[그림 1-3-12] 매입형(예)

[그림 1-3-13] 은폐형(예)

[6] 은폐형(Concealed type)

리세스드(Recessed) 헤드에 덮개가 부착된 스프링클러헤드로서 설치 후 외부에서 보이지 않도록 설계된 헤드로서 천장면과 동일한 표면에 설치되는 덮개 판에 의해 헤드가 은폐되도록 되어 있다. 헤드가 덮개 판에 의해 감추어지는 고품격의 제품으로 실내 가구 이동이나 부주의에 의한 파손의 우려가 없으며 내부 배관과 천장면과의 차이로 인한 높이의 조정이 가능한 구조로 되어 있다. 동작은 이중작동 구조로 되어 있으며 1단계 온도에 도달하면 퓨즈(Fuse) 합금체인 퓨즈 메탈(Fuse metal)에 의해 덮개 판이 이탈하며, 2단계 온도가 되면 조기반응형 헤드와 동일한 원리로 작동이 되어 살수가 개시된다.

❺ 사용목적별 구분

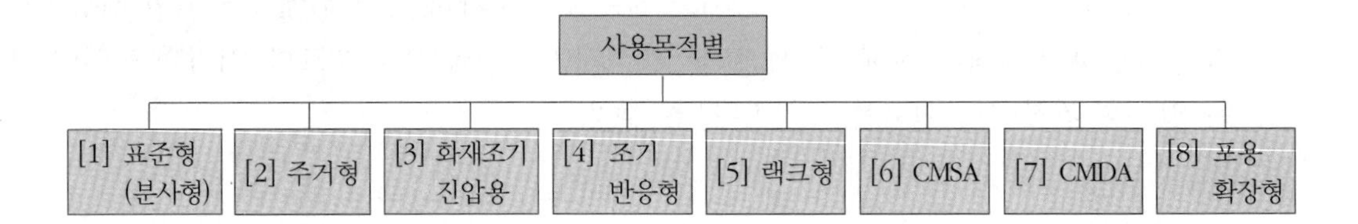

[1] 표준형(Standard spray) 헤드

헤드에서 방사 시 헤드의 축심(軸心)을 중심으로 한 원상에 균일하게 아래 방향으로 물이 분사되는 일반형의 헤드를 말한다. 이러한 기능의 헤드를 분사형 헤드(Spray head)라 하며 가장 대표적인 표준형의 일반헤드이다. 표준형 분사헤드의 경우 작은 물방울은 쉽게 증발하여 화열로부터 열을 흡수하여 천장의 온도를 낮추는 역할을 하며, 중간 크기 물방울은 화면(火面) 근처의 가연물을 적셔 연소확대를 방지하는 역할을 하며, 큰 물방울은 화염 속을 침투하여 연소를 제어하거나 화재를 진압하는 역할을 한다.

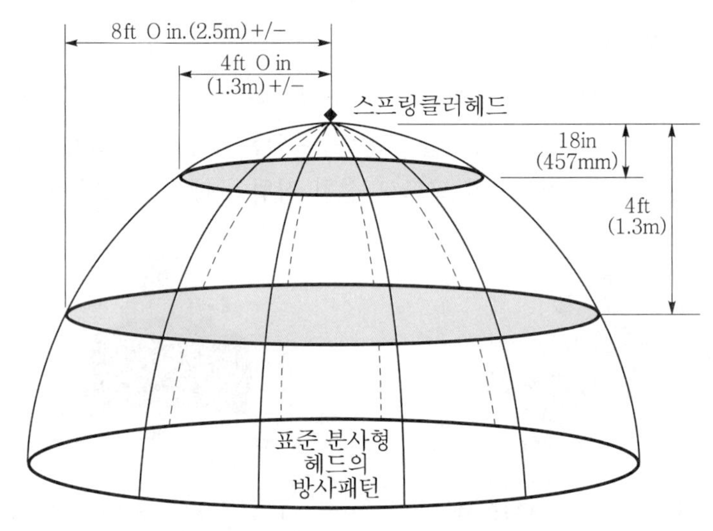

[그림 1-3-14] 표준형 헤드의 살수분포

물방울의 크기		소화작업 시 역할
작은 물방울		화열로부터 열을 흡수하여 화재실 천장면의 온도를 낮추는 역할을 한다.
중간 물방울	➡	화면 근처의 가연물을 적셔 연소가 확산되는 것을 방지하는 역할을 한다.
큰 물방울		화염 속을 직접 침투하여 연소를 제어(Fire control)하거나 화재를 진압(Fire suppression)하는 역할을 한다.

[2] 주거형(Residential) 헤드

폐쇄형 헤드의 일종으로 주거지역의 화재에 적합한 감도·방수량 및 살수분포를 갖는 헤드로서 간이형 스프링클러헤드를 포함한다. 이는 주택 용도에서 인명의 안전을 위하여 사용하는 헤드로서 주거형 헤드의 주목적은 화재 시 거주자가 안전하게 대피할 수 있도록 대피시간을 연장하는 데 있다.

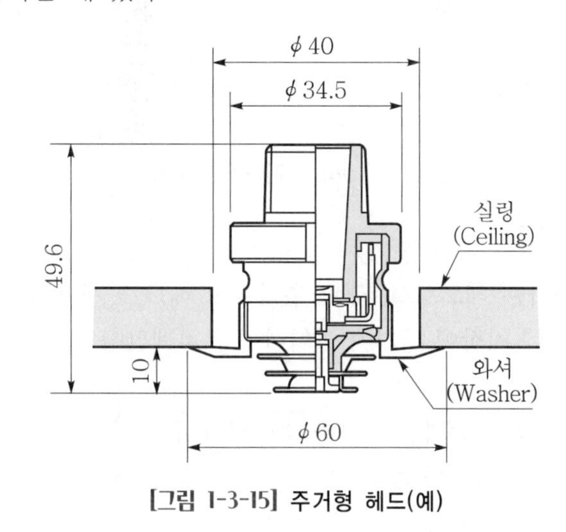

[그림 1-3-15] 주거형 헤드(예)

[3] 화재조기진압용(ESFR) 헤드

ESFR 헤드란 Early Suppression Fast Response(화재조기진압용) 헤드로서 이는 화재를 조기에 진압할 수 있도록 정해진 면적에 충분한 물을 방사할 수 있는 조기 작동 능력의 스프링클러헤드이다. ESFR 헤드는 속동형 헤드의 감도 성능을 가지고 있으며 화재발생 초기에 강력한 화세를 침투할 수 있도록 입자가 큰 물방울을 방사하도록 헤드 오리피스 구경이 큰 헤드로서 랙크식 창고와 같이 화재하중이 크고 화세가 강력한 천장이 높은 장소에 사용한다.

[4] 조기반응형(Quick response) 헤드

표준형(Standard spray) 헤드 중 감도가 표준반응(Standard response)이 아니라 조기반응(Fast response)의 기능을 갖는 헤드로서 일반 표준형 헤드에 비해 응답특성이 빨라 화재 초기에 개방이 되므로 헤드의 개방 개수를 줄일 수 있다. 이로 인해 수손에 의한 2차 피해도 방지할 수 있으며 특히 유의할 것은 조기반응형 헤드는 소규모 화재에 적용하는 것으로, 다량의 열방출속도를 갖는 상급위험용도에는 적용할 수 없다.

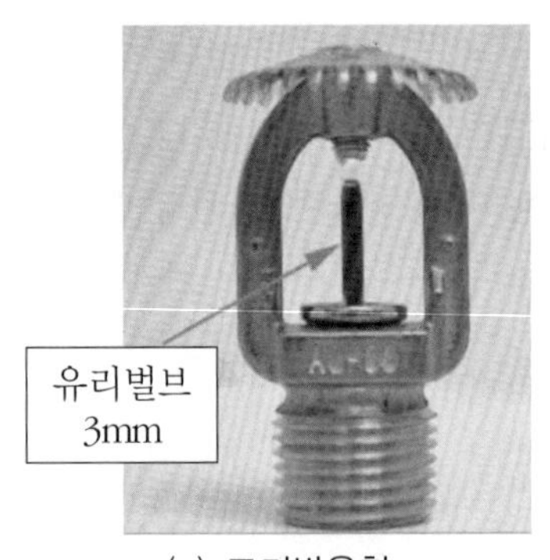

(a) 조기반응형

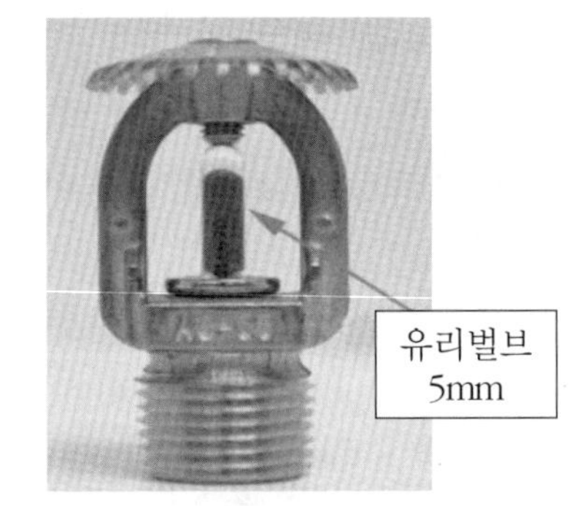

(b) 표준형

[그림 1-3-16] 조기반응형 헤드

[5] 랙크형(In-rack) 헤드

랙크식 창고에 설치하는 헤드로서, 헤드 위쪽에서 헤드가 개방되어 살수될 경우 방사된 물에 의해 헤드 개방에 지장이 생기지 아니하도록 차폐판이 부착된 헤드로서 작동원리는 표준형 헤드와 동일하다.

분사된 물방울이 화열의 상승기류에 따라 증발되어 주위 헤드를 젖게 만들므로 이로 인하여 다른 헤드의 동작을 지연시키게 된다. 이러한 현상을 스키핑(Skipping) 현상이라 하며, 스키핑을 방지하기 위하여 랙크형 헤드를 설치하며 이를 NFPA에서는 인랙(In-rack)헤드 또는 랙크식 창고형 헤드(Rack storage sprinkler)라 한다.

[그림 1-3-17(A)] 랙크형 헤드(예)

[6] CMSA(Control mode specific application) 헤드

라지 드롭형 헤드(ELO)의 한 종류로 빠른 화염전파속도와 큰 열방출량으로 화재가 진행되는 고소(高所)화재위험의 경우, 표준형 헤드보다 큰 물방울을 방출하여 물방울이 화염을 뚫고 침투하도록 하여 저장창고 등에서 발생하는 대형화재를 진압할 수 있도록 개발된 헤드이다. NFPA 13의 경우 K값은 160 이상이며 습식・건식・준비작동식 설비에 모두 사용할 수 있다.

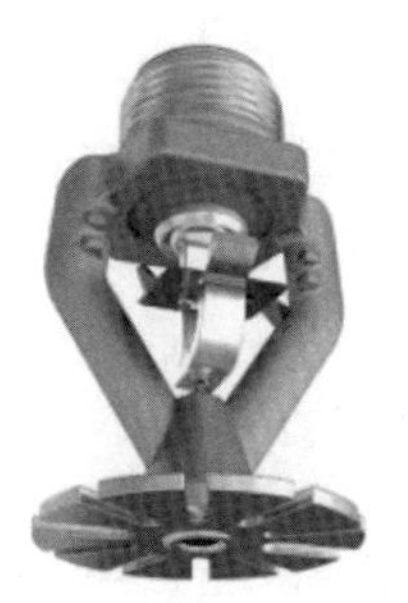

(a) ESFR 헤드(예) (b) CMSA 헤드(예) (c) CMDA 헤드(예) (d) EC 헤드(예)

[그림 1-3-17(B)] ESFR/CMSA/CMDA/EC 헤드

[7] CMDA(Control Mode Density Area) 헤드

표준형 헤드와 모양과 기능면에서 유사하지만 표준형 헤드와 비교하면 K값이 크며, 높은 온도등급(Temperature rating)을 필요로 한다. 또한 살수밀도(Water density) 계산에 근거한 시스템 설계방법인 저장창고 용도로 개발된 고온도등급의 헤드이다.

[8] 포용확장형 헤드(EC ; Extended coverage head)

표준형 헤드와 같은 분사형(Spray)의 방사형태를 갖는 헤드로서, 1개당 방호면적이 표준형 헤드보다 훨씬 넓은 공간의 화재를 제어하기 위하여 개발된 헤드로서 방호면적은 정사각형으로 적용하며 표준반응 또는 조기반응의 감도특성을 갖는 헤드이다. 더 넓은 면적을 방호할 수 있으므로 헤드 수량이 줄어드는 장점이 있지만, 반면에 표준형 헤드에 비해 살수분포가 더 넓게 이루어지기에 다른 헤드보다 장애물이나 천장의 경사도에 매우 민감한 영향을 받는다.

6 스프링클러헤드의 살수특성

[1] 소화의 원리

(1) 냉각소화

열에 의한 물 1kg의 기화잠열(氣化潛熱)은 100℃ 기준 약 539kcal로서, 헤드로부터 방사되는 물이 화재 시 열에 의해 증발하면서 주위로부터 열을 탈취하게 되므로 연소의 한 요소인 점화에너지가 감소하게 되어 소화가 이루어진다. 물방울의 입자가 작을수록 물의 표면적이 증가하므로 기화를 촉진시키게 된다.

(2) 질식소화

물이 기화할 경우 체적대비 약 1,600배 이상의 부피로 팽창하여 수증기를 발생시키므로 이로 인하여 주위로부터의 산소 공급을 차단하거나 희석시키게 하고 연소가 진행되는 경우 화심(火心) 속에서 산소의 공급이 차단되어 연소를 억제시켜 준다.

[2] 소화의 방법(Mechanism)

NFPA[8]에서는 스프링클러헤드를 구분할 경우 헤드에 대한 특성을 화재제어(Fire control)와 화재진압(Fire suppression)의 능력에 따라 이를 구분하고 있다. 이는 결국 스프링클러의 소화방법은 "화재제어"와 "화재진압"에 기인한다는 의미이다.

(1) 화재제어(Fire control)

헤드에서 살수 시 가연물에 도달하는 살수량 및 살수분포가 직접 화심 속으로 침투하는 비율이 낮은 경우 연소속도(Burning rate)와 열방출률(Heat release rate)을 급격히 감소시키지는 못하지만, 화재발생 주변에서는 열방출률을 억제하거나 제한시켜 화세를 줄여주고 연소 시 화염에 의해 확산되는 화재 시의 온도를 감소시켜 온도의 상승을 제한하고 주변의 구조물에도 손상이 되지 않도록 천장의 가스온도를 제어하는 특성을 뜻한다.

(2) 화재진압(Fire suppression)

불을 끄는 과정 중에 물에 의해 완전히 연소가 중단되는 소화의 개념으로, 화염과 연소 중인 연료 표면에 충분한 양의 물을 직접 방사하여 가연물로부터 발생되는 열방출률을 급격히 감소시켜 화재를 억제하고 연소를 정지시켜 소화되는 과정을 말한다.

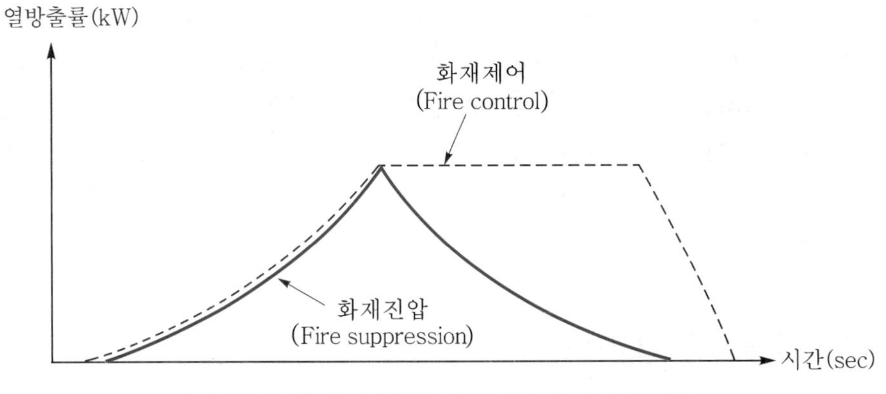

[그림 1-3-18] 화재진압(실선)과 화재제어(점선) 곡선

[3] 반응시간지수(RTI) 및 감도

(1) 개념

스프링클러헤드에서 가장 중요한 특성은 화재 시 열을 감지하는 헤드의 열감도(Thermal sensitivity)로서 열감도의 개념은 열응답에 대한 헤드의 민감도를 "반응시간지수(RTI : Response Time Index)"라는 개념을 도입한 것이다. 이는 감열부의 RTI(반응시간지수)와 도전율에 근거를 두고 있으며, RTI란 기류의 온도·속도 및 작동시간에 대하여 스프링클러헤드의 반응을 예상한 지수로서 다음의 식에 의하여 계산한다.

---

8) NFPA 13(2022 edition) 3.3.215.2 General Sprinkler characteristics

$$RTI = \tau\sqrt{u}$$ … [식 1-3-1]

여기서, RTI : 단위$(m \cdot sec)^{\frac{1}{2}}$
τ : 감열체의 시간상수(sec)
u : 기류속도(m/sec)

RTI값이 작을수록 헤드가 개방되는 온도에 일찍 도달하게 되므로 헤드가 조기에 반응하게 된다.

(2) RTI의 기준

스프링클러헤드의 형식승인 및 제품검사의 기술기준에서는 다음과 같이 규정하고 있다.

① 표준반응(Standard response)의 RTI값은 80 초과 350 이하이어야 한다.
② 특수반응(Special response)의 RTI값은 51 초과 80 이하이어야 한다.
③ 조기반응(Fast response)의 RTI값은 50 이하이어야 한다.

특수반응이란 이 범위에 속하는 헤드를 특수형 스프링클러헤드(Special sprinkler)라고 하여, 특정된 위험이나 건축물의 방호 목적을 위하여 사용하는 헤드로서 이는 반드시 등록되고 그 성가를 평가받아야 한다.

[4] RDD와 ADD

(1) RDD와 ADD의 개념

① RDD(Required Delivered Density ; 필요방사밀도)

화재진압에 필요한 물의 양을 뜻하며 소방대상물의 화재하중(荷重 ; Fire load) 및 화재가혹도(苛酷度 ; Fire severity)에 관련된 사항으로, 화재 시 소화를 시키기 위한 연소물 표면에서 필요로 하는 방사밀도가 된다. 이는 "소화가 되기 위해 연소물 표면에서 필요로 하는 방사량(Lpm) ÷ 연소물 상단의 표면적(m^2)"에 해당하는 값이다. 이는 소방대상물의 용도 및 화재하중에 따라 스프링클러 시스템에 필요한 방사량이 되며 결국 RDD는 헤드 작동 당시의 화재의 크기에 따라 정해진다.

꼼꼼체크 ▮ 화재가혹도

화재가혹도(Fire severity)란 화재실에서의 화재의 세기를 나타내는 척도로서 화재실에서 최성기의 온도와 그 온도의 지속시간에 따라 결정되며, 화재가혹도가 크면 화재로 인한 건물에 피해를 크게 미치게 된다.

② ADD(Actual Delivered Density ; 실제방사밀도)

ADD란 헤드로부터 방사된 물이 화면에 실제 도달한 양을 뜻하며 화재 시 소화작업에 이용되는 실제방사밀도로 스프링클러헤드의 방사형태와 관련된 것이다. 이는 "화재 시 화심(火心) 속으로 침투하여 실제로 연소물 표면에 도달된 방사량(Lpm) ÷ 연소물 상단의 표면적(m^2)"에 해당하는 값이다. 이는 화염(Fire plume)의 상승기류를 극복하고 통과하는 물방울의 투과율과 헤드의 평면적인 관계(살수패턴)의 최적성 여부를 판단하는 척도가 된다.

(2) RDD와 ADD와의 관계

① 스프링클러헤드의 반응이 빠를수록(즉, RTI가 작을수록) 조기에 살수가 되므로 RDD는 작아지고 ADD는 증가하게 된다. 반대로 헤드의 반응이 느릴수록(즉, RTI가 클수록) RDD는 커지고, ADD는 작아지게 된다.

② ADD가 RDD보다 작을 경우는 헤드에서 방사되는 것은 조기화재 진압(Early suppression)에 영향을 주지 못한다. 그러므로 조기에 화재를 진압하기 위해서는 ADD가 RDD보다 커야 하며 이와 같이 스프링클러설비에서의 조기진압을 위한 헤드의 특성은 RTI, ADD, RDD의 성능을 만족하여야 한다.

RTI		헤드의 열감도	RDD	ADD	조기진화 조건
작아질수록	→	빨라진다.	더 작아진다.	더 커진다.	ADD>RDD
커질수록		늦어진다.	더 커진다.	더 작아진다.	

③ 일반적인 화재발생 시 다음의 그래프에서 RDD는 시간이 경과될수록 화세가 확대되므로 더 많은 주수(注水)를 필요로 하므로 시간에 따라 증가하게 된다. 그러나 ADD의 경우는 시간이 지나면 확대된 화세로 인하여 화염 주위로 물방울이 비산되거나 증발하는 양이 증가하게 되어 실제 화심 속으로 침투하는 양은 줄어들게 되며, 또한 시간이 지날수록 연소면 주변의 헤드가 개방하게 되므로 고정된 수원량일 경우 연소면에서의 실제방사밀도는 상대적으로 줄어들게 된다. 따라서 화재 시 조기에 진화가 될 수 있는 조건은 ADD≧RDD인 빗금친 영역이 되며 RDD 및 ADD의 단위는 [Lpm/m^2]이다.

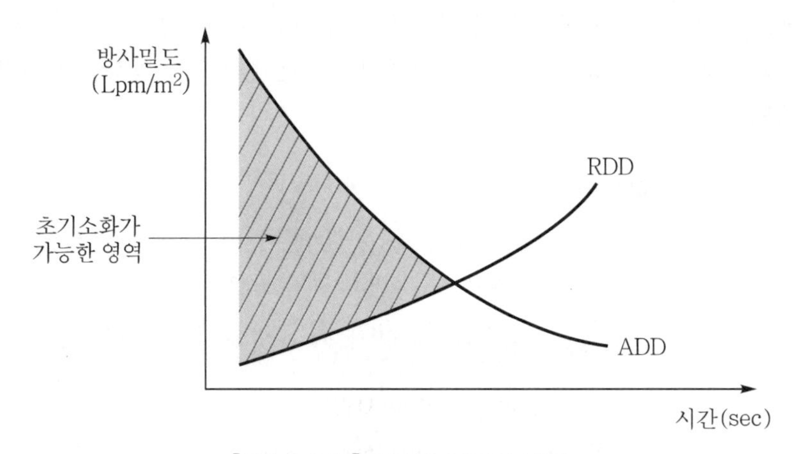

[그림 1-3-19] ADD와 RDD의 관계

[5] 방사압과 방사량

(1) 방사압과 상한압의 개념

스프링클러설비는 화재를 유효하게 제어하고 소화할 수 있도록 설계되어야 하며 화재 시 스프링클러헤드의 물방울이 화염을 뚫고 침투하여 연소면까지 도달하여야 소화효과가 발생하게 된다. 따라서 물방울 입자가 일정한 크기 이상이 되어야 방사압력에 따라 화염을 이기고 침투하여 소화시키게 된다. 이와 같이 소화효과를 증대시키기 위해서는 물방울 입자의 크기·방사압력·방사량이 중요한 3가지 인자가 된다. 실험에 의하면 0.1MPa의 압력에서 가장 이상적인 크기의 물방울 입자가 형성되며, 1.2MPa 이상에서는 반사판(Deflector)에 부딪친 물방울의 크기가 너무 작아서 화염을 이기고 화염 속으로 침투할 수 없어 이를 상한압으로 정한 것이다.

(2) 방사량과 K factor

스프링클러설비에서 방사압과 방사량과의 관계는 다음과 같다.

[중력단위] $Q = K\sqrt{P}$ … [식 1-3-2(A)]

여기서, Q : 방사량(L/min)
K : K factor
P : 방사압(kg/cm^2)

[SI 단위] $Q = K\sqrt{10P}$ … [식 1-3-2(B)]

여기서, Q : 방사량(L/min)
K : K factor
P : 방사압(MPa)

(주) 1kg/cm^2≒ 0.098MPa이나 편의상 0.1MPa로 환산한 것임.

방사압과 방사량의 식에서 Q와 P는 변수이며 K는 상수값이므로 이는 결국 $y = a\sqrt{x}$ 의 함수가 되며, 방사압(x)에 따라 방사량(y)이 직선적으로 증가하는 것이 아니라 지수·함수적으로 증가하며 방사압과 방사량과의 그래프는 다음과 같다.

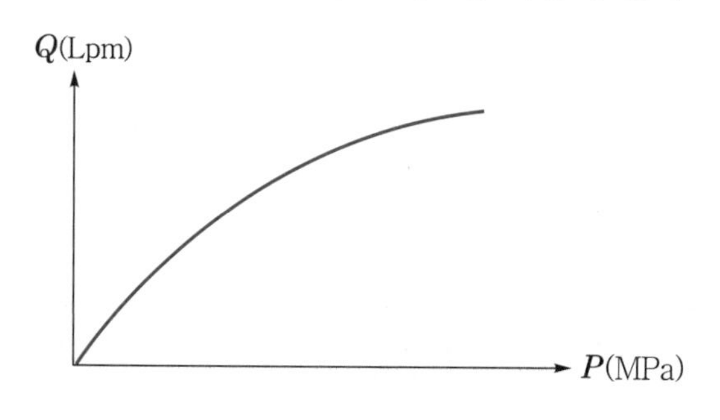

방사압이 증가되면 방사량도 증가되어 소화효과가 높아지나 반면에 물방울의 입자는 작아진다. 물방울의 입자가 너무 작거나 유속이 낮으면 화염에 의해 증발하거나 상승기류로 인하여 비산되어 화염 속으로 침투하지 못하게 된다. 국내 형식승인 기준에서도 *K* factor를 방수상수(放水常數)라 칭하고, 80을 기준값으로 80±4(=76~84)로 규정하고 있다.

03 수원의 기준

❶ 주수원(1차 수원) : 제4조 1항(2.1.1)

[1] 기준

(1) 폐쇄형 스프링클러헤드를 사용하는 경우

① 스프링클러설비 설치장소별 헤드의 기준개수[헤드의 설치개수가 가장 많은 층(아파트의 경우에는 설치개수가 가장 많은 세대)에 설치된 헤드의 개수가 기준개수보다 작은 경우에는 그 설치개수를 말한다]에 1.6m³를 곱한 양 이상이 되도록 할 것

② 다만, 층수가 30층 이상 50층 미만은 3.2m³, 50층 이상은 4.8m³를 곱한 양 이상이 되도록 할 것[NFPC(NFTC) 604(고층건축물)]

[표 1-3-3] 스프링클러설비의 기준개수(NFTC 표 2.1.1.1)

<table>
<tr><th colspan="3">스프링클러설비 설치장소</th><th>기준개수</th></tr>
<tr><td rowspan="6">지하층을 제외한 층수가 10층 이하인 소방대상물</td><td rowspan="2">공장 또는 창고(랙크식 창고 포함)</td><td>특수가연물을 저장·취급하는 것</td><td>30개</td></tr>
<tr><td>그 밖의 것</td><td>20개</td></tr>
<tr><td rowspan="2">근린생활시설·판매시설·운수시설 또는 복합건축물</td><td>판매시설 또는 복합건축물(판매시설이 설치된 복합건축물을 말한다)</td><td>30개</td></tr>
<tr><td>그 밖의 것</td><td>20개</td></tr>
<tr><td rowspan="2">그 밖의 것</td><td>헤드의 부착높이가 8m 이상</td><td>20개</td></tr>
<tr><td>헤드의 부착높이가 8m 미만</td><td>10개</td></tr>
<tr><td colspan="3">아파트</td><td>10개</td></tr>
<tr><td colspan="3">• 지하층을 제외한 층수가 11층 이상인 소방대상물(아파트를 제외한다)
• 지하가 또는 지하역사</td><td>30개</td></tr>
</table>

(비고) 하나의 소방대상물이 2 이상의 스프링클러헤드의 기준개수란에 해당하는 때에는 기준개수가 많은 란을 기준으로 한다. 다만, 각 기준개수에 해당하는 수원을 별도로 설치하는 경우에는 그러하지 아니한다.

(2) 개방형 스프링클러헤드를 사용하는 경우

스프링클러설비의 수원은 최대방수구역에 설치된 헤드의 개수가 30개 이하인 경우에는 설치 헤드수에 $1.6m^3$를 곱한 양 이상으로 하고, 30개를 초과하는 경우에는 규정에 의해 산출된 가압송수장치의 1분당 송수량의 20을 곱한 양 이상이 되도록 할 것

[2] 해설

(1) 기준개수란 스프링클러설비가 설치된 소방대상물에서 화재실의 화재하중과 화재가혹도(최성기의 온도와 지속시간)에 따라 소요되는 소요급수량 및 살수밀도의 대소를 근거로 제정한 것이다. 즉, 화재 시에는 기준개수의 헤드가 동작한다고 가정하고 이에 따른 소요수량을 수원량으로 하며, 기준개수의 헤드가 동작할 경우 개방된 헤드에서 80Lpm의 방사량이 발생하도록 펌프의 토출량을 정하는 기준이 된다.

(2) 헤드의 기준개수 적용은 소방대상물(건물용도 단위)별로 적용하는 것이 아니라 헤드를 설치하는 장소의 당해 용도(설치용도 단위)에 따라 적용하여야 한다.

(3) 화재안전기준의 수원량

① 폐쇄형 헤드를 사용하는 경우

[표 1-3-4] 폐쇄형 헤드의 수원량 기준

스프링클러설비의 설치장소		수원의 양(m^3)
아파트	세대별 최대설치헤드수 < 기준개수	설치개수×$1.6m^3$
	세대별 최대설치헤드수 ≥ 기준개수	기준개수×$1.6m^3$
아파트 이외의 용도	층별 최대설치헤드수 < 기준개수	설치개수×$1.6m^3$
	층별 최대설치헤드수 ≥ 기준개수	기준개수×$1.6m^3$
고층건축물	층수가 30층 이상 50층 미만	기준개수×$3.2m^3$
	층수가 50층 이상	기준개수×$4.8m^3$

꼼꼼체크 ▌ **아파트의 경우**

아파트의 경우는 세대별로 헤드가 10개 이하인 경우가 많으므로 이 경우 기준개수는 10개가 아닌 세대별 헤드수량이므로 수원의 양을 절감할 수 있다.

② 개방형 헤드를 사용하는 경우

[표 1-3-5] 개방형 헤드의 수원량 기준

스프링클러설비의 설치장소		기준개수
최대방수구역 헤드수	헤드수 ≤ 30개	설치개수×$1.6m^3$
	헤드수 > 30개	펌프 소요토출량×20분

❷ 옥상수원 : 제4조 2항(2.1.2)

보조수원은 제4조 1항에 따라 산출된 주수원 유효수량의 1/3 이상을 옥상(스프링클러설비가 설치된 건축물의 주된 옥상)에 설치해야 한다.

※ 옥상수원을 제외할 수 있는 경우는 옥내소화전설비의 옥상수원 제외 기준과 개념이 유사하므로 이를 참고할 것

04 스프링클러 펌프의 양정 및 토출량

❶ 펌프의 양정기준

펌프방식에서 가압펌프의 양정은 다음과 같이 적용한다.

$$\text{펌프의 양정 } H(\text{m}) = H_1 + H_2 + 10\text{m} \quad \cdots [\text{식 } 1-3-3]$$

여기서, H_1 : 건물의 실양정(낙차 및 흡입수두)(m)

H_2 : 배관의 마찰손실수두(m)

[1] 건물높이의 실양정(낙차 및 흡입수두) : H_1

최고위 말단에 설치된 헤드 높이로부터 수조 내 펌프의 흡수면까지의 높이를 뜻하며, 따라서 H_1은 다음과 같다.

$$H_1(\text{m}) = \text{흡입 실양정(Actual suction head)} + \text{토출 실양정(Actual delivery head)}$$

이때 흡입 실양정이란 흡수면에서 펌프축 중심까지의 수직거리이며, 토출 실양정이란 최고 위치에 설치된 말단의 헤드에서 펌프축 중심까지의 수직거리를 뜻한다. 따라서 H_1은 실양정(實揚程 ; Actual head)을 의미한다.

[2] 배관의 마찰손실 : H_2

배관의 마찰손실수두 H_2는 다음과 같이 구분할 수 있다.

$$H_2(\text{m}) = \text{직관(直管)의 손실수두} + \text{각종 부속류 및 밸브의 손실수두}$$

직관의 마찰손실을 구하는 이론식은 여러 방법이 있으나 소방유체역학에서는 직관의 손실 계산에서는 Hazen-Williams의 식을 사용한다.

(1) 직관의 마찰손실

국내에서 스프링클러 설계 시 사용하는 배관 또는 관부속류의 마찰손실수두 표는 외국의 자료에 근거를 두고 있으며 각각의 테이블(Table)이 통일되어 있지 않아 각 설계업체마다 출전이 불분명하거나 정확한 사용 지침이 지켜지지 않은 채 과거부터 사용해 오던 것을 관행적으로 사용하고 있는 실정이다.

① 수 계산방법

㉠ 직접 수 계산을 하는 경우는 Hazen－Williams의 식을 이용하여야 하며 일반강관(KS D 3507)의 경우 $C=120$으로 적용하고, 관경은 내경을 기준으로 적용하여야 한다.

따라서 중력단위의 식 $\Delta P_m(\text{kg/cm}^2)=6.174\times10^5\times\dfrac{Q^{1.85}}{C^{1.85}\times D^{4.87}}$에서 $C=120$, D=관경별로 내경 수치를 대입하여 1m당 마찰손실압력을 호칭경별로 구하면 다음의 표와 같다. 이를 실무에서 배관 1m당 마찰손실압력(kg/cm^2)의 테이블로 사용하면 대단히 편리하다.

[표 1-3-6] 일반강관의 관경별 마찰손실압력(1m당)

호칭경(mm)	내경(mm)	배관 1m당 마찰손실압력(kg/cm^2)
25	27.5	$\Delta P=8.6\times10^{-6}\times Q^{1.85}$
32	36.2	$\Delta P=2.26\times10^{-6}\times Q^{1.85}$
40	42.1	$\Delta P=1.08\times10^{-6}\times Q^{1.85}$
50	53.2	$\Delta P=3.46\times10^{-7}\times Q^{1.85}$
65	69.0	$\Delta P=9.75\times10^{-8}\times Q^{1.85}$
80	81.0	$\Delta P=4.46\times10^{-8}\times Q^{1.85}$
100	105.3	$\Delta P=1.24\times10^{-8}\times Q^{1.85}$
125	130.1	$\Delta P=4.44\times10^{-9}\times Q^{1.85}$
150	155.5	$\Delta P=1.86\times10^{-9}\times Q^{1.85}$
200	204.6	$\Delta P=4.37\times10^{-10}\times Q^{1.85}$

㉡ Hazen－Williams의 식에서 D(mm)는 관의 내경을 의미하므로 내경으로 적용하여 공식을 계산하여야 하나 편의상 호칭경으로 계산하는 경우가 많다. 예를 들어 가장 많이 쓰이는 KS D 3507(일반배관용 탄소강관)은 호칭경 25mm일 때 바깥지름은 34mm이나 두께가 3.25mm이므로 내경은 27.5mm가 된다. 또한 KS D 3562(Sch. 40)의 경우 호칭경은 25mm이지만 두께는 3.4mm이므로 실내경은 27.2mm가 된다.

CHAPTER 01 CHAPTER 02 CHAPTER 03 CHAPTER 04 CHAPTER 05

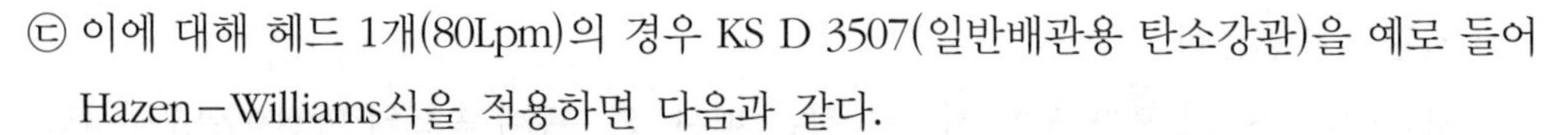

㉢ 이에 대해 헤드 1개(80Lpm)의 경우 KS D 3507(일반배관용 탄소강관)을 예로 들어 Hazen－Williams식을 적용하면 다음과 같다.

$$\Delta P_m = 6.174 \times 10^5 \times \frac{Q^{1.85}}{C^{1.85} \times D^{4.87}}$$ 에서

ⓐ 호칭경 25mm로 적용 시

$$\Delta P_m = 6.174 \times 10^5 \times \frac{80^{1.85}}{120^{1.85} \times 25^{4.87}} = 0.045\text{kg/cm}^2$$

ⓑ 내경 27.5mm로 적용 시

$$\Delta P_m = 6.174 \times 10^5 \times \frac{80^{1.85}}{120^{1.85} \times 27.5^{4.87}} = 0.029\text{kg/cm}^2$$

따라서 이 경우 1m당 관마찰손실 계산이 약 1.55배 정도 차이가 나게 된다. 이와 같이 정확한 계산을 위해서는 반드시 국내 내경 수치로 적용하여야 한다.

[표 1-3-7] 배관별 내경 : 국내기준(KS) (단위 : mm)

호칭경(mm)		25	32	40	50	65	80	100	125	150	200	비 고
일반강관		27.5	36.2	42.1	53.2	69.0	81.0	105.3	130.1	155.5	204.6	KS D 3507
압력배관	Sch.40	27.2	35.5	41.2	52.7	65.9	78.1	102.3	126.6	151.0	199.9	KS D 3562
	Sch.80	25.0	32.9	38.4	49.5	62.3	73.9	97.1	120.8	143.2	190.9	

② 테이블(Table) 이용방법

스프링클러 급수관의 마찰손실은 관경별로 Hazen－Williams의 공식을 이용하여 계산하는 것이 원칙이나, 스프링클러헤드의 경우 유량이 80Lpm의 배수가 되는 특정한 값에 국한하여 적용하는 것이며, 또한 폐쇄형 헤드의 경우 펌프 토출량의 적용은 기준개수가 10, 20, 30개로 규정되어 있으므로 수 계산으로 적용할 경우에는 대부분 규약배관으로 다음의 표를 이용하여 직관의 손실을 구한다.

[표 1－3－8(A)]의 경우는 강관의 기준으로 일본에서는 현재 스프링클러설비에 압력배관을 사용하기 위하여 2005년도에 삭제되었으나 국내에서는 아직도 관행적으로 이를 가장 많이 사용하고 있다.

[표 1-3-8(A)] 배관의 마찰손실수두(길이 100m당) JIS G 3452 (단위 : m)

헤드 개수	토출량 (Lpm)	25mm	32mm	40mm	50mm	65mm	80mm	100mm	125mm	150mm	200mm
1	80	28.36	8.10	3.85	1.19	0.35	0.15	.	.	.	.
2	160	102.23	29.19	13.86	4.30	1.28	0.55	0.15	.	.	.
3	240	216.44	61.81	29.35	9.11	2.70	1.16	0.32	0.11	·	.
4	320	368.54	105.25	49.97	15.51	4.60	1.98	0.54	0.19	·	.
5	400	556.88	159.04	75.51	23.43	6.95	3.00	0.82	0.29	0.12	.
6	480	780.27	222.83	105.80	32.83	9.73	4.20	1.15	0.40	0.17	.
7	560	.	296.37	140.72	43.66	12.95	5.58	1.53	0.53	0.23	.
8	640	.	379.42	180.15	55.90	16.57	7.15	1.96	0.68	0.30	.
9	720	.	471.79	224.01	69.50	20.61	8.89	2.43	0.85	0.37	0.10
10	800	.	573.32	272.21	84.46	25.04	10.80	2.96	1.03	0.45	0.12
11	880	.	683.87	324.70	100.75	29.87	12.88	3.53	1.23	0.53	0.14
12	960	.	803.31	381.41	118.35	35.09	15.13	4.14	1.44	0.63	0.16
13	1,040	.	931.53	442.29	137.23	40.69	17.55	4.80	1.67	0.73	0.19
14	1,120	.	.	507.28	157.40	46.67	20.13	5.51	1.92	0.83	0.22
15	1,200	.	.	576.34	178.83	53.02	22.87	6.26	2.18	0.95	0.25
16	1,280	.	.	649.43	201.51	59.75	25.77	7.05	2.45	1.07	0.28
17	1,360	.	.	726.51	225.42	66.84	28.82	7.89	2.74	1.19	0.31
18	1,440	.	.	807.54	250.57	74.29	32.04	8.77	3.05	1.33	0.34
19	1,520	.	.	892.49	276.92	82.11	35.41	9.69	3.37	1.47	0.38
20	1,600	.	.	981.33	304.49	90.28	38.93	10.66	3.71	1.61	0.42
21	1,680	.	.	.	333.25	98.81	42.61	11.66	4.06	1.76	0.46
22	1,760	.	.	.	363.20	107.69	46.44	12.71	4.42	1.92	0.50
23	1,840	.	.	.	394.33	116.92	50.42	13.80	4.80	2.09	0.54
24	1,920	.	.	.	426.64	126.50	54.55	14.93	5.19	2.26	0.59
25	2,000	.	.	.	460.10	136.42	58.83	16.10	5.60	2.43	0.63
26	2,080	.	.	.	494.73	146.69	63.26	17.31	6.02	2.62	0.68
27	2,160	.	.	.	530.50	157.29	67.83	18.56	6.46	2.81	0.73
28	2,240	.	.	.	567.43	168.24	72.55	19.86	6.91	3.00	0.78
29	2,320	.	.	.	605.48	179.53	77.42	21.19	7.37	3.20	0.83
30	2,400	.	.	.	644.68	191.15	82.43	22.56	7.85	3.41	0.89

꼼꼼체크 **[표 1-3-8(A)]의 출전(出典)**

일본의 동경소방청 사찰편람(査察便覽) 스프링클러설비 5.4.4 표 1에 당초 제시된 것으로 일반 강관(JIS G 3452)을 사용하는 경우이나 압력배관을 사용하도록 하기 위하여 2005년(平成 17년) 6월 1일자로 삭제되었다.

[표 1-3-8(B)] 배관의 마찰손실수두(管長 100m당) JIS G 3454(Sch.40) (단위 : m)

헤드 개수	토출량 (Lpm)	25mm	32mm	40mm	50mm	65mm	80mm	100mm	125mm	150mm	200mm
1	80	30.45	8.32	4.03	1.22	0.41	0.18	.	.	.	.
2	160	109.76	30.00	14.53	4.38	1.48	0.65	0.17	.	.	.
3	240	232.39	63.53	30.76	9.28	3.12	1.37	0.37	0.13	·	.
4	320	395.69	108.17	52.38	15.79	5.32	2.33	0.62	0.22	·	.
5	400	597.92	163.45	79.15	23.87	8.04	3.51	0.94	0.33	0.14	.
6	480	837.76	229.01	110.90	33.44	11.26	4.92	1.32	0.47	0.20	.
7	560	.	304.59	147.50	44.47	14.97	6.55	1.76	0.62	0.26	.
8	640	.	389.94	188.83	56.94	19.17	8.36	2.25	0.80	0.34	.
9	720	.	484.88	234.80	70.80	23.84	10.42	2.80	0.99	0.42	0.11
10	800	.	589.22	285.33	86.04	28.97	12.67	3.40	1.21	0.51	0.13
11	880	.	702.84	340.34	102.62	34.55	15.11	4.06	1.44	0.61	0.16
12	960	.	825.60	399.79	120.55	40.59	17.75	4.77	1.69	0.72	0.18
13	1,040	.	957.37	463.60	139.79	47.07	20.58	5.53	1.96	0.83	0.21
14	1,120	.	.	531.72	160.33	53.98	23.61	6.34	2.25	0.95	0.24
15	1,200	.	.	604.11	182.16	61.33	26.82	7.20	2.55	1.08	0.28
16	1,280	.	.	680.72	205.26	69.11	30.22	8.12	2.88	1.22	0.31
17	1,360	.	.	761.51	229.62	77.31	33.81	9.08	3.22	1.36	0.35
18	1,440	.	.	846.45	255.23	85.94	37.58	10.09	3.58	1.52	0.39
19	1,520	.	.	935.49	282.08	94.98	41.53	11.16	3.95	1.67	0.43
20	1,600	.	.	·	310.16	104.43	45.67	12.27	4.34	1.84	0.47
21	1,680	.	.	.	339.46	114.30	49.98	13.42	4.76	2.02	0.51
22	1,760	.	.	.	369.96	124.57	54.47	14.63	5.18	2.20	0.56
23	1,840	.	.	.	401.67	135.24	59.14	15.89	5.63	2.38	0.61
24	1,920	.	.	.	434.58	146.32	63.98	17.19	6.09	2.58	0.66
25	2,000	.	.	.	468.67	157.80	69.00	18.53	6.57	2.78	0.71
26	2,080	.	.	.	503.94	169.68	74.20	19.93	7.06	2.99	0.76
27	2,160	.	.	.	540.38	181.96	79.56	21.37	7.57	3.21	0.82
28	2,240	.	.	.	577.99	194.61	85.10	22.86	8.10	3.43	0.88
29	2,320	.	.	.	616.76	207.68	90.81	24.39	8.64	3.66	0.93
30	2,400	.	.	.	656.68	221.11	96.69	25.97	9.20	3.90	0.99

꼼꼼체크 [표 1-3-8(B)]의 출전(出典)

일본의 동경소방청 사찰편람(査察便覽) 스프링클러설비 5.4.4의 표 2에 제시된 것으로 Sch.40의 압력배관(JIS G 3454)을 사용하는 것임.

(2) 부속류 및 밸브류의 마찰손실

부속류의 경우는 옥내소화전과 동일하며 관 부속 및 밸브류의 상당 직관장을 고려하여 다음의 표로 적용한다. 직관 이외에 이러한 단면의 변화·관의 굴곡·밸브 및 관 부속류에 의해 발생하는 손실을 총칭(總稱)하여 미소손실(Minor loss)이라 한다. 국내에서 가장 오래된 테이블로서 관행적으로 가장 많이 사용하는 것은 [표 1-3-9]로서 ASHRAE Handbook에 근거하고 있는 것으로 알려져 있으나 출전을 확인할 수 없으며 소화설비용이 아닌 위생설비용에 사용하는 것으로 전해지고 있다.

[표 1-3-9] 관 부속 및 밸브류의 상당(相當) 직관장 (단위 : m)

관 경	90° 엘보	45° 엘보	분류 티	직류 티	게이트 밸브	볼밸브	앵글밸브	체크밸브
25mm	0.90	0.54	1.50	0.27	0.18	7.5	4.5	2.0
32mm	1.20	0.72	1.80	0.36	0.24	10.5	5.4	2.5
40mm	1.50	0.90	2.10	0.45	0.30	13.5	6.5	3.1
50mm	2.10	1.20	3.00	0.60	0.39	16.5	8.4	4.0
65mm	2.40	1.50	3.60	0.75	0.48	19.5	10.2	4.6
80mm	3.00	1.80	4.50	0.90	0.63	24.0	12.0	5.7
100mm	4.20	2.40	6.30	1.20	0.81	37.5	16.5	7.6
125mm	5.10	3.00	7.50	1.50	0.99	42.0	21.0	10.0
150mm	6.00	3.60	9.00	1.80	1.20	49.5	24.0	12.0
200mm	6.50	3.70	14.00	4.00	1.40	70.0	33.0	15.0

(주) 1. 위 표의 엘보, 티는 나사접합을 기준으로 한 것임(용접의 경우는 일반적으로 손실을 더 작게 적용한다).
2. 리듀서는 45° 엘보와 같다(다만, 관경이 작은 쪽에 따른다).
3. 커플링은 직류 티(T)와 같다.
4. 유니언, 플랜지, 소켓은 손실수두가 미소하여 생략한다.
5. 오토밸브(포소화설비), 글로브밸브는 볼밸브와 같다.
6. 알람밸브, 풋밸브 및 스트레이너는 앵글밸브와 같다.

꼼꼼체크 ▌ [표 1-3-9]의 출전(出典)

ASHRAE Handbook을 출전으로 하는 것으로 알려져 있으나 이는 소화설비에 적용하는 것이 아니고 위생설비 배관 등에 사용하는 것이 원칙이다.
(국내에서는 관행상 규약배관 설계 시 이를 가장 많이 사용하고 있다)

CHAPTER 01
CHAPTER 02
CHAPTER 03
CHAPTER 04
CHAPTER 05

❷ 펌프의 토출량 기준

[1] 폐쇄형 헤드의 경우

토출량 Q(L/min) = 기준개수 × 80L/min … [식 1-3-4]

폐쇄형의 경우 펌프 토출량은 기준개수가 10개의 경우는 800Lpm, 20개의 경우는 1,600 Lpm, 30개의 경우는 2,400Lpm이 된다. 국내에서는 설계 시 양정의 경우는 여유율을 주고 있으나 유량에 대해서는 일반적으로 여유율을 적용하지 않고 있다. 그러나 이는 합리적이지 않은 것으로 소화설비용 펌프 및 배관은 자주 사용하는 설비가 아닌 관계로 배관 내 소화수가 항상 체류하고 있으며 경년(經年)변화에 따라 배관 내 스케일이 발생하여 관경이 좁아지며, 또한 펌프의 기능상 효율 저하 등을 감안하여야 한다.

[2] 개방형 헤드의 경우

(1) 설치 헤드수가 30개 이하일 때

토출량 Q(L/min) = 설치개수 × 80L/min … [식 1-3-5]

(2) 설치 헤드수가 30개 초과할 때

헤드가 30개를 초과할 경우는 별표 1(스프링클러헤드 수량별 급수관의 구경)의 주 5호에 의해 모든 헤드에서 규정 방사압(0.1~1.2MPa) 범위 내에서 규정 방사량(80Lpm)이 발생할 수 있는 펌프의 토출량을 수리계산에 의해 산출하여야 한다.

토출량 Q(L/min) = 수리계산에 의할 것

❸ 전동기의 출력

펌프의 전양정 및 토출량이 구해지면 다음의 식을 이용하여 전동기의 출력을 구할 수 있다.

$$P(\mathrm{kW}) = \frac{0.163 \times Q \times H}{E} \times K$$ … [식 1-3-6]

여기서, P : 전동기의 출력(kW)
Q : 토출량(m^3/min)
H : 양정(m)
E : 효율(소수점 수치)
K : 전달계수

05 가압방식과 배관의 기준

❶ 가압방식별 기준

[1] 펌프 방식 : 제5조 1항(2.2.1)

$$펌프의\ 양정\ H(\mathrm{m}) = H_1 + H_2 + 10\mathrm{m}$$ … [식 1-3-7]

여기서, H_1 : 건물의 실양정(Actual head)(m)

H_2 : 배관의 마찰손실수두(m)

펌프 방식에서 30층 이상의 경우는 스프링클러 전용 펌프로 설치해야 하며, 내연기관의 연료 용량은 40분(50층 이상은 60분) 이상 운전할 수 있는 용량일 것[NFPC(NFTC) 604(고층건축물) 제6조 3항 & 4항(2.2.3 & 2.2.4)]

[2] 고가수조 방식 : 제5조 2항(2.2.2)

$$필요한\ 낙차\ H(\mathrm{m}) = H_1 + 10\mathrm{m}$$ … [식 1-3-8]

여기서, H_1 : 배관의 마찰손실수두(m)

상용전원이나 비상전원이 필요하지 않으므로 가압송수장치 중 가장 확실하고 신뢰성이 있는 설비이나 최고층의 방수구에서는 규정 방사압을 발생할 수 있는 높이에 수조를 설치하여야 하므로 일반건물에서는 보통 저층부 부분에 한하여 적용이 가능하며, 고층부의 경우는 외부의 고가탱크를 이용하도록 한다.

[3] 압력수조 방식 : 제5조 3항(2.2.3)

$$필요한\ 압력\ P(\mathrm{MPa}) = P_1 + P_2 + 0.1$$ … [식 1-3-9]

여기서, P_1 : 낙차에 의한 환산수두압(MPa)

P_2 : 배관의 마찰손실수두압(MPa)

압력수조 방식은 탱크 내에 물을 압입하고, 압축된 공기를 충전하여 공기압력에 의하여 송수하는 방식으로, 탱크의 설치위치에 구애받지 않는 장점은 있으나 방수구 탱크 용량의 2/3 밖에 물을 저장할 수 없고, 방수(防水)에 따라서 수압이 저하하기 때문에 모두 유효수량으로 볼 수 없는 단점이 있다.

[4] 가압수조 방식 : 제5조 4항(2.2.4)

$$\text{필요한 압력 } P(\text{MPa}) = P_1 + P_2 + 0.1$$ … [식 1-3-10]

여기서, P_1 : 낙차에 의한 환산수두압(MPa)

P_2 : 배관의 마찰손실수두압(MPa)

① 가압수조란 사전에 별도의 용기에 충전한 압축공기나 질소 등 불연성의 고압가스를 충전시킨 후 헤드 개방에 의해 배관 내 압력변화가 발생하면 이를 감지하여 자동으로 용기밸브가 개방되면 수조 내 물을 가압하여 그 압력으로 수조 내의 물을 송수하는 방식이다. 컴프레서가 없이 가압수조 내의 물은 가압용기의 압축공기(또는 고압가스)에 의해 항상 가압상태로 저장되어 있으며 이를 가압원으로 하여 물을 자동으로 송수시켜 주는 형식의 가압송수장치이다.

② 가압수조의 압력은 기준 방수압 및 방수량이 20분(층수가 30층 이상 50층 미만은 40분, 50층 이상은 60분) 이상으로 유지되도록 할 것

2 배관의 기준

[1] 배관의 일반기준

(1) 배관의 규격

① 기준 : 제8조 1항 & 2항(2.5.1 & 2.5.2)

㉠ 사용압력이 1.2MPa 미만일 경우는 배관용 탄소강관(KS D 3507), 이음매 없는 구리 및 구리합금관(KS D 5301)(습식에 한함), 배관용 스테인리스강관(KS D 3576) 또는 일반배관용 스테인리스강관(KS D 3595), 덕타일 주철관(KS D 4311)을 사용하며, 사용압력이 1.2MPa 이상일 경우는 압력배관용 탄소강관(KS D 3562), 배관용 아크용접 탄소강강관(KS D 3583) 또는 이와 동등 이상의 강도・내식성 및 내열성을 가진 것을 사용해야 한다.

㉡ 위 규정에도 불구하고 다음의 어느 하나에 해당하는 장소에는 성능인증 및 제품검사의 기술기준에 적합한 소방용 합성수지배관으로 설치할 수 있다.

ⓐ 배관을 지하에 매설하는 경우

ⓑ 다른 부분과 내화구조로 구획된 덕트 또는 피트의 내부에 설치하는 경우

ⓒ 천장(상층이 있는 경우에는 상층 바닥의 하단을 포함)과 반자를 불연재료 또는 준불연재료로 설치하고 소화배관 내부에 항상 소화수가 채워진 상태로 설치하는 경우

② 해설

㉠ 스프링클러 배관의 규격에 대한 기준은 옥내소화전의 배관 규격과 같으므로 옥내소화전의 내용을 참조하도록 한다. 다만, 스프링클러설비의 경우에는 배관의 규격을 ⓐ 탄소강관(2종), ⓑ 동관(구리관), ⓒ 스테인리스강관(2종), ⓓ 덕타일 주철관, ⓔ 아크용접 탄소강강관, ⓕ 합성수지관 등 8종류로 적용하고 있으며, 습식 설비에 한하여 이음매 없는 구리 및 구리합금용 배관을 허용하고 있다.

㉡ 동관의 경우는 이음매 없는 관(Seamless pipe)에 한하여 사용할 수 있으며 또한 습식 스프링클러설비에 한하여 이를 적용하고 있다. 이는 NFPA에서도 동관은 이음매 없는 관에 한하며, 국내의 경우 습식 설비로 한정한 것은 동관은 내열성이 약하므로 용접부위 등을 감안할 경우 배관에 물이 충전되어 있지 않는 형식의 스프링클러설비는 이를 제한한 것이다. 또한 용접관(Welded type)의 경우는 내열성이 약한 동관에서 화재 시 화열에 의한 용접부위의 용융문제에 대한 안전성으로 인하여 이를 금하고 있는 것이다.

㉢ CPVC(합성수지관) 배관의 경우는 반자 내부에 설치된 경우에도 항상 배관에 물이 충수되어 있는 경우에만 사용할 수 있어 종전에는 습식 설비에 한하여 사용할 수 있었으나 부압식 스프링클러설비의 도입으로 인하여 배관 내 항상 물이 채워져 있는 부압식도 사용할 수 있도록 이를 개정하였다.

(2) 급수배관의 구경 : 별표 1(표 2.5.3.3)

① 기준

㉠ 급수배관의 구경은 수리계산에 의하거나 NFTC 표 2.5.3.3의 기준에 따라 설치할 것. 다만, 수리계산에 따르는 경우 가지배관의 유속은 6m/sec, 그 밖의 배관의 유속은 10m/sec를 초과할 수 없다(NFTC 2.5.3.3).

㉡ 급수배관(수원 및 옥외 송수구로부터 헤드에 급수하는 배관)의 구경은 다음의 기준에 의한다(NFTC 표 2.5.3.3).

[표 1-3-10] 스프링클러헤드 급수관의 구경[NFPC 별표 1(NFTC 표 2.5.3.3)]

관경(mm)		25	32	40	50	65	80	90	100	125	150
헤드수(개)	가	2	3	5	10	30	60	80	100	160	161 이상
	나	2	4	7	15	30	60	65	100	160	161 이상
	다	1	2	5	8	15	27	40	55	90	91 이상

ⓐ 폐쇄형 스프링클러헤드를 사용하는 설비의 경우로서 1개 층에 하나의 급수배관(또는 밸브 등)이 담당하는 구역의 최대면적은 3,000m²를 초과하지 아니할 것

ⓑ 폐쇄형 스프링클러헤드를 설치하는 경우에는 "가"란의 헤드수에 따를 것. 다만, 100개 이상의 헤드를 담당하는 급수배관(또는 밸브)의 구경을 100mm로 할 경

우에는 수리계산을 통하여 제8조 3항 3호에서 규정한 배관의 유속에 적합하도록 할 것

ⓒ 폐쇄형 스프링클러헤드를 설치하고 반자 아래의 헤드와 반자 속의 헤드를 동일 급수관의 가지관상에 병설하는 경우에는 "나"란의 헤드수에 따를 것

ⓓ 제10조 3항 1호(2.7.3.1) (무대부나 특수가연물 저장취급장소)의 경우로서 폐쇄형 스프링클러헤드를 설치하는 설비의 배관구경은 "다"란에 따를 것

ⓔ 개방형 스프링클러헤드를 설치하는 경우 하나의 방수구역이 담당하는 헤드의 개수가 30개 이하일 때는 "다"란의 헤드수에 의하고, 30개를 초과할 때는 수리계산 방법에 따를 것

② 해설 : 별표 1(표 2.5.3.3)의 적용

㉠ 별표 1(표 2.5.3.3)의 '가' : 가장 일반적인 헤드별 관경 기준으로 상향형이나 하향형으로 설치된 경우에 적용하는 기준이다. 이 경우 주차장이나 기계실 등과 같은 장소에 반자가 없이 살수장애 문제로 인하여 헤드를 상하형으로 병설(倂設)한 경우에도 당연히 "가"란을 적용하여야 한다.

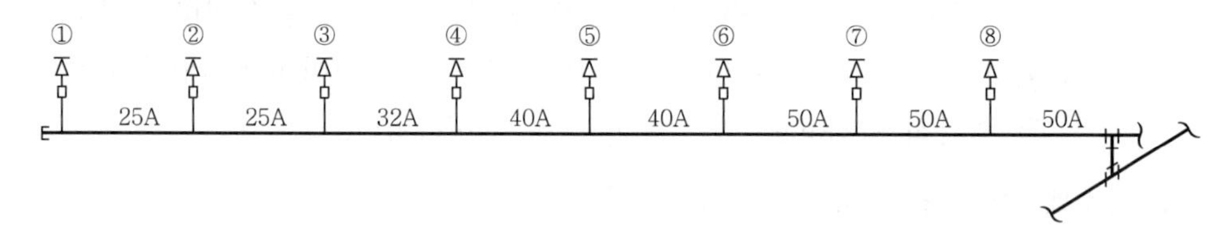

[그림 1-3-20] 한쪽 방향만 헤드 설치 시 관경 : 별표 1(표 2.5.3.3)의 "가"

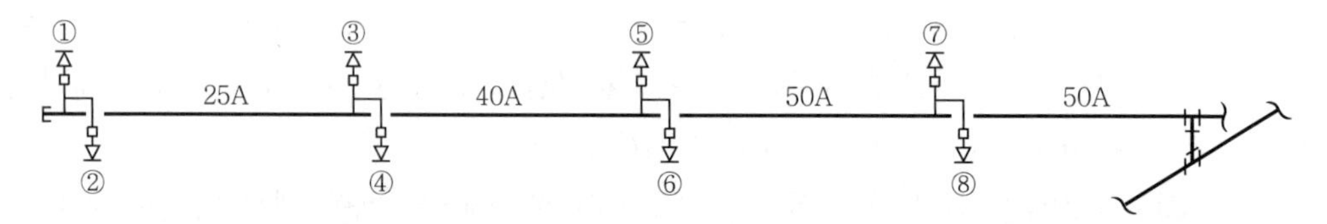

[그림 1-3-21] 상하형 헤드 병설 시 관경(반자 없음) : 별표 1(표 2.5.3.3)의 "가"

㉡ 별표 1(표 2.5.3.3)의 '나' : 반자를 설치하고 반자 속의 헤드와 반자 밖의 헤드를 같은 급수관에 상하형으로 설치할 경우는 일반적인 헤드 설치기준인 "가"란으로 적용하지 않고 "나"란으로 적용하여야 한다. 왜냐하면 반자 상부와 반자 하부의 헤드는 화재 시 반자로 인하여 하부의 헤드가 먼저 개방되며, 반자 상부의 헤드는 하부에서 계속하여 살수가 되므로 개방이 지연될 가능성이 있기 때문이다.

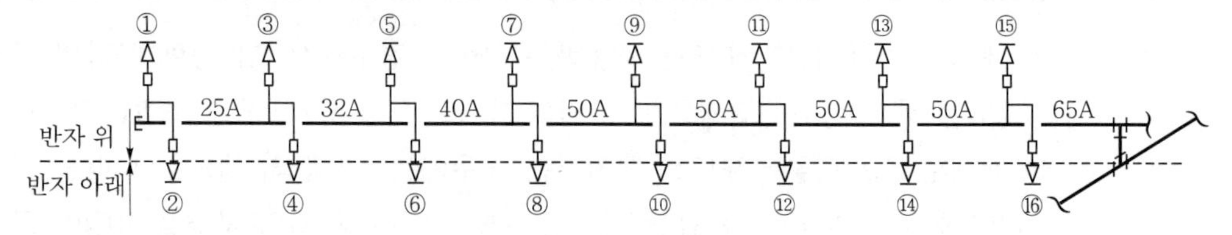

[그림 1-3-22] 상하형 헤드 병설 시 관경(반자 있음) : 별표 1(표 2.5.3.3)의 "나"

㉢ 별표 1(표 2.5.3.3)의 '다' : 무대부나 특수가연물을 저장 또는 취급하는 장소의 경우는 천장고가 높거나 가연성 물품 등으로 인하여 화재 시 연소가 확대되기 쉬운 장소이며 또한 소화가 곤란한 장소인 관계로 헤드별 관경을 가장 엄격한 "다"란을 적용하도록 한 것이다.

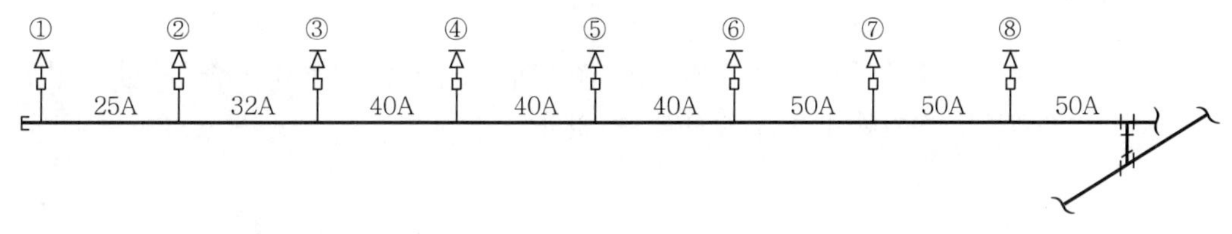

[그림 1-3-23] 무대부 등의 경우 관경 적용 : 별표 1(표 2.5.3.3)의 "다"

(3) 주관, 교차배관, 배수배관의 구경

① 연결송수관설비의 배관과 겸용할 경우의 주배관은 구경 100mm 이상, 방수구로 연결되는 배관의 구경은 65mm 이상의 것으로 해야 한다(NFTC 2.5.5).

② 교차배관의 구경은 별표 1(표 2.5.3.3)에 따르되 최소구경이 40mm 이상이 되도록 할 것. 다만, 패들형 유수검지장치를 사용하는 경우에는 교차배관의 구경과 동일하게 설치할 수 있다(NFTC 2.5.10.1).

③ 수직배수배관의 구경은 50mm 이상으로 하여야 한다. 다만, 수직배관의 구경이 50mm 미만인 경우에는 수직배관과 동일한 구경으로 할 수 있다(NFTC 2.5.14).

(4) 배관의 기울기 : 제8조 17항(2.5.17)

① **습식 설비 또는 부압식 설비의 경우** : 배관을 수평으로 할 것. 다만, 배관의 구조상 소화수가 남아 있는 곳에는 배수밸브를 설치해야 한다.

→ 가지관 등이 보를 관통하기 위해 보 아래쪽으로 꺾어서 지나갈 경우 보 하부의 구간은 유수검지장치의 배수배관을 통하여 배수를 할 수 없게 된다. 따라서 이러한 위치에는 배수밸브를 설치하여야 하며 현장에서는 보통 자동배수밸브(Auto drip valve)를 설치하여 배수되도록 한다.

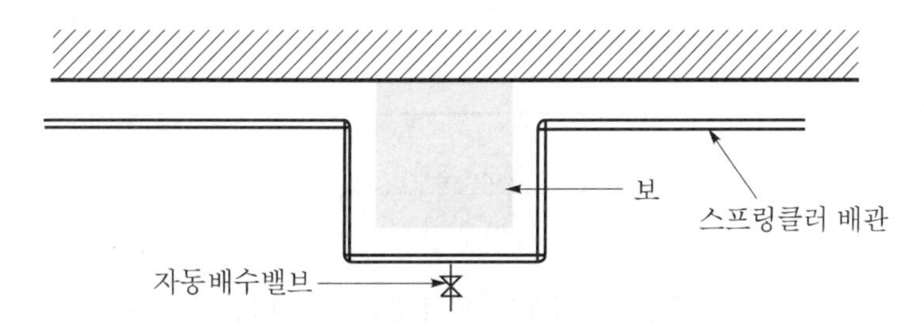

[그림 1-3-24] 꺾인 배관에 배수밸브 설치

② 습식 설비 또는 부압식 설비 이외의 경우 : 헤드를 향하여 상향으로 2차측의 수평주행배관의 기울기를 $\frac{1}{500}$ 이상, 가지관의 기울기는 $\frac{1}{250}$ 이상으로 할 것. 다만, 배관의 구조상 기울기를 줄 수 없는 경우에는 배수를 원활하게 할 수 있도록 배수밸브를 설치해야 한다.

> 기울기는 배수를 용이하게 하기 위한 조치이나, 구조상 기울기를 줄 수 없는 경우는 배수밸브를 설치하여 이를 갈음할 수 있다.

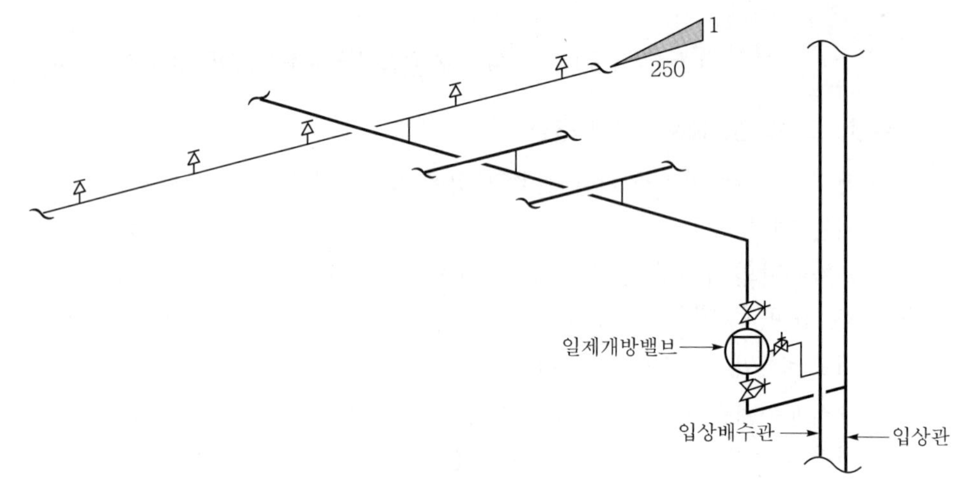

[그림 1-3-25] 가지관의 기울기

(5) 배관용 행거(Hanger) : 제8조 13항(2.5.13)

① 기준

㉠ 가지배관의 경우

ⓐ 가지배관에는 헤드의 설치지점 사이마다 1개 이상의 행거를 설치할 것

ⓑ 헤드 간의 거리가 3.5m를 초과할 경우에는 3.5m마다 1개 이상 설치할 것. 이 경우 상향식 헤드의 경우 그 헤드와 행거 사이에 8cm 이상의 간격을 둘 것

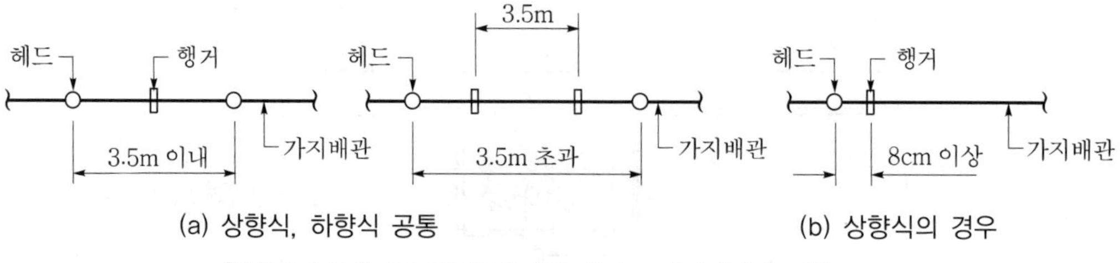

[그림 1-3-26] 스프링클러설비의 행거 : 가지배관의 경우

㉡ 교차배관의 경우

ⓐ 가지배관과 가지배관 사이마다 1개 이상의 행거를 설치할 것

ⓑ 가지배관 사이의 거리가 4.5m를 초과할 경우 4.5m마다 1개 이상 설치할 것

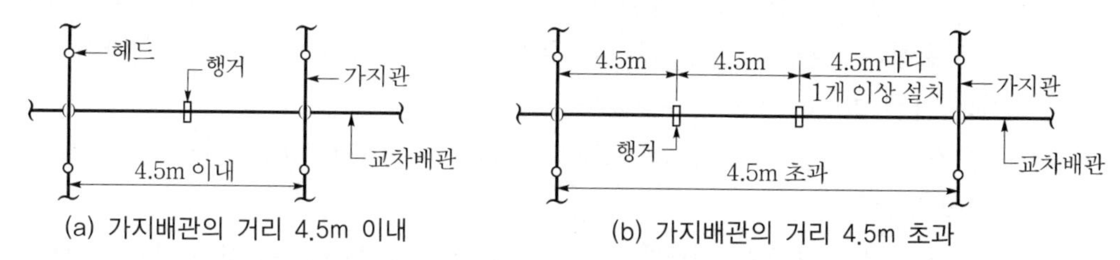

[그림 1-3-27] 스프링클러설비의 행거 : 교차배관의 경우

㉢ 수평주행배관의 경우

위에 해당하는 수평주행배관에는 4.5m마다 1개 이상 설치할 것

② 해설 : 배관의 구분을 입상관, 수평주행배관, 교차배관, 가지배관으로 구분하면 다음과 같다.

㉠ 입상관(立上管 ; Riser) : 스프링클러의 급수 주관으로 반드시 수직배관일 필요는 없으며 수평배관이든 수직배관이든 유수검지장치에 물을 공급하는 주배관을 말한다.

㉡ 수평주행배관(Feed main) : 화재안전기준에는 별도의 용어의 정의는 없지만 NFPA에서 규정하는 수평주행배관에 해당한다. 수평주행배관이란 직접 또는 입상관을 통하여 교차배관에 급수하는 배관을 말한다.

㉢ 교차배관(Cross main) : 직접 또는 수직배관을 통하여 가지배관에 급수하는 배관을 말한다.

㉣ 가지배관(Branch line) : 스프링클러헤드가 접속되어 있는 배관을 말한다.

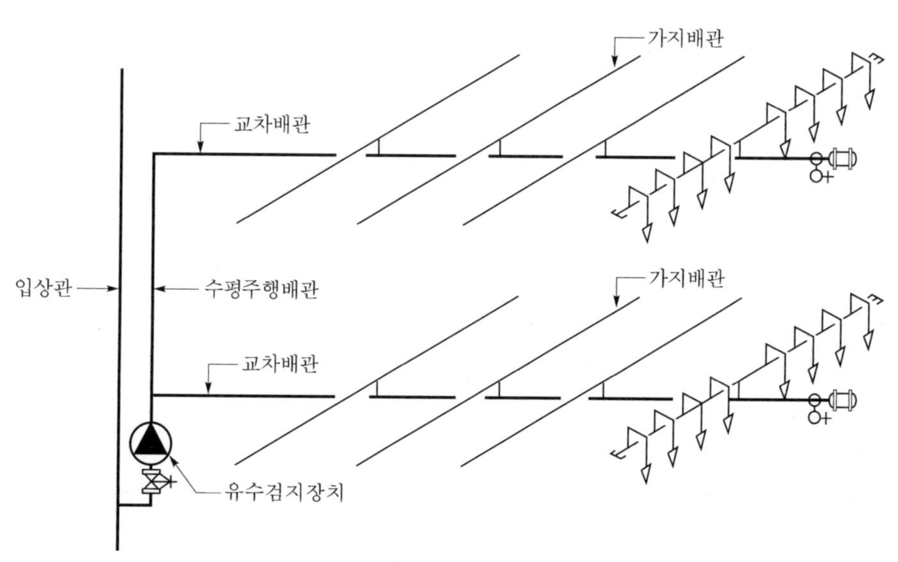

[그림 1-3-28] 배관의 구분

[2] 구간별 배관기준

(1) 급수배관 : 제8조 3항(2.5.3)

① 전용으로 할 것. 다만, 스프링클러설비의 기동장치의 조작과 동시에 다른 설비의 용도에 사용하는 배관의 송수를 차단할 수 있거나, 스프링클러의 성능에 지장이 없는 경우에는 다른 설비와 겸용할 수 있다.

② 층수가 30층 이상의 경우는 전용으로 하여야 한다[NFPC(NFTC) 604(고층건축물) 제6조 4항(2.2.5)].

③ 급수를 차단할 수 있는 개폐밸브는 개폐표시형으로 할 것. 이 경우 펌프의 흡입측 배관에는 버터플라이밸브 외의 개폐표시형 밸브를 설치해야 한다.

(2) 가지배관 : 제8조 9항(2.5.9)

① 기준

㉠ 토너먼트(tournament) 방식이 아닐 것

> ⊡ 가스계 소화설비 및 분말소화설비에서는 각각의 헤드에서 균일하게 약제가 방사되기 위해서 토너먼트 방식으로 설계하고 있으나, 토너먼트 방식은 유체의 마찰손실이 매우 큰 관계로 스프링클러설비나 포소화설비에서는 이를 엄격히 금지하고 있다.

㉡ 교차배관에서 분기되는 지점을 기점으로 한쪽 가지배관에 설치되는 헤드의 개수(반자 아래와 반자 속의 헤드를 하나의 가지배관상에 병설하는 경우에는 반자 아래에 설치하는 헤드의 개수)는 8개 이하로 할 것. 다만, 다음 각 기준의 어느 하나에 해당하는 경우에는 그렇지 않다.

ⓐ 기존의 방호구역 안에서 칸막이 등으로 구획하여 1개의 헤드를 증설하는 경우

ⓑ 습식 스프링클러 또는 부압식 스프링클러설비에 격자형 배관방식을 채택하는 때에는 펌프의 용량, 배관의 구경 등을 수리학적으로 계산한 결과 헤드의 방수압 및 방수량이 소화 목적을 달성하는 데 충분하다고 인정되는 경우

② 해설

㉠ 교차배관에서 분기되는 한쪽 가지관의 헤드수는 8개 이하이어야 하나, 특히 반자가 없이 노출된 상태에서 상하향으로 설치 시에는 상향 헤드 및 하향 헤드를 합산하여 다음과 같이 8개 이하가 되어야 한다.

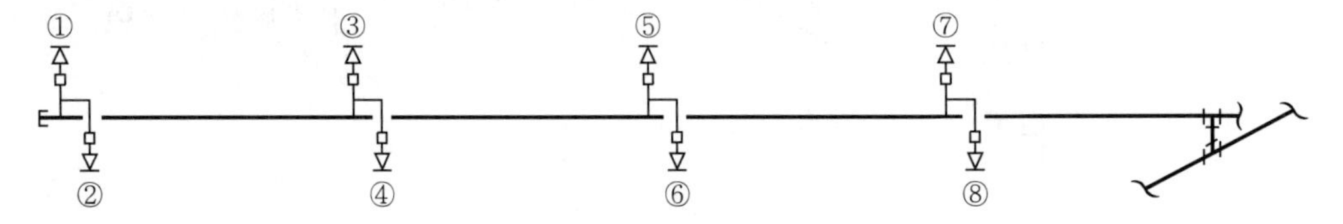

[그림 1-3-29(A)] 반자가 없는 경우 : 한쪽 가지관 헤드 수량

㉡ 반자가 설치되어 있어 반자를 경계로 하여 반자 내부와 반자 하부에 상하향으로 설치하는 경우에는 화재 시 상하형 헤드가 동시에 개방된다고 볼 수 없으며, 우선적으로 반자 하부의 헤드가 동작하게 되므로 헤드수 8개 이하는 다음과 같이 반자 하부의 헤드만 산정하도록 규정한 것이다.

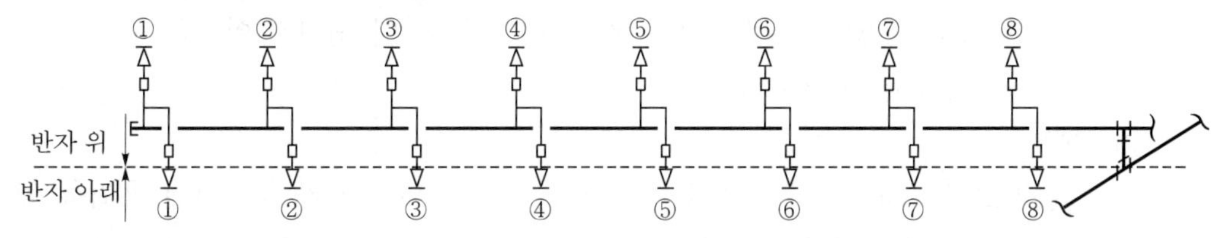

[그림 1-3-29(B)] 반자가 있는 경우 : 한쪽 가지관 헤드 수량

(3) 교차배관 : 제8조 10항 1호(2.5.10.1)

교차배관은 가지배관과 수평으로 설치하거나 또는 가지배관 밑에 설치할 것

※ 관련 사항은 "07 스프링클러설비별 구조 및 부속장치의 ① 습식 스프링클러설비의 구조 및 부속장치"를 참고할 것

(4) 신축배관 : 제8조 9항 3호(2.5.9.3)

① **기준** : 가지배관과 스프링클러헤드 사이의 배관을 신축배관으로 하는 경우에는 소방청장이 정하여 고시한 「스프링클러설비신축배관의 성능인증 및 제품검사의 기술기준」에 적합한 것으로 설치할 것. 이 경우 신축배관의 설치길이는 NFTC 2.7.3의 거리를 초과하지 않아야 한다.

② **해설** : 신축배관은 가지배관에서 헤드를 접속하는 구간에 한하여 공사의 편리성과 효율성을 위하여 이를 허용한 것이나 아파트의 경우 입상관에서 접속구를 만든 후 이곳에서 헤드 말단까지 전체 구간을 신축배관으로 시공하는 사례가 발생하고 있다. 신축배관은 길이가 너무 길면 강관과 달리 중간에 구부려서 시공할 가능성이 있으므로 배관의 마찰손실이 크게 증가하게 되며 유수의 흐름을 방해할 우려가 있다. 따라서 헤드에서 안정적인 방사압을 확보하기 위해서는 가지관에서 헤드를 접속하는 헤드 접속구간에 대해서만 이를 사용하도록 한 것이다.

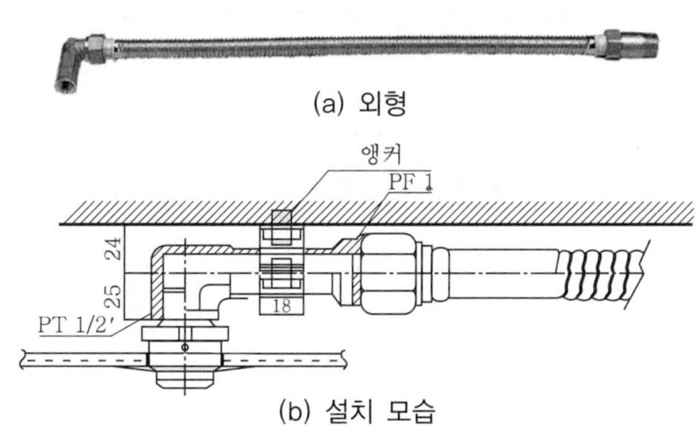

[그림 1-3-30] 신축배관의 외형과 설치 모습

(5) 흡입측 배관 : 제8조 4항(2.5.4)

① 기준

㉠ 공기고임이 생기지 아니하는 구조로 하고 여과장치를 설치할 것

㉡ 수조가 펌프보다 낮게 설치된 경우에는 각 펌프(충압펌프 포함)마다 수조로부터 별도로 설치할 것. 펌프의 흡입측 배관은 공기고임이 생기지 아니하는 구조로 하고 여과장치를 설치해야 한다.

② 해설

㉠ 공기고임 : 저수조의 수위가 펌프보다 낮은 경우 펌프가 동작하면 흡입측 배관의 압력은 대기압 이하로 낮아지게 된다. 따라서 흡입배관 내에 공기고임(Air pocket)이 생길 경우에는 펌프의 흡입배관 내부에서 공기의 압력이 형성되어 물의 흡입을 방해하고 펌프의 성능 저하를 가져오게 된다. 특히 공기고임은 엘보를 사용하는 부위나 역구배(逆勾配) 부분 또는 레듀서 사용 부위에서 발생이 용이하므로 편심(偏心) 레듀서(Eccentric reducer)를 사용하여 공기고임을 방지하여야 한다. NFPA에서는 다음의 그림과 같이 편심 레듀서를 사용하여 공기고임을 방지하는 그림을 예시하고 있다.[9)]

꼼꼼체크 | 편심(偏心) 레듀서(Eccentric reducer)

일반 레듀서는 관경이 위와 아래가 같이 줄어드는 것이나, 편심 레듀서는 흡입측 상부는 수평이며 하부만 줄어드는 형태의 레듀서를 말한다.

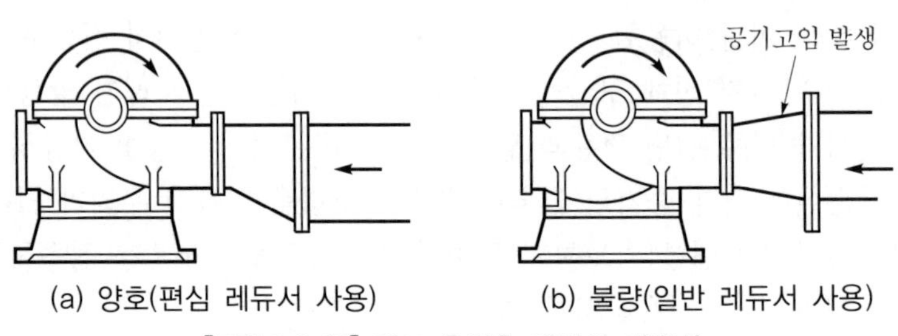

[그림 1-3-31] 펌프 흡입측 배관의 레듀서

㉡ 여과장치 : 저수조 바닥 등에 침전되어 있는 각종 이물질을 펌프가 흡입할 경우 펌프 내부에 침입하여 펌프의 고장이나 기능의 저하를 초래하게 된다. 따라서 이를 방지하기 위하여 펌프 흡입측 배관에 설치하는 것이 여과(濾過)장치(Strainer)이다.

9) NFPA 20(Stationary pump for fire protection) 2022 edition : Fig. A.4.16.6

06 헤드의 화재안전기준

❶ 헤드의 배치기준

[1] 헤드의 수평거리 : 제10조 3항(2.7.3)

천장·반자·천장과 반자 사이·덕트·선반 등의 각 부분으로부터 하나의 스프링클러헤드까지의 수평거리는 다음의 기준과 같이 해야 한다. 다만, 성능이 별도로 인정된 스프링클러헤드를 수리계산에 따라 설치하는 경우에는 그렇지 않다.

[표 1-3-11] 헤드의 수평거리

소방대상물			수평거리
①	무대부·특수가연물을 저장 또는 취급하는 장소		1.7m 이하
②	랙크식 창고	특수가연물 이외의 물품을 저장·취급하는 경우	2.5m 이하
		특수가연물을 저장·취급하는 경우	1.7m 이하
③	아파트 세대 내의 거실 (스프링클러헤드의 형식승인 및 검정기술기준의 유효반경의 것으로 한다)		3.2m 이하
④	기타(①~③ 이외) 소방대상물	비내화구조	2.1m 이하
		내화구조	2.3m 이하

[2] 헤드의 간격

헤드의 간격은 [표 1-3-11]의 수평거리와는 개념이 다르다. 수평거리란 헤드 1개당 포용하는 거리(유효살수 반경)이나 헤드의 간격은 헤드와 헤드 사이의 간격을 말한다. 정사각형 헤드 배치에서 다음 그림과 같이 헤드 간격을 밑변으로 하는 △ABC에서 $\overline{AB}$ 및 $\overline{AC}$는 헤드의 수평거리 즉 포용거리이며, $\overline{BC}$는 헤드의 간격이다.

(1) 정방형(정사각형) 배치 : $\sqrt{2}R$

[정사각형 배치 시 헤드 간격]

$$S = 2R\cos 45° = \sqrt{2}R$$ … [식 1-3-11]

여기서, S : 헤드와 헤드 간의 간격

R : 헤드 1개의 수평거리

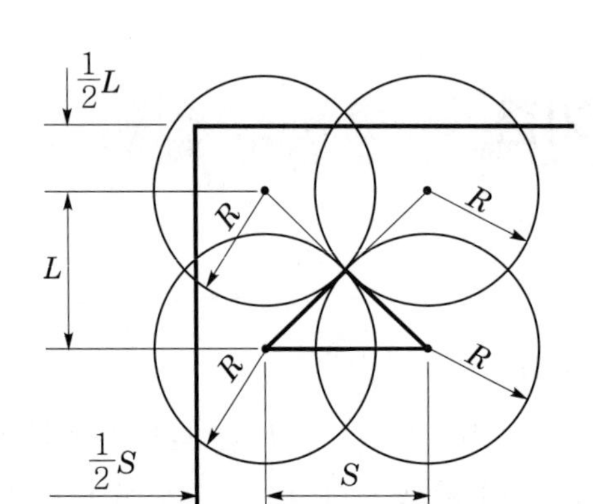

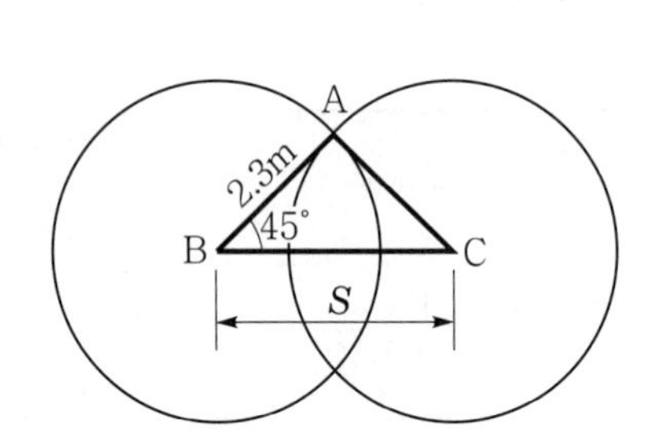

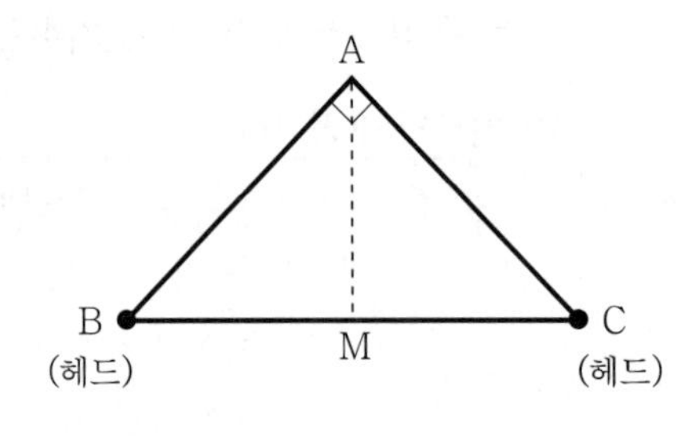

[그림 1-3-32] 정사각형의 배치

원의 반지름인 $\overline{AB}=\overline{AC}$ 이므로 $\triangle$ABC는 이등변삼각형이 된다.
이때 $\angle A=90°$이므로 $\angle B=\angle C=45°$가 된다.

따라서 $\triangle$ABM에서 $\frac{BM}{AB}=\frac{\left(\frac{1}{2}\right)S}{R}=\cos 45°$

$BM=AB\times\cos 45°=R\cos 45°$

$\therefore$ 헤드 간격 : $S(\overline{BC})=2\times BM$

$=2\times R$(반지름)$\times\cos 45°$

$=2R\times\frac{1}{\sqrt{2}}$

$=\sqrt{2}\,R$

(2) 장방형(직사각형) 배치 : 대각선의 헤드 간격 $X=2R$

[직사각형 배치 시 헤드 간격]

$$X=2R$$

… [식 1−3−12]

여기서, R : 수평거리
X : 대각선의 길이

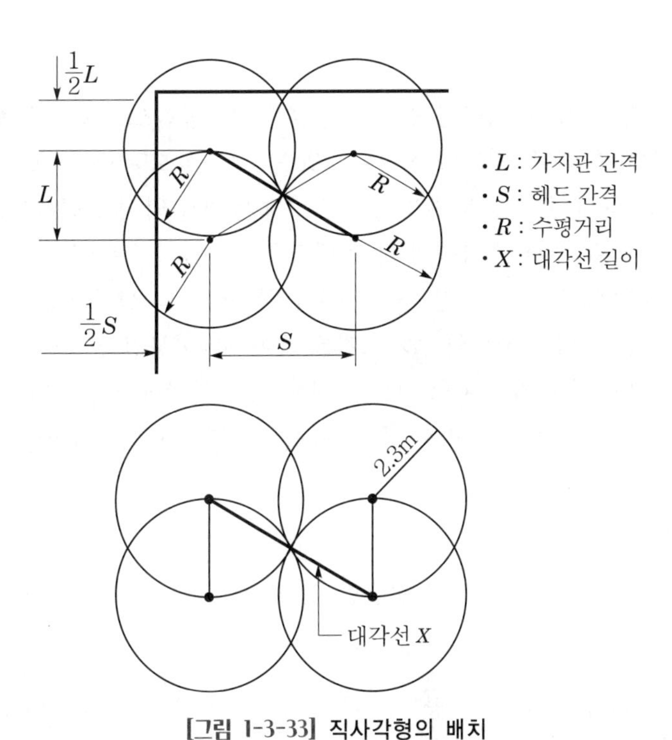

[그림 1-3-33] 직사각형의 배치

❷ 헤드 설치의 세부기준

[1] 헤드의 기본 설치기준

(1) 헤드의 설치 위치 : NFTC 2.7.1

① 기준 : 특정소방대상물의 천장・반자・천장과 반자 사이・덕트・선반, 기타 이와 유사한 부분(폭이 1.2m를 초과하는 것에 한한다)에 설치해야 한다. 다만, 폭이 9m 이하인 실내에 있어서는 측벽에 설치할 수 있다.

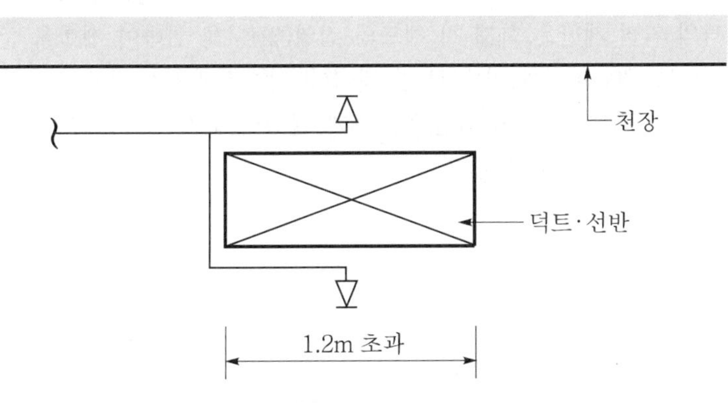

[그림 1-3-34] 덕트・선반의 헤드 설치

② 해설

㉠ 덕트나 선반이 1.2m 이하인 경우는 동일한 방호공간으로 간주하여 한 쪽에만 헤드를 설치하도록 하나, 덕트나 선반이 1.2m를 초과할 경우에는 헤드 개방이나 살수장애로 인한 화세 진압에 문제가 있으므로 이를 별도의 방호공간으로 적용하여 덕트의 상부나 하부에 대해 양쪽에 각각 헤드를 설치하되 위쪽에는 상향식 헤드를, 아래쪽에는 하향식 헤드를 동일 가지관에서 상하형으로 설치하도록 한다.

㉡ 단서 조항은 측벽형 헤드의 설치조건을 폭이 9m 이하인 실내로 제한한 것은 측벽형 헤드의 최대살수거리가 4.5m이므로 좌우 벽의 양쪽에서 살수할 경우 9m까지만 유효성을 인정한 것으로 따라서 폭이 9m를 초과할 경우는 측벽형 헤드를 설치할 수 없다.

(2) 헤드 주위 공간 확보 : NFTC 2.7.7.1

헤드로부터 반경 60cm 이상 공간을 보유할 것. 다만, 벽과 헤드 간의 공간은 10cm 이상으로 한다.

⊡ ① 헤드로부터 반경 60cm의 공간을 확보하라는 의미는 구(球)를 이등분한 반구의 원중심에 헤드가 있다고 할 경우 헤드로부터 반구까지의 모든 거리가 60cm 이상이어야 하며, 해당 공간에는 장애물이 없어야 한다는 의미이다.

② 벽과의 이격거리를 최소 10cm 이상으로 한 것은 NFPA[10]의 기준을 준용한 것으로 벽에 너무 근접되어 있으면 화재 시 작동시간이 지연되므로 헤드의 원활한 작동을 위하여 4inch(≒10cm) 이상 이격하도록 한 것이다.

(3) 헤드와 천장 부착면 간 거리 : NFTC 2.7.7.2

스프링클러헤드와 그 부착면(상향식 헤드의 경우에는 그 헤드의 직상부의 천장・반자 또는 이와 비슷한 것을 말한다)과의 거리는 30cm 이하로 할 것

⊡ 부착면과의 거리 제한은 화재 시 헤드의 집열(集熱)을 위하여 제한을 둔 것으로, 부착면과의 거리를 30cm 이하(이내)로 한 것이다. 살수장애물 아래쪽에 설치하여 천장으로부터 30cm를 초과하게 되어 집열에 문제가 발생할 우려가 있는 경우에는 다음 그림과 같은 집열판을 설치하도록 한다.

10) NFPA 13 (2022 edition) 10.3.4.3. (Minimum distances from walls) : Sprinklers shall be located a minimum of 4 in(100mm) from wall(스프링클러헤드는 벽으로부터 최소 100mm 이상 이격하여야 한다).

(a) 집열판을 설치한 헤드

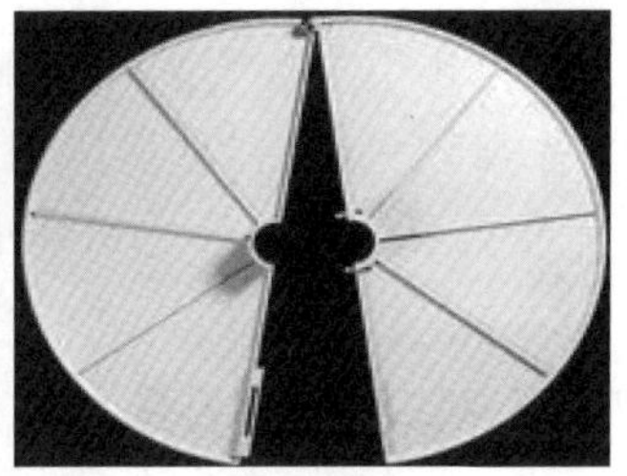

(b) 집열판의 모습

[그림 1-3-35] 헤드와 집열판

(4) 헤드의 살수장애 : NFTC 2.7.7.3

① **기준 :** 배관 · 행거 및 조명기구 등 살수를 방해하는 것이 있는 경우에는 1호 및 2호의 규정에 불구하고 그로부터 아래에 설치하여 살수에 장애가 없도록 할 것. 다만, 스프링클러헤드와 장애물과의 이격거리를 장애물 폭의 3배 이상 확보한 경우에는 그러하지 아니하다.

② **해설 :** 헤드로부터 60cm 이내 공간에 장애물이 있어 반경 60cm의 공간을 확보하라는 1호의 규정이나, 조명기구 등과 같이 살수를 방해하는 것이 있어 천장면에서 30cm 이내 설치하라는 2호의 규정에 불구하고 장애물 밑으로 헤드를 설치할 수 있는 근거를 마련한 조항이다. 즉 위와 같은 경우에도 헤드와 장애물 간의 간격을 장애물 폭의 3배를 확보한 경우에는 살수를 방해하는 것으로 보지 않는다는 의미이다.

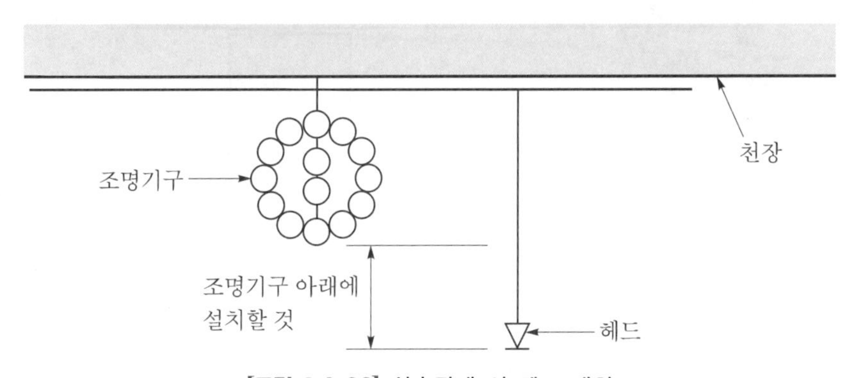

[그림 1-3-36] 살수장애 시 헤드 배치

(5) 헤드의 반사판 방향 : NFTC 2.7.7.4

헤드의 반사판은 그 부착면과 평행하게 설치한다. 다만, 측벽형 헤드 및 연소할 우려가 있는 개구부에 설치하는 헤드의 경우에는 그렇지 않다.

(6) 헤드의 차폐판 설치 : 제10조 7항 5호(2.7.7.9)

상부에 설치된 헤드의 방출수에 따라 감열부에 영향을 받을 우려가 있는 헤드는 유효한 차폐판을 설치할 것

⊡ 헤드를 2단 이상 설치할 경우 상부에 설치된 헤드가 개방되면 살수되는 물로 인하여 하부에 있는 헤드는 감열부가 냉각되어 작동되지 않게 된다. 이러한 것을 스키핑(Skipping) 현상이라 하며 이를 방지하기 위하여 헤드에 차폐판을 설치하도록 한 것이다.

(7) 보와 가장 가까운 헤드의 설치기준 : NFTC 2.7.8

① 기준 : 부착면과 30cm 이내의 규정에 불구하고 보와 가장 가까운 헤드는 다음 표의 기준에 따라 설치해야 한다. 다만, 천장면에서 보의 하단까지의 길이가 55cm를 초과하고 보의 하단 측면 끝으로부터 헤드까지의 거리가 헤드 상호 간 거리의 $\frac{1}{2}$ 이하가 되는 경우에는 헤드와 부착면과의 거리를 55cm 이하로 할 수 있다.

[표 1-3-12] 보와 가장 가까운 헤드의 기준

헤드의 반사판 중심과 보의 수평거리 : 그림의 a	헤드의 반사판 높이와 보의 하단 높이의 수직거리 : 그림의 b
0.75m 미만	보의 하단보다 낮을 것
0.75m 이상 1m 미만	0.1m 미만
1m 이상 1.5m 미만	0.15m 미만
1.5m 이상	0.3m 미만

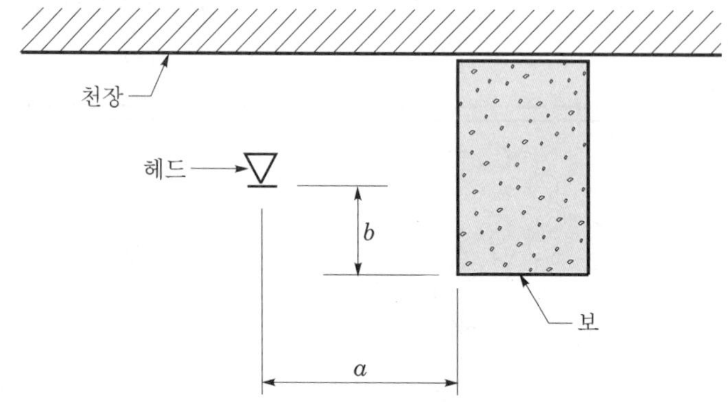

[그림 1-3-37] 보에 가까운 헤드 설치

② 해설

㉠ 헤드를 설치할 경우 헤드는 천장과 30cm 이내가 되어야 하며 "보"보다 위의 천장면에 근접하게 설치하여야 한다. 이는 천장에서 헤드가 멀리 이격되어 있으면 집열(集熱)이 불량하여 신속한 헤드 개방이 안 되므로 거리 제한을 둔 것이다. 그러나 보와 가장 가까운 헤드의 경우는 천장에서 30cm 이내로 헤드를 설치할 경우 보로 인하여 살수 장애를 받게 되는 문제가 발생하게 되므로, 따라서 이러한 조항(천장면으로부터 30cm 이내)에도 불구하고 표와 같이 보의 하단부를 기준으로 일정거리를 이격하여 설치할 수 있도록 완화 조치를 한 것이다.

㉡ 단서 조항의 의미 : 보의 깊이가 매우 긴 보의 경우는 보의 하단을 기준으로 헤드를 설치할 경우 헤드가 공중에 매달려 있는 형상이 되므로 보의 깊이가 55cm를 초과할 경우에는, 보의 측면에서 헤드까지의 거리가 헤드 간격의 $\frac{1}{2}$ 이하가 되는 다음 그림과 같은 경우에는 헤드의 설치를 천장면에서 최대 55cm 이하까지 설치할 수 있도록 표에 대한 기준을 일부 보완한 것이다.

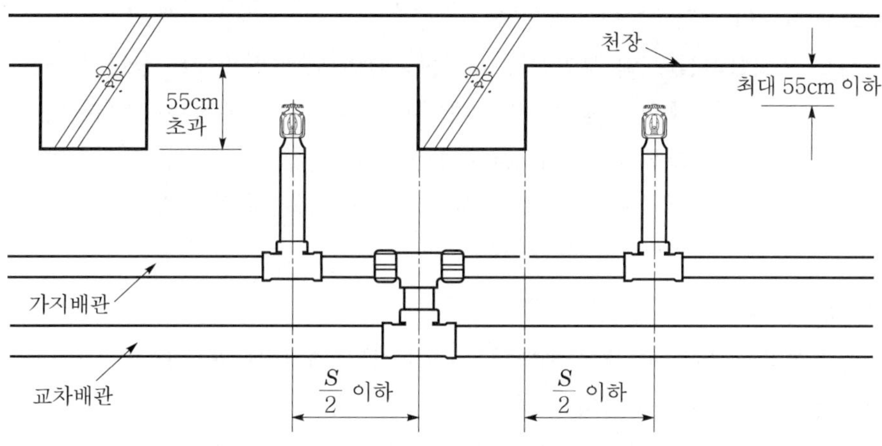

[그림 1-3-38] 55cm를 초과하는 보의 경우 헤드 설치

[2] 헤드의 종류별 설치기준

(1) 하향식 헤드의 설치기준

① 하향식 헤드의 분기 : 제8조 10항 3호(2.5.10.3)

하향식 헤드를 설치하는 경우에 가지배관으로부터 헤드에 이르는 헤드접속배관은 가지관 상부에서 분기할 것. 다만, 소화설비용 수원의 수질이 「먹는물관리법」 제5조의 규정에 따라 먹는 물의 수질기준에 적합하고 덮개가 있는 저수조로부터 물을 공급받는 경우에는 가지배관의 측면 또는 하부에서 분기할 수 있다.

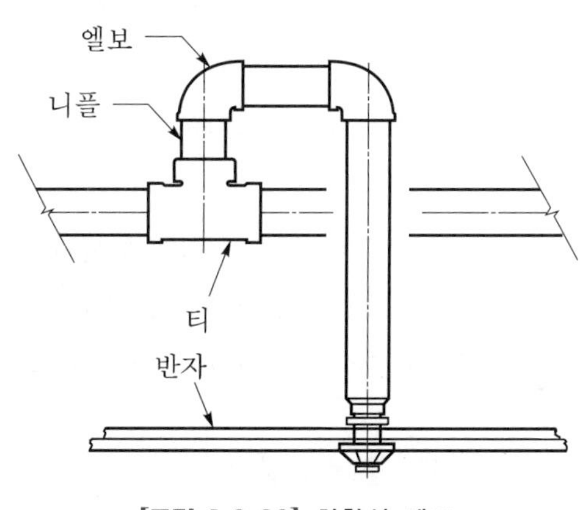

[그림 1-3-39] 회향식 헤드

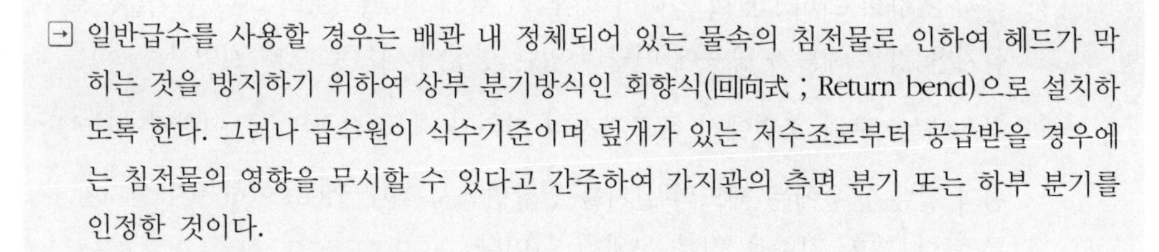
⊡ 일반급수를 사용할 경우는 배관 내 정체되어 있는 물속의 침전물로 인하여 헤드가 막히는 것을 방지하기 위하여 상부 분기방식인 회향식(回向式 ; Return bend)으로 설치하도록 한다. 그러나 급수원이 식수기준이며 덮개가 있는 저수조로부터 공급받을 경우에는 침전물의 영향을 무시할 수 있다고 간주하여 가지관의 측면 분기 또는 하부 분기를 인정한 것이다.

② 하향식 헤드의 설치 : NFTC 2.7.7.7

습식 스프링클러설비 및 부압식 스프링클러설비 외의 설비에는 상향식 스프링클러헤드를 설치할 것. 다만, 다음의 어느 하나에 해당하는 경우에는 그렇지 않다.

㉠ 드라이펜던트 스프링클러헤드를 사용하는 경우

㉡ 스프링클러헤드의 설치장소가 동파의 우려가 없는 곳인 경우

㉢ 개방형 스프링클러헤드를 사용하는 경우

(2) 조기반응형 헤드의 설치기준 : NFTC 2.7.5

① 기준 : 다음의 어느 하나에 해당하는 장소에는 조기반응형 헤드를 설치해야 한다.

㉠ 공동주택·노유자시설의 거실

㉡ 오피스텔·숙박시설의 침실, 병원의 입원실

② 해설

㉠ 조기반응형 헤드의 특징은 습식 설비 또는 부압식 설비에서만 사용할 수 있으며 오피스텔의 침실, 숙박시설의 침실, 병원의 입원실 등에 설치하여 조기에 화재를 감지하여 인명피해를 방지하는 것이 조기반응형 헤드의 목적이다. 공동주택이나 노유자시설의 거실은 침실 용도 여부에 불구하고 상시 거주하는 노유자(老幼者)의 안전을 위하여 조기반응형 헤드를 설치하도록 한 것이다.

㉡ 일반적으로 조기반응형 헤드는 퓨지블 링크형보다는 유리벌브형으로서 이는 온도에 감응하는 특수한 액체로 구성되어 있으므로 표시된 주위 온도에 도달하면 충전된 액체가 팽창을 시작하여 작동온도에서 유리가 해체되면서 살수가 개시하게 된다. 국내는 현재 표준형과 플러시형의 2종류가 생산되고 있다.

(3) 측벽형 헤드의 설치기준 : 제10조 7항 4호(2.7.7.8)

① 기준

㉠ 폭이 4.5m 미만의 경우 : 긴 변의 한쪽 벽에 일렬로 설치하고 3.6m 이내마다 설치한다.

㉡ 폭이 4.5m 이상 9m 이하인 경우 : 긴 변의 양쪽에 각각 일렬로 설치하되 헤드가 나란히꼴이 되도록 설치하고 3.6m 이내마다 설치할 것

② 해설

㉠ 개념 : 측벽형의 경우 국내는 용도에 불문하고 측벽형을 적용할 수 있으며 다만, 폭이 9m 미만까지로 거리기준으로 제한하고 있다. 그러나 측벽형 헤드란 헤드의 축심

(軸心)을 중심으로 반원에 균일하게 물이 분사되는 관계로 NFPA나 일본의 경우는 천장이 낮으며 화재하중이나 위험도가 낮은 용도에 한해서만 적용하고 있다. 따라서 국내와 같이 설계 화재 하중이 많은 장소(예 백화점, 창고 등)에 측벽형 헤드를 적용하는 것은 바람직하지 않다.

ⓛ 적용 : 국내의 경우는 헤드 1개당 방호면적의 개념이 없이 벽 간의 폭이 무조건 4.5m일 경우(9m까지) 양쪽 벽에 설치하도록 하고 있다.

ⓐ 폭이 4.5m 미만의 경우 : 한쪽 면에 한하여 그림과 같이 설치하며 헤드 간격(S =3.6m)은 벽에서 $\frac{S}{2}$(=1.8m) 띄우고 3.6m마다 설치한다.

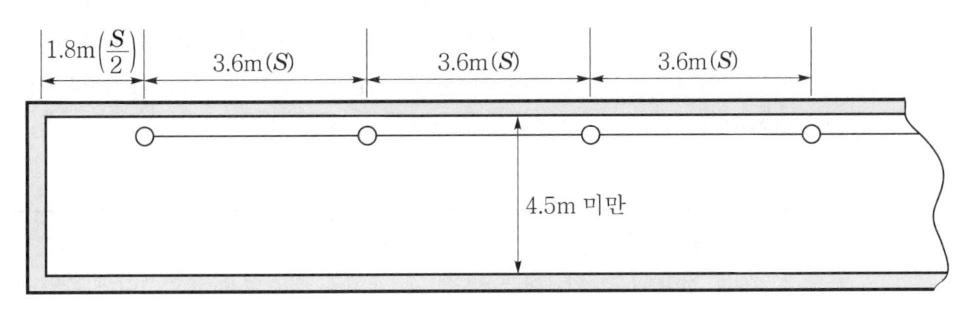

[그림 1-3-40(A)] 폭이 4.5m 미만인 경우

ⓑ 폭이 4.5m 이상 9m 이하인 경우 : 헤드 설치는 헤드 간격을 S(=3.6m)라면 한쪽 줄은 $\frac{S}{2}$(=1.8m), 다른 줄은 $\frac{S}{4}$(=0.9m)를 띄우고 3.6m마다 설치하며 이 경우 양쪽 벽의 헤드 배치는 나란히꼴(평행사변형)이 된다. 측벽형 헤드의 살수 반경을 감안하여 폭이 4.5m 이상일 경우 다음 그림과 같이 2열로 설치하는 것으로, 9m를 초과할 경우에는 중간 부분에 살수 미포용 구역이 발생하므로 측벽형 헤드를 적용할 수 없다.

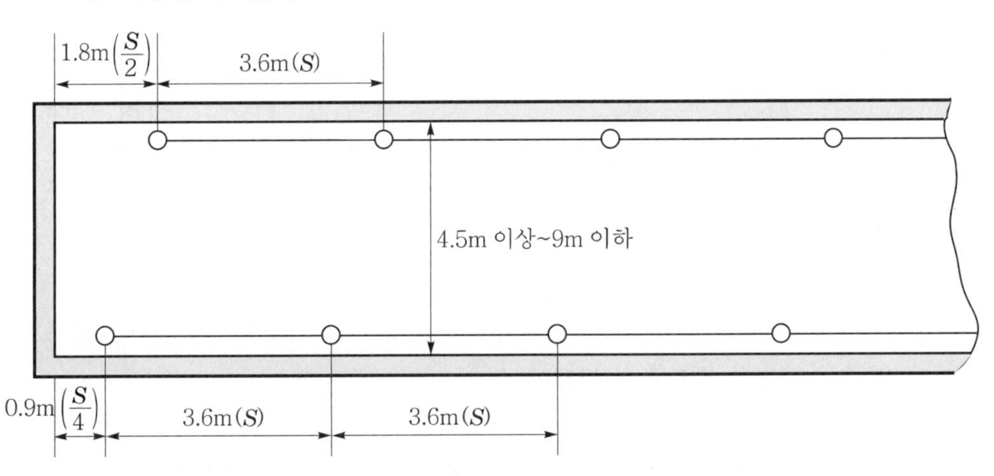

[그림 1-3-40(B)] 폭이 4.5m 이상 9m 이하인 경우

[3] 헤드의 용도별 설치기준

(1) 주차장의 경우 : NFTC 2.5.15

주차장의 스프링클러설비는 습식 외의 방식으로 해야 한다. 다만, 다음의 어느 하나에 해당하는 경우에는 그렇지 않다.

① 동절기에 상시 난방이 되는 곳이거나 그 밖에 동결의 염려가 없는 곳

② 스프링클러설비의 동결을 방지할 수 있는 구조 또는 장치가 된 것

(2) 랙크(Rack)식 창고의 경우 : NFTC 2.7.2

특수가연물을 저장 또는 취급하는 것에 있어서는 랙크 높이 4m 이하마다, 그 밖의 것을 취급하는 것에 있어서는 랙크 높이 6m 이하마다 스프링클러헤드를 설치해야 한다. 다만, 랙크식 창고의 천장 높이가 13.7m 이하로서 NFTC 103B에 따라 설치하는 경우(ESFR 헤드)에는 천장에만 스프링클러헤드를 설치할 수 있다.

[표 1-3-13] 랙크식 창고의 헤드 배치

구 분	헤드 설치
특수가연물을 저장 또는 취급하는 경우	랙크 높이 4m 이하마다
그 밖의 것을 취급하는 경우	랙크 높이 6m 이하마다

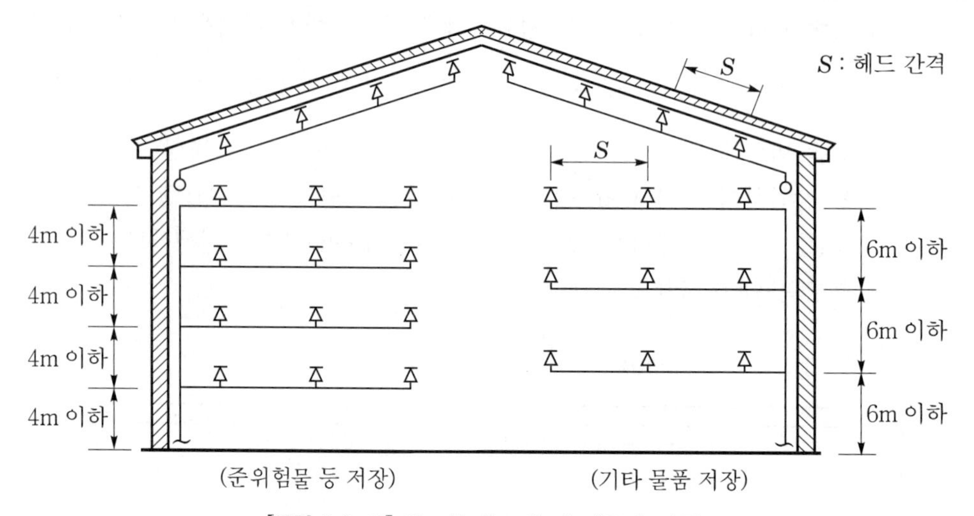

[그림 1-3-41] 랙크식 창고의 헤드(국내 기준)

(3) 무대부의 경우 : NFTC 2.7.4

① **기준** : 시행령 별표 4의 소화설비의 소방시설 적용 기준란 제1호 라목 3)에 따른 무대부에는 개방형 헤드를 설치해야 한다.

② **해설**

㉠ 무대부는 일반적으로 층고가 높은 관계로, 천장면에 열이 집적되어 폐쇄형 헤드가 개방되기에는 많은 시간이 경과되며 또한 무대막 등에 착화 시 연소속도가 매우 빠

른 관계로 소화특성상 신속하고 광범위하게 살수하기 위하여 무대부는 개방형 헤드에 국한하여 설치하도록 한 것이다.

㉡ 또한 모든 무대부에 대하여 개방형 헤드를 설치하는 것이 아니며, NFTC 2.7.4에서 규정한 무대부에 국한하는 것으로, 동 조문에서 시행령 별표 4의 소방시설 적용기준란 제1호 라목 3)은 스프링클러 대상이 되는 건물의 무대부를 말한다.

용 도	개방형 헤드 대상인 무대부(NFTC 2.7.4)	
• 문화 및 집회시설 • 종교시설 • 운동시설	지하층 · 무창층 또는 4층 이상의 층에 있는 무대부	무대부 면적이 300m² 이상인 경우
	기타 층에 있는 무대부	무대부 면적이 500m² 이상인 경우

[4] 헤드 설치 제외기준 : NFTC 2.12.1

(1) 계단실(특별피난계단의 부속실을 포함한다) · 경사로 · 승강기의 승강로 · 비상용 승강기의 승강장 · 파이프 덕트 및 덕트 피트(파이프 덕트를 통과시키기 위한 구획된 구멍에 한한다) · 목욕실 · 수영장(관람석 부분을 제외한다) · 화장실 · 직접 외기에 개방되어 있는 복도 · 기타 이와 유사한 장소

⊡ ① 계단실의 적용 : 계단실에 부속실이 포함되므로 특별피난계단의 부속실은 헤드를 제외할 수 있다.
② 경사로 및 승강로의 적용 : 주차장의 경우 주차 램프(Ramp)는 경사로에 해당하며, 카리프트의 리프트가 상하로 운행하는 공간은 승강로에 해당하므로 헤드를 제외할 수 있다.

(2) 통신기기실 · 전자기기실 · 기타 이와 유사한 장소

(3) 발전실 · 변전실 · 변압기 · 기타 이와 유사한 전기설비가 설치되어 있는 장소

(4) 병원의 수술실 · 응급처치실 · 기타 이와 유사한 장소

⊡ 수술실 등은 헤드 개방 시 살수되는 물로 인하여 수술 중인 환자에게 위해를 줄 수 있는 위험 때문에 헤드 설치를 제한한 것이다.

(5) 천장과 반자 양쪽이 불연재료로 되어 있는 경우로서 그 사이의 거리 및 구조가 다음의 어느 하나에 해당하는 부분
① 천장과 반자 사이의 거리가 2m 미만인 부분
② 천장과 반자 사이의 벽이 불연재료이고, 천장과 반자 사이의 거리가 2m 이상으로서 그 사이에 가연물이 존재하지 아니하는 부분

(6) 천장 · 반자 중 한쪽이 불연재료로 되어 있고, 천장과 반자 사이의 거리가 1m 미만인 부분

(7) 천장 및 반자가 불연재료 외의 것으로 되어 있고, 천장과 반자 사이의 거리가 0.5m 미만인 부분

(8) 펌프실·물탱크실·엘리베이터 권상기실, 그 밖의 이와 비슷한 장소

> ① 기계실은 구 기술기준에서는 헤드 설치 제외 장소이었으나 동 기준을 삭제하고 헤드를 설치하도록 개정하였다. 따라서 일반 기계실 이외에 송풍기실, 열교환실, 공조실 등에도 헤드를 설치하여야 한다.
> ② 승강기 기계실(엘리베이터 권상기실)의 경우는 헤드로부터 방사되는 물이 권상기실 뿐만 아니라 승강로에도 유입되는 문제점과 비상용 승강기의 운행에 대한 안전성 등을 고려하여 헤드 제외 장소로 하였다.

(9) 현관 또는 로비 등으로서 바닥으로부터의 높이가 20m 이상인 장소

(10) 영하의 냉장창고의 냉장실 또는 냉동창고의 냉동실

> 냉동실의 경우는 영하의 온도를 유지하고 있으나 냉장실의 경우는 영상의 온도를 유지하는 보관장소도 있으므로 영하 이하의 온도를 유지하는 냉장실에 국한하여 헤드를 제외하도록 2008. 12. 15. 기준을 강화하였다.

(11) 고온의 노(爐)가 설치된 장소 또는 물과 격렬하게 반응하는 물품의 저장 또는 취급장소

> 찜질방 내 전기가마가 있는 장소는 전기가마의 온도가 수백도의 온도로 가열되고 있으므로 고온의 노(爐)가 설치된 장소로 적용하여 헤드를 제외할 수 있다.

(12) 불연재로 된 특정소방대상물 또는 그 부분으로서 다음의 어느 하나에 해당하는 장소
① 정수장·오물처리장 그 밖의 이와 비슷한 장소
② 펄프공장의 작업장·음료수 공장의 세정 또는 충전하는 작업장 그 밖의 이와 비슷한 장소
③ 불연성의 금속·석재 등의 가공공장으로서 가연성 물질을 저장 또는 취급하지 않는 장소
④ 가연성 물질이 존재하지 않는 「건축물의 에너지 절약 설계기준」에 따른 방풍실

(13) 실내에 설치된 테니스장·게이트볼장·정구장 또는 이와 비슷한 장소로서 실내 바닥·벽·천장이 불연재료 또는 준불연재료로 구성되어 있고 가연물이 존재하지 않는 장소로서 관람석이 없는 운동시설(지하층은 제외한다)

> 지상층에 있는 실내 스포츠 경기장에서 관람석 없이 운동을 하는 실내 운동시설의 경우 내장재 등이 준불연재 이상이고 가연물이 없을 경우 헤드 설치를 제외하도록 한 것이다. 다만, 지하층의 경우는 연기의 배출 및 피난의 어려움, 소화작업의 난이도 등을 감안하여 지상층에 한하여 이를 제외하도록 하였다.

(14) 건축법 시행령 제46조 4항에 따른 공동주택 중 아파트의 대피공간

→ 건축법 시행령 제46조 4항 : 공동주택 중 아파트로서 4층 이상인 층의 각 세대가 2개 이상의 직통계단을 사용할 수 없는 경우에는 발코니에 인접 세대와 공동으로 또는 각 세대별로 다음의 요건을 모두 갖춘 대피공간을 하나 이상 설치하여야 한다.

- 바깥의 공기와 접할 것
- 방화구획으로 구획할 것
- 각 세대별 $2m^2$(인접 세대와 공동으로 설치할 경우는 $3m^2$) 이상일 것
- 출입문은 차열 60분, 차염 30분 이상 성능의 방화문으로 설치할 것

❸ 방호구역과 방수구역

[1] 방호구역의 기준

폐쇄형 헤드를 사용하는 설비의 방호구역은 다음의 기준에 적합해야 한다.

(1) 기준 : 제6조 1호~3호(2.3.1)

① 하나의 방호구역은 바닥면적 $3,000m^2$를 초과하지 아니할 것. 다만, 폐쇄형 스프링클러설비에 격자형 배관방식을 채택하는 때에는 $3,700m^2$의 범위 내에서 펌프의 용량, 배관의 구경 등을 수리학적으로 계산한 결과 헤드의 방수압 및 방수량이 방호구역 범위 내에서 소화 목적을 달성하는 데 충분하도록 해야 한다.

② 하나의 방호구역은 2개층에 미치지 아니할 것. 다만, 1개층에 설치되는 헤드가 10개 이하인 경우와 복층형 구조의 공동주택에는 3개층 이내로 할 수 있다.

(2) 해설

① **방호구역의 개념** : 폐쇄형 헤드의 경우 밸브 1개당 담당구역을 방호구역(System protection area)이라 하며, 개방형 헤드의 경우는 “방수구역”이라 한다. 스프링클러설비의 소화범위란 결국 헤드를 설치하여 살수되는 장소이므로 하나의 유수검지장치별로 헤드를 설치하여 살수가 유효한 부분의 바닥면적을 방호구역이라고 할 수 있다.

② **방호구역 층별 적용 시 예외** : 방호구역은 원칙적으로 층별로 설치하여야 하며 바닥면적 $3,000m^2$ 이내이어야 한다. 그러나 예외적으로 1개 층에 설치되는 헤드의 수가 10개 이하인 경우와 복층형 구조의 아파트는 3개 층까지를 하나의 방호구역으로 할 수 있도록 완화하였다. 복층형 아파트의 경우 스프링클러설비헤드는 설치하되 아래층 구역과 동일 방호구역으로 설정할 수 있도록 하였다. 이에 비해 옥내소화전의 경우는 복층의 상층에는 설치를 제외하고 있다.

[2] 방수구역의 기준 : 제7조(2.4.1)

(1) 기준

① 하나의 방수구역은 2개층에 미치지 아니할 것

② 방수구역마다 일제개방밸브를 설치할 것

③ 하나의 방수구역을 담당하는 헤드의 개수는 50개 이하로 할 것. 다만, 2개 이상의 방수구역으로 나눌 경우에는 하나의 방수구역을 담당하는 헤드의 개수는 25개 이상으로 할 것

(2) 해설

방수구역이란 개방형 헤드를 사용하는 설비에서 일제개방밸브 1개가 담당하는 구역을 의미하며 폐쇄형 헤드의 방호구역에 대응되는 용어이다. 방호구역은 원칙적으로 3,000m^2 이하의 면적으로 제한하고 있으나 방수구역은 개방형 헤드 50개 이하가 담당하는 구역으로 제한하고 있으며 반드시 층별로 구분하여 적용하여야 한다.

❹ 유수검지장치와 일제개방밸브

[1] 기준 : 제6조(2.3.1)

(1) 설치 수량

하나의 방호구역에는 1개 이상의 유수검지장치를 설치하되, 화재발생 시 접근이 쉽고 점검하기 편리한 장소에 설치할 것

(2) 설치 위치

유수검지장치를 실내에 설치하거나 보호용 철망 등으로 구획하여 바닥으로부터 0.8m 이상 1.5m 이하의 위치에 설치하되, 그 실 등에는 개구부가 가로 0.5m 이상 세로 1m 이상의 출입문을 설치하고 그 출입문 상단에 "유수검지장치실"이라고 표시한 표지를 설치할 것. 다만, 유수검지장치를 기계실(공조용 기계실을 포함한다) 안에 설치하는 경우에는 별도의 실 또는 보호용 철망을 설치하지 아니하고 기계실 출입문 상단에 "유수검지장치실"이라고 표시한 표지를 설치할 수 있다.

(3) 설치기준

① 스프링클러헤드에 공급되는 물은 유수검지장치를 지나도록 할 것. 다만, 송수구를 통하여 공급되는 물은 그렇지 않다(NFTC 2.3.1.5).

② 자연낙차에 따른 압력수가 흐르는 배관상에 설치된 유수검지장치는 화재 시 물의 흐름을 검지할 수 있는 최소한의 압력이 얻어질 수 있도록 수조의 하단으로부터 낙차를 두어 설치할 것[제6조 6호(2.3.1.6)]

③ 조기반응형 헤드를 설치하는 경우에는 습식 유수검지장치 또는 부압식 스프링클러를 설치할 것[제6조 7호(2.3.1.7)]

[2] 해설

(1) "유수검지장치" 용어의 정의

① 스프링클러설비에서 유수검지장치란 NFTC 1.7.1.15호에서 "유수현상을 자동적으로 검지하여 신호 또는 경보를 발하는 장치"로 정의하고 있다. 종류에는 습식 유수검지장치, 패들(Paddle)형 유수검지장치, 건식 유수검지장치, 준비작동식 유수검지장치가 있다.

② 형식승인 기준에서는 유수검지장치와 일제개방밸브를 포함하여 이를 "유수제어벨브"라 하며, 이에 대해 「유수제어밸브의 형식승인 및 제품검사의 기술기준」이 고시로 제정되어 있다. 다만, NFTC 1.7.1.16에서는 "일제개방밸브란 일제살수식 스프링클러설비에 설치되는 유수검지장치를 말한다"라고 정의하여 일제개발밸브도 유수검지장치의 한 종류로 정의하고 있다.

[표 1-3-14(A)] 유수제어밸브의 적용

화재안전기준	형식승인 기준	해당하는 설비
유수검지장치	유수제어밸브	• 습식 유수검지장치 • 건식 유수검지장치 • 준비작동식 유수검지장치
일제개방밸브		• 일제살수식 일제개방밸브

(2) 유수검지장치의 수량

"하나의 방호구역에는 1개 이상의 유수검지장치"를 설치하라는 의미는 방호구역 3,000m^2 당 유수검지장치를 1개씩 설치하라는 유수검지장치 수량의 기준이며, 이를 방호구역마다 방호구역 내에 유수검지장치를 설치하라는 설치 위치의 개념으로 적용하여서는 아니 된다.

(3) 유수검지장치의 위치

유수검지장치 설치는 다음의 표와 같이 3가지 방법이 있다.

[표 1-3-14(B)] 유수검지장치의 위치

설치 위치		의 미
실내에 설치하는 방법	➡	별도의 전용실에 설치하는 것임.
보호용 철망 등으로 구획하는 방법	➡	노출된 장소에 철망 등으로 펜스를 설치하는 것임.
기계실 안에 설치하는 방법	➡	기계실(예 보일러실, 공조실 등) 내부에 노출상태로 설치하는 것임.

(4) 송수구의 접속

① 연결송수관 송수구에서 송수하는 경우 유수검지장치 자체의 불량으로 인하여 헤드 쪽으로는 송수 불능의 사태가 발생할 가능성이 있으므로 유수검지장치에 접속 시 장치의 2차측(헤드 쪽)에 접속하는 것이 신뢰도가 높게 된다. 따라서 2차측 접속도 가능하도록 하기 위하여 "다만, 송수구를 통하여 공급되는 물은 그러하지 아니하다"라는 단서 조항을 2001. 7. 27. 추가하고 2022. 12. 1. NFTC 103 전면 개편 시 NFTC 2.3.1.5를 "다만, 송수구를 통하여 공급되는 물은 그렇지 않다"로 개정하였다.

② 위에서 "그렇지 않다"란 의미는 송수구의 경우에는 유수검지장치를 지나지 아니하여도 관계없다는 선택사항을 말하는 것으로 이를 반드시 유수검지장치를 지나지 않게 하라는 강제사항으로 해석하여서는 아니 된다.

07 스프링클러설비별 구조 및 부속장치

❶ 습식 스프링클러설비의 구조 및 부속장치

가압송수장치에서 폐쇄형 스프링클러헤드까지 배관 내에 항상 물이 가압되어 있다가 화재로 인한 열로 폐쇄형 스프링클러헤드가 개방되면 배관 내에 유수가 발생하여 습식 유수검지장치가 작동하게 되는 스프링클러설비이다.

[1] 알람밸브(Alarm valve)의 구조 및 기준

(1) **구조** : 알람밸브에 고정 부착된 장비는 1차측 및 2차측 압력계, 경보용 압력스위치, 배수밸브 등이 있다. 오동작을 방지하기 위하여 과거에는 리타딩 체임버(Retarding chamber)를 사용하였으나 최근에는 경보용 압력스위치에 시간지연회로 또는 별도의 장치를 설치하여 클래퍼(Clapper)가 개방되면 시간지연을 거쳐 접점을 형성하는 방식을 주로 사용하고 있다.

꼼꼼체크 ❙ 리타딩 체임버(Retarding chamber)

알람밸브에 연결된 약 1L의 용기로서 클래퍼가 열려 소량의 물이 유입되면 하부로 자동배수되며, 헤드가 개방되어 다량의 물이 유입되면 리타딩 체임버 전체에 물이 충전되어 체임버 상단의 압력스위치가 접점 형성이 되어 수신기에 화재표시 신호가 송출되며 경보발생이 된다.

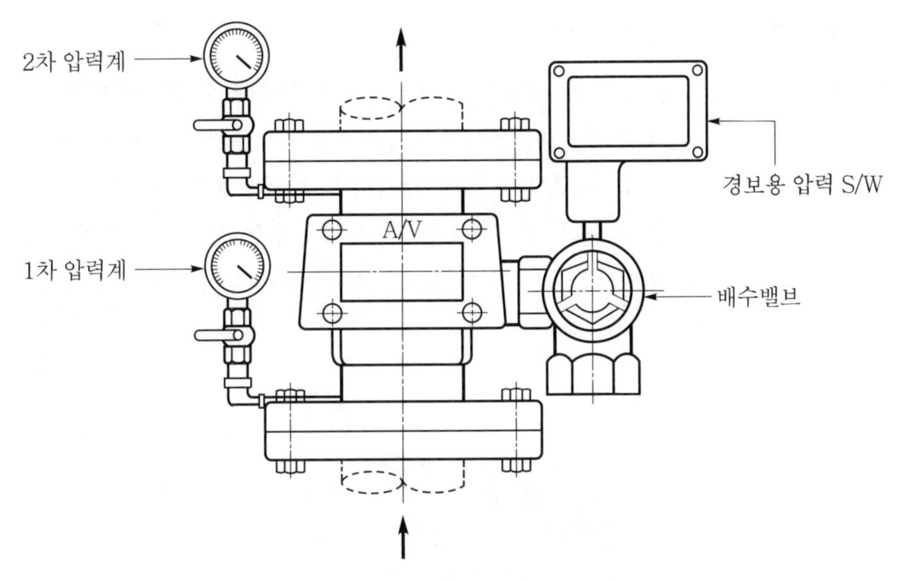

[그림 1-3-42(A)] 알람밸브의 구성(예)

(2) **기능** : 습식 설비에서의 유수검지장치인 알람밸브는 경보와 체크밸브의 기능을 가지고 있는 알람체크밸브이다. 폐쇄형 헤드의 감열부가 작동하여 개방되면 2차측으로 유수가 발생하며 이로 인하여 알람밸브의 클래퍼가 개방되어 2차측으로 배관의 물이 흘러가며 이때 경보용 압력스위치가 작동하여 수신반에 알람밸브의 개방구역을 표시하게 되며 경보(전자사이렌 등)가 발생하게 된다. 이후 펌프실의 압력 체임버에서는 배관 내 압력의 변화를 감지하여 펌프를 자동으로 기동시켜 준다.

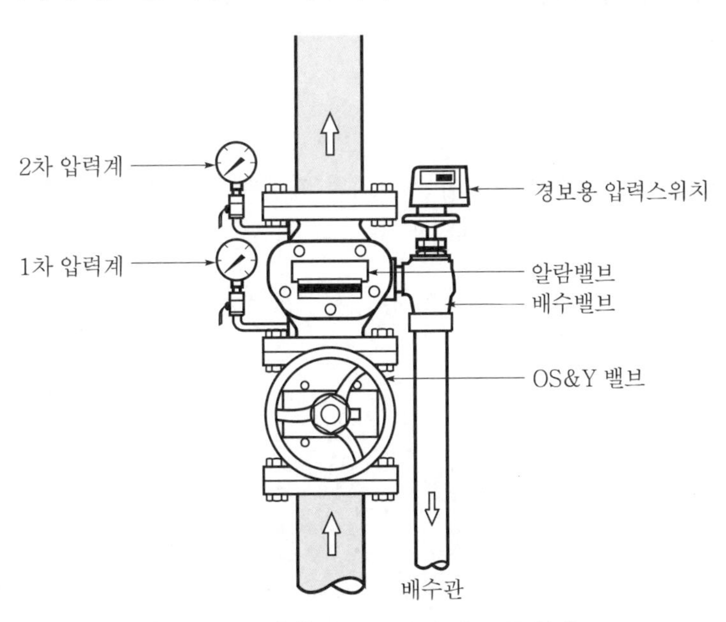

[그림 1-3-42(B)] 습식 설비의 밸브 주변(예)

[2] 패들형 스위치(Paddle switch)

(1) **개념** : 패들형 스위치란 플로 스위치(Flow switch)의 일종으로 알람밸브와의 차이점은 체크밸브로서의 기능은 없으며, 작동은 2차측으로 배관 내 유체가 흐르면 패들이 움직이게 되어 접점이 형성되므로 유수의 흐름을 감지하고 접점신호를 이용하여 경보를 발하고 펌프에 기동신호를 주게 된다. 즉, 패들형 스위치는 유수 방향의 흐름에 대해서만 신호를 발하는 구조이며 제3조 15호에서 패들형 스위치를 습식 유수검지장치에 포함하도록 규정하고 있다.

[그림 1-3-43] 패들 S/W형 유수검지장치(예)

(2) **기능** : 국내에 패들형 스위치를 도입한 사유는 아파트의 경우 계단별 방호구역에서 층별로 방호구역을 설정하도록 기준(제6조 3호)을 강화한 후 이의 보완책으로 패들형 스위치를 사용할 수 있도록 조치한 것으로, 이는 알람밸브에 비해 유수를 검지하는 단순한 장비로 볼 수 있다.

[3] 청소구 : 제8조 10항 2호(2.5.10.2)

(1) 청소구는 교차배관 끝에 40mm 이상 크기의 개폐밸브를 설치하고 호스 접결이 가능한 나사식 또는 고정배수 배관식으로 할 것

(2) 이 경우 나사식의 개폐밸브는 옥내소화전 호스 접결용의 것으로 하고 나사 보호용의 캡으로 마감해야 한다.

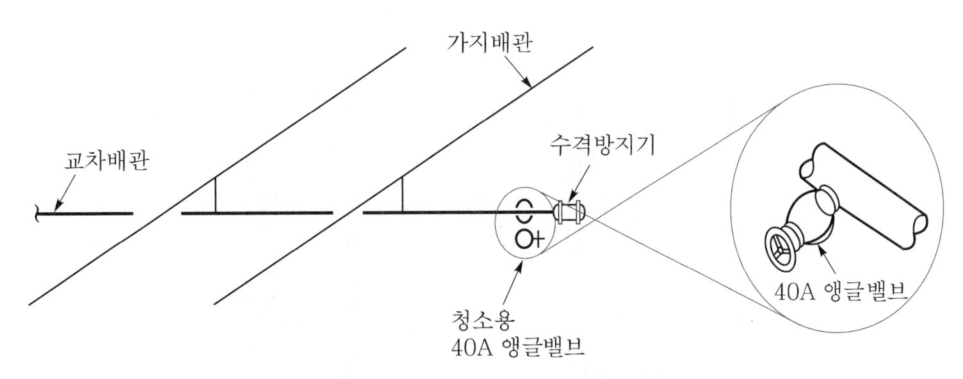

[그림 1-3-44] 청소구 설치 모습(예)

CHAPTER 01
CHAPTER 02
CHAPTER 03
CHAPTER 04
CHAPTER 05

[4] 시험장치 배관 : 제8조 12항(2.5.12)

(1) **기준** : 습식 유수검지장치 또는 건식 유수검지장치를 사용하는 스프링클러설비와 부압식 스프링클러설비에는 동 장치를 시험할 수 있는 시험장치를 다음의 기준에 따라 설치해야 한다.

① **위치**

㉠ 습식 스프링클러설비 및 부압식 스프링클러설비에 있어서는 유수검지장치 2차측 배관에 연결하여 설치한다.

㉡ 건식 스프링클러설비인 경우 유수검지장치에서 가장 먼 거리에 위치한 가지배관의 끝으로부터 연결하여 설치할 것. 이 경우 유수검지장치 2차측 설비의 내용적이 2,840L를 초과하는 건식 스프링클러설비는 시험장치 개폐밸브를 완전 개방 후 1분 이내에 물이 방사되어야 한다.

② **관경** : 시험장치 배관의 구경은 25mm 이상으로 하고, 그 끝에 개폐밸브 및 개방형 헤드 또는 스프링클러헤드와 동등한 방수성능을 가진 오리피스를 설치할 것. 이 경우 개방형 헤드는 반사판 및 프레임을 제거한 오리피스만으로 설치할 수 있다.

③ **배수시설** : 시험배관의 끝에는 물받이통 및 배수관을 설치하여 시험 중 방사된 물이 바닥에 흘러내리지 아니하도록 할 것. 다만, 목욕실·화장실 또는 그 밖의 곳으로서 배수처리가 쉬운 장소에 시험배관을 설치한 경우에는 그렇지 않다.

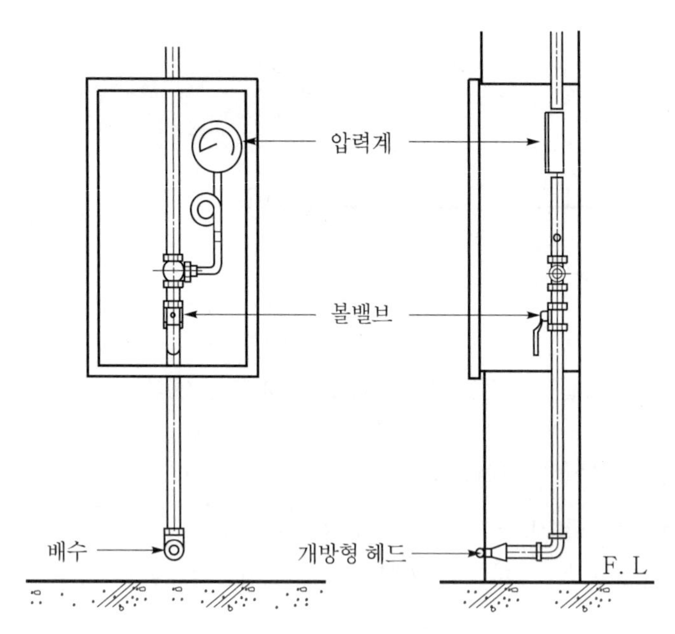

[그림 1-3-45(A)] 시험밸브의 모습

(2) 해설

① 개념

㉠ 습식 및 부압식의 경우 : 시험장치의 목적은 시험밸브를 개방할 경우 펌프의 자동기동, 경보의 발생유무, 시스템의 정상작동 여부 등을 확인하기 위한 것이지 헤드의 적정 방사압 여부를 확인하기 위한 것이 아니다. 왜냐하면 펌프특성곡선(H−Q곡선)에서 헤드 1개 개방 시 유량은 체절상태에 접근하므로 방사압은 무조건 정격토출압을 초과하게 되기 때문이다. 따라서 2차측에 유수가 충전되어 있는 습식 및 부압식의 경우 시험장치의 접속은 헤드의 최말단이 아니어도 무방하며 2차측 배관에 접속만 하면 된다.

㉡ 건식의 경우 : 건식인 경우에는 헤드 개방 시 배관 내 압축공기가 모두 방출된 후 유수가 흐르므로 시험밸브를 개방할 경우 최악의 조건에서 자동기동 여부를 확인해야 하기에 가장 먼 가지배관 끝에 연결하도록 한다.

② **관경** : 가지관의 최소 구경인 25mm 이상으로 하도록 한 것이다.

③ **배수시설** : 시공 시 시험밸브는 물처리 관계로 대부분 화장실 내 설치하고 있다. 그러나 아파트의 경우는 세대 내에 설치하는 관계로 점검이나 유지관리 시 세대 내 출입하기 어려운 점과 시험배관을 개방할 경우 바닥에 배수하여야 하나 물처리 문제 등으로 인하여 이를 개선한 시험배관방식인 사이트글래스(Sight glass) 방식을 사용하고 있다. 이는 알람밸브 옆면에 투명유리판을 설치하고 말단헤드로부터 테스트 라인(Test line)을 알람밸브까지 연장한 후 이곳에 접속하고 배수는 스프링클러의 배수배관을 이용하여 투명유리판을 통과하는 배수를 육안으로 확인하면서 시험할 수 있는 방법을 사용하기도 한다.

(a) 알람밸브에 설치한 경우

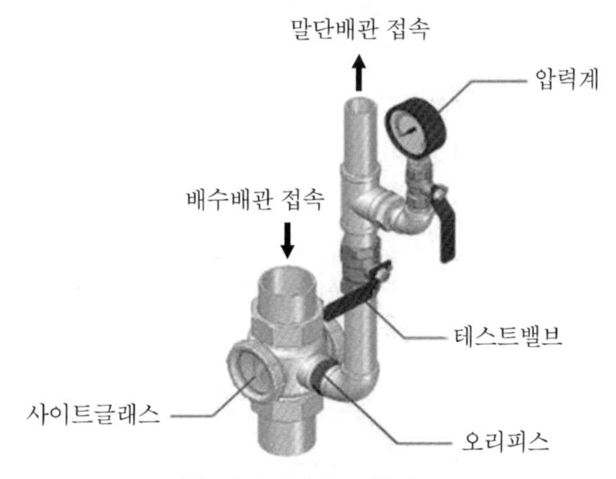

(b) 사이트글래스 확대도

[그림 1-3-45(B)] 사이트글래스를 설치한 시험밸브

[5] 습식 설비의 배관

(1) **교차배관** : 제8조 10항 1호(2.5.10.1)

교차배관은 가지배관과 수평으로 설치하거나 또는 가지배관 밑에 설치하고, 그 구경은 별표 1(2.5.3.3)의 규정에 따르되 최소구경이 40mm 이상이 되도록 할 것. 다만, 패들형 유수검지장치를 사용하는 경우에는 교차배관의 구경과 동일하게 설치할 수 있다.

⇥ 가지배관을 교차배관보다 위쪽에 설치하는 것은 다음의 2가지 이유 때문이다. 첫째는 스프링클러설비에서 이물질이 가장 많이 축적되는 배관이 교차배관이며, 교차배관 내의 물은 정체되어 있으므로 이물질이 퇴적하여 가지관의 헤드를 폐쇄할 경우 헤드 개방을 방해할 우려가 있기 때문이다. 두 번째는 유수검지장치에서 배관 내의 물을 배수할 경우 가지관이 교차배관 밑에 있을 경우는 가지관의 물을 배수할 수 없기 때문이다.

(2) **헤드 접속배관** : 제8조 10항 3호(2.5.10.3)

하향식 헤드를 설치하는 경우에 가지배관으로부터 헤드에 이르는 헤드 접속배관은 가지관 상부에서 분기할 것. 다만, 먹는물의 수질기준에 적합하고(먹는물 관리법 제5조) 덮개가 있는 저수조로부터 물을 공급받는 경우에는 가지배관의 측면 또는 하부에서 분기할 수 있다.

→ 물속의 침전물로 인하여 헤드에서 물이 방사될 경우 헤드가 막히는 것을 방지하기 위하여 헤드는 원칙적으로 가지관 상부에서 꺾여서 분기하는 회향식(回向式 ; Return bend)으로 접속하도록 하고 있으나, 수원이 음용수 기준일 경우는 침전물에 대한 문제가 없으므로 헤드를 가지관의 측면 또는 하부에서도 분기할 수 있도록 완화한 것이다.

❷ 건식 스프링클러설비의 구조 및 부속장치

건식 유수검지장치 2차측에 압축공기 또는 질소 등의 기체로 충전된 배관에 폐쇄형 스프링클러헤드가 부착된 스프링클러설비로서, 폐쇄형 스프링클러헤드가 개방되어 배관 내의 압축공기 등이 방출되면 건식 유수검지장치 1차측의 수압에 의하여 건식 유수검지장치가 작동하게 되는 스프링클러설비를 말한다.

[1] 건식 밸브(Dry valve)의 구조 및 기능

(1) **구조** : 건식 밸브에 고정 부착된 장비는 1차측 수압계, 2차측 공기압력계, 경보용 압력스위치, 배수밸브, 긴급개방장치 등이 있다.

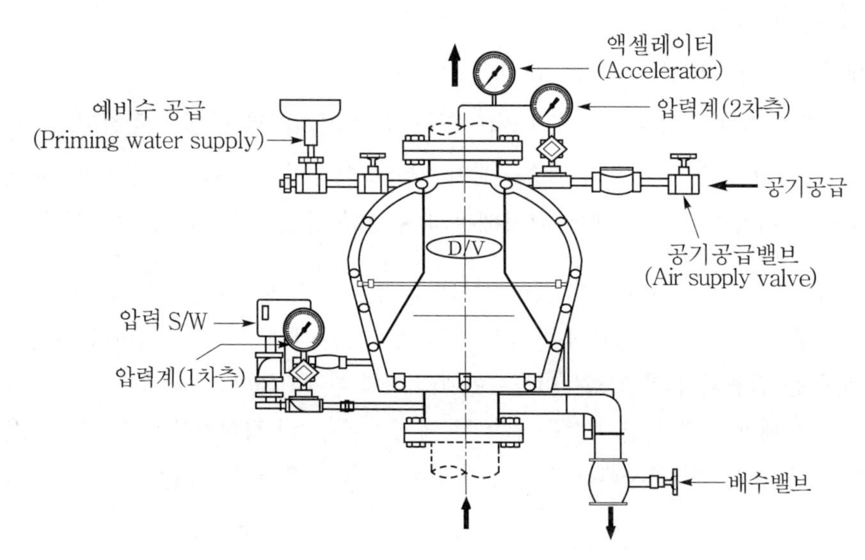

[그림 1-3-46(A)] 건식 밸브의 구성(예)

(2) **기능** : 건식 설비에서의 유수검지장치는 드라이밸브를 사용하며 경보와 체크밸브의 기능을 가지고 있다. 폐쇄형 헤드의 감열부가 작동하여 개방되면 2차측 배관 내의 압축공기가 누설되며 이로 인하여 드라이밸브의 클래퍼가 개방되어 2차측으로 배관의 물이 흘러가며 이때 경보용 압력스위치가 작동하여 수신반에 신호를 송출하고 경보가 발생하게 된다.

2차측이 낮은 공기압임에도 1차측의 높은 수압에 의해 클래퍼가 개방되지 않는 이유는 1차측의 클래퍼 단면적에 비해 2차측의 단면적을 크게 하여 상호 간에 힘의 균형을 이루고 있기 때문이다.

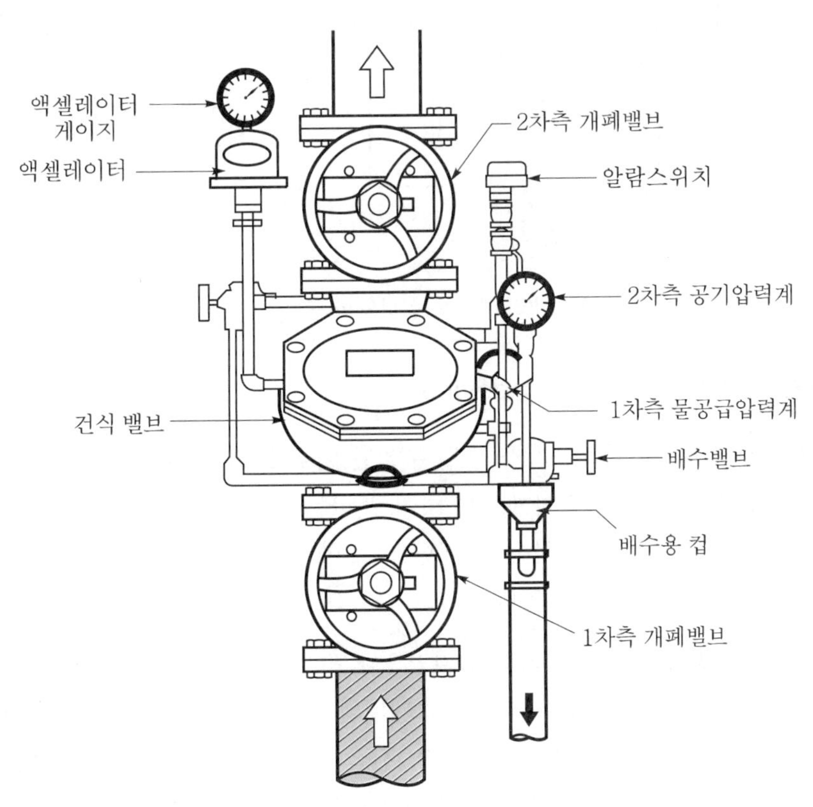

[그림 1-3-46(B)] 건식 설비의 밸브 주변(예)

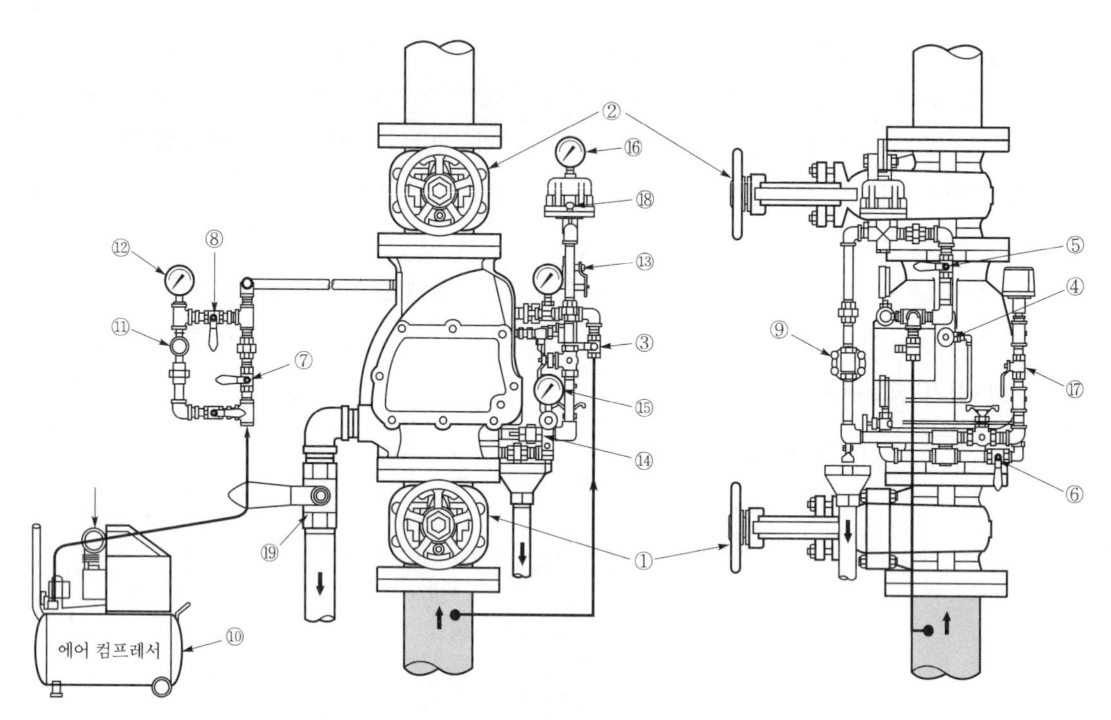

[그림 1-3-46(C)] 건식 설비의 복구방법 도해(예)

[2] 긴급개방장치(Quick opening device)

(1) 헤드 개방 시 배관 내 압축공기가 모두 누설된 이후에 건식 밸브가 개방되므로 건식 설비의 경우 화재 초기에 신속하게 대응하지 못하는 문제가 발생하게 된다. 따라서 이를 보완하기 위하여 화재 시 신속한 개방을 위하여 건식 밸브에 긴급개방장치(Quick opening device)를 설치하고 있다.

(2) 그 동안 긴급개방장치에 대한 기준이 없었으나 2021. 1. 29. "유수검지장치 2차측 설비의 내용적이 2,840L를 초과할 경우 시험장치 개폐밸브를 완전 개방 후 1분 이내에 물이 방사되어야 한다"라고 관련 기준을 도입하였다. 긴급개방장치로는 액셀레이터(Accelerator)와 익조스터(Exhauster)의 2가지 종류가 있으나 국내는 대부분 액셀레이터를 사용하고 있다.

[3] 예비수(豫備水 ; Priming water)

드라이밸브에서 밸브 바로 위의 몸체(2차측)에 물을 채워두고 있으며 이를 예비수라고 한다.

(1) **개념** : 건식 밸브에서는 1차측에는 가압수가, 2차측에는 압축공기가 채워져 있어 건식 밸브의 클래퍼를 사이에 두고 압력이 상호 가해져서 평형을 이루고 있다.

(2) 예비수의 목적

① 압력은 모든 표면의 접선에 수직으로 작용하게 되므로 표면이 평면이 아닐 경우는 바닥면에 대해 균일한 힘을 가할 수 없다. 따라서 2차측에 물을 채워둠으로써 클래퍼 쪽으로 작용하는 공기압력은 클래퍼에 수직으로 균일하게 작용하게 되며 물 자체의 중력, 공기압 그리고 클래퍼 자체의 무게에 의해 물에 의한 1차측 압력과 평형을 이룰 수 있으며 이로 인하여 2차측의 낮은 공기압으로도 클래퍼의 폐쇄가 가능하게 된다.

② 두 번째로, 물을 채워둠으로써 클래퍼가 정확히 닫혀 있는지를 확실하게 확인할 수 있으며, 만일 클래퍼에 틈새가 생기면 누수가 발생하고 이로 인하여 건식 밸브의 배수배관에서 물방울이 떨어지게 되므로 기밀(氣密) 여부를 정확히 확인할 수 있다.

[4] 저압 건식 밸브(Low pressure dry pipe valve)

(1) **개념** : 건식 밸브의 최대 단점인 방사시간의 지연을 보완하기 위하여 2차측 공기압력을 낮춘 형식의 건식 밸브를 저압 건식 밸브라 한다. 저압 건식 밸브의 경우는 클래퍼 측면에 래치(Latch)를 설치하고 1차측의 수압을 이용하여 래치를 밀어주게 되어 클래퍼가 닫힌 상태를 유지하고 있으며, 래치는 한번 작동하면 자동 복구가 되지 않는 구조이다. 국내의 경우도 저압 건식 밸브를 사용하는 제품이 생산되고 있으며 저압 건식 밸브의 특징은 다음과 같다.

① 밸브 2차측의 압축공기 설정압력이 기존 건식 밸브보다 낮아 클래퍼 개방시간과 방수시간을 단축시킬 수 있다.

② 방수개시시간이 단축되므로 일반 건식 시스템에 비해 초기화재 진압에 효과적이다.

③ 공기압축 압력이 낮아서 여러 개의 건식 밸브에 하나의 대용량 컴프레서를 설치하여 사용할 수 있다.

④ 2차측 공기압력을 낮출 수 있으므로 컴프레서 용량을 줄일 수 있다.

(2) **컴프레서(Compressor)** : 2차측 배관 내 압축공기를 충전하기 위하여 언제나 컴프레서가 2차측(밸브 주변의 공기공급밸브)과 접속되어 있어야 한다. 건식 설비에서 사용하는 2차측 배관의 공기압을 충전하는 컴프레서에 대하여 국내에서는 별도의 기준을 제정하지 않고 있다. 건식 밸브에서 수압 대 공기의 비는 우선적으로 제조사의 기준을 따르는 것이 원칙이나 일반 건식 설비의 경우 국내는 대체적으로 3~4 : 1 정도이다.

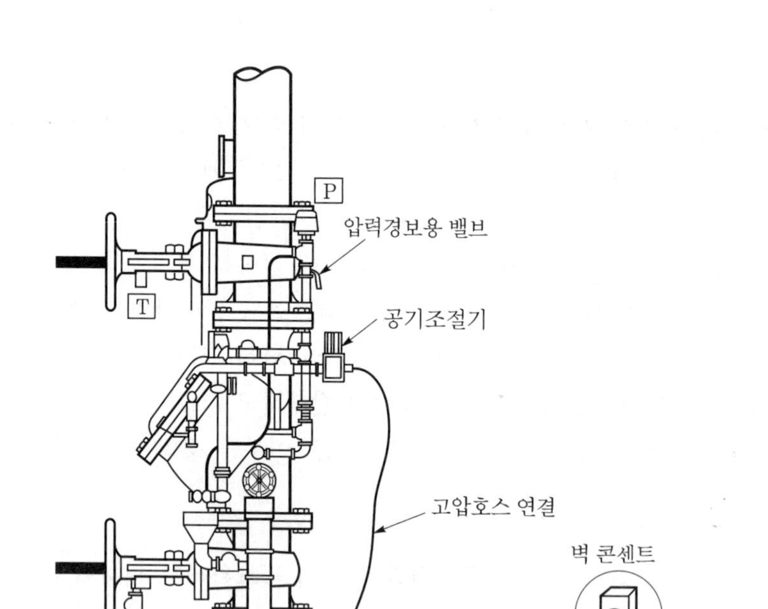

[그림 1-3-46(D)] 컴프레서 연결

[5] 시험장치 배관

(1) 시험장치(Test valve)가 준비작동식은 법적 대상이 아니나, 건식은 시험장치가 법적 대상이다. 왜냐하면 건식 밸브는 물 대신 압축공기나 또는 저압의 공기를 충전한 것이므로 시험장치를 개방하여 압축공기 등을 배출시켜 설비의 시험을 행할 수 있어야 한다.

(2) 건식 밸브의 시험장치는 유수검지장치에서 가장 먼 거리에 위치한 가지배관의 끝으로부터 연결하여 설치하여야 한다.

③ 준비작동식 스프링클러설비의 구조 및 부속장치

가압송수장치에서 준비작동식 유수검지장치 1차측까지 배관 내에 항상 물이 가압되어 있고 2차측에서 폐쇄형 스프링클러헤드까지 대기압 또는 저압으로 있다가 화재발생 시 감지기의 작동으로 준비작동식 유수검지장치가 작동하여 폐쇄형 스프링클러헤드까지 소화용수가 송수되어 폐쇄형 스프링클러헤드가 열에 따라 개방되는 방식의 스프링클러설비이다.

[1] 준비작동식 밸브의 구조 및 기능

(1) 구조

① 준비작동식 밸브에 고정 부착된 장비는 1차측 및 2차측 압력계, 경보용 압력스위치, 솔레노이드밸브, 비상개방밸브, 배수밸브 등이 있다. 또한 준비작동식 밸브는 밸브 1차측과 2차측에 반드시 개폐표시형 밸브(예 OS & Y valve)를 설치하여야 한다. 준비작동식 밸브의 경우는 자동개방은 기계적 방식이 아닌 전기적인 방식으로 개방하게 된다.

② 따라서 수동으로 개방하기 위해서는 전기적인 방법으로는 수동기동장치인 SVP(Super Visory Panel)를 설치하며, 기계적인 방법으로는 밸브 자체에 비상개방밸브를 설치하여 이를 수동으로 개방할 경우 배관의 압력 균형이 깨져 클래퍼가 개방되도록 한다.

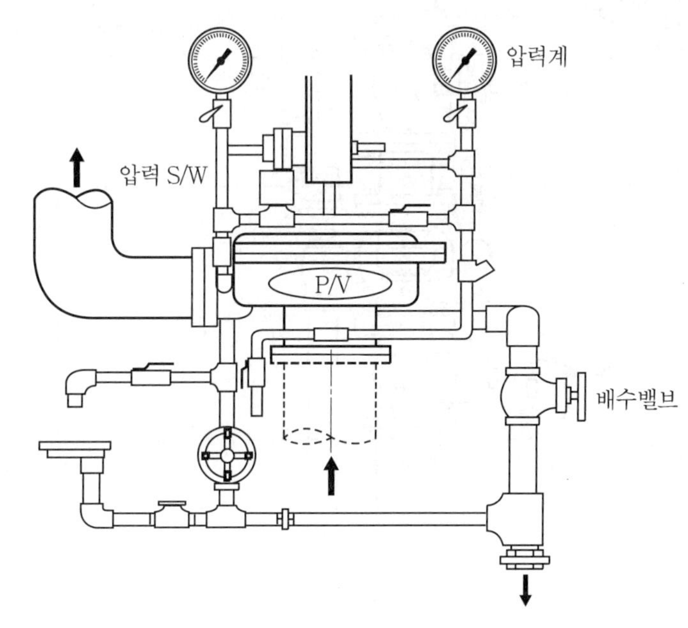

[그림 1-3-47(A)] 준비작동식 밸브의 구성(예)

(2) 기능

① 준비작동식 설비에서의 유수검지는 준비작동식 밸브(Preaction valve)를 사용하며 이는 체크밸브의 기능을 가지고 있는 일제개방밸브의 일종이다. 밸브의 1차측에는 가압수가, 2차측에는 대기압 상태로 되어 있다. 준비작동식의 경우에는 헤드가 개방될 때까지는 배관 내 가압수가 대기상태로 있다가 실제 화열에 의해 헤드가 개방될 경우 가압수를 방출하게 된다.

② 준비작동식 밸브는 클래퍼 타입과 다이어프램 타입의 2가지 종류가 있으며 클래퍼 타입은 걸쇠(Push rod)에 의해 레버가 클래퍼를 밀고 있는 형태로서 수압에 의해 클래퍼가 위로 열리는 형태로 한번 열리면 닫히지 않는 구조이므로 수동으로 복구하여야 한다.

이에 비해 다이어프램 타입은 수평형과 수직형이 있으며 수압에 의해 밸브 디스크(Valve disk)가 밀려서 개방되는 구조로서 개방 시 자동으로 복구가 될 수 있으므로 개방된 밸브가 자동으로 복구되는 것을 방지해주는 역할의 PORV(Pressure Operated Relief Valve)를 설치하고 있다.

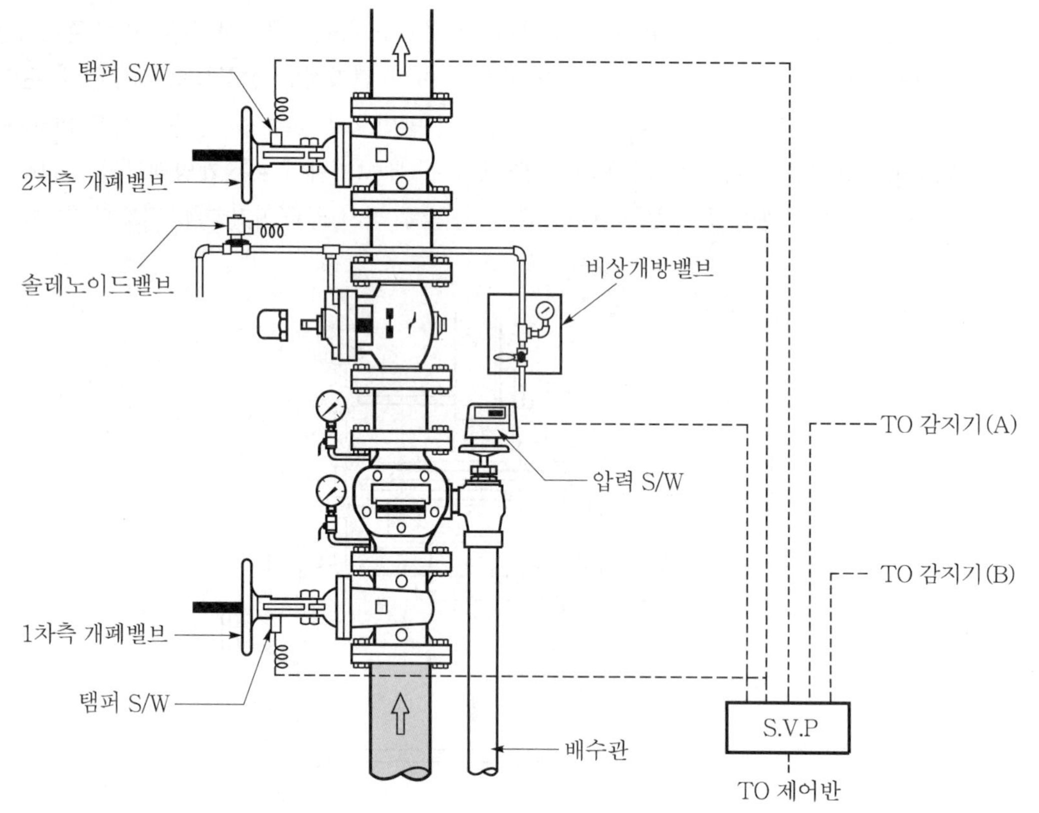

(주) 점선은 탬퍼 S/W, 경보용 압력 S/W, 솔레노이드밸브의 신호 전달용 전선임.

[그림 1-3-47(B)] 준비작동식 설비의 밸브 주변(예)

[2] 2차측 배관의 부대설비 : NFTC 2.5.11

준비작동식 유수검지장치 또는 일제개방밸브를 사용하는 스프링클러설비에 있어서 밸브 2차측 배관의 부대설비는 다음의 기준에 따른다.

(1) 개폐표시형 밸브를 설치할 것

> ⊡ 준비작동식 밸브와 일제살수식 밸브는 밸브 2차측에 반드시 개폐표시형 밸브를 설치하여야 한다. 아울러 이는 수리, 보수 등의 유지관리 차원이나 기능 점검을 위해서도 반드시 필요한 조치이다.

(2) 개폐표시형 밸브와 준비작동식 유수검지장치(또는 일제개방밸브) 사이의 배관은 다음과 같은 구조로 할 것

① 수직배수배관과 연결하고 동 연결배관상에는 개폐밸브를 설치할 것
② 자동배수장치 및 압력스위치를 설치할 것
③ 압력스위치는 수신부에서 준비작동식 유수검지장치(또는 일제개방밸브)의 개방 여부를 확인할 수 있게 설치할 것

[3] 준비작동식 유수검지장치(또는 일제개방밸브)의 기동방식

(1) 자동기동방식의 기준 : NFTC 2.6.3.1 & 2.6.3.2

① 담당구역 내의 화재감지기의 동작에 따라 개방 및 작동될 것
② 화재감지기회로는 교차회로방식으로 할 것. 다만, 다음의 어느 하나에 해당하는 경우에는 그렇지 않다.
㉠ 스프링클러설비의 배관 또는 헤드에 누설경보용 물 또는 압축공기가 채워지거나 부압식 스프링클러설비의 경우
㉡ 화재감지기를 NFTC 203(자동화재탐지설비) 2.4.1 단서의 각 감지기로 설치한 때
③ 화재감지기의 설치기준에 관하여는 NFTC 203 2.4(감지기) 및 2.8(배선)을 준용할 것. 이 경우 교차회로방식에 있어서의 화재감지기의 설치는 각 화재감지기회로별로 설치하되, 각 화재감지기회로별 화재감지기 1개가 담당하는 바닥면적은 NFPC 203 2.4.3.4, 2.4.3.8부터 2.4.3.10에 따른 바닥면적으로 한다.

(2) 수동기동방식의 기준 : NFTC 2.6.3.3 & 2.6.3.5

① 준비작동식 유수검지장치 또는 일제개방밸브의 인근에서 수동기동(전기식 및 배수식)에 따라서도 개방 및 작동될 수 있게 할 것
② 발신기 설치
화재감지기회로에는 다음의 기준에 따른 발신기를 설치할 것. 다만, 자동화재탐지설비의 발신기가 설치된 경우에는 그렇지 않다.
㉠ 조작이 쉬운 장소에 설치하고, 스위치는 바닥으로부터 0.8m 이상 1.5m 이하의 높이에 설치할 것
㉡ 특정소방대상물의 층마다 설치하되, 해당 특정소방대상물의 각 부분으로부터 하나의 발신기까지의 수평거리가 25m 이하가 되도록 할 것. 다만, 복도 또는 별도로 구획된 실로서 보행거리가 40m 이상일 경우에는 추가로 설치해야 한다.

❹ 부압식 스프링클러설비의 구조 및 부속장치

[1] 개념

가압송수장치에서 준비작동식 유수검지장치의 1차측까지는 항상 정압의 물이 가압되고, 2차측 폐쇄형 스프링클러헤드까지는 소화수가 부압으로 되어 있다가 화재 시 감지기의 작

CHAPTER 01
CHAPTER 02
CHAPTER 03
CHAPTER 04
CHAPTER 05

동에 의해 정압으로 변하여 유수가 발생하면 작동하는 스프링클러설비를 말한다. 이때 정압(正壓)이란 대기압보다 높은 양압을 의미하며, 부압이란 펌프의 흡입측 배관과 같이 대기압보다 낮은 압력을 의미한다. 부압식의 경우 유수검지장치는 준비작동식 밸브를 사용하며 감지기 동작에 따라 개방되는 전기적 개방방식이다. 따라서 부압식 스프링클러설비는 2차측에 물이 충수된 준비작동식 설비로 다만, 2차측이 부압상태를 유지하는 특징이 있는 스프링클러설비이다.

[2] 구조 및 기능

[그림 1-3-48(A)]에서 먹음영은 부압상태이며, 색음영은 정압상태이다.

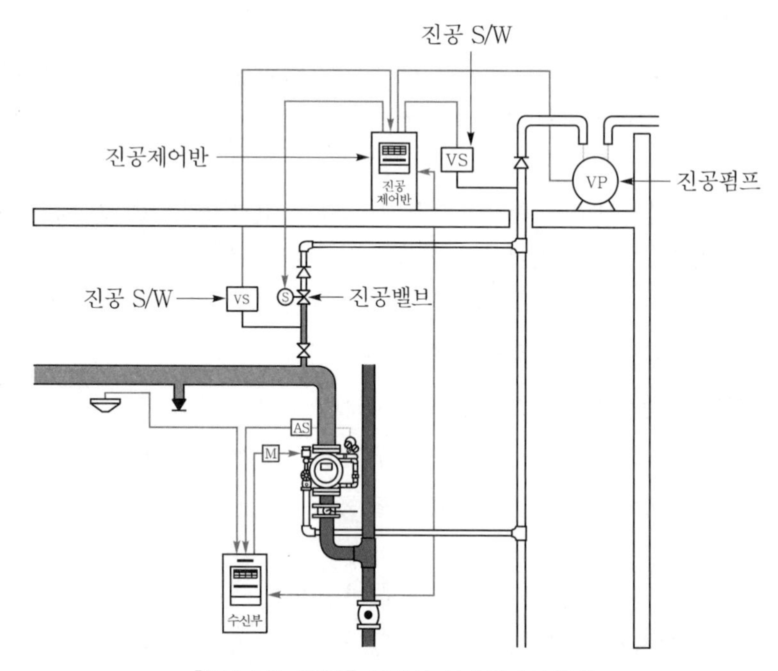

[그림 1-3-48(A)] 부압식 설비의 구성(예)

(1) 진공펌프(Vacuum pump)

㉠ **기능** : 진공펌프는 평상시 2차측 배관의 압력을 대기압 이하인 부압으로 유지하는 역할을 한다. 진공펌프의 동작에 따라 2차측 배관 및 접속된 배관의 압력은 대기압보다 낮은 부압을 유지하고 있으며, 헤드가 오동작 등으로 파손되면 외부의 대기압으로 인하여 2차측 배관의 압력이 상승하여 진공펌프가 자동으로 작동되어 배관 내 부압이 유지되며 헤드에서 살수가 되지 않도록 한다.

㉡ **설치** : 2차측 배관에 물을 채우고 2차측 배관에서 분기된 지점에 진공펌프를 설치하고, 진공펌프를 제어하는 진공제어반과 동 제어반에 의해 개폐되는 진공 S/W 및 진공밸브를 부착한다.

(2) **진공제어반(Vacuum system controller)** : 화재 시 감지기나 SVP의 신호입력에 따라 화재수신기에 기동신호가 수신되면 해당 출력이 진공제어반으로 송출되고 이 신호에 따라 제어반에서는 진공펌프를 정지시키게 된다. 헤드 오동작 시에는 진공펌프의 연속운전에 의해 2차측 배관의 물은 배수배관으로 배출시키게 되며 이 경우는 진공제어반에 오동작 표시등이 점등하게 된다.

(3) **진공밸브(Vacuum valve)** : 2차측 배관에서 분기된 지점에 부착하여 진공제어반의 신호에 따라 진공 S/W와 연동에 따라 개폐되어 진공펌프에 의한 2차측 배관의 압력이 부압을 유지하도록 한다. 부압이 형성되면 진공 S/W가 정지하여 밸브를 차단시키며 아울러 헤드 오동작 시에는 진공펌프 작동에 따라 개방되어 2차측 배관의 물이 배수되게 한다.

(4) **유수검지장치** : 유수검지장치는 준비작동식 밸브를 사용하며 감지기 동작이나 SVP의 동작에 따라 밸브가 개방하게 된다. 부압식의 경우는 준비작동식 밸브이나 교차회로방식을 적용하지 아니할 수 있다.

[3] 시스템 동작 흐름

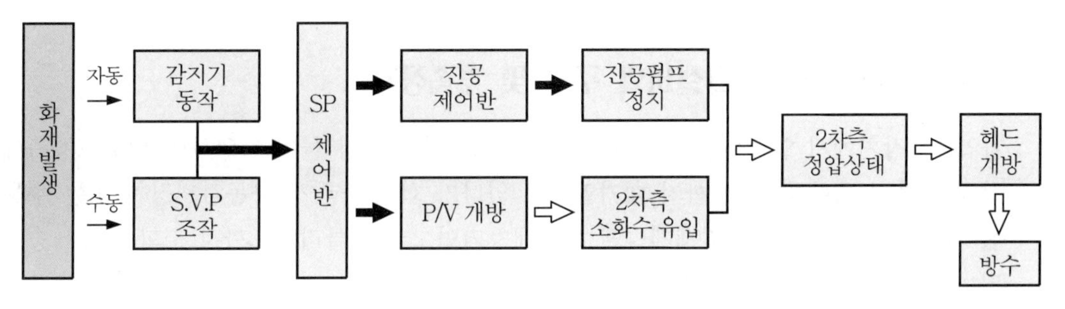

(주) ➡ : 전기적 사항, ⇨ : 기계적 사항

[그림 1-3-48(B)] 부압식 스프링클러설비의 동작 흐름

(1) **화재 시 헤드 개방(= 유수검지장치 개방)** : 유수검지장치 2차측에는 항상 물이 충수되어 있으며 2차측 배관은 진공펌프가 작동되어 평상시에는 대기압보다 낮은 부압(負壓)을 유지하고 있다. 화재 시 감지기 기동신호에 따라 화재수신기의 동작신호가 진공제어반으로 송신되면 진공펌프는 그 순간 작동이 정지되며 아울러 유수검지장치가 개방되어 1차측의 가압수가 2차측으로 유입하게 된다. 이로 인하여 2차측 배관은 정압(正壓)상태가 되며 이후 화재 진전에 따라 헤드가 개방되면 2차측으로 유입된 가압수가 헤드에서 방사되는 방식이다.

(2) **비화재보 시 헤드 개방(= 유수검지장치 비개방)** : 화재가 아닌 경우 외력에 의해 헤드가 파손되거나 배관에 핀홀(Pin hole)이 발생되는 경우는 감지기가 작동되지 않은 상태이므로 이에 따라 유수검지장치가 개방되지 않는다. 부압식 설비에서는 유수검지장치가 작동하

기 전까지는 헤드가 먼저 개방될 경우, 즉 화재수신기로부터 신호입력이 없는 상태에서 헤드가 개방될 경우는 이를 오동작이라고 판단하며 평상시는 2차측의 압력이 부압상태를 유지하는 구조가 된다.

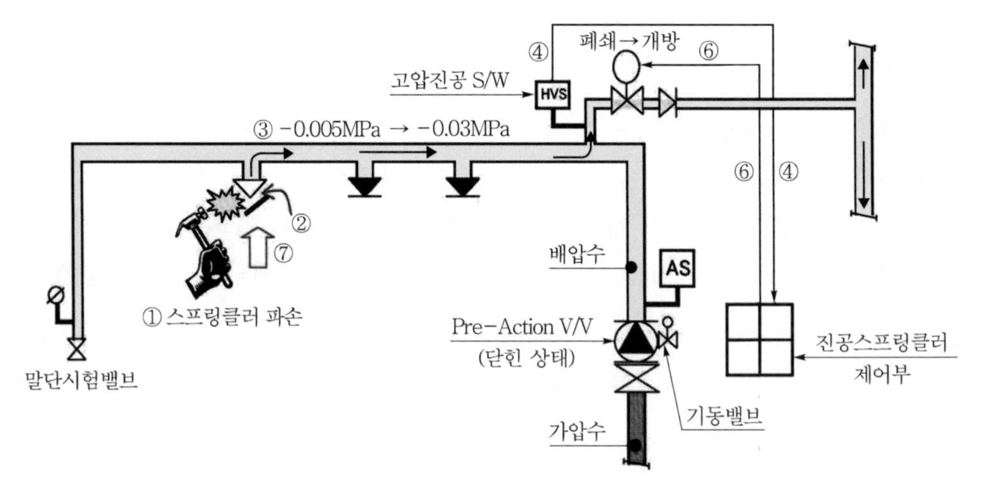

[그림 1-3-48(C)] 헤드 파손 시 부압식 설비의 작동상태

❺ 일제살수식 스프링클러설비의 구조 및 부속장치

가압송수장치에서 일제개방밸브 1차측까지 배관 내에 항상 물이 가압되어 있고 2차측에서 개방형 스프링클러헤드까지 대기압으로 있다가 화재발생 시 자동감지장치 또는 수동식 기동장치의 작동으로 일제개방밸브가 개방되면 스프링클러헤드까지 소화용수가 송수되는 방식의 스프링클러설비이다.

[1] 구조 및 기능

(1) 준비작동식 설비는 헤드가 폐쇄형이나 일제살수식 설비는 개방형 헤드를 사용한다. 두 설비의 밸브 구조는 유사하나 밸브 주위의 배관 구성은 일부 다르며 예를 들면, 준비작동식 밸브는 배수배관이 있으나 일제살수식 밸브의 경우는 배수배관이 없다. 일제살수식에 사용하는 디류지밸브(Deluge valve)의 경우는 개방형 헤드를 사용하므로 비화재보 또는 오작동으로 인해 물이 방사되었을 때 방수구역 전체에 동시에 물이 방사되므로 수손에 의한 피해가 매우 크게 된다.

(2) 일제개방밸브에서 일제살수식 설비는 개방형 헤드를 사용하여 다량의 물을 신속히 방수하는 스프링클러설비로서 화재 시 급격히 연소확대가 예상되는 무대부 등에 설치하는 설비이다.

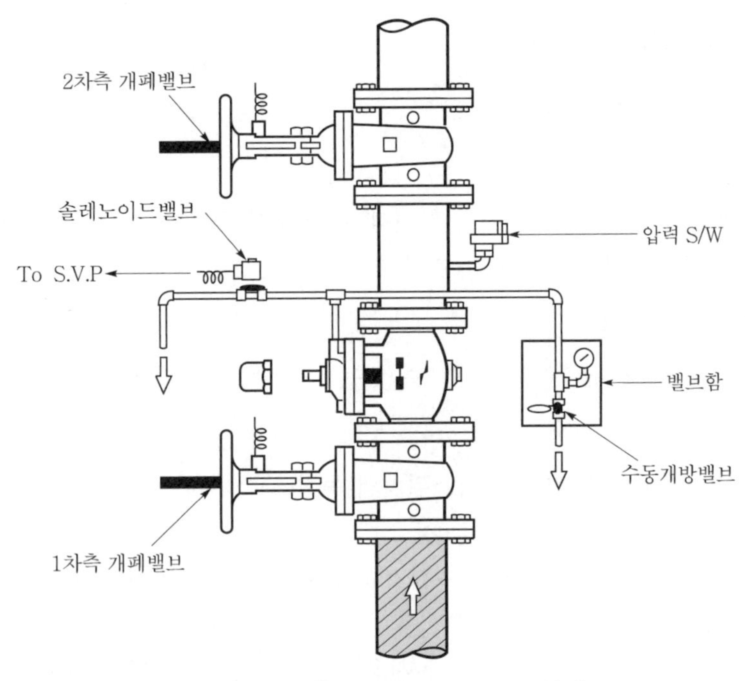

[그림 1-3-49(A)] 일제살수식 밸브 주변(예)

[2] 시스템 동작 흐름

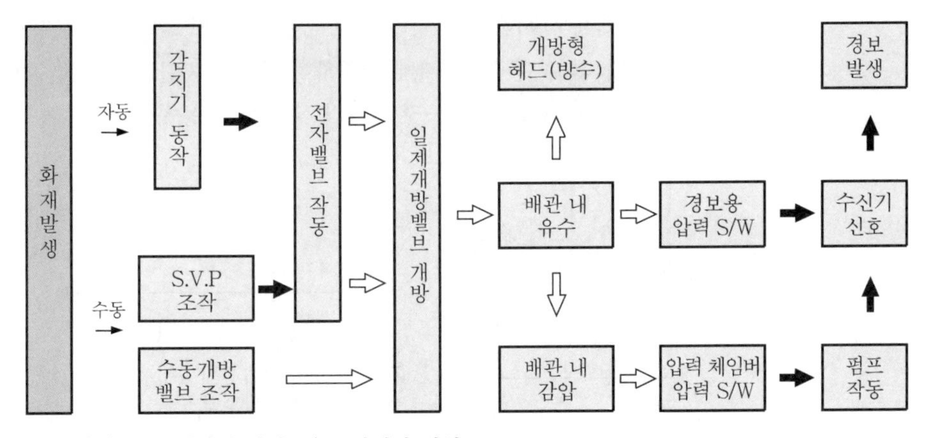

(주) ➡ : 전기적 사항, ⇨ : 기계적 사항

[그림 1-3-49(B)] 일제살수식 스프링클러설비의 동작 흐름

[3] 일제살수식 밸브 관련

※ 준비작동식 밸브와 동일하므로 "준비작동식 스프링클러설비의 구조 및 부속장치 – 준비작동식 밸브의 구조 및 기능"을 참고할 것

❻ 부속장치의 화재안전기준

[1] 탬퍼(Tamper)스위치 : NFTC 2.5.16

(1) 설치 목적

밸브의 개폐상태를 감시제어반에서 확인할 수 있도록 하여 자동식 소화설비의 개폐밸브 폐쇄 여부를 용이하게 확인하도록 한다.

(2) 설치 위치

급수배관에 설치되어 급수를 차단할 수 있는 개폐밸브에 설치한다.

(3) 설치기준

① 급수개폐밸브가 잠길 경우 탬퍼스위치의 동작으로 인하여 감시제어반 또는 수신기에 표시되어야 하며 경보음을 발할 것

② 탬퍼스위치는 감시제어반 또는 수신기에서 동작의 유무 확인과 동작시험, 도통시험을 할 수 있을 것

③ 급수개폐밸브의 작동표시 스위치에 사용되는 전기배선은 내화전선 또는 내열전선으로 설치할 것

> ⇒ 탬퍼스위치는 급수배관에 설치하여 급수를 차단할 수 있는 개폐밸브에 설치하는 것으로 밸브를 차단(off)할 경우에는 이에 따라 전기적으로 밸브차단 접점신호 및 경보음을 방재실에 발하는 부속장치이다. "급수배관에 설치하여 급수를 차단할 수 있는 것"이란 상세 기준은 없으나 설계 시 [그림 1-3-50]의 위치에 적용하도록 한다.

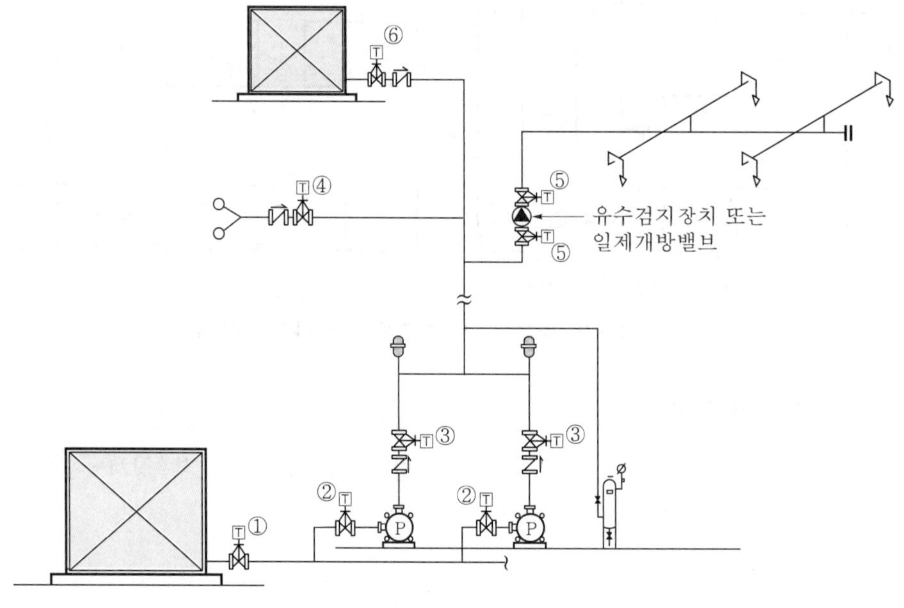

[그림 1-3-50] 탬퍼 S/W 설치 위치

[표 1-3-15] 급수를 차단할 수 있는 개폐밸브의 대상

구분	번호	내용
급수를 차단할 수 있는 개폐밸브	①	지하수조로부터 펌프 흡입측 배관에 설치한 개폐밸브
	②	주펌프 및 충압펌프의 흡입측 개폐밸브
	③	주펌프 및 충압펌프의 토출측 개폐밸브
	④	스프링클러설비의 송수구에 설치하는 개폐표시형 밸브
	⑤	유수검지장치나 일제개방밸브의 1차측 개폐밸브
		준비작동식 유수검지장치나 일제개방밸브의 2차측 개폐밸브
	⑥	스프링클러 입상관과 접속된 옥상수조의 개폐밸브

(주) 충압펌프의 경우 헤드에 급수하는 목적이 아니므로 제외하여도 무방하다.

[2] 음향장치

(1) 음향장치의 작동 : 제9조 1항 1호 & 2호(2.6.1.1 & 2.6.1.2)

① **습식 유수검지장치 또는 건식 유수검지장치의 경우** : 헤드가 개방되면 유수검지장치가 화재신호를 발신하고 음향장치가 경보될 것

② **준비작동식 유수검지장치 또는 일제개방밸브의 경우** : 화재감지기에 의해 음향장치가 경보될 것. 이 경우 화재감지기를 교차회로로 하는 경우에는 하나의 감지기회로가 화재를 감지하는 때에도 음향장치가 경보될 것

> **꼼꼼체크 ▌ 교차회로**
>
> 하나의 준비작동식 유수검지장치 또는 일제개방밸브의 담당구역 내에 2 이상의 화재감지기회로를 설치하고 인접한 2 이상의 화재감지기가 동시에 감지되는 때에 준비작동식 유수검지장치 또는 일제개방밸브가 개방·작동되는 방식을 말한다.

(2) 음향장치의 기준 : 제9조 1항 3호~7호(2.6.1.3~2.6.1.7)

① 음향장치는 준비작동식 유수검지장치 및 일제개방밸브의 담당구역마다 설치하되 그 구역의 각 부분으로부터 하나의 음향장치까지의 수평거리는 25m 이하가 되도록 할 것

② 음향장치는 경종 또는 사이렌(전자식 사이렌 포함)으로 하되, 주위의 소음 및 다른 용도의 경보와 구별이 가능한 음색으로 할 것. 이 경우 경종 또는 사이렌은 자동화재탐지설비·비상벨설비 또는 자동식 사이렌설비의 음향장치와 겸용할 수 있다.

③ 주음향장치는 수신기의 내부 또는 그 직근에 설치할 것

④ 층수가 11층(공동주택의 경우에는 16층) 이상의 특정소방대상물은 발화층에 따라 경보하는 층을 달리하여 경보를 발할 수 있도록 할 것

⊡ 스프링클러의 경보방식

① 경보방식 중 우선경보방식은 종전까지 5층 이상 3,000m^2 초과에서 11층 이상(공동주택은 16층)으로 자동화재탐지설비의 화재안전기준(NFPC & NFTC)이 2022. 12. 1. 시행으로 개정하였다. 이후 이에 맞추기 위해 비상방송설비 및 스프링클러설비의 경보방식도 우선경보를 11층 이상(공동주택은 16층)으로 2023. 2. 10.자로 개정하였다.

② 최근에 스프링클러설비의 전용 음향장치(예 전자사이렌)를 생략하고 자동화재탐지설비의 경종으로 겸용하는 경우가 있으나 이는 매우 잘못된 설계방식이다. 왜냐하면 겸용할 경우에는 화재감지기 작동 시 발신기 경종음과 스프링클러헤드 기동 시 발신기 경종음은 구별이 가능한 음색으로 하여야 하기에 동일한 음색일 경우는 절대로 겸용하여서는 아니된다.

⑤ 음향의 크기는 부착된 음향장치의 중심으로부터 1m 떨어진 위치에서 90dB 이상이 되는 것으로 할 것

※ 음향장치의 상세기준은 CHAPTER 02(경보설비) – SECTION 01(자동화재탐지설비)에서 "07(발신기) – ③(음향장치의 기준)"을 참고할 것

[3] 제어반

(1) 제어반을 감시용과 동력용으로 구분하지 않는 경우 : NFTC 2.10.1

스프링클러설비에는 제어반을 설치하되, 감시제어반과 동력제어반으로 구분하여 설치해야 한다. 다만, 다음의 어느 하나에 해당하는 경우에는 감시제어반과 동력제어반으로 구분하여 설치하지 않을 수 있다.

① 다음의 어느 하나에 해당하지 않는 특정소방대상물에 설치되는 스프링클러설비
  ㉠ 지하층을 제외한 층수가 7층 이상으로서 연면적이 2,000m^2 이상인 것
  ㉡ 위에 해당하지 아니하는 소방대상물로서 지하층의 바닥면적의 합계가 3,000m^2 이상인 것

② 내연기관에 따른 가압송수장치를 사용하는 경우

③ 고가수조에 따른 가압송수장치를 사용하는 경우

④ 가압수조에 따른 가압송수장치를 사용하는 경우

(2) 감시제어반과 화재수신기가 별도로 설치될 경우 : NFTC 2.10.3.9

감시제어반과 자동화재탐지설비의 수신기를 별도의 장소에 설치하는 경우에는 이들 상호간 연동하여 화재발생 및 NFTC 2.10.2.1(펌프의 작동 여부)·2.10.2.3(전원의 공급 여부)와 2.10.24(수조나 물올림수조의 저수위)의 기능을 확인할 수 있도록 할 것

→ 결국 제어반을 감시제어반과 동력제어반으로 구분하지 아니할 수 있는 경우는 다음과 같다.

제어반을 구분하지 않는 경우	
펌프방식의 경우	① 7층 미만이거나 또는 연면적 2,000m^2 미만에 해당하는 경우 ② 지하층 바닥면적의 합계가 3,000m^2 미만에 해당하는 경우 * ②의 경우는 ①에 해당하지 않는 경우에 한한다.
엔진펌프방식의 경우	(규모에 관계없이) 엔진펌프, 고가수조방식, 가압수조방식을 사용하는 스프링클러설비의 경우
고가수조방식의 경우	
가압수조방식의 경우	

(3) 스프링클러 제어반의 기능 및 시험 : NFTC 2.10.2 & 2.10.3.8

① 기능

㉠ 각 펌프의 작동 여부를 확인할 수 있는 표시등 및 음향경보기능이 있어야 할 것

㉡ 각 펌프를 자동 및 수동으로 작동시키거나 중단시킬 수 있어야 할 것

㉢ 비상전원을 설치한 경우에는 상용전원 및 비상전원의 공급 여부를 확인할 수 있어야 할 것

㉣ 수조 또는 물올림수조가 저수위로 될 때 표시등 및 음향으로 경보할 것

㉤ 예비전원이 확보되고 예비전원의 적합 여부를 시험할 수 있어야 할 것

② **시험** : 다음의 각 확인회로마다 도통시험 및 작동시험을 할 수 있도록 할 것

㉠ 기동용 수압개폐장치의 압력스위치회로

㉡ 수조 또는 물올림수조의 저수위감시회로

㉢ 유수검지장치 또는 일제개방밸브의 압력스위치회로

㉣ 일제개방밸브를 사용하는 설비의 화재감지기회로

㉤ 개폐밸브의 폐쇄상태 확인회로

꼼꼼체크 **보충자료**

개폐밸브의 폐쇄상태 확인회로란 탬퍼 S/W 회로를 말한다.

㉥ 그 밖에 이와 비슷한 회로

※ 제어반의 상세기준은 "옥내소화전설비"를 참고할 것

[4] 송수구

(1) 송수구의 기준 : 제11조(2.8.1)

① **설치장소** : 소방차가 쉽게 접근할 수 있고 잘 보이는 장소에 설치하고 화재층으로부터 지면으로 떨어지는 유리창 등이 송수 및 그 밖의 소화작업에 지장을 주지 아니하는 장소에 설치할 것

CHAPTER 01 CHAPTER 02 CHAPTER 03 CHAPTER 04 CHAPTER 05

② **개폐밸브** : 송수구로부터 스프링클러설비의 주배관에 이르는 연결배관에 개폐밸브를 설치한 때에는 그 개폐상태를 쉽게 확인 및 조작할 수 있는 옥외 또는 기계실 등의 장소에 설치할 것
③ **송수구의 구경** : 65mm의 쌍구형으로 할 것
④ **송수압력의 표시** : 송수구에는 그 가까운 곳의 보기 쉬운 곳에 송수압력 범위를 표시한 표지를 설치할 것
⑤ **송수구의 높이** : 지면으로부터 높이 0.5m 이상 1m 이하의 위치에 설치할 것
⑥ **송수구의 수량** : 폐쇄형 헤드를 사용하는 경우의 송수구는 하나의 층의 바닥면적이 3,000m^2를 넘을 때마다 1개 이상(5개 초과 시 5개로 한다)을 설치할 것
⑦ **자동배수밸브** : 송수구의 부근에는 자동배수밸브(직경 5mm의 배수공) 및 체크밸브를 설치할 것. 이 경우 자동배수밸브는 배관 안의 물이 잘 빠질 수 있는 위치에 설치하되, 배수로 인하여 다른 물건 또는 장소에 피해를 주지 않아야 한다.
⑧ **마개** : 송수구에는 이물질을 막기 위한 마개를 씌울 것

(2) 송수구의 해설

① **송수구의 접속방법**

하나의 소방대상물 1개층에 여러 구역의 유수검지장치가 있는 경우에 송수구를 접속할 경우 스프링클러 유수검지장치별로 송수구를 설치하는 것이 합리적이나 이는 다음과 같은 문제점이 발생하게 된다.

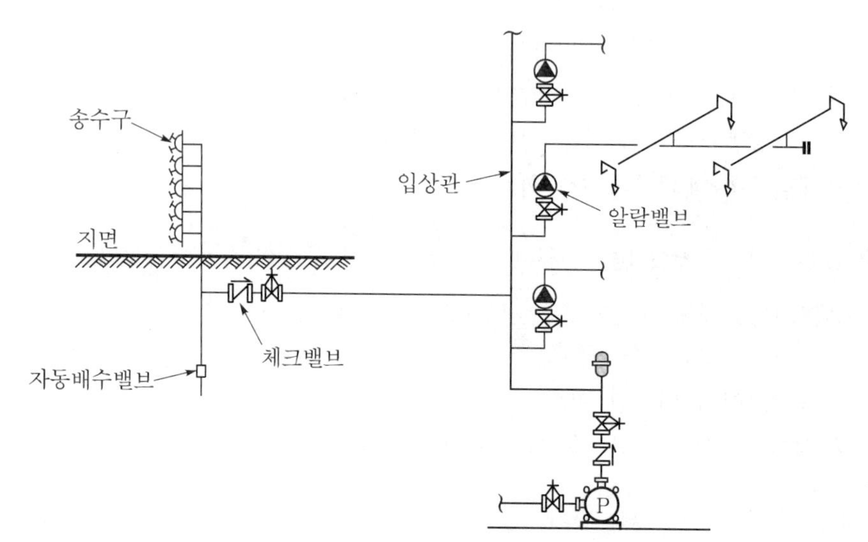

[그림 1-3-51] 송수구와 SP 설비의 입상관 접속

첫째, 유수검지장치별로 송수구를 설치하려면 유수검지장치 수만큼의 송수구 수량이 필요하게 된다. 그러나 송수구는 5개 초과 시 최고 5개까지만 설치하여도 무방하므로 5개만 설치할 경우 실제로는 유수검지장치별로 송수구를 설치할 수 없게 된다.
둘째, 유수검지장치의 1차측에 접속하는 것은 결국 입상배관에 접속하는 것으로 이 경우는 유수검지장치별로 구분할 필요가 없어진다. 따라서 1차측에 접속할 경우는 여러 개의 송수구를 전부 접속하여 스프링클러 펌프 토출측 입상관에 접속하도록 한다.

② 송수압력의 표지

㉠ 연결송수관의 경우는 NFTC 502(연결송수관) 2.1.1.9에 송수구 명칭에 대한 표지를 하도록 규정하고 있으나 스프링클러용 송수구에 대해서는 송수구의 명칭에 대한 표지판 규정이 별도로 없다. 그러나 일본의 경우는 일본 소방법 시행규칙 제14조 1항 6호에 "스프링클러설비 송수구"라는 표지판을 하도록 규정하고 있으며, 설치는 긴 변은 30cm 이상 폭을 10cm 이상으로 하며 붉은색 바탕에 백색 문자로 표시하고 있다.

㉡ 이에 비해 송수압력에 대해서는 송수구의 가까운 보기 쉬운 곳에 송수압력 표지를 하여야 하며 이는 "송수압력 범위 ○○(MPa) 이상"으로 표시하도록 한다. 송수압력의 범위란 송수구에서 소방차로부터 물을 공급할 경우 배관의 마찰손실 등을 감안하여 각 헤드로부터 최소 0.1MPa 이상의 압력을 발생하기 위해 필요한 소방차의 송수압력을 의미하며, 이는 소방차가 주수할 경우를 대비하여 적정한 송수압력을 사전에 게시하는 것이다.

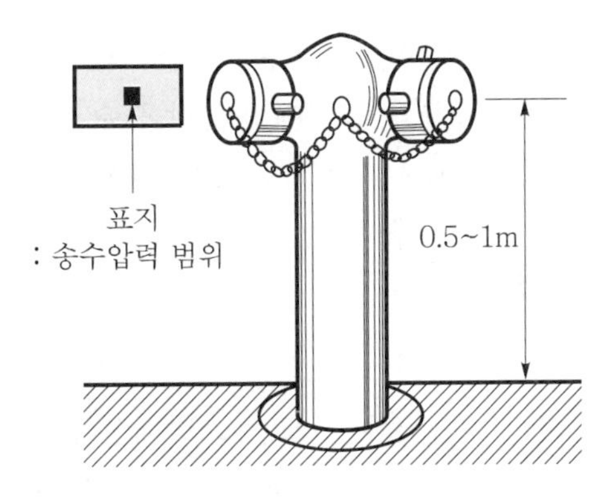

[그림 1-3-52] 송수구의 송수압력 표시

CHAPTER 01
CHAPTER 02
CHAPTER 03
CHAPTER 04
CHAPTER 05

③ 송수구 접속배관의 관경

송수구에서 스프링클러 입상관까지의 접속배관의 관경에 대한 기준이 국내에는 없으나, 일본의 경우는 원칙적으로 호칭경 100mm 이상으로 하되 2개 이상의 송수구를 접속할 경우는 호칭경 150mm 이상으로 하도록 규정하고 있다.[11] 국내에는 유수검지장치별로 접속되는 헤드 수량을 파악하여 적정한 입상주관의 관경을 적용하도록 한다.

08 비상전원 및 배선의 기준

※ 상용전원은 옥내소화전 항목과 내용이 동일하므로 SECTION 02 "옥내소화전설비"를 참고 바람.

[1] 비상전원 설치 및 면제대상 : NFTC 2.9.2

(1) 기준

① 설치대상

㉠ 스프링클러설비에는 자가발전설비, 축전지설비 또는 전기저장장치에 따른 비상전원을 설치해야 한다.

㉡ 차고, 주차장으로서 스프링클러가 설치된 바닥면적(포소화설비가 설치된 차고, 주차장 바닥면적을 포함한다)의 합계가 1,000m^2 미만인 경우에는 비상전원수전설비로 설치할 수 있다.

② 면제대상 : 다음의 경우에는 비상전원을 설치하지 아니할 수 있다.

㉠ 2 이상의 변전소에서 전력을 동시에 공급받을 수 있거나 하나의 변전소로부터 전력의 공급이 중단되는 때에는 자동으로 다른 변전소로부터 전원을 공급받을 수 있도록 상용전원을 설치한 경우

㉡ 가압수조방식의 경우

(2) 해설

① 옥내소화전설비의 경우 비상전원은 모든 소방대상물이 대상이 아니며 일정한 층이나 연면적 이상일 경우에 한하여 적용대상이 된다. 이에 비해 스프링클러설비와 같은 자동식 소화설비의 경우는 층수나 연면적의 대소에 불문하고 스프링클러를 설치한 모든 소방대상물이 비상전원 설치대상이 된다.

11) 일본 예방심사 규정 : 동경소방청 사찰편람 5.4 스프링클러설비 5.4.16 送水口 P.231의 2

② 비상전원으로서 축전지설비란 엔진펌프를 사용할 경우에 엔진펌프의 기동용 축전지를 의미하며, 비상전원수전설비는 상용전원에 대해 내화도 및 신뢰도를 보강한 설비로서 정전 시에는 사용할 수 없으나 초기화재에는 정전이 없다고 판단하여 소규모의 건물(차고, 주차장으로서 바닥면적의 합계가 1,000m^2 미만일 경우)에 국한하여 적용하도록 한 것이다.

③ 포소화설비가 설치된 차고·주차장의 바닥면적이란 NFTC 105(포) 2.1.1.2에 따라, 포워터스프링클러설비·포헤드설비 또는 고정포방출설비, 압축공기포소화설비가 설치된 부분의 바닥면적으로 합계가 1,000m^2 미만일 경우를 말한다.

④ 2개소 이상의 변전소에서 동시에 수전을 받거나, 하나의 변전소에서 급전(給電)이 중단되면 자동으로 다른 변전소에서 전력을 공급받을 수 있는 경우는 원칙적으로 정전사태가 없다고 판단하여 비상전원을 면제하고 있다.

[2] 비상발전기의 부하구분

(1) **소방부하** : 소방부하에 대한 용어의 정의는 제3조 32호(1.7.1.32)에 따르면, “소방시설 및 피난·방화·소화활동을 위한 시설의 전력부하”로 정의하고 있다. 이때, 소방시설은 소화설비, 경보설비, 피난구조설비, 소화용수설비, 소화활동설비를 말하며, “피난·방화·소화활동을 위한 시설”이란, 건축법령에 의한 방화, 피난시설(비상용 승강기, 피난용 승강기, 피난구 조명등, 배연설비, 방화문, 방화셔터 등)을 말한다.

(2) **비상부하** : 비상부하에 대한 용어의 정의는 제3조 33호(1.7.1.33)에 따르면, 발전기 용량산정에서 소방부하 이외의 부하로 정의하고 있다. 즉, 비상부하란, 편의시설인 일반부하 중 중요 부하에 해당하는 승용 승강기, 냉동·냉장시설, 환기시설, 오배수시설 등 일반 “정전 시의 부하(정선 시 발전기가 공급해 주는 부하)”로서 화재 시 차단이 가능한 부하이다.

부하구분	개 념	화재 시 적용	비 고
소방부하	소방 및 건축법령상 비상전원	화재 시 차단불가	화재 시 부하
비상부하	일반부하 중 중요 부하	화재 시 차단가능	정전 시 부하

㈜ 이는 화재안전기준상 개념이며 타법(전기 또는 건설기준)에서는 이와 달리 적용하고 있음.

[3] 비상전원용 발전기의 선정

(1) **비상전원용 발전기의 구분** : NFTC 2.9.3.8

자가발전설비는 부하의 용도와 조건에 따라 다음의 어느 하나를 설치하고 그 부하용도별 표지를 부착해야 한다.

① 소방전용발전기
② 소방부하겸용발전기
③ 소방전원보존형 발전기

(2) **해설** : 비상전원으로 인정받으려면 발전기는 다음의 3종류 중 어느 하나이어야 한다.

① **소방전용발전기** : 소방부하용량을 기준으로 정격출력용량을 산정하여 소방전용으로 사용하는 발전기를 말한다. 따라서 소방전용발전기란 소방시설 등을 위한 전용의 발전기를 말하나 현재 국내에서 소방부하전용발전기를 설치한 사례는 거의 없는 상황이다.

장 점	• 소방부하에 대한 안정적인 전력공급이 가능하다.
단 점	• 비상부하에 대한 발전기를 추가로 설치하여야 하므로 경제성이 없어 설치를 기대하기 어렵다.

② **소방부하 겸용발전기** : 소방 및 비상부하 겸용으로서 소방부하와 비상부하의 전원용량을 합산하여 정격출력용량을 산정하여 사용하는 합산용량의 발전기를 말한다. 이 경우 NFTC 2.9.3.8 본문의 단서조항에 따라 비상부하는 국토교통부장관이 정한 건축전기설비설계기준의 수용률 범위 중 최대값 이상으로 적용하여야 한다. 따라서 합산용량으로 설계는 하였으나 설계자가 수용률을 임의로 조정하여 실질적으로 발전기의 용량을 낮추는 편법을 사용해서는 아니된다.

장 점	• 발전기 용량이 충분하여 소방부하에 대해 안정적으로 전력을 공급할 수 있다.
단 점	• 설비용량 증가에 따라 발전실의 면적이나 연관시설이 증가하게 된다.

③ **소방전원보존형 발전기** : 소방 및 비상부하 겸용으로서 소방부하의 전원용량을 기준으로 정격출력용량을 산정하여 사용하는 발전기를 말한다. 보존형 발전기는 소방부하와 비상부하를 겸용으로 사용하고는 있으나 다른 발전기와의 차이점은 과부하로 인하여 소방부하에 피해를 주지 않도록 비상부하를 차단할 수 있는 기능이 있는 발전기이다.

장 점	• 화재 시 요구되는 소방부하에 대해 안전성을 확보할 수 있다. • 합산용량발전기에 비해 용량이 경감되어 경제성이 높다. • 정전 및 화재 시 비상부하에 대하여 일괄제어뿐 아니라 순차제어가 가능하다.
단 점	• 기존 발전기의 경우는 제어장치 및 연관된 부대설비를 별도로 시공하여야 한다.

[4] 배선의 기준

(1) 기준 : 제14조(2.11)

① 비상전원으로부터 동력제어반 및 가압송수장치에 이르는 전원회로배선은 내화배선으로 할 것. 다만, 자가발전설비와 동력제어반이 동일한 실에 설치된 경우에는 자가발전기로부터 그 제어반에 이르는 전원회로배선은 그렇지 않다.

② 상용전원으로부터 동력제어반에 이르는 배선, 그 밖의 스프링클러설비의 감시·조작 또는 표시등회로의 배선은 내화배선 또는 내열배선으로 할 것. 다만, 감시제어반 또는 동력제어반 안의 감시·조작 또는 표시등회로의 배선은 그렇지 않다.

(2) 해설

스프링클러설비에 사용하는 배선의 적용은 다음 그림과 같다.

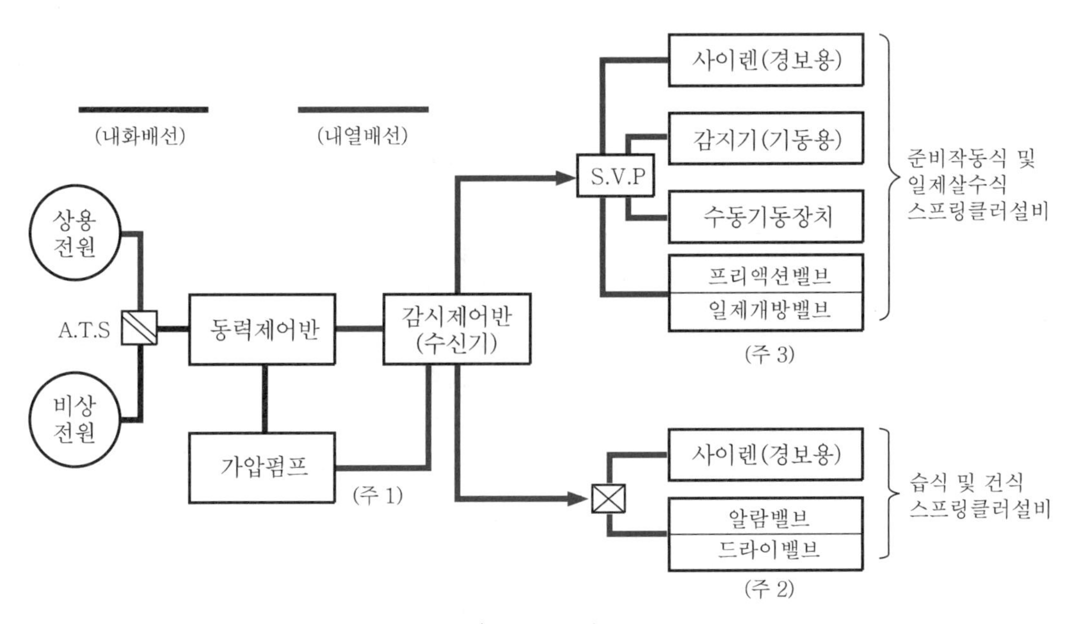

(주) 1. 압력 S/W(압력 체임버용), 탬퍼 S/W(개폐밸브)의 배선임.
2. 탬퍼 S/W, 압력 S/W의 배선임.
3. 탬퍼 S/W, 압력 S/W, 솔레노이드밸브의 배선임.

※ 수동기동장치는 SVP에 내장된 것임.

[그림 1-3-53] 스프링클러설비의 배선기준

[5] 스프링클러설비의 계통도

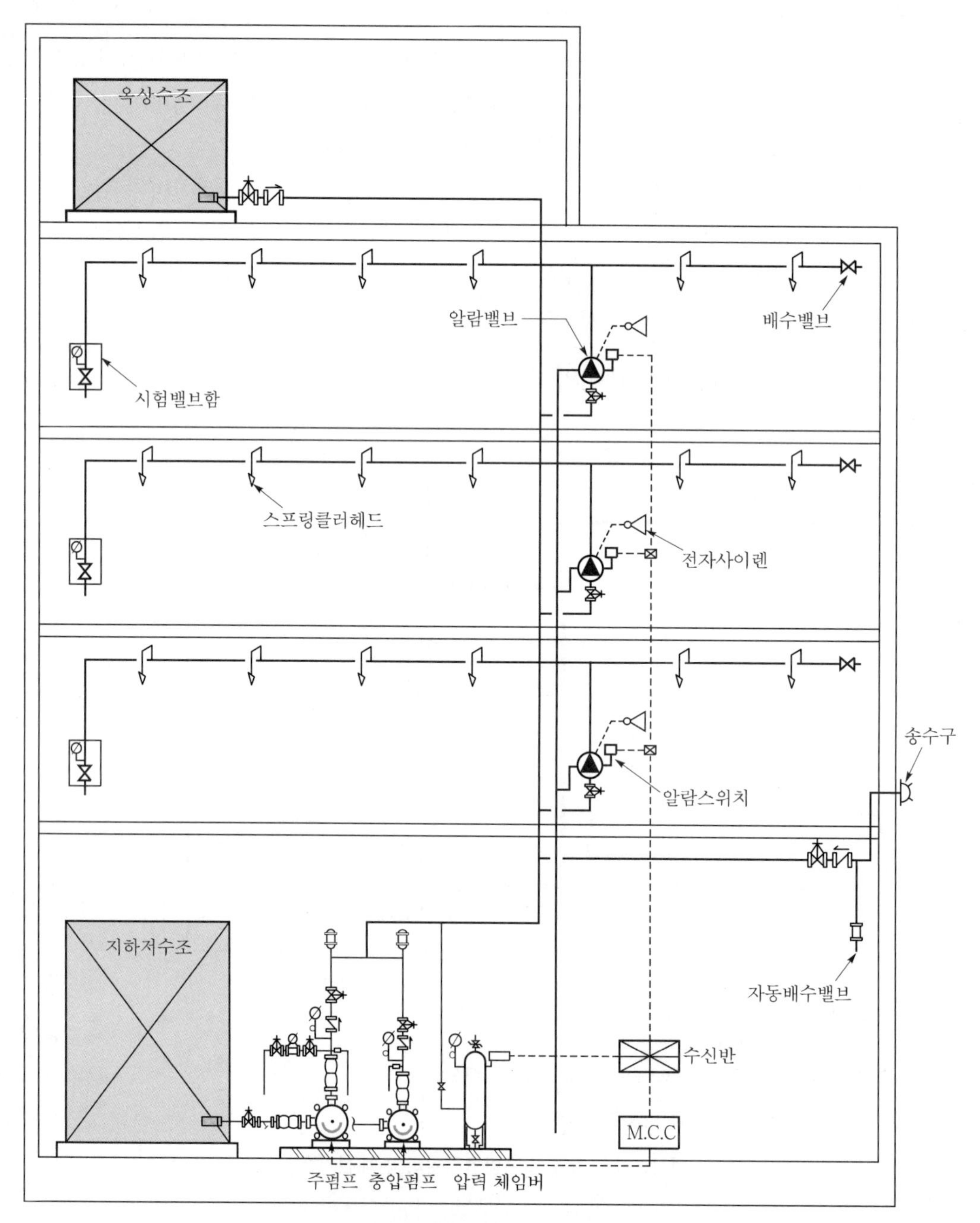

[그림 1-3-54] 스프링클러설비(습식) 계통도

단원문제풀이

01 스프링클러설비에 대한 다음의 질문에 대하여 올바른 답을 각각 3가지씩 쓰시오.

1. 습식 스프링클러설비 외의 설비에는 헤드 설치 시 상향식으로 설치하여야 한다. 그러나 하향식으로 설치가 가능한 경우는 무엇인가?
2. 조기반응형 헤드를 설치하여야 하는 경우 설치장소는 어디인가?
3. 소방용 합성수지배관을 사용할 수 있는 경우는 어떠한 경우인가?
4. 일제개방밸브에서 화재감지기회로를 교차회로방식으로 하지 않을 수 있는 경우는 어떠한 경우인가?

| 해답 |

1. ① 드라이펜던트 스프링클러헤드를 사용하는 경우
   ② 스프링클러헤드의 설치장소가 동파의 우려가 없는 곳인 경우
   ③ 개방형 스프링클러헤드를 사용하는 경우
2. ① 공동주택·노유자시설의 거실
   ② 오피스텔·숙박시설의 침실
   ③ 병원의 입원실
3. ① 배관을 지하에 매설하는 경우
   ② 다른 부분과 내화구조로 구획된 덕트 또는 피트의 내부에 설치하는 경우
   ③ 천장과 반자를 불연재료 또는 준불연재료로 설치하고 그 내부에 습식으로 배관을 설치하는 경우
4. ① 스프링클러설비의 배관 또는 헤드에 누설경보용 물을 채우는 경우
   ② 스프링클러설비의 배관 또는 헤드에 압축공기를 채우는 경우
   ③ 부압식 스프링클러설비의 경우
   ④ 화재감지기를 다음과 같은 감지기로 설치할 경우
      ㉠ 불꽃감지기
      ㉡ 정온식 감지선형 감지기
      ㉢ 분포형 감지기
      ㉣ 복합형 감지기
      ㉤ 광전식 분리형 감지기
      ㉥ 아날로그방식의 감지기
      ㉦ 다신호방식의 감지기
      ㉧ 축적방식의 감지기
      ※ NFTC 2.6.3.2 참고할 것

02 스프링클러설비에서 유효수량 외 유효수량의 1/3 이상을 옥상에 설치하지 아니할 수 있는 6가지 경우를 쓰시오.

| 해답 |

1. 지하층만 있는 건축물의 경우
2. 고가수조를 가압송수장치로 설치한 스프링클러설비의 경우
3. 수원이 건축물의 최상층에 설치된 헤드보다 높은 위치에 설치된 경우
4. 건축물의 높이가 지표면으로부터 10m 이하인 경우
5. 주펌프와 동등 이상의 성능이 있는 별도의 펌프로서 내연기관의 기동과 연동하여 작동되거나 비상전원을 연결하여 설치한 경우
6. 가압수조를 가압송수장치로 설치한 스프링클러설비의 경우

03 스프링클러 펌프의 흡입측에 설치한 연성계의 진공눈금이 352mmHg를 지시하고 있다. 이때 펌프의 이론 흡입양정(m)은 얼마인가?

| 해답 |

1기압=760mmHg=10.3mAq이다. 손실을 무시할 경우 즉, 이론 흡입양정은 다음과 같다.

x(연성계 눈금) : 352mmHg=1기압 : 760mmHg

$$x = 1\text{기압} \times \frac{352}{760} = 10.3\text{m} \times \frac{352}{760} = 4.77\text{m}$$

꼼꼼체크

- 1기압=760mmHg=10.3mAq(1.03kg/cm^2)이다. ➡ 기본적인 수치이므로 반드시 암기할 것
- 연성계의 경우 언제나 대기압보다 낮은 압력이 되며 따라서 연성계의 압력은 흡입수두를 의미한다. 또한 이것은 대기압에 대한 진공눈금이 된다.

04 습식 스프링클러설비를 다음의 조건을 이용하여 그림과 같이 8층 건물(용도는 판매시설이 없는 근린생활시설)에 시공할 경우 다음 물음에 해당하는 올바른 답을 구하라. (소수 둘째자리까지 계산한다.)

[조건]

1) 펌프에서 최고위 말단 헤드까지의 배관 및 부속류의 총 마찰손실은 펌프 자연낙차압의 35%이다.
2) 펌프의 연성계 눈금은 355mmHg이다. 단, 1기압=1.03kg/cm^{2}이다.
3) 펌프의 체적효율(η_v)=0.95, 기계효율(η_m)=0.9, 수력효율(η_h)=0.80이다.

1. 주펌프의 양정(m)을 구하라(교차배관과 가지배관 간의 높이는 무시한다).
2. 주펌프의 토출량(Lpm)을 구하라.

3. 주펌프의 효율(%)을 구하라.
4. 주펌프의 최소소요동력(kW)을 구하라.

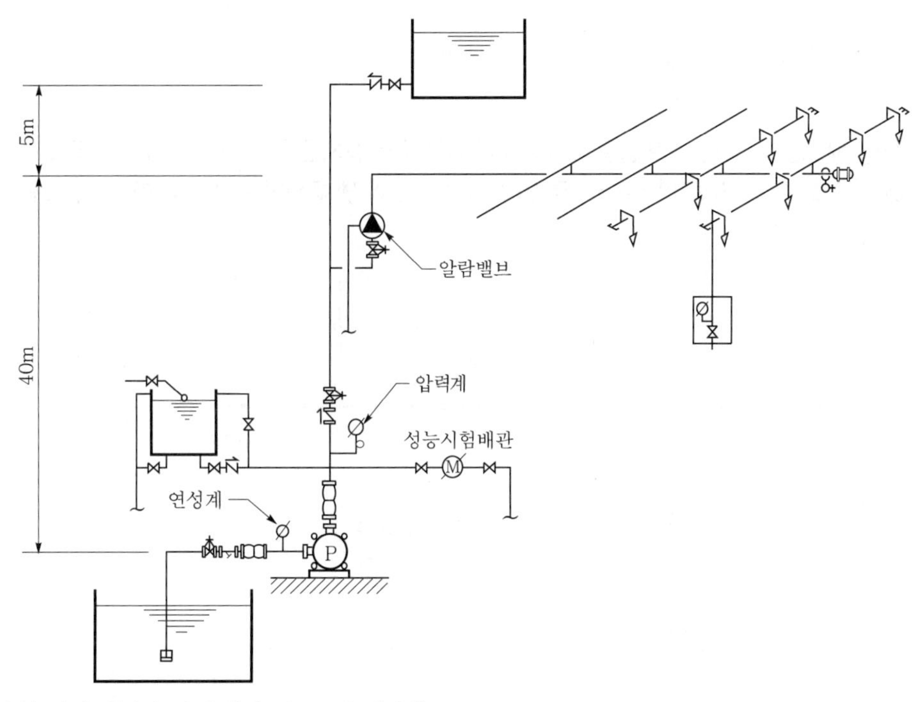

(주) 압력 체임버 및 충압펌프는 그림 생략함.

| 해답 |

1. 펌프의 양정

   펌프의 양정 H(m)=흡입측 양정+토출측 양정+마찰손실+10m

   ① 흡입측 양정 : 연성계 눈금이 355mmHg이고, 1기압=760mmHg=1.03kg/cm^2=10.3m 이므로

   $$\therefore \ 1\text{기압} \times \frac{355}{760} = 10.3\text{m} \times \frac{355}{760} \fallingdotseq 4.81\text{m}$$

   ② 토출측 양정 : 40m(최고위 헤드까지의 높이로 한다)

   ③ 마찰손실 : 자연낙차압(옥상 저수조에서부터 펌프까지의 자연압)은 45m(=40+5)이므로 조건에 의해 총 마찰손실은 45m×0.35=15.75m

   따라서, 양정(m)=4.81+40+15.75+10=70.56m

2. 펌프의 토출량

   10층 건물 이하로서 근린생활시설이므로 기준 헤드는 30개이다.

   ∴ 토출량 Q=80L/min×30개=2,400Lpm

3. 펌프의 효율

   펌프효율=체적효율×기계효율×수력효율이므로

   $\eta = \eta_v \times \eta_m \times \eta_h = 0.95 \times 0.9 \times 0.8 = 0.684$

CHAPTER 01
CHAPTER 02
CHAPTER 03
CHAPTER 04
CHAPTER 05

4. 펌프의 동력

$P(\text{kW}) = \dfrac{0.163 \times Q \times H}{\eta} \times K$, 이때 $Q = 2{,}400\text{Lpm} = 2.46\text{m}^3/\text{min}$이므로

$\therefore\ P(\text{kW}) = \dfrac{0.163 \times 2.4 \times 70.56}{0.684} \times 1.1 \fallingdotseq 44.4\text{kW}$

05 **폐쇄형 헤드를 사용한 스프링클러설비에서 A지점에 설치된 헤드 1개만이 개방되었을 때 A지점에서의 헤드 방사압력(kg/cm²)은 얼마인가? 소수 넷째자리까지 구하라. (단, 도면의 길이는 mm이다.)**

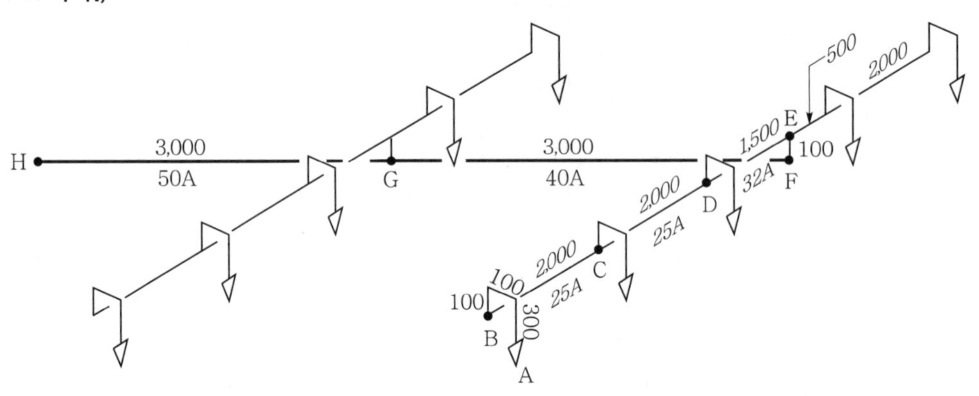

[조건]

1) 급수배관 H지점에서의 압력은 1.5kg/cm²이다.
2) 티 및 엘보는 직경이 다른 티 및 엘보는 사용하지 않는다.
3) 스프링클러헤드 접속부위는 15mm로 한다.
4) 직관 마찰손실(100m당)은 다음 표를 이용한다.

유 량	25A	32A	40A	50A
80L/min	39.82m	11.38m	5.40m	1.68m

(A점에서의 헤드 방수량을 80L/min로 계산한다.)

5) 관이음쇠 마찰손실에 해당하는 직관길이는 다음 표를 이용한다.

관이음쇠	25A	32A	40A	50A
엘보(90°)	0.90	1.20	1.50	2.10
레듀서	(25×15A)0.54	(32×25A)0.72	(40×32A)0.90	(50×40A)1.20
직류 Tee	0.27	0.36	0.45	0.60
분류 Tee	1.50	1.80	2.10	3.00

| 해답 |

우선 레듀서의 규격이 표에서 큰 쪽의 구경에 해당하는 칸에 속해 있으므로 이는 큰 구경으로 적용하라는 의미이다.

1. 배관의 마찰손실수두
   ① A~D 구간
      ㉠ 25A 직관=0.3m+0.1m+0.1m+2m+2m=4.5m
      ㉡ 레듀서(25×15A) : 1개×0.54m=0.54m → 헤드 접속부위
      ㉢ 엘보(90°) 3개 : 3개×0.9=2.7m → 헤드의 리턴벤드 부분
      ㉣ 티(직류) : 1개×0.27m=0.27m → C점 부위
      따라서, 총 등가길이는 8.01m이며 조건의 직관 마찰손실표(100m당 손실임)를 25A 부분에 대해 이를 적용하면 손실수두는 다음과 같다.
      $8.01\text{m} \times \frac{39.82}{100} = 3.189582\text{m}$ 이하 다른 부분도 동일한 방법으로 적용한다.
   ② D~E 구간
      ㉠ 32A 직관 : 1.5m
      ㉡ 레듀서(32×25A) : 0.72m
      ㉢ 티(직류) → D점 : 0.36m, 총 등가길이 2.58m, $2.58\text{m} \times \frac{11.38}{100} = 0.293604\text{m}$
   ③ E~G 구간
      ㉠ 40A 직관 : 0.1m+3m=3.1m
      ㉡ 레듀서(40×32A) : 0.9m
      ㉢ 티(분류) → E점 : 2.1m
      ㉣ 엘보(90°) : 1.5m, 총 등가길이 7.6m, $7.6\text{m} \times \frac{5.4}{100} = 0.4104\text{m}$
   ④ G~H 구간
      ㉠ 50A 직관 : 3m
      ㉡ 레듀서(50×40A) : 1.2m
      ㉢ 티(직류) → G점 : 0.6m, 총 등가길이 4.8m, $4.8\text{m} \times \frac{1.68}{100} = 0.08064\text{m}$
      ∴ 총 마찰손실수두=3.189582m+0.293604m+0.4104m+0.08064m=3.9742m
      ⇨ 0.39742kg/cm^2
2. 구간의 낙차수두
   EF(0.1m)+헤드 A의 리턴벤드(0.1m−0.3m)=−0.1m ⇨ -0.01kg/cm^2
3. A지점의 방사압=H지점 압력−낙차수두압력−총 마찰손실압력
   $=1.5\text{kg/cm}^2-(-0.01\text{kg/cm}^2)-0.39742\text{kg/cm}^2=1.5+0.01-0.39742 \fallingdotseq 1.1125\text{kg/cm}^2$

06 **다음의 계통도를 보고 물음에 답하여라. 10층의 사무실 용도로 반자높이는 4m이며 펌프의 효율은 55%이다.**

> [조건]
> 1) 구간별 배관길이는 AB=10m, BC=4m, CD=4m, DE=4.5m, EF=3m, FG=3m, GH=3m, HI=3.5m로 하며 [표 1-3-8(A)]와 [표 1-3-9]를 이용하라.
> 2) AB 구간의 관경은 100mm, BC 구간은 80mm이며 헤드는 하향식으로 설치한다.
> 3) 말단 헤드의 리턴벤드 부분의 엘보 손실은 무시한다.

1. 각 구간별 관경(mm) 및 유량(Lpm)을 구하라.
2. 각 구간별 관 부속(품명 및 수량)을 구하라. (단, 레듀서는 생략한다.)
3. 각 구간별 배관(관 부속을 포함한)의 등가길이(m)를 구하라.
4. 각 구간별 마찰손실수두(m)를 구하라.
5. 펌프의 양정(m) 및 토출량(Lpm)을 구하라.
6. 펌프의 최소동력(kW)을 구하라.
7. 주수원(지하)의 최소수량(m^3)을 구하라.

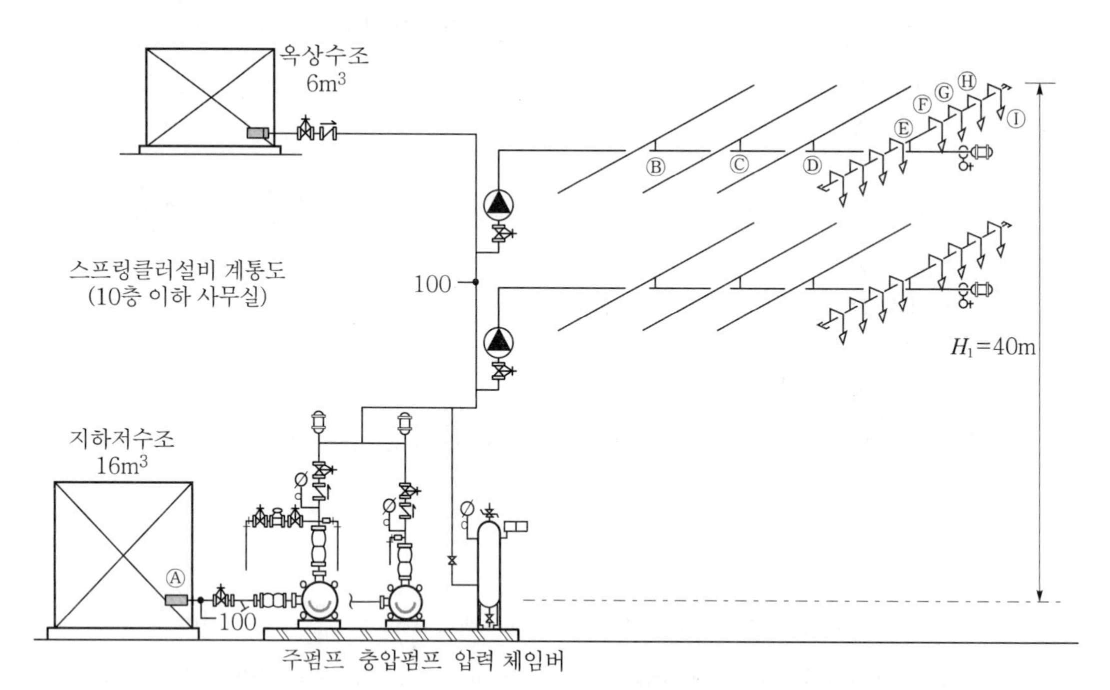

| 해답 |

1. 각 구간별 유량은 기준개수 범위 내에서 동시 개방되는 헤드수에 따르며 관경은 NFPC 103의 별표 1(NFTC 표 2.5.3.3)을 적용하면 다음과 같다.

구 간	관경(mm)	유량(Lpm)	비 고
A－B 구간	100(조건 제시)	800	기준개수를 초과하므로 유량은 기준개수 10개를 기준으로 함.
B－C 구간	80(조건 제시)	800	
C－D 구간	65(헤드 16개)	800	
D－E 구간	50(헤드 8개)	640	헤드 8개 동시 개방
E－F 구간	40(헤드 4개)	320	헤드 4개 동시 개방
F－G 구간	32(헤드 3개)	240	헤드 3개 동시 개방
G－H 구간	25(헤드 2개)	160	헤드 2개 동시 개방
H－I 구간	25(헤드 1개)	80	헤드 1개 동시 개방

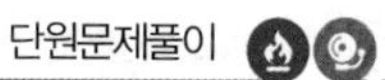

2. 구간별 관 부속은 다음과 같다.
   ① A−B 구간 : 엘보×4, 분류 티×2, 직류 티×2, 개폐밸브×3, 체크밸브×1, 스트레이너×1, 풋밸브×1, 알람밸브×1
   ② B−C 및 C−D 구간 : 각 직류 티×1
   ③ D−E 구간 : 각 분류 티×2
   ④ E−F, F−G, G−H 구간 : 각 직류 티×1
   ⑤ H−I 구간 : 분류 티×1
3. 각 구간별 등가길이는 [표 1−3−9]를 이용하여 다음과 같이 계산한다.

구 간	상당장 길이	총 계
A−B 구간 (100ϕ)	• 직관 : 10m • 90° 엘보 : 4.2m×4개=16.8m • 분류 티 : 6.3m×3개=18.9m • 직류 티 : 1.2m×2개=2.4m • 개폐밸브 : 0.81m×3개=2.43m • 체크밸브 : 7.6m×1개=7.6m • 스트레이너 : 16.5m×1개=16.5m • 풋밸브 : 16.5m×1개=16.5m • 알람밸브 : 16.5m×1개=16.5m	계 : 107.63m
B−C 구간 (80ϕ)	• 직관 : 4m • 직류 티 : 0.9m×1개=0.9m	계 : 4.9m
C−D 구간 (65ϕ)	• 직관 : 4m • 직류 티 : 0.75m×1개=0.75m	계 : 4.75m
D−E 구간 (50ϕ)	• 직관 : 4.5m • 분류 티 : 3.0m×2개=6.0m	계 : 10.5m
E−F 구간 (40ϕ)	• 직관 : 3m • 직류 티 : 0.45m×1개=0.45m	계 : 3.45m
F−G 구간 (32ϕ)	• 직관 : 3m • 직류 티 : 0.36m×1개=0.36m	계 : 3.36m
G−H 구간 (25ϕ)	• 직관 : 3m • 직류 티 : 0.27×1개=0.27m	계 : 3.27m
H−I 구간 (25ϕ)	• 직관 : 3.5m • 분류 티 : 1.5m×1개=1.5m	계 : 5m

4. 스프링클러설비의 구간별 마찰손실수두는 [표 1−3−8(A)]를 이용하여 계산한다.

구 간	총 상당장(m) : ①	손실계수 : ②	마찰손실수두(m) ①×②=③
A−B 구간 (800Lpm, 100ϕ)	107.63	0.0296	3.186
B−C 구간 (800Lpm, 80ϕ)	4.9	0.108	0.529

CHAPTER 01
CHAPTER 02
CHAPTER 03
CHAPTER 04
CHAPTER 05

구 간	총 상당장(m) : ①	손실계수 : ②	마찰손실수두(m) ①×②=③
C－D 구간 (800Lpm, 65ϕ)	4.75	0.2504	1.189
D－E 구간 (640Lpm, 50ϕ)	10.5	0.559	5.870
E－F 구간 (320Lpm, 40ϕ)	3.45	0.4997	1.724
F－G 구간 (240Lpm, 32ϕ)	3.36	0.6181	2.077
G－H 구간 (160Lpm, 25ϕ)	3.27	1.0223	3.343
H－I 구간 (80Lpm, 25ϕ)	5.0	0.2836	1.418
계			19.336

5. 펌프의 양정 및 토출량

① 펌프의 양정＝건물 낙차수두＋총 마찰손실수두＋10m

건물 낙차는 그림에서 40m이며, 총 마찰손실수두는 위에서 19.336m이다.

∴ 펌프의 양정＝40m＋19.336m＋10m＝69.336m≒70m

② 펌프의 토출량＝기준개수(10개)×80Lpm＝800Lpm

6. 펌프의 동력

토출량 800Lpm＝0.8m^3/min

따라서 $P(\mathrm{kW}) = \dfrac{0.163 \times Q \times H}{E} \times K = \dfrac{0.163 \times 0.8 \times 70}{0.55} \times 1.1 \fallingdotseq 18.256\mathrm{kW}$

꼼꼼체크

설계 적용 시 선정은 25HP(18.65kW)으로 선정한다.

7. 주수원의 수량

10층 이하 건물로서 사무실 용도이므로 기준개수는 10개이다.

따라서, 수원＝기준개수(10개)×80Lpm×20분＝16m^3

04 물분무소화설비 (NFPC & NFTC 104)

01 개 요

❶ 설치대상 : 소방시설법 시행령 별표 4

물분무등소화설비를 설치하여야 하는 특정소방대상물(위험물저장 및 처리시설 중 가스시설 또는 지하구를 제외한다)은 다음의 어느 하나와 같다.

특정소방대상물		물분무등소화설비 적용 기준	비 고
① 항공기격납고		모든 대상물	–
② 차고, 주차용 건축물 또는 철골조립식 주차시설		연면적 800m^2 이상인 것	–
③ 건축물 내부에 설치된 차고 또는 주차장		차고 또는 주차의 용도로 사용되는 부분의 바닥면적이 200m^2 이상인 층	50세대 미만 연립주택 및 다세대주택은 제외
④ 기계장치에 의한 주차시설		20대 이상의 차량을 주차할 수 있는 시설	–
⑤	전기실 · 발전실 · 변전실 (주 1)	바닥면적이 300m^2 이상인 것(주 2)	단서조항(주 3)
	축전지실 · 통신기기실 · 전산실		
⑥ 중 · 저준위 방사선 폐기물의 저장시설		소화수를 수집 · 처리하는 설비가 설치되어 있지 않는 경우	다만, 이 경우에는 가스계 소화설비(CO_2, 할론소화설비 또는 할로겐화합물 및 불활성 기체 소화설비)를 설치해야 한다.
⑦ 터널		위험등급 이상의 터널(주 4)	다만, 이 경우에는 물분무소화설비를 설치해야 한다.
⑧ 문화재		지정문화재 중 소방청장이 문화재청장과 협의하여 정하는 것	문화재보호법 제2조 3항 1호 및 2호에 따른 지정문화재

(주) 1. 가연성 절연유를 사용하지 아니하는 변압기·전류차단기 등의 전기기기와 가연성 피복을 사용하지 아니한 전선 및 케이블만을 설치한 전기실·발전실 및 변전실은 제외한다.
2. 하나의 방화구획 내에 2 이상의 실이 설치되어 있는 경우에는 이를 1개의 실로 보아 바닥면적을 산정한다. 다만, 내화구조로 된 공정제어실 내에 설치된 주조정실로서 양압시설이 설치되고 전기기기에 220V 이하인 저전압이 사용되며 종업원이 24시간 상주하는 곳은 제외한다.
3. 다만, 내화구조로 된 공정제어실 내에 설치된 주조정실로서 양압시설이 설치되고 전기기기에 220V 이하인 저전압이 사용되며 종업원이 24시간 상주하는 곳은 제외한다.
4. 예상교통량·경사도 등 터널의 특성을 고려하여 행정안전부령으로 정하는 터널

2 소화의 원리

물분무소화설비가 화재를 소화하거나 제어하는 방법은 다음과 같은 요인이 있으며 이러한 요인이 1가지 또는 복합적으로 작용하게 된다.

[1] 냉각작용

미세한 물분무 입자로 인하여 화재 시 화열에 의해 증발하면서 주위의 열을 탈취(奪取)하며, 연소면 전체를 물방울이 덮을 경우 매우 효과적으로 냉각작용을 하게 된다.

[2] 질식작용

물분무 입자가 화재 시 기화되어 수증기가 되면 화면(火面)을 차단하여 산소의 공급을 억제하여 질식효과를 발휘하게 된다.

[3] 유화작용(乳化作用 ; Emulsification)

일반적으로 물과 비수용성 액체 위험물은 혼합되지 않으나, 용기 속에서 세차게 섞어주면 일시적으로 이들의 혼합상태를 유지하게 되며 특히 액체 표면에서는 물과 기름의 혼합으로 극히 얇지만 에멀전(Emulsion) 상태가 되어 유화층을 형성하게 된다. 이 경우 점도(粘度 ; Viscosity)가 저하되어 액체의 표면에서 가연성의 증기가 증발하는 것을 억제하여 가연성 가스의 발생이 연소범위 이하가 되므로 연소성을 상실하게 된다.

꼼꼼체크 ▮ 유화작용

물분무 입자가 속도에너지를 가지고 유표면에 방사되면 유면에 부딪치면서 산란하여 위와 같은 조건에 따라 유화층(乳化層)을 형성하게 되며 이러한 유화층이 유면을 덮는 것을 유화작용이라 한다.

[4] 희석작용

수용성의 액체 위험물에 해당하는 사항으로, 방사되는 물분무 입자의 수량에 따라 액체 위험물이 비인화성의 농도로 희석될 경우 연소성을 상실하게 된다. 희석작용에 의한 효과를 발휘하려면 수용성 액체류를 비인화성으로 만드는 데 필요한 양 이상의 수량을 방사하여야 한다.

❸ 설비의 장단점

장 점	• 소화효과 이외에 연소의 제어(Control of burning) · 노출 부분의 방호(Exposure protection) · 출화의 예방(Prevention of fire)에도 효과가 있다. • 물을 주체로 한 수계 소화설비이나 B, C급 화재에도 소화적응성이 있다. • 수손(水損)의 피해가 스프링클러설비보다 적다.
단 점	• 물방울의 입자 크기가 작아 부력을 이기고 화심(火心) 속으로 침투하는 비율이 낮아 스프링클러설비보다 냉각소화 능력이 낮다. • 물방울 입자가 작고 가벼우므로 열기류, 바람 등의 영향을 받게 되므로 분사 시 입자의 도달거리가 짧다. • 용도에 따라 배수설비를 필수적으로 설치하여야 한다.

❹ 적응성과 비적응성

[1] **적응성** : NFPA 15(Water spray 2022 edition) 1.3(Application)

물분무설비는 다음과 같이 ABC급 화재 전역에 걸쳐 적응성이 있다.

(1) 인화성 가스 및 액체류(Gaseous & liquid flammable materials)

(2) **전기적 위험**(Electrical hazards)

예 변압기, 유입개폐기, 전동기, 케이블트레이, 케이블노선(Transformers, oil switches, motors, cable trays & cable runs)

(3) **일반 가연물**(Ordinary combustible)

예 종이 · 목재 · 직물(Paper, wood & textiles)

(4) 특정한 위험성 있는 고체(Certain hazardous solids)

[2] **비적응성** : NFPC 104(이하 동일) 제15조/NFTC 104(이하 동일) 2.12

다음의 장소에는 물분무헤드를 설치하지 아니할 수 있다.

(1) 물에 심하게 반응하는 물질 또는 물과 반응하여 위험한 물질을 생성하는 물질의 저장 또는 취급 장소

(2) 고온의 물질 및 증류(蒸溜) 범위가 넓어 끓어 넘치는 위험이 있는 물질을 저장 또는 취급하는 장소

(3) 운전 시에 표면의 온도가 260℃ 이상으로 되는 등 직접 분무를 하는 경우 그 부분에 손상을 입힐 우려가 있는 기계장치 등이 있는 장소

02 수원의 기준 : 제4조(2.1)

스프링클러설비는 화재 시 방호대상물의 전체 바닥면적을 기준으로 살수하는 설비이나, 물분무설비는 특정시설물의 화재 시 이를 소화하는 것으로 원칙적으로 장치류(Equipment) 표면에 물입자를 살수하여 해당 장치물의 화재를 소화시키는 것이 주목적이다. 따라서 스프링클러설비의 경우는 물방울의 크기가 크며, 파괴주수(注水)의 효과도 있으며 화심 속으로 물방울이 침투하여야 하나, 이에 비해 물분무설비는 물방울의 크기는 작으나 속도를 가지고 있어 일정한 운동량을 보유하게 되기 때문에 옥내·외를 막론하고 물방울을 분사하면 장치류의 전체 표면에 침투할 수 있게 된다.

[표 1-4-1] 수원의 기준

소방대상물	수원(L)	기준 면적 S(m^2)
특수가연물 저장 또는 취급	(10Lpm/m^2×20분)×S	최대방수구역의 바닥면적 (단, 50m^2 이하인 경우는 50m^2)
차고 또는 주차장	(20Lpm/m^2×20분)×S	최대방수구역의 바닥면적 (단, 50m^2 이하인 경우는 50m^2)
절연유 봉입변압기	(10Lpm/m^2×20분)×S	바닥 부분을 제외한 (변압기의) 표면적을 합산한 면적
케이블트레이·케이블덕트	(12Lpm/m^2×20분)×S	투영된 바닥면적
컨베이어 벨트	(10Lpm/m^2×20분)×S	벨트 부분의 바닥면적

꼼꼼체크 ▌ 변압기 표면적·투영된 바닥면적

1. 변압기 표면적이란 바닥면을 제외한 변압기의 4면 및 윗면의 면적을 뜻한다.
2. 투영(投影)된 바닥면적이란 케이블트레이나 덕트의 형태에 무관하게 위에서 빛을 비춘 경우 바닥에 그림자로 투영(投影)된 케이블이나 덕트의 밑면적(수평 투영면적)을 뜻한다.

03 물분무설비의 기준

❶ 헤드의 기준

[1] 헤드의 종류

물분무헤드는 스프링클러헤드에 비하여 물을 미세한 입자 상태로 방사하기 위하여 높은 방사압력이 필요하며, 스프링클러헤드와 달리 노즐의 분사각은 제품마다 다르며 국내의 경우 성능인증 기준에서 30~140°까지로 인정하고 있다. 물분무헤드는 물을 미분화시키는 것으로 국내의 경우 물분무헤드의 미분화 방식에 대해 성능인증 및 제품검사의 기술기준에서 다음과 같이 5가지 종류로 이를 분류하고 있다.[12)]

[그림 1-4-1] 물분무헤드의 외형

(1) 충돌형

유수와 유수의 충돌에 의해 미세한 물방울을 만드는 물분무헤드를 말한다.

(2) 분사형

소구경의 오리피스로부터 고압으로 분사하여 미세한 물방울을 만드는 물분무헤드를 말한다.

(3) 선회류(旋回流)형

선회류에 의해 확산 방출하든가 선회류와 직선류의 충돌에 의해 확산 방출하여 미세한 물방울로 만드는 물분무헤드를 말한다.

(4) 디플렉터형

수류(水流)를 살수판(撒水板)에 충돌시켜 미세한 물방울을 만드는 물분무헤드를 말한다.

(5) 슬릿(Slit)형

수류를 슬릿에 의해 방출시켜 수막상의 분무를 만드는 물분무헤드를 말한다.

---

12) 소화설비용 헤드의 성능시험 및 제품검사의 기술기준 제2조

꼼꼼체크 | 슬릿(Slit)

물이 통과하도록 만든 좁은 틈새

[2] 헤드의 수량

(1) 기준 : 제10조 1항(2.7.1)

물분무헤드는 표준 방사량으로 당해 방호대상물의 화재를 유효하게 소화하는 데 필요한 수를 적정한 위치에 설치해야 한다.

(2) 해설

물분무헤드는 스프링클러나 포헤드와 같이 헤드의 수평거리나 헤드 간의 거리에 대하여 규정하고 있지 않으며, 화재를 유효하게 소화하는 데 필요한 헤드 수량을 적절하게 배치하도록 선언적으로 규정하고 있다.

왜냐하면 물분무헤드란 제조사별로 유효사정(射程)거리, 분사각도, 살수유효반경 등 형식에 따른 사양이 다르기 때문에 물분무헤드의 소요개수 및 배치방법은 설계자가 선정한 헤드에 대해 제조사의 헤드 특성을 고려하여 결정하기 때문이다.

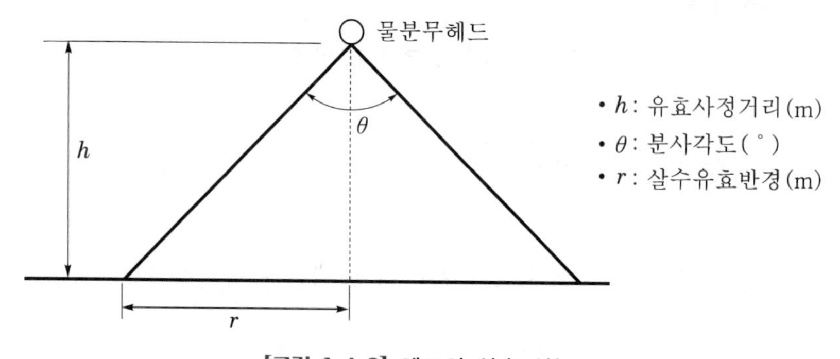

[그림 1-4-2] 헤드의 살수 성능

물분무헤드에 대한 국내의 성능인증 기준은 표준 방사압을 0.35MPa로 하여 1개의 헤드를 시험장치에 부착하고 2회 방사하여 분사각도, 표준 방수량(Lpm), 유효사정거리(m)를 측정하여 헤드의 살수성능을 판단하고 있다.

[3] 전기적 이격거리(Electrical clearance) : NFTC 2.7.2

고압의 전기기기가 있는 장소에는 절연을 위하여 [표 1-4-2]의 거리를 이격해야 한다.

[표 1-4-2] 고압기기와의 이격

전압(kV)	거리(cm)	전압(kV)	거리(cm)
66 이하	70 이상	154 초과 181 이하	180 이상
66 초과 77 이하	80 이상	181 초과 220 이하	210 이상
77 초과 110 이하	110 이상	220 초과 275 이하	260 이상
110 초과 154 이하	150 이상	–	–

❷ 기동장치의 기준

[1] 수동식 기동장치 : 제8조 1항(2.5.1)

(1) 직접조작 또는 원격조작에 따라 각각의 가압송수장치 및 수동식 개방밸브 또는 가압송수장치 및 자동개방밸브를 개방할 수 있도록 설치할 것

→ 물분무설비와 같은 개방형의 헤드는 비감지형 헤드인 관계로 일제개방밸브를 수동이나 자동으로 개방시켜 주어야 시스템이 작동하게 된다. 이 경우 주관에 설치된 밸브(수동식 개방밸브 또는 자동식 개방밸브)를 수동으로 조작하는 장치가 수동식 기동장치이며, 방식에는 직접조작에 의한 기계적 방식(예 조작용 개폐밸브를 손으로 조작 등)과 원격조작(버튼을 눌러 조작 등)에 의한 전기적 방식이 있다.

(2) 기동장치의 가까운 곳의 보기 쉬운 곳에 기동장치라고 표시한 표지를 할 것

[2] 자동식 기동장치 : 제8조 2항(2.5.2)

(1) 자동화재탐지설비의 감지기 작동 또는 폐쇄형 스프링클러헤드의 개방과 연동하여 경보를 발하고, 가압송수장치 및 자동개방밸브를 기동할 수 있을 것

(2) 다만, 자동화재탐지설비 수신기가 설치되어 있는 장소에 상시 사람이 근무하고, 화재 시 물분무소화설비를 즉시 작동시킬 수 있는 경우에는 그렇지 않다.

→ 자동식 기동장치는 감지기를 이용하는 전기적 기동방식과 스프링클러 폐쇄형 헤드를 이용하는 기계적 방식이 있다.

① 자동식 기동장치 : 감지기 이용방식

전기적 방식의 경우 감지기가 동작하면 수신기로 신호가 입력되고 이에 따라 일제개방밸브의 전자변이 작동하여 일제개방밸브(자동개방밸브)가 자동으로 개방하게 된다.

② 자동식 기동장치 : 스프링클러헤드 이용방식

기계적 방식의 경우는 일제개방밸브와 접속되어 있는 스프링클러 폐쇄형 헤드가 개방되면 배관 내의 유수로 인하여 배관 내의 압력 변화에 따라 일제개방밸브가 자동으로 개방하게 된다.

➡ 이후 가압송수장치는 일제개방밸브가 개방되면 배관 내 압력의 변화를 압력 체임버가 감지하여 자동으로 기동하게 된다.

❸ 밸브 및 송수구의 기준

[1] 자동식 개방밸브 및 수동식 개방밸브 : 제9조 2항(2.6)

(1) 자동개방밸브의 기동조작부 및 수동식 개방밸브는 화재 시 용이하게 접근할 수 있는 곳의 바닥으로부터 0.8m 이상 1.5m 이하의 위치에 설치할 것

(2) 자동개방밸브 및 수동식 개방밸브의 2차측 배관 부분에는 해당 방수구역 외에 밸브의 작동을 시험할 수 있는 장치를 설치할 것. 다만, 방수구역에서 직접 방사시험을 할 수 있는 경우에는 그렇지 않다.

⊡ ① 자동식 개방밸브란 일제개방밸브를 뜻하며 일반적으로 화재감지기의 기동과 폐쇄형 스프링클러헤드의 기동에 따라 자동개방되는 밸브이나 이를 수동으로 개방되는 구조의 밸브는 수동식 개방밸브에 해당한다.
② 자동개방밸브의 기동조작부란 자동개방밸브(일제개방밸브)에 개폐밸브를 접속하여 바닥에서 수동으로 용이하게 개폐 조작할 수 있도록 한 직접조작방식의 "수동기동장치"를 말한다.

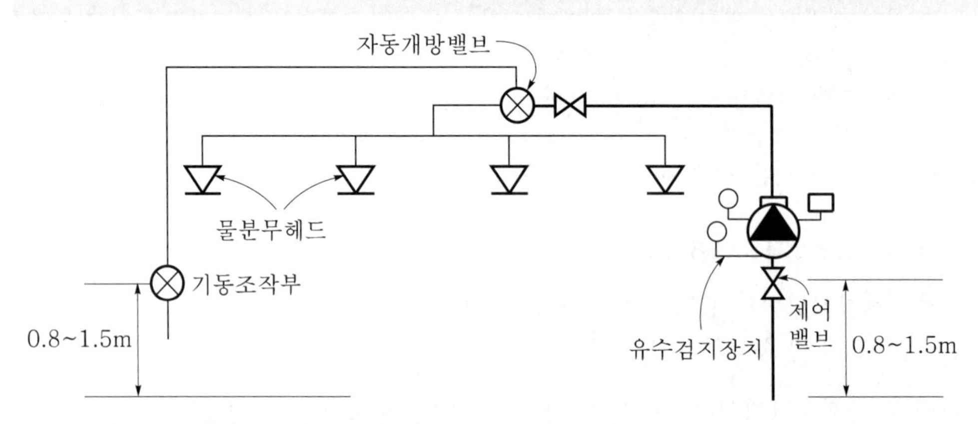

(주) 감지기나 헤드 등의 자동기동장치는 그림에서 생략함.

[그림 1-4-3] 자동개방밸브와 기동조작부

[2] 제어밸브 : 제9조 1항(2.6)

(1) 제어밸브는 바닥으로부터 0.8~1.5m 이하의 위치에 설치할 것

(2) 제어밸브의 가까운 곳의 보기 쉬운 곳에 "제어밸브"라고 표시한 표지를 설치할 것

⊡ 제어밸브란 유수검지장치 1차측에 설치하여 급수를 차단하는 개폐표시형 밸브를 말한다. 제어밸브의 목적은 물분무헤드로부터 방수가 될 경우 필요에 따라 방수를 중단할 필요가 있거나, 소화 후 설비를 종료시키거나, 수리나 보수를 위하여 유수검지장치나 일제개방밸브를 보수할 경우 등 급수를 차단할 목적으로 설치한다([그림 1-4-3] 참조).

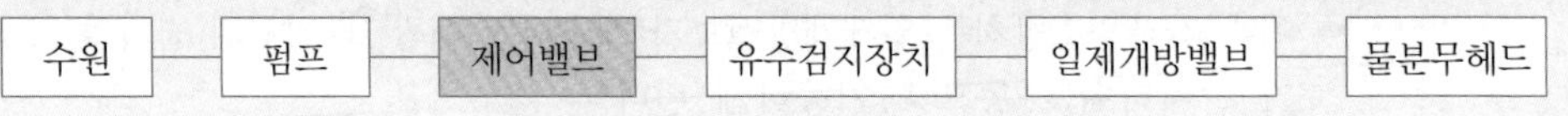

[3] 송수구(주요 기준) : 제7조(2.4)

(1) 송수구는 화재층으로부터 지면으로 떨어지는 유리창 등이 송수 및 그 밖의 소화작업에 지장을 주지 아니하는 장소에 설치할 것. 이 경우 가연성 가스의 저장·취급시설에 설치하는 송수구는 그 방호대상물로부터 20m 이상의 거리를 두거나 방호대상물에 면하는 부분이 높이 1.5m 이상 폭 2.5m 이상의 철근콘크리트 벽으로 가려진 장소에 설치해야 한다.

(2) 송수구는 하나의 층의 바닥면적이 3,000m^{2}를 넘을 때마다 1개(5개를 넘을 경우에는 5개로 한다) 이상을 설치할 것

(3) 지면으로부터 높이가 0.5m 이상 1m 이하의 위치에 설치할 것

4 배수설비의 기준 : 제11조(2.8)

차고 또는 주차장에는 다음의 기준에 따라 배수설비를 해야 한다.

[1] 배수구

(1) 차량이 주차하는 장소의 적당한 곳에 높이 10cm 이상의 경계턱으로 배수구를 설치할 것

(2) 차량이 주차하는 바닥은 배수구를 향하여 $\frac{2}{100}$ 이상의 기울기를 유지할 것

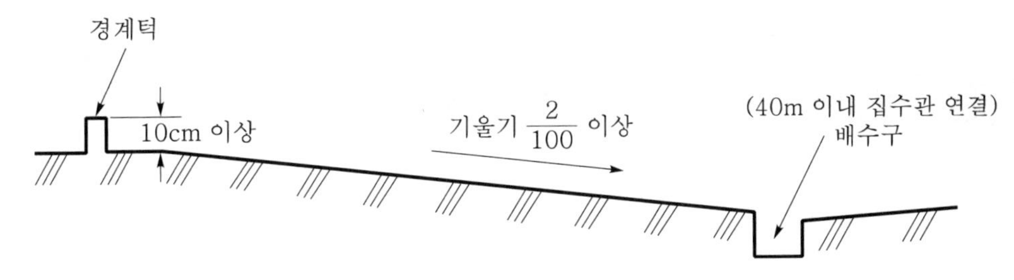

[그림 1-4-4] 배수구 및 경계턱

→ 배수설비를 설치하는 이유

① 물분무설비는 B, C급 화재에도 적응성이 있는 관계로, B급 화재의 경우 물분무헤드에서 물입자가 방사될 경우 기름이 외부로 유출하게 되면 물과 기름이 혼합된 액체 등이 바닥으로 흐르게 된다. 따라서 방호대상물의 바닥면에는 물과 기름이 혼합된 액체가 흐르므로 이로 인한 연소확대 등을 방지하기 위하여 이를 신속하고 효과적으로 제거하여야 하므로 물분무설비의 경우는 반드시 배수설비를 설치하여야 한다.

② 스프링클러설비를 주차장에 설치하는 경우 배수설비를 제외하는 것은, 스프링클러설비는 B, C급에 적응성 있는 설비가 아니므로 주차장은 스프링클러설비 대상이 아니며, 물분무등소화설비 대상이나 다만, 물분무 대신 스프링클러설비로 대처하기 때문이다.

[2] 기름분리장치 : NFTC 2.8.1.2

배수구에는 새어 나온 기름을 모아 소화할 수 있도록 길이 40m 이하마다 집수관, 소화피트 등 기름분리장치를 할 것

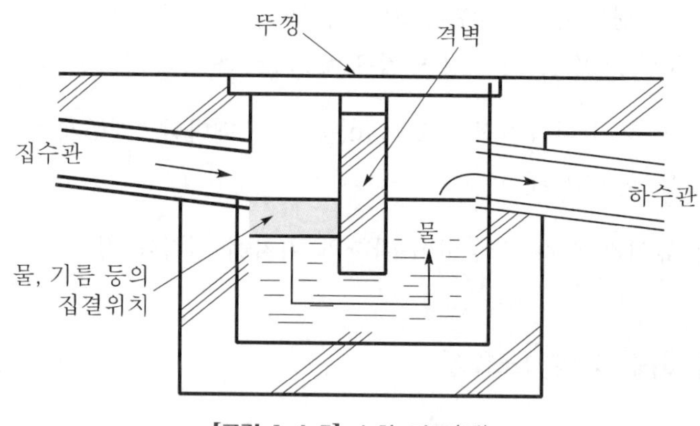

[그림 1-4-5] 소화 피트(예)

[3] 배수설비 용량 : NFTC 2.8.1.4

배수설비는 가압송수장치의 최대송수능력의 수량을 유효하게 배수할 수 있는 크기 및 기울기로 할 것

04 물분무설비의 펌프의 설계

❶ 펌프의 양정 기준 : 제5조 1항 3호(2.2.1.3)

가압송수장치 중 펌프방식에서 펌프의 양정은 다음과 같이 적용한다.

$$\text{펌프의 양정 } H(\text{m}) = H_1 + H_2 + H_3 \quad \cdots \text{ [식 1-4-1]}$$

여기서, H_1 : 건물 높이의 낙차(실양정)

H_2 : 배관의 마찰손실수두

H_3 : 물분무헤드의 설계압력 환산수두

꼼꼼체크 ▮ 펌프의 양정

NFPC 제5조 1항 3호(NFTC 2.2.1.3)에서 펌프의 양정 산정식에서 건물 높이의 낙차수두가 누락되어 있으므로 개정이 필요하다.

헤드의 설계압력 환산수두(H_3)는 물분무설비에서 옥내소화전의 노즐선단 방사압이나 스프링클러설비의 헤드 방사압과 같이 법적 방사압이 규정되어 있는 것이 아니고 제조사의 설계압력에 따른다. 현재 국내에서 제조하는 물분무헤드의 방사압은 0.35MPa(3.5kg/cm^2)로 제조하고 있으며 이 경우 물분무설비의 헤드압력 환산수두는 35m로 적용한다.

❷ 펌프의 토출량 기준 : 제5조 1항 2호(2.2.1.2)

펌프의 1분당 토출량은 다음 표와 같이 적용한다.

[표 1-4-3] 펌프의 토출량

소방대상물	토출량(Lpm)	기준면적 S(m^2)
특수가연물 저장 또는 취급	(10Lpm/m^2)×S	최대방수구역의 바닥면적 (단, 50m^2 이하인 경우는 50m^2)
차고 또는 주차장	(20Lpm/m^2)×S	최대방수구역의 바닥면적 (단, 50m^2 이하인 경우는 50m^2)
절연유 봉입 변압기	(10Lpm/m^2)×S	바닥 부분을 제외한 변압기의 표면적을 합산한 면적
케이블트레이·케이블덕트	(12Lpm/m^2)×S	투영된 바닥면적
컨베이어 벨트	(10Lpm/m^2)×S	벨트 부분의 바닥면적

CHAPTER 01
CHAPTER 02
CHAPTER 03
CHAPTER 04
CHAPTER 05

③ 물분무설비의 계통도

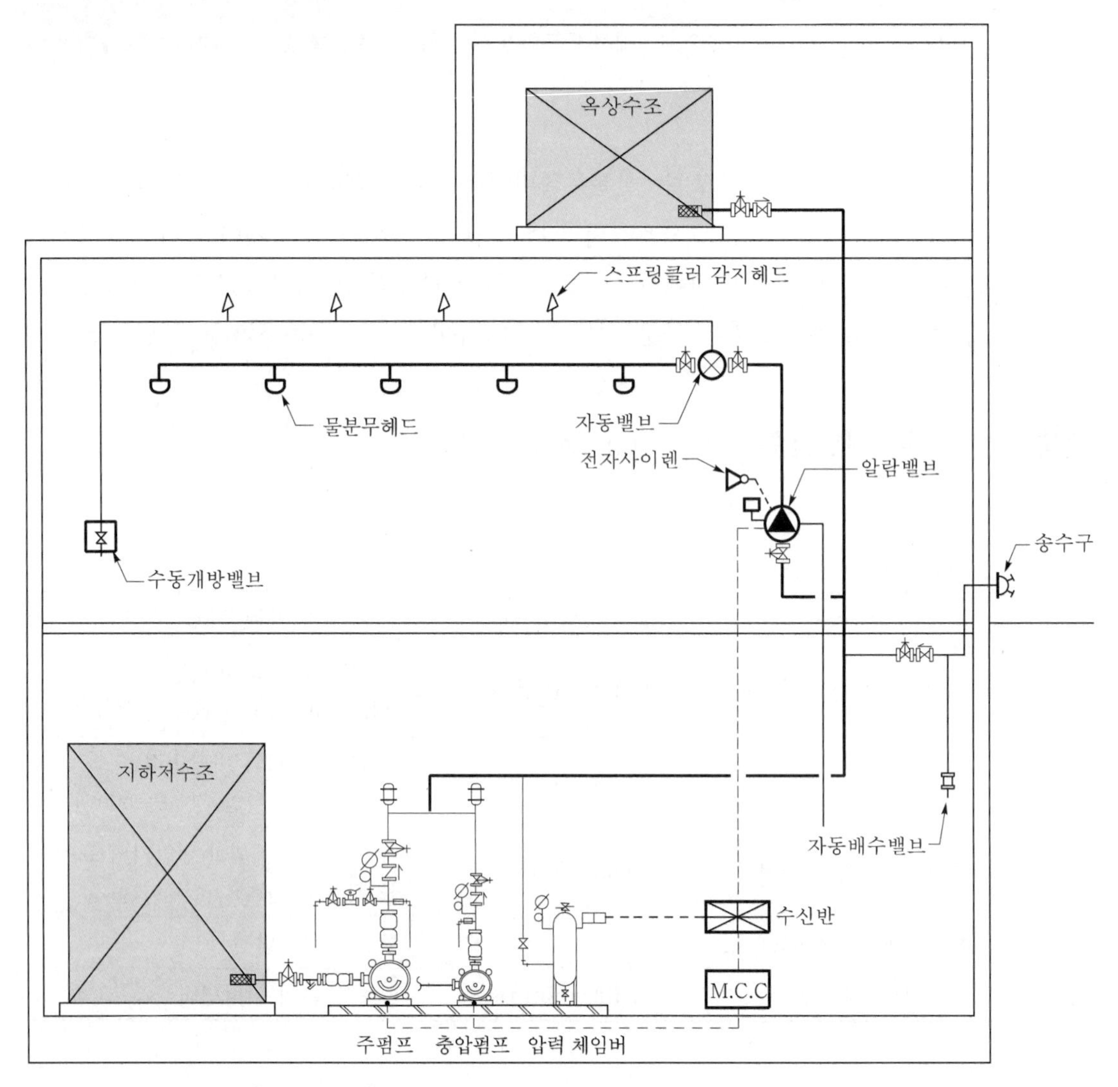

[그림 1-4-6] 물분무소화설비 계통도(스프링클러헤드 기동방식)

04-1 미분무소화설비 (NFPC & NFTC 104A)

01 개 요

1 미분무소화설비의 개념

[1] 미분무소화설비의 도입

미분무소화설비는 1940년대부터 그 이론적 배경이 소개되기 시작하였으나, 미분무설비를 본격적으로 사용하기 시작한 것은 오존층 파괴로 인한 Halon 1301의 폐기에 따른 대체설비로서의 역할과 미분무설비가 ABC급 화재 전반에 걸쳐 적응성이 있는 설비인 관계로 선박용 설비(Marine system) 등 다양한 시스템 개발이 본격화된 1990년대 후반부터이다. 국내의 경우 화재안전기준이 제정되지 못하여 본격적으로 적용하지 못 하였으나, 2011. 11. 24.자로 NFSC(국가화재안전기준) 104A를 신설하게 되어 국내에서도 시설기준을 처음으로 적용할 수 있게 되었다.

[2] 미분무수(微噴霧水 ; Water mist)

NFPC 104A(이하 동일) 제3조 2호/NFTC 104A(이하 동일) 1.7.1.2에서, 미분무수에 대해 "미분무라 함은 물만을 사용하여 소화하는 방식으로 최소설계압력에서 헤드로부터 방출되는 물입자 중 99%의 누적체적분포가 400μm 이하로 분무되고 A, B, C급 화재에 적응성을 갖는 것을 말한다."라고 정의하고 있다. 이에 대해 NFPA[13]에서는 국내와 달리 미분무수에 대해 "미분무 노즐의 최소작동압력에서 물방울의 누적체적분포에 대한 $D_{V0.99}$ 측정값이 1,000μm(=1mm) 미만인 물의 분무"라고 정의하고 있다.

[3] 누적체적분포(累積體積分布 ; Cumulative volumetric distribution)

누적체적분포란, 미분무헤드에서 방사되는 물방울의 크기(물방울 직경)를 작은 것부터 순서대로 누적시켰을 때의 체적 분포를 뜻한다. 이는 미분무설비에서 매우 중요한 개념으로

13) NFPA 750(2023 edition) 3.3.24(Water mist) : A water spray for which the $D_{V0.99}$, for the flow-weighted cumulative volumetric distribution of water droplet, is less than 1,000μm within the nozzle operating pressure range.

헤드에서 방사되는 물이 미분무수로 적용되려면 즉, 유효한 미분무소화설비로 인정받기 위해서는 누적체적분포의 99% 값이 어떤 특정한 물방울 크기 이하가 되어야 한다. $D_{V0.99}$의 의미는 물방울(Droplet)의 누적체적(Volume)에 대한 분율(分率)이 99%라는 뜻으로 화재안전기준에서는 $D_{V0.99} \leq 400\mu m$로 규정하고 있다. 따라서 국내의 경우 미분무수로 적용 받으려면 노즐에서 방사한 물방울의 99%(누적체적)가 $400\mu m$ 이하의 크기가 되어야 한다.

❷ 소화의 원리

미분무소화설비가 화재를 소화하거나 제어하는 방법은 다음과 같은 3가지 요인이 있으며 이러한 요인이 1가지 또는 복합적으로 작용하게 된다.[14]

[1] 냉각작용(Heat extraction)

미분무수의 경우 매우 미세한 물방울인 관계로 물방울의 비표면적(체적대비 표면적)이 매우 커서 열 흡수가 용이하여 물방울이 주변의 열을 탈취(奪取)하는 데 매우 효과적이다.

[2] 질식작용(Oxygen displacement)

미분무수는 화재 시 쉽게 기화되어 수증기가 되면 화면(火面)을 차단하여 외부로부터 공기(산소)의 공급을 억제하게 된다. 특히 미분무수의 경우는 물방울의 크기가 매우 작아 전역방출방식의 가스와 같이 방호공간 주위를 순환하게 되므로 이러한 미소 입자로 인하여 질식작용에 매우 효과적이다.

[3] 복사열의 감소(Radiant heat attenuation)

헤드에서 방사되는 미분무수는 화열을 쉽게 흡수한 후 주변으로 확산되고 미분무수에 의해 발생하는 수증기는 화재실에서의 복사열을 현저히 감소시켜 연소되지 않은 주변의 가연물로 화재가 확산되는 것을 억제시키게 된다.

❸ 설비의 장단점

구분	내용
장 점	• 독성이 없고 환경 친화적이다. • 수계 소화설비이나 B, C급 화재에도 소화적응성이 있다. • 다른 자동식 소화설비에 비해 유효수량이 적어 수손(水損)을 경감시킬 수 있다. • 물을 사용하므로 가스약제를 사용하는 가스계 소화설비에 비해 경제성이 높다. • 다른 수계 소화설비에 비해 방사량이 매우 적어 수원의 양과 관경을 대폭 절감할 수 있다. • 소화설비 이외 폭발억제설비(Explosion suppression system)로도 활용할 수 있다.

14) Fire protection handbook(19th) : Extinguishing mechanism p.10~308

단 점	• 차폐되거나 장애가 있는 장소는 완전히 소화할 수 없다. : 노즐의 분사패턴에서 멀리 떨어진 장소는 미분무수의 밀도가 현저히 감소하게 된다. • A급 심부화재는 완전히 소화할 수 없다. : 표면성의 불꽃화재(Flaming mode)에는 적응성이 있으나 물방울의 운동량이 작아 연료 심부에 침투할 수 없어 심부성의 작열화재(Glowing mode)에는 적응성이 약하다.

❹ 미분무설비의 성능 목적(Performance objectives)

미분무설비는 단순히 화재를 소화시키는 성능만 있는 것이 아니라 다음과 같은 다양한 성능을 가지고 있으며 이를 참고하여 성능 목적에 따라 미분무설비를 설계하는 데 참고할 수 있다. 이는 물분무설비도 마찬가지이며 이로 인하여 NFPA에서는 미분무설비를 소화설비(Fire extinguishing system)라고 하지 않고 방호설비(Fire protection system)라고 칭하고 있다.

① 화재제어(Fire control)
② 화재진압(Fire suppression)
③ 화재소화(Fire extinguishment)
④ 온도제어(Temperature control)
⑤ 노출 부분의 방호(Exposure protection)

02 미분무소화설비의 분류

❶ 설비별 분류

미분무소화설비의 종류는 방호대상물이나 설치장소 등에 따라 구분하여 적용하며 폐쇄형 헤드를 사용하는 경우와 개방형 헤드를 사용하는 경우에 따라 다음과 같이 구분한다.

- 폐쇄형 미분무설비
  - 습식 설비
  - 건식 설비
  - 준비작동식 설비
- 개방형 미분무설비 — 일제살수식 설비

CHAPTER 01
CHAPTER 02
CHAPTER 03
CHAPTER 04
CHAPTER 05

❷ 방출방식별 분류

[1] 전역방출방식 : 제3조 12호(1.7.12)

고정식 미분무소화설비에 배관 및 헤드를 고정 설치하여 구획된 방호구역 전체에 소화수를 방출하는 설비를 말한다.

[2] 국소방출방식 : 제3조 13호(1.7.13)

고정식 미분무소화설비에 배관 및 헤드를 설치하여 직접 화점에 소화수를 방출하는 설비로서 화재발생 부분에 집중적으로 소화수를 방출하도록 설치하는 방식을 말한다.

[3] 호스릴방식 : 제3조 14호(1.7.14)

소화수 또는 소화약제 저장용기 등에 연결된 호스릴을 이용하여 사람이 직접 화점에 소화수 또는 소화약제를 방출하는 방식을 말한다. 주로 미분무건(Gun)을 소화수 저장용기 등에 연결하여 사람이 직접 화점에 소화수를 방출하는 형식이다. 호스릴의 경우 호스 접결구로부터 수평거리는 25m이며, 약제저장용기의 개방밸브는 호스의 설치장소에서 수동으로 개폐할 수 있어야 한다.

❸ 사용압력별 분류 : 제3조 6호~8호(1.7.1.6~1.7.1.8)

미분무설비의 경우 사용압력이 저압이나 중압설비인 경우의 가압송수장치로는 펌프방식이나 가압수조방식을 이용한다. 그러나 고압 미분무설비의 경우는 펌프를 사용할 경우 전형적인 소방펌프인 원심펌프보다는 높은 압력에 도달하기 위하여 용적형 펌프[15]를 사용하며, 고압설비의 경우는 주로 스프링클러설비의 대안으로 선박이나 플랜트 기계실 등에 설치하고 있다.

[1] 저압(Low pressure)설비

최고사용압력이 1.2MPa 이하인 미분무소화설비를 말한다.

[2] 중압(Intermediate pressure)설비

사용압력이 1.2MPa을 초과하고 3.5MPa 이하인 미분무소화설비를 말한다.

[3] 고압(High pressure)설비

최저사용압력이 3.5MPa을 초과하는 미분무소화설비를 말한다.

15) 용적형 펌프의 특징은 고양정에 적합한 구조의 펌프이다.

03 미분무소화설비의 화재안전기준

❶ 수원의 기준 : 제6조(2.3)

(1) 미분무수소화설비에 사용되는 용수는 "먹는물 관리법" 제5조의 규정에 적합하고, 저수조 등에 충수할 경우 필터 또는 스트레이너를 통하여야 하며, 사용되는 물에는 입자·용해 고체 또는 염분이 없어야 한다.

(2) 배관의 연결부(용접부 제외) 또는 주배관의 유입측에는 필터 또는 스트레이너를 설치하여야 하고, 사용되는 스트레이너에는 청소구가 있어야 하며, 검사·유지관리 및 보수 시에 배치 위치를 변경하지 않아야 한다. 다만, 노즐이 막힐 우려가 없는 경우에는 설치하지 않을 수 있다.

(3) 사용되는 필터 또는 스트레이너의 메시는 헤드 오리피스 지름의 80% 이하가 되어야 한다.

(4) 수원의 양은 다음의 식을 이용하여 계산한 양 이상으로 해야 한다.

$$\text{수원의 양 } Q(\text{m}^3) = N \times D \times T \times S + V \quad \cdots \text{[식 1-4-2]}$$

여기서, N : 방호구역(방수구역) 내 헤드의 개수
D : 설계유량(m^3/min)
T : 설계방수시간(min)
S : 안전율(1.2 이상)
V : 배관의 총 체적(m^3)

❷ 수조의 기준

(1) 수조의 재료는 「냉간 압연 스테인리스 강판 및 강대(KS D 3698)」의 STS 304 또는 이와 동등 이상의 강도·내식성·내열성이 있는 것으로 해야 한다[제7조 1항(2.4.1)].

꼼꼼체크 ▮ KS D 3698(냉간 압연 스테인리스 강판 및 강대)

재질은 KS D 3698(냉간 압연 스테인리스 강판 및 강대)에서 냉간 압연 스테인리스(Stainless) 강판을 사용한다. 이에 해당하는 종류는 수십 종이 있으나 그 중에서 대표적으로 가장 많이 사용하는 스테인리스 강판이 STS 304로 내식성, 내산성, 용접성이 우수하며 주방에서 사용하는 싱크대의 재질이 보통 STS 304이다.

(2) 수조를 용접할 경우 용접찌꺼기 등이 남아 있지 아니하여야 하며, 부식의 우려가 없는 용접방식으로 해야 한다[제7조 2항(2.4.2)].

❸ 미분무헤드의 기준 : 제13조(2.10)

(1) 미분무헤드는 소방대상물의 천장 · 반자 · 천장과 반자 사이 · 덕트 · 선반 기타 이와 유사한 부분에 설계자의 의도에 적합하도록 설치해야 한다.

(2) 하나의 헤드까지의 수평거리 산정은 설계자가 제시해야 한다.

(3) 미분무설비에 사용되는 헤드는 조기반응형 헤드를 설치해야 한다.

> ⊡ 조기반응형 헤드는 조기에 반응하여 작동하여야 하는 설비의 특성상 습식 설비에서만 사용할 수 있다. 그러나 미분무설비의 경우는 건식이나 준비작동식 설비도 시스템 구성을 할 수 있으므로 국제적으로 미분무설비에 조기반응형 헤드만을 사용하도록 규정하고 있지 않으며 동 조항은 개정되어야 한다.

(4) 폐쇄형 미분무헤드는 그 설치장소의 평상시 최고주위온도에 따라 다음 식에 따른 표시온도의 것으로 설치해야 한다.

$$T_a = 0.9\,T_m - 27.3$$ … [식 1−4−3]

여기서, T_a : 최고주위온도(℃)

T_m : 헤드의 표시온도(℃)

> **꼼꼼체크 ▮ 표시온도**
>
> 표시온도(Temperature rating)란 폐쇄형 헤드에서 감열체가 작동하는 온도로서 제조 시 미리 헤드에 표시되어 있는 온도를 말한다.

(5) 미분무헤드는 배관, 행거 등으로부터 살수가 방해되지 아니하도록 설치해야 한다.

❹ 가압송수장치의 종류 : 제8조(2.5)

[1] 펌프방식

전동기(모터펌프)나 내연기관(엔진펌프)을 이용하여 펌프를 작동시키는 방식으로 시스템에서 필요로 하는 소요양정 및 소요유량을 임의로 설정할 수 있으며 비상전원을 설치해야 한다.

⊡ 미분무설비의 펌프방식에는 다른 수계 소화설비와 다른 몇 가지 차이점이 있다.

① 옥상 저수조 및 예비펌프 : 미분무설비에서는 주펌프의 고장을 대비한 옥상탱크나 예비펌프에 대해서는 규정하고 있지 않다. 대신 모든 소화설비용 펌프는 다른 소화설비 펌프와 겸용을 허용하고 있으나 미분무설비용 펌프의 경우는 겸용을 허용하지 않고 오직 전용으로만 사용하도록 규정하고 있다[제8조 1항 3호(2.5.1.3)].

② 순환배관 추가 : 순환배관의 경우는 수온상승 방지를 목적으로 설치하는 것이나 미분무설비의 경우는 설계소화시간이 다른 수계 소화설비에 비해 상대적으로 짧으며 토출유량도 크지 않아 장시간 펌프의 운전이 없다고 판단되어 종전까지는 규정하지 않았으나, NFTC 2.8.4.4에서 "체크밸브와 펌프 사이에서 분기한 구경 20mm 이상의 배관에 체절압력 이하에서 개방되는 릴리프밸브를 설치하도록(2022. 12. 1.)" 추가되었다.

③ 충압펌프 규정 없음 : 다른 수계 소화설비에 비해 상대적으로 토출유량이 적은 관계로 충압펌프에 대해서는 별도로 규정하고 있지 않다.

[2] 압력수조방식

컴프레서를 이용하여 압축한 공기압에 의해 가압송수하는 방식으로 방수를 함에 따라 압축공기가 누설되어 수압이 저하되므로 저수량 모두를 유효수량이라고 볼 수 없는 단점이 있으나 펌프방식보다 신속하게 기준 수량에 대한 토출이 가능한 장점이 있다. 압력수조의 토출측에는 사용압력의 1.5배를 초과하는 압력계를 설치하고[제8조 2항 7호(2.5.2.7)], 화재감지기와 연동하여 자동으로 압력수조의 토출측 밸브가 개방되어 소화수를 송출할 수 있어야 한다[제8조 2항 8호(2.5.2.8.1)].

[3] 가압수조방식

가압수조와 압력수조와의 차이점은 가압수조는 컴프레서가 없이 고압의 공기나 불연성 가스 등을 압축한 가압원을 이용하여 송수하는 방식이다. 가압수조방식은 상용전원의 공급이나 비상전원과 무관하게 안정적으로 가압수를 송수할 수 있는 장점을 가지고 있다.

5 방호구역 및 방수구역의 기준

[1] 방호구역의 기준 : 제9조(2.6)

(1) 하나의 방호구역의 바닥면적은 펌프용량, 배관의 구경 등을 수리학적으로 계산한 결과 헤드의 방수압 및 방수량이 방호구역 범위 내에서 소화 목적을 달성할 수 있도록 산정해야 한다.

(2) 하나의 방호구역은 2개 층에 미치지 아니하도록 할 것

→ ① 미분무소화설비에서 폐쇄형 헤드일 경우는 방호구역, 개방형 헤드일 경우는 방수구역으로 칭한다.
② 방호구역은 위험(Risk)의 종류와 헤드의 특성에 따라 성능 설계에 따라 해당 면적을 결정하고 있다.

[2] 방수구역의 기준 : 제10조(2.7)

(1) 하나의 방수구역은 2개 층에 미치지 아니 할 것

(2) 하나의 방수구역을 담당하는 헤드의 개수는 최대설계개수 이하로 할 것. 다만, 2개 이상의 방수구역으로 나눌 경우에는 하나의 방수구역을 담당하는 헤드의 개수는 최대설계개수의 1/2 이상으로 할 것

(3) 터널, 지하가 등에 설치할 경우 동시에 방수되어야 하는 방수구역은 화재가 발생된 방수구역 및 접한 방수구역으로 할 것

6 배관 및 부속장치의 기준

[1] 배관의 규격 : 제11조 1항 & 2항(2.8.1 & 2.8.2)

(1) 설비에 사용되는 구성요소는 STS 304 이상의 재료를 사용해야 한다.

(2) 배관은 배관용 스테인리스 강관(KS D 3576)이나 이와 동등 이상의 강도・내식성 및 내열성을 가진 것으로 하여야 하고, 용접할 경우 용접찌꺼기 등이 남아 있지 아니하여야 하며, 부식의 우려가 없는 용접방식으로 해야 한다.

[2] 급수배관 : NFTC 2.8.3 & 2.8.11

(1) 전용으로 할 것

(2) 급수를 차단할 수 있는 개폐밸브는 개폐표시형으로 할 것. 이 경우 펌프의 흡입측 배관에는 버터플라이밸브 외의 개폐표시형 밸브를 설치해야 한다.

(3) 급수배관에 설치되어 급수를 차단할 수 있는 개폐밸브에는 그 밸브의 개폐상태를 감시제어반에서 확인할 수 있도록 급수개폐밸브 작동표시 스위치를 다음의 기준에 따라 설치해야 한다.

① 급수개폐밸브가 잠길 경우 탬퍼스위치의 동작으로 인하여 감시제어반 또는 수신기에 표시되어야 하며 경보음을 발할 것
② 탬퍼스위치는 감시제어반 또는 수신기에서 동작의 유무 확인과 동작시험, 도통시험을 할 수 있을 것

③ 급수개폐밸브의 작동표시 스위치에 사용되는 전기배선은 내화전선 및 내열전선으로 설치할 것

[3] 성능시험배관 : NFTC 2.8.4

(1) 기준

펌프를 이용하는 가압송수장치에는 펌프의 성능이 체절운전 시 정격토출압력의 140%를 초과하지 아니하고, 정격토출량의 150%로 운전 시 정격토출압력의 65% 이상이 되어야 하며 다음의 기준에 적합하도록 설치해야 한다.

① 성능시험배관은 펌프의 토출측에 설치된 개폐밸브 이전에서 분기하여 직선으로 설치하고, 유량측정장치를 기준으로 전단 직관부에는 개폐밸브를, 후단 직관부에는 유량조절밸브를 설치할 것. 이 경우 개폐밸브와 유량측정장치 사이의 직관부 거리 및 유량측정장치와 유량조절밸브 사이의 직관부 거리는 해당 유량측정장치 제조사의 설치사양에 따르고, 성능시험배관의 호칭지름은 유량측정장치의 호칭지름에 따른다.

② 유입구에는 개폐밸브를 둘 것

③ 유량측정장치는 펌프의 정격토출량의 175% 이상까지 측정할 수 있는 성능이 있을 것

④ 가압송수장치의 체절운전 시 수온의 상승을 방지하기 위하여 체크밸브와 펌프 사이에서 분기한 구경 20mm 이상의 배관에 체절압력 이하에서 개방되는 릴리프밸브를 설치할 것

(2) 해설

성능시험배관의 경우 국내 대부분의 현장에서는 8D−5D로 설계 및 시공을 하고 있는 실정이나, 이는 제조사마다 다양한 유량측정장치를 설치할 수 있는 관계로 설계자가 제조사 설치 사양에 맞게 선정할 수 있도록 개정하였다.

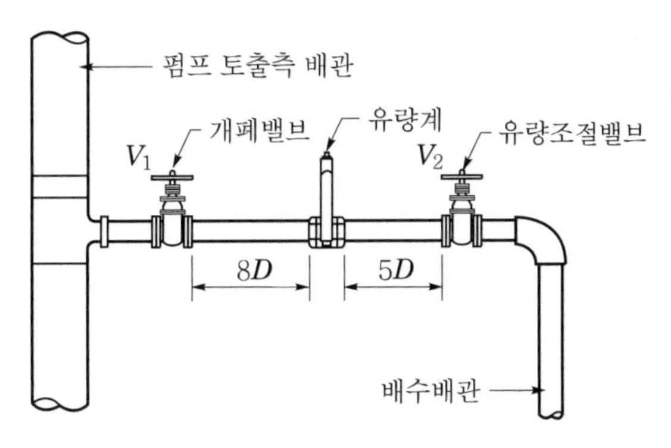

[그림 1-4-7] 성능시험배관의 설치(예)

[4] 행가 : 제11조 8항(2.8.8)

(1) 가지배관에는 헤드의 설치지점 사이마다, 교차배관에는 가지배관과 가지배관 사이마다 1개 이상의 행가를 설치할 것

(2) 수평주행배관에는 4.5m 이내마다 1개 이상 설치할 것

SECTION 04 & 04-1 물분무소화설비(NFPC & NFTC 104)
미분무소화설비(NFPC & NFTC 104A)

단원문제풀이

01 미분무소화설비(Water mist fire protection system)에서 미분무수의 효과, 화재 시 소화특성, 설비의 장단점, 적응성을 기술하라.

| 해답 |

1. 미분무수의 효과
   ① 소화(Fire extinguishment)
   ② 화재진압(Fire suppression)
   ③ 화재제어(Fire control)
      ㉠ 플래시 오버(Flash over) 방지
      ㉡ 피난자의 인명손실을 최소화
      ㉢ 인접건물로 연소확산을 차단
   ④ 온도제어(Temperature control)
   ⑤ 노출방호(Exposure protection)
2. 화재 시 소화특성
   소화 시 물방울의 입자 크기와 물방울의 밀도는 매우 중요하며 미분무 방사 시 분무 패턴의 형상, 물방울의 속도, 크기, 분무 분사의 혼합특성 등이 소화효과를 좌우하게 된다. 기동은 감지기 기동 또는 헤드 기동방식에 의해 동작하며 일반적인 소화특성은 다음과 같다.
   ① 체적 대비 표면적이 크므로 높은 열전달 특성이 있다.
      ➡ 냉각소화의 특성이 우수하다.
   ② 물방울이 미세하므로 전역방출방식의 가스와 같이 방호공간 주위를 순환하면서 소화하게 된다.
      ➡ 질식소화의 효과가 우수하다.
3. 설비의 장단점

장 점	• 독성이 없고 환경 친화적이다. • 수계 소화설비이나 B, C급 화재에도 적응성이 있다. • 유효수량이 제한적으로 스프링클러에 비해 수손(水損)을 경감시킬 수 있다(스프링클러 수원의 1/10 정도임). • 가스계 설비보다 시설에 따른 공사비가 저렴하여 경제성이 높다. • 소화설비 이외 폭발억제설비(Explosion suppression system)로도 이용할 수 있다.
단 점	• 차폐되거나 장애가 있는 장소는 완전히 소화할 수 없다(노즐의 분사패턴에서 멀리 떨어진 장소는 미분무수의 밀도가 현저히 감소한다). • A급 심부화재는 완전히 소화할 수 없다[물방울의 낙하속도가 낮아 연료 표면을 적절히 적셔주지 못하므로 표면성의 불꽃화재(Flaming mode)에는 강하나 심부성의 작열화재(Glowing mode)에는 약하다].

4. 적응성
   ① 전기설비
   ② 수손의 피해가 우려되는 장소
   ③ 선박 관련 장소 : 가스 및 증기터빈, 기계류 설치 공간
   ④ 항공기 : 화물칸, 엔진실 등
   ⑤ 소화용수가 제한되는 지역
   ⑥ 폭발억제장소

꼼꼼체크

미분무수(Water mist)란 노즐로부터 1m 직하의 평면에 도달한 가장 미세한 것부터 합산하여 누적한 물방울 입자의 99%가 1mm(1,000μm) 이하인 미분무수로 이를 누적체적 분율(累積体積 分率 ; Cumulative Volume Fraction)로 표시하면 $D_V 0.99 = 1,000\mu m$로 표시한다.

02 스프링클러설비, 물분무설비, 미분무설비에 대해 물방울과 연관된 설비의 특징, 소화효과, 적응성을 설비별로 비교하라.

| 해답 |

1. 물방울과 연관된 설비의 특징
   ① 스프링클러설비
      ㉠ 물이 디플렉터에 부딪혀 속도가 순간적으로 감소한 후 자중(自重)으로 자연낙하하여 대상물에 분사된다.
      ㉡ 물방울의 크기가 큰 관계로 화심(火心) 속으로 침투하게 되므로 냉각소화가 주체이며, 작은 물방울은 불꽃(flare) 주위에서 증발하여 질식소화를 보조적으로 행한다.
   ② 물분무설비
      ㉠ 디플렉터 구조가 있는 헤드도 있으나, 대부분은 유속을 가지고 직접 대상물에 분사된다. ⇨ 즉 운동 모멘트가 있다.
      ㉡ 물방울의 크기가 스프링클러보다도 작은 관계로 냉각소화 이외 질식소화의 비율이 스프링클러보다 크다.
      ㉢ 작은 입자가 운동 모멘트를 가지고 물 표면을 타격하므로 유화작용(Emulsification)이 있다.
   ③ 미분무설비
      ㉠ 물이 디플렉터에 부딪치지 않고 유속과 운동 모멘트를 가지고 바로 낙하한다.
      ㉡ 물입자가 매우 작기 때문에 유속이 있어도 운동 모멘트가 작아서(질량이 작으므로) 주위로 비산되므로 유화작용(Emulsification)은 없다.
      ㉢ 질식효과는 물분무보다 훨씬 크며 또한 기후에 영향을 받으므로 옥외에서는 효과가 없다.
2. 소화의 효과 비교
   ① 냉각소화 : 스프링클러 > 물분무 > 미분무 ⇨ 연소물(Burning material)에 대한 소화
   ② 질식소화 : 스프링클러 < 물분무 < 미분무 ⇨ 불꽃(Flare)에 대한 소화

③ 물분무는 다른 소화설비에 없는 유화작용(Emulsification)이 있다.

3. 적응성의 비교
   ① 스프링클러 : 대공간(Large area)에 대한 전체방호(Total Protecting)
   ② 물분무 : 장치류(Equipment)에 대한 표면보호(Surface coverage)
   ③ 미분무 : 소규모 구획실(Small compartment)에 대한 방호(Protecting)

03 물분무설비에 관하여 다음의 각 물음에 답하여라.
다음 그림과 같이 바닥면적이 자갈로 되어 있는 절연유 봉입변압기에 물분무소화설비를 설치하고자 한다.

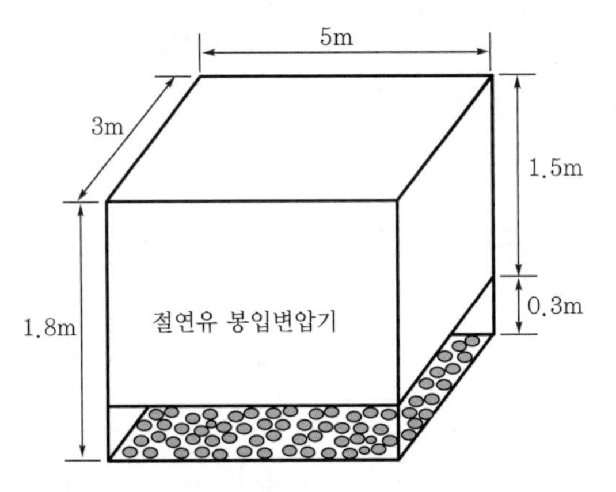

1. 소화펌프의 최소토출량(L/min)을 구하라.
2. 필요한 최소수원의 양(m^3)을 구하라.

| 해답 |

1. 소화펌프의 최소토출량
   물분무설비의 수원량 계산에서 절연유 변압기는 바닥면을 제외한 표면적의 합인 기준면적을 구하여야 한다.
   기준면적 $S=(5m\times3m\times1\text{면})+(1.5m\times3m\times2\text{면})+(5m\times1.5m\times2\text{면})=39m^2$
   최소토출량$=10Lpm/m^2\times S$이므로 $10Lpm/m^2\times39m^2=390L/min$
2. 필요한 최소수원의 양
   수원의 양은 최소토출량×20분이다.
   ∴ 최소수원의 양$=390L/min\times20min=7{,}800L=7.8m^3$

04 다음 조건을 참고하여 미분무소화설비의 수원의 저수량(m^3)을 구하라.

[조건]
1) 헤드 개수는 30개, 설계유량은 50L/min이다.
2) 설계방수시간은 1시간, 배관의 총 체적은 $0.07m^3$이다.

| 해답 |

미분무소화설비에서 수원의 저수량 $Q(m^3) = N \times D \times T \times S + V$

여기서, N : 방호구역(방수구역) 내 헤드의 개수

D : 설계유량(m^3/min)

T : 설계방수시간(min)

S : 안전율(1.2 이상)

V : 배관의 총 체적(m^3)

따라서, $Q(m^3) = [30개 \times 0.05m^3/min \times 60min \times 1.2] + 0.07m^3 = 108.07m^3$

CHAPTER 01
CHAPTER 02
CHAPTER 03
CHAPTER 04
CHAPTER 05

05 다음 물분무설비에서 'A'점의 최소압력을 구하시오. (단, ③~⑥구간의 레듀서는 무시하고 적용한다.)

[조건]

1) 최소방출압력 2.25kg/cm^2
2) Hazen－Williams 공식을 사용
3) 속도수두 무시
4) 관 내경은 호칭경으로 한다.
5) 물분무헤드 k=80
6) C factor=100으로 한다.
7) 등가관장은 아래의 표를 이용한다.

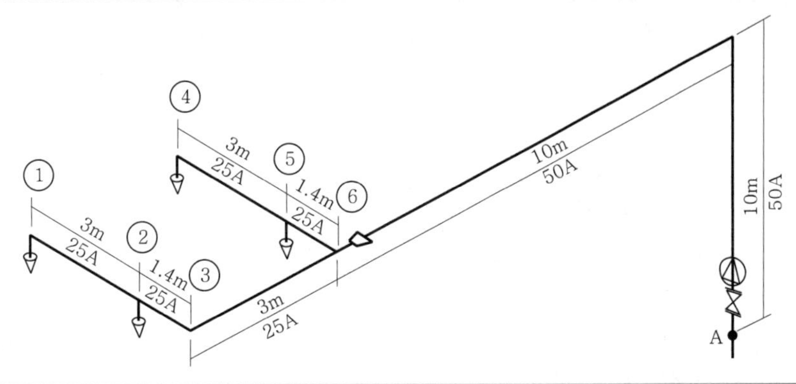

구 분	25A	50A
엘보	0.6	1.5
티	1.5	3.1
디류지밸브	–	0.3
게이트밸브	1.5	3.4

| 해답 |

1. ①점의 압력은 2.25kg/cm^2이므로

   ①점 헤드의 방사량 $Q_1 = k\sqrt{P} = 80\sqrt{2.25} \doteqdot 120\text{Lpm}$

   ①－② 간의 마찰손실

   총 상당 직관장 : 직관장 3m＋(엘보 1개×0.6m)＋(티 1개×1.5m)＝5.1m

   $$\Delta P_{1-2} = 6.174 \times 10^5 \frac{120^{1.85}}{100^{1.85} \times 25^{4.87}} \times 5.1\text{m} = 123.19 \times \frac{120^{1.85}}{25^{4.87}} \times 5.1\text{m} \doteqdot 0.69\text{kg/cm}^2$$

2. ②점의 압력은 $2.25 + 0.69 = 2.94\text{kg/cm}^2$

   ②점 헤드의 방출량 $Q_2 = k\sqrt{P} = 80\sqrt{2.94} \doteqdot 137\text{Lpm}$

   ②－③ 간의 유량은 120＋137＝257Lpm

   ②－③ 간의 마찰손실

   총 상당장은 직관장 1.4m＋(엘보 1개×0.6m)＝2m

   $$\Delta P_{2-3} = 6.174 \times 10^5 \frac{257^{1.85}}{100^{1.85} \times 25^{4.87}} \times 2\text{m} = 123.19 \times \frac{257^{1.85}}{25^{4.87}} \times 2\text{m} \doteqdot 1.10\text{kg/cm}^2$$

3. ③점의 압력 $2.94 + 1.10 = 4.04\text{kg/cm}^2$

   ③－⑥ 간의 마찰손실 : ③－⑥ 구간의 레듀서는 조건에 따라 무시한다.

   총 상당 직관장 : 직관장 3m＋(티 1개×1.5m)＝4.5m

   $$\Delta P_{3-6} = 6.174 \times 10^5 \frac{257^{1.85}}{100^{1.85} \times 25^{4.87}} \times 4.5\text{m} = 123.19 \times \frac{257^{1.85}}{25^{4.87}} \times 4.5\text{m} \doteqdot 2.48\text{kg/cm}^2$$

4. ⑥점의 압력 $4.04 + 2.48 = 6.52\text{kg/cm}^2$

   - ④－⑥ 간의 배관과 ①－③ 간의 배관은 모든 조건이 동일하므로, $Q = k\sqrt{P}$에서 두 배관으로의 유량은 ③점과 ⑥점의 압력비의 제곱근에 비례한다.
   - ③점의 압력은 4.04kg/cm^2이고, ⑥점의 압력은 6.52kg/cm^2이므로

     $Q_{1-3} : Q_{4-6} = k\sqrt{4.04} : k\sqrt{6.52}$

     $$\therefore Q_{4-6} = \frac{257 \times \sqrt{6.52}}{\sqrt{4.04}} \doteqdot 326.5\text{Lpm}$$

   따라서, ⑥－A 사이의 유량은 257＋326.5＝583.5Lpm이 된다.

5. ⑥－A 간의 마찰손실

   총 상당장＝직관장 20m＋(엘보 1개×1.5m)＋(디류지밸브 1개×0.3m)＋(게이트밸브 1개×3.4m)
   ＝25.2m

   $$\Delta P_{6-A} = 6.174 \times 10^5 \frac{583.5^{1.85}}{100^{1.85} \times 50^{4.87}} \times 25.2\text{m} = 123.19 \times \frac{583.5^{1.85}}{50^{4.87}} \times 25.2\text{m} = 2.16\text{kg/cm}^2$$

   따라서, A점의 압력 : $6.52 + 2.16 + 1 = 9.68\text{kg/cm}^2$이 된다.

05 포소화설비(NFPC & NFTC 105)

01 개 요

❶ 설치대상 : 소방시설법 시행령 별표 4

포소화설비를 설치할 수 있는 적응성이 있는 장소를 포소화설비의 설치장소로 적용하면 다음과 같다.

[표 1-5-1(A)] 포소화설비 설치장소

특정소방대상물	적용 기준
항공기 격납고	규모에 관계없이 적용
차고, 주차용 건축물 또는 철골조립식 주차시설	연면적 800m² 이상
건물 내의 차고 또는 주차장(50세대 미만 연립주택 및 다세대주택은 제외)	주차의 용도로 사용되는 부분의 바닥면적이 200m² 이상인 층
기계장치에 의한 주차시설	주차 용량 20대 이상
위험물제조소등의 시설(주)	소화난이도 Ⅰ등급의 제조소등

(주) 위험물제조소등의 시설에 대한 근거는 위험물안전관리법 시행규칙 별표 17의 1호 소화설비를 참고할 것

꼼꼼체크 Ⅰ 주차장법

"기계식 주차장치"라 함은 노외(路外) 주차장 및 부설 주차장에 설치하는 주차설비로서 기계장치에 의하여 자동차를 주차할 장소로 이동시키는 설비를 말한다.

❷ 소화의 원리

[1] 냉각작용

포는 수용액 상태이므로 방호대상물에 방출되면 주위의 열을 흡수하여 기화하면서 연소면의 열을 탈취하는 냉각소화 작용을 한다.

[2] 질식작용

포를 방호대상물에 방출하면 연소면을 뒤덮어 산소 공급을 차단함으로써 질식소화 작용을 한다.

❸ 포소화설비의 적용 : NFPC 105(이하 동일) 제4조/NFTC 105(이하 동일) 2.1.1

[표 1-5-1(B)] 소방대상물별 포소화설비 적용

소방대상물		적응설비
특수가연물을 저장·취급하는 공장 또는 창고		• 포워터스프링클러설비 • 포헤드설비 • 고정포방출설비 • 압축공기포소화설비
차고 또는 주차장	일반적인 경우	• 포워터스프링클러설비 • 포헤드설비 • 고정포방출설비 • 압축공기포소화설비
	특정한 경우(주 1)	• 포소화전설비 • 호스릴포소화설비
항공기 격납고	일반적인 경우	• 포워터스프링클러설비 • 포헤드설비 • 고정포방출설비 • 압축공기포소화설비
	특정한 경우(주 2)	• 호스릴포소화설비
발전기실, 엔진펌프실, 변압기, 전기케이블실, 유압설비	바닥면적의 합계가 300㎡ 미만의 장소	• 고정식 압축공기포소화설비

(주) 1. 다음의 어느 하나에 해당하는 차고·주차장의 부분에는 포소화전설비 또는 호스릴포소화설비를 설치할 수 있다.
① 완전 개방된 옥상 주차장 또는 고가 밑의 주차장 등으로서 주된 벽이 없고 기둥뿐이거나 주위가 위해(危害) 방지용 철주 등으로 둘러싸인 부분
② 지상 1층으로서 지붕이 없는 부분
2. 바닥면적의 합계가 1,000m^2 이상이고, 항공기의 격납 위치가 한정되어 있는 경우 그 한정된 장소 이외의 부분에 대하여는 호스릴포소화설비를 설치할 수 있다.

④ 설비의 장단점

장 점	• 인화성 액체 화재 시 절대적인 소화 위력을 나타낸다. • 옥내 이외에 옥외에서도 충분한 소화효과를 발휘한다. • 약제는 인체에 무해하며 화재 시 열분해에 의한 독성가스의 발생이 없다.
단 점	• 소화 후 약제의 잔존물(殘存物)로 인한 2차 피해가 발생한다. • 동절기에는 포의 유동성으로 인하여 옥외의 경우 사용상 제한이 따른다. • 단백포약제의 경우 변질 및 부패 등으로 정기적으로 재충약이 필요하다.

02 포소화설비의 분류

① 설치방식별 종류

국내의 경우 포소화설비의 설치방식에 대한 분류를 규정한 기준이 없으나 NFPA 11[16)]에서는 이를 다음과 같이 5가지 종류로 구분한다.

[1] 고정식(Fixed system)

방호대상물에 포방출장치가 고정되어 있고 고정식 배관을 통하여 고정된 포발생장치에서 포수용액을 이송하는 방식으로, 이는 최소의 인력과 장비를 보유한 규모가 작은 경우에 적합한 방식이다.

예 옥외탱크의 폼 체임버(Foam chamber), 옥내 건물의 포헤드설비

[2] 반고정식(Semi fixed system)

포소화설비 구성 부분 중 일부는 고정식으로, 일부는 이동식으로 사용하는 방식으로 방호대상물 주위까지는 고정식으로 배관 및 포방출장치를 설치하고, 포수용액을 차량 등으로 현장에 운송하여 배관에 접속하여 포수용액을 공급하는 방식이다.

예 옥외탱크용 폼 체임버 및 고정배관+소방차

꼼꼼체크 ❙ 반고정식

반고정식은 국내 기준에는 규정이 없으나 NFPA에서 인정하는 시스템으로 국내의 경우도 대규모 석유화학단지에서는 많이 채용하고 있는 방식이다.

16) NFPA 11(2021 edition) 3.3.17(Foam system types)

[3] 이동식(Mobile system)

포발생장치 등을 이동용으로 차량에 탑재(搭載)하여 사용하거나 또는 차량에 의해 견인(牽引)되는 방식으로 사전에 제조된 포수용액을 사용하는 방식이다.

예 화학소방차

[4] 간이식(Portable system)

포발생장치, 포수용액, 포방출장치 등을 손으로 직접 이동하여 사용하는 방식으로, 간단하게 작동할 수 있으나 포에 대한 방출량은 매우 제한적인 방식이다.

예 휴대용 간이 포소화설비

[5] 압축공기포식(Compressed Air Foam System ; CAFS)

압축공기포식이란 물과 포원액에 가압된 공기(또는 질소)를 압입시켜 발포시키는 시스템으로 포소화설비의 성능을 개선시킨 방식이다.

❷ 방출구별 종류

[1] 고정포방출구 방식

(1) 주로 위험물 옥외탱크저장소에 폼 체임버를 설치하여 포를 방출하는 방식의 방출구로서 옥외위험물탱크 이외에 공장, 창고, 주차장, 격납고 등에 설치할 수 있다.

(2) 폼 체임버의 종류에는 ① Ⅰ형(고정지붕탱크에 사용하는 통·튜브 등의 부대시설이 있는 경우), ② Ⅱ형(반사판이 있는 경우), ③ Ⅲ형(표면하 주입식 방출구), ④ Ⅳ형(반표면하 주입식 방출구), ⑤ 특형(부상지붕탱크에 사용하는 경우)이 있다.

꼼꼼체크 Ⅰ 통

통(桶 ; Trough)이란 방출된 포가 유면상에서 빨리 확산되어 유면을 덮어 소화작용을 하도록 도와주는 긴 원통형의 포방출장비이다.

[2] 포헤드 방식

(1) 소방대상물에 고정식 배관을 설치하고 배관에 접속된 포헤드를 이용하여 포를 방출하는 방식의 방출구이다.

(2) 포헤드의 종류에는 포헤드(Foam head), 포워터 스프링클러헤드의 2종류가 있으며 주로 위험물저장소, 격납고 등에 사용한다.

[3] 포소화전 방식

(1) 고정식 배관을 설치하고 소화전과 같이 포호스를 사용하여 포노즐을 통하여 사람이 직접 포를 방출하는 방식의 방출구이다.

(2) 주로 개방된 주차장, 옥외탱크저장소의 보조포설비용으로 사용한다.

[4] 호스릴포 방식

(1) 포를 직접 방출하는 호스릴을 이용한 이동식 포방출 방식의 방출구이다.

(2) 방출량도 적고 취급이 간편한 간이설비이다.

[5] 포 모니터(Monitor) 노즐 방식

(1) 위치가 고정된 노즐의 방출각도를 수동 또는 자동으로 조준하여 포를 대량으로 방출하는 데 사용하는 방출구로서 고정식 배관이나 호스를 접속하여 포수용액을 공급하고 모니터 노즐을 이용하여 방유제 주변 등에서 사용하는 일종의 보조포설비로서 화재현장에 대한 화재진압 이외 냉각효과도 발휘한다.

(2) 바퀴가 달린 차륜식 형태의 이동식과 대규모의 포수용액을 방출하기 위해 바닥에 고정·부착되어 있는 고정식으로 구분한다.

[6] 고발포용 방출구 방식

(1) 팽창비가 80 이상 1,000 미만인 고발포용 포수용액을 방사하는 데 사용하는 고발포 전용의 방출구이다. 옥내의 경우 주로 비행기 격납고나 대형 주차장 등에 사용한다.

(2) 발포하는 방식인 발포 장치(Foam generator)에 따라 흡입식(Aspirator type 또는 흡출형)과 압입식(Blower type 또는 송출형)의 2종류로 구분한다.

❸ 혼합방식별 종류 : 제9조(2.6)

[1] 혼합장치(Proportioner)

혼합장치란 포소화설비에서 물과 포약제를 혼합하여 일정한 비율로 포수용액을 만들어 주는 장치로서 국제적으로 3%형 및 6%형이 있으며, 혼합장치는 벤투리(Venturi)관이나 오리피스(Orifice)를 이용한다.

[2] 혼합방식의 종류

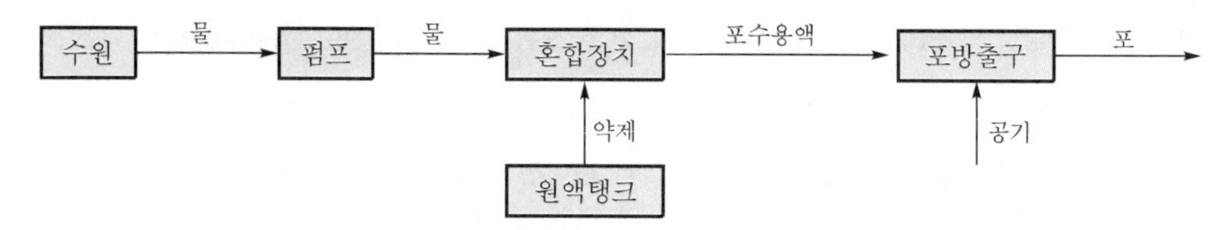

(1) 프레셔 프로포셔너 방식(Pressure proporioner type : 차압(差壓)혼합방식)

펌프와 발포기의 중간에 설치된 벤투리관의 벤투리 작용과 펌프 가압수의 포소화약제 저장탱크에 대한 압력에 따라 포소화약제를 흡입·혼합하는 방식을 말한다[제3조 22호(1.7.1.22)].

① **특징** : 압입식은 약제탱크 내로 물을 직접 주입하여(압입) 약제가 혼합기로 유입되는 방식이나, 압송식은 이동식의 격막을 설치하고 약제탱크의 격막 밑으로 물을 주입하면 격막이 밀려 올라가 반대쪽에 있는 포약제가 밀려서 혼합기로 유입되는 방식이다.

② **적용** : 가장 일반적인 혼합방식으로 국내의 경우 대부분의 포소화설비는 프레셔 프로포셔너 타입을 사용하고 있다. 일명 차압혼합방식이라 하며, 압입식(壓入式)과 압송식(壓送式)의 2가지 방식으로 구분한다.

※ 다음의 그림에서 빗금부분 → 수원, 검정색 부분 → 포약제, 색부분 → 포수용액을 의미한다.

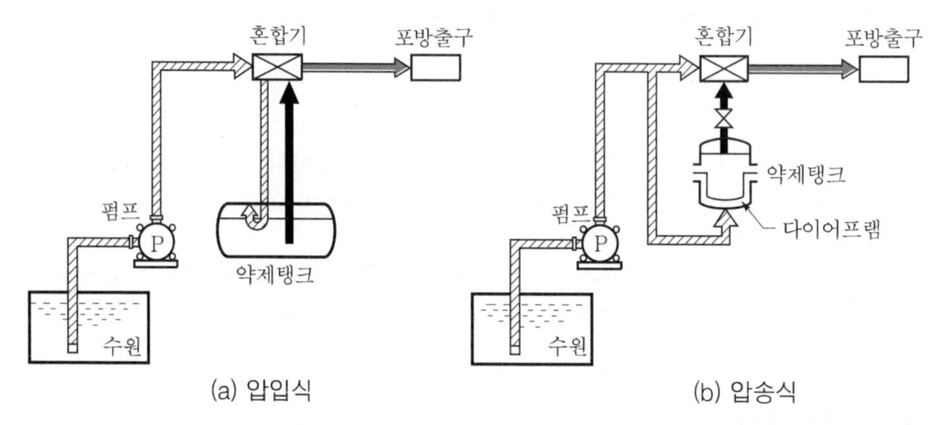

[그림 1-5-1] 프레셔 프로포셔너 방식

(2) 라인 프로포셔너 방식(Line proportioner type : 관로(管路)혼합방식)

펌프와 발포기의 중간에 설치된 벤투리관의 벤투리 작용에 따라 포소화약제를 흡입·혼합하는 방식을 말한다[제3조 23호(1.7.1.23)].

① **특징** : 전적으로 벤투리 효과에 의해서만 포약제가 흡입되는 방식으로, 송수배관의 도중에 포약제와 혼합기를 접속하여 벤투리 효과를 이용하여 유수 중에 포약제를 흡입시켜서 지정농도의 포수용액으로 조정하여 발포기로 보내주는 방식이다.

② **적용** : 소규모 또는 이동식 간이설비에 사용되는 방법으로, 일명 관로혼합방식이라 한다. 포소화전 또는 한정된 방호대상물의 포소화설비에 적용한다.

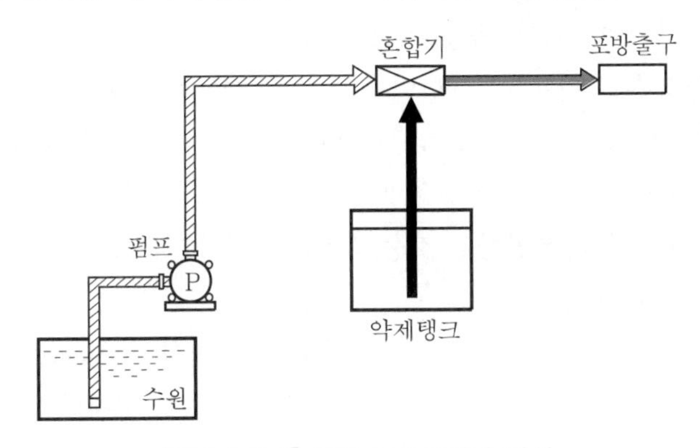

[그림 1-5-2] 라인 프로포셔너 방식

(3) 펌프 프로포셔너 방식(Pump proportioner type : 펌프혼합방식)

펌프의 토출관과 흡입관 사이의 배관 도중에 설치한 흡입기에 펌프에서 토출된 물의 일부를 보내고, 농도조절밸브에서 조정된 포소화약제의 필요량을 포소화약제 탱크에서 펌프 흡입측으로 보내어 이를 혼합하는 방식을 말한다[제3조 21호(1.7.1.21)].

① **특징** : 펌프의 토출측과 흡입측 사이를 By－pass 배관으로 연결하고 그 바이패스 배관 도중에 혼합기와 포약제를 접속한 후 펌프에서 토출된 물의 일부를 보내고, 벤투리(Venturi) 효과에 의해 포원액이 흡입된다. 또한 포약제탱크에서 농도조절밸브(Metering valve)를 통하여 펌프 흡입측으로 흡입된 약제가 유입되어 이를 지정농도로 혼합하여 발포기로 보내주는 방식이다.

② **적용** : 화학소방차에서 사용하는 방식으로 현재 국내에서도 이를 사용하고 있다.

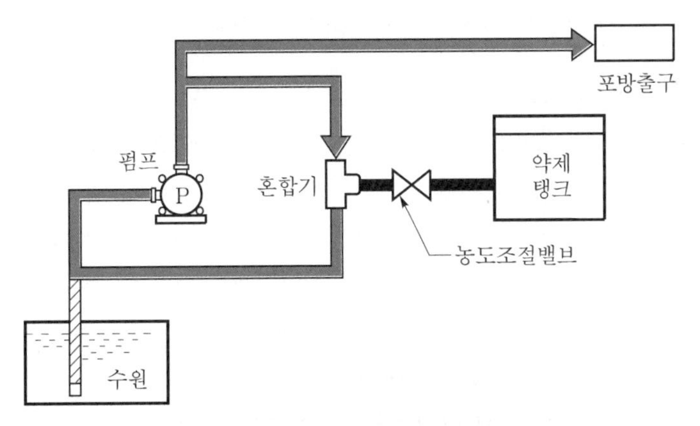

[그림 1-5-3] 펌프 프로포셔너 방식

(4) 프레셔 사이드 프로포셔너 방식(Pressure side proportioner type : 압력혼합방식)

펌프의 토출관에 압입기를 설치하여 포소화약제 압입용 펌프로 포소화약제를 압입시켜 혼합하는 방식을 말한다[제3조 24호(1.7.1.24)].

① **특징** : 가압송수용 펌프 이외에 별도의 포원액용 펌프를 설치하고 원액을 송수관의 유수에 압입시켜 송수하면 혼합기에서 흡입되어 지정농도의 포수용액을 만든 후 발포기로 보내는 방식으로, 원액펌프의 토출압이 급수펌프의 토출압보다 높아야 한다. 급수량에 따라 포원액의 유입량을 자동적으로 조절하는 농도조절밸브(일명 유량조절밸브)를 설치하여야 한다.

② **적용** : 항공기 격납고, 대규모 유류저장소, 석유화학 플랜트(plant) 시설 등과 같은 대단위 고정식 포소화설비에 사용하며 산업시설 등의 현장에 주로 설치하는 방식이다. 최근 국내의 소방 펌프차에도 본 방식을 일부 적용하고 있다.

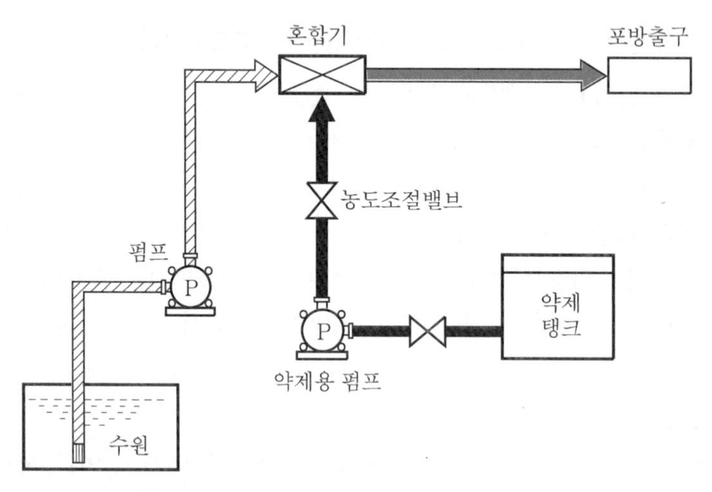

[그림 1-5-4] 프레셔 사이드 프로포셔너 방식

(5) 압축공기포 믹싱 체임버 방식(CAFS Mixing chamber type)

압축공기 또는 압축질소를 일정 비율로 포수용액에 강제 주입·혼합하는 방식을 말한다.

① **특징** : 일반적인 발포방식은 포수용액이 말단의 방출구에서 방사될 때 외부의 공기를 흡기하여 노즐이나 헤드에서 거품이 생성되는 방식이다. 이에 비해 압축공기포는 외부에서 수원, 포약제, 공기의 3가지 매체를 믹싱 체임버(혼합 체임버)로 강제 주입시켜 체임버 내에서 포수용액을 생성한다. 이후 배관을 통하여 포수용액이 유동하면서 포가 만들어지고 방출구에서 포를 방사하는 방식이다.

② **적용** : 압축공기포는 포의 체적이나 표면적을 대폭 증가시키게 되어 포가 열을 흡수하는 능력이 증가할 뿐 아니라 높은 소화효과를 얻을 수 있는 시스템으로 현재 국내에서도 압축공기포 시스템이 제품으로 생산되어 변압기 주변 및 플랜트 등 산업현장에 사용되고 있다.

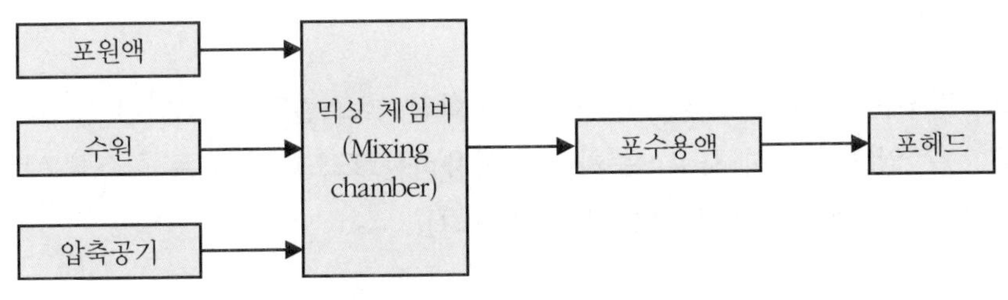

[그림 1-5-5] 압축공기포 믹싱 체임버 방식

03 포소화약제 각론

❶ 팽창비별 분류

[1] 팽창비 : 제12조 1항(표 2.9.1)

팽창비는 "발포된 포의 체적 $V_f(m^3)$ ÷ 포를 만드는 데 필요한 포수용액의 체적 $V_L(m^3)$"으로서 팽창비에 따라 저발포와 고발포로 구분하며, 저발포는 자연발포이며 고발포는 강제발포이다.

(1) 저발포(팽창비 20 이하)

포헤드, 압축공기포 헤드의 경우

(2) 고발포(팽창비 80 이상 1,000 미만)

고발포용 고정포방출구의 경우

팽창비 20의 6% 원액량이 200L라면 방출 후 포의 체적(V_f)은 얼마(m^3)인가?

포수용액 체적을 V_L라면, $V_L \times 0.06 = 200L$

∴ 포수용액 체적 $V_L = \frac{200}{0.06} = 3333.3L$

팽창비가 20이므로 $\frac{V_f}{V_L} = 20$

따라서, 포 체적 $V_f = 20 \times 3333.3L = 66.67m^3$

[2] 저발포 약제

(1) 정의

팽창비가 20 이하인 가장 일반적인 형태의 포약제이다.

① 수성막포 : 팽창비는 5배 이상 20배 이하일 것

② 기타의 포 : 팽창비는 6배 이상 20배 이하일 것

(2) 적용

저발포의 경우는 포헤드, 고정포방출구, 포소화전, 호스릴포, 포모니터 등 모든 포방출구를 사용할 수 있으며 특히 차고·주차장에 사용하는 포소화전 또는 호스릴포는 반드시 저발포 약제이어야 한다[제12조 3항 2호(2.9.3.2)].

[3] 고발포 약제

(1) 정의

팽창비 80 이상 1,000 미만인 포로 보통 합성계면활성제포를 사용하며 자연발포가 아닌 발포장치를 사용하여 강제로 발포를 시켜주는 포약제이다.

(2) 적용

고발포는 고발포용 고정포방출구를 사용하며 창고, 물류시설, 격납고 등과 같은 넓은 장소의 급속한 소화, 지하층 등 소방대의 진입이 곤란한 장소에 매우 효과적이다. 또한 A급 화재에 적합하며, B급 화재의 경우는 저발포보다 적응성이 떨어진다.

❷ 성분별 분류

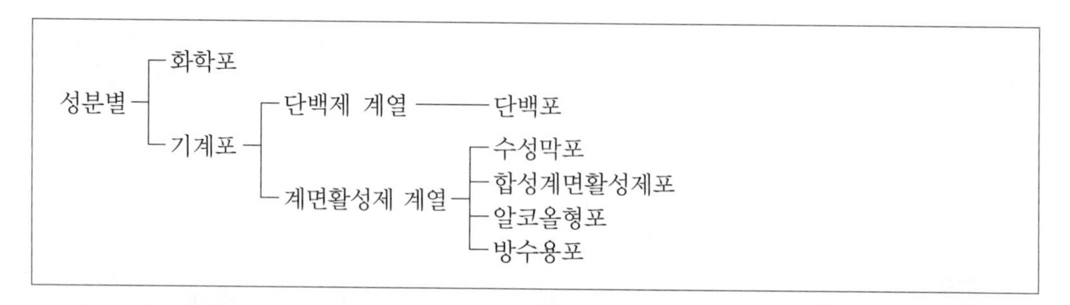

[1] 화학포(Chemical foam)

황산알루미늄[$Al_2(SO_4)_3$]과 중탄산나트륨[$NaHCO_3$]의 두 약제가 반응 시 화학적으로 생성되는 CO_2에 의해 포를 발생하며 일반적으로 고정식 설비에서는 소화약제의 유지관리상 사용하지 않는다. 현재 소방설비용 시스템으로 화학포를 사용하는 경우는 없는 실정이다.

$$6NaHCO_3 + Al_2(SO_4)_3 \cdot 18H_2O = 3Na_2SO_4 + 2Al(OH)_3 + 6CO_2 \uparrow + 18H_2O$$

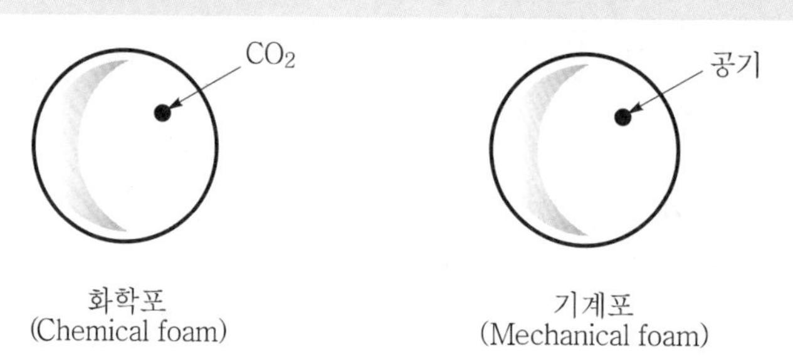

화학포
(Chemical foam)

기계포
(Mechanical foam)

[2] 기계포(mechanical foam)

단백포나 합성포 등을 물에 혼합하여 방출할 때 공기를 흡입하여 포를 발생시키는 것으로 일명 공기포(Air foam)라 한다.17)

(1) 단백포(蛋白泡 ; Protein foam)

단백질을 가수분해한 것을 주원료로 하는 포소화약제를 말한다.

① 짐승의 뼈, 뿔 등을 주원료로 한 젤라틴(Gelatin)을 주성분으로 하여 가성소다로 분해하고 중화시켜 농축시킨 것으로, 흑갈색의 특이한 냄새가 나는 점도가 있는 약제로서 탱크류의 화재 및 액면화재(Pool fire)의 소화에 적합하다.

② 불화(弗化) 단백포(Fluoroprotein foam)는 불소계의 계면활성제를 첨가한 단백포로서 형식승인 기준에서는 별도로 정의하지 않고 단백포의 일종으로 분류하고 있다.

(2) 수성막포(Aqueous Film Forming Foam ; AFFF)

합성계면활성제를 주원료로 하는 포소화약제 중 유면에서 수성막(水成膜)을 형성하는 포소화약제를 말한다.

꼼꼼체크 ▌ 수성막포

불소계의 계면활성제 포로서, 상품명으로 Light water가 있다.

① 불소계 계면활성제의 일종으로 액면상에서 거품 이외에 수용액 상태의 박막(薄膜) 즉, 수성막(水成膜 ; Aqueous film)을 형성하게 되며 대표적인 상품으로는 미국 3M사의 Light water가 있다.

② 수성막은 유표면에 신속하게 퍼져 피막을 형성하게 되므로 유동성이 매우 우수하여 신속한 소화를 요하는 화재에 효과적이다. 내열성이 약한 관계로 비등상태의 화재가 아닌 소화에 적합하다.

(3) 합성계면활성제포(Synthetic foam)

수성막포를 제외하고 합성계면활성제를 주원료로 하는 포소화약제를 말한다.

① 유동성이 우수하고 계면활성제를 기제(基劑)로 하여 기포 안정제를 첨가하여 제조한 것으로 고발포용과 저발포용의 2가지가 있다.

② 저발포로 사용할 경우는 내열성 및 내유성이 불량하여 단백포보다 유류화재에 적응성이 낮으며, 이로 인하여 일반적으로는 고발포용으로 사용한다.

---

17) 소화약제의 형식승인 및 제품검사의 기술기준 제2조(용어의 정의)

> **꼼꼼체크** **계면활성제**
>
> 계면(界面)이란 표면을 의미하며, 계면활성제란 표면장력을 현저하게 감소시키는 물질이다. 대표적으로 합성세제 등이 있으며 이로 인하여 액체의 응집력이 낮아져서 침투성, 기포성(起泡性), 가용성(可溶性)의 특징을 갖게 된다.

(4) 알코올형포(Alcohol resistant foam)

단백질 가수분해물이나 합성계면활성제 중에 지방산(脂肪酸) 금속염이나 다른 계통의 합성계면활성제 또는 고분자 겔(Gel) 생성물 등을 첨가한 포소화약제로서 수용성 용제의 소화에 사용하는 약제를 말한다.

① 수용성 용제에 보통의 기계포를 방출하면 포는 수용성 물질이므로 발포된 거품이 액체에 닿는 순간 즉시 파괴되어 소화가 불가능해진다. 따라서 알코올류 등의 수용성 용제는 알코올형포를 사용하여야 한다.

> **꼼꼼체크** **수용성 용제**
>
> 알코올(Alcohol)류, 에테르(Ether)류, 케톤(Keton)류, 에스테르(Ester)류, 아민(Amine)류, 니트릴(Nitryl)류, 알데히드(Aldehyde)류, 유기산(有機酸)류

② 알코올형포는 포의 유류에 대한 적응성 여부는 제조자가 적응성이 있다고 형식승인을 신청하는 경우 알코올류와 유류에 대한 발포성능 및 소화성능에 대한 시험을 실시하여 결정하고 있다.

(5) 방수용포

대용량의 포를 방수하기 위한 방수포 장치에 사용하는 포소화약제를 말하며 압축공기포 소화장치를 포함한다. 압축공기포 약제의 경우는 물 사용량을 제한하고, 고압의 공기(또는 질소)를 주입하는 관계로 높은 분사속도와 고발포의 발포성능, 그리고 화면에 점착하는 점착성이 탁월한 특징이 있다.

04 수원의 기준

수원의 수량기준은 위험물이 아닌 물품(예 특수가연물)을 저장이나 취급하는 장소 또는 주차장이나 격납고 등에 대한 수원량을 규정한 화재안전기준과 위험물을 사용하는 위험물제조소등에 대한 수원량을 규정한 위험물안전관리법의 2가지 방법으로 대별하여 적용할 수 있다.

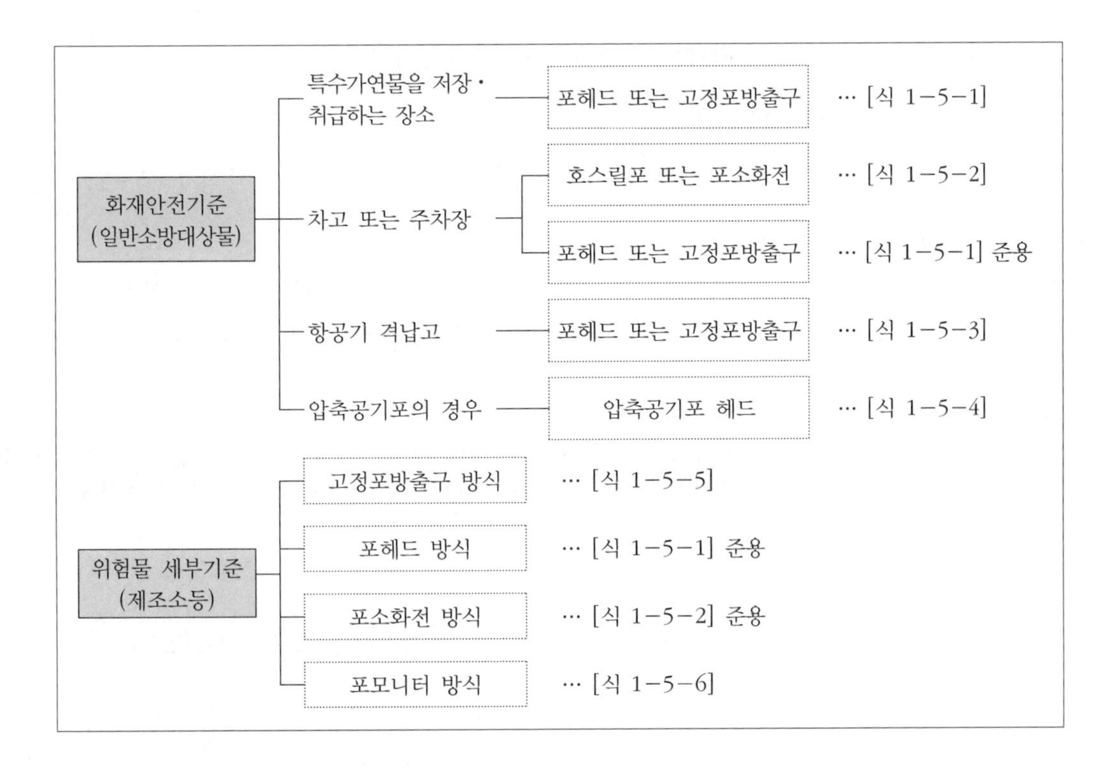

❶ 화재안전기준 → 일반소방대상물의 경우

[1] 특수가연물을 저장·취급하는 공장 또는 창고

포헤드(F.w.sp head 또는 F. head) 또는 고정포방출구설비[제5조 1항 1호(2.2.1.1)]

$$Q = N \times Q_s \times 10$$ … [식 1-5-1]

여기서, Q : 수원의 양(L)

N : 포헤드의 경우=가장 많이 설치된 층의 포헤드 수(바닥면적 200m^2 이내)

고정포방출구의 경우=가장 많이 설치된 방호구역 안의 고정포방출구의 수

Q_s : 표준 방사량(L/min)

10 : 방사시간(분)

(주) 바닥면적이 200m^{2}를 초과할 경우는 바닥면적 200m^2 이내에 설치된 헤드가 최대인 것으로 적용한다.

[2] 차고 또는 주차장 : 제5조 1항 2호(2.2.1.2)

(1) 호스릴포설비 또는 포소화전설비

$$Q = N \times 6{,}000$$ … [식 1-5-2]

여기서, Q : 수원의 양(L)

N : 층별로 설치된 최대방수구 수(최대 5개 이내)

6,000 : 300Lpm×20분

(2) 포워터스프링클러헤드나 포헤드 또는 고정포방출구설비

[식 1-5-1]의 기준을 준용한다.

$$Q = N \times Q_s \times 10$$ … [식 1-5-1] 준용

여기서, Q : 수원의 양(L)

N : 포헤드의 경우=가장 많이 설치된 층의 포헤드 수(바닥면적 $200m^2$ 이내)

고정포방출구의 경우=가장 많이 설치된 방호구역 안의 고정포방출구의 수

Q_s : 표준 방사량(L/min)

10 : 방사시간(분)

(주) 하나의 차고 또는 주차장에 호스릴포·포소화전·포워터스프링클러·포헤드 설비 또는 고정포방출설비가 함께 설치된 때에는 각 설비별로 산출된 저수량 중 최대의 것을 그 특정소방대상물에 설치해야 할 수원의 양으로 한다.

[3] 항공기 격납고

포워터스프링클러헤드나 포헤드 또는 고정포방출구설비[제5조 1항 3호(2.2.1.3)]

$$Q = [N_1 \times Q_s \times 10] + [N_2 \times 6,000]$$ … [식 1-5-3]

⇨ 호스릴포의 경우는 설치된 경우에 한하여 적용한다.

여기서, Q : 수원의 양(L)

N_1 : 가장 많이 설치된 격납고의 포헤드(또는 고정포방출구)의 수

Q_s : 표준 방사량(L/min)

N_2 : 가장 많이 설치된 격납고의 호스릴포방수구 수(최대 5개 이내)

6,000 : 300Lpm×20분

[4] 압축공기포소화설비의 경우 : 제5조 1항 4호 & 5호(2.2.1.4 & 2.2.1.5)

$$Q = d \times S \times 10$$ … [식 1-5-4]

여기서, d : 설계방출밀도(L/min·m^2)

- 일반가연물, 탄화수소류 : d=1.63 이상
- 특수가연물, 알코올류, 케톤류 : d=2.3 이상

S : 방호구역의 면적(m^2)

10 : 방사시간(분)

❷ 위험물안전관리에 관한 세부기준 → 위험물제조소등의 경우

[1] 고정포방출구 방식 : 위험물 세부기준 제133조 3호 가목

$$Q = [A \times Q_1 \times T] + [N \times 8{,}000]$$ … [식 1−5−5]

여기서, Q : 수원의 양(L)
A : 탱크의 액표면적(m^2)
Q_1 : 방출률($L/m^2 \cdot min$) → [표 1−5−2(A)] 참조
T : 방출시간(분) → (포수용액량÷방출률)
N : 방유제의 보조포소화전 수(최대 3개 이내)
8,000 : 400Lpm×20분

(주) $[A \times Q_1 \times T]$: 고정포방출구에 필요한 수원
$[N \times 8{,}000]$: 옥외 보조포소화전에 필요한 수원

[2] 포헤드 방식 : [식 1−5−1] 준용

[3] 포소화전 방식(옥내 또는 옥외)

(1) 옥내 포소화전 : [식 1−5−2] 준용

(2) 옥외 포소화전 : 옥내는 호스접속구의 수(최대 4개)에 각각 6,000L(200Lpm×30분)씩 토출하는 양이나, 옥외는 호스접속구의 수(최대 4개)에 각각 12,000L(400Lpm×30분)을 토출하는 값으로 적용한다.

[4] 포모니터 노즐 방식 : 위험물 세부기준 제133조 3호 다목 참조

$$Q = N \times 57{,}000$$ … [식 1−5−6]

여기서, Q : 수원의 양(L)
N : 모니터 노즐의 수
57,000 : 1,900Lpm×방사시간 30분

(주) 포모니터 노즐의 수량 : 수평거리 15m 이내의 해면 및 주입구 등 위험물취급설비의 모든 부분이 수평방사거리 내에 있도록 설치할 것. 이 경우에 그 설치개수가 1개인 경우에는 2개로 한다.

05 포소화설비의 약제량 계산

포소화설비 약제량의 경우도 수원의 경우처럼 화재안전기준과 위험물안전관리에 관한 세부기준의 2가지로 대별하여 적용하고 있으며, 화재안전기준의 경우는 위험물이 아닌 물품을

저장이나 취급하는 장소를 기준으로 한 것이며, 위험물을 사용하는 제조소등에 대한 기준은 위험물안전관리에 관한 세부기준에서 규정하도록 하고 있다.

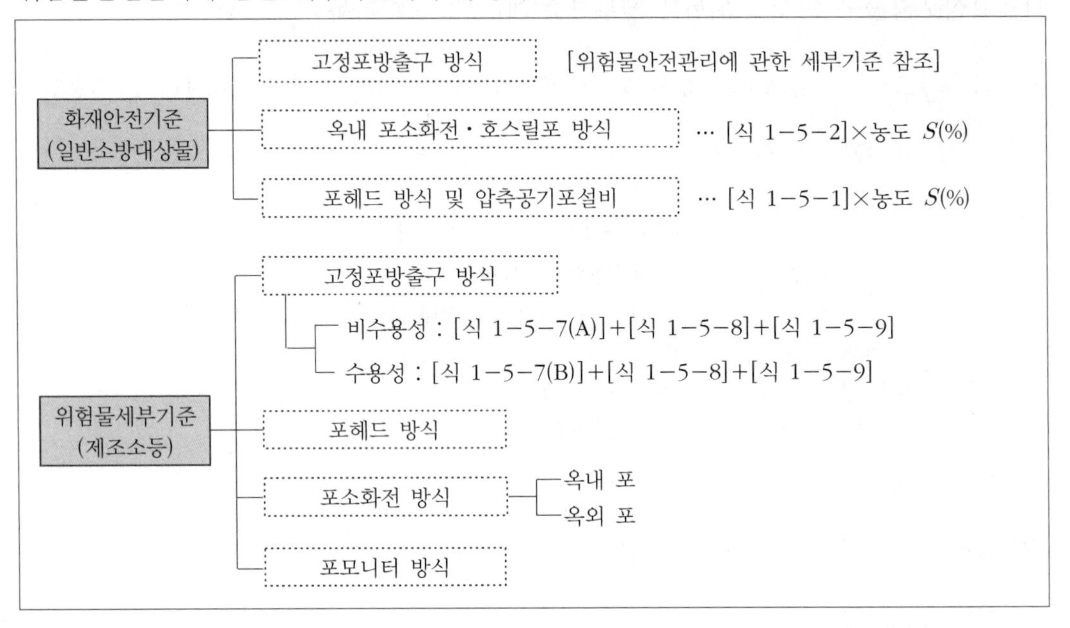

❶ 화재안전기준 → 일반소방대상물의 경우

[1] 고정포방출구 방식 : NFTC 2.5.2.1

현 화재안전기준에 포함되어 있는 탱크에 대한 고정포방출구의 약제량 적용은 위험물안전관리법에서 규정하여야 할 사항으로 원칙적으로 화재안전기준에서 삭제되어야 한다. 이로 인하여 현재 화재안전기준에서는 공식만 제시하고 있으며 관련 세부사항은 규정되어 있지 않다.

※ 해당 기준은 "위험물안전관리에 관한 세부기준"을 참고할 것

[2] 옥내 포소화전 (또는 호스릴포) 방식 : NFTC 2.5.2.2

[식 1−5−2]×S(농도 %)

[3] 포헤드 방식 및 압축공기포소화설비의 경우 : NFTC 2.5.2.3

[식 1−5−1]×S(농도 %)

❷ 위험물안전관리에 관한 세부기준 → 위험물제조소등의 경우

[1] 고정포방출구 방식 : 세부기준 제133조 1호 가목 (다) 및 4호 참조

고정포 방출구 방식	=	① 고정포 방출구의 양	+	② 보조포 소화전의 양	+	③ 송액관의 양
• 비수용성 위험물 :		[식 1−5−7(A)]	+	[식 1−5−8]	+	[식 1−5−9]
• 수용성 위험물 :		[식 1−5−7(B)]	+	[식 1−5−8]	+	[식 1−5−9]

약제량은 "① 고정포방출구의 양[식 1−5−7(A)] 또는 [식 1−5−7(B)]+② 보조포소화전의 양[식 1−5−8]+③ 송액관의 양[식 1−5−9]"의 합으로 하며 각각에 해당하는 관련 사항은 다음과 같다.

(1) **고정포방출구의 양(약제량)** : 위험물 세부기준 제133조 1호 가목 (1)의 (다)

① 포약제량

$$[\text{비수용성 위험물}]\ Q = A \times Q_1 \times T \times S$$ … [식 1−5−7(A)]

여기서, Q : 포약제량(L)
A : 탱크의 액표면적(m^2)
Q_1 : 단위 포방출률($L/min \cdot m^2$) → 비수용성 [표 1−5−2(A)](방출률)
T : 방출시간(분) → 포수용액량÷방출률
S : 농도(%)

$$[\text{수용성 위험물}]\ Q = [\text{식 } 1-5-7(A)] \times N$$ … [식 1−5−7(B)]

여기서, Q : 포약제량(L)
A : 탱크의 액표면적(m^2)
Q_1 : 단위 포방출률($L/min \cdot m^2$) → 수용성 [표 1−5−2(B)](방출률)
S : 농도(%)
N : 위험물계수(위험물안전관리에 관한 세부기준 제133조 1호 가목의 별표 2)

② 비수용성 위험물의 포방출률 기준 : 비수용성 위험물의 방출률(Application rate)은 [표 1−5−2(A)]와 같으며, 방출시간은 포수용액량을 방출률로 나눈 값이 된다.

[표 1-5-2(A)] 비수용성 위험물 : 포수용액량 및 방출률

4류 위험물	Ⅰ형		Ⅱ형		특형		Ⅲ형		Ⅳ형	
	포 수용액량 (L/m^2)	방출률 ($L/m^2 \cdot min$)	포 수용액량 (L/m^2)	방출률 ($L/m^2 \cdot min$)	포 수용액량 (L/m^2)	방출률 ($L/m^2 \cdot min$)	포 수용액량 (L/m^2)	방출률 ($L/m^2 \cdot min$)	포 수용액량 (L/m^2)	방출률 ($L/m^2 \cdot min$)
인화점 21° 미만	120	4	220	4	240	8	220	4	220	4

4류 위험물	I 형		II 형		특형		III 형		IV 형	
	포 수용액량 (L/m²)	방출률 (L/m²·min)	포 수용액량 (L/m²)	방출률 (L/m²·min)	포 수용액량 (L/m²)	방출률 (L/m²·min)	포 수용액량 (L/m²)	방출률 (L/m²·min)	포 수용액량 (L/m²)	방출률 (L/m²·min)
인화점 21~70°	80	4	120	4	160	8	120	4	120	4
인화점 70° 이상	60	4	100	4	120	8	100	4	100	4

(주) 방출구가 특형일 경우는 탱크의 액표면적 A는 환상(環狀)부분의 면적이 된다.

③ **수용성 위험물의 포방출률 기준** : 수용성 위험물의 방출률은 [표 1-5-2(B)]와 같으며 위험물 중 수용성인 것에 대해서는 [표 1-5-2(B)]에서 정한 포수용액량에 "위험물 계수(위험물 세부기준 제133조 1호 가목의 별표 2)"를 곱한 값 이상으로 하여야 한다.

[표 1-5-2(B)] 수용성 위험물 : 포수용액량 및 방출률

구 분	I 형	II 형	특형	III 형	IV 형
포수용액량(L/m²)	160	240	–	–	240
방출률(L/m²·min)	8	8	–	–	8

(주) 방출구가 특형일 경우는 탱크의 액표면적 A는 환상(環狀) 부분의 면적이 된다.

(2) 보조포소화전의 양(약제량) : 위험물 세부기준 제133조 1호 가목 (2)

$$Q = N \times S \times 8{,}000$$ … [식 1-5-8]

여기서, Q : 포약제량(L)

N : 호스접결구 수(최대 3개)

S : 농도(%)

꼼꼼체크 | 보조포

1. 보조포는 옥외 포소화전을 의미하며, 8,000의 수치는 옥외탱크의 "포소화전 방출량 400Lpm ×20분"의 개념이다.
2. N은 포소화전의 수량이 아니라 호스접결구의 수이므로 쌍구형일 경우는 $N=2$가 된다.

(3) 송액관의 양(약제량)

$$Q = 배관\ 체적 \times S$$ … [식 1-5-9]

여기서, Q : 포약제량(L)

S : 농도(%)

(주) 화재안전기준의 경우는 송액관으로 내경 75mm 이하의 송액관은 제외하도록 하고 있으나, 위험물안전관리에 관한 세부기준에서는 제외 조항이 없다.

[2] 포헤드 방식 : 위험물 세부기준 제133조 3호 나목 & 4호 참조

[식 1－5－1]×S(농도 %)

(주) 방사구역은 100m² 이상으로 할 것(방호대상물의 바닥면적이 100m² 미만인 경우에는 해당 면적)

[3] 포소화전 방식(옥내 또는 옥외) : 위험물 세부기준 제133조 3호 라목 & 4호

(1) 옥내 포소화전＝[식 1－5－2]×S(농도 %)

(2) 옥외 포소화전＝[식 1－5－2]×2×S(농도 %)

(주) 포소화전 방사량은 최대수량(4개 이내)을 동시에 사용할 경우 각 노즐선단의 방사압력은 0.35MPa 이상을 기준으로 한다.

[4] 포모니터 노즐 방식 : 위험물 세부기준 제133조 3호 다목 & 4호

[식 1－5－6]×S(농도 %)

06 포방출구의 구조 및 기준

포방출구로는 ① 포헤드(또는 압축공기포헤드), ② 포워터스프링클러헤드, ③ 고정포방출구, ④ 포소화전(또는 호스릴포), ⑤ 포모니터, ⑥ 고발포용 방출구가 있으며 방출구별 관련기준은 다음과 같다.

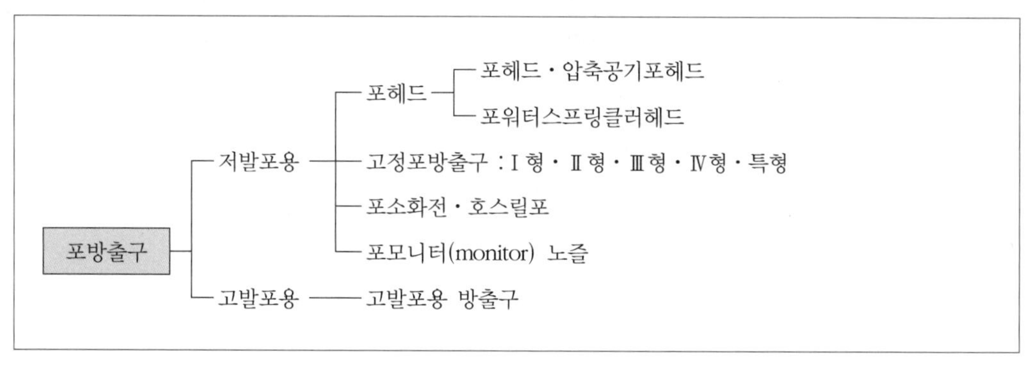

❶ 포(泡)헤드의 구조 및 기준

[1] 포헤드의 종류

(1) 포헤드

가장 일반적인 포소화설비용 헤드로서 일반적으로 저발포용에 사용한다. 포가 형성되는 과정은 배관 내에서는 포수용액 상태로 흐르다가 헤드에서 방출 시 공기흡입구에서 공기를 흡입하여 헤드 그물망(screen)에 부딪친 후 포를 생성하게 된다.

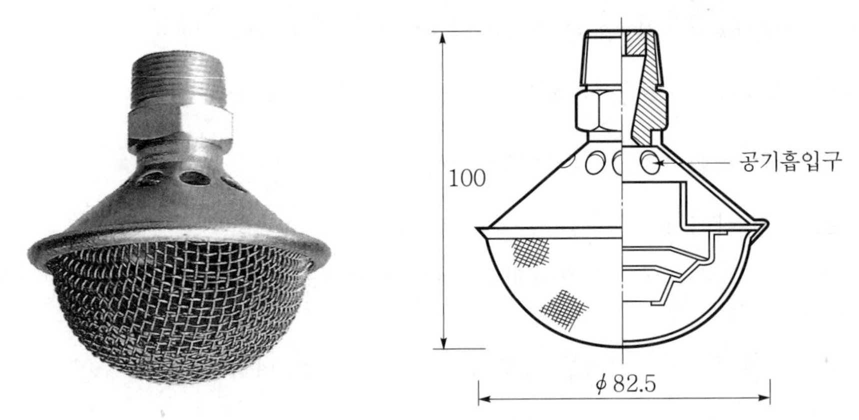

[그림 1-5-6] 포헤드(예)

(2) 포워터스프링클러헤드

항공기 격납고 등에서 사용하는 디플렉터의 구조가 있는 포헤드로서 포수용액을 방출할 때 헤드 내 흡입된 공기에 의해 포를 형성하며 발생된 포를 디플렉터로 방출시킨다. 물만을 방수할 경우는 스프링클러의 개방형 헤드와 유사한 특성이 있으며, 개방형 헤드와의 차이점은 포워터스프링클러헤드는 흡기(吸氣)형 헤드이나 개방형 스프링클러헤드는 비흡기형 헤드이다.

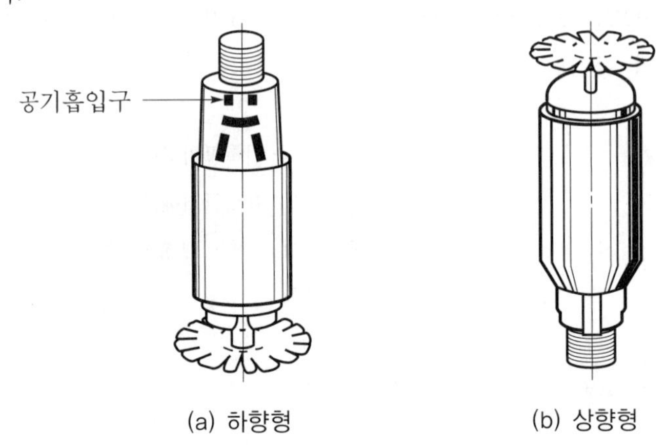

[그림 1-5-7] 포워터스프링클러헤드(예)

[2] 포헤드의 수량 : 제12조 2항 1호 & 2호 & 7호(2.9.2.1 & 2.9.2.2 & 2.9.2.7)

특정소방대상물의 천장 또는 반자에 다음과 같이 설치하되 압축공기포설비 헤드의 경우는 방호대상물에 따라 측벽에 설치할 수 있다.

[표 1-5-3(A)] 포헤드의 종류별 소요수량

포헤드의 종류	헤드 소요수량
• 포워터스프링클러헤드 • 포헤드	1개 이상/바닥면적 $8m^2$마다 1개 이상/바닥면적 $9m^2$마다
• 압축공기포설비의 헤드	1개 이상/유류탱크 주위 바닥면적 $13.9m^2$마다 1개 이상/특수가연물 저장소 바닥면적 $9.3m^2$마다

[3] 포헤드의 방출량 : 제12조 2항 3호 & 7호(2.9.2.3 & 2.9.2.7)

포헤드 및 압축공기포설비의 헤드는 소방대상물별로 그에 사용되는 포소화약제에 따라 1분당 방출량이 다음 표에 따른 양 이상이 되는 것으로 할 것

[표 1-5-3(B)] 소방대상물 및 포소화약제의 종류에 따른 포헤드의 방사량

소방대상물	포약제의 종류	방출량(Lpm/m^2)
① 차고·주차장 및 항공기 격납고	• 단백포 • 합성계면활성제포 • 수성막포	6.5 이상 8.0 이상 3.7 이상
② 특수가연물을 저장·취급하는 특정소방대상물	• 단백포 • 합성계면활성제포 • 수성막포 • 압축공기포	6.5 이상 6.5 이상 6.5 이상 2.3 이상
③ 위 ② 이외의 경우	• 압축공기포	1.63 이상

[표 1-5-3(C)] 방호대상물별 압축공기포 분사헤드의 방출량

방호대상물	포약제의 종류	방출량(Lpm/m^2)
① 특수가연물의 경우	• 압축공기포	2.3 이상
② 기타의 경우	• 압축공기포	1.63 이상

[4] 보가 있을 경우 포헤드 배치 : 제12조 2항 4호(표 2.9.2.4)

특정소방대상물의 보가 있는 부분의 포헤드는 다음 표의 기준에 따라 설치할 것

[표 1-5-4(A)] 보가 있는 경우의 헤드의 배치

헤드와 보의 하단 수직거리(H)	헤드와 보의 수평거리(D)
0m	0.75m 미만
0.1m 미만	0.75m 이상 ~ 1m 미만
0.1m 이상 ~ 0.15m 미만	1m 이상 ~ 1.5m 미만
0.15m 이상 ~ 0.3m 미만	1.5m 이상

CHAPTER 01 CHAPTER 02 CHAPTER 03 CHAPTER 04 CHAPTER 05

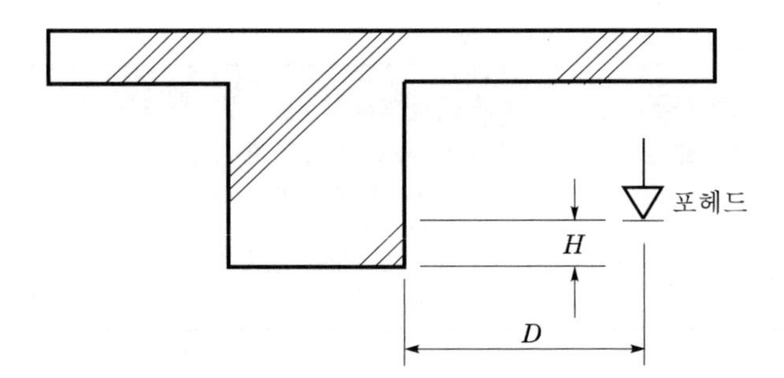

[그림 1-5-8] 보가 있는 경우 헤드 배치

❷ 고정포방출구의 구조 및 기준

위험물탱크에 고정 설치하여 포를 탱크의 유면에 방출하는 방출구로서 수평형과 수직형이 있으며, 공기흡입구를 통하여 공기를 흡입하면 발포기(發泡器 ; Foam maker)에서 포가 형성되고 방출구를 통하여 방출하게 된다.

[1] 위험물탱크의 종류

(1) 고정지붕탱크(CRT)

CRT란 가장 전형적인 원뿔형(Cone)의 탱크로서, 증기압이 낮은 제품의 저장은 일반적으로 지붕이 고정되어 있는 CRT에 저장하며 부상지붕형 탱크에 저장하지 않는 위험물을 저장하며 FRT에 비해 경제성이 높은 탱크 저장방식이다.

(2) 부상지붕탱크(FRT)

FRT란 지붕이 고정되어 있는 형태의 탱크가 아니라 지붕판이 상하로 이동할 수 있는 부상(浮上)형 지붕, 즉 Floating roof 형태의 탱크를 말한다. 부상하는 지붕으로 인하여 탱크 내부 증기공간이 없는 관계로 일반적으로 휘발성의 위험물을 대량으로 저장하는 탱크에 적용한다. FRT는 지붕이 유표면의 상부 전체에 덮여져 있는 관계로 실(Seal) 부분인 링(Ring)과 같은 환상(環狀) 부분의 액면에서만 연소가 진행되므로 약제량 계산 시 환상 부분의 면적에 대해서만 약제량을 적용한다.

[2] 고정포방출구의 종류

(1) Ⅰ형 방출구

Ⅰ형 포방출구란 CRT에 설치하는 방출구의 한 종류로서 방출된 포가 유면에서 신속하게 전개되어 유면을 덮어 소화가 되도록 통(桶 ; Foam Trough)이나 튜브(Tube) 등의 부속설비가 있는 포방출구이다.

(2) Ⅱ형 방출구

Ⅱ형 포방출구란 보통 CRT 또는 밀폐형 부상탱크(Covered FRT)에 설치하는 방출구로서 반사판(Deflector)을 부착하여 방출된 포가 반사판에서 반사하여 탱크 벽면의 내면을 따라 흘러 들어가 유면을 덮도록 한 포방출구이다.

(3) 특형(特型) 방출구

특형 포방출구란 FRT에 설치하는 포방출구로서 부상(浮上)지붕(Floating roof) 위에서 탱크 내측으로부터 1.2m 떨어진 곳에 높이 0.9m 이상의 금속제 굽도리판(Circular foam dam)을 설치하고 양쪽 사이의 환상(環狀) 부위에 포를 방출하는 방식의 방출구이다.

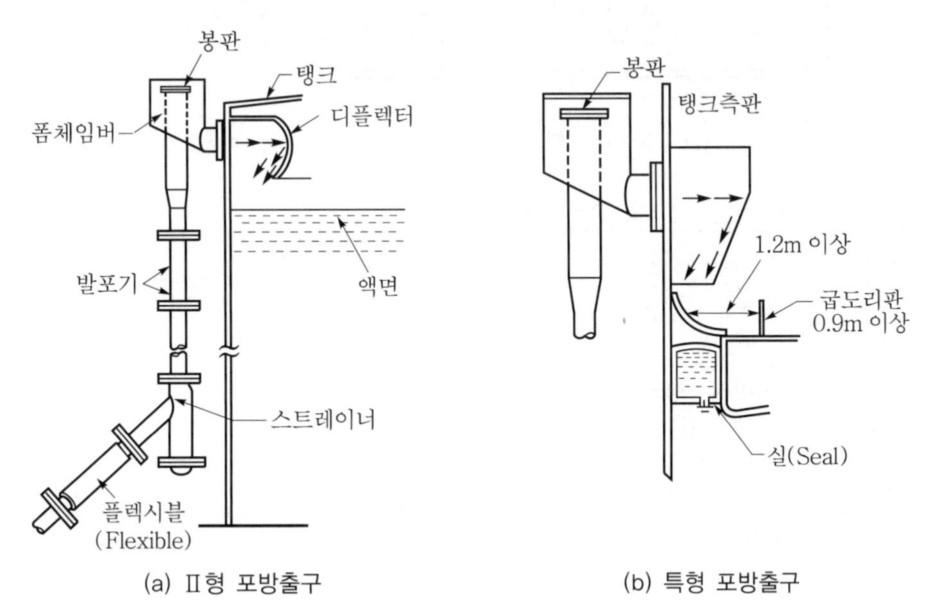

(a) Ⅱ형 포방출구 (b) 특형 포방출구

[그림 1-5-9] Ⅱ형 및 특형 포방출구

(4) Ⅲ형 방출구

CRT에서 표면하(表面下) 주입식을 이용하는 데 사용하는 고정식 포방출구로서, 탱크 하부에서 포를 주입하므로 발포기에서 생성된 포가 위험물에 의해 역류되는 것을 방지할 수 있는 구조를 갖는 포방출구이다.

※ 표면하 주입식은 일명 저부(底部)포 주입식이라고도 한다.

(5) Ⅳ형 방출구

CRT에서 반표면하 주입식을 이용할 경우 사용하는 고정식 포방출구이다.

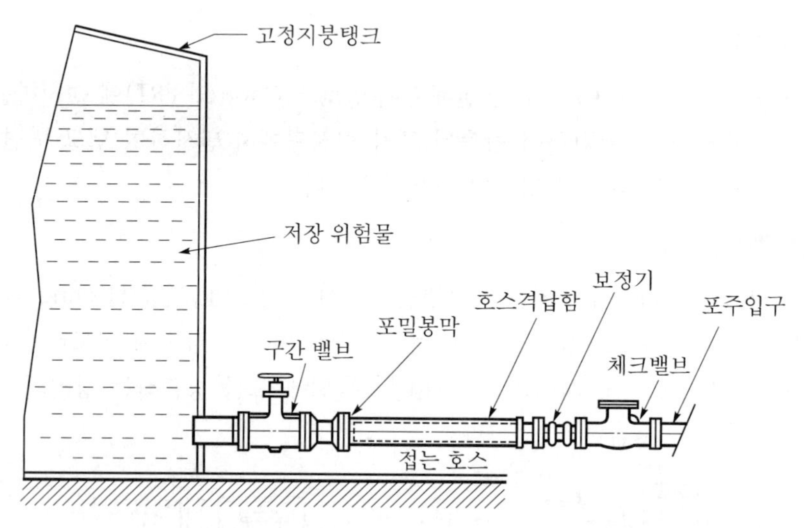

[그림 1-5-10] Ⅳ형 포방출구(예) : NFPA 11 fig. A.5.2.7

[표 1-5-4(B)] 옥외위험물 탱크의 고정포 방출구 종류

고정포 방출구	설치장소 (위험물탱크)	체임버 방출방식	비 고
Ⅰ형	고정지붕탱크	표면 주입식	부속장비가 있다.
Ⅱ형	① 고정지붕탱크 ② 부상덮개 부착형 고정지붕탱크	표면 주입식	반사판이 있다.
Ⅲ형	고정지붕탱크	표면하 주입식 (저부 주입식)	탱크하부에 송포관(발포기와 포를 이송하는 배관)이 접속되어 있다.
Ⅳ형	고정지붕탱크	반표면하 주입식	호스 수납함이 탱크 하부에 내장되어 있다.
특형	부상지붕탱크	표면 주입식	굽도리판을 설치하여 탱크의 환상(링) 부분에 포를 방사한다.

[3] 고정포방출구의 기준

(1) 방출구의 수량

탱크 주위에 균등하게 설치하되 수량은 탱크 크기에 따라 당해 방호대상물의 화재를 유효하게 소화할 수 있도록 위험물안전관리에 관한 세부기준 제133조에서 정한 수량 이상으로 한다.

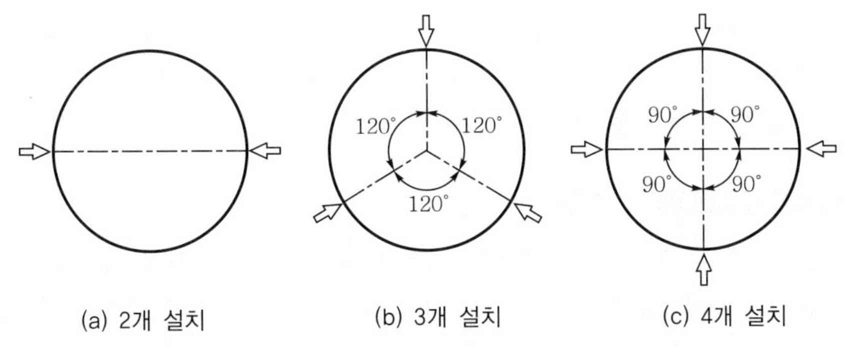

[그림 1-5-11(A)] 포방출구의 균등 배치

(2) 방출량 및 방출시간

액표면적(FRT에 적용하는 특형은 환상 부분의 면적)당 방출량 및 방출시간은 비수용성 및 수용성 위험물에 따라 위험물안전관리에 관한 세부기준 제133조에서 정한 기준인 [표 1−5−2(A)] 및 [표 1−5−2(B)]로 한다.

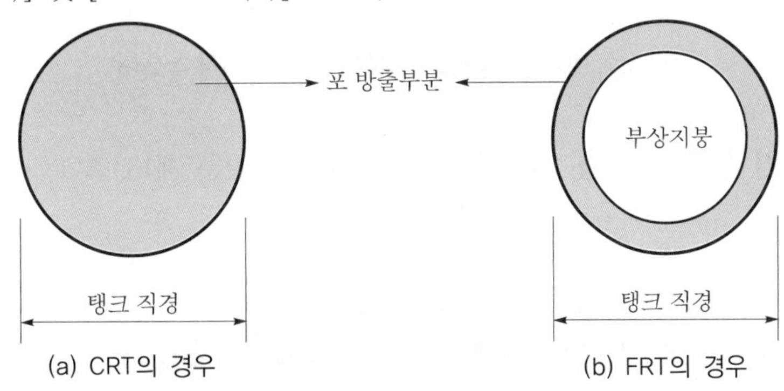

[그림 1-5-11(B)] 탱크별 액표면적 적용

❸ 포소화전 또는 호스릴포의 경우 : 제12조 3항(2.9.3)

수동식의 포소화설비에 사용하는 포방출구로서 포소화전에 포 전용의 호스·노즐 등을 접속하여 포를 직접 방출하는 것으로 호스릴포를 이용하여 사용할 수도 있다.
소방대상물의 어느 1개층에 설치된 포소화전(또는 호스릴포)을 동시에 사용(층별 최대 5개)하는 경우 포 노즐선단 1개의 기준은 다음과 같다.

[1] 기준

(1) 방사압력 : 0.35MPa 이상

(2) 방사량 : 300L/min 이상. 단, 1개층의 바닥면적이 200m^2 이하인 경우 230L/min 이상

(3) 방사거리 : 포수용액을 수평거리 15m 이상 방사할 수 있을 것

(4) 소화약제 : 저발포를 사용할 것

(5) **수평거리** : 방호대상물의 각 부분으로부터 포소화전(또는 호스릴포) 방수구까지의 수평거리는 25m 이하(호스릴포의 경우는 15m 이하)로서 방호대상물의 각 부분에 포가 유효하게 뿌려질 수 있도록 할 것

[2] 포소화전(호스릴포)의 방출구

포소화전이나 호스릴포의 방출구는 포소화전 전용의 노즐을 말하며, 배관을 통해 흐르는 포수용액을 노즐에서 공기를 흡입하여 발포가 되므로 포소화전 노즐에 공기흡입구가 설치되어 있다.

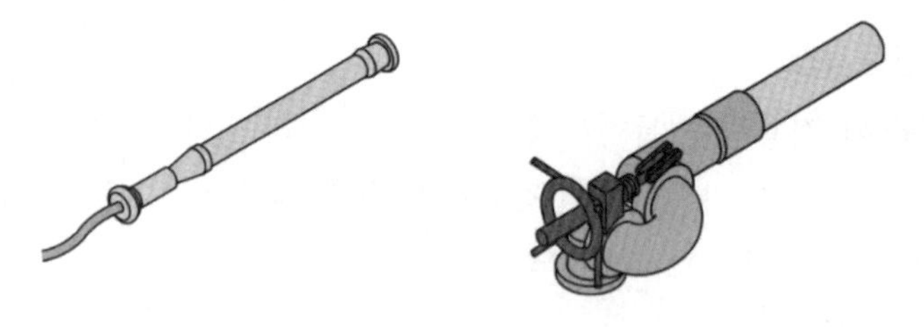

[그림 1-5-11(C)] 포소화전 노즐(좌) 및 포모니터 노즐(우)

❹ 포모니터의 노즐의 구조 및 기준 : 위험물 세부기준 제133조 1호 다목

[1] 기준

(1) 포모니터 노즐은 옥외저장탱크 또는 이송취급소의 펌프설비 등이 안벽(岸壁), 부두, 해상구조물, 그 밖의 이와 유사한 장소에 설치되어 있는 경우에 당해 장소의 끝선(해면과 접하는 선)으로부터 수평거리 15m 이내의 해면 및 주입구 등 위험물취급설비의 모든 부분이 수평방사거리 내에 있도록 설치할 것

(2) 포모니터 노즐은 모든 노즐을 동시에 사용할 경우에 각 노즐 선단의 방사량이 1,900L/min 이상이고 수평방사거리가 30m 이상이 되도록 설치할 것

[2] 포모니터 방출구

포모니터 방출구는 포모니터 전용의 노즐을 말하며, 소방자동차, 소방경비정 등에 장착되어 있거나 공항 및 주유소, 발전소, 화학공장 등 플랜트설비의 포소화설비로 사용한다. 조작방법에 따라 레버나 기어타입의 수동식과 전동식이나 유압식의 자동식이 있다. 포모니터는 방사거리가 길고 대용량의 포수용액을 방사할 수 있는 구조이다.

❺ 고발포용 방출구의 경우

[1] 적응성

고발포용 방출구란 팽창비 80 이상 1,000 미만인 포로서 약제는 주로 합성계면활성제포를

사용하고 발포장치를 이용하여 강제로 고팽창포를 발생시키는 방출구로서 이를 이용하여 격납고 등과 같은 넓은 장소의 급속한 소화에 사용하는 포소화설비이다. 고발포에 적응성은 일반가연성 물질, 인화성이나 가연성 액체, 액화 천연가스 등의 화재가 해당한다.

[2] 고발포의 특징

(1) A급 화재에 대해서는 포가 화염과 가연물을 완전히 덮을 경우 화재를 제어할 수 있으며, 포가 충분한 습기를 가지고 있으며 그 상태가 긴 시간 유지된다면 A급 화재를 소화시킬 수 있다.

(2) 낮은 인화점을 가지고 있는 B급 액체위험물에 대해서는 액체 표면 위로 충분한 두께가 되게 포를 방사한다면 이를 소화시킬 수 있다.

(3) 높은 인화점을 가지고 있는 B급 액체위험물에 대해서는 연료의 표면을 인화점 밑으로 냉각시켜 주어야만 이를 소화시킬 수 있다.

(4) LNG 화재는 일반적으로 고팽창포로 이를 완벽하게 소화시킬 수 없으나 연료의 공급이 차단된다면 화세(Fire intensity)를 경감시킬 수 있다.

[3] 고발포의 방출방식

발포설비의 경우는 방호공간의 체적 전체에 대해서 또는 방호대상물 주변의 지역에 대해서 다량의 포를 방출하게 되므로 가스계 설비와 같이 전역방출방식이나 국소방출방식으로 이를 구분하여 적용하게 된다. 국내의 경우는 고발포 포소화설비가 일반적으로 대중화된 시설이 아닌 관계로 현재 수원이나 약제량에 대한 기준이 미비하며 여러 기준의 보완이 필요한 실정이다.

(1) **전역방출방식** : 제12조 4항 1호(2.9.4.1)

① **고정포방출구의 기준**

㉠ 개구부에 자동폐쇄장치(건축법 시행령 제64조 1항에 따른 방화문 또는 불연재로 된 문으로 포수용액이 방출되기 직전에 자동적으로 폐쇄될 수 있는 장치를 말한다)를 설치할 것. 다만, 해당 방호구역에서 외부로 새는 양 이상의 포수용액을 유효하게 추가하여 방출하는 설비가 있는 경우에는 그렇지 않다.

> ① 건축법 시행령 제64조 1항에서 방화문 구분은 60분+방화문, 60분 방화문, 30분 방화문의 3종류로 구분한다.
> ② 가스계 소화설비와 같이 약제가 방사되기 전에 개구부는 자동폐쇄를 하되, 개구부에 대한 약제량을 가산한 경우는 자동폐쇄를 하지 않아도 무관하다는 뜻이다.

㉡ 바닥면적 500m^2마다 1개 이상 설치하여 방호대상물의 화재를 유효하게 소화할 수 있도록 할 것

㉢ 방호대상물의 최고 부분보다 높은 위치에 설치할 것. 다만, 밀어올리는 능력을 가진 것에 있어서는 방호대상물과 같은 높이로 할 수 있다.

⊡ 일반적으로 일정한 공간에 대해 포를 방출할 경우는 방호공간보다 더 높은 곳에서 방출하는 것을 원칙으로 하나, 부득이 방호공간의 높이에서 방출할 경우는 방호공간 높이에서 관포체적 높이까지 필요한 양정을 펌프가 추가로 확보하여야 한다.

② **관포체적(冠泡体積 ; Submergence volume)** : 방호대상물의 바닥면으로부터 방호대상물 높이보다 50cm 높은 위치까지의 체적으로서 이는 전역방출방식에서 방호대상물의 실체적에 여유율(Safety factor)을 감안한 체적으로 고발포의 경우는 약제량이나 수원의 양을 적용하는 기준을 관포체적으로 적용한다.

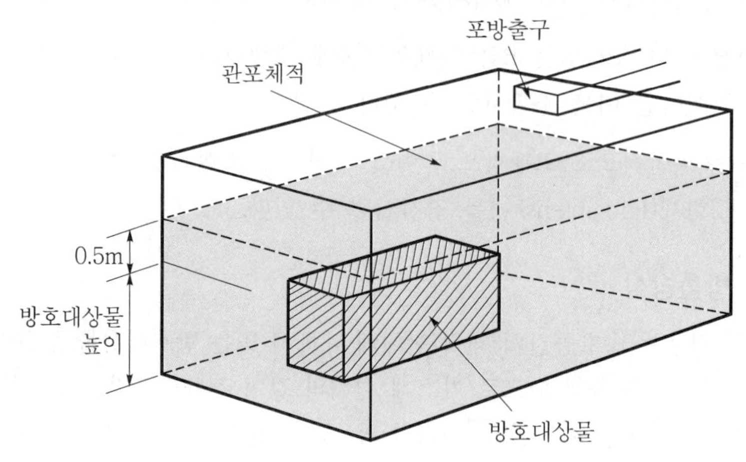

[그림 1-5-12] 관포(冠泡)체적

③ **방출량** : 고정포방출구는 방호구역의 관포(冠泡)체적 $1m^3$당 고발포방출구의 방출량(Lpm)은 [표 1-5-5]에 의할 것

[표 1-5-5] 전역방출방식에서 고발포용 방출구의 방출량(NFTC 표 2.9.4.1.2)

소방대상물	포의 팽창비	방출량(Lpm/m^3)
항공기 격납고	80 이상 250 미만	2.0
	250 이상 500 미만	0.5
	500 이상 1,000 미만	0.29
차고 또는 주차장	80 이상 250 미만	1.11
	250 이상 500 미만	0.28
	500 이상 1,000 미만	0.16
특수가연물 저장·취급하는 소방대상물	80 이상 250 미만	1.25
	250 이상 500 미만	0.31
	500 이상 1,000 미만	0.18

(2) **국소방출방식** : 제12조 4항 2호(2.9.4.2)

① 방호면적

㉠ 개념 : 방호대상물의 각 부분에서 각각 해당 방호대상물 높이의 3배(1m 미만인 경우는 1m)의 거리를 수평으로 연장한 선으로 둘러싸인 부분의 면적으로 이는 국소방출방식에서 여유율을 감안한 수치이며 방호면적의 외곽선을 외주선(外周線)이라 한다.

㉡ 기준 : 방호대상물이 상호 인접하여 불이 쉽게 붙을 우려가 있는 경우에는 불이 옮겨 붙을 우려가 있는 범위 내의 방호대상물을 하나의 방호대상물로 설치할 것

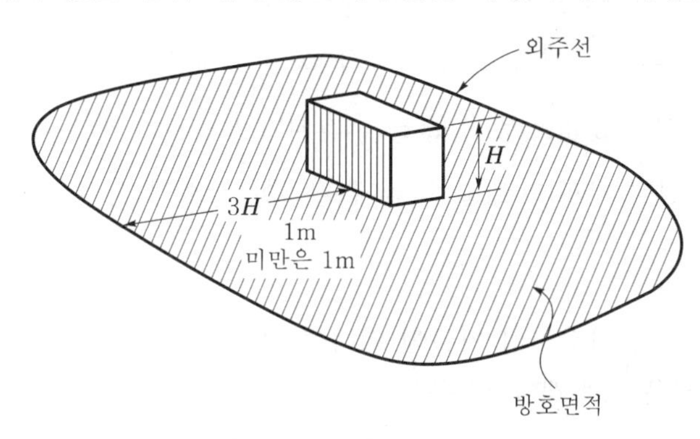

[그림 1-5-13] 방호면적

② 방출량 : 고정포방출구는 방호면적 $1m^2$당 고발포방출구의 방출량(Lpm)은 [표 1－5－6]에 의할 것

[표 1-5-6] 국소방출방식에서 고발포용 방출구의 방출량(NFTC 표 2.9.4.2.2)

방호대상물	방출량(Lpm/m^2)
특수가연물	3
기타의 것	2

(3) **고발포 방출구의 수원 및 약제량**

[표 1－5－5]나 [표 1－5－6]에 대한 고발포용 방출량을 고발포설비의 포약제나 수원을 계산하는 값으로 사용할 경우 이는 잘못된 것으로 위 표는 고발포용 방출구의 방사특성을 규정한 기준일 뿐이다. 현재 국내는 고발포용 방출구에 대한 포약제량이나 수원에 대한 기준이 없다.

CHAPTER 01
CHAPTER 02
CHAPTER 03
CHAPTER 04
CHAPTER 05

07 포소화설비 부속장치의 구조 및 기준

① 저장탱크 : 제8조(2.5)

[1] 설치장소

(1) 화재 등의 재해로 인한 피해를 받을 우려가 없는 장소에 설치할 것

(2) 기온의 변동으로 포의 발생에 장애를 주지 않는 장소에 설치할 것

(3) 다만, 기온의 변동에 영향을 받지 않는 포소화약제의 경우에는 그렇지 않다.

(4) 포소화약제가 변질될 우려가 없고 점검에 편리한 장소에 설치할 것

[2] 시설기준

(1) 가압송수장치 또는 혼합장치의 기동에 의하여 압력이 가해지는 것 또는 상시 가압된 상태로 사용되는 것은 압력계를 설치할 것

(2) 포소화약제 저장량의 확인이 쉽도록 액면계 또는 계량봉을 설치할 것

(3) 가압식이 아닌 저장탱크는 글라스 게이지(Glass gauge)를 설치하여 액량을 측정할 수 있는 구조로 할 것

② 개방밸브 : 제10조(2.7)

포소화설비의 개방밸브는 다음의 기준에 따라 설치해야 한다.

[1] 자동식 개방밸브

자동식 개방밸브는 화재감지장치의 작동에 따라 자동으로 개방되는 것으로 할 것

(a) 외부 모습

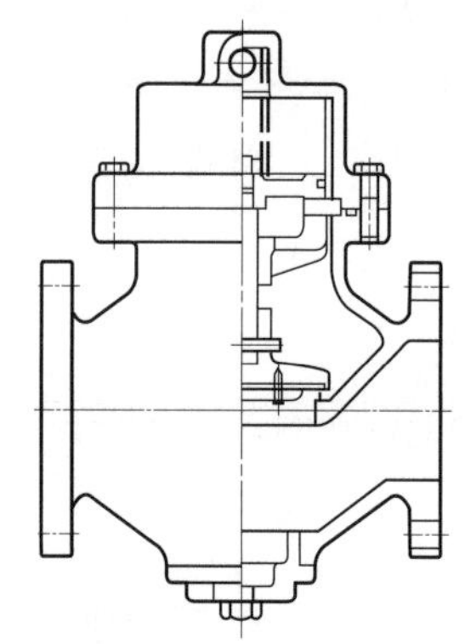

(b) 내부 모습

[그림 1-5-14(A)] 자동식 개방밸브

[2] 수동식 개방밸브

수동개방밸브는 화재 시 쉽게 접근할 수 있는 곳에 설치할 것

[그림 1-5-14(B)] 자동식 또는 수동식 개방밸브

❸ 기동장치 : 제11조(2.8)

[1] 기동장치의 종류

(1) 수동식

직접조작 또는 원격조작에 따라 시스템(가압송수장치 · 수동식 개방밸브 · 약제혼합장치)을 기동시키는 방식이다.

> ⇥ 수동식 기동장치는 자동식 밸브의 경우에도 동일하게 적용할 수 있다.

(2) 자동식

자동화재탐지설비의 감지기 작동 또는 폐쇄형 스프링클러헤드의 개방과 연동하여 시스템(가압송수장치 · 일제개방밸브 · 약제혼합장치)을 기동시키는 방식이다.

① **스프링클러헤드 기동방식** : 폐쇄형 스프링클러헤드 개방 시 배관 내 유수의 압력 변화를 감지하여 일제개방밸브가 작동하여 포소화설비 시스템을 기동시키는 기계적인 방식이다.

② **감지기 기동방식** : 감지기 동작 시 동작신호에 따라 일제개방밸브에 설치된 솔레노이드 밸브가 개방되어 포소화설비 시스템을 기동시키는 전기적인 방식이다.

[2] 기동장치의 기준

(1) 수동식 기동장치 : NFTC 2.8.1

① 직접조작 또는 원격조작에 따라 가압송수장치 · 수동식 개방밸브 및 소화약제 혼합장치를 기동할 수 있을 것

> ⇥ 수동식 기동장치
> ① 수동기동장치란 수동으로 조작을 하여 수동개방밸브를 개방시켜 주는 장치로 가압송수장치나 약제혼합장치는 수동식 개방밸브가 개방되면 자동으로 기동되는 것으로 결국 포소화설비를 작동시켜 주는 수동기동방식의 장치를 뜻한다.
> ② 기동장치는 수동식 개방밸브 외에 자동식 개방밸브에도 설치할 수 있다.

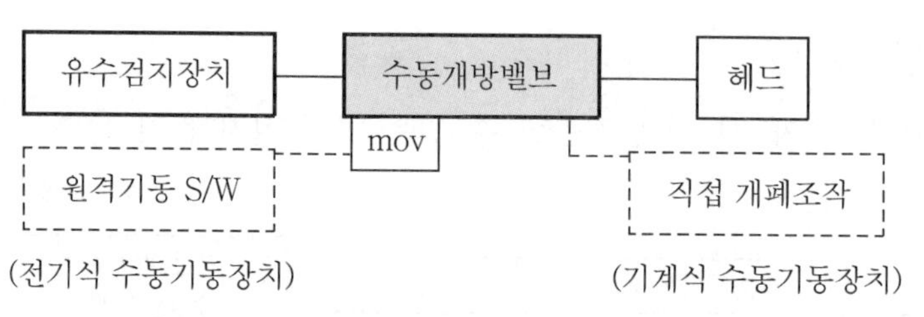

[그림 1-5-15(A)] 수동개방밸브의 수동기동장치

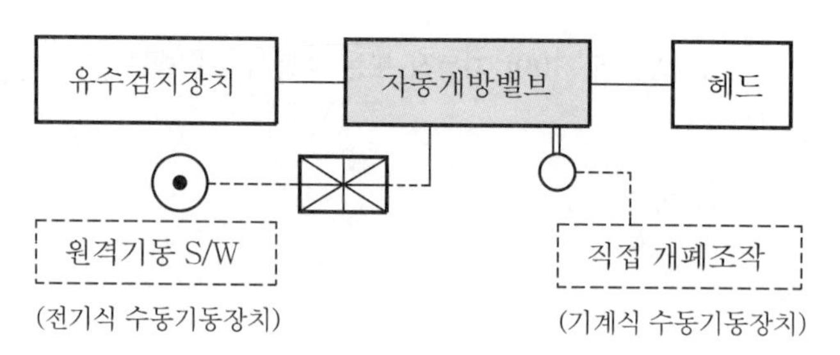

[그림 1-5-15(B)] 자동개방밸브의 수동기동장치

② 방사구역이 2 이상일 경우 방사구역을 선택할 수 있는 구조로 할 것

③ 기동장치의 조작부는 화재 시 쉽게 접근할 수 있는 곳에 설치하되, 바닥으로부터 0.8m 이상 1.5m 이하에 설치하고 유효한 보호장치를 설치할 것

④ 수동식 기동장치 수량

㉠ 차고 또는 주차장 : 방사구역마다 1개 이상

㉡ 항공기 격납고 : 방사구역마다 2개 이상

ⓐ 그 중 1개는 방사구역으로부터 가장 가까운 곳 또는 조작이 편리한 장소에 설치할 것

ⓑ 나머지 1개는 화재감지 수신기를 설치한 감시실 등에 설치할 것

(2) 자동식 기동장치 : NFTC 2.8.2

감지기 작동 또는 스프링클러헤드의 개방과 연동하여 포소화설비(가압송수장치・일제개방밸브・약제혼합장치)을 기동시키는 방식으로 다음 기준에 의하여 설치해야 한다. 다만, 자동화재탐지설비 수신기가 설치된 장소에 상시 사람이 근무하고 있고, 화재 시 즉시 해당 조작부를 작동시킬 수 있는 경우에는 그렇지 않다.

① 폐쇄형 스프링클러헤드를 사용하는 경우(=기계식 자동기동장치)

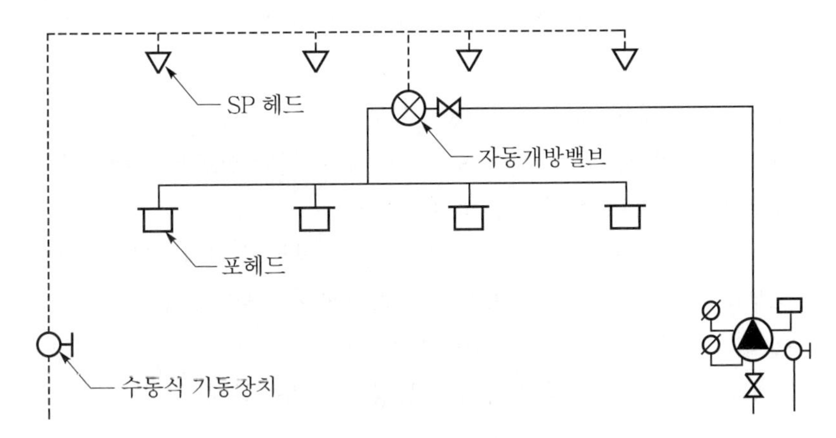

[그림 1-5-16(A)] 자동식 기동장치(SP 헤드 이용)

㉠ 헤드의 표시온도는 79℃ 미만일 것
㉡ 스프링클러헤드 1개당 경계면적은 20m² 이하일 것
㉢ 부착면의 높이는 바닥으로부터 5m 이하로서 화재를 유효하게 감지할 수 있도록 할 것

> ⊡ 자동식 기동장치로 폐쇄형 헤드를 사용하는 경우는 화재 시 1차적으로 헤드가 개방되어 스프링클러 배관 내의 물이 흐르면 이로 인한 배관 내의 압력 변화에 따라 일제개방밸브(자동개방밸브)가 작동한다. 이후 유수검지장치(알람밸브)가 개방되고 경보가 발생하며, 압력 체임버에서 압력 변화를 감지하여 포소화설비용 펌프가 자동으로 기동하게 된다. 즉, 폐쇄형 헤드를 이용한 것은 기계식 자동기동방식이 된다.

② 화재감지기를 사용하는 경우(=전기식 자동기동장치)

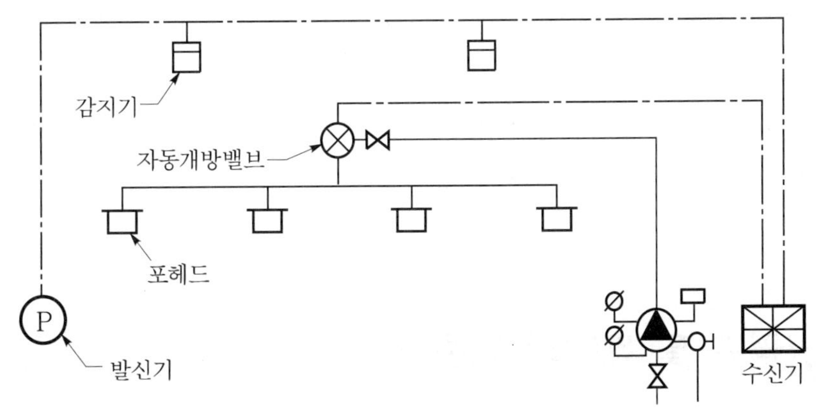

[그림 1-5-16(B)] 자동식 기동장치(감지기 이용)

㉠ 화재감지기는 NFTC 203(자동화재탐지설비) 2.4(감지기)의 기준에 따라 설치할 것

㉡ 감지기회로에는 다음의 기준에 맞는 발신기를 설치할 것

ⓐ 조작이 쉬운 장소에 설치하고 스위치는 바닥에서 0.8m 이상 1.5m 이하의 높이에 설치할 것

ⓑ 층마다 설치하되 해당 특정소방대상물의 각 부분으로부터 수평거리가 25m 이하가 되도록 할 것. 다만, 복도 또는 별도로 구획된 실로서 보행거리가 40m 이상일 경우에는 추가로 설치해야 한다.

ⓒ 발신기의 위치를 표시하는 표시등은 함의 상부에 설치하되, 그 불빛은 부착면으로부터 15° 이상의 범위 안에서 부착지점으로부터 10m 이내의 어느 곳에서도 쉽게 식별할 수 있는 적색등으로 할 것

㉢ 동결 우려가 있는 장소의 자동식 기동장치는 자동화재탐지설비와 연동으로 할 것

> ⊡ 비행기 격납고 등과 같이 고발포를 사용하는 포소화설비의 경우는 자동기동방식으로 반드시 감지기에 의한 기동방식으로만 적용하여야 한다. 이는 고발포의 경우 스프링클러헤드에 의한 기동방식을 적용할 경우는 헤드에서 살수되는 물로 인하여 고발포의 포가 소멸되어 소화효과가 현저히 떨어지게 되기 때문이다.

[3] 기동장치의 경보 : NFTC 2.8.3

기동장치에 설치하는 자동경보장치는 다음의 기준에 따라 설치해야 한다. 다만, 자동화재탐지설비에 따라 경보를 발할 수 있는 경우에는 음향경보장치를 설치하지 않을 수 있다.

(1) 방사구역마다 일제개방밸브와 그 밸브의 작동 여부를 발신하는 발신부를 설치할 것. 이 경우 각 일제개방밸브에 설치하는 발신부 대신 1개 층에 1개의 유수검지장치를 설치할 수 있다.

(2) 상시 사람이 근무하고 있는 장소에 수신기를 설치하되, 수신기에는 폐쇄형 스프링클러헤드의 개방 또는 감지기의 작동 여부를 알 수 있는 표시장치를 설치할 것

(3) 하나의 소방대상물에 2 이상의 수신기를 설치하는 경우에는 수신기가 설치된 장소 상호간에 동시 통화가 가능한 설비를 할 것

08 펌프 및 배관의 기준

1 펌프 설치 기준 : 제6조 1항(2.3.1)

(1) 소화약제가 변질될 우려가 없는 곳에 설치할 것

(2) 가압송수장치에는 "포소화설비 펌프"라고 표시한 표지를 할 것. 이 경우 그 가압송수장치를 다른 설비와 겸용하는 때에는 그 겸용되는 설비의 이름을 표시한 표지를 함께 해야 한다.

※ 기타 부속설비의 경우는 CHAPTER 01(소화설비) – SECTION 02(옥내소화전설비)에서 "07(옥내소화전의 화재안전기준) – ③(펌프 주변 부속장치의 기준)"을 참고할 것

❷ 배관 및 부속류 기준

[1] 배관의 규격 : NFTC 2.4.1 & 2.4.2

(1) 배관 내 사용압력이 1.2MPa 미만일 경우에는 다음의 어느 하나에 해당하는 것

① 배관은 배관용 탄소강관(KS D 3507)

② 이음매 없는 구리 및 구리합금관(KS D 5301). 다만, 습식의 배관에 한한다.

③ 배관용 스테인리스 강관(KS D 3576) 또는 일반배관용 스테인리스 강관(KS D 3595)

④ 덕타일 주철관(KS D 4311)

(3) 배관 내 사용압력이 1.2MPa 이상일 경우에는 다음의 어느 하나에 해당하는 것

① 압력배관용 탄소강관(KS D 3562)

② 배관용 아크용접 탄소강강관(KS D 3583)

(4) CPVC 배관의 경우 : 다만, 다음의 어느 하나에 해당하는 장소에는 소방청장이 정하여 고시하는 성능인증 및 제품검사의 기술기준에 적합한 소방용 합성수지배관으로 설치할 수 있다.

① 배관을 지하에 매설하는 경우

② 다른 부분과 내화구조로 구획된 덕트 또는 피트의 내부에 설치하는 경우

③ 천장(상층이 있는 경우에는 상층바닥의 하단을 포함한다)과 반자를 불연재료 또는 준불연재료로 설치하고 그 내부에 습식으로 배관을 설치하는 경우

[2] 헤드 배열 : 제7조 4항(2.4.4)

포워터스프링클러설비 또는 포헤드설비의 가지배관 배열은 토너먼트 방식이 아니어야 하며, 교차배관에서 분기하는 지점을 기점으로 한쪽 가지배관에 설치하는 헤드 수는 8개 이하로 한다.

일반적으로 포소화설비는 압력손실을 최소화하기 위하여 스프링클러설비와 같이 토너먼트 방식을 금하고 있다. 그럼에도 불구하고, 압축공기포소화설비는 토너먼트 방식으로 해야 하며 소화약제가 균일하게 방출되는 등거리 배관구조로 해야 한다.

[3] 송수구 : NFTC 2.4.14.9

압축공기포소화설비를 스프링클러 보조설비로 설치하거나 압축공기포소화설비에 자동으로 급수되는 장치를 설치한 때에는 송수구 설치를 아니할 수 있다.

CHAPTER 01
CHAPTER 02
CHAPTER 03
CHAPTER 04
CHAPTER 05

[4] 송액관 : 제7조 3항(2.4.3)

(1) 송액관은 포의 방출 종료 후 배관 내의 액을 배출시키기 위하여 적당한 기울기를 유지하도록 하고 그 낮은 부분에 배액(排液)밸브를 설치할 것

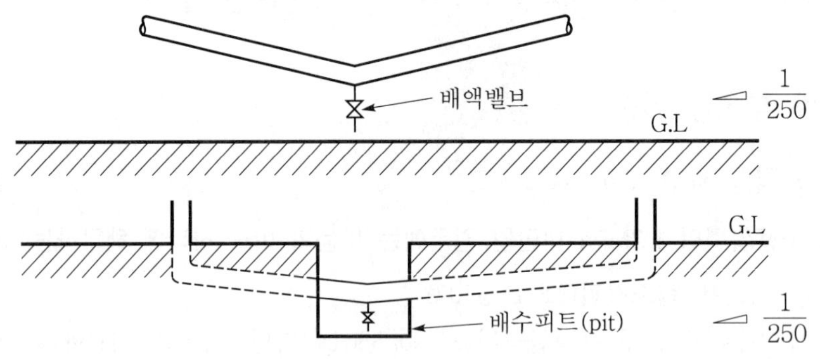

[그림 1-5-17] 배액밸브와 배수피트

→ 배액밸브

① 배관 내를 청소하거나 배관 내의 잔류액을 배출하기 위하여 설치하는 것이 배액밸브로서, 배액밸브 아래쪽에는 배수피트를 설치하여 포수용액을 배출시키도록 한다.

② 배액이 되도록 하기 위해 배관의 기울기를 주어야 한다.

(2) 송액관은 전용으로 해야 한다. 다만, 포소화전의 기동장치의 조작과 동시에 다른 설비의 용도에 사용하는 배관의 송수를 차단할 수 있거나, 포소화설비의 성능에 지장이 없는 경우에는 다른 설비와 겸용할 수 있다.

[5] 개폐밸브 : NFTC 2.4.11 & 2.4.12

(1) 급수배관에 설치되어 급수를 차단할 수 있는 개폐밸브(포헤드, 고정포방출구 또는 이동식 포노즐은 제외한다)는 개폐표시형으로 해야 한다. 이 경우 펌프의 흡입측 배관에는 버터플라이밸브 외의 개폐표시형 밸브를 설치해야 한다.

(2) 급수개폐밸브가 잠길 경우 탬퍼스위치의 동작으로 인하여 감시제어반 또는 수신기에 표시되고 경보음을 발하며, 탬퍼스위치는 감시제어반에서 동작의 유무 확인과 동작시험, 도통시험을 할 수 있어야 한다.

(3) 탬퍼스위치는 감시제어반에서 동작의 유무 확인과 동작시험, 도통시험을 할 수 있을 것

❸ 계통도 및 설계 예제

[1] 포소화설비 계통도

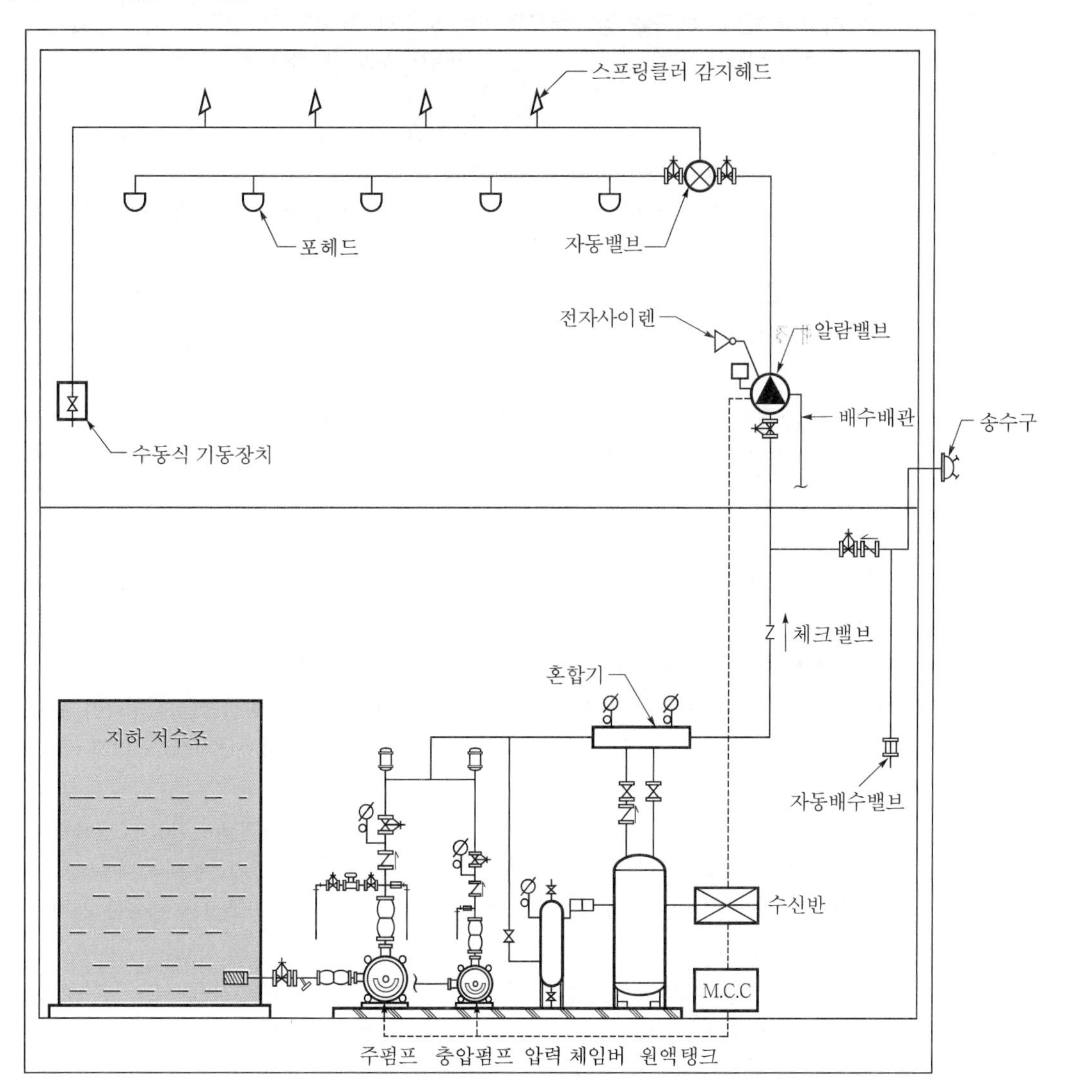

[그림 1-5-18] 포소화설비 계통도(스프링클러헤드 기동방식)

[2] 설계 예제 및 풀이

가로 9m, 세로 11m로 바닥면적이 $99m^2$인 주차장 건물에 단백포 약제를 사용하는 포헤드를 설치하고자 한다. 헤드를 정방형으로 배치하고자 할 경우 소요되는 최소헤드수를 구하고, 이 경우 헤드의 표준 방사량은 얼마 이상이 되어야 하는가?

1. 최소소요헤드수

   [표 1-5-3(A)]에 따라 $99m^2 \div 9m^2 = 11$개가 된다. …… ⓐ

   그런데 11개의 헤드는 건물의 형태나 헤드 배치를 고려하지 않은 오직 바닥면적에 의한 소요 헤드수일 뿐이다.

   이를 정방형으로 배치하려면 정방향 포헤드 간격은 $S(\text{m}) = 2r\cos 45°$이므로 유효반경 2.1m에 대해 정방형의 헤드 간격은 항상 3m($=2\times2.1\times\cos 45°$)이다. 이때 가로 9m÷3m=가로 3개, 세로 11m÷3m=3.7 → 세로 4개가 필요하다.

   따라서 가로 3개×세로 4개=총 12개가 필요하다. ……… ⓑ

   ⓐ와 ⓑ 중에서 큰 쪽을 선택하여야 모두를 만족하므로 헤드를 배치할 경우는 12개가 필요한 최소헤드수가 된다.

2. 최소표준방사량

   해당 장소를 포헤드로 설계하면 해당 장소에 대해 1분간 방출되는 포수용액의 양은 다음과 같다.

   바닥면적 $99m^2 \times 6.5\text{Lpm}/m^2$[표 1-5-3(B)]=643.5Lpm

   이때의 643.5Lpm은 포수용액의 양으로서 이 값은 설계자가 표준 방사량을 선정하기 위한 기본값이 된다. 이때 위 1번과 같이 총 12개의 헤드가 필요하므로 643.5Lpm÷12개=53.7 (Lpm/헤드 1개)이 된다.

   이는 설계자가 선정하고자 하는 헤드의 표준 방사량이 적어도 53.7Lpm 이상의 방출량이 나오는 제품으로 선정하여야 한다는 것을 의미한다. 즉, 설계자가 각 제조사 제품 중 임의로 헤드를 선정하여서는 아니 되며 [표 1-5-3(B)]의 조건을 만족하는 헤드를 선정하여야 한다는 의미이다.

   ※ 또한 중요한 것은 위와 같은 방법을 이용하여 수원이나 약제량을 구하여서는 절대로 안 되며, 반드시 수원은 NFPC 제5조(NFTC 2.2)를 적용하고, 약제량은 NFPC 제8조 2항(NFTC 2.5.2)을 적용하여 계산하여야 한다.

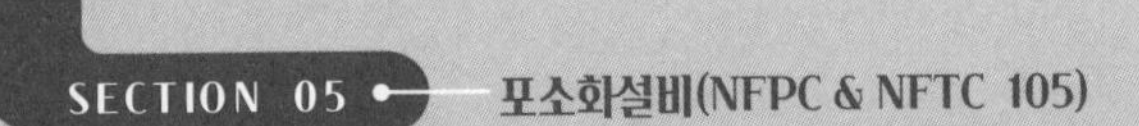

SECTION 05 포소화설비(NFPC & NFTC 105)

단원문제풀이

01 포소화설비에서 사용하는 혼합장치의 종류를 열거하고 대표적으로 적용되는 실례를 1개씩 나열하라.

| 해답 |

1. 프레셔 프로포셔너 방식
   예 주차장 건물에 포헤드를 설치하는 등 일반적인 경우
2. 라인 프로포셔너 방식
   예 휴대용 또는 이동식 간이설비에 사용할 경우
3. 펌프 프로포셔너 방식
   예 소방자동차에 사용하는 경우
4. 프레셔 사이드 프로포셔너 방식
   예 석유화학플랜트 또는 비행기 격납고 등 대단위 포소화설비에 사용하는 경우
5. 압축공기포 믹싱 체임버 방식
   예 위험물저장취급장소, 변압기 등 전기 관련 장소에 사용할 경우

02 팽창비가 18인 포소화설비에서 6%의 포원액 저장량이 200L라면 포를 방출한 후의 포의 체적은 얼마(m^3)가 되는가?

| 해답 |

농도가 6%라면 물은 94%이므로 수원의 양을 구하면

$94 : 6 = x : 200,\ x = \frac{94 \times 200}{6} \doteqdot 3133.3\text{L}$

따라서, 포수용액의 양 $= 3133.3 + 200 \doteqdot 3333.3\text{L}$

팽창비는 "발포된 포의 체적 V_f ÷ 포를 만드는 데 필요한 포수용액의 체적 V_L"이다.

조건에서 팽창비 $18 = \frac{V_f}{3333.3}$

$\therefore\ V_f = 3333.3 \times 18 = 59999.4\text{L} \doteqdot 60\text{m}^3$

03 액표면적이 962m²인 위험물(4류 1석유류)탱크가 있다. 고정포방출구를 I 형으로 하고 보조포 소화전이 3개일 경우 필요한 최소 포소화약제량(L)을 구하라. (단, 화재안전기준에 따른다.)

> [조건]
> 1) 포약제는 단백포, 농도는 3%, 송액관의 관경은 65mm로 한다.
> 2) 단위 포방출량 및 방사시간은 표 1-5-2(A)를 이용한다.

| 해답 |

1. 고정포방출구에 필요한 약제량 $= A \times Q_1 \times T \times S$

   이때, 단위 포방출량(Q_1) 및 방사시간(T)은 표에 의하면 $4\text{L/m}^2 \cdot \text{min}$ 및 30분이다.

   $\therefore\ A \times Q_1 \times T \times S = 962 \times 4 \times 30 \times 0.03 = 3463.2\text{L}$

2. 보조포소화전에 필요한 약제량 $= N \times S \times 8{,}000 = 3 \times 0.03 \times 8{,}000 = 720\text{L}$

   $\therefore$ 소요 약제량 $= 3463.2 + 720 = 4183.2\text{L}$

꼼꼼체크

송액관은 65mm로 75mm 이하이므로 약제량 산정에서 제외한다.

04 탱크 내부 측판으로부터 0.5m 떨어져서 설치된 직경 20m의 부상지붕탱크에서 특형 방출구로부터의 1분당 포방출량을 구하라. (단, 환상(環狀) 부분 면적에 대한 방출량은 4L/m² · min 이다.)

| 해답 |

0.5m 떨어진 경우 부상지붕의 직경은 19m이다.

환상 부분 면적 $= \frac{\pi}{4}(20^2 - 19^2) \fallingdotseq 30.62\text{m}^2$

$\therefore$ 포방출량 $= 30.62\text{m}^2 \times 4\text{L/m}^2 \cdot \text{min} \fallingdotseq 122.5\text{L/min}$

05 포소화설비에서 6%용 혼합장치를 사용할 경우 포원액이 분당 20L가 사용되었다. 이때 포소화설비를 30분 동안 작동하면 수원(L)은 얼마가 필요한가?

| 해답 |

포원액 소요량 = 20Lpm × 30분 = 600L, 농도 6%의 경우 수원은 94%가 되므로

수원의 소요량을 x라 하면 6% : 600L = 94% : x

따라서, $x = 600 \times \frac{94}{6} = 9{,}400\text{L}$

06 **직경 26m의 경유를 저장하는 Ⅱ형의 고정지붕탱크가 있다. 포소화약제로 수성막포를 사용할 경우 폼체임버 1개의 방출량(L/min)을 구하고 체임버를 선정하여라. (단, 폼체임버의 표준 방출량은 100, 200, 350, 550, 750, 1,000, 1,250, 1,500, 1,900L/min으로 한다.)**

| 해답 |

1. 고정지붕탱크이며 방출구는 Ⅱ형이다. 위험물안전관리법에 관한 세부기준 제133조에 의하면 직경26m의 경우 폼체임버는 2개를 설치하여야 한다.
   또한 폼체임버의 1분당 방출량은 경유는 2석유류이므로 표 1−5−2(A)에 따라 4L/min · m²가 된다.
2. 직경 26m의 경우 유표면적$(A)=\frac{\pi}{4}\times 26^2=530.66\text{m}^2$
   따라서, 1분당 포수용액$=530.66\times 4\text{L/min}\cdot\text{m}^2 \fallingdotseq 2122.64\text{Lpm}$
   그런데 폼체임버는 총 2개이므로 폼체임버 1개의 방출량은 $2122.64\div 2 \fallingdotseq 1061.32\text{L/min}\cdot\text{m}^2$
   따라서, 선정은 조건에 의해 1,250L/min으로 선정한다.

07 **바닥면적이 175m²인 차고에 그림과 같이 옥내 포소화전이 설치되어 있다. 이 경우에 허용하는 최소 포약제량을 구하라. (단, 농도는 3%로 한다.)**

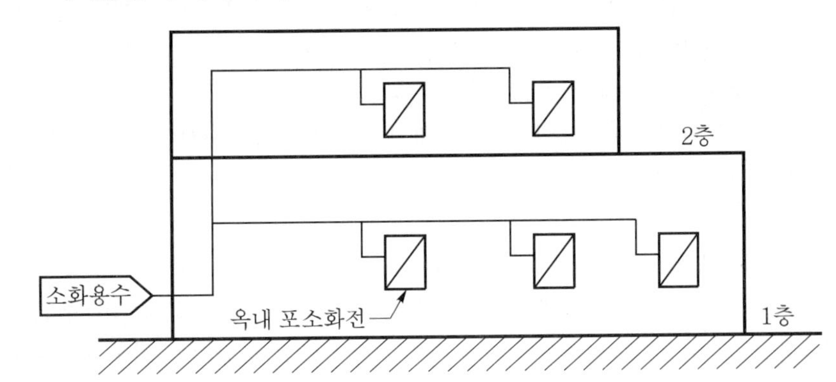

| 해답 |

옥내 포소화전에 있어서 포약제량은 [식 1−5−2]에 농도를 반영하여 $Q=N\times S\times 6{,}000$
여기서, $N=3$, $S=0.03$이므로 $Q=3\times 0.03\times 6{,}000=540\text{L}$
그러나 바닥면적이 200m² 미만의 경우 75%로 할 수 있다.
따라서, 최소 필요 약제량$=540\times 0.75=405\text{L}$가 된다.

08 항공기 격납고에 포소화설비를 설치할 경우 아래 조건을 참고하여 각 물음에 답하라.

[조건]
1) 격납고의 바닥면적은 1,800m^2, 높이는 12m이다.
2) 격납고의 주요구조부는 내화구조이고, 벽 및 천장의 실내에 면하는 부분은 난연재료이다.
3) 격납고 주변에 호스릴 포소화전을 6개 설치한다.
4) 항공기의 높이는 5.5m이다.
5) 전역방출방식의 고발포용 고정포방출구를 설치한다.
6) 포약제는 팽창비 220인 수성막포를 사용한다.

1. 격납고의 소화기구의 총 능력단위를 구하라.
2. 고정포방출구의 최소설치개수를 구하라.
3. 고정포방출구 1개당 최소방출량(L/min)을 구하라.
4. 전체 포소화설비에 필요한 포수용액량(m^3)을 구하라.

| 해답 |

1. 소화기구의 총 능력단위 : 격납고의 소방 용도는 "항공기 및 자동차 관련 시설"에 해당한다. 이 경우 NFTC 101(소화기구)의 2.1.1.2에 따라 바닥면적 100m^2당 1단위 이상이 필요하며, 내화구조 및 내장재가 불연재 등일 경우는 기준면적을 2배 완화한다.
   ∴ 총 능력단위 = 1,800m^2 ÷ 200m^2 = 9단위
2. 고정포방출구의 수 : 고발포의 전역방출방식에서 방출구는 바닥면적 500m^2마다 1개 이상을 설치한다[제12조 4항 1호 다목(2.9.4.1.3)].
   ∴ 1,800m^2 ÷ 500m^2 = 3.6 → 4개
3. 고정포방출구 1개당 방출량[제12조 4항 1호 나목(2.9.4.1.2)]
   ① 항공기 격납고의 경우 팽창비 220의 포수용액 방출량은 2Lpm/m^3이다([표 1-5-5]).
   ② 고발포 전역방출방식에서 포체적은 방호대상물인 항공기 높이보다 50cm 높은 관포체적으로 적용한다.
   관포체적 V = 6m × 1,800m^2 = 10,800m^3
   총 방출량(Q) = $V$$m^3$ × 2Lpm/m^3 = 10,800 × 2 = 21,600Lpm
   방출구가 4개이므로 1개당 방출량은 21,600 ÷ 4 = 5,400L/min
4. 전체 포소화설비의 포수용액량 : 위에서 계산한 방출량이 포수용액량이므로 전체 포수용액은 다음 식을 사용한다.
   $Q = [N_1 \times Q_s \times 10] + [N_2 \times 6{,}000]$ (식 1-5-3)
   ① 고정포방출구에 필요한 포수용액 : 5,400L/min × 4개 × 10min = 216m^3
   ② 호스릴 포소화전에 필요한 포수용액 : 포소화전은 최대 5개까지만 적용하므로
   5개 × 6,000 = 30m^3
   따라서, 전체 포수용액량 = 216 + 30 = 246m^3

09 휘발유 저장용 부상지붕탱크(Floating roof tank)에 있어 다음의 조건하에서 최소 포약제량(L), 수원의 양(m^3)을 구하라. (단, 계산과정은 화재안전기준에 따른다.)

[조건]
1) 탱크의 직경 : 30m
2) 보조포소화전 : 5개
3) 포수용액의 농도 : 6%
4) 굽도리 간격 : 1.2m
5) 송액관은 65mm로서 길이 100m이다.

구 분	Ⅰ형		Ⅱ형		특형	
	방출량	방사시간	방출량	방사시간	방출량	방사시간
인화점 21℃ 미만	4	30분	4	55분	8	30분

(주) 방출량의 단위는 ($L/m^2 \cdot min$)이다.

| 해답 |

1. 약제 소요량
   ① 고정포의 경우 : [식 1-5-7(A)]에 의해 약제량$=A \times Q_1 \times T \times S$이다.
   이때 환상면적은 굽도리 간격이 1.2m이므로 루프의 직경은 $30-(1.2 \times 2)=27.6$m가 된다.
   $\therefore\ A=\frac{\pi}{4}\times 30^2-\frac{\pi}{4}\times 27.6^2 \fallingdotseq 108.5m^2$
   또 부상지붕탱크(Floating roof tank)이므로 폼체임버는 특형으로 한다.
   따라서, $Q=8L/m^2 \cdot min$, $T=30$분이다.
   $S=6\%$이므로 고정포방출구의 약제량$=108.5\times 8\times 30\times 0.06=1562.4L$
   ② 보조포의 경우 : [식 1-5-8]에 의거 소화전은 최대 3개만을 산정하므로
   약제량$=3\times 8{,}000\times 0.06=1{,}440L$
   ③ 송액관은 65mm이므로 약제량을 산정하지 않는다.
   ∴ 최소 소요 포약제량$=1562.4+1{,}440=3002.4L$
2. 수원의 양
   ① 고정포의 경우$=108.5\times 8\times 30=26{,}040L=26.04m^3$
   ② 포소화전의 경우$=3\times 8{,}000=24{,}000L=24m^3$
   $\therefore\ 26.04+24=50.04m^3$

꼼꼼체크

수원의 경우 실제는 농도 6%일 경우 실무에서는 6% : 3002.4L = 94% : x로 하여
$x=\frac{3002.4\times 94}{6}\fallingdotseq 47m^3$로 하는 것도 가능하다.

CHAPTER 01 CHAPTER 02 CHAPTER 03 CHAPTER 04 CHAPTER 05

10 위험물 옥외탱크저장소의 방유제에 용량 50,000L(직경 4m, 높이 46m의 탱크 2기)와 용량 30,000L(직경 3m, 높이 45m의 탱크 1기)를 다음 그림과 같이 설치할 경우 필요한 방유제의 높이(cm)를 구하여라. (단, 소수 첫째자리까지 구하라.)
방유제 바닥면적은 $130m^2$, 각 탱크의 기초 높이는 0.5m이며, 기초의 폭은 그림과 같이 4.5m, 3.5m이며 기타 구조물 및 탱크의 두께, 보온은 무시한다.

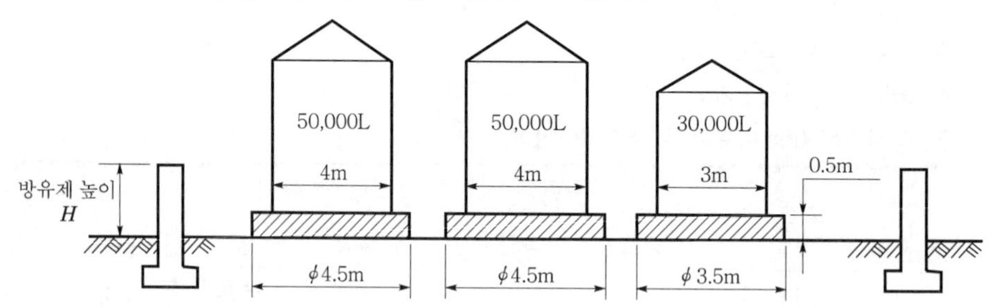

| 해답 |

꼼꼼체크 위험물안전관리법 시행규칙 별표 6의 IX. 방유제 기준

방유제의 용량은 방유제 안에 설치된 탱크가 하나인 때에는 그 탱크 용량의 110% 이상, 2기 이상인 때에는 그 탱크 중 용량이 최대인 것의 용량의 110% 이상으로 할 것

방유제 안에 설치된 탱크가 2개 이상이므로 방유제의 용량은 최대 용량인 $50m^3$의 110%로 적용한다. 또한 방유제 내부에 있는 탱크의 기초 부분 및 기타 탱크 2개의 방유제 하부의 탱크 체적을 공제하고 방유제 체적을 구하도록 한다.
즉, 방유제 전체 체적−탱크(3개)의 기초 부분의 체적−기타 탱크 2개의 방유제 높이까지의 체적=최대탱크용량의 110%가 되어야 한다.
∴ 방유제의 전체 체적을 구하려면 "방유제 체적=최대탱크용량(V_1)의 110%+탱크 3개의 기초 부분의 체적(V_2)+기타 탱크 2개의 방유제 높이까지의 체적(V_3)"이 된다.

1. 최대탱크용량(V_1)=50,000L → 110%는 $V_1 \times 110\% = 55m^3$
2. 탱크 3개의 기초 부분 체적(V_2)

   $$V_2 = \left(\frac{\pi}{4} \times 4.5^2 \times 0.5\right) \times 2개 + \left(\frac{\pi}{4} \times 3.5^2 \times 0.5\right) \times 1개 \doteqdot 15.9 + 4.8 = 20.7m^3$$

3. 조건에서 탱크의 직경은 각각 4m, 3m이며, 방유제 높이를 H(m)라면, 기준 탱크를 제외한 나머지 탱크 2개의 방유제까지 높이의 체적(V_3)

   $$V_3 = \frac{\pi}{4}(4^2 + 3^2) \times (H - 0.5) \doteqdot 19.6(H - 0.5) = 19.6H - 9.8m^3$$

4. 방유제의 바닥면적$=130m^2$, 높이가 H(m)이므로 $130 \times H = V_1 + V_2 + V_3$

   $\therefore\ 130 \times H = 55 + 20.7 + 19.6H - 9.8$

   $H(130 - 19.6) = 55 + 20.7 - 9.8 = 65.9$

   $\therefore\ H = \dfrac{65.9}{110.4} \doteqdot 0.597m = 59.7cm$

5. 결론

   따라서, 59.7cm 이상으로 한다.

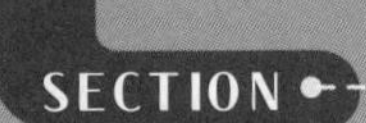

SECTION 06 이산화탄소소화설비 (NFPC & NFTC 106)

01 개 요

❶ 소화의 원리

[1] 소화의 주체

대기 중에서 공기 중의 산소 농도는 21%이나 일반적인 탄화수소 가연물의 경우 산소 농도가 연소한계 농도인 15% 이하가 될 경우 더 이상 연소가 지속되지 않는다. CO_2 가스는 방사 시 실내의 산소 농도를 연소한계 농도인 15% 이하로 낮추어주는 질식소화가 소화의 주체이다.

[2] 소화의 보조

높은 압력으로 액화시킨 CO_2 가스는 용기밸브가 개방되어 기화하면서 노즐에서 압력이 낮은 대기압 상태의 방호구역으로 방사될 경우 전형적인 줄-톰슨 효과가 나타난다. 이로 인하여 방사되는 CO_2 가스의 온도가 줄-톰슨 효과에 의해 급격히 낮아지게 되며 방사되는 CO_2가 즉시 기화하면서 증발잠열(蒸發潛熱)[18]로 인하여 주변의 열을 탈취하게 된다. 이러한 효과가 복합적으로 작용하여 주변의 열을 흡수하여 실내를 냉각시켜 주는 냉각소화가 보조적으로 작용하게 된다.

> **꼼꼼체크 ▌ 줄-톰슨 효과(Joule-Thomson effect)**
>
> 압축한 기체를 단열된 좁은 구멍으로 분출시켜 팽창하게 되면 온도가 내려가는 현상으로 압력 차에 비례하여 그 효과가 더욱 커진다.

18) 증발잠열(Latent heat of vaporization) : 액체가 기화되면서 주변의 열을 탈취하는 현상으로 이로 인하여 주변의 온도가 내려가게 된다.

❷ 설비의 장단점

장 점	• 방사 후 약제의 잔존물이 없다. • 방사체적이 큰 관계로 기화잠열로 인한 열 흡수에 따른 냉각작용이 크다. • 전기에 대해 비전도성으로 C급 화재에 매우 효과적이다. • 공기보다 비중(1.53)이 크며 가스상태로 물질 심부까지 침투가 용이하다. • 약제 수명이 반영구적이며 가격이 저렴하다.
단 점	• 질식의 위험이 있어 정상 거주지역에서는 사용이 제한된다. • 기화 시 온도가 급랭(急冷)하여 동결의 위험이 있는 관계로 정밀 기기에 손상을 줄 수 있다. • 충전압력이 높아 배관 및 밸브에 대한 내압강도가 높아야 한다. • 방사 시 드라이아이스 생성으로 시야를 가려 초기 피난에 장애를 주게 된다.

❸ 적응성과 비적응성

[1] 적응성[19)]

(1) 인화성 액체 물질(Flammable liquid materials)

(2) 전기적 위험(Electrical hazards)

(3) 인화성 액체 연료를 사용하는 엔진(Engines utilizing gasoline & other flammable liquid fuels)

(4) 일반 가연물(Ordinary combustibles)

(5) 고체 위험물(Hazardous solids)

NFPA 12에서는 CO_2 소화설비의 소화적응성을 A급 화재인 일반 가연물(Ordinary combustibles)에 대한 적응성을 인정하고 있다. 그에 비해 소화기의 경우는 구획되어 있지 않은 공간에서 방사 시 즉시 기화되어 일시적으로 표면불꽃은 소화시킬 수 있으나 재발화의 위험이 있으므로 A급 화재에 대한 유효성을 인정할 수 없으며 B, C급 화재에 대해서만 소화적응성을 인정받고 있다.

[2] 비적응성 : NFPC 106(이하 동일) 제11조/NFTC 106(이하 동일) 2.8

이산화탄소소화설비의 분사헤드는 다음의 장소에 설치해서는 안 된다.

(1) 방재실·제어실 등 사람이 상시 근무하는 장소

(2) 니트로셀룰로오스(Nitrocellulose), 셀룰로이드(Celluloid) 제품 등 자기연소성 물질을 저장·취급하는 장소

19) NFPA 12(Carbon Dioxide Extinguishing Systems) 2022 edition : Annex G

(3) 나트륨(Na), 칼륨(K), 칼슘(Ca) 등 활성 금속물질을 저장 · 취급하는 장소

(4) 전시장 등의 관람을 위하여 다수인이 출입 · 통행하는 통로 및 전시실 등

꼼꼼체크 ❙ 전시장

「소방시설법 시행령」 별표 2의 특정소방대상물에서 문화 및 집회시설에 속하며, 전시장이란 박물관, 미술관, 과학관, 문화관, 체험관, 기념관, 산업전시장, 박람회장, 견본주택, 그 밖에 이와 비슷한 것을 말한다.

❹ 동작의 개요

[1] 기동

감지기 작동(A, B감지기의 AND 회로 구성) 또는 수동기동장치에 의해 화재신호가 수신기에 통보되면 경보장치가 작동되며(A감지기나 B감지기가 1개만 작동할 경우에도 경보는 발생함) 화재 지구표시등이 점등된다. 이때 타이머(Timer)에 의해 설정된 일정시간(보통 60초 이하)이 경과되면 기동용기의 솔레노이드밸브 동작에 따라 기동용 가스(5L 이상의 질소 등 비활성가스)가 방출하게 된다.

[2] 가스 방출

방출된 기동용 가스가 선택밸브 및 해당 구역의 저장용기밸브를 개방시켜 준다. 이로 인하여 저장용기 내의 CO_2 가스가 방출되며 CO_2 가스가 선택밸브를 통과하는 순간 압력스위치가 감지하여 방출표시등이 점등되며 이후 분사헤드를 통하여 CO_2 가스가 방출하게 된다.

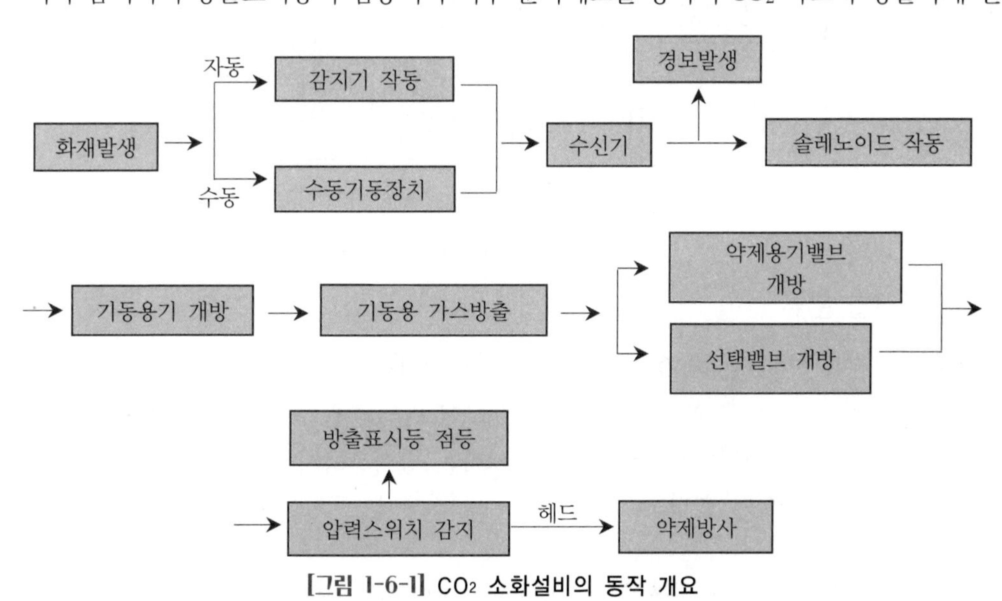

[그림 1-6-1] CO_2 소화설비의 동작 개요

❺ CO_2 소화설비의 분류

[1] 압력방식별 분류

(1) 고압식

상온 20℃에서 6MPa의 압력으로 CO_2를 액상으로 저장하는 방식으로, 고압식은 액상으로 저장된 고압가스 용기로서 외부 온도에 따라 용기 내부 압력이 변화하며 밸브 개방 시 기화되면서 방사된다.

(2) 저압식 : NFTC 2.1.2.4

−18℃에서 2.1MPa의 압력으로 CO_2를 액상으로 저장하는 방식으로, 저압식은 언제나 −18℃를 유지하여야 하므로 단열조치 및 냉동기가 필요하며 약제용기는 대형 저장탱크 1개를 사용한다.

> **꼼꼼체크 ❙ 저압식**
>
> 화재안전기준에서는 −18℃ 이하로 표현하고 있으나 이는 잘못된 것으로 저압식은 항상 −18℃로서 2.1MPa을 유지하여야 한다.

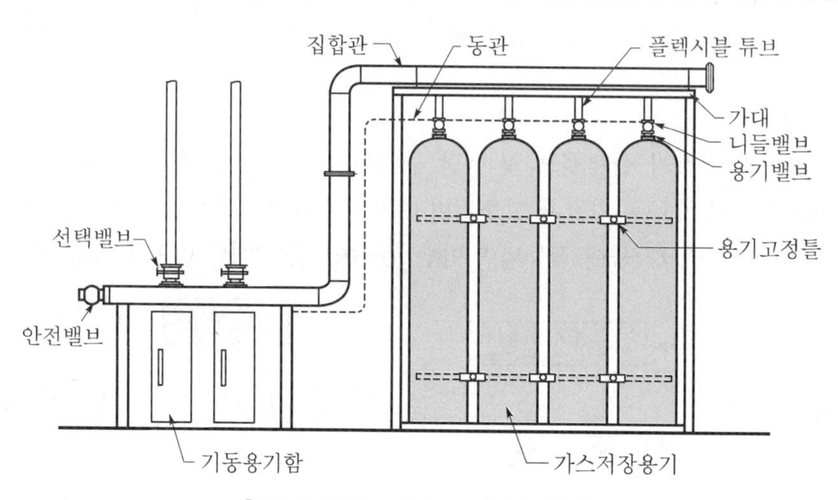

[그림 1-6-2] 고압식의 저장용기(예)

[2] 방출방식별 분류

(1) 전역방출방식(Total flooding system) : 제10조 1항

① 개념 : 하나의 방호구역을 방호대상물로 하여 타부분과 구획하고 분사헤드를 이용하여 방호구역 전체 체적에 CO_2 가스를 방사하는 방식으로서 이 경우는 방호구역에 대한 구획이 전제되어야 한다.

② 기준

㉠ 개구부 면적은 방호구역 전 표면적의 3% 이하일 것[제5조 1호 다목(2.2.1.1.3)]

⊟ 개구부의 면적은 가스방사 시 농도 및 잔류시간에 큰 영향을 주게 되므로 개구부의 최대치를 규제한 것이다.

㉡ 방출된 소화약제가 방호구역의 전역에 균일하게 신속히 확산할 수 있도록 할 것 [제10조 1항(2.7.1.1)]

㉢ 분사헤드의 방출압력은 다음 표와 같으며 소화약제의 저장량은 다음의 기준에서 정한 시간 이내에 방출할 수 있는 것으로 할 것[제8조 2항(2.5.2.1 & 2.5.2.2)]

ⓐ 가연성 액체 또는 가연성 가스 등 표면화재 방호대상물의 경우에는 1분

ⓑ 종이, 목재, 석탄, 섬유류, 합성수지류 등 심부화재 방호대상물의 경우에는 7분, 이 경우 설계농도가 2분 이내에 30%에 도달하여야 한다.

[표 1-6-1] 전역방출방식의 방사시간 및 방사압

방사시간		분사헤드 방사압	
표면화재	심부화재	고압식	저압식
1분 이내	7분 이내 (2분 이내 설계농도의 30%일 것)	2.1MPa	1.05MPa

(2) 국소방출방식(Local application system)

① 개념 : 방호대상물을 일정한 공간으로 구획할 수 없는 경우 미구획상태에서 방호공간 내에 설치된 장치류를 대상으로 CO_2를 방사하는 방식이다.

② 기준

㉠ 소화약제의 방출에 따라 가연물이 비산하지 아니하는 장소에 설치할 것[제10조 2항 1호(2.7.2.1)]

㉡ 소화약제의 저장량은 최소 30초 이내에 방출할 수 있는 것으로 하고 성능 및 방출압력이 다음 기준에 적합한 것으로 할 것[제10조 2항 2호(2.7.2.2)]

[표 1-6-2] 국소방출방식의 방사시간 및 방사압

방사시간	분사헤드 방사압	
	고압식	저압식
30초 이상	2.1MPa	1.05MPa

⊟ 국소방출방식의 방사시간

① 국소방출방식의 경우 방사시간은 NFPA 12 6.3.3.1[20]에 의하면 모든 노즐로부터 최소 액상방출시간(The minimum liquid discharge time)은 최소 30초의 개념으로 제10조 2항 2호(2.7.2.2)에서 "30초 이내에 방출"이라는 표현은 잘못된 것으로 "30초 이상 방출"로 개정되어야 한다.

20) NFPA(2022 edition) 6.3.3.1 : The minimum liquid discharge time from all nozzles shall be 30 seconds(모든 분사노즐로부터 액상의 최소방사시간은 30초가 되어야 한다).

② 국소방출방식의 경우 방사시간을 전역방출방식과 같이 표면화재 및 심부화재로 구분하지 않는 이유는 국소방출방식의 경우는 구획되지 않은 공간에서 가스를 방사하는 관계로 심부화재의 경우 소화의 유효성을 인정할 수 없으므로 표면화재에 국한하여 적용하고 있기 때문이다.

(3) 호스릴방식(Hand hose line system)

① **개념** : 이동식 설비로서 화재 시 호스를 이용하여 사람이 직접 조작하는 간이설비로서 사용자가 화재 시 직접 사용하는 수동식 설비이다. 이 경우는 방호대상물의 국부적인 화재에 대해 수동식으로 대처하는 것으로 조작 후 사용자가 대피할 수 있어야 하므로 화재 시 현저하게 연기가 찰 우려가 없는 장소로서 다음에 해당하는 장소(차고 또는 주차의 용도로 사용되는 부분 제외)에 한한다. 차고 또는 주차장으로 사용하는 부분은 화재 시 신속한 대응이 어려워 화재가 확대되는 사례가 빈번하기에 호스릴방식과 같은 수동방식이 아닌 자동방식으로만 설치가 가능하다.

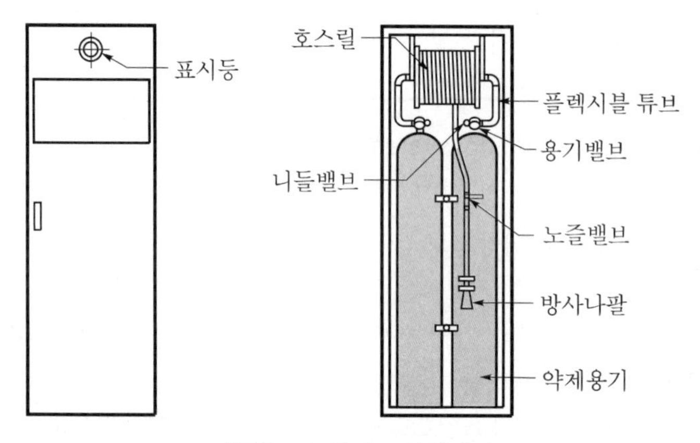

[그림 1-6-3] 호스릴설비

② **장소의 기준** : 제10조 3항(2.7.3)

㉠ 지상 1층 및 피난층에 있는 부분으로서 지상에서 수동 또는 원격조작에 따라 개방할 수 있는 개구부의 유효면적의 합계가 바닥면적의 15% 이상이 되는 부분

㉡ 전기설비가 설치되어 있는 부분 또는 다량의 화기를 사용하는 부분(해당 설비의 주위 5m 이내 부분을 포함)의 바닥면적이 해당 설비가 설치되어 있는 구획의 바닥면적 1/5 미만이 되는 부분

③ **설비의 기준** : 제10조 4항(2.7.4)

㉠ 방호대상물의 각 부분으로부터 하나의 호스 접결구까지의 수평거리가 15m 이하가 되도록 할 것

㉡ 노즐은 20℃에서 하나의 노즐마다 60kg/min 이상의 소화약제를 방출할 수 있는 것으로 할 것

수평거리	노즐 방사량	저장용기	약제량(노즐당)
15m 이하	60kg/min 이상	호스릴마다	90kg 이상(제5조 4호)

㉠ 방사량이 60kg/min 이상이나 약제량은 제5조 4호(2.2.1.4)에서 90kg 이상이므로 결국 최소방사시간은 1분 30초 이상이 된다.

㉢ 소화약제 저장용기는 호스릴을 설치하는 장소마다 설치할 것
㉣ 소화약제 저장용기의 개방밸브는 호스의 설치장소에서 수동으로 개폐할 수 있는 것으로 할 것
㉤ 소화약제 저장용기의 가장 가까운 곳의 보기 쉬운 곳에 표시등을 설치하고, 호스릴 이산화탄소소화설비가 있다는 뜻을 표시한 표지를 할 것

02 CO_2 약제의 농도 이론

❶ 농도의 기본 개념

[1] CO_2 가스량과 농도

(1) CO_2 방사 시의 상황

공기 중의 산소 농도는 21%이며 이 농도를 계속 감소시키면 연소는 정지하게 되며 연소가 정지되는 이때의 농도를 "연소한계 농도"라 한다. 이 값은 가연성 물질의 종류에 따라 다르나 보통 탄화수소 계열의 물질의 경우 15%(Vol%)이며 기타 특정한 가연성 가스 및 위험물의 경우는 더 낮은 산소 농도에서 연소가 정지하게 된다. 일반적으로 CO_2 가스를 방사할 경우는 방사된 CO_2 가스의 부피만큼 실내공기와 CO_2의 혼합기체가 외부로 배출되며 이를 자유유출(Free efflux)이라 한다. 따라서 전역방출방식에서 실제로 방사된 방호구역 내의 CO_2 농도 및 약제량을 계산할 경우는 전통적인 무유출로 계산하면 오차가 발생하며 반드시 자유유출로 적용하여야 한다.

(2) 방사 시 CO_2의 양

무유출(No efflux)의 경우를 전제로 계산하면 이는 누설이 없는 것으로 소요 CO_2 가스 농도의 최소치가 되므로 동일 약제량 대비 최소농도가 된다. 따라서 누설이 없는 완전 밀폐공간으로 가정하고 CO_2 가스가 방호구역 내 잔류할 경우 밀폐공간에서 실부피 $V(m^3)$인 공간에 CO_2 가스 $x(m^3)$를 방사하고, CO_2를 방사하기 전의 상태를 A, 방사한 후의 상태를 B라 하자.

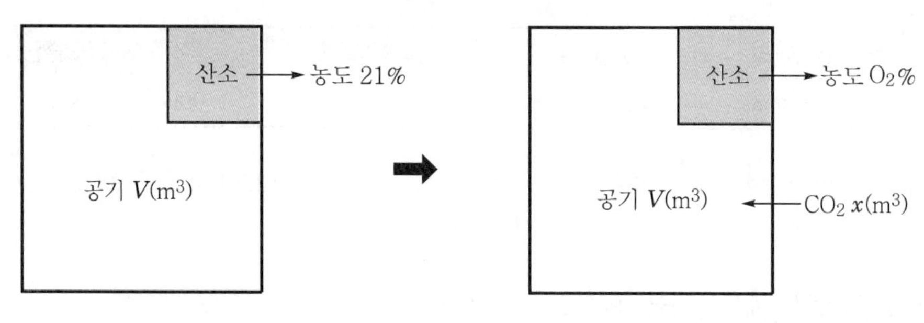

[그림 1-6-4] 방사 전과 방사 후

방사 전 A의 경우는 실내 산소 농도가 21%이며 방사 후 B의 경우는 $x(m^3)$의 CO_2를 방사하였으므로 실내 산소 농도가 감소되며 이를 $O_2(\%)$라 하자. 이때 A에서의 산소의 체적(m^3)은 $(V \times 21\%)$이며 B에서의 산소의 체적은 $(V+x) \times O_2(\%)$가 된다. 외부에서 CO_2의 유입으로 실내 산소의 농도는 변화하여도 누설이 없는 밀폐공간이라는 가정하에서는 실내의 산소 절대량(kg)은 변동이 없으므로 방사 전 A와 방사 후 B에 있어서 산소의 총량은 동일하게 된다.

$$\rho(V \times 21\%) = \rho(V + x) \times O_2(\%)$$

여기서, ρ(산소의 밀도)

$$\therefore\ x = \frac{V \times 21\%}{O_2\%} - V = V \times \frac{(21 - O_2)\%}{O_2\%}$$

따라서, 이때의 CO_2의 양 $x(m^3) = \dfrac{21 - O_2(\%)}{O_2(\%)} \times V$

$$Q(m^3) = \frac{21 - O_2}{O_2} \times V \quad \cdots \text{[식 1-6-1]}$$

여기서, Q : 방호구역 내 방사한 CO_2 체적(m^3)

O_2 : CO_2 방사 후 실내의 산소 농도(%)

V : 방호구역의 부피(m^3)

(3) 방사 시 CO_2의 농도

약제방사 후 실내의 CO_2 농도를 구해 보면 다음과 같다.

실내 체적만큼의 공기에 추가로 CO_2 가스를 방사한 경우이므로

CO_2의 농도(%) $= \dfrac{\text{방사된 } CO_2 \text{ 가스량}}{\text{실내 부피의 공기량} + \text{방사된 } CO_2 \text{ 가스량}} \times 100$이 된다.

방사된 CO_2의 양은 [식 1-6-1]이므로 최종적으로

$$\therefore\ CO_2\text{의 농도}(\%)=\frac{\dfrac{21-O_2}{O_2}\times V}{V+\dfrac{21-O_2}{O_2}\times V}\times 100=\frac{21-O_2}{21}\times 100$$ 으로 [식 1-6-2]가 된다.

$$C(\%)=\frac{21-O_2}{21}\times 100 \quad \cdots\ [\text{식 } 1-6-2]$$

여기서, C : CO_2 방사 후 실내의 CO_2의 농도(%)

O_2 : CO_2 방사 후 실내의 산소 농도(%)

꼼꼼체크 ▮ 최소농도

최소농도를 구할 경우 CO_2의 농도(%) $=\dfrac{CO_2\text{ 체적}}{\text{방호구역 체적}}\times 100$으로 적용하는 경우가 있으나 이는 무유출이 아닌 완전치환의 경우로 잘못된 것임.

[2] 최소이론농도 및 최소설계농도

(1) 최소이론농도

[식 1-6-2]에 연소한계농도 $O_2=15\%$를 적용하면 $CO_2(\%)=\dfrac{21-15}{21}\times 100 \fallingdotseq 28\%$가 되며 이 값은 무유출(No efflux)을 전제로 한 것이므로 최소농도가 되며 이는 실험이 아닌 계산에 의해 산정한 것이다. 따라서 이를 CO_2 가스의 "최소이론농도(Theoretical minimum concentration)"라 한다.

(2) 최소설계농도

최소이론농도는 결국 최소소화농도이며, 설계 시 적용하는 설계농도는 CO_2의 경우 안전율 20%를 적용하고 있다. 따라서 $28\%\times 1.2=34\%$가 되므로 이를 "최소설계농도(Minimum design concentration)"라 한다. 화재안전기준에서 CO_2 약제량은 최소이론농도$\times 1.2$배를 한 설계농도의 값이며 어떠한 경우에도 CO_2 설비의 경우 설계농도가 34% 미만이 되어서는 아니 된다.

❷ 자유유출의 농도와 적용

[1] 자유유출의 농도

방호구역 내 $1m^3$당 방사되는 CO_2의 방사체적을 $x(m^3/m^3)$, CO_2 가스의 농도를 $C(\%)$라면 자유유출에서는 $e^x = \frac{100}{100-C}$ 와 같은 관계식이 성립한다.[21]

위 식을 대수(對數 ; Logarithm)로 변환하면 $x = \log_e\left(\frac{100}{100-C}\right)$이 된다.

이를 다시 상용대수로 변환하면 $x = 2.303 \times \log\frac{100}{100-C}$ 이 되며 이때 CO_2의 비체적을 S라 하면, 단위는 (m^3/kg)이며 비체적의 역수인 밀도는 $\frac{1}{S}(kg/m^3)$이 된다.

따라서 방호구역 $1(m^3)$당 CO_2의 체적이 $x(m^3/m^3)$이므로 "$x(m^3/m^3) \times \frac{1}{S}(kg/m^3)$"는 방호구역 $1m^3$당 CO_2 방사량(kg)이 된다. 즉 이는 방호구역 체적당 약제량 w로서(이를 보통 방사량(Flooding factor)이라 한다) 식으로 표시하면 $w = x \times \frac{1}{S} = 2.303\log\frac{100}{100-C} \times \frac{1}{S}$ 이 된다.

$$w = 2.303 \times \log\frac{100}{100-C} \times \frac{1}{S} \quad \cdots \text{[식 1-6-3]}$$

여기서, w : 방사량[방호구역 $1m^3$당 CO_2 약제량](kg/m^3)

C : 방사 후 CO_2 농도(Vol%)

S : 비체적(m^3/kg)

결국 CO_2 설비에서 자유유출 상태에서의 농도나 방사량(체적당 약제량)은 [식 1-6-3]에서 농도 C(Vol%)나 방사량 $w(kg/m^3)$를 계산하는 것이 된다.

[2] 자유유출의 적용

CO_2 설비의 경우 약제량을 구하는 공식이 [식 1-6-3]과 같이 존재하고 있으나 화재안전기준에서 표면화재 및 심부화재에서의 방사량은 [식 1-6-3]에 특정된 농도와 특정된 온도를 적용하여 산정된 수치이다. 청정약제(Clean agent)와 달리 CO_2의 경우는 물성이 동일하며 오랫동안 수계산을 해 온 전통적인 가스계 소화설비인 관계로 구태여 공식을 사용하지 않고 특정 설계농도와 특정 온도를 적용한 테이블을 규범화하고 있다.

---

21) NFPA 12(2022 edition) Annex D Total flooding systems(전역방출방식)

❸ 화재안전기준의 농도 적용

[1] 표면화재 시 농도

(1) 개념

NFPA에서는 CO_2 가스의 농도 및 약제량을 계산할 경우 30℃(86°F)와 10℃(50°F)의 2가지를 적용하고 있으며 CO_2 표면화재 시의 온도는 30℃(86°F)를 기준으로 하여 모든 테이블을 제정한 것이다.[22] 0℃, 1기압에서 CO_2의 비체적은 아보가드로(Avogadro) 법칙에 의거 "22.4m³/분자량(kg)"이므로 $\frac{22.4}{44}=0.509$가 된다. 이때 0℃에서 30℃로 온도 상승의 변화가 있으므로 샤를(Charles) 법칙에 의거 30℃에서의 비체적 $S=0.509+0.509\times\left(\frac{30}{273}\right)=0.565\text{m}^3/\text{kg}$가 된다. 그러나 NFPA 12 Annex D에서 30℃의 CO_2 비체적을 9ft³/lb로 적용하므로 이는 단위변환 시 0.56m³/kg이므로 표면화재 시 비체적(S)은 이 값을 적용하기로 한다.

예제 제5조 1호 가목(표 2.2.1.1.1)의 경우 체적 1,450m³에서 약제량이 0.75kg/m³인 경우 CO_2 방사량에 대한 방호구역의 농도를 구하여라.

풀이 $S=0.56$이며 조건에서 $w=0.75$, 농도는 $C(\%)$이므로

[식 1-6-3]에서 $2.303\times\log\frac{100}{100-C}\times\frac{1}{0.56}=0.75$

$\log\frac{100}{100-C}=\frac{0.56}{2.303}\times0.75\fallingdotseq0.1824,\ 10^{0.1824}=\frac{100}{100-C},\ 100-C=\frac{100}{10^{0.1824}}$

따라서, 농도 $C=100-\frac{100}{10^{0.1824}}=100-\frac{100}{1.522}\fallingdotseq34.3\%$

(2) 해설

제5조 1호 가목의 표를 위 예제 풀이 방식을 이용하여 각 약제량별 농도를 계산하면 다음과 같다.

방호구역 체적(m³)	약제량(kg/m³)		설계농도
45 미만	1.0		43%
45 이상 ~ 150 미만	0.9	⇨	40%
150 이상 ~ 1,450 미만	0.8		36%
1,450 이상	0.75		34%

위의 경우 방호구역의 체적이 작을수록 설계농도는 커지고 있으며 이는 체적이 작은 구역일수록 큰 체적에 비해 상대적으로 표면적 비율(비표면적)이 큰 관계로 인하여 누설이 많이 발생하므로 상대적으로 설계농도가 커져야 한다. 아울러 방사 시 설계농도는 반드시 최소설계농도인 34% 이상이 되어야 하며, 체적이 줄어들수록 설계농도가 증가하게 된다.

22) NFPA 12(2022 edition) Annex D Total flooding systems(전역방출방식)

[2] 심부화재 시 농도

(1) 개념

NFPA에서 제시하는 30℃와 10℃의 조건에서 심부화재는 더 많은 약제량을 필요로 하므로 심부화재 시에는 10℃의 비체적을 적용하도록 하며 이를 계산하면 비체적은 심부화재 시 $S=0.509+0.509\times\frac{10}{273}=0.527$에 해당한다. 그러나 NFPA Annex D에서 10℃의 CO_2 비체적을 8.35ft³/lb로 적용하며 이는 단위변환 시 0.52m³/kg이므로 심부화재 시 이 값을 적용하기로 한다.

제5조 2호(표 2.2.1.2.1)에서 각 농도에 대한 약제량이 ㉮ 50%→1.3kg/m³, ㉯ 50%→1.6kg/m³, ㉰ 65%→2.0kg/m³, ㉱ 75%→2.7kg/m³인 것을 구하여라.

이 경우는 심부화재이므로 비체적 S(m³/kg)=0.52로 적용하며

[식 1-6-3]을 이용하여 $2.303\times\log\frac{100}{100-C}\times\frac{1}{0.52}=w$가 되므로

㉮ 50% 농도 시 → $2.303\times\log\frac{100}{100-50}\times\frac{1}{0.52}=1.33$kg이 된다.

그런데 화재안전기준에서는 방사량을 1.3kg/m³으로 하고 있으나, NFPA에서는 위 계산과 같이 정확히 1.33으로 적용하고 있으며 따라서 화재안전기준에서는 이를 1.4 정도로 기준 개정이 필요하다.

㉰ 65% 농도 시 → $2.303\times\log\frac{100}{100-65}\times\frac{1}{0.52}=2.0$kg이 된다.

㉱ 75% 농도 시 → $2.303\times\log\frac{100}{100-75}\times\frac{1}{0.52}=2.7$kg이 된다.

(2) 해설

㉮, ㉰, ㉱ 이외 ㉯의 경우 1.6kg/m³은 55m³ 미만의 경우로 방호구역 체적이 작을수록 표면적이 비례적으로 증가하기 때문에 ㉮의 1.3(원래는 1.33)에 비하여 20%를 할증하여 1.33×1.2=1.6kg으로 한 것으로, 따라서 실제 방사 시 농도를 계산하면 50%가 아니라 57%가 된다.

위 예제 방법에 따라 설계농도를 계산한 결과 약제량은 다음과 같이 제5조 2호 가목(표 2.2.1.2.1)과 일치하게 된다. 다음의 표 ①의 "유압기기를 제외한 전기설비, 케이블실"은 반드시 체적 55m³ 이상의 경우에만 적용하여야 하며 NFPA 12 Table 5.4.2.1에서는 이를 2,000 cubic ft(56.6m³) 이상으로 적용하고 있다.

[표 1-6-3] 전역방출방식에서 심부화재의 경우

방호대상물	약제량(kg/m³)	설계농도(%)
① 유압기기를 제외한 전기설비, 케이블실	1.3	50
② 체적 55m³ 미만의 전기설비	1.6	50(실제는 57%)
③ 서고, 전자제품 창고, 목재가공 창고, 박물관	2.0	65
④ 고무류·면화류 창고, 모피 창고, 석탄 창고, 집진설비	2.7	75

[3] 2분 내 30%의 농도

심부화재 시 설계농도가 2분 이내 30% 농도에 도달하여야 한다[제8조 2항 2호 단서(2.5.2.2 단서)].

(1) 개념

심부화재는 위 [표 1-6-3]과 같이 최소설계농도가 50% 이상이며 7분 이내에 약제를 방사하여야 한다. 이와 같이 고농도로 장시간을 방사하여야 하므로 소화의 유효성을 확보하기 위하여 2분 이내에 30%의 설계농도를 요구하고 있다. 일반적으로 2분 이내 30%의 농도의 심부화재 기준으로 인하여 실제방사시간은 7분보다 짧아지게 된다. FM Global을 비롯한 미국의 소방업체 매뉴얼에서는 해당 값을 $0.042 lb/ft^3$로 적용하고 있으며 이를 S.I 단위로 변환하면 $0.673 kg/m^3$에 해당한다.

이 경우 비체적은 위에서 계산한 10℃의 심부화재 시 $S=0.509+0.509\times\frac{10}{273}=0.527 \fallingdotseq 0.53$에서 $S=0.53$을 적용하면 정확히 $2.303\times\log\frac{100}{100-30}\times\frac{1}{0.53}=0.673$ 이 된다.

CHAPTER 01
CHAPTER 02
CHAPTER 03
CHAPTER 04
CHAPTER 05

가로 6m, 세로 6m, 높이 3m의 목제가공품 창고의 경우 이를 심부화재로 적용할 경우 2분 이내 30%의 농도가 될 때 필요한 CO_2 방사시간을 구해보자.

풀이

2분 이내 30% 농도 시 비체적은 위와 같이 $S(m^3/kg)=0.53$으로 적용한다. 목재가공품 창고의 경우 제5조 2호 가목에 의해 w(방사량)는 농도 65% 기준 $2kg/m^3$이다. 체적은 $6\times6\times3=108m^3$이므로 전체 체적에 필요한 소요약제량 $Q=108m^3\times w(2kg/m^3)=216kg$(이때 농도는 65%)이다.

그런데 30% 농도에 필요한 w(방사량, flooding factor)는 위의 해설과 같이

$2.303\times\log\frac{100}{100-30}\times\frac{1}{0.53}\fallingdotseq 0.673kg/m^3$이므로 창고의 경우 $108m^3\times0.673kg/m^3=73kg$이 된다.

따라서 73kg의 약제가 2분 이내에 방사가 되어야 하므로 $73\div2=36.5kg/min$의 흐름률이 필요하다.

방사시간은 총량 $216kg\div36.5kg/min=6min$으로 7분 이내가 된다.

꼼꼼체크 | 예제 풀이

위의 풀이 내용은 미국의 유명한 소방 제조업체인 Kidde-Fenwal 社의 매뉴얼 시트에 있는 계산 결과로 자유유출에 의해 계산하고 있는 것을 명확히 나타내고 있다.

(2) 해설

위와 같이 심부화재는 2분 내 30%의 농도를 만족하기 위해서는 방사시간은 7분보다 짧은 시간 내에 방사되어야 한다. CO_2에서의 농도나 약제량 계산은 언제나 자유유출로 적용하여 [식 1-6-3]에 의해 계산하여야 한다. 30%의 농도에 해당하는 약제량을 비례식으로

계산하여서는 아니 된다. 즉, 65% 농도일 경우 방사량이 2kg/m^{3}이므로 이를 65% : 2= 30% : x로 하여 $x=\frac{2\times0.3}{0.65}=0.923$kg/m^{3}으로 적용하여서는 아니 된다. 왜냐하면 CO_2 설비에서 농도와 약제량 함수는 비례적으로 증가하는 식이 아니라 자유유출인 관계로 대수(對數)적으로 증가하기 때문이다. 화재안전기준 제5조 1호의 보정계수 그래프에서도 농도와 보정계수가 비례식이 아닌 이유는 이와 같이 농도와 보정계수 역시 자유유출이므로 대수함수(對數函數 ; Logarithmic function)의 관계이기 때문이다.

03 CO_2 소화설비의 약제량 계산

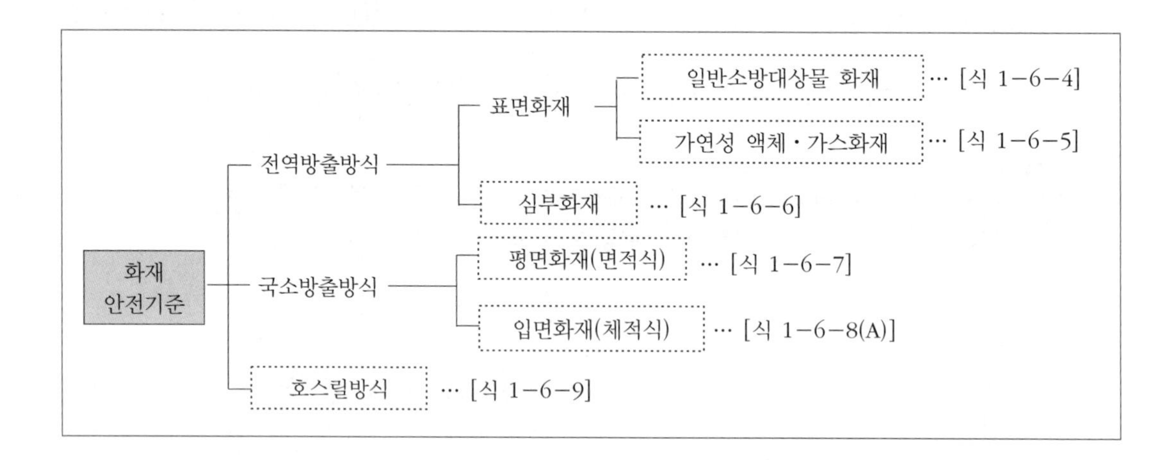

❶ 전역방출방식

[1] 표면화재

B급 및 C급 화재 등과 같은 표면화재의 경우 다음과 같이 적용한다.

(1) 일반소방대상물의 경우 : 제5조 1호 가목(2.2.1.1.1)

방호구역의 체적에 대해 약제량을 구하는 일반적인 용도의 소방대상물에 적용하며 최소 설계농도는 34%로서 방출계수(Flooding factor)는 체적별로 결정한다.

$$Q=V\cdot K_1(\text{기본량})+A\cdot K_2(\text{가산량})$$ … [식 1-6-4]

여기서, Q : 약제량(kg)

V : 방호구역의 체적(m^3)

A : 방호구역의 개구부 면적(m^2)

K_1, K_2 : 방출계수(Flooding factor)

① **기본량($= V \cdot K_1$)** : 방호구역 체적에 대한 기본 가스량으로 K_1은 [표 1-6-4]의 방출계수로 적용한다.

[표 1-6-4] 표면화재의 방출계수(K_1)

방호구역 체적(m^3)	방출계수 K_1(m^3당)	최저한도의 양(kg)
45 미만	1.00kg	45kg
45 이상 ~ 150 미만	0.90kg	
150 이상 ~ 1,450 미만	0.80kg	135kg
1,450 이상	0.75kg	1,125kg

(주) 1. 불연재료나 내열성의 재료로 밀폐된 구조물의 경우는 그 체적을 제외한다.
2. 산출한 양이 최저한도의 양 미만일 경우는 최저한도의 양으로 한다.

② **가산량($= A \cdot K_2$)** : 자동폐쇄장치가 없는 개구부가 있을 경우 누설되는 가스량을 보충하는 양으로 방출계수(K_2)는 개구부 면적(m^2)당 5kg으로 적용한다.

꼼꼼체크 I **보충자료**

방출계수 중 K_1을 체적계수(Volume factor), K_2를 면적계수(Opening factor)라 한다.

(2) 가연성 액체 · 가스 등의 경우 : 제5조 1호 나목(2.2.1.1.2)

가연성 액체·가스 등을 저장이나 취급하는 소방대상물에 적용하며 설계농도가 34% 이상으로서 방출계수는 물질별로 보정(補正)계수를 구하여 방출계수를 적용한다.

$$Q = (V \cdot K_1) \times C + (A \cdot K_2)$$ … [식 1-6-5]

여기서, Q : 약제량(kg)

V : 방호구역의 체적(m^3)

A : 방호구역의 개구부 면적(m^2)

K_1, K_2 : 방출계수

C : 보정계수

① **기본량($= V \cdot K_1 \times$ 보정계수)** : 체적에 대한 기본 가스량 적용은 [표 1-6-5]에서 제시한 설계농도에 대해 [그림 1-6-5]를 이용하여 보정계수 C를 구한 후 기본량에 이를 곱하여 산출한다.

② **가산량($= A \cdot K_2$)** : 개구부에 자동폐쇄장치가 없는 경우에 누설되는 양을 보충하는 양으로 방출계수(K_2)는 개구부 면적(m^2)당 5kg으로 적용한다.

③ 보정계수(Material conversion factor) 그래프의 개념 : C

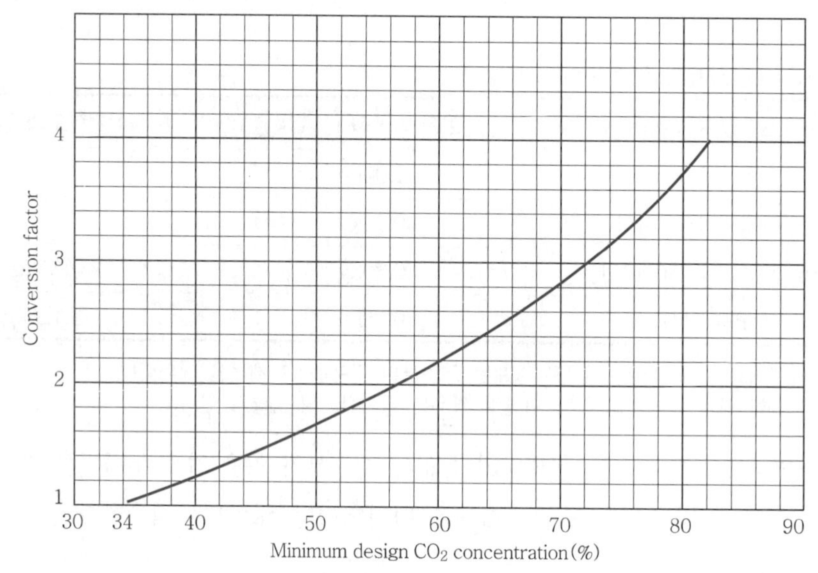

[그림 1-6-5] 보정계수 그래프

예를 들어, CO_2는 설계농도 68%의 방사량이 설계농도 34% 방사량의 2배(34%×2)가 아니다.

왜냐하면 [식 1−6−3] $\left(w = 2.303\log\frac{100}{100-C}\times\frac{1}{S}\right)$에서

C=68%라면(비체적 S=0.56), $w = 2.303\log\frac{100}{100-68}\times\left(\frac{1}{0.56}\right) = 2.035$

즉, 방사량 w=2.035kg/m^{3}이며, C=34%라면 $w = 2.303\log\frac{100}{100-34}\times\left(\frac{1}{0.56}\right) = 0.742$

즉, 방사량 w=0.742kg/m^{3}이므로 약 2.743배$\left(\frac{2.035}{0.742}\right)$가 된다. 이는 자유유출로 약제량을 적용하여야 하므로 자유유출에서의 약제량은 직선적인 비례식이 아니라 대수(對數 ; Logarithm)적으로 증가하는 값이기 때문이다. 따라서 설계농도 34%를 초과하는 경우 설계농도에 대한 약제량 계산을 용이하게 하기 위해서 최소설계농도인 34%를 기준값 1로 하고 각각에 해당하는 농도%를 기준값에 대해 대수적으로 값을 구하여 이를 그래프로 그린 것이 [그림 1−6−5]의 보정계수 그래프이다.

④ 가연성 액체나 가스(NFTC 2.2.1.1.2) 설계농도 : 가연성 액체나 가스류의 경우는 급격한 발화와 더불어 발화 시의 물질의 연소조건이 다르므로 더 많은 약제량을 필요로 하며 대부분 소화농도가 34%를 초과하게 된다. 이에 따라 해당 설계농도를 별도의 표로 예시한 것이 NFTC 표 2.2.1.1.2이며, 표에서는 가연성 가스류인 12종만 적용하고 있는 이유는 나머지 가연성 액체류는 위험물안전관리법 세부기준에서 별도로 적용하고 있기 때문이다.

[표 1-6-5] 가연성 액체 또는 가스의 설계농도(NFTC 표 2.2.1.1.2)

방호대상물	설계농도(%)
1. 수소(Hydrogen)	75
2. 아세틸렌(Acetylene)	66
3. 일산화탄소(Carbon Monoxide)	64
4. 산화에틸렌(Ethylene Oxide)	53
5. 에틸렌(Ethylene)	49
6. 에탄(Ethane)	40
7. 석탄가스, 천연가스(Coal, Natural Gas)	37
8. 사이클로프로판(Cyclopropane)	37
9. 이소부탄(Isobutane)	36
10. 프로판(Propane)	36
11. 부탄(Butane)	34
12. 메탄(Methane)	34

[2] 심부화재 : 제5조 2호 가목(2.2.1.2)

종이・목재・석탄・섬유류・합성수지류 등과 같은 A급의 심부성 화재일 경우 적용하며 방출계수는 해당 물질이나 장소별로 방출계수를 결정한다.

$$Q = V \cdot K_1(\text{기본량}) + A \cdot K_2(\text{가산량}) \quad \cdots [\text{식 } 1-6-6]$$

여기서, Q : 약제량(kg)
V : 방호구역의 체적(m^3)
A : 방호구역의 개구부 면적(m^2)
K_1, K_2 : 방출계수

(1) 기본량($= V \cdot K_1$)

방호구역 체적에 따른 기본 가스량이다. 체적에 대한 기본 가스량은 다음 표의 방출계수(K_1)로 적용한다.

[표 1-6-6] 심부화재의 방출계수(K_1)

방호대상물	방출계수 K_1(m^3당)	설계농도(%)
유압기기를 제외한 전기설비・케이블실	1.3kg	50%
체적 $55m^3$ 미만의 전기설비	1.6kg	50%
서고・전자제품 창고・목재가공품 창고・박물관	2.0kg	65%
고무류・면화류 창고・모피 창고・석탄 창고・집진설비	2.7kg	75%

(2) 가산량($= A \cdot K_2$)

개구부에 자동폐쇄장치가 없는 경우 누설되는 양을 가산하는 가스량으로 방출계수(K_2)는 개구부 면적(m^2)당 10kg으로 적용한다.

(3) 용도별 적용

"유압기기 제외"란 표현은 NFPA에서 "Dry electrical hazards"를 번역한 것으로 이는 절연유나 연료 등 가연성의 유류나 가스를 사용하지 않는 건식(乾式) 타입의 기기장치를 의미한다. 따라서 화재안전기준의 유압(油壓)은 유입(油入)이 올바른 표현이며, 아울러 NFPA에서 이는 반드시 55m^3 이상의 경우에만 해당하는 것이다. 또한 55m^3 미만의 경우에도 반드시 건식 타입의 기기장치로 적용하는 것으로, 예를 들어 경유탱크가 내장된 발전실의 경우에 이는 표면화재로 적용하여야지 절대로 본 조항을 적용하여 심부화재로 적용하여서는 아니 된다.

2 국소방출방식

[1] 평면화재(면적식) : 제5조 3호 가목(2.2.1.3.1)

윗면이 개방된 용기에 저장하거나, 화재 시 연소면이 한정되고 가연물이 비산할 우려가 없는 경우에 적용하며, 방출계수는 방호대상물의 표면적에 대하여 결정하며 기본식은 [식 1-6-7]과 같다.

$$Q = S \cdot K(\text{기본량}) \times h(\text{할증계수}) \quad \cdots [\text{식 } 1-6-7]$$

여기서, Q : 약제량(kg)
S : 방호대상물의 표면적(m^2)
K : 방출계수(=13)(kg/m^2)
h : 고압식(=1.4), 저압식(=1.1)(할증계수)

할증계수(h)

① 국소방출방식의 경우는 구획된 공간이 아니므로 노즐에서 방출되는 CO_2의 경우 액상으로 방출되는 양이 소화에 결정적으로 영향을 주게 된다. 용기가 정상적인 충전비 범위 내로 충전되었을 때 헤드에서 방출되는 CO_2의 양은 고압식의 경우 70~75%가 액상이며 나머지 20~25%가 기상이 된다. 따라서 액상과 기상의 비율이 대략 7 : 3 정도로서 기상에 해당하는 양은 비산되므로 방호대상물에 실제로 반영되는 양은 70%이므로 이를 보정하기 위하여 0.7로 나눈 값인 $1.4\left(=\frac{1}{0.7}\right)$를 할증계수로 한 것으로 결국 여유율을 40% 반영한 값이다.

② 저압식은 방사 시 압력이 고압식보다 낮으며 저온인 관계로 액상의 비율이 고압식보다 높은 관계로 할증계수도 고압식보다 낮은 1.1로 10%만 반영한 것이다.

[2] 입면화재(체적식) : 제5조 3호 나목(2.2.1.3.2)

화재의 연소면이 입면(立面)일 경우는 입면화재로 적용하며 방출계수는 대상물의 체적에 대하여 결정한다. 연소면이 입면이라는 것은 소방대상물 전체가 연소면인 것을 의미하며 기본식은 [식 1−6−8(A)]와 같다.

$$Q = V \cdot K(\text{기본량}) \times h(\text{할증계수})$$ … [식 1−6−8(A)]

여기서, Q : 약제량(kg)
V : 방호공간의 체적(m^3)
K : 방출계수[식 1−6−8(B)](kg/m^3)
h : 고압식(=1.4), 저압식(=1.1)(할증계수)

꼼꼼체크 ▮ 보충자료

1. 방호공간이란 방호대상물의 각 부분으로부터 0.6m의 거리에 의하여 둘러싸인 공간을 말한다.
2. 평면화재 시 단위는 K=(kg/m^2)이나 입면화재 시 단위는 K=(kg/m^3)이다.

$$K = 8 - 6\frac{a}{A}$$ … [식 1−6−8(B)]

여기서, K : 방호공간 체적당 약제량(kg/m^3)
a : 방호대상물 주위에 설치된 벽의 면적의 합계(m^2)
A : 방호공간의 벽면적(벽이 없는 경우에는 벽이 있는 것으로 가정한 해당 부분의 면적)(m^2)

[3] 국소방출방식 적용 시 항목별 개념

(1) 방호대상물의 표면적(S)

약제를 방사할 방호대상물의 표면적이다. CO_2를 실제로 방사할 대상물이 윗면이 개방된 유류탱크와 같은 평면화재에서는 "방호대상물의 표면적"은 유면의 표면적을 의미하며 이는 방호대상물에 약제가 방사되는 유효표면적을 의미한다.

(2) 방호대상물 주위에 설치된 벽면적의 합계(a)

방호대상물로부터 60cm 안쪽 부분에 실제로 설치된 벽면적의 합계이다.

① 방호대상물 주위에 고정된 벽이나 칸막이 등이 설치되어 있는 경우 방호대상물 주변에 실제 설치되어 있는 4면(전후좌우)의 고정벽(칸막이 등)에 대한 면적의 합계를 말한다.

② 이 경우 설치된 벽이란 방호대상물로부터 0.6m 이내에 있는 벽에 한하며, 벽이 없는 경우에는 0으로 적용한다. 구획을 하지 않는 국소방출의 경우 약제가 주위로 달아나게 되므로 방호대상물 주변에 벽이 있느냐 없느냐에 따라 약제량 적용을 가감(加減)하기 위하여 실제 설치된 벽면적(a)을 구하는 것이다.

(3) 방호공간(Assumed enclosure)의 체적(V)

방호대상물에서 60cm 연장한 가상공간(방호공간)의 체적이다.

① 방호공간이란 입면(立面)화재에서 [그림 1-6-6]과 같이 방호하고자 하는 방호대상물(빗금친 부분)의 각 변에서 0.6m를 연장하여 둘러싸인 부분의 공간(점선의 공간)을 말한다. 국소방출방식에서 입면화재의 경우는 약제를 방사하는 체적이 방호대상물 자체의 체적이 아니라 방호공간의 체적(V)으로 적용하는 것이다. 이는 구획을 하지 않는 국소방출방식의 특성상 여유율을 감안하여 방호대상물이 아닌 방호공간의 체적에 필요한 약제를 방사하여 일부 약제가 비산되어 주변으로 달아나도 유효한 소화를 하기 위한 목적이다.

② 바닥은 밀폐된 것을 원칙으로 하며 별도의 규정이 없는 한 바닥으로는 0.6m 연장을 적용하여서는 아니 되며 NFPA에서는 이에 대해 바닥은 원칙적으로 연장하지 않도록 규정하고 있다.[23] 또한 0.6m 이내 부분에 기둥이나 칸막이가 있어 더 이상 연장할 수 없는 상황이라면 해당 부분까지만 연장하여야 한다. 즉, 연장할 수 없는 상황일 경우는 연장하지 않는다는 개념이다.

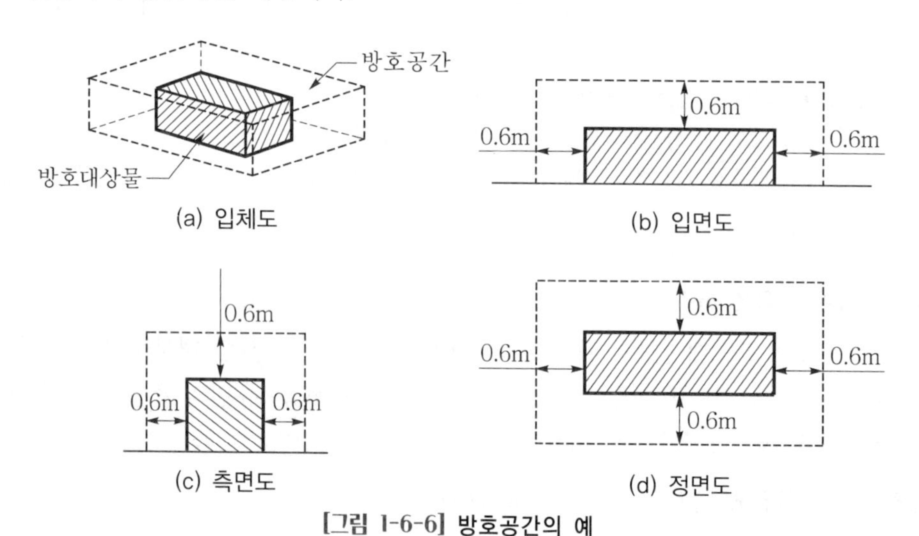

[그림 1-6-6] 방호공간의 예

(4) 방호공간의 벽면적(A)

방호공간에 있어서 방호공간의 상부를 제외하고 옆면에 설치된 벽면적의 합계이다.

① 방호대상물이 아닌 방호공간의 체적에 약제량을 방사하여야 하므로 방호대상물로부터 0.6m 이내에 벽이 없는 경우에도 0.6m를 연장한 가상 방호공간의 벽을 만들어 가상의 벽면적을 구하는 것이다.

② 이 경우 연장할 수 없는 경우(기둥이나 벽 때문에)에는 당연히 연장을 적용하지 않으며 아울러 방호공간의 벽면적(A)을 구할 경우 벽의 면적(4면)만 계산하는 것이며 상

23) NFPA 12(2022 edition) 6.5.2.1 : The assumed enclosure shall be based on an actual closed floor unless special provisions are made to take care of bottom conditions(방호공간은 바닥 조건을 관리하기 위한 특별 조항이 없는 한 실제 밀폐된 바닥을 기준으로 해야 한다).

부(윗부분 뚜껑)의 면적은 계산하는 것이 아니다. 국내의 경우 방호공간의 벽면적(A)을 구할 경우 상부(뚜껑)의 면적을 관행상 적용하고 있으나 이는 매우 잘못된 것으로 사면의 벽면적만으로 적용하여야 한다. 왜냐하면 a와 A를 구하여 상호 간 비율만큼 약제량을 가감하는 것임에도, a의 경우 상부의 면적을 적용하지 않으면서 A의 경우는 상부의 면적을 적용할 경우는 비교대상이 상이하여 올바른 비율의 가감을 할 수 없기 때문이다.

③ 또한 일반적으로 헤드를 방호공간의 위쪽에 설치하여 방사하게 되며 CO_2의 비중이 공기보다 무거운 관계로 상부로 비산하는 비율이 적어 상부의 면적은 약제량 적용에 영향을 주지 않기 때문이다. 제5조 3호 나목(2.2.1.3.2)에서도 A를 "방호공간의 벽면적"이라고 분명히 벽의 면적임을 표현하고 있으며 또한 "$8-6\frac{a}{A}$"의 식은 일본 소방법 시행규칙 제19조 4항 2호를 준용한 것으로 일본의 경우도 계산 시 상부 면적을 적용하지 않고 있다. 아울러 국소방출방식을 예로 들어 계산한 NFPA 12 Annex E에서도 방호공간의 벽면적은 주변 4면의 벽면적만 적용하고 있다.

(5) 방호공간의 방사량$\left(K=8-6\frac{a}{A}\right)$

방호공간 단위체적에 대한 약제 방사량(kg/m^3)이다.

① 구획을 하지 않는 국소방출방식의 경우 약제가 주위로 비산(飛散)하여 달아나게 되므로 방호대상물인 장치류 주변에 벽이 있느냐 없느냐에 따라 약제량 적용을 달리하여 가감(加減)하여야 한다. 따라서 고정벽이 있는 경우와 없는 경우를 감안한 방사량 즉, 체적당 약제량(Flooding factor)은 바로 "$8-6\left(\frac{a}{A}\right)$"인 것이다.

② 벽이 전혀 없는 경우는 $a=0$이므로 $8-6\left(\frac{a}{A}\right)$에서 CO_2의 체적당 약제량은 $8kg/m^3$이 되어 최대량을 방사하여야 하며, 벽의 4면이 완전히 막힌 경우는 $a=A$이므로 체적당 약제량은 최소량인 $2kg/m^3$가 되는 것이다. 이와 같이 최대 $8kg/m^3$~최소 $2kg/m^3$의 값 사이에서 벽면적에 비례하여 방사량을 결정하는 식을 만든 것이다.

③ 다음의 그래프에서 y축은 $\left(\frac{a}{A}\right)$의 비율(%)로서 구획된 비율을 의미하며 100%라면 설치된 벽이 방호공간의 벽면적과 같다는 의미이다. x축은 구획비율에 따른 해당하는 방사량 $K(kg/m^3)$가 되며 이 그래프에서 구획비율이 100%이면 방사량은 2가 되며, 구획비율이 0%이면 방사량은 8이 되며 $8-6\left(\frac{a}{A}\right)$의 함수식은 y축의 100%와 x축의 8을 연결하는 그래프가 된다.

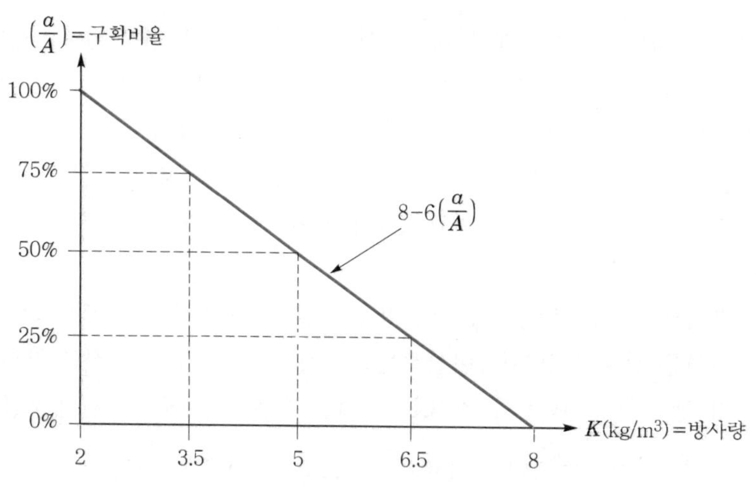

[그림 1-6-7] 국소방출방식의 방사량 그래프

③ 호스릴방식

약제량(저장량)은 노즐당 90kg이나 방사량은 60kg/min[제10조 4항 2호(2.7.4.2)]이므로 호스릴의 최소방사시간은 1분 30초 이상이 된다.

$$Q = N \times K \quad \cdots \text{[식 1-6-9]}$$

여기서, Q : 소요약제량(kg)
N : 호스릴의 노즐 수량
K : 노즐당 약제량 90kg

04 CO_2 소화설비의 화재안전기준

① 저장용기(Cylinder)의 기준

[1] 장소의 기준 : NFTC 2.1.1

(1) 방호구역 외의 장소에 설치할 것. 다만, 방호구역 내에 설치할 경우에는 피난 및 조작이 용이하도록 피난구 부근에 설치해야 한다.

(2) 온도가 40℃ 이하이고, 온도 변화가 적은 곳에 설치할 것

(3) 직사광선 및 빗물이 침투할 우려가 없는 곳에 설치할 것

(4) 방화문으로 방화구획한 실에 설치할 것

꼼꼼체크 ▌ 방화문의 기준(NFTC 1.7.1.8)

방화문은 이 경우 「건축법 시행령」 제64조의 규정에 따른 60분+방화문, 60분 방화문 또는 30분 방화문을 말한다.

(5) 용기의 설치장소에는 해당 용기가 설치된 곳임을 표시하는 표지를 할 것

[2] 용기의 기준

(1) 용기의 일반기준 : 제4조(2.1.1)

① 용기 간의 간격은 점검에 지장이 없도록 3cm 이상의 간격을 유지할 것

② 저장용기와 집합관을 연결하는 연결배관에는 체크밸브를 설치할 것. 다만, 저장용기가 하나의 방호구역만을 담당하는 경우에는 그렇지 않다.

(2) 충전비(充塡比) : 제4조 2항 3호(2.1.2.1)

① **기준** : 고압식은 충전비가 1.5 이상~1.9 이하이며, 저압식은 1.1 이상~1.4 이하일 것

② **해설** : 용기의 충전비는 "용기 내용적(L)÷약제 무게(kg)"이며 가스 충전량에 대한 용기체적비(比)로서 충전비는 내용적이 일정할 경우 약제 무게와 반비례한다. 충전비는 용기 부피가 일정하면 충전비와 약제량은 $y=\frac{a}{x}$의 그래프가 되므로 충전비가 클수록 약제 저장량은 줄어든다. 국내의 CO_2 용기는 $\frac{68\text{L}}{45\text{kg}}$이 기본형으로 충전비(고압식)는 1.5가 되며 따라서 68L 용기로는 CO_2 45kg이 최대저장량이 된다.

$$충전비\ C=\frac{V(\text{L})}{W(\text{kg})} \qquad \cdots [식\ 1-6-10]$$

여기서, V : 용기의 체적(L)

W : 약제의 무게(kg)

(3) 용기의 내압 : 제4조 2항 1호(2.1.2.5)

고압식은 25MPa 이상, 저압식은 3.5MPa의 내압시험에 합격한 용기일 것

(4) 안전장치 : 제4조 3항 & 4항

① CO_2 소화약제 저장용기의 개방밸브는 전기식·가스압력식 또는 기계식에 따라 자동으로 개방되고 수동으로도 개방되는 것으로서 안전장치가 부착된 것으로 해야 한다[제4조 3항(2.1.3)].

② CO_2 소화약제 저장용기와 선택밸브 또는 개폐밸브 사이에는 내압시험압력 0.8배에서 작동하는 안전장치를 설치해야 한다(NFTC 2.1.4).

③ 소화약제 저장용기와 집합관을 연결하는 연결배관에는 체크밸브를 설치하고, 선택밸브(또는 개폐밸브)와의 사이에는 과압방지를 위한 안전장치를 설치해야 한다(제4조 4항).

⊡ 저장용기의 안전장치(Pressure relief device)는 저장용기의 용기밸브(개방밸브)에 설치하는 것과 저장용기와 선택밸브 사이에 설치하는 것의 2가지가 있다. 용기밸브에 설치하는 안전장치는 CO_2 저장실의 온도가 저장온도 범위를 초과하면 용기의 내압이 급격하게 상승하여 소정의 압력을 초과하게 된다. 이때 가스압력이 안전장치의 작동압력 범위 내에 도달하면 봉판(封版)이 파괴되어 내압을 자동적으로 방출시켜 주어 용기의 파손을 보호하게 된다.

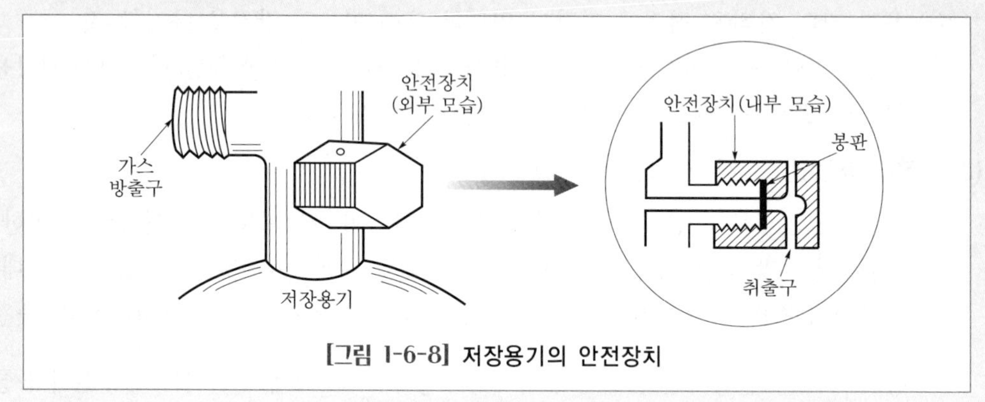

[그림 1-6-8] 저장용기의 안전장치

❷ 기동장치의 기준

[1] 자동식 기동장치 : 제6조 2항(2.3.2)

전기식 · 가스압식 · 기계식 등에 의해 화재 시 용기밸브를 자동으로 개방시켜 주는 방식이다. CO_2 약제 용기 상부에는 용기밸브가 부착되어 있으며 화재감지기의 동작에 따라 용기밸브가 개방되는 방법은 전기식 · 가스압식 · 기계식으로 구분한다.

(1) 전기식 : NFTC 2.3.2.2

패키지 타입에서 사용하는 기동방식으로, 용기밸브에 니들밸브를 부착하는 대신 솔레노이드밸브를 용기밸브에 직접 부착하여 감지기 동작신호에 의해 수신기의 기동 출력이 솔레노이드에 전달되어 솔레노이드의 파괴침(Cutter pin)이 용기밸브의 봉판을 파괴하면 용기 밖으로 가스가 개방되어 방출하게 된다. 전기식의 경우 각 용기별로 솔레노이드를 부착할 필요는 없으며 NFTC 2.3.2.2에서 "7병 이상의 저장용기를 동시에 개방하는 경우 전자개방밸브를 2병 이상의 저장용기에 부착할 것"의 의미는 2병을 주용기(Master cylinder)로 사용하고, 나머지 용기는 주용기에서 방출된 가스를 이용하여 개방되는 부속용기(Slave cylinder)로 사용하여도 무방하다는 의미이다.

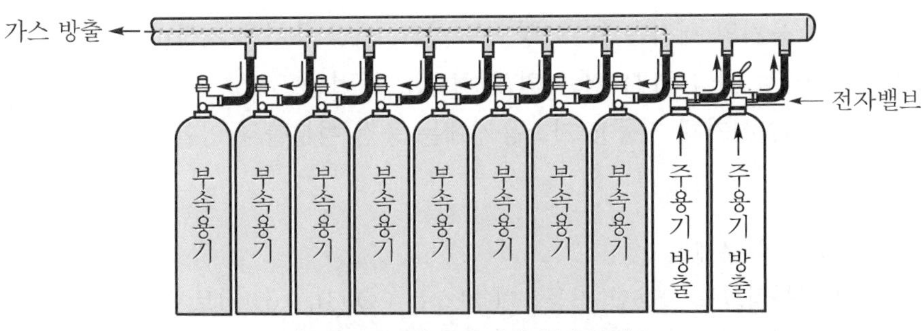

[그림 1-6-9] 주용기와 부속용기

꼼꼼체크 **전기식에서 7병 이상의 경우**

전자변에 의해 주용기 2병이 개방되면 개방된 실린더로부터 집합관을 통하여 부속용기를 개방시켜 준다.

(2) 가스압식 : NFTC 2.3.2.3

CO_2 시스템에서 사용하는 가장 일반적인 기동방식으로, 감지기 동작신호에 따라 솔레노이드밸브의 파괴침이 작동하면 소형의 기동용기$\left(\text{Actuating cylinder } \dfrac{1\text{L}}{0.65\text{kg}}\right)$ 내에 있는 기동용 가스가 동관을 통하여 방출된다. 이때 방출된 가스압에 의해 용기밸브에 부착된 니들밸브(Needle valve)의 니들핀(Needle pin)이 용기 안으로 움직여 저장용기의 봉판을 파괴하면 용기 밖으로 가스가 개방되어 방출하게 된다.

① 기동용 가스용기 및 해당 용기에 사용하는 밸브는 25MPa 이상의 압력에 견딜 수 있는 것으로 할 것

② 기동용 가스용기에는 내압시험압력의 0.8배부터 내압시험압력 이하에서 작동하는 안전장치를 설치할 것

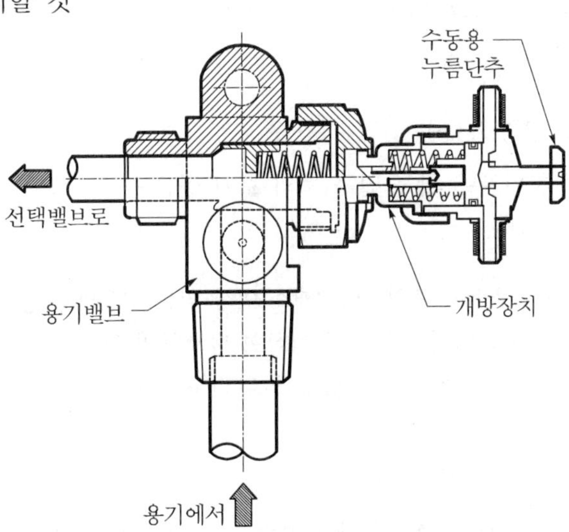

[그림 1-6-10(A)] 자동식 기동장치 : 가스압식

③ 기동용 가스용기의 체적은 5L 이상으로 하고, 해당 용기에 저장하는 질소 등의 비활성기체는 6.0MPa 이상(21℃ 기준)의 압력으로 충전할 것

④ 질소 등의 비활성기체 기동용 가스용기에는 충전 여부를 확인할 수 있는 압력게이지를 설치할 것

⊡ ① 기동용기의 문제점

과거 전통적으로 사용한 기동용기 가스는 CO_2(1L/0.65kg)로서 이는 소용량으로 수많은 저장용기를 기동시키기에는 한계가 있으며, 또한 용기저장실은 난방을 하지 않는 장소로 4계절의 온도변화에 따라 기동용기 내 CO_2 가스는 액상과 기상상태를 반복하게 되어 방출 시 방출압력에 차이가 발생하게 된다. 아울러, CO_2의 경우 일부 누설 시 육안으로 확인할 수 없으며 기동용기를 해체하여 중량을 측정해서 판단하여야 한다.

② 기동용기 기준 개정

이에 따라, 저장용기와 동일한 6MPa의 충전압력과 5L 이상으로 압력게이지 설치를 하도록 개정하고(시행일자 2015. 3. 24.), 5L 이상 용적에서 "용적(容積)"이란 단어는 일본식 한자 용어이기에 NFTC(기술기준)로 2022. 12. 1. 개정 시행하면서 우리식 표현인 "체적"으로 변경하였다.

(3) 기계식 : NFTC 2.3.2.4

기계식 기동장치에 있어서는 저장용기를 쉽게 개방할 수 있는 구조로 할 것

⊡ 국내에는 설치 사례가 없는 특수한 구조의 경우로 공기팽창을 이용하는 뉴메틱(Pneumatic) 감지기 및 뉴메틱 튜브를 설치하는 것으로, 열에 의해 감지기 내의 공기가 팽창하면 튜브를 통해 미소한 팽창 압력이 전달되어 용기밸브에 부착된 뉴메틱 제어부(Pneumatic control head)의 기계적 동작에 따라 용기밸브를 기계적인 힘으로 개방시켜 주는 방식이다.

(4) 방출표시등 : 제6조 3항(2.3.3)

CO_2 소화설비가 설치된 부분의 출입구 등의 보기 쉬운 곳에 소화약제의 방출을 표시하는 표시등을 설치해야 한다.

⊡ 방출표시등은 방호구역에 출입문이 2개소 이상 있는 경우에는 출입문마다 설치해야 하며, 보통 외부 쪽의 출입문 상부에 설치하여 방호구역 외부에 있는 관계인에게 방호구역 내에 소화설비용 가스가 방사 중임을 알려주는 역할을 한다.

[2] 수동식 기동장치 : 제6조 1항(2.3.1)

수동식 기동장치의 부근에는 소화약제의 방출을 지연시킬 수 있는 비상스위치(자동복귀

형 스위치로서 수동식 기동장치의 타이머를 순간 정지시키는 기능의 스위치를 말한다)를 설치해야 한다.

> ⊡ 비상스위치란 오동작의 경우 이를 누름으로서 수동식 기동장치의 타이머를 순간 정지시켜 시스템을 일단 정지시키는 기능으로서 다시 누를 경우 타이머가 작동되며 이를 비상스위치(Abort switch)라 한다.

(1) 전역방출방식은 방호구역마다, 국소방출방식은 방호대상물마다 설치할 것

(2) 해당 방호구역의 출입구 부근 등 조작을 하는 자가 쉽게 피난할 수 있는 장소에 설치할 것

(3) 기동장치의 조작부는 바닥으로부터 높이 0.8m 이상 1.5m 이하의 위치에 설치하고, 보호판 등에 따른 보호장치를 설치할 것

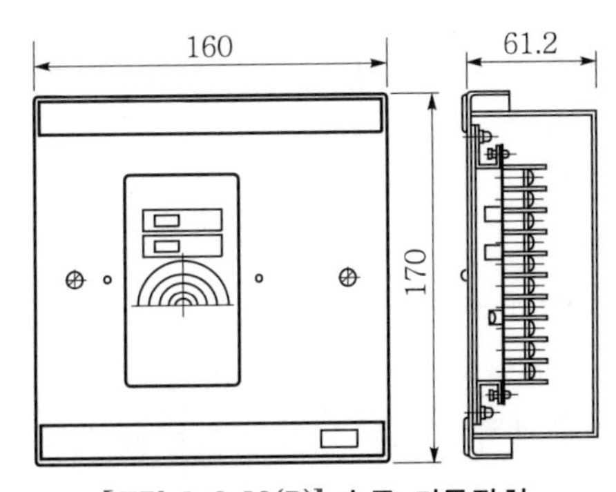

[그림 1-6-10(B)] 수동 기동장치

(4) 기동장치에는 그 가까운 곳의 보기 쉬운 곳에 "이산화탄소소화설비 기동장치"라고 표시한 표지를 할 것

(5) 전기를 사용하는 기동장치에는 전원표시등을 설치할 것

(6) 기동장치의 방출용 스위치는 음향경보장치와 연동하여 조작될 수 있는 것으로 할 것

❸ 배관의 기준

[1] 배관의 구경 : 제8조 2항(2.5.2)

(1) 기준

배관의 구경은 CO_2의 소요량이 다음의 기준에 의한 시간 내에 방사될 수 있는 크기 이상일 것

구 분	전역방출방식		국소방출방식
	표면화재	심부화재	
방사시간	1분	7분	30초

(2) 해설

① 방사시간에서 전역방출방식은 표면화재 1분, 심부화재 7분 이내이다. 국소방출방식은 30초 이상이 올바른 것으로 국소방출방식의 경우 30초 이내에 방사될 수 있도록 규정한 것은 개정되어야 한다.

② NFTC 2.5.2에서 배관의 구경은 "CO_2의 소요량"이 해당 시간에 방사될 수 있는 크기로 규정하고 있으며, 이를 근거로 배관의 구경을 저장량이 아닌 소요량으로 문제 풀이를 하는 것은 올바른 방식이 아니다. 예를 들면, 소요량이 954kg일 경우 저장용기는 45kg 기준으로 21.2병이 필요하나 저장은 22병이 되므로 실제 저장량은 990kg이 되며 프로그램을 이용한 모든 설계의 기준(배관경, 분구면적, 방사시간, 방사압, 흐름률 등)은 계산 시 990kg이 기준값이 된다. 아울러 제10조 1항 3호(2.7.1.3)에서 분사헤드는 약제 저장량을 기준으로 방사시간을 정하도록 규정하고 있다.

[2] 배관의 규격 : 제8조 1항(2.5.1.1~2.5.1.3)

(1) 배관은 전용으로 설치할 것

(2) 강관 또는 동관을 사용할 것

① **강관을 사용하는 경우** : 압력배관용 탄소강관(KS D 3562)으로 Sch.80 이상(저압은 Sch.40) 또는 이와 동등 이상의 강도를 가진 것으로 아연도금 등으로 방식(防蝕) 처리된 것을 사용할 것. 다만, 호칭구경이 20mm 이하는 Sch.40 이상인 것을 사용할 수 있다.

② **동관을 사용하는 경우** : 이음이 없는 관으로 동(銅) 및 동 합금관(KS D 5301)으로 고압식은 내압 16.5MPa 이상, 저압식 3.75MPa 이상일 것

[3] 개폐밸브 및 부속류 : 제8조 1항 4호(2.5.1.4)

(1) 고압식의 경우

① **개폐밸브 또는 선택밸브의 2차측 배관부속** : 호칭압력 2MPa 이상의 것을 사용할 것

② **1차측 배관부속** : 호칭압력 4MPa 이상의 것을 사용할 것

(2) 저압식의 경우

저압식의 경우에는 2MPa의 압력에 견딜 수 있는 배관부속을 사용할 것

4 분사헤드의 기준

[1] 전역방출방식의 경우 : 제10조 1항(2.7.1)

(1) 방출된 소화약제가 방호구역의 전역에 균일하게 신속히 확산할 수 있도록 할 것

(2) 분사헤드의 방출압력은 고압식은 2.1MPa, 저압식은 1.05MPa 이상일 것

> ⊡ 헤드 방사압력의 근거는 NFPA기준으로서 NFPA 12 4.7.5.3.2에서 상온(70°F ; 21℃)에서 고압식은 300psi → 2.1MPa, 저압식은 4.7.5.2.2에서 150psi → 1.05MPa 이상으로 규정하고 있으며, 이에 비해 일본의 경우는 일본 소방법 시행규칙 제19조 2항 2호에서 고압식은 1.4MPa, 저압식은 0.9MPa 이상으로 적용하고 있다.

(3) 특정소방대상물 또는 그 부분에 설치된 이산화탄소소화설비의 소화약제의 저장량은 제8조 2항 1호 & 2호(2.5.2.1 & 2.5.2.2)의 기준에서 정한 시간 이내에 방출할 수 있는 것으로 할 것

[2] 오리피스 구경 : 제10조 5항(2.7.5)

(1) 분사헤드에는 부식방지조치를 해야 하며 오리피스의 크기, 제조일자, 제조업체가 표시되도록 할 것

(2) 분사헤드의 개수는 방호구역에 방출시간이 충족되도록 설치할 것

(3) 분사헤드의 방출률 및 방출압력은 제조업체에서 정한 값으로 할 것

(4) 분사헤드의 오리피스의 면적은 분사헤드가 연결되는 배관구경 면적의 70% 이하가 되도록 할 것

> ⊡ 프로그램으로 설계 시에는 정확한 오리피스 구경이 산정되므로 도면에 헤드별 분구면적을 표시하고 분사헤드별 방사압력, 흐름률 등을 제시할 수 있다.

❺ 개구부 관련 기준

[1] 환기장치가 있는 경우 : 제14조(2.11.1.1)

환기장치 등을 설치한 것은 소화약제가 방출되기 전에 해당 환기장치 등이 정지될 수 있도록 할 것

> ⊡ 공조설비 등과 같은 환기장치가 있는 경우는 환기구를 폐쇄할 수가 없으므로 CO_2 방사 직전에 공조설비가 정지되도록 하고, 방사 직전에 정지가 되기 위해서는 CO_2 구역의 방출표시등이나 경종 동작 시 신호출력의 접점신호를 받아 송풍기가 정지되도록 한다.

[2] 개구부 또는 통기구가 있는 경우 : 제14조(2.11.1.2)

개구부가 있거나 천장으로부터 1m 이상의 아래 부분 또는 바닥으로부터 해당 층의 높이의 2/3 이내의 부분에 통기구(通氣口)가 있어 소화약제의 유출에 의하여 소화효과를 감소

시킬 우려가 있는 것은 소화약제가 방출되기 전에 해당 개구부 및 통기구를 폐쇄할 수 있도록 할 것

→ ① 개구부일 경우에도 폐쇄하기가 곤란한 개구부[예 공조용 디퓨저(Diffuser), 환기용 팬(Fan)의 개구부, 케이블 트레이용 개구부, 벽체의 환기용 그릴 등]에는 가산량을 적용할 수 있으며 설계 적용 시 덕트나 벽체에 그릴이 있는 경우는 자동폐쇄를 위하여 CO_2 가스의 방사압을 이용하여 동작되는 PRD(Piston Release Damper)를 설치하도록 한다.

② 유리창의 경우는 약제 방사 시 방사압력에 의해 유리창이 파손될 우려가 있으므로 원칙적으로 개구부로 간주하여야 한다. 다만, 망입유리, 복층유리 등과 같은 경우는 개구부로 간주하지 아니한다.[24)]

6 부속장치 등의 기준

[1] 제어반 및 화재표시반 : 제7조(2.4)

CO_2 소화설비의 제어반 및 화재표시반은 다음의 기준에 따라 설치해야 한다. 다만, 자동화재탐지설비의 수신기의 제어반이 화재표시반의 기능을 가지고 있는 것은 화재표시반을 설치하지 않을 수 있다.

(1) 제어반은 수동기동장치 또는 감지기에서의 신호를 수신하여 음향경보장치의 작동, 소화약제의 방출 또는 지연 기타의 제어기능을 가진 것으로 하고, 제어반에는 전원표시등을 설치할 것

(2) 화재표시반은 제어반에서의 신호를 수신하여 작동하는 기능을 가진 것으로 하되, 다음의 기준에 따라 설치할 것

① 각 방호구역마다 음향경보장치의 조작 및 감지기의 작동을 명시하는 표시등과 이와 연동하여 작동하는 벨·부저 등의 경보기를 설치할 것. 이 경우 음향경보장치의 조작 및 감지기의 작동을 명시하는 표시등을 겸용할 수 있다.

② 수동식 기동장치는 그 방출용 스위치의 작동을 명시하는 표시등을 설치할 것

③ 소화약제의 방출을 명시하는 표시등을 설치할 것

④ 자동식 기동장치는 자동·수동의 절환을 명시하는 표시등을 설치할 것

(3) 제어반 및 화재표시반의 설치장소는 화재에 따른 영향, 진동 및 충격에 따른 영향 및 부식의 우려가 없고 점검에 편리한 장소에 설치할 것

(4) 제어반 및 화재표시반에는 해당 회로도 및 취급설명서를 비치할 것

24) 행정안전부 유권해석(예방 13807-274 : 2000. 3. 8.)

(5) 수동잠금밸브의 개폐 여부를 확인할 수 있는 표시등을 설치할 것

> ⊡ 제어반 및 화재표시반의 개념
>
> 제어반은 CO_2 설비에 대한 제어기능(신호 수신과 경보 송출, 소화약제의 방출이나 지연기능 등)을 가지고 있으나 화재표시반은 제어기능을 가지고 있지 않다. 따라서 단순히 감지기나 방출용 스위치의 작동에 대한 표시나 약제방출을 알리는 표시등의 동작에 관한 기능만 있으며, 일반적으로는 화재표시반과 제어반이 복합되어 있는 복합식의 수신기를 사용하고 있다.

[2] 선택밸브 : 제9조(2.6)

하나의 특정소방대상물 또는 그 부분에 2 이상의 방호구역 또는 방호대상물이 있어 소화약제 저장용기를 공용하는 경우에는 다음의 기준에 따라 선택밸브를 설치해야 한다.

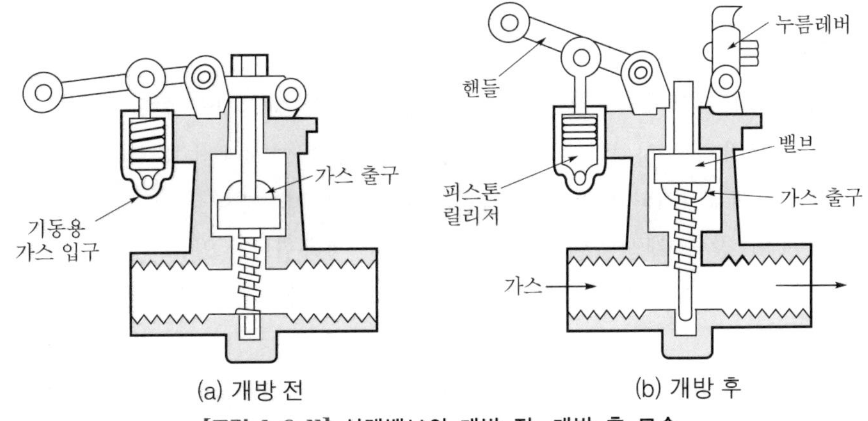

[그림 1-6-11] 선택밸브의 개방 전, 개방 후 모습

(1) 방호구역 또는 방호대상물마다 설치할 것

(2) 각 선택밸브에는 그 담당 방호구역 또는 방호대상물을 표시할 것

[3] 자동식 기동장치의 화재감지기 : 제12조(2.9)

(1) 각 방호구역 내의 화재감지기의 감지에 따라 작동되도록 할 것

(2) 화재감지기의 회로는 교차회로방식으로 설치할 것. 다만, 화재감지기를 NFTC 203(자동화재탐지설비) 2.4.1 단서의 각 감지기로 설치하는 경우에는 그렇지 않다.

⊡ 단서에 해당하는 감지기(NFTC 203 2.4.1)는 다음과 같으며 이는 신뢰도가 높은 감지기로 간주할 수 있으므로 교차회로를 면제한 것이다.

① 불꽃감지기
② 정온식 감지선형 감지기
③ 분포형 감지기
④ 복합형 감지기
⑤ 광전식 분리형 감지기
⑥ 아날로그방식의 감지기
⑦ 다신호방식의 감지기
⑧ 축적방식의 감지기

(3) 교차회로 내의 각 화재감지기 회로별로 설치된 화재감지기 1개가 담당하는 바닥면적은 NFTC 203의 2.4.3.5, 2.4.3.8부터 2.4.3.10까지의 규정에 따른 바닥면적으로 할 것

[4] 음향경보장치 : 제13조(2.10)

(1) CO_2 소화설비의 음향경보장치는 다음의 기준에 따라 설치해야 한다.

① 수동식 기동장치를 설치한 것은 그 기동장치의 조작과정에서 자동식 기동장치를 설치한 것은 화재감지기와 연동하여 자동으로 경보를 발하는 것으로 할 것
② 소화약제의 방출 개시 후 1분 이상 경보를 계속할 수 있는 것으로 할 것
③ 방호구역 또는 방호대상물이 있는 구획 안에 있는 자에게 유효하게 경보할 수 있는 것으로 할 것

(2) 방송에 따른 경보장치를 설치할 경우에는 다음의 기준에 따라야 한다.

① 증폭기 재생장치는 화재 시 연소의 우려가 없고, 유지관리가 쉬운 장소에 설치할 것
② 방호구역 또는 방호대상물이 있는 구획의 각 부분으로부터 하나의 확성기까지의 수평거리는 25m 이하가 되도록 할 것
③ 제어반의 복구스위치를 조작하여도 경보를 계속 발할 수 있는 것으로 할 것

[5] 배출설비 : 제16조(2.13)

(1) 기준

지하층, 무창층 및 밀폐된 거실 등에 CO_2 소화설비를 설치한 경우에는 방출된 소화약제를 배출하기 위한 배출설비를 갖추어야 한다.

(2) 해설

① 화재가 진압된 이후에 실내에 잔류하고 있는 CO_2 가스를 안전한 장소로 배출하여야 한다. 배출설비는 방사된 가스가 배출되기 어려운 지하층이나 무창층, 밀폐 거실의 방

호구역에 한하여 적용하여야 하며, 이를 위해 배기 팬(Fan)을 설치하고 약제가 방출되기 직전에는 정지하도록 한다. 또한 창문이나 출입문을 개방하여 자연배기가 가능한 경우에는 자연배기방식을 적용할 수도 있다.

② 화재안전기준에는 배출설비에 대한 상세기준이 없으나 일본의 경우는 배기장치에 의한 배출방식과 자연배기에 의한 배출방식의 2가지 방식을 적용하고 있다.

[6] 안전시설등

이산화탄소소화설비가 설치된 장소에는 다음의 기준에 따른 안전시설을 설치해야 한다(NFTC 2.16).

(1) 소화약제 방출 시 방호구역 내와 부근에 가스 방출 시 영향을 미칠 수 있는 장소에 시각경보장치를 설치하여 소화약제가 방출되었음을 알도록 할 것

(2) 방호구역의 출입구 부근 잘 보이는 장소에 약제 방출에 따른 위험경고표지를 부착할 것

[그림 1-6-12] 위험경고표지(예)

[7] 과압배출구 : 제17조(2.14)

(1) 기준

CO_2 소화설비가 설치된 방호구역에는 소화약제 방출 시 과압으로 인하여 구조물 등의 손상을 방지하기 위하여 과압배출구를 설치해야 한다.

(2) 해설

전역방출방식과 같은 완전밀폐공간(Very tight encloser)의 경우 압력 및 가연성 가스의 방출을 위해 과압배출구(Pressure relief venting)를 적용하고 있다. NFPA 12에서는 출입문이나 창문, 댐퍼(Damper) 등의 누설틈새도 과압배출구로 인정하고 있다.[25] 과압배출구를 설치할 경우 배출구의 위치는 CO_2의 비중이 공기보다 무거우므로 바닥에서 높은 곳에 설치하여 약제 방사 시 실내 농도가 저하되지 않도록 한다.

25) NFPA 12(2022 edition) A.5.6.2 Porosity and leakages such as at doors, windows and dampers, although not readily apparent or easily calculated, have been found to provide sufficient relief for the normal CO_2 flooding systems without need for additional venting(문, 창문 및 댐퍼와 같은 다공성 및 누설은 쉽게 눈에 띄거나 쉽게 계산할 수는 없지만, 추가적인 환기조치가 없어도 일반적인 CO_2 방출방식에 충분한 배출을 제공하는 것으로 알려졌다).

❼ CO_2 소화설비의 계통도

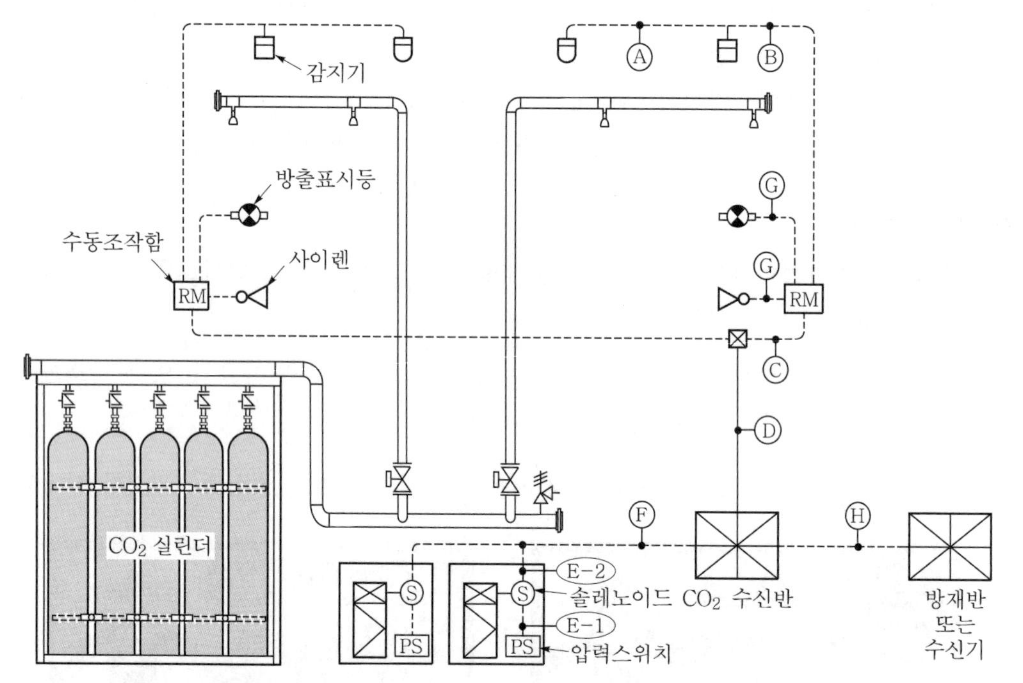

(주) 배선도이므로 가스용 동관은 생략하고 전선관만 표시함.

[그림 1-6-13] CO_2 소화설비 배선도

기호	배선 위치	배선수	배선조건	배선 용도
A	감지기 ↔ 감지기	4	1.2mm(16C)	(지구, 공통)×2선
B	감지기 ↔ 수동조작함	8	1.2mm(22C)	(지구, 공통)×4선
C	수동조작함 사이	7	1.6mm(22C)	전원×2, 감지기 A, B, 기동 S/W, 사이렌, 방출표시등
D	수동조작함 ↔ 수신기	12	1.6mm(28C)	전원×2, [감지기 A, B, 기동 S/W, 사이렌, 방출표시등]×2
E	압력 S/W ↔ 솔레노이드	2	1.6mm(16C)	기동, 공통 ⇨ (E−1)
	압력 S/W, 솔레노이드 ↔ 수신기	3	1.6mm(16C)	기동×2, 공통 ⇨ (E−2)
F	압력 S/W, 솔레노이드 ↔ 수신기	5	1.6mm(16C)	기동×4, 공통
G	사이렌, 방출표시등 ↔ 수동조작함	2	1.6mm(16C)	기동, 공통
H	수신반 ↔ 방재반	9	1.6mm(28C)	(감지기 A, B, 방출표시등)×구역수, 공통, 화재, 전원감시

(주) 1. 배선수는 최소 가닥수로 적용하며, 구역수는 2구역일 때를 기준으로 예시한 것이다.
2. 개정된 전선 규격에 따르면 HIV 1.2mm는 1.5mm^{2}로, 1.6mm는 2.5mm^{2}로 적용하도록 한다.

단원문제풀이

01 용기 설치장소의 조건으로 필요한 기준을 5가지 이상 기술하여라.

| 해답 |

1. 방호구역 외의 장소에 설치할 것. 다만, 방호구역 내에 설치할 경우에는 피난 및 조작이 용이하도록 피난구 부근에 설치해야 한다.
2. 온도가 40℃ 이하이고, 온도 변화가 적은 곳에 설치할 것
3. 직사광선 및 빗물이 침투할 우려가 없는 곳일 것
4. 방화문으로 구획한 실에 설치할 것
5. 용기 간의 간격은 점검에 지장이 없도록 3cm의 간격을 유지할 것

02 이산화탄소소화설비의 기동용 감지기 중 교차회로 방식으로 사용하지 아니할 수 있는 감지기는 무엇인가?

| 해답 |

1. 불꽃감지기
2. 정온식 감지선형 감지기
3. 분포형 감지기
4. 복합형 감지기
5. 광전식 분리형 감지기
6. 아날로그방식의 감지기
7. 다신호방식의 감지기
8. 축적방식의 감지기

※ NFTC 203(자동화재탐지설비) 2.4.1 단서

03 이산화탄소소화설비를 다음의 조건에 의하여 설치하려고 한다. 조건에 알맞은 답을 구하시오.

[조건]
1) 방호구역은 변전실(유입변압기 사용) 및 기계실 내의 경유탱크실이다.
2) 각 실의 체적 및 개구부 면적은 다음과 같다.
- 변전실 : 체적 $90m^3$, 개구부 $2m^2$×1개 자동폐쇄장치 미설치
- 탱크실 : 체적 $40m^3$, 개구부 $1m^2$×2개 자동폐쇄장치 설치
3) 저장용기는 68L/45kg로 설치하며 방사율은 $1kg/mm^2/min$이다.
4) 변전실은 헤드 5개, 탱크실은 헤드 4개를 설치한다.

5) 가스 소요량은 다음의 표에 의한다. (단, 가산량은 $5kg/m^2$로 한다.)

방호구역의 체적(m^3)	소화약제량(kg/m^3)	최소저장량(kg)
45 미만	1.0	45
45 이상 ~ 150 미만	0.9	
150 이상 ~ 1,450 미만	0.8	135
1,450 이상	0.75	1,125

1. 각 실의 소요가스량(kg)을 구하라.
2. 각 실별 설치가스량(kg)을 구하라.
3. 충전비를 계산하라.
4. 안전장치는 어느 위치에 설치하는가?
5. 각 실별 헤드 1개당 분구면적은 최소 얼마(mm^2)인가?

| 해답 |

1. 변전실 : 기본량=90×0.9=81kg, 가산량=2×5=10 ∴ 소요량=91kg
   탱크실 : 기본량=40×1.0=40kg → 용기 최저량이 45kg임.
   가산량=도어체크가 설치됨. ∴ 소요량=45kg
2. 변전실 : 91÷45=2.02≒3병, 따라서 설치량=45×3=135kg
   탱크실 : 45÷45=1.0≒1병, 따라서 설치량=45×1=45kg
3. 충전비는 $\frac{68L}{45kg}$ ≒1.51
4. 저장용기와 선택밸브 사이 또는 개폐밸브 사이에 설치(제4조 4항)
5. 조건에서 방사율이 $1kg/mm^2/min$이므로
   ① 변전실=135kg÷1min÷5개÷$1kg/mm^2/min$=$27mm^2$
   ② 탱크실=45÷1min÷4개÷$1kg/mm^2/min$=$11.25mm^2$

04 보일러실 · 변전실 · 발전실 및 축전지실에 다음과 같은 조건으로 이산화탄소소화설비를 설치할 경우(전역방출방식의 고압식) 다음 물음에 답하여라.

[조건]

1) 방호구역의 조건

방호구역	크기(m)		개구부 면적(m^2)	개구부 상태	헤드 설치 수량(개)
	면적	높이			
보일러실	17×18	5	6.3	자동폐쇄 불가	45
변전실	10×18	6	4.2	자동폐쇄 가능	35
발전실	5×8	4	4.2	자동폐쇄 불가	7
축전지실	5×3	4	2.1	자동폐쇄 가능	2

2) 소화약제 산정기준

방호구역의 체적(m^3)	소화약제량(kg/m^3)	최소저장량(kg)
45 미만	1.0	45
45 이상 ~ 150 미만	0.9	
150 이상 ~ 1,450 미만	0.8	135
1,450 이상	0.75	1,125

3) 개구부 가산량=$5kg/m^2$로 한다.

4) 각 실의 분사헤드 방사율은 헤드 1개당 $1.16kg/mm^2 \cdot min$으로 하며, 방사시간은 1분으로 한다.

5) 저장용기는 68L/45kg용을 사용한다.

1. 방호구역의 각 실에 필요한 소요가스량(kg)을 구하여라.
2. 각 실별로 필요한 소화약제 용기수는 얼마인가?
3. 용기 저장실에 저장하는 소화약제의 최소 용기수는 얼마인가?
4. 각 실별 헤드의 분구면적(mm^2)은 얼마인가?

| 해답 |

1. ① 보일러실 : 체적$=17\times18\times5=1{,}530m^2$, 기본량$=1{,}530\times0.75=1147.5kg$
   가산량$=6.3\times5=31.5kg$ ∴ 소요량$=1147.5+31.5=1{,}179kg$
   ② 변전실 : 체적$=10\times18\times6=1{,}080m^3$, 기본량$=1{,}080\times0.8=864kg$
   가산량=해당 없음 ∴ 소요량$=864kg$
   ③ 발전실 : 체적$=5\times8\times4=160m^3$, 기본량$=160\times0.8=128kg$
   그런데 최저 저장량에 미달되므로 기본량$=135kg$으로 한다.

꼼꼼체크

기본량 산정 후 항상 최저저장량과의 대소를 판정한 후 가산량을 추가할 것
가산량$=4.2\times5=21kg$ ∴ 소요량$=135+21=156kg$

   ④ 축전지실 : 체적$=5\times3\times4=60m^2$, 기본량$=60\times0.9=54kg$
   가산량=해당 없음 ∴ 소요량$=54kg$
2. ① 보일러실 : $1{,}179kg\div45kg=26.2\doteqdot27$병
   ② 변전실 : $864kg\div45kg=19.2\doteqdot20$병
   ③ 발전실 : $156kg\div45kg=3.47\doteqdot4$병
   ④ 축전지실 : $54kg\div45kg=1.2\doteqdot2$병
3. 가장 많은 용기수인 27병으로 한다.
4. ① 보일러실 : 27병$\times45kg=1{,}215kg$, $1{,}215\div1$분$\div45$개$\div1.16kg/mm^2\cdot$분$\doteqdot23.28mm^2$
   ② 변전실 : 20병$\times45kg=900kg$, $900\div1$분$\div35$개$\div1.16kg/mm^2\cdot$분$\doteqdot22.17mm^2$
   ③ 발전실 : 4병$\times45kg=180kg$, $180\div1$분$\div7$개$\div1.16kg/mm^2\cdot$분$\doteqdot22.17mm^2$
   ④ 축전지실 : 2병$\times45kg=90kg$, $90\div1$분$\div2$개$\div1.16kg/mm^2\cdot$분$\doteqdot38.79mm^2$

분구면적 산정은 실제로 방사되는 약제량으로 산정한다.

05 체적 $55m^3$ 미만의 전기설비에서 심부화재 발생 시 다음 물음에 답하여라.

1. 이산화탄소의 비체적(m^3/kg)을 구하라. (단, 심부화재이므로 온도는 10℃를 기준으로 하며, 답은 소수점 셋째자리에서 반올림하여 둘째자리까지 구한다.)
2. 자유유출 상태에서 방호구역 체적당 소화약제량 산정식을 쓰시오.
3. 전역방출방식에서 체적 $55m^3$ 미만인 전기설비 방호대상물의 설계농도를 구하라. (단, 답은 소수점 셋째자리에서 반올림하여 둘째자리까지 구하고, 설계농도는 반올림하여 정수로 한다.)

| 해답 |

1. 0℃, 1기압에서의 CO_2의 비체적$=\left(\frac{22.4}{\text{분자량}}\right)$이고, CO_2 분자량은 44이므로 $\frac{22.4}{44}=0.509$, 10℃의 경우는 샤를(Charles) 법칙에 따라 1℃ 상승할 때마다 $\frac{1}{273}$만큼 체적이 증가하므로 10℃의 비체적을 S라면 다음과 같다.

   $S=0.509+0.509\times\frac{10}{273}\fallingdotseq 0.528\fallingdotseq 0.53$

2. $w=2.303\times\log\frac{100}{100-C}\times\frac{1}{S}$

   여기서, $w(kg/m^3)$: 방호구역 $1m^3$당 CO_2 약제량
   $C(Vol\%)$: 방사 후 CO_2 농도
   $S(m^3/kg)$: 방호구역의 체적

   ※ [식 1-6-3]의 예제 풀이를 참고할 것

3. $w=2.303\times\log\frac{100}{100-C}\times\frac{1}{S}$에서, $w=1.6$([표 1-6-3]), $S=0.53$이므로

   $1.6=2.303\times\log\frac{100}{100-C}\times\frac{1}{0.53}$, $\frac{1.6\times 0.53}{2.303}=\log\frac{100}{100-C}$

   $0.368=\log\frac{100}{100-C}$, $10^{0.368}=\frac{100}{100-C}$

   $100-C=\frac{100}{10^{0.368}}$

   $\therefore\ C=\frac{(10^{0.368}\times 100)-100}{10^{0.368}}=57.15\%$

   답은 조건에 따라 반올림하여 정수로 표기하면 57%가 된다.

06 CO_2 소화설비(고압식)를 화재안전기준(NFPC / NFTC 106) 및 아래 조건에 따라 설치하고자 한다. 이 경우 다음의 물음에 답하라.

[조건]

1) 방호구역은 2개 구역으로 한다.
   - A구역 : 가로 20m, 세로 25m, 높이 5m
   - B구역 : 가로 6m, 세로 5m, 높이 5m
2) 개구부는 다음과 같다.

구 분	개구부 면적	비 고
A구역	NFPC / NFTC 106에서 정한 최대값	자동폐쇄장치 미설치
B구역	NFPC / NFTC 106에서 정한 최대값	자동폐쇄장치 미설치

3) 전역방출방식이며, 방출시간은 60초 이내로 한다.
4) 충전비는 1.5, 저장용기의 내용적은 68L이다.
5) 각 구역 모두 아세틸렌 저장창고이다.
6) 개구부 면적 계산 시 바닥면적을 포함하고 주어진 조건 외에는 고려하지 않는다.
7) 설계농도에 따른 보정계수는 아래의 그래프를 참고한다.

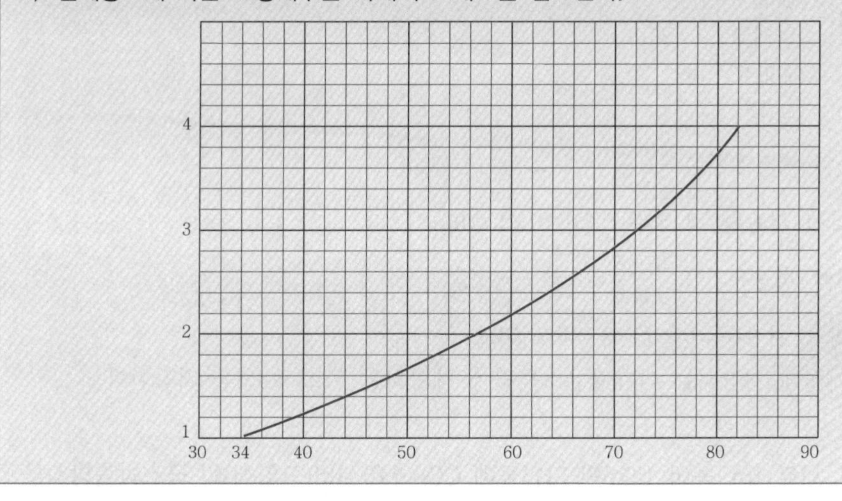

1. 각 방호구역 내 개구부의 최대 면적(m^2)을 구하라.
2. 각 방호구역의 최소소화약제산출량(kg)을 구하라.
3. 용기실의 최소 저장용기수 및 소화약제 저장량(kg)을 각각 구하라.

| 해답 |

1. CO_2 소화설비의 경우 개구부는 표면적의 3% 이하이어야 한다.
   ① A구역의 표면적 = (20×25×2면) + (20×5×2면) + (25×5×2면) = 1,450m^2
   따라서, 개구부 최대 면적은 1,450×0.03 = 43.5m^2
   ② B구역의 표면적 = (6×5×2면) + (6×5×2면) + (5×5×2면) = 170m^2
   따라서, 개구부 최대 면적은 170×0.03 = 5.1m^2

2. 최소소화약제량(kg)

① A구역의 소요약제량

체적은 2,500m^3이므로 [표 1-6-4]에서 w=0.75kg/m^3이며, 개구부 가산량은 5kg/m^2이다. 이때 아세틸렌의 설계농도는 [표 1-6-5]에서 66%이므로 제시한 보정계수 그래프에서 보정계수는 약 2.6으로 적용한다.

- A구역의 기본량 : A_1=2,500×0.75×2.6=4,875kg
- 개구부 가산량 : A_2=43.5m^2×5kg/m^2=217.5kg

∴ A구역 최소 약제량 A_T=4,875+217.5=5092.5kg

② B구역의 소요약제량

체적은 150m^3이므로 [표 1-6-4]에서 w=0.8kg/m^3이며, 개구부 가산량은 5kg/m^2이다. 따라서 B구역의 기본량 B_1=150×0.8=120kg이나, 최저 한도량이 135kg이므로

- B구역의 기본량 : 최저 한도량인 135kg을 기본을 하여 B_1=135×2.6=351kg
- 개구부 가산량 : B_2=5.1×5=25.5

∴ B구역 최소 약제량 B_T=351+25.5=376.5kg

3. 최소 저장용기수 및 저장량

충전비$\left(=\frac{\text{내용적}}{\text{약제량}}\right)$가 1.5이며 내용적이 68L이므로

약제량$=\frac{\text{내용적}}{\text{충전비}}=\frac{68}{1.5}$=45.33kg

① A구역 저장용기 : $\frac{5092.5}{45.33}$=112.34 → 113병

따라서 저장량=113×45.33=5122.29kg

② B구역 저장용기 : $\frac{376.5}{45.33}$=8.31 → 9병

따라서 저장량=9×45.33=407.97kg

③ 용기실에 저장하는 약제량은 큰 값에 해당하는 5122.29kg을 저장한다.

07 **가로 2m, 세로 1m, 높이 1.5m의 가연물에 CO_2 소화설비(고압식)의 국소방출방식을 적용할 경우 해당하는 최소 CO_2 약제량 및 용기수를 구하라. (방호대상물 주위에 고정벽은 없다.)**

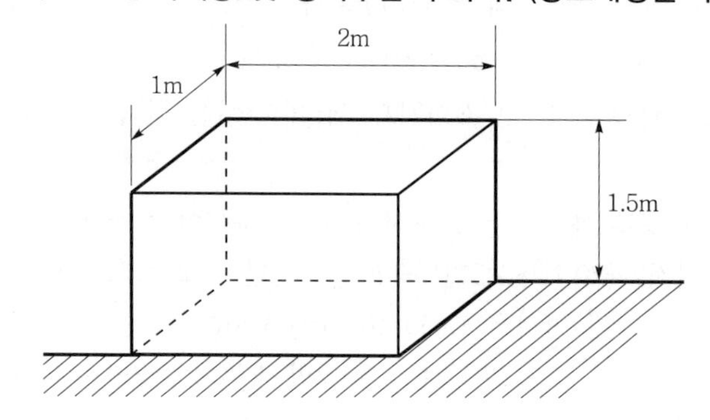

| 해답 |

입면화재이므로 [식 1−6−8(A)]에서 $Q = V \times K \times h = V \times \left(8 - 6\frac{a}{A}\right) \times h$

1. 방호공간의 체적 $V(m^3)$를 구하면 가로, 세로는 좌우로 0.6m씩, 높이는 위쪽으로만 0.6m 연장한 공간이므로
   $V = (2+0.6\times2)\times(1+0.6\times2)\times(1.5+0.6) = 3.2\times2.2\times2.1 = 14.78m^3$
2. 방호공간의 벽면적 $A(m^2)$는 방호공간 둘레(4면)의 벽면적이므로
   $A = (3.2\times2.1)\times2+(2.2\times2.1)\times2 = 22.68m^2$
3. 방호대상물 주위의 벽면적 $a(m^2)$는 실제 설치된 고정 측벽이 없으므로 $a=0$이 된다.
   결국 $Q = V\times\left(8-6\frac{a}{A}\right)\times h = 14.78\times\left(8-6\times\frac{0}{22.68}\right)\times1.4 = 14.78\times8\times1.4 = 165.536kg$
   따라서, 용기수는 165.536÷45≒3.68 → 4병으로 적용한다.

08 **가로 1m, 세로 1m, 높이 2m의 버너가 보일러 전면 바닥 부분에 다음 그림과 같이 고정 부착되어 있으며, 보일러 버너 부분에 CO_2 국소방출방식을 적용할 경우 이에 해당하는 최소 CO_2 약제량 및 용기수를 구하라. (단, 버너는 특수가연물로 적용하라.)**

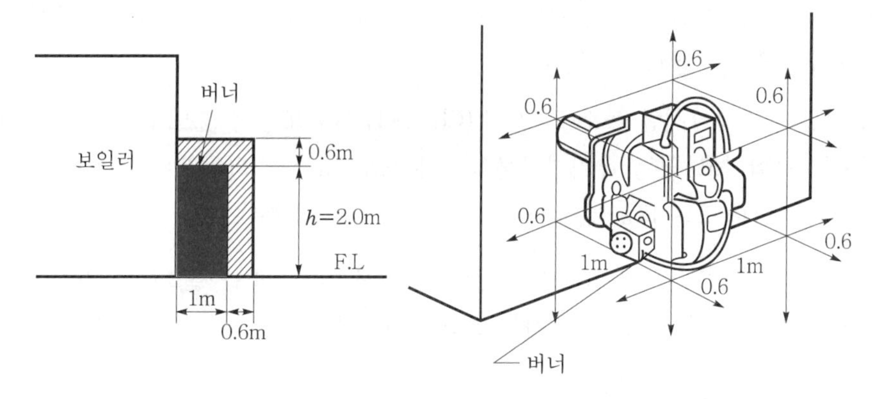

| 해답 |

위와 동일한 방법으로 계산하도록 한다.

1. 방호공간 $V(m^3)$를 구하면 버너 전면에서 가로는 좌우로 0.6m씩, 세로(옆면)는 보일러 때문에 한쪽(앞쪽)으로만 0.6m, 높이는 위쪽으로만 0.6m 연장한 공간이므로
   $V = (1+0.6\times2)\times(1+0.6)\times(2+0.6) = 2.2\times1.6\times2.6 = 9.152m^3$
2. 방호공간의 벽면적 $A(m^2)$는 0.6m 연장한 방호공간 둘레(4면)의 가상 벽면적이므로
   (2.2×높이 2.6)×2면+(1.6×높이 2.6)×2면$=19.76m^2$
3. 방호대상물 주위의 벽면적 $a(m^2)$는 실제 설치된 고정 측벽의 형태는 버너가 부착된 보일러 전면이므로
   $a =$ (2.2×높이 2.6)$=5.72m^2$
   결국 $Q = V\times\left(8-6\frac{a}{A}\right)\times h = 9.152\times\left(8-6\times\frac{5.72}{19.76}\right)\times1.4 = 9.152\times6.263\times1.4 = 80.25kg$
   따라서, 용기수는 80.25÷45=1.783 → 2병으로 적용한다.

SECTION

07 할로겐화합물 및 불활성 기체 소화설비(NFPC & NFTC 107A)

01 개 요

❶ 소화약제 및 소화의 원리

[1] 소화약제의 정의

소화약제는 할로겐화합물 소화약제(Halocarbon agent)와 불활성 기체 소화약제(Inert gas agent)의 2종류로 구분할 수 있다.

(1) 할로겐화합물 소화약제란 불소(F), 염소(Cl), 브롬(Br) 또는 요오드(I) 중 어느 하나 이상의 원소를 포함하고 있는 유기화합물을 기본으로 하는 소화약제이며, 다시 HFC 계열, HCFC 계열, PFC(또는 FC) 계열, FIC 계열로 구분하게 된다.

(2) 불활성 기체 소화약제란 헬륨(He), 네온(Ne), 아르곤(Ar) 또는 질소(N_2) 가스 중 어느 하나 이상의 원소를 구성성분으로 하는 소화약제이다.

[2] 약제별 소화원리

청정약제(Clean agent)는 할로겐화합물 약제와 불활성 기체 약제로 분류할 수 있다. 할로겐화합물 약제는 불활성 기체 약제에 비해 상대적으로 저농도로 단시간 방사하는 약제이며, 불활성 기체 약제는 할로겐화합물 약제에 비해 상대적으로 고농도로 장시간 방사하는 약제이다. 아울러 2개 계열의 약제는 화재 시 이를 소화시키는 소화 메커니즘(Mechanism)이 다음과 같이 서로 상이하다.

(1) **할로겐화합물 소화약제**

청정약제 중 할로겐화합물 계열은 오존층 파괴의 원인물질인 브롬(Br) 대신 불소(F)를 주로 사용하며 불소는 연쇄반응을 차단시켜 주는 부촉매 역할이 매우 낮아서 화학적 소화에 크게 기여하지 못한다. 대신, 소화약제 방사 시 액상으로 저장된 약제가 기화하면서 분해 시 열흡수를 이용하여 열을 탈취하게 된다. 이로 인하여 화재 시 반응속도를 유지하기에 필요한 수준 이하로 불꽃의 온도를 낮추게 되어 냉각소화에 의한 물리적 소화가 소화의 주체가 된다. 다만, 요오드가 결합된 FIC 계열(예 CF3I)의 경우는 Halon 1301과 매우 유사하여 요오드의 부촉매 역할로 인하여 연쇄반응을 차단하는 억제소화인 화학적 소화가 소화의 주체가 된다.

(2) **불활성 기체 소화약제**

불활성 기체 계열(IG−541, IG−100, IG−55, IG−01)은 질소(N_2)나 아르곤(Ar)을 주성분으로 하며, 이로 인하여 실내의 산소농도가 연소한계농도 이하가 되는 질식소화로 화재를 소화시키게 되는 물리적 소화가 소화의 주체가 된다.

CHAPTER 01
CHAPTER 02
CHAPTER 03
CHAPTER 04
CHAPTER 05

2 설비의 장단점

장 점	• Halon 1301에 비해 지구 환경적인 측면에서 환경 친화적인 약제이다. • 대부분의 약제는 인체에 영향을 주는 독성이 낮아 정상거주지역에서도 사용이 가능하다. • A, B, C급 전 화재에 대해서 소화적응성이 있다. • 방사 후 약제의 잔존물이 없으며 물질의 내부까지 침투가 가능하다.
단 점	• Halon 1301보다 소요약제량이 많으며 더 많은 저장용기를 필요로 한다. • 동일 약제인 경우에도 제조사의 설계 프로그램에 따라 설치기준이 달라진다. • 헤드 부착 높이는 원칙적으로 3.7m 이하로 제한되어 있다. • 약제별로 설계 프로그램이 다르므로 설계가 단순하지 않고 설비 구성품 중 일부는 프로그램별로 승인된 자재만을 사용하여야 한다.

02 소화약제의 농도 이론

1 소화농도(Extinguishing concentration)

(1) 청정약제를 개발하여 이를 시스템화할 경우 소화농도는 직접 시험에 의해 측정하는 것으로 NFPA 2001에서는 A급 화재에 대한 소화시험 기준은 할로겐화합물 소화약제는 UL standard 2166의 기준을, 불활성 기체 소화약제는 UL standard 2127의 기준을 적용하여 불꽃소화시험을 하며, B급 화재의 경우 소화시험 기준은 NFPA 2001의 부록(Annex) C에 수록된 "컵 버너 시험절차(Cup−burner method)"에 따라 불꽃소화시험을 행하여 결정한다.

(2) 국내의 경우도 UL standard를 준용하여 청정약제에 대한 소화농도를 시험할 수 있는 기준(가스계 소화설비의 설계 프로그램 성능인증 및 제품검사 기술기준)을 제정하고 제조사에서 의뢰한 설계 프로그램에 대한 소화농도 값을 소방산업기술원에서 시험하여 적정 여부를 확인 후 설계 프로그램에 대해 성능시험 인증서를 발급해 주고 있다.

❷ 설계농도(Design concentration)

[1] 기준 : NFPC 107A(이하 동일) 제7조 1항 3호/NFTC 107A(이하 동일) 2.4.1.3

설계농도란, 화재안전기준에서는 "방호대상물 또는 방호구역의 소화약제 저장량을 산출하기 위한 농도로서 소화농도에 안전율을 고려하여 설정한 농도를 말한다"라고 정의하고 있다. 이에 따라 설계농도는 소화농도(%)에 안전계수(A급·C급 화재는 1.2, B급 화재는 1.3)를 곱한 값으로 한다.

[표 1-7-1] 설계농도와 소화농도

할로겐화합물 및 불화성 기체 소화설비 : 설계농도와 소화농도	A급 화재 C급 화재	설계농도(%) = 소화농도(%) × 1.2
	B급 화재	설계농도(%) = 소화농도(%) × 1.3

[2] 해설

A급 또는 B급 소화농도에 대해 1.2배(A급)나 1.3배(B급)의 안전계수(Safety factor)를 곱한 것을 설계농도로 적용하고 있다. 안전계수란 소화약제의 최소설계농도를 결정하기 위해 소화농도에 곱해 주는 계수로서 여유율에 해당한다.

❸ 최대허용설계농도(NOAEL)

[1] 기준 : 제7조 2항(표 2.4.2)

소화농도에 따라 산출한 약제량은 "사람이 상주하는 곳"에 대해서는 최대허용설계농도를 초과할 수 없다.

[표 1-7-2] 최대허용농도(NOAEL) : 별표 2

소화약제		최대허용설계농도(%)	
① FC－3－1－10	② HCFC BLEND A	① 40	② 10
③ HCFC－124	④ HFC－125	③ 1.0	④ 11.5
⑤ HFC－227ea	⑥ HFC－23	⑤ 10.5	⑥ 30
⑦ HFC－236fa	⑧ FIC－13I1	⑦ 12.5	⑧ 0.3
⑨ FK－5－1－12	⑩ IG－01	⑨ 10	⑩ 43
⑪ IG－100	⑫ IG－541	⑪ 43	⑫ 43
⑬ IG－55		⑬ 43	

[2] 해설

(1) NOAEL

① NOAEL(No Observed Adverse Effect Level)이란 "무독성량"을 뜻한다.[26] 정의는 "인간의 심장에 영향을 주지 않는 최대허용농도로서 관찰이 불가능한 부작용 수준"을 의미한다. 즉 해당 농도만큼 방사가 되어도 인간에게 부작용이 발생하지 않는 최대로 허용이 가능한 농도를 뜻한다. 별표 2에서 규정하고 있는 최대허용설계농도는 결국 최대허용농도인 NOAEL을 의미한다. 따라서 NOAEL이 큰 약제는 설계농도가 높아도 인체 안전성에 문제가 없으나 NOAEL이 작은 약제는 설계농도가 크다면 인체 안전성 때문에 사람이 상주하는 장소에서는 사용이 곤란하다.

② 그러나 불활성 기체의 경우는 대기 중에 존재하는 천연 기체이므로 분해되지 않으며 유독성의 분해물질이 생성되지 않으므로 인체 안전성의 문제는 약제량 방사 시 실내 산소 저하로 인한 질식의 문제가 된다. 따라서 NOAEL 대신 이것과 함수적으로는 동등하나 인체에 생리학적 영향(Physiological effect)을 주는 NEL(No Effect Level)로 표시하고 있으며 정상거주지역(사람이 상주하는 곳)의 경우 산소농도는 12%(해수면 기준) 이상이어야 하며 이는 43%의 소화농도에 해당하므로 공통적으로 NEL을 43%로 적용하고 있다.

(2) 사람이 상주하는 곳(Normally Occupied Enclosure ; 정상거주지역)

제7조 2항(표 2.4.2)에서 사람이 상주하는 곳이란 NFPA에서 말하는 "정상거주지역(Normally Occupied Enclosure)"을 말하는 것으로 사람이 언제나 상주하는 장소를 뜻하며 변전실, 배전반실, 펌프실, 위험물저장소 등과 같이 사람이 필요에 의해 가끔씩 출입하는 장소는 정상거주지역으로 적용하지 아니한다.[27]

---

26) NOAEL은 부작용이 발생하지 않는 최대허용농도를 의미하며, 반면 부작용이 측정되는 최소농도는 LOAEL(Lowest Observed Adverse Effect Level)이라 한다.

27) NFPA 2001(2022 edition) A.3.3.31 Areas considered not normally occupied include spaces occasionally visited by personnel(정상거주지역으로 간주하지 않는 장소에는 관계자가 가끔 방문하는 장소를 포함한다).

03 소화약제 각론

❶ 소화약제의 환경지수

소화약제는 환경지수가 매우 우수한 친환경적인 약제이어야 한다. 환경지수(Environmental factor)란 지구의 환경적 측면에서 규제하고자 하는 다음의 항목들을 말한다.

[1] ODP(Ozone Depletion Potential ; 오존층파괴지수)

정의는 "$CFCl_3$의 오존층 파괴 영향을 1로 보았을 때 동일한 양의 다른 물질에 대한 오존층 파괴 영향을 나타내는 값"으로 Halon 1301의 ODP는 10으로 매우 높으며[28] 몬트리올 의정서에서는 이를 오존층파괴지수(Ozone-Depleting Potential)라고 표현한다.

꼼꼼체크 ▌ $CFCl_3$

$CFCl_3$은 프레온 이름이 CFC-11로서 오존층파괴지수가 1.0인 물질이다.

[2] GWP(Global Warming Potential ; 지구온난화지수)

정의는 "CO_2 1kg이 지구 온난화에 미치는 영향을 1로 보았을 때 동일한 양의 다른 기체가 대기 중에 방출된 후 특정기간 동안 그 기체 1kg의 가열효과(지구온난화 효과)"로서 기간을 100년을 기준으로 할 경우 이를 특히 "100년 GWP"라 한다. 교토협약에서 정한 감축 대상 가스는 CO_2, CH_4(메탄), N_2O(아산화질소), HFC, PFC, SF_6(육불화황)의 6종류이며 이 중 대표적인 것이 CO_2, CH_4(메탄), N_2O(아산화질소), HFC 계열의 가스로서 지구 온난화 대상 가스를 온실가스(Greenhouse gas)라 한다.

꼼꼼체크 ▌ 교토협약(Kyoto protocol)

1997년 12월 지구 온난화 규제를 위해 일본 교토(京都)에서 개최 시 채택된 국제협약이다.

[3] ALT(Atmospheric Life Time ; 대기권 잔존수명)

정의는 "어떤 물질이 방사된 후 대기권 내에서 분해되지 않고 체류하는 잔류시간(단위는 year)"으로 대기권에서 분해되는 분해의 난이도(難易度)를 나타낸 값이다. 청정약제가 대기 중에 방출하여 증발하게 되면 대기권에 체류하고 있는 동안에 물성에 따라 서서히 분해가 되기 시작한다. 이때 분해되지 않고 대기권에 잔류하고 있는 기간을 나타내는 지표

28) 오존층 보호를 위한 특정 물질의 제조 규제 등에 관한 법률 시행령(2008. 2. 29.) 별표 1(특정 물질 및 오존파괴지수)에서 Halon 1301 ODP는 10.0, Halon 1211은 3.0, Halon 2402는 6.0으로 국내법으로 규정하고 있다.

로서, ALT가 긴 경우는 약제가 성층권으로 확산되어 오존층을 파괴시킬 수 있는 요인이 증가하게 된다.

❷ 소화약제의 종류 : 제4조(2.1.1)

[1] 할로겐화합물 계열(13종 중 9종류)

(1) 구분

할로겐화합물 계열은 HFC(수소－불소－탄소화합물) 계열, HCFC 계열(수소－염소－불소－탄소화합물), PFC(또는 FC)(불소－탄소화합물) 계열, FIC 계열(불소－옥소－탄소화합물)로 다음과 같이 구분한다.

HFC(HydroFluoroCarbons) 계열	• HFC－125 • HFC－23	• HFC－227ea • HFC－236fa
HCFC(Hydro-ChloroFluoroCarbons) 계열	• HCFC B/A	• HCFC－124
PFC(PerFluoroCarbons) 계열	• FC－3－1－10	• FK－5－1－12
FIC(FluoroIodoCarbons) 계열	• FIC－13I1	

① HFC 계열이란 C에 F와 H가 결합된 것으로, HFC 계열은 HFC－23을 제외하고 Halon 1301과 마찬가지 이유로 전부 질소가압을 하고 있으며, HFC－23의 경우는 포화증기압이 높아 자체증기압으로 방출이 되므로 별도의 질소가압을 필요로 하지 않는다.

② HCFC 계열이란 C에 Cl, F, H가 결합된 것으로, HCFC Blend A는 4가지 물질이 혼합된 복합물질이며 이로 인하여 Blend라는 명칭을 사용하게 된 것으로 화학식의 %비율은 중량%(wt%)이다.

③ PFC 계열이란 C에 F가 결합된 것으로, Per는 '모두(all)'라는 뜻으로 탄소의 모든 결합이 F와 결합된 것을 의미한다. EPA(미국 환경청)에서는 FC－3－1－10의 경우 ALT(대기권 잔존수명)가 큰 관계로 기술적인 대안이 전혀 없는 경우에 한하여 사용을 허용하고 있는 관계[29]로 NFPA 2001에서 삭제되었다.

④ FIC 계열이란 C에 F와 I가 결합된 것을 의미한다.

(2) 할로겐화합물 계열의 약제

[표 1-7-3(A)] 할로겐화합물 계열 소화약제

연 번	소화약제	화학식	질소가압 여부
①	FC－3－1－10	C_4F_{10}	○
②	HCFC Blend A	HCFC－22(82%), HCFC－124(9.5%) HCFC－123(4.75%), $C_{10}H_{16}$(3.75%)	○

29) SFPE Handbook 3rd edition Chap. 4－7 p.4－184

연 번	소화약제	화학식	질소가압 여부
③	HCFC－124	$CHClFCF_3$	○
④	HFC－125	CHF_2CF_3	○
⑤	HFC－227ea	CF_3CHFCF_3	○
⑥	HFC－23	CHF_3	×
⑦	HFC－236fa	$CF_3CH_2CF_3$	○
⑧	FIC－13I1[주]	CF_3I	○
⑨	FK－5－1－12	$CF_3CF_2C(O)CF(CF_3)_2$	○

(주) ⑧번 약제는 FIC 후단이 "13(숫자)－I(영문자)－1(숫자)"이므로 착오 없기 바람.

(3) 할로겐화합물 계열의 명명법(命名法)

① 기본 명명법(숫자 부여)

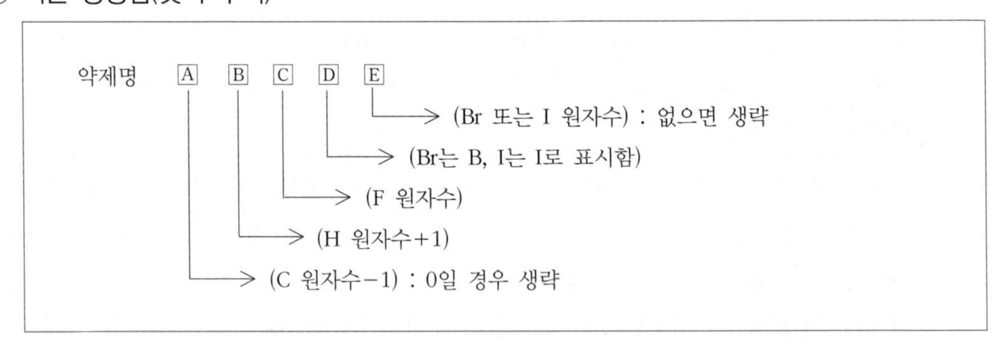

예 • C_4F_{10} : Ⓐ → C(4)－1＝3, Ⓑ → H(0)＋1＝1, Ⓒ → F(10)＝10
∴ FC 계열이므로 FC－3－1－10
• $CHClFCF_3$: Ⓐ → C(2)－1＝1, Ⓑ → H(1)＋1＝2, Ⓒ → F(4)＝4
∴ HCFC 계열이므로 HCFC－124
• CF_3CHFCF_3 : Ⓐ → C(3)－1＝2, Ⓑ → H(1)＋1＝2, Ⓒ → F(7)＝7
∴ HFC 계열이므로 HFC－227
• CF_3I : Ⓐ → C(1)－1＝0 생략, Ⓑ → H(0)＋1＝1, Ⓒ → F(3)＝3, Ⓓ → I로 표기, Ⓔ → I(1)＝1
∴ FIC 계열이므로 FIC－13－I－1

② 부가 명명법(영문자 부여)

HFC－227ea나 HFC－236fa와 같이 숫자 뒤에 오는 영문자(예 ea, fa)는 탄소가 2 이상인 에탄계나 프로판계의 화합물의 경우는 분자식이 동일하여도 구조식이 다른 이성체(異性體, Isomer)가 존재하게 된다. 따라서 이성체는 전혀 다른 물성을 갖게 되므로 이러한 이성체를 구별하여야 하므로 이를 구분하기 위한 별도의 표시로서 영문자를 부기(附記)한다. 영문자는 a~f까지 탄소원자에 연결된 원소들의 원자량을 비교하여 대칭성을 비교하여 부기하는 것으로 자세한 사항은 소방 이외의 영역이므로 본서에서는 생략하였다.

[2] 불활성 기체 계열(13종 중 4종류)

(1) 구분

① 불활성 계열은 아르곤(Ar)이나 질소(N_2)와 같은 불활성의 기체를 주성분으로 하는 약제이다.

② 불활성 기체 계열은 소화의 성상이 질식에 의한 물리적 소화로서 할로겐화합물 계열은 상대적으로 저농도, 단시간형(방사시간)이라면 불활성 기체 계열은 상대적으로 고농도, 장시간형에 해당한다.

(2) 불활성 기체 계열의 약제

[표 1-7-3(B)] 불활성 기체 계열 소화약제

연 번	소화약제	화학식
①	IG－01	Ar
②	IG－100	N_2
③	IG－55	N_2(50%), Ar(50%)
④	IG－541	N_2(52%), Ar(40%), CO_2(8%)

(3) 불활성 기체 계열의 명명법

소화약제 명칭 중 IG는 Inert Gas를 의미하며, 뒤의 숫자는 소화약제의 해당 가스별 체적비(vol%)를 의미한다. 아래는 공식적인 명명법은 아니나 약제명을 제정한 과정을 설명한 것이다.

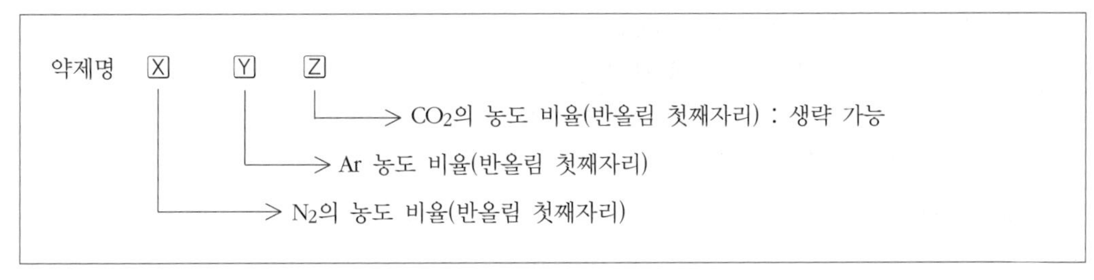

예
- IG－541 : X → N_2(52%)＝5, Y → Ar(40%)＝4, Z → CO_2(8%≒10%)＝1
  ∴ 불활성 기체이므로 IG－541
- IG－55 : X → N_2(50%)＝5, Y → Ar(50%)＝5, Z → CO_2(0%)＝0 생략
  ∴ 불활성 기체이므로 IG－55
- IG－100 : X → N_2(100%)＝1, Y → Ar(0%)＝0, Z → CO_2(0%)＝0
  ∴ 불활성 기체이므로 IG－100
- IG－01 : X → N_2(0%)＝0, Y → Ar(100%)＝1, Z → CO_2(0%)＝0 생략
  ∴ 불활성 기체이므로 IG－01

04 소화설비의 약제량 계산

1 Halogen 화합물의 경우 : 제7조 1항 1호(2.4.1.1)

[1] 약제량

(1) 일반적으로 할로겐화합물의 경우는 약제를 저농도로 단시간 방사하는 특징이 있으며 이에 비해 불활성 기체는 질식소화를 주체로 하므로 약제를 고농도로 장시간(상대적으로) 방사하는 특징이 있다. 화재 시 방사된 소화약제가 기화하여 방호구역의 개구부를 통하여 방호구역 외부로 약제가 공기와 함께 배출되어 그 양이 줄어들게 되며 약제의 농도가 높을수록 손실되는 양도 증가하게 된다.

(2) 저농도로 방사되는 할로겐화합물의 경우는 일반적으로 약제량 계산식에 누설량에 대한 여유분이 포함되어 있는 것으로 간주한다.30) 즉 손실되는 양이 무시할 수 있는 정도이므로 오차의 범위로 간주한다는 의미이다. 따라서 할로겐화합물 소화약제의 경우는 유출이 없는 무유출(No efflux)로 약제량을 계산하며 이를 식으로 표현한 것이 [식 1-7-1]이 된다.

$$W = \frac{V}{S} \times \left(\frac{C}{100 - C}\right) \quad \cdots \text{[식 1-7-1]}$$

여기서, W : 소화약제의 중량(kg)

V : 방호구역의 체적(m^3)

S : 비체적(Specific volume)

$S = K_1 + K_2 \times t$(℃)(1기압)(m^3/kg)

t : 방호구역의 최소예상온도(℃)

C : 설계농도(Vol%)

[2] 식의 유도

무유출의 경우, $\text{농도} = \dfrac{\text{방사한 약제 부피}}{\text{방호구역 체적} + \text{방사한 약제 부피}} \times 100$이므로

농도 $C = \dfrac{v}{V+v} \times 100$

이때 v(약제 부피)$=S$(비체적)$\times W$(약제 질량)이므로

농도 $C = \dfrac{W \times S}{V + W \times S} \times 100$, $C \times (V + W \times S) = W \times S \times 100$

$(W \times S \times 100) - (W \times S \times C) = V \times C$, $W \times S(100 - C) = V \times C$

따라서, $W = \dfrac{V \times C}{S(100-C)} = \dfrac{V}{S} \times \left(\dfrac{C}{100-C}\right)$가 된다.

30) 이 계산에는 소화약제의 팽창으로 인한 밀폐 방호구역으로부터 통상적인 누설량에 대한 여유분이 포함되어 있다.

[3] 선형상수의 개념

(1) [식 1-7-1]을 이용하여 약제량을 구할 경우는 비체적 S가 온도의 함수가 되며 농도 C가 있는 관계로 다양한 온도 t(℃)와 다양한 농도 C(vol%)에 대응하는 소화약제량을 구할 수 있다. 비체적 $S = K_1 + K_2 \times t$(℃)에서 K_1 및 K_2를 선형상수(線型常數 ; Specific volume constant)라 하며 대표적인 할로겐화합물 소화약제의 선형상수를 기재하면 [표 1-7-4(A)]와 같다.

[표 1-7-4(A)] 할로겐화합물의 선형상수의 값

할로겐 계열 소화약제	분자량	K_1	K_2
HCFC B/A	92.9	$0.2413\left(\leftarrow \frac{22.4}{92.90}\right)$	$0.00088\left(\leftarrow \frac{0.2413}{273}\right)$
HFC-227ea	170.0	$0.1269\left(\leftarrow \frac{22.4}{170.03}\right)$	$0.0005\left(\leftarrow \frac{0.1269}{273}\right)$
HFC-23	70.01	$0.3164\left(\leftarrow \frac{22.4}{70.01}\right)$	$0.0012\left(\leftarrow \frac{0.3164}{273}\right)$
HFC-125	120	$0.1825\left(\leftarrow \frac{22.4}{120}\right)$	$0.0007\left(\leftarrow \frac{0.1825}{273}\right)$

(2) **선형상수에 대한 이론적인 개념**

① 모든 기체는 0℃, 1기압(표준상태)에서는 1mol(g분자량)은 22.4L가 되며 이를 아보가드로(Avogadro) 법칙이라고 한다. 따라서 1kg 분자량은 22.4m^{3}가 된다. 또 모든 기체의 부피는 온도에 따라 증가하며 1℃ 증가할 때마다 0℃ 부피의 $\frac{1}{273}$씩 증가한다. 이를 샤를(Charles)의 법칙이라 한다.

② 1기압에서 임의의 기체에 대한 비체적의 정의는 "단위 질량당 기체의 체적"이므로 위의 아보가드로 법칙에 의거 표준상태(0℃, 1기압)에서 기체의 비체적 $S = \left(\frac{22.4\text{m}^3}{1\text{kg 분자량}}\right)$이 되며 이것을 K_1이라고 하자.

③ 임의의 온도 t(℃)에서는 위의 샤를의 법칙에 의해 비체적 $S = K_1 + K_1 \times \left(\frac{t}{273}\right)$가 되므로 $S = \left(\frac{K_1}{273}\right) \times t + K_1$에서 $\frac{K_1}{273} = K_2$라면 $S = K_2 \times t + K_1$으로 표시할 수 있다. 최종적으로 $S = K_2 \times t + K_1$에서 이는 $y = ax + b$의 1차 함수로서 기울기가 K_2, y절편이 K_1인 온도변수 t에서 비체적 S에 대한 그래프([그림 1-7-1])가 된다. 이때 y축의 교점인 절편 "$K_1 = \frac{22.4\text{m}^3}{1\text{kg 분자량}}$"이 되며, 기울기 $K_2 = \frac{K_1}{273}$이 된다. 본 그래프인 비체적 S는 온도 t에 대해 비례 관계가 있으며 온도 t는 -273° 이하는 존재하지 않는 값이

CHAPTER 01 CHAPTER 02 CHAPTER 03 CHAPTER 04 CHAPTER 05

며 본 그래프의 x축(온도)은 원칙적으로 용기 저장실의 사용 온도 조건에서만 유효한 값이 된다. 결국 K_1은 표준상태에서의 비체적을 의미하며, K_2는 0℃에서 1℃ 상승하는 데 해당하는 비체적 증가분을 의미한다.

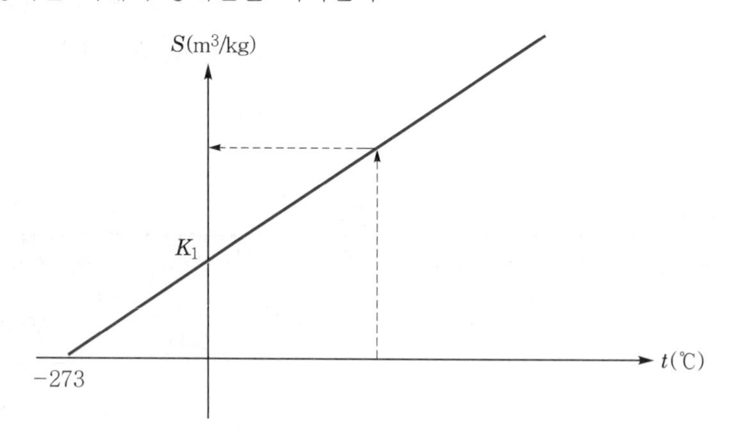

[그림 1-7-1] 선형상수 그래프

따라서 제7조 1항 1호(2.4.1.1)에서 제시한 선형상수 K_1과 K_2의 값은 위와 같은 방법에 따라 산출된 것으로 [표 1−7−4(A)]에서 계산 수치가 정확히 일치되지 않는 것은 약제 팽창 시 외부로의 누설을 고려한 공차(公差)를 포함하고 있기 때문이다.

❷ 불활성 기체의 경우 : 제7조 1항 1호(2.4.1.2)

[1] 약제량

전역방출방식에서 불활성 기체의 경우는 질식소화를 주체로 하는 고농도 장시간 방사형에 해당한다. 이에 따라 불활성 기체의 소화약제는 고농도로 방사되는 까닭에 약제의 체적이 매우 크므로 약제의 방사압력으로 인하여 공기가 자유롭게 외부로 누설하게 되는데 특히 농도가 높을수록 그 손실되는 양도 증가하게 된다. 이에 따라 국제적으로 불활성 기체의 경우는 무유출로 적용하지 않으며 CO_2와 같이 자유유출로 소화약제량을 적용하여야 한다. 따라서 할로겐화합물과는 다른 별도의 약제량식을 적용하여야 하며 이를 표현한 것이 [식 1−7−2]가 된다.

$$x = 2.303 \times \frac{V_S}{S} \times \left(\log \frac{100}{100 - C}\right) \quad \cdots \text{[식 1−7−2]}$$

여기서, x : 방호구역 1m³당 소화약제의 체적(m³/m³)

V_S : 1기압, 상온(20℃)에서의 비체적(m³/kg)

S : 비체적(Specific volume)

$S = K_1 + K_2 \times t$(℃)(1기압)(m³/kg)

t : 방호구역의 최소예상온도(℃)

C : 설계농도(Vol%)

[2] 식의 유도

자유유출의 기본적인 식은 실험에 의한 것으로 NFPA에 의하면 방호구역 $1m^3$당 약제량(m^3)을 $x(m^3/m^3)$라면 $e^x = \frac{100}{100-C}$과 같은 관계식이 성립한다.[31] 이때 C는 약제의 농도(%)이다.

$x = \log_e \frac{100}{100-C} = 2.303\log\left(\frac{100}{100-C}\right)$

이때 방호구역의 온도를 반영하여야 하므로 이를 위하여 상온에서의 비체적 $V_S\left(\frac{m^3}{kg}\right)$를 곱한 후 비체적의 일반식 $S\left(\frac{m^3}{kg}\right)$로 나누어 준다($\therefore \frac{V_S}{S}$의 단위는 상쇄되어 무차원이 된다).

따라서, 비체적이 반영된 최종 식 $x = 2.303 \times \left(\frac{V_S}{S}\right) \times \log\left(\frac{100}{100-C}\right)$이다.

(1) 유의할 것은 할로겐화합물의 경우는 약제량 식이 방호구역 전체에 대한 약제량(kg)으로 되어 있으나, 불활성 기체의 경우는 방호구역 체적당 약제 체적(m^3/m^3)으로 되어 있다. 이는 불활성 기체는 상온·상압에서 항상 기체이므로 중량이 아닌 체적으로 적용한 것이다. 따라서 불활성 기체의 경우 방호구역 전체 체적에 대한 약제량(이때의 단위 m^3)은 $2.303 \times \frac{V_S}{S} \times \left(\log\frac{100}{100-C}\right) \times V$가 된다.

(2) $\frac{V_S}{S}$의 개념은 약제량 식에 온도의 요소를 반영하여 온도 변화에 따른 약제 체적의 증감을 반영하기 위한 것으로 상온에서의 비체적과 임의 온도에서의 비체적을 이용한 것이다. 이의 개념은 상온에서는 $\frac{V_S}{S}=1$이므로 약제량을 기본값 1로 하여, 상온 미만에서는 $\frac{V_S}{S} > 1$이므로 더 많은 약제량을 적용하여야 하며, 이는 온도가 낮을수록 약제 체적 팽창률이 작아지므로 약제량을 증가시켜 주는 것이다. 상온 초과에서는 $\frac{V_S}{S} < 1$이므로 더 적은 약제량을 적용하여야 하며, 이는 온도가 높을수록 약제 체적 팽창률이 커지므로 약제량을 감소시켜 준다는 의미이다.

온 도		상온 미만	상 온	상온 초과
$\frac{V_S}{S}$값	➡	$\frac{V_S}{S} > 1$	$\frac{V_S}{S}=1$	$\frac{V_S}{S} < 1$
약제량 가감		상온보다 약제 증가율을 크게 함.	기준 약제량	상온보다 약제 증가율을 작게 함.

31) NFPA 12(CO_2 extinguishing system) 2022 edition Annex D(Total flooding systems)

[3] 선형상수의 값

선형상수는 [표 1－7－4(A)]에서 기술한 내용과 동일하므로 이를 근거로 작성한 것이 제7조 1항 2호에서 규정한 [표 1－7－4(B)]로서, 마찬가지로 계산 결과가 정확히 일치되지 않는 것은 약제 팽창 시 외부로의 누설을 고려한 공차(公差)를 포함하고 있기 때문이다.

[표 1-7-4(B)] 불활성 기체의 선형상수의 값

소화약제	분자량	K_1	K_2
IG－01	39.9	$0.5685\left(\leftarrow \dfrac{22.4}{39.9}\right)$	$0.00208\left(\leftarrow \dfrac{0.5685}{273}\right)$
IG－100	28.0	$0.7997\left(\leftarrow \dfrac{22.4}{28}\right)$	$0.00293\left(\leftarrow \dfrac{0.7997}{273}\right)$
IG－541	34.0	$0.65799\left(\leftarrow \dfrac{22.4}{34}\right)$	$0.00239\left(\leftarrow \dfrac{0.65799}{273}\right)$
IG－55	33.95	$0.6598\left(\leftarrow \dfrac{22.4}{33.95}\right)$	$0.00242\left(\leftarrow \dfrac{0.6598}{273}\right)$

05 소화설비의 화재안전기준

❶ 비적응성 장소 : 제5조(2.2)

(1) 사람이 상주하는 곳으로 최대허용설계농도를 초과하는 장소

꼼꼼체크

1. 최대허용설계농도
   최대허용 설계농도란 NOAEL을 말하며 NFTC 표 2.4.2에서 규정하고 있다.
2. 방사(放射)와 방출(放出)
   수계소화설비는 방사, 가스계 소화설비는 방사와 방출을 혼용하였으나 NFPC와 NFTC를 도입하면서 가스계 소화설비의 경우는 모두 "방출"로 통일하였다. 이에, 본 교재에서는 가스계 설비의 경우 법령 조문의 문구는 방출로 통일하고, 해설이나 설명문에서는 방사와 방출을 혼용하여 기술하였다.

(2) 3류 및 5류 위험물을 사용하는 장소, 다만 소화성능이 인정되는 위험물은 제외한다.

❷ 저장용기

[1] 설치장소의 기준 : NFTC 2.3.1.1~2.3.1.6

(1) 용기저장실

① 방호구역 외의 장소로서 방화구획된 실에 설치해야 한다(제6조 1항).

② 방호구역 외의 장소에 설치할 것. 다만, 방호구역 내에 설치할 경우에는 피난 및 조작이 용이하도록 피난구 부근에 설치해야 한다(NFTC 2.3.1.1).

→ 용기저장실의 장소에 대한 기준이 NFTC와 NFPC가 상이한 것은 고시 개정과정에서 오류가 발생한 것으로 판단되며 보완이 필요하다.

(2) 저장실 온도 : 온도가 55℃ 이하로 온도 변화가 작은 곳에 설치할 것

[표 1-7-5] 용기 저장실 온도 비교

소화설비	할로겐화합물 및 불활성 기체 소화설비	CO_2 소화설비	Halon 소화설비
용기 저장실 온도	55℃ 이하	40℃ 이하	
근 거	(NFPA 2001 기준을 준용)	(일본 소방법 기준을 준용)	

(주) 일본의 경우 할로겐화합물은 할로겐소화설비로, 불활성 기체는 CO_2 소화설비로 분류하고 있다.

(3) 직사광선 및 빗물이 침투할 우려가 없는 곳에 설치할 것

(4) 저장용기를 방호구역 외에 설치한 경우에는 방화문으로 구획된 실에 설치할 것

→ ① 방호구역 내부나 외부 어느 곳에도 용기실을 설치할 수 있으나, 용기실은 방화문으로 구획하여야 한다. 방호구역 내부에 설치할 경우는 화재 시 필요에 따라 용기실에 관계인이 출입하여야 하므로 피난이나 조작이 용이한 출입구 부근에 설치하여야 한다.
② 방화문은 「건축법 시행령」 제64조의 규정에 의한 60분+방화문, 60분 방화문 또는 30분 방화문을 말한다.

(5) 용기의 설치장소에는 해당 용기가 설치된 곳임을 표시하는 표지를 할 것

(6) 용기 간의 간격은 점검에 지장이 없도록 3cm 이상의 간격을 유지할 것

[2] 저장용기의 일반기준 : NFTC 2.3.2.2~2.3.2.5

(1) 저장용기는 약제명·저장용기의 자체중량과 총중량·충전일시·충전압력 및 약제의 체적을 표시할 것

(2) 동일집합관에 접속되는 저장용기는 동일한 내용적을 가진 것으로 충전량 및 충전압력이 같도록 할 것

(3) 저장용기에 충전량 및 충전압력을 확인할 수 있는 장치를 하는 경우에는 해당 소화약제에 적합한 구조로 할 것

(4) 저장용기의 약제량 손실이 5%를 초과하거나 압력손실이 10%를 초과할 경우에는 재충전하거나 저장용기를 교체할 것. 다만, 불활성 기체 소화약제 저장용기의 경우에는 압력손실이 5%를 초과할 경우 재충전하거나 저장용기를 교체해야 한다.

[3] 독립배관방식 : 제6조 3항(2.3.3)

하나의 방호구역을 담당하는 저장용기의 소화약제의 체적 합계보다 소화약제의 방출 시 방출경로가 되는 배관(집합관을 포함한다)의 내용적의 비율이 소화약제 제조업체(이하 "제조업체"라 한다)의 설계기준에서 정한 값 이상일 경우에는 해당 방호구역에 대한 설비는 별도 독립방식으로 해야 한다.

[4] 저장용기의 기술기준 : 제6조 2항 1호[표 2.3.2.1(1)]

(1) 최대충전밀도(Maximum fill density)

① 기준 : 저장용기의 충전밀도는 다음의 표에 따를 것

[표 1-7-6] 할로겐화합물 소화약제의 최대충전밀도(kg/m^3)[NFTC 표 2.3.2.1(1)]

HFC-227ea	FC-3-1-10	HCFC B/A	HFC-23	HCFC-124	HFC-125	HFC-236fa	FK-5-1-12
• 1201.4 • 1153.3	1281.4	900.2	• 768.9 • 720.8 • 640.7 • 560.6 • 480.6	1185.4	• 897 • 865	• 1201.4 • 1185.4	1441.7

② 해설 : 저장용기 등에 대한 최대충전밀도, 충전압력, 최소사용설계압력은 NFPA 2001에서 약제별로 제시하고 있으며[32] 화재안전기준은 이를 준용한 것이다.

㉠ 충전비와 충전밀도

ⓐ 충전비란 충전하는 약제 무게(kg)당 용기체적(L)이며 이에 비해 충전밀도란 용기체적(m^3)당 충전하는 약제 무게(kg)이다. 일본 소방법은 소화용 가스용기에 충전하는 약제량을 충전비로 표시하며, NFPA에서는 이를 충전밀도로 표시하고 있다. 또한 충전비와 충전밀도는 서로 역수(逆數)의 관계가 된다.

ⓑ 일본 소방법의 경우 CO_2, Halon, 할로겐화합물 및 불활성 기체 소화설비 모두 충전비로 표시하며 NFPA의 경우는 CO_2, Halon, 할로겐화합물 및 불활성 기체 소화설비 모두 충전밀도로 표시한다. 화재안전기준에서는 전통적인 설비인 CO_2

32) NFPA 2001(2022 edition) Table 5.2.1.1.1(b)

나 Halon 소화설비의 경우 일본 소방법을 준용하여 충전비로 적용하나, 할로겐화합물 및 불활성 기체 소화설비의 경우는 NFPA를 준용하여 충전밀도로 적용하고 있다.

[표 1-7-7] 충전비와 충전밀도 비교

구 분	충전비(充塡比)	충전밀도(Fill density)
정 의	단위 약제중량당 용기의 체적	단위 용기체적당 약제의 중량
계산식	$C = \frac{V(\mathrm{L})}{W(\mathrm{kg})}$	$F = \frac{W(\mathrm{kg})}{V(\mathrm{m^3})}$
개 념	• 용기체적(V)이 일정하므로 $y = \frac{a}{x}$의 반비례식이 된다. → 충전비가 커지면 약제량 감소 (그래프: C–W) • 최소충전비와 최대충전비를 적용한다.	• 용기체적(V)이 일정하므로 $y = ax$의 비례식이 된다. → 충전밀도가 커지면 약제량 증가 (그래프: F–W) • 최대충전밀도만 적용한다.
적 용	CO_2 및 Halon 소화설비	할로겐화합물 및 불활성 기체 소화설비
근 거	일본 소방법 기준	NFPA 기준(NFPA 12, 12A, 2001)

㉡ 최대충전밀도

ⓐ 할로겐화합물 및 불활성 기체 소화설비의 경우 약제별로 다양한 충전밀도를 적용하고 있는 것은 동일 체적의 용기에 약제 충전량을 달리 하여 약제별 저장용기 적용을 다양화시키는 데 있다. 같은 충전밀도일 경우에도 질소가압에 따라 충전압력을 달리 할 수 있으며 충전밀도가 가장 큰 경우에도 질소가압에 따라 충전압력을 가장 낮게 할 수도 있다.

ⓑ NFTC 표 2.3.2.1(1)에서 제시하는 약제별 최대충전밀도(Maximum fill density)는 어느 경우에도 이를 초과하는 약제량을 충전하여서는 아니 된다. 불활성 기체에서 충전밀도를 적용하지 않는 이유는, 충전밀도는 용기 내 충전하는 약제의 중량을 정하는 것이나 불활성 기체는 상온에서 기상으로 용기 내 기체상태로 저장하므로 충전밀도는 적용하지 아니한다.

(2) 충전압력(Charging pressure)

① 기준 : 저장용기의 충전압력은 다음의 표에 따를 것

[표 1-7-8(A)] 할로겐화합물 소화약제의 충전압력(kPa)[NFTC 표 2.3.2.1(1)]

소화약제 / 압력(kPa)	HFC-227ea			FC-3-1-10	HCFC B/A		HFC-23
21℃ 충전압력	1,034	2,482	4,137	2,482	4,137	2,482	4,198

소화약제 / 압력(kPa)	HCFC-124		HFC-125		HFC-236fa			FK-5-1-12	
21℃ 충전압력	1,655	2,482	2,482	4,137	1,655	2,482	4,137	2,482	4,206

[표 1-7-8(B)] 불활성 기체 소화약제의 충전압력(kPa)[NFTC 표 2.3.2.1(2)]

소화약제 / 압력(kPa)	IG-01		IG-541			IG-55			IG-100		
21℃ 충전압력	16,341	20,436	14,997	19,996	31,125	15,320	20,423	30,634	16,575	22,312	28,000

(주) 충전압력 및 사용설계압력의 단위는 MPa이 아니라 kPa로 표시하고 있다.

② 해설

㉠ 소화약제 중 할로겐 계열의 경우는 용기 내 질소로 축압을 하고 질소 축압의 차이에 따라 상응하는 다양한 충전압력을 가지게 되며 HFC-23을 제외하고는 할로겐화합물은 전부 질소로 축압하여 저장한다. 이에 비해 불활성 기체의 경우는 약제를 기체 상태로 압축하여 저장하고 있으므로 압축한 약제의 양에 따라 용기 내 다양한 충전압력을 보유하게 된다.

㉡ FK-5-1-12는 21℃ 충전압력이 150, 195, 360, 500, 610psi의 5단계이며 이 중에서 150psi는 자체 포화증기압이나 기타는 질소가압을 하여 충전압력을 조정한 것이다. 이 중 360psi가 2,482kPa이며 610psi가 4,206kPa로 국내에서 사용되는 2가지만 제시한 것이다.

㉢ FC-3-1-10의 경우에는 다른 약제에 비해 ALT가 긴 관계로 지구 환경에 미치는 영향이 크기 때문에 SNAP 프로그램에서는 다른 대체물질이 없는 제한된 용도에서만 사용이 허용되기에 현재 NFPA의 청정약제 항목에서 삭제되었다.

㉣ 표 2.3.2.1(1) 및 2.3.2.1(2)는 NFPA 2001을 인용하여 [표 1-7-8(A)] 및 [표 1-7-8(B)]와 같이 21℃의 충전압력으로 표시하고 있으나 영미의 경우 상온은 70°F로서 21℃에 해당하나 국제적 기준인 ISO에서는 국내와 같이 상온이 20℃이므로 이를 20℃의 온도에 해당하는 충전압력으로 변환하여 표시해주는 것이 보다 합리적이다.

㉤ 따라서 UN의 산하단체인 UNEP에서 작성하여 발표하고 있는 국제적인 공식문건인 "평가보고서(Assessment report)"는 ISO 기준에 따라 상온을 20℃ 하여 [표 1-7-9]와 같이 할로겐화합물 및 불활성 기체의 충전압력을 나타내고 있다.

[표 1-7-9] UNEP의 평가보고서상 충전압력(단위 bar : 20℃)

HFC-227ea	FC-3-1-10	HCFC B/A	HFC-23
25 또는 42	25	25 또는 42	42
HCFC-124	**HFC-125**	**HFC-236fa**	**FK-5-1-12**
25	25	25 또는 42	25
IG-01	**IG-541**	**IG-55**	**IG-100**
180	150 또는 200	150 또는 200	180 또는 240

꼼꼼체크 ▮ [표 1-7-9]의 출전(出典)

2006 Assessment report of the HTOC Table 11-6

(3) 최소사용설계압력(Minimum design working pressure)

① 기준 : 최소사용설계압력은 다음과 같다.

[표 1-7-10(A)] 할로겐화합물 소화약제의 최소사용설계압력[NFTC 표 2.3.2.1(1)]

소화약제 / 압력(kPa)		HFC-227ea			FC-3-1-10	HCFC B/A		HFC-23				
21℃ 충전압력	kPa (psi)	1,034 (150)	2,482 (360)	4,137 (600)	2,482 (360)	4,137 (600)	2,482 (360)	4,198 (608.9)				
55℃ 충전압력	(psi)	(249)	(520)	(1,025)	(450)	(850)	(540)	(1,713)	(1,560)	(1,382)	(1,258)	(1,158)
최소사용 설계압력			⬇		⬇	⬇				⬇		
	kPa (psi)	1,379 (200)	2,868 (416)	5,654 (820)	2,482 (360)	4,689 (680)	2,979 (432)	9,453 (1,371)	8,605 (1,248)	7,626 (1,106)	6,943 (1,007)	6,392 (927)

소화약제 / 압력(kPa)		HCFC-124		HFC-125		HFC-236fa			FK-5-1-12	
21℃ 충전압력	kPa (psi)	1,655 (240)	2,482 (360)	2,482 (360)	4,137 (600)	1,665 (240)	2,482 (360)	4,137 (600)	2,482 (360)	4,206 (610)
55℃ 충전압력	(psi)	(354)	(580)	(615)	(1,045)	(360)	(600)	(1,100)	(413)	(700)
최소사용 설계압력		⬇		⬇		⬇			⬇	
	kPa (psi)	1,951 (284)	3,199 (464)	3,392 (492)	5,764 (836)	1,931 (280)	3,310 (480)	6,068 (880)	2,482 (360)	4,206 (610)

(주) 1psi=6.895Pa이다.

[표 1-7-10(B)] 불활성 기체 소화약제의 최소사용설계압력[NFTC 표 2.3.2.1(2)]

소화약제 / 압력(kPa)		IG-01		IG-541			IG-55			IG-100		
21℃ 충전압력	kPa	16,341	20,436	14,997	19,996	31,125	15,320	20,423	30,634	16,575	22,312	28,000
	(psi)	(2,370)	(2,964)	(2,175)	(2,900)	(4,515)	(2,222)	(2,962)	(4,443)	(2,404)	(3,236)	(4,061)
55℃ 충전압력	(psi)	(2,650)	(3,304)	(2,575)	(3,433)	(5,367)	(2,475)	(3,300)	(4,950)	(2,799)	(3,773)	(4,754)
최소사용 설계압력	1차측	⬇		⬇			⬇			⬇		
	kPa	16,341	20,436	14,997	19,996	31,125	15,320	20,423	30,634	16,575	22,312	28,000
	(psi)	(2,370)	(2,964)	(2,175)	(2,900)	(4,515)	(2,222)	(2,962)	(4,443)	(2,404)	(3,236)	(4,061)
	2차측	비고 2. 참조										

(비고) 1. 1차측과 2차측은 감압장치를 기준으로 한다.
2. 2차측 최소사용설계압력은 제조사의 설계 프로그램에 의한 압력값에 따른다.
(주) 1psi=6.895Pa이다.

② 해설

㉠ 개념 : 할로겐화합물 및 불활성 기체 소화설비의 배관 규격을 선정할 경우 배관의 압력등급은 NFTC 2.3.2.1에 제시한 최소사용설계압력 이상의 내압력을 가지고 있는 배관으로 선정하여야 한다. 최소사용설계압력이란 배관 및 부속류의 규격을 선정하기 위한 기준으로 해당 소화설비에 사용하는 배관의 압력등급은 NFTC 2.3.2.1에 규정된 최소 설계압력 이상의 내압을 갖는 규격의 배관을 사용하여야 하며 결국 이는 해당 소화설비 배관 규격을 정해주는 최소압력 요구사항이다. 최소사용설계압력을 정하는 기준은 다음의 박스 안에 있는 값 중 큰 쪽을 택한 것으로 이해를 돕기 위하여 참고자료로 55℃에서의 충전압력을 [표 1-7-10(A)]와 [표 1-7-10(B)]에 각각 게재하였다.

> ① 70°F(21℃)에서의 소화약제 저장용기 내부의 정상 충전압력
> ② 최대충전밀도(허용최대충전밀도)로 충전된 용기가 130°F(55℃) 이상 최대저장온도 상태에서 용기 내부 최고압력의 80%

㉡ 할로겐화합물의 경우

ⓐ 최소사용설계압력은 충전압력마다 이에 대한 압력값을 정한 것이므로, 약제별로 충전압력의 수와 최소사용설계압력의 수는 같다. 다만, HFC-23의 경우는 질소가압을 하지 않아 충전압력이 1종류이므로 이러한 경우는 충전밀도(5가지)로 최소사용설계압력(5가지)을 구분하고 있다.

ⓑ 최소사용설계압력을 정하는 방법을 몇 가지 설명하면, [표 1-7-10(A)]에서 HFC-227ea의 경우 21℃ 충전압력이 150psi일 때 55℃에서는 249psi이다. 249psi ×80% ≒ 200psi이므로, 따라서 둘 중 큰 값인 200psi에 해당하는 1,379kPa이 최

소사용설계압력이 된 것이다. 또한 FK－5－1－12의 경우 21℃ 충전압력이 360psi일 때 55℃에서는 413psi이다. 413psi×80% ≒ 331psi이므로 둘 중 큰 값인 360psi에 해당하는 2,482kPa이 최소사용설계압력이 된 것이다. 다만, HFC－236fa의 경우 21℃ 충전압력이 240psi일 때 55℃는 360psi이므로 360×80%인 288psi(1,986kPa)가 최소사용설계압력이 되어야 하나 현재 화재안전기준은 280psi(1,931kPa)로 되어 있다.

㉢ 불활성 기체의 경우 : 불활성 기체의 2차측 설계압력을 제시하지 않은 이유는 2차측의 압력이 감압장치에 의해 결정되는 것이 아니라 제조사의 설계 프로그램에 따라 압력이 결정되는 것이므로 이에 따라 "2차측 최소사용설계압력은 제조사의 설계 프로그램에 의한 압력값에 따른다"로 규정하고 있다.

CHAPTER 01
CHAPTER 02
CHAPTER 03
CHAPTER 04
CHAPTER 05

③ 배관

[1] 배관의 기준 : 제10조 1항 1호 & 2항(2.7.1.1 & 2.7.2)

(1) 배관은 전용으로 할 것

(2) 배관과 배관, 배관과 배관부속 및 밸브류의 접속은 나사접합, 용접접합, 압축접합 또는 플랜지접합 등의 방법을 사용해야 한다.

꼼꼼체크 ▌ 압축접합

배관접속의 한 방법으로 점검이나 보수를 할 때 편리하게 하기 위하여 배관에 슬리브 너트를 끼우고 관 끝을 플레어 공구(Flare tool)를 이용하여 나팔 모양으로 벌린 후 압축이음쇠로 접합하는 방식이다.

[2] 배관의 규격 : 제10조 1항 2호(2.7.1.2)

배관·배관부속 및 밸브류는 저장용기의 방출내압을 견딜 수 있어야 하며 다음의 기준에 적합할 것. 이 경우 설계내압은 표 2.3.2.1(1) 및 표 2.3.2.1(2)에서 정한 최소사용설계압력 이상으로 해야 한다.

(1) 강관을 사용하는 경우의 배관은 압력배관용 탄소강관(KS D 3562) 또는 이와 동등 이상의 강도를 가진 것으로서 아연도금 등에 따라 방식처리된 것을 사용할 것

(2) 동관을 사용하는 경우 배관은 이음이 없는 동 및 동합금관(KS D 5301)의 것을 사용할 것

⊡ 할로겐화합물 및 불활성 기체 약제의 배관규격(인증사항)

성능인증을 받은 시스템의 경우 사용하는 배관의 규격은 다음과 같다.

할로겐화합물 계열					불활성 기체 계열	
HCFC B/A	HFC-227ea	HFC-125	HFC-23	FK-5-1-12	IG-541	IG-100
Sch.40	Sch.40	Sch.40	Sch.40	Sch.40	Sch.40 ~ 80	

[3] 배관의 두께 : 제10조 1항 2호 다목(2.7.1.2.3)

(1) 기준

배관의 두께는 다음의 계산식에서 구한 값(t) 이상일 것. 다만, 방출헤드 설치부는 제외한다.

$$t = \frac{PD}{2SE} + A$$ … [식 1-7-3]

여기서, t : 관의 두께(mm)

P : 최대허용압력(kPa)

D : 배관의 바깥지름(mm)

SE : 최대허용응력(kPa)

A : 이음허용값(mm)(헤드 설치부분은 제외한다)

(주) 1. SE(최대허용응력)

="배관재질 인장강도의 $\frac{1}{4}$값과 항복점(降伏點)의 $\frac{2}{3}$값 중 적은 값"×배관 이음효율×1.2

2. A=이음허용값(헤드 설치부분은 제외한다)

① 나사이음(threaded connection) : 나사의 높이

② 절단홈이음(cut groove connection) : 홈의 깊이

③ 용접이음(welded connection) : 0

3. 배관 이음효율(joint efficiency factor)

① 이음매 없는 배관 : 1.0

② 전기저항 용접배관 : 0.85

③ 가열맞대기 용접배관 : 0.60

(2) 개념

가스계 소화설비 배관의 경우는 일반 배관과 달리 지속적으로 압력을 받는 것은 아니지만, 설치된 배관의 경우는 가스 방사 시를 고려하여 최대저장온도에서 최대충전밀도를 감안한 허용압력(최대값이 된다)을 견디어야 하며, 또한 이러한 상황에서 배관의 재료나 공사방법에 따른 배관의 변형이 발생하지 않도록 최대허용응력에 견딜 수 있는 상태가 되어야 한다. 이를 만족하기 위하여 ① 허용압력(최대), ② 허용응력(최대), ③ 배관의 직경, ④ 배관의 접합방법, ⑤ 배관의 이음방법 등을 감안하여 배관의 두께가 산정되며 이를 식으로 표현한 것이며 최대허용응력(SE)에서 1.2를 곱한 것은 20%의 여유율을 감안한 할증값이다.

(3) 용어 해설

① **최대허용압력(Maximum allowable pressure) : P(kPa)**

배관 내부의 최고사용압력에 해당하는 값으로 배관의 재질이나 규격에 따라 허용하는 배관의 최고압력이 된다.

② **최대허용응력(應力)(Maximum allowable stress) : SE(kPa)**

소화설비용 배관은 여러 가지의 외력을 받게 되면 외력에 의해 배관의 내부에는 응력(변형되는 힘)이 발생한다. 따라서 배관은 이러한 발생하는 응력이 어떠한 한도 이하 즉, 최대허용응력 이하가 되어야 한다. 최대허용응력은 기본적으로 배관의 최대인장강도(Maximum tensile strength)의 25%$\left(=\frac{1}{4}\right)$ 또는 최대항복강도(Maximum yield strength)의 67%$\left(=\frac{2}{3}\right)$ 중 낮은 값으로 결정한다.

③ **이음허용값 : A(mm)**

배관이나 관부속을 이음하는 방법에 따른 허용치로서 결국 관 내면의 부식(腐蝕)이나 마모 등을 고려한 부식여유(Corrosion allowance)값에 해당한다.

④ **배관 이음효율(Joint efficiency factor)**

배관 이음효율이란 배관을 제작하는 공정에서 배관을 접합하는 방법에 따라 적용하는 배관 접합의 안전성을 수치화한 값이다.

예제

할로겐화합물 및 불활성 기체 소화설비에 사용하는 Sch.40의 압력배관을 사용하여 용접이음방법으로 공사하고자 한다. KS D 3562(SPPS 38)의 인장강도는 380,000kPa이며, 항복점은 220,000kPa이고 배관의 규격은 다음의 표와 같을 경우 65mm 배관에 대한 최대허용압력을 구하라.

[표 1-7-11] KS D 3562(Sch.40)

호칭경	25A	32A	40A	50A	65A	100A	125A	150A	200A
외경(mm)	34.0	42.7	48.6	60.5	76.3	114.3	139.8	165.2	216.3
두께(mm)	3.4	3.6	3.7	3.9	5.2	6.0	6.6	7.1	8.2
내경(mm)	27.2	35.5	41.2	52.7	65.9	102.3	126.6	151	199.9

풀이

$t=\frac{PD}{2SE}+A$에서 이를 P에 대해 정리하면 다음과 같다.

$t-A=\frac{PD}{2SE}$, 따라서 $P=\frac{2SE}{D}\times(t-A)=2SE\frac{t-A}{D}$

1. 이때 인장강도의 $\frac{1}{4}$은 $\frac{380,000}{4}$=95,000kPa, 항복점의 $\frac{2}{3}$는 $220,000\times\frac{2}{3}\fallingdotseq$146,667kPa
   따라서, 둘 중에서 작은 값인 95,000kPa을 최대허용응력으로 선택한다.
2. 배관 이음효율은 용접이음이므로 0.85이다(KS D 3562의 압력배관은 전기저항용접 배관이다). 따라서, $SE=95,000\times0.85\times1.2\fallingdotseq96,900$kPa이다.

3. 이음허용값은 용접이음이므로 $A=0$이다.
4. 조건에서 KS D 3562 Sch. 40의 경우 65mm의 외경은 76.3mm이며, 두께는 5.2mm이므로

따라서, $P=2SE\dfrac{t-A}{D}=2\times 96,900\times \dfrac{5.2-0}{76.3}\fallingdotseq 13,208\text{kPa}$

(주) 위 계산은 계산과정을 알도록 하기 위한 예시일 뿐 실제 가스계 설비에서 사용하는 배관의 최대 허용압력인 P값은 테이블(Table)을 사용하여 적용하며, 이 값은 NFTC 2.3.2.1의 최소사용설계압력보다 더 커야 한다.

4 방출시간 : 제10조 3항(2.7.3)

배관의 구경은 해당 방호구역에 할로겐화합물 소화약제는 10초 이내에, 불활성 기체 소화약제는 A·C급 화재 2분, B급 화재 1분 이내에 방호구역 각 부분에 최소설계농도의 95% 이상 해당하는 약제량이 방출되도록 해야 한다.

[1] 방출시간의 정의

(1) 저장용기밸브가 개방된 직후 소화약제가 헤드에서 방사되기 직전에는 약제가 증발하여 배관 내를 충전시켜 주는 상황이 벌어지게 된다. 이후 약제가 노즐에 도달해서 배관 내부에 압력이 형성되면 노즐의 최고압력 시점이 되며 이때부터 약제는 각 노즐을 통하여 방사하게 된다. 이후 질소 기체와 액체의 약제가 혼재되어 배관을 흐르게 되며 노즐 내부의 액체가 먼저 전부 방사되고 나면 이후 질소와 기체상태의 소화약제 혼합물이 방사하게 된다.

(2) 그런데 액상부분이 모두 방출하게 되면 대부분의 소화약제는 이미 노즐을 통하여 방출된 상태이므로 배관 내 잔류하는 질소와 기체부분은 무시하여도 무방하며 이 경우 액체가 모두 방출된 시점에서 노즐을 통해 방사된 약제량은 대체로 최소설계농도의 95% 이상에 해당하는 약제량이 된다.[33] 따라서 방사시간의 정의는 최소설계농도의 95%에 해당하는 약제량을 방사하는 데 소요되는 시간으로 정한 것으로 100%의 약제가 방사되는 시간이 아니다.

(3) 제10조 3항의 방사시간을 NFPA 기준과 동일하게 다음의 표와 같이 개정하였다.

[표 1-7-12] 불활성 기체 방사시간(NFPA 2001)

NFPA 2008년판(종전)		➡	NFPA 2018년판(개정)		비 고
A급 화재	60초 이내		A급 화재	120초 이내	A급 화재는 표면화재임.
B급 화재			B급 화재	60초 이내	
C급 화재			C급 화재	120초 이내	

(주) 적용은 불꽃소화농도에 안전계수 20%를 반영한 상태를 기준으로 한다.

33) SFPE Handbook 3rd edition p.4-193

가로 15m×세로 10m×높이 4m인 전산기기실에 HCFC B/A를 설치하고자 한다. 이 경우 배관의 구경을 적용하기 위해서 10초 이내에 방사되어야 할 95% 농도에 해당하는 약제량은 얼마 이상이어야 하는가?

[조건]
1) 해당 약제의 소화농도는 A·C급 화재는 8.5%, B급 화재는 10%로 적용한다.
2) 선형상수에서 $K_1=0.2413$, $K_2=0.00088$로 한다.
3) 전산기기실의 예상 최저온도는 20℃이다.

풀이

1. 실체적 : 체적은 15×10×4=600m³
2. 농도 : 적응성 화재는 A·C급 화재이므로 소화농도×1.2=설계농도이므로 설계농도는 8.5×1.2=10.2%가 된다.
3. 비체적 $S=K_1+K_2\times t=0.2413+0.00088\times 20=0.2589\text{m}^3/\text{kg}$
4. 최소방사약제량은 10초 방사 시 설계농도의 95%가 방사되는 값이므로 설계농도의 95%는 10.2%×0.95=9.69%로 적용한다.

$$\therefore \text{ 최소방사약제량 } W(\text{kg})=\frac{V\times C}{S\times(100-C)}=\frac{(600\times 9.69)}{0.2589\times(100-9.69)}$$

$$=\frac{5{,}814}{0.2589\times 90.31}=248.7\text{kg}$$

꼼꼼체크 10초 이내 방사량

10초 이내 최소방사량은 약제량의 95%가 아니라 설계농도의 95%에 해당하는 약제량이다.

[2] 방출시간 10초

(1) 방사시간의 측정은 약제 저장용기가 개방될 때부터 시작하여 약제가 헤드에서 방사될 때까지의 시간이 아니라, "용기밸브가 개방된 후 용기에서 헤드까지 약제가 충만한 상태(Initial discharge condition라 한다)부터 시작하여 약제가 헤드에서 전부 방사될 때까지의 소요시간"을 의미한다. 그러나 소화약제에서 할로겐화합물의 방사시간 10초는 소요 약제량 100%가 방사되는 시간이 아니라 상온에서 소요량의 95%가 아니라 최소설계농도의 95%에 해당하는 약제량이 방사되는 데 소요되는 시간이다. 방사시간을 10초 이내로 제한한 것은 NFPA 2001에서 규정한 것으로 화재안전기준 107A에서도 이를 준용한 것이다.

(2) 방사시간을 배관의 구경으로 규정한 것은 10초 이내에 해당하는 약제량을 방사하기 위해서는 흐름률(Flow rate)에 맞는 관경을 선정하여야 되기 때문이며, 따라서 소화약제 중 할로겐화합물의 경우 100% 약제량이 실제 방사되는 시간은 10초를 초과할 수 있다.

[3] 방출시간의 제한

(1) 할로겐화합물의 방사시간을 10초라는 단시간으로 제한하는 가장 큰 이유는 약제 방사시 HF 등의 분해부산물 발생을 최소화하여 독성물질의 발생을 감소시켜 인명안전을 도모하기 위한 것이다. 이에 비해 이너젠(Inergen)과 같은 불활성 기체 소화약제는 질식소화를 주체로 하므로 농도가 할로겐화합물 계열보다 고농도인 관계로 방사시간을 10초라는 단시간으로 제한할 수 없으므로 1분으로 규정한 것이다. 아울러 심부화재의 경우는 고농도로 장시간을 방사하여 냉각효과를 주어야 하므로 청정약제의 경우는 심부성 화재에는 적응성이 매우 낮게 된다.

(2) 소화약제가 방사될 경우 발생할 수 있는 독성의 부산물은 HCl, HF, $COCl_2$ 등이 있으며 이 중 가장 문제가 되는 것은 HF의 발생이다. 분해생성물의 발생을 결정하는 요인에는 여러 가지가 있으나 방사시간과 화재 규모는 분해생성물의 양을 결정하는 핵심이 된다. 즉, 방사시간이 짧을수록, 화재의 규모가 작을수록 열분해 생성물의 발생을 억제시킬 수 있다.

❺ 방출압력 : 제11조 2항(2.9.2)

분사헤드의 방출률 및 방출압력은 제조업체에서 정한 값으로 할 것

(1) CO_2나 Halon 1301과 같은 전통적인 설비는 화재안전기준에서 헤드 방사압을 별도로 규정하고 있으나 청정약제의 경우는 제조사에서 프로그램에 따라 분사헤드별로 최소설계압력(노즐 최소압력)을 제시하도록 하고 있다. 따라서 성능시험 인정시험에서는 제조사가 제공한 프로그램에 의거 헤드 방사압의 부합 여부를 확인하는 것으로 현재 개정된 성능시험기준에 대해 인증받은 분사헤드에 대한 최소설계압력(노즐 최소압력)에 대해 할로겐 계열과 불활성 계열에 대해 한 종류씩 예를 들면 다음 표와 같다.

[표 1-7-13] 노즐 최소설계압력(예)

분 류	시스템	노즐 최소설계압력(Bar)
할로겐화합물 계열	HFC−23 HFC−125(Fort−125)	14.4Bar 11Bar
불활성 기체 계열	IG−541 IG−100	10.2Bar 29Bar

(주) 방사압은 동일 약제의 경우에도 제조사별 프로그램에 따라 차이가 있다.

(2) [표 1−7−13]과 같이 할로겐화합물 설비의 경우 헤드 방사압이 Halon 1301의 헤드 방사압인 0.9MPa(9Bar)과 유사하며 불활성 기체 설비의 경우는 CO_2의 고압식 기준 헤드 방사압인 2.1MPa(21Bar)과 유사하거나 그 이하인 것을 알 수 있다. 이는 소화의 성상이나 물성으로 보아 할로겐화합물 계열의 소화설비는 Halon 1301 설비의 대체 설비이며,

불활성 기체 계열의 소화설비는 CO_2 설비의 대체 설비이기 때문이다. 헤드별 최소설계압력은 약제 방사 시 방호구역에 약제가 조기에 확산되어 소화농도가 달성되어 화재를 소화시킬 수 있는 헤드의 방사압력으로 이 중에서 최소치를 의미한다.

6 분사헤드 : 제12조(2.9)

(1) 헤드 높이는 바닥에서 0.2m 이상 최대 3.7m 이하로 하여야 하며, 천장 높이가 3.7m를 초과할 경우에는 추가로 다른 열의 분사헤드를 설치할 것. 다만, 분사헤드의 성능인정 범위 내에서 설치하는 경우에는 그렇지 않다.

1. 높이를 규제하는 이유

① 소화약제를 10초(불활성 기체는 1분 또는 2분)라는 짧은 시간 내에 방사하여 방호구역 내에 신속히 확산시켜 적정한 설계농도에 도달하기 위해서는 헤드의 방사높이가 중요하며 이를 위하여 헤드 부착 높이에 대해 제한을 둔 것이다.

② 소화설비의 경우 NFPA에서는 헤드 부착 높이에 대한 기준이 별도로 없으나 청정약제의 시험기준인 UL Standard에서는 시험실의 최고천장높이를 11.5ft(3.5m)로 규정하고 있다.[34] 따라서 화재안전기준에서는 헤드의 부착 부위를 20cm 여유를 두어 3.7m로 정한 것으로 이에 따라 가스계 설비의 소화성능시험을 할 경우에도 시험실의 최소 실 높이는 3.7m로 하여 시험하고 있다.

2. 높이가 초과되는 방호구역의 경우

① 방호구역의 높이가 헤드 부착 최대치인 3.7m를 초과할 경우는 하단의 헤드는 측벽으로 설치하고 상단의 헤드는 천장에 설치한다. 이 경우 바닥면에서 하단 헤드까지와 하단 헤드에서 상단 헤드까지의 높이가 3.7m 이내가 되도록 적용하여야 한다.

② NFTC 2.9.1.1의 단서 조항과 같이 분사헤드의 성능인정이 실험에 의해 인정될 경우는 헤드 부착 높이가 3.7m를 초과할 수 있으며 현재 헤드 부착 높이가 기존의 KFI나 개정된 성능기준에 따라 3.7m를 초과하여 인증을 받은 제품은 HFC－23, HFC－125, FK－5－1－12, IG－100, IG－541 등이 있다.

(2) 분사헤드 개수는 방호구역에 NFTC 2.7.3에 따른 방출시간이 충족되도록 설치할 것

(3) 분사헤드에는 부식방지조치를 하여야 하며 오리피스의 크기, 제조일자, 제조업체가 표시되도록 할 것

(4) 분사헤드의 오리피스 면적은 분사헤드가 연결되는 배관구경 면적의 70% 이하가 되도록 할 것

34) • Clean agent에서 할로겐화합물의 경우 : UL Standard 2166(34.1.2.1)
• Clean agent에서 불활성 기체의 경우 : UL Standard 2127(34.1.2)

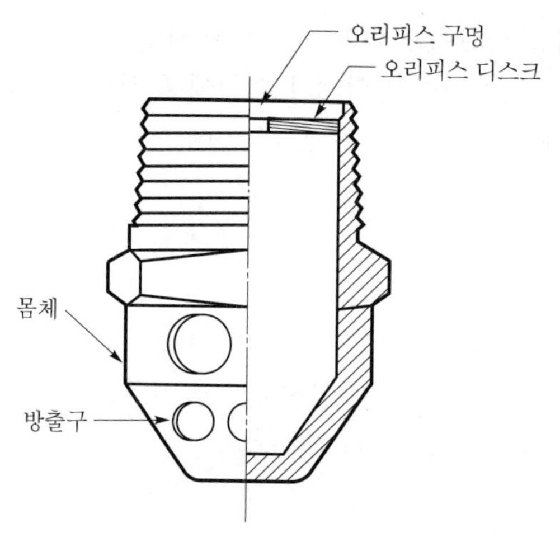

[그림 1-7-2] 분사헤드(예)

① 오리피스(Orifice) 면적이란 헤드의 분구(噴口)면적을 뜻하는 것으로, 분구면적은 헤드 구경의 70% 이하가 되어야 한다. 따라서 할로겐화합물 및 불활성 기체 소화설비에서는 보통 호칭 구경 20A, 25A, 32A, 40A, 50A를 사용하므로 헤드 분구면적은 해당하는 구경에 상응하는 단면적의 70% 이하가 되어야 한다.

② 할로겐화합물 및 불활성 기체 소화약제의 분사헤드는 180°형과 360°형의 2가지가 있으며 이러한 분사각도는 [그림 1−7−2]와 같이 몸체(Body)부분에 설치하는 방출구의 수량이나 위치를 이용하여 방사각도를 적용하고 있다.

예제

Sch.40의 배관 호칭 구경이 25mm인 가스배관에 할로겐화합물 및 불활성 기체 소화설비의 분사헤드가 접속되어 있다. 이 경우 분사헤드의 오리피스 최대구경을 구하라. (단, Sch.40의 경우 25mm의 외경은 34mm이며, 두께는 3.4mm이다.)

풀이

분구면적은 배관 단면적의 70% 이하이어야 하므로 구하는 오리피스 구경은 최대구경이 된다.

1. 호칭경 25mm의 경우 내경은 외경 34mm−(3.4mm×2)=27.2mm가 된다.
2. 배관 단면적은 $\frac{\pi}{4}\times 27.2^2 \fallingdotseq 580.77\text{mm}^2$, 분구면적은 접속배관 구경의 70% 이하이므로 최대분구면적은 $580.77\times 0.7 \fallingdotseq 406.54\text{mm}^2$가 된다.
3. 오리피스 구경을 d라 하면 $\frac{\pi}{4}\times d^2 = 406.54$, $d=\sqrt{406.54\times\frac{4}{\pi}} = 22.76\text{mm}$

따라서 제조사에서 프로그램을 성능시험 인정을 받을 경우 25mm 헤드의 경우는 오리피스 직경을 22.76mm 이하인 값에 해당하는 오리피스로 선정하여야 한다.

⑦ 과압배출구 : 제17조(2.14)

할로겐화합물 및 불활성 기체 소화설비가 설치된 방호구역에는 소화약제 방출 시 과압으로 인한 구조물 등에 손상을 방지하기 위해 과압배출구를 설치해야 한다.

[1] 개념

할로겐화합물 및 불활성 기체 소화설비의 경우는 과압이 발생할 우려가 있는 경우 과압배출구를 적용하도록 하고 있으나 저농도의 단시간형인 할로겐화합물 약제를 사용하는 설비는 과압의 발생 우려가 적어 일반적으로 적용하지 아니하나, 고농도로 장시간 방사하는 불활성 기체 소화약제의 경우는 과압의 발생 우려가 있으므로 적용하는 것이 원칙이다.

[2] 해설

(1) 과압배출구의 경우는 설치면적 및 위치를 제조사에서 제시하여 시험실을 구성하여 해당 조건하에서 분사헤드 방출면적 시험을 하도록 되어 있다. 따라서 과압배출구의 크기 이외에 과압배출구의 설치위치가 천장인지 벽체인지에 따라 성능인증의 적용이 달라지며 건물에서 시스템 적용을 할 경우는 과압배출구를 성능인증 받은 해당 조건대로만 시공하여야 한다.

(2) 과압배출구를 적용할 경우 제조사의 설계 프로그램에 의해 결정하여야 하며 이 경우 적용하는 피압구(避壓口 ; Relief vent)에 대한 면적 공식도 프로그램에서 제시하는 식을 사용하여야 한다. 왜냐하면 할로겐화합물 및 불활성 기체 소화약제의 경우는 설비마다 배관의 흐름률, 최소헤드방사압, 설계농도, 배관비 등이 다르기 때문에 일률적으로 이를 공식화할 수 없기 때문이다.

CHAPTER 01
CHAPTER 02
CHAPTER 03
CHAPTER 04
CHAPTER 05

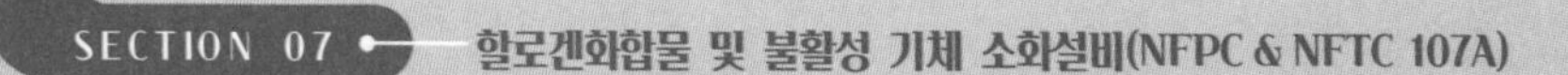

단원문제풀이

01 할로겐화합물 및 불활성 기체 소화설비 구성요소 중 하나인 "저장용기"의 점검항목 중 5가지 항목 이상을 기술하시오.

| 해답 |

1. 방호구역 외의 장소에 설치할 것. 다만, 방호구역 내에 설치할 경우에는 피난 및 조작이 용이하도록 피난구 부근에 설치해야 한다.
2. 온도가 55℃ 이하이고, 온도의 변화가 작은 곳에 설치할 것
3. 직사광선 및 빗물이 침투할 우려가 없는 곳에 설치할 것
4. 방화문으로 방화구획된 실에 설치할 것
5. 용기의 설치장소에는 해당 용기가 설치된 곳임을 표시하는 표지를 할 것
6. 용기 간의 간격은 점검에 지장이 없도록 3cm 이상의 간격을 유지할 것
7. 저장용기와 집합관을 연결하는 연결배관에는 체크밸브를 설치할 것. 다만, 저장용기가 하나의 방호구역만을 담당하는 경우에는 그렇지 않다.

02 할로겐화합물 및 불활성 기체 소화약제로서 필요한 구비조건을 5가지 이상 기술하여라.

| 해답 |

1. 소화성능 : 소화성능이 기존의 가스계 소화설비에 비해 크게 미달되지 아니하여야 한다.
2. 독성 : 독성이 낮아야 하며 최고허용설계농도인 NOAEL이 적정하여 정상거주지역에서도 사용이 가능하여야 한다.
3. 환경지수 : ODP(오존층파괴지수), GWP(지구온난화지수), ALT(대기권 잔존지수)가 낮아서 친환경적이어야 한다.
4. 물성 : 방사 후 방호구역 내에 약제의 잔존물이 없고 전기적으로 비전도성이어야 한다.
5. 안정성 : 용기 내 저장 시 분해되지 않고 금속용기를 부식시키지 않아야 한다.
6. 경제성 : 기존의 가스계 소화설비에 비해 설치비용이 크게 높지 않아 경제성이 있어야 한다.

03 할로겐화합물 및 불활성 기체 소화약제 중 할로겐 계열의 다음의 약제량 산정식을 유도하여라.

$$W = \frac{V}{S} \times \left(\frac{C}{100 - C} \right)$$

| 해답 |

농도 $= \dfrac{\text{방사한 약제 부피}}{\text{방호구역 체적} + \text{방사한 약제 부피}} \times 100$이므로

농도 $C = \dfrac{v}{V+v} \times 100$, 이때 v(약제 부피) $= S$(비체적) $\times W$(약제 질량)이므로

농도 $C = \dfrac{W \times S}{V + W \times S} \times 100$, $C \times (V + W \times S) = W \times S \times 100$

$(W \times S \times 100) - (W \times S \times C) = V \times C$, $W \times S(100 - C) = V \times C$

따라서, $W = \dfrac{V \times C}{S(100 - C)}$이 된다.

04 소방대상물(B급 화재)에 소화약제 HFC-23인 할로겐화합물 및 불활성 기체 소화설비를 설치하고자 한다. 다음 조건을 이용하여 물음에 답하라.

[조건]
1) 소방대상물의 크기는 가로 20m, 세로 8m, 높이 6m이다.
2) 소화농도는 32%이다.
3) 저장용기는 80L이며, 최대충전밀도 중 가장 큰 것을 사용한다.

항 목 \ 소화약제	HFC-23				
최대충전밀도(kg/m^3)	768.9	720.8	640.7	560.6	460.6
20℃ 충전압력(kPa)	4,198	4,198	4,198	4,198	4,198
최소사용설계압력(kPa)	9,453	8,605	7,626	6,943	6,943

4) 소화약제 선형상수는 $K_1 = 0.3164$, $K_2 = 0.0012$
5) 소수점 셋째자리에서 반올림하여 둘째자리까지 구한다.
6) 주어진 조건 외에는 고려하지 않는다.

1. 소화약제 저장량(kg)은 얼마인가?
2. 소화약제를 방사할 때 분사헤드에서의 유량(kg/s)은 얼마인가?

| 해답 |

1. [식 1-7-1]의 식을 이용하여 약제 소요량을 구한다.

① 소화약제 소요량 $W = \dfrac{V}{S} \times \left(\dfrac{C}{100 - C}\right)$

여기서, W : 소화약제의 중량(kg)

V : 방호구역의 체적(m^3)

S : 비체적(Specific volume)

$S = K_1 + K_2 \times t$(℃)(1기압)(m^3/kg)

t : 방호구역의 최소예상온도(℃)

C : 설계농도(Vol%)

② 체적 $V(m^3)=20\times8\times6=960$

③ 상온에서의 비체적 $S(m^3/kg)=0.3164+0.0012\times20=0.3404$

④ 설계농도는 B급 화재일 경우 소화농도의 1.3배이므로 $C(\%)=32\%\times1.3=41.6$

$\therefore\ W(kg)=\frac{960}{0.3404}\times\left(\frac{41.6}{100-41.6}\right)=\frac{960\times41.6}{0.3404\times58.4}\fallingdotseq2008.92kg$ …… ⓐ

⑤ 위 값은 최소소요량이며, 저장량은 용기 단위로 저장하게 된다.

용기 1개의 저장량=최대충전밀도(kg/m^3)×용기체적(m^3)

조건에서 충전밀도는 최대값을 적용하고 용기체적은 80L이므로

용기 1개의 저장량$=768.9kg/m^3\times0.08m^3=61.51kg$ …… ⓑ

⑥ 따라서 약제 저장용기수는 2008.92(ⓐ)÷61.51(ⓑ)≒32.66병

→ 저장은 33병으로 한다. …… ⓒ

⑦ 구하고자 하는 약제 저장량은 33병(ⓒ)×61.51kg/병=2029.83kg

2. B급 화재 시 할로겐화합물 소화약제는 10초 이내에 설계농도의 95% 이상 약제량이 방사되어야 한다.

따라서 설계농도 95%일 경우 약제량을 구하면,

$$W=\frac{V}{S}\times\left(\frac{C}{100-C}\right)=\frac{960}{0.3404}\times\left(\frac{41.6\times0.95}{100-(41.6\times0.95)}\right)=\frac{960\times41.6\times0.95}{0.3404\times60.48}=1842.84kg$$

∴ 유량은 방사시간이 10초이므로 $\frac{1842.84}{10}\fallingdotseq184.28kg/s$

05 **바닥면적 $320m^2$, 경유를 연료로 하는 높이 3.5m의 발전실에 할로겐화합물 및 불활성 기체 소화설비를 설치하려고 한다. 다음의 조건을 이용하여 물음에 알맞은 답을 기술하여라.**

[조건]

1) HCFC Blend A의 A급 소화농도는 7.2%, B급 소화농도는 10%로 한다.
2) IG-541의 A급 및 B급 소화농도는 32%로 한다.
3) 방사 시 온도는 20℃를 기준으로 한다.
4) 선형상수를 이용하도록 한다.
5) HCFC Blend A 용기는 68L용 50kg으로 하며, IG-541 용기는 80L용 $12.4m^3$로 적용한다.

1. 발전실에 필요한 HCFC Blend A의 최소용기수는 몇 병인가?
2. 발전실에 필요한 IG-541의 최소용기수는 몇 병인가?

꼼꼼체크

약제량 산정 시 IG-541은 부피(m^3)로, 기타 소화약제는 무게(kg)로 계산한다.

| 해답 |

1. HCFC Blend A의 경우
   ① 설계농도 : 발전실은 경유를 연료로 하므로 B급 화재로 적용하여야 한다. B급 소화농도가 10%이므로 설계농도는 NFPC 107A의 제7조 1항 3호(NFTC 2.4.1.3)에 의거 10%×1.3=13%가 된다.
   ② 약제용기수 : 발전실 체적=320×3.5=1,120m³, [표 1-7-4(A)] 및 [식 1-7-1]에 의거
   $S=0.2413+0.00088\times20=0.2589$
   $W=\dfrac{V}{S}\times\left(\dfrac{C}{100-C}\right)$ 이므로
   $W=\dfrac{1,120}{0.2589}\times\dfrac{13}{(100-13)}=646.4\text{kg}$
   ∴ 646.4÷50=12.9 → 68L용 13병으로 설치한다.
2. IG-541의 경우
   ① 소화농도는 32%이므로 설계농도=32×1.3=41.6%가 된다.
   ② 약제용기수 : [표 1-7-4(B)] 및 [식 1-7-2]에 의거 온도가 상온이므로 $V_S=S$
   $\therefore\ x(\text{m}^3/\text{m}^3)=2.303\times\dfrac{V_S}{S}\times\left(\log\dfrac{100}{100-C}\right)=2.303\times1\times\left(\log\dfrac{100}{100-41.6}\right)$
   약제량 $X(\text{m}^3)=x\times$체적 $V(\text{m}^3)$ 이므로
   $X=2.303\times\left(\log\dfrac{100}{100-41.6}\right)\times1,120\doteq602.5\text{m}^3$
   ∴ 602.5÷12.4≑48.6 → 80L용 49병으로 설치한다.

06 **그림과 같이 내화구조의 벽과 출입문은 건축법 시행령에 따른 방화문(자동폐쇄장치 있음)으로 구획된 전산기기실과 통신기기실이 있는 건물에서 해당 실별로 방호구역을 설정하고 전산기기실은 할로겐화합물 소화약제로, 통신기기실은 불활성 기체 소화약제를 각각의 용기실에 설치하여 구분하여 설계하려고 한다. 이때 아래 조건을 이용하여 각 번호에 알맞은 답을 적으시오.**

[조건]
1) 전산기기실의 경우
   ① 해당 약제의 소화농도는 A·C급 화재는 8.5%, B급 화재는 10%로 적용한다.
   ② 선형상수에서 K_1 = 0.2413, K_2 = 0.00088이다.
   ③ 전산기기실의 예상 최저온도는 20℃이다.
2) 통신기기실의 경우(단, 방사시간은 1분으로 한다.)
   ① 해당 약제의 소화농도는 A·C급 화재는 32.5%, B급 화재는 31%로 적용한다.
   ② 선형상수에서 K_1 = 0.65799, K_2 = 0.00239이다.
   ③ 통신기기실의 예상 최저온도는 5℃이다.
   ④ 중력가속도의 값 g=9.8로 한다.
   ⑤ 방사시간은 1분으로 적용한다.

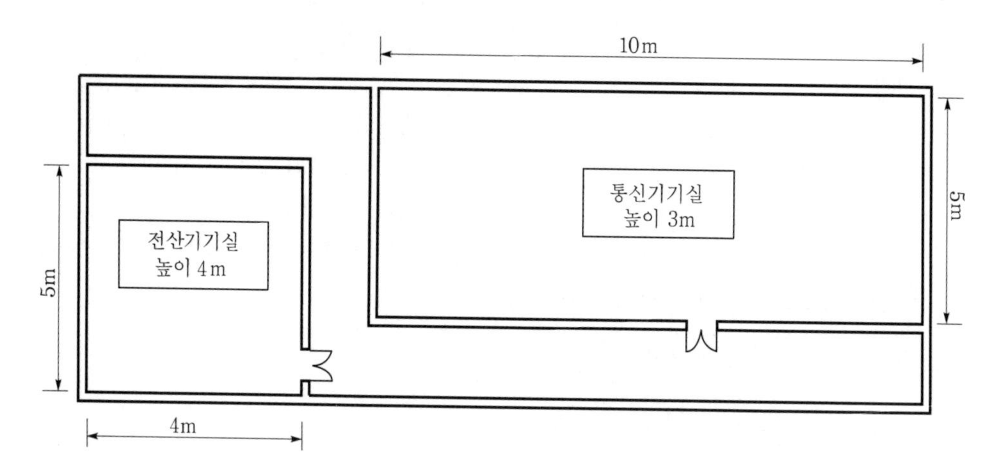

1. 화재안전기준에서 요구하는 배관 구경의 선정조건[NFPC 107A 제10조 3항(NFTC 2.7.3)]에 의거, 전산기기실의 방호구역에 10초 이내에 방사하여야 할 약제량(kg)은 최소 얼마 이상이어야 하는가? (소수 첫째자리까지 구할 것)
2. 불활성 기체 소화약제를 내용적 80L 용기를 사용하여 1병당 12.5m^3를 충전하려고 한다. 이 경우 통신기기실용으로 저장하여야 할 약제량(m^3)은 얼마가 되는가?
3. 통신기기실에 설치하는 과압배출구의 유효 개구(開口)면적을 $X(\text{cm}^2) = \dfrac{43 \times Q(\text{m}^3/\text{min})}{\sqrt{P(\text{kg}/\text{m}^2)}}$ 라고 할 경우 $Q(\text{m}^3/\text{min})$는 방출되는 불활성 기체 소화약제의 저장량이 방출되는 것으로 적용하고, $P(\text{kg}/\text{m}^2)$는 방호구역의 허용강도로 한다. 이때 SI 단위로 허용강도 $P=2.4$ kPa이라면, 과압배출구의 유효 개구면적(cm^2)은 얼마로 하여야 하는가? (답은 소수 첫째자리까지 구한다.)

| 해답 |

1. ① 실체적 : 체적은 $5 \times 4 \times 4 = 80\text{m}^3$
   ② 농도 : 적응성 화재는 A, C급 화재이며, 소화농도×1.2=설계농도이므로 $8.5 \times 1.2 = 10.2\%$
   ③ 비체적 $S = 0.2413 + 0.00088 \times 20 = 0.2589\text{m}^3/\text{kg}$
   ④ 배관구경 선정 시 최소소요약제량은 10초 방사 시 설계농도의 95%가 방사되는 값이므로 $10.2\% \times 0.95 = 9.69\%$이다.

   $\therefore$ 소요약제량 $W(\text{kg}) = \dfrac{V \times C}{S \times (100 - C)} = \dfrac{(80 \times 9.69)}{0.2589 \times (100 - 9.69)} = \dfrac{775.2}{0.2589 \times 90.31} = 33.2\text{kg}$
2. ① 실체적 : 체적은 $10 \times 5 \times 3 = 150\text{m}^3$
   ② 농도 : 적응성 화재는 A, C급 화재이므로 소화농도×1.2=설계농도이므로 $32.5\% \times 1.2 = 39\%$
   ③ 비체적
   - 상온의 경우 $V_S = 0.65799 + 0.00239 \times 20 = 0.70579$
   - 5℃의 경우 $S = 0.65799 + 0.00239 \times 5 = 0.66994$

④ 약제량

전체 소요약제량 $X(\mathrm{m}^3) = 2.303 \times \dfrac{V_S}{S} \times \log \dfrac{100}{100-C} \times V$이다.

따라서, $X = 2.303 \times \dfrac{0.70579}{0.66994} \times \log \dfrac{100}{100-39} \times 150 = \dfrac{2.303 \times 0.70579}{0.66994} \times \log \dfrac{100}{61} \times 150$

$\fallingdotseq 2.426 \times 0.215 \times 150 \fallingdotseq 78.239\mathrm{m}^3$

⑤ 용기수

$78.239 \div 12.5 = 6.3$

따라서, 7병이 필요하므로 저장량$=7 \times 12.5 = 87.5\mathrm{m}^3$

3. ① $1\mathrm{kgf} = 9.8\mathrm{N}$, $1\mathrm{kgf/m^2} = 9.8\mathrm{N/m^2} = 9.8\mathrm{Pa}$, $1\mathrm{Pa} = \dfrac{1}{9.8}\mathrm{kgf/m^2}$

따라서, $2.4\mathrm{kPa} = \dfrac{1}{9.8} \times 2.4 \times 10^3\mathrm{kgf/m^2} = 244.898\mathrm{kgf/m^2}$로 이것이 P가 된다.

② 불활성 기체 약제의 방사시간이 1분이므로 $Q(\mathrm{m^3/min})$는 전산실 7병의 약제량이 1분에 방사되므로 $Q = 87.5\mathrm{m^3/min}$이다.

따라서, $X(\mathrm{cm}^2) = \dfrac{43 \times Q}{\sqrt{P}} = \dfrac{43 \times 87.5}{\sqrt{244.898}} = \dfrac{3762.5}{15.649}\mathrm{cm}^2 \fallingdotseq 240.4\mathrm{cm}^2$

CHAPTER

02

경보설비

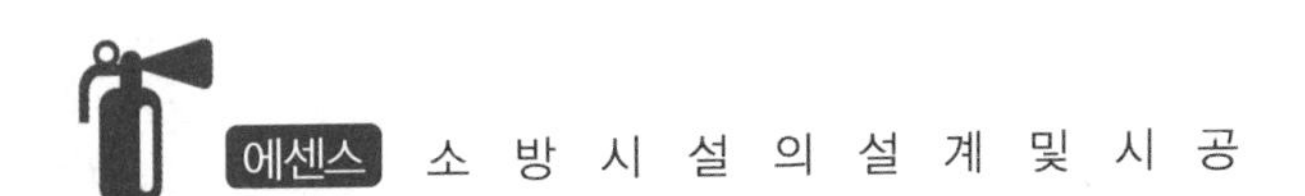

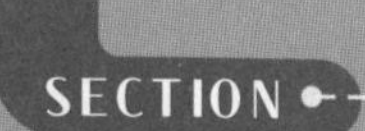

01 자동화재탐지설비 및 시각경보장치(NFPC & NFTC 203)

01 개 요

❶ 적용기준

[1] 설치대상 : 소방시설법 시행령 별표 4

	특정소방대상물	적용기준
①	공동주택 중 아파트등 · 기숙사 및 숙박시설	모든 층
②	층수가 6층 이상인 건축물	모든 층
③	근린생활시설(목욕장 제외) · 의료시설(정신의료기관 또는 요양병원 제외) · 위락시설 · 장례식장 및 복합건축물	연면적 600m² 이상인 경우 모든 층
④	근린생활시설 중 목욕장 · 문화 및 집회시설 · 종교시설 · 판매시설 · 운수시설 · 운동시설 · 업무시설 · 공장 · 창고시설 · 위험물저장 및 처리시설 · 항공기 및 자동차 관련 시설 · 교정 및 군사시설 중 국방, 군사시설 · 방송통신시설 · 발전시설 · 관광휴게시설 · 지하가(터널 제외)	연면적 1,000m² 이상인 경우 모든 층
⑤	교육연구시설(교육연구시설 내에 있는 기숙사 및 합숙소를 포함) · 수련시설(수련시설 내에 있는 기숙사 및 합숙소를 포함하며, 숙박시설이 있는 수련시설은 제외) · 동물 및 식물 관련 시설(기둥과 지붕만으로 구성되어 외부와 기류가 통하는 장소는 제외) · 자원순환 관련시설 · 교정 및 군사시설(국방, 군사시설은 제외) · 묘지 관련 시설	연면적 2,000m² 이상인 경우 모든 층
⑥	노유자 생활시설	모든 층
⑦	위 ⑥에 해당하지 않는 노유자시설로서, 연면적 400m² 이상인 노유자시설 및 숙박시설이 있는 수련시설로서 수용인원 100명 이상	모든 층

특정소방대상물			적용기준
⑧	의료시설 중 정신의료기관 또는 요양병원	요양병원	의료재활시설은 제외
		정신의료기관 또는 의료재활시설	해당 시설로 사용하는 바닥면적의 합계가 300m^2 이상인 경우
			해당 시설로 사용하는 바닥면적의 합계가 300m^2 미만이고 창살이 설치된 경우(주)
⑨	판매시설 중		전통시장
⑩	지하가		터널로서 길이가 1,000m 이상인 것
⑪	지하구		–
⑫	위 ③에 해당하지 않는 근린생활시설 중 조산원 및 산후조리원		–
⑬	위 ④에 해당하지 않는 공장 및 창고시설로서 지정수량의 500배 이상의 특수가연물 저장·취급하는 것		–
⑭	위 ④에 해당하지 않는 발전시설 중 전기저장시설		–

(주) 창살이란 철재·플라스틱 또는 목재 등으로 사람의 탈출 등을 막기 위하여 설치한 것을 말하며, 화재 시 자동으로 열리는 구조로 되어 있는 창살은 제외한다.

[2] 제외대상

(1) 설치 면제 : 소방시설법 시행령 별표 5의 9호

자동화재탐지설비의 기능(감지·수신·경보기능을 말한다)과 성능을 가진 화재알림설비, 스프링클러설비 또는 물분무등소화설비를 화재안전기준에 적합하게 설치한 경우에는 그 설비의 유효범위 안의 부분에서 설치가 면제된다.

꼼꼼체크 ▌ **설치 면제**

설치 면제란 법적 대상에서 자동화재탐지설비를 제외시킨 것을 의미하며, 준비작동식 스프링클러설비나 물분무등소화설비의 경우 기동용 감지기가 있어 감지·수신·경보가 가능할 경우 자동화재탐지설비를 면제할 수 있도록 한 것이다.

(2) 설치 제외

설치 제외란 감지기 또는 발신기를 제외할 수 있는 것으로 이는 자동화재탐지설비를 면제한 것과 달리, 자동화재탐지설비는 대상이나 해당 장소의 용도와 적응성으로 인하여 해당 장소에 한하여 자동화재탐지설비 구성요소 중 감지기 또는 발신기에 한하여 설치를 제외할 수 있도록 한 것이다.

① **감지기 설치 제외** : NFTC 2.4.5

감지기 설치를 제외할 수 있는 장소를 8개로 구분하여 적용하고 있다.

② **발신기 설치 제외** : NFTC 605(지하구) 2.2.2

지하구의 경우에는 발신기, 지구음향장치 및 시각경보기는 설치하지 않을 수 있다.

02 경계구역의 기준

경계구역(警戒區域 ; Zone)이란 특정소방대상물 중 화재신호를 발신하고 그 신호를 수신 및 유효하게 제어할 수 있는 구역을 말한다.[1] 자동화재탐지설비에서 경계구역은 다음 기준에 따라 설정하여야 하며 다만, 감지기의 형식승인 시 감지거리, 감지면적 등에 대한 성능을 별도로 인정받은 경우에는 그 성능인정 범위를 경계구역으로 할 수 있다[NFPC 203(이하 동일) 제4조 1항/NFTC 203(이하 동일) 2.11].

❶ 기본기준 : 제4조 1항 1호 & 2호(2.1.1.1 & 2.1.1.2)

(1) 하나의 경계구역이 둘 이상의 건축물에 미치지 아니하도록 할 것

(2) 하나의 경계구역이 둘 이상의 층에 미치지 아니하도록 할 것. 다만, 500m^2 이하의 범위 안에서는 2개의 층을 하나의 경계구역으로 할 수 있다.

→ 옥상의 경우
건축법상 층수에 산입되지 아니하는 옥상 등의 경우[2]는 경계구역 산정 시 "2개층 이상"에 해당하는 것으로 보지 않는다. 그러나 별도의 층(2개층)으로는 적용하지 아니하여도 경계구역 면적에는 산입하여 600m^{2}당 1회로 기준을 만족하도록 하여야 한다.

❷ 세부기준

[1] 면적기준

(1) **기준** : 제4조 1항 본문 & 3호(2.1.1.3)

① 자동화재탐지설비에서 경계구역은 다음 기준에 따라 설정하여야 하며 다만, 감지기의 형식승인 시 감지거리, 감지면적 등에 대한 성능을 별도로 인정받은 경우에는 그 성능인정 범위를 경계구역으로 할 수 있다.

② 하나의 경계구역의 면적은 600m^2 이하로 하며 한 변의 길이는 50m 이하로 할 것

③ 다만, 해당 특정소방대상물의 주된 출입구에서 그 내부 전체가 보이는 것에 있어서는 한 변의 길이가 50m의 범위 내에서 1,000m^2 이하로 할 수 있다.

---

1) 일본 소방법에서는 경계구역이란 "화재가 발생한 구역을 다른 구역과 구분하여 식별할 수 있도록 하기 위한 최소단위의 구역을 말한다." : 일본 소방법 시행령 제21조 2항 1호

2) 건축법 시행령 제119조 1항 9호 "층수" : 승강기탑, 계단탑, 망루, 장식탑, 옥탑, 그 밖에 이와 비슷한 건축물의 옥상 부분으로서 그 수평투영면적의 합계가 해당 건축물 건축면적의 1/8 이하인 것과 지하층은 건축물의 층수에 산입하지 아니한다.

(2) 해설

① **면적 및 길이** : 경계구역은 면적(600m^2 이하)만 규제한 것이 아니라 한 변의 길이(50m)도 동시에 규제함으로써 경계구역의 형상에 대해서도 제한을 하여 면적은 만족하여도 길이가 길어 화재 시 경계구역의 확인이 용이하지 않은 것을 보완한 것이다. 형식승인 시 감지거리, 감지면적 등에 대한 성능을 별도로 인정받은 경우에는 그 성능인정 범위를 경계구역으로 할 수 있으므로 광전식 분리형 감지기의 경우 공칭감시거리가 최대 100m이므로 이 경우는 이를 경계구역의 1변으로 적용하게 된다.

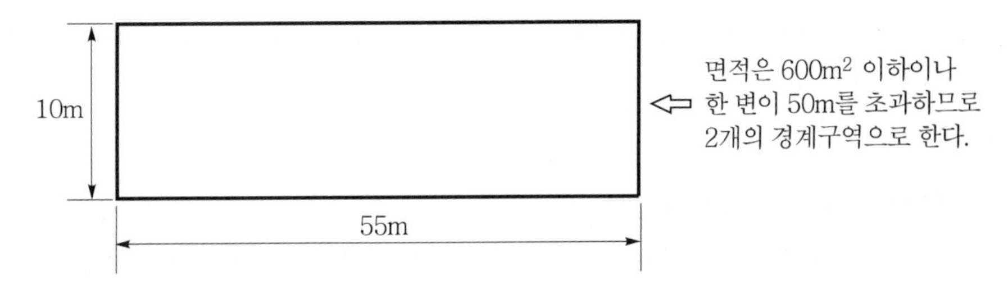

② **내부 전체가 보이는 경우** : 본 조항은 내부가 개방되어 주 출입구에서 화재발생 상황을 용이하게 확인할 수 있는 경우에 경계구역을 완화해 주려는 것이다. 이 경우에 주의할 것은 이 조항은 경계구역의 면적만 완화한 것(600m^2 → 1,000m^2)이지 경계구역의 한 변의 길이(50m)까지 완화해 준 것은 아니므로 반드시 한 변의 길이 50m 이하는 준수하여야 한다.

[2] 거리기준

(1) 기준 : NFPC 603(도로터널) 제9조 4항/NFTC 603 2.5.2

터널의 경우 하나의 경계구역 길이는 100m 이하로 해야 한다. 이에 불구하고 감지기의 작동에 의하여 다른 소방시설 등이 연동되는 경우로서 해당 소방시설 등의 작동을 위한 정확한 발화위치를 확인할 필요가 있는 경우에는 경계구역의 길이가 해당 설비의 방호구역 등에 포함되도록 설치해야 한다.

(2) 해설

터널의 경우는 폭이 좁고 길이가 긴 소방대상물이므로 경계구역은 면적기준이 아니라 거리기준(100m 이하)으로 규정하였다. 또한 지하구의 경우 종전 경계구역은 700m 이하였으나 NFSC 203에서 지하구 경계구역은 삭제되고, 대신 신설된 NFPC / NFTC 605(지하구)에서 화재 시 1m 단위로 발화지점과 온도를 수신기에 표시하도록 하였다.

[3] 수직높이 기준

(1) 기준 : 제4조 2항(2.1.2)

① 계단(직통계단 외의 것에 있어서는 떨어져 있는 상하계단의 수평거리가 5m 이하로서 서로 간에 구획되지 아니한 것에 한한다) · 경사로 · 에스컬레이터 경사로 · 엘리베이터 승강로(권상기실이 있는 경우에는 권상기실) · 린넨슈트(Linen chute) · 파이프 피트 및 덕트 기타 이와 유사한 부분은 별도로 경계구역으로 설정한다.

② 하나의 경계구역은 높이 45m 이하(계단 및 경사로에 한한다)로 하고, 지하층의 계단 및 경사로(지하층의 층수가 한 개층일 경우는 제외한다)는 별도로 하나의 경계구역으로 해야 한다.

(2) 해설

① **수직회로의 적용** : 권상기(券上機)실이란 승강기기계실을 뜻하며, 린넨슈트(Linen chute)란 호텔이나 병원 등에서 투숙객이나 환자의 세탁물 등을 지하 세탁실로 직접 투하하기 위한 세탁물용 전용 덕트를 말한다. 권상기실이 없는 유압식 승강기는 승강로에 설치한다(권상기실이 있는 경우는 권상기실). 따라서 권상기실의 감지기는 승강로를 감시하는 것이므로 연기감지기로 설치하여야 한다.

② 경계구역 높이 45m

㉠ 계단이나 경사로에 대한 경계구역 설정은 지상층과 지하층의 계단(경사로)으로 구분하여 별개의 회로로 구성하되 지하 1층일 경우 지하층 계단(경사로)은 별개 회로로 하지 않고 지상층의 계단회로와 동일한 경계구역으로 설정할 수 있다.

㉡ 파이프 덕트나 피트 등의 경우는 높이에 관계없이 이를 1회로로 적용하고 있음에도 동일한 수직높이 기준인 계단이나 경사로의 경우는 1회로를 45m로 제한하는 이유는 계단(경사로 포함)의 경우는 화재 시 피난경로인 관계로 인명안전을 위하여 조기에 연기의 유입을 감지하여 이에 대처하기 위해서이다.

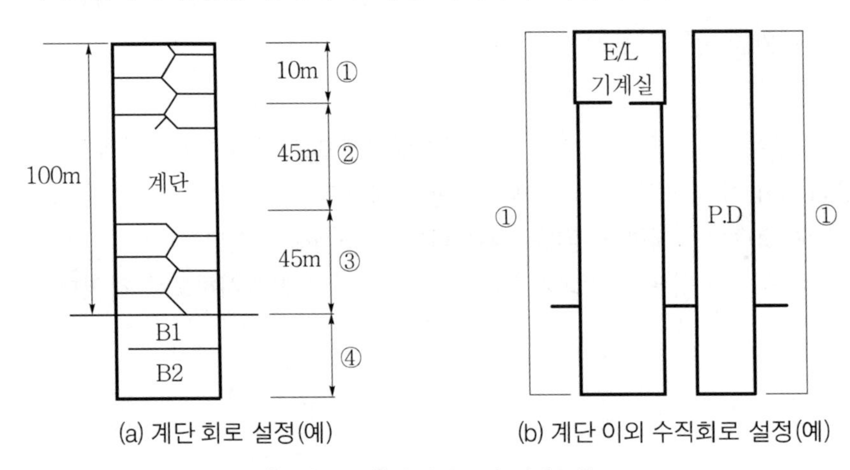

(a) 계단 회로 설정(예)　　(b) 계단 이외 수직회로 설정(예)

[그림 2-1-1] 수직회로의 경계구역

03 감지기(Detector) 각론(구조 및 기준)

❶ 열감지기의 구조 및 기준

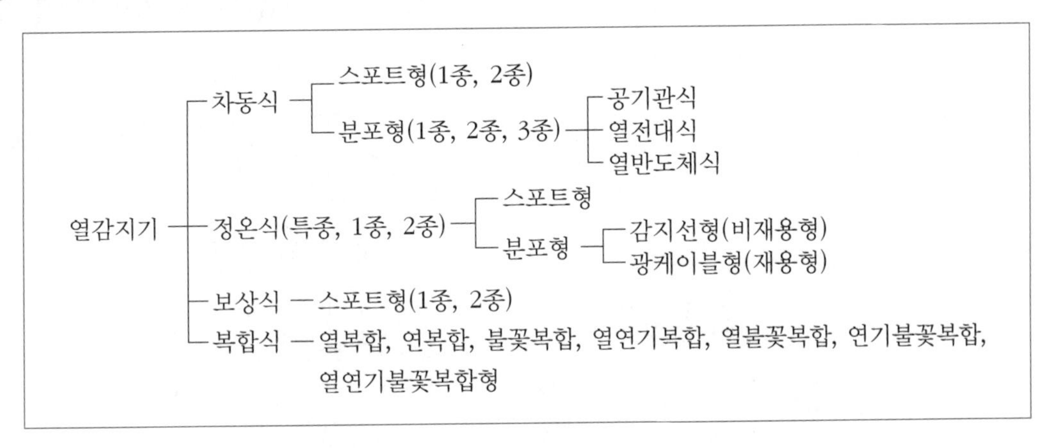

[1] 차동식 감지기의 구조

주위 온도가 일정 온도 상승률(℃/sec) 이상이 될 경우에 이를 감지하는 방식으로 일국소의 열효과에 의한 스포트(Spot)형과 광범위한 주위의 열효과 누적에 의한 분포형으로 구분한다.

(1) 스포트(Spot)형

일국소의 열의 효과를 검출하며 감지부와 검출부가 통합되어 있는 구조이다. 열을 검출하는 방식은 다음의 3가지로 구분한다.

① **공기의 팽창을 이용하는 방식** : 가장 일반적인 방식의 열감지기로서 주변의 열에 의해 공기실의 공기가 팽창하면 공기압에 의해 다이어프램(Diaphragm ; 0.03~0.04mm의 얇은 주름살의 황동판)이 위로 올라가 접점이 형성되는 방식이다. 완만한 온도 상승은 리크공(Leak孔)을 통하여 팽창된 공기가 누설되므로 비화재보를 방지하게 된다.

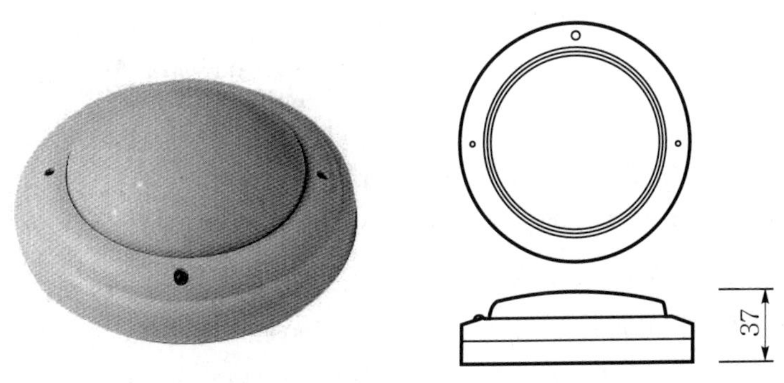

[그림 2-1-2] 차동식 스포트형 감지기 : 공기 팽창식(예)

② **온도감지 소자(素子)를 이용하는 방식** : 서미스터(Thermistor)란 온도가 상승할 경우 저항이 변화하는 저항변화율이 큰 소자(素子)로서 미소온도 변화를 측정하는 소자로 사용하며 서미스터를 감지기 외부 및 내부에 각각 설치하여 열이 2개의 서미스터에 전달되는 시간차에 따른 온도변화율(결국 전압이 상승하는 변화율)을 검출하여 이를 증폭 후 화재신호로 출력하는 방식으로 감지기 소자는 부(負)특성의 서미스터를 사용한다.

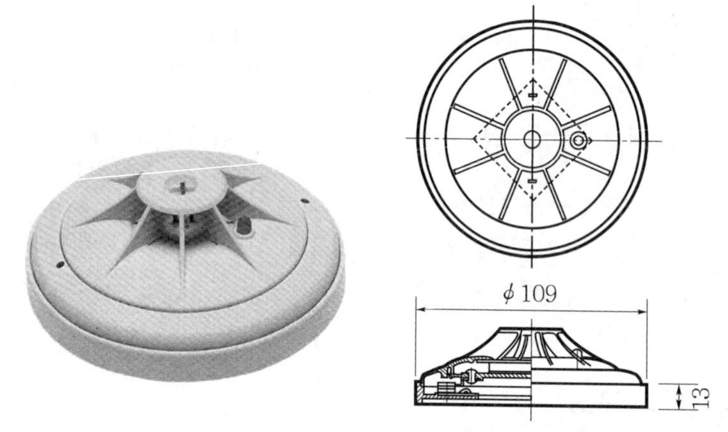

[그림 2-1-3] 차동식 스포트형 감지기 : 온도감지 소자방식(예)

③ **열기전력을 이용하는 방식** : 반도체형 열전대(熱電對)의 열기전력(熱起電力)을 이용하는 것으로 감압실(感壓室)에 고정 부착된 반도체형의 열전대가 화재 시 발생하는 열에 의해 열기전력이 발생하여 기전력이 일정한 값에 도달하면 미터릴레이(Meter relay)가 동작하여 접점을 형성하는 방식으로, 이때 사용하는 반도체형 열전대는 반도체의 P형과 N형이 결합되어 열기전력을 발생시키는 열전대이다.

(2) 분포형

광범위한 주위의 열의 축적을 검출하고 감지부와 검출부가 분리되어 있는 형식으로 분포형의 종류에는 일반적으로 다음의 3가지가 있다.

① **공기관식** : 외경이 2mm의 구리관을 사용하여 화재 시 공기관 내의 공기 팽창에 따라 검출부에서 다이어프램을 눌러주어 기계적으로 접점을 구성하는 방식이다. 검출부는 공기관과는 별도로 설치하며 검출부 내에는 다이어프램과 접점부분을 수납하여 공기 팽창에 따른 기계적인 접점을 형성하도록 한다.

② **열전대식** : 열전대(Thermo－electric couple)란 2종류의 다른 금속을 접합하여 하나의 폐회로를 만들고 그 두 접합점에서의 온도를 달리 하면 이 폐회로에 자연적으로 기전력이 발생하는 "제벡(Seebeck)효과"를 이용한 감지기로 이러한 한 쌍의 금속을 열전대라 한다. 열전대 효과가 가장 큰 콘스탄탄(Constantan ; Cu 55%＋Ni 45%의 합금)을 이용하여 열전대부(部 ; 열전대의 집합체)를 회로별로 4~20개를 직렬로 접속한 감지

기로 제벡효과에 의해 발생하는 열기전력을 이용하여 전기적으로 접점을 구성하는 방식이다.

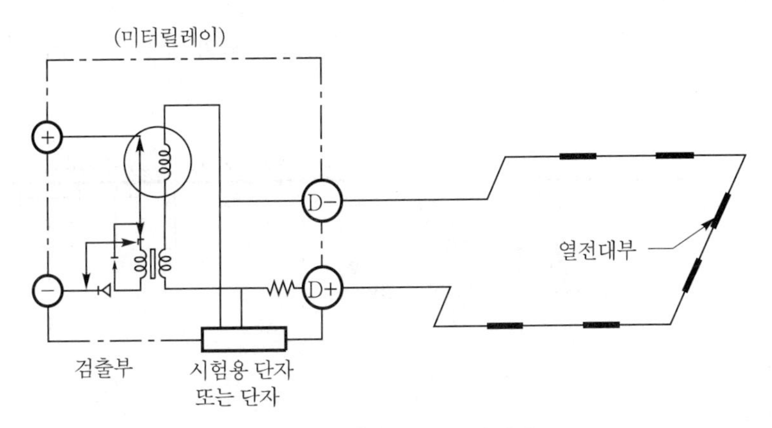

[그림 2-1-4] 열전대식 감지기

③ 열반도체식

㉠ 열반도체를 이용한 감지부를 검출부별로 2~15개 이하로 구성하고 화재 시 감지부(동니켈선, 열반도체 소자, 수열판으로 구성됨)가 급격하게 온도가 상승하는 열을 받게 되면 열반도체 소자에서 발생하는 큰 온도차에 의해 열기전력이 발생하며 이를 이용하여 전기적으로 접점을 구성하는 방식이다(열전대와 같이 기전력이 발생하지만, 일반금속이 아닌 반도체 물질이다).

㉡ 열반도체식은 스포트형 구조임에도 분포형으로 분류하는 것은 감지부의 출력전압이 일정한 값을 넘을 경우에 미터릴레이가 움직이므로, 감지부가 최소 2개 이상 동작되어야 검출부에 출력신호가 발생하며 또한 감지기 내부가 아닌 검출부에서 접점을 형성하기 때문이다.

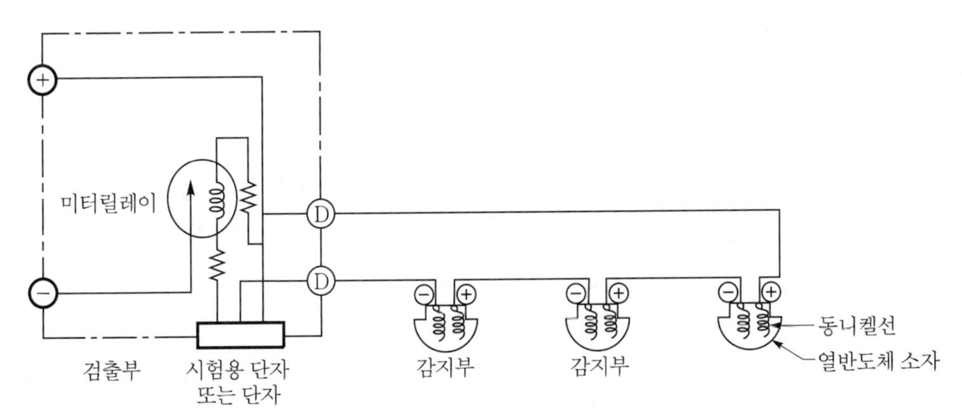

[그림 2-1-5] 열반도체식 감지기

[2] 차동식 감지기의 기준

(1) 스포트형 : 제7조 3항(2.4.3)

① 감지기(차동식 분포형의 것을 제외한다)는 실내로의 공기 유입구로부터 1.5m 이상 떨어진 위치에 설치할 것

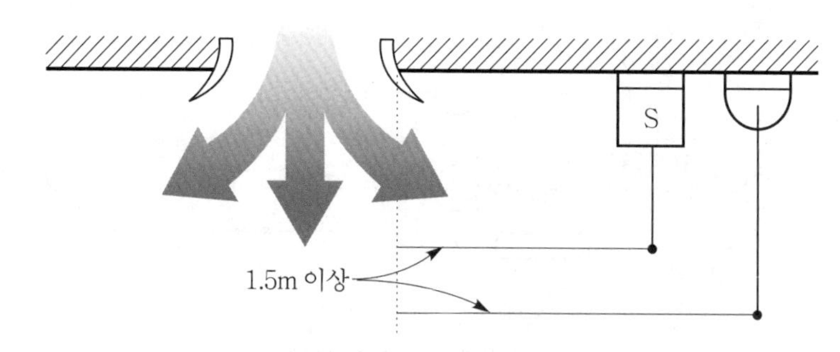

[그림 2-1-6] 유입구와 감지기 거리

② 감지기는 천장 또는 반자의 옥내에 면하는 부분에 설치할 것

③ 부착높이 및 특정소방대상물에 따라 설치하는 차동식 스포트형 감지기의 감지기 1개당 배치기준은 다음 표와 같다(NFTC 표 2.4.3.5).

[표 2-1-1] 차동식 스포트형 감지기의 배치기준 (단위 : m^2)

부착높이 및 소방대상물의 구분		차동식	
		1종	2종
4m 미만	주요구조부가 내화구조인 경우	90 이하	70 이하
	주요구조부가 비내화구조인 경우	50 이하	40 이하
4m 이상 ~ 8m 미만	주요구조부가 내화구조인 경우	45 이하	35 이하
	주요구조부가 비내화구조인 경우	30 이하	25 이하

(2) 분포형

① 공기관식 : 제7조 3항 7호(2.4.3.7)

㉠ 공기관의 노출부분은 감지구역마다 20m 이상이 되도록 할 것

㉡ 하나의 검출부에 접속하는 공기관의 길이는 100m 이하로 할 것

[표 2-1-2] 공기관식 분포형 감지기의 설치 길이

동작방식		공기 팽창 → 기계적 접점	
공기관	길 이	최소길이 20m 이상(감지구역당)	최대길이 100m 이하(감지구역당)
	제한 이유	최소 일정 양 이상의 공기량을 확보하지 않으면 팽창량이 미소하여 접점을 형성하기가 어려워진다.	공기량이 많을 경우에는 온도 변화에 의한 팽창량이 큰 관계로 접점이 쉽게 형성될 우려가 있다.
	목 적	실보(失報)를 방지한다.	오동작을 방지한다.

㉢ 공기관과 감지구역 각 변과의 수평거리는 1.5m 이하가 되도록 하고, 공기관 상호 간의 거리는 6m(주요구조부가 내화구조는 9m) 이하가 되도록 할 것

⊡ 공기관의 간격이 너무 넓거나 간격이 골고루 분포되어 있지 않은 경우에는 화재발생 시 공기관 내부 공기의 온도가 상승하는 데 시간이 지연되므로 감도특성에 적합한 공기의 팽창률을 기대하기가 어려우므로 다음 그림과 같이 일정 간격을 유지하여 공기관을 설치하여야 한다.

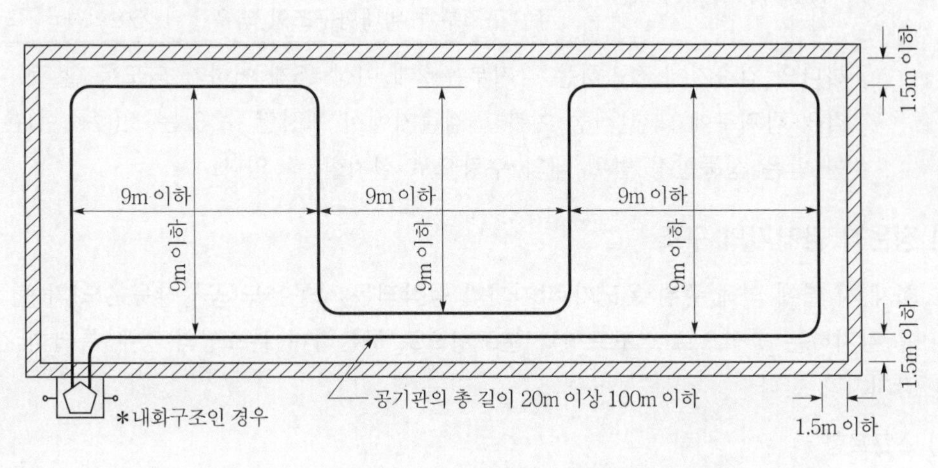

[그림 2-1-7] 공기관식 분포형 감지기 설치 : 1개 구역

㉣ 공기관은 도중에서 분기하지 아니하도록 할 것

㉤ 검출부는 5° 이상 경사되지 아니하도록 부착할 것

㉥ 검출부는 바닥에서 높이 0.8m 이상 1.5m 이하의 위치에 설치할 것

② **열전대식** : 제7조 3항 8호(2.4.3.8)

㉠ 열전대부(部)는 감지구역의 바닥면적 $18m^2$(주요구조부가 내화구조는 $22m^2$)마다 1개 이상으로 할 것. 다만, 바닥면적이 $72m^2$(주요구조부가 내화구조는 $88m^2$) 이하인 경우에는 4개 이상으로 할 것

㉡ 하나의 검출부에 접속하는 열전대부는 20개 이하로 할 것. 다만, 각각의 열전대부에 대한 작동 여부를 검출부에서 표시할 수 있는 것(주소형)은 형식승인 받은 성능인정 범위 내의 수량으로 설치할 수 있다.

③ **열반도체식** : 제7조 3항 9호(2.4.3.9)

㉠ 감지부는 그 부착높이 및 소방대상물에 따라 다음 표에 따른 바닥면적마다 1개 이상으로 할 것. 다만, 바닥면적이 다음 표에 따른 면적의 2배 이하인 경우에는 2개(부착높이가 8m 미만이고, 바닥면적이 다음 표에 따른 면적 이하인 경우에는 1개) 이상으로 하여야 한다.

[표 2-1-3] 열반도체식 분포형 감지기의 배치기준 (단위 : m^2)

부착높이 및 소방대상물 구분		열반도체식	
		1종	2종
8m 미만	주요구조부가 내화구조인 경우	65 이하	36 이하
	주요구조부가 비내화구조인 경우	40 이하	23 이하
8m 이상~15m 미만	주요구조부가 내화구조인 경우	50 이하	36 이하
	주요구조부가 비내화구조인 경우	30 이하	23 이하

㉡ 하나의 검출기에 접속하는 감지부는 2개 이상 15개 이하가 되도록 할 것. 다만, 각각의 감지부에 대한 작동 여부를 검출기에서 표시할 수 있는 것(주소형)은 형식승인 받은 성능인정 범위 내의 수량으로 설치할 수 있다.

[3] 정온식 감지기의 구조

화재 시 열에 의해 주위 온도가 감지기가 동작되는 작동온도(공칭작동온도)가 될 경우 이를 감지하는 방식으로 스포트형과 분포형으로 구분하며 분포형의 경우 특별히 감지선형 감지기라 한다.

(1) 스포트형

일국소의 열의 효과를 검출하며 감지부와 검출부가 통합되어 있는 구조이다. 열을 검출하는 방식은 다양하나 가장 일반적으로 사용하는 방식을 열거하면 다음과 같다.

① 바이메탈(Bimetal) 방식 : 가장 일반적인 정온식 스포트형 감지기의 동작방식으로서 선팽창계수가 서로 다른 2종류의 금속을 이용하여 온도 변화에 따른 금속의 선팽창계수로 인해 변형되는 차이를 이용하며 팽창계수가 다르므로 화재 시 열에 의해 한쪽으로 휘어지므로 감지기 내부에서 접점이 형성된다.

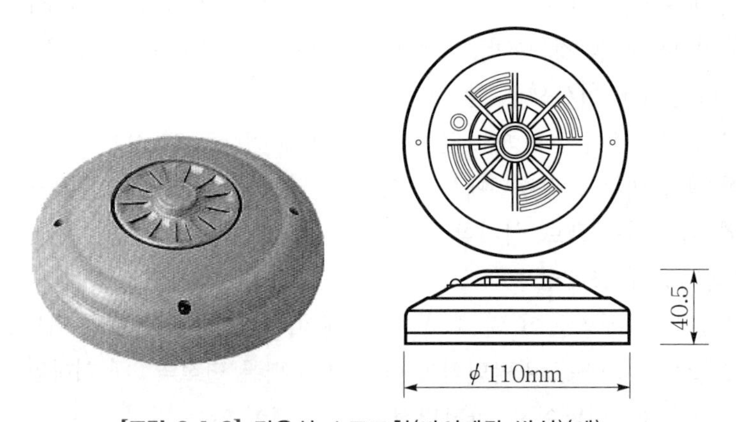

[그림 2-1-8] 정온식 스포트형(바이메탈 방식)(예)

② **온도감지소자를 이용하는 방식** : 서미스터를 이용하는 방식으로 차동식 스포트형의 반도체를 이용하는 방식과 원리가 동일하다. 차동식의 경우는 서미스터를 감지기 외부 및 내부에 각각 설치하여 열이 2개의 서미스터에 전달되는 시간차에 따른 온도변화율(결국 전압변화율)을 검출하는 것이나, 정온식은 서미스터를 외부에 1개만 설치하여 일정한 온도(공칭작동온도)에 도달할 경우 이를 검출하는 것이다.

③ **금속의 팽창계수를 이용하는 방식** : 팽창계수가 큰 금속의 외통과 팽창계수가 작은 금속의 내부 접점으로 구성되어 있으며, 화재 시 외통의 변형으로 내부 접점이 형성되는 것으로 방폭형 감지기에 이용되고 있다.

(2) 분포형

① **비재용형(非再用型) 감지기** : 감지선형 감지기

㉠ 감지기의 구조

ⓐ 정온식의 분포형 감지기는 감지선형 감지기로 불리는 대표적인 비재용형 감지기로서 주위 온도가 일정 온도 이상일 경우 가용절연물(可溶絶緣物)이 용융되어 절연물 내부의 접점이 형성되는 방식이다. 내부선은 일반적으로 스프링에 사용하는 피아노선(Piano wire)으로 서로 꼬여 있으며 가용절연물로 피복한 다음 이를 다시 보호 테이프로 감은 후 난연성의 재료로 피복을 입힌 외관이 전선형태이다.

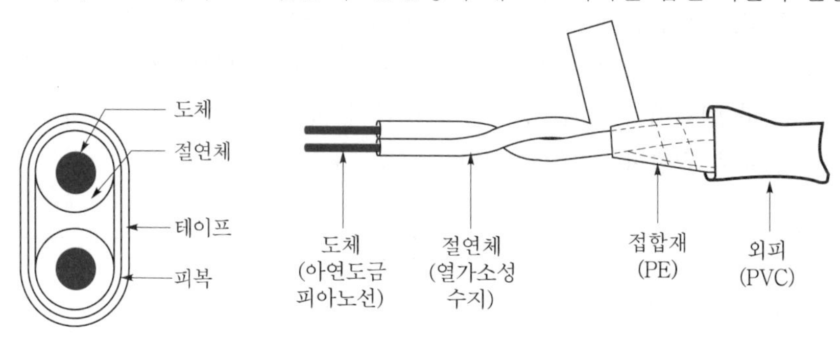

[그림 2-1-9] 감지선형 감지기(예)

ⓑ 화재 시 전선 주위가 공칭작동온도가 되면 가용절연물이 녹으면서 서로 꼬인 피아노선이 선간 단락(短絡)되어 접점이 형성되어 회로를 구성하는 것으로, 감지선의 외형상 건축물 이외에 케이블트레이, 지하구 등 다양한 장소에 적용할 수 있다.

꼼꼼체크 ▌ 감지선형 감지기의 열감지

감지선형은 분포형이나 어느 지점에서 동작하여도 회로 구성이 되므로 일국소의 열을 감지하게 된다.

CHAPTER 01
CHAPTER 02
CHAPTER 03
CHAPTER 04
CHAPTER 05

㉡ 비재용형 감지선형 감지기의 특징

특 징	• 일반적으로 비재용형(재사용 불가)의 감지기이다. • 분포형이나 일국소의 열효과를 감지하여 동작한다. • 감지기 형태가 전선 형태이므로 건축물 이외에 다양한 장소(지하구, 케이블트레이, 옥외시설물 등)에도 적용이 가능하다. • 환경조건이 불량한 장소(습기, 먼지, 부식, 폭발위험 등)에도 설치가 가능하다.

② **재용형 감지기** : 광케이블용 감지기

㉠ 감지기의 구조

ⓐ 기존의 감지선형 감지기와 달리 난연성의 광케이블을 이용하는 감지기로서 광케이블은 광섬유에 아크릴 등으로 코팅된 구조로서 스테인리스 전선관(보통 10mm 이하)에 내장되어 있다. 광케이블용 중계기에서 레이저 펄스를 전송하면 광섬유에 입사되어 광섬유 내에서 반사되면서 산란과 흡수 등의 현상이 발생하게 된다. 이때 화재가 발생하면 열에 의해 광섬유의 밀도변화가 생겨 이로 인하여 레이저 펄스의 전송특성에 변화가 발생하므로 이를 검출하여 경보를 발하는 것이다.

ⓑ 광케이블용 감지기의 경우는 화재발생 지점, 화재발생 시의 온도, 화재발생 구간에 대한 온도분포, 열의 진행방향 등을 파악할 수 있는 새로운 형태의 정온식 분포형 감지기이다. 도로터널기준(NFPC 603 제9조 1항/NFTC 603 2.5.1)에서 터널 등에 설치할 수 있는 감지기는 정온식 감지선형 감지기일 경우 아날로그(Analog)식에 한하나, 광케이블용 감지기는 모두 아날로그식이므로 이는 터널에 매우 적합한 감지기가 된다.

㉡ 재용형 감지선형 감지기의 특징

특 징	• 일반적으로 재용형(재사용 가능)의 감지기이다. • 환경조건에 내구성이 강하며 일반 감지선형에 비해 비전도성으로 전자파의 장애를 받지 않는다. • 동작지점이나 화재 진행방향의 파악이 가능하다. • 환경조건이 불량한 장소(습기, 먼지, 부식, 폭발위험 등)에도 적용이 가능하다. • 한 가닥의 광케이블을 사용하기 때문에 경량화, 소형화가 가능하다. • 장대(長大)터널과 같은 넓은 지역에 대해서도 온도분포를 파악할 수 있어 터널화재 등에 매우 효과적이다.

[4] 정온식 감지기의 기준

(1) 스포트형 감지기

① **공칭작동온도** : 제7조 3항 4호(2.4.3.4)

정온식 감지기는 주방・보일러실 등으로서 다량의 화기를 취급하는 장소에 설치하되, 공칭작동온도가 최고주위온도보다 20℃ 이상 높은 것으로 설치할 것

㉠ 개념 : 공칭작동온도란 정온식 감지기에서 감지기가 작동하는 작동점으로 [식 2-1-1]과 같다. 따라서 설계자는 주방이나 보일러실 등과 같은 화기 사용 장소에 정온식 감지기를 선정할 경우 설치장소의 최고주위온도를 감안하여 공칭작동온도를 결정하여야 한다.

㉡ 공칭작동온도와 최고주위온도

$$\text{공칭작동온도(℃)} \geq \text{최고주위온도} + 20℃ \quad \cdots \text{[식 2-1-1]}$$

② **설치기준** : 제7조 3항 5호(표 2.4.3.5)

부착높이에 따라 설치하는 정온식 스포트형 감지기 1개의 기준은 다음 표와 같다.

[표 2-1-4] 정온식 스포트형의 배치기준 (단위 : m^2)

부착높이 및 소방대상물 구분		정온식 스포트형		
		특종	1종	2종
4m 미만	주요구조부가 내화구조인 경우	70 이하	60 이하	20 이하
	주요구조부가 비내화구조인 경우	40 이하	30 이하	15 이하
4m 이상 ~ 8m 미만	주요구조부가 내화구조인 경우	35 이하	30 이하	−
	주요구조부가 비내화구조인 경우	25 이하	15 이하	−

(2) 분포형 감지기 : 제7조 3항 12호(2.4.3.12)

정온식 감지선형 감지기의 설치기준은 다음과 같다.

① 보조선이나 고정금구(金具)를 사용하여 감지선이 늘어지지 않도록 설치할 것

⊡ 감지선형 감지기는 외관이 전선 형태이므로 이를 설치하기 위하여 고정금구를 이용하거나 보조선을 이용하여 설치하게 된다. 보조선(補助線 ; 이를 Messenger wire라 한다)이란 내식성이 있는 스테인리스 재질의 선으로 천장에 이를 매단 후에 보조선에 감지선을 고정시켜 설치한다.

② 단자부와 마감 고정금구와의 설치간격은 10cm 이내로 설치할 것

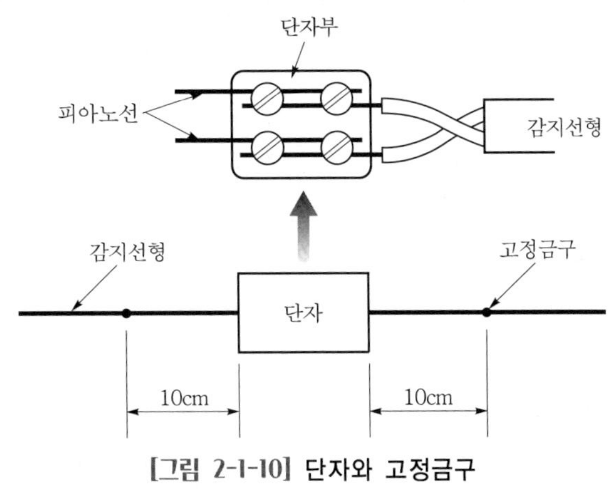

[그림 2-1-10] 단자와 고정금구

③ 감지선형 감지기의 굴곡반경은 5cm 이상으로 할 것

⊡ 화재안전기준에서는 굴곡반경이라고 표현하고 있지만 일반적으로 곡률반경이라고 칭한다.

④ 감지기와 감지구역의 각 부분과의 수평거리가 내화구조의 경우 1종 4.5m 이하, 2종 3m 이하로 할 것. 기타 구조의 경우 1종 3m 이하, 2종 1m 이하로 할 것

[표 2-1-5] 감지선형 감지기의 수평거리(R)

정온식 감지선형	내화구조	기타 구조
1종	수평거리 4.5m 이하	수평거리 3.0m 이하
2종	수평거리 3m 이하	수평거리 1m 이하

⑤ 케이블트레이에 감지기를 설치하는 경우에는 케이블트레이 받침대에 마감금구를 사용하여 설치할 것

❷ 연기감지기의 구조 및 기준

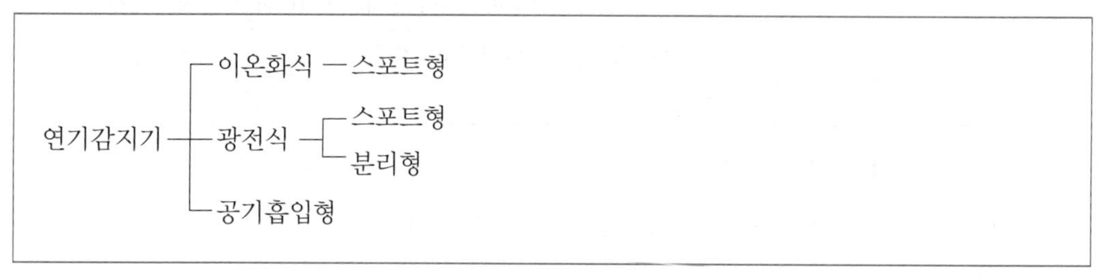

[1] 이온화식과 광전식의 비교

(1) 연기의 감지능력

연기감지기는 연기 입자의 크기 및 색상에 따라 감지능력이 다르며 이는 결국 화재의 성상과도 연관되어 이온화식은 입자가 작은 표면화재에 적응성이 높으며, 광전식은 입자가 큰 훈소화재에 적응성이 높다.

이온화식	광전식
• 비가시적(非可視的) 입자인 작은 연기(0.01~0.3μm) 입자에 민감하다. • 표면화재에 유리하다(작은 입자). • 연기의 색상은 무관하다. • 경년(經年)변화와 무관하다.	• 가시적(非可視的) 입자인 큰 연기 입자(0.3~1μm)에 민감하다. • 훈소화재에 유리하다(큰 입자). • 연기의 색상과 관련이 있다. • 경년변화가 발생한다.

(2) 비화재보

작은 입자에 민감한 이온화식의 경우는 환경조건에 매우 민감하게 영향을 받는다. 이에 비해 광전식의 경우는 분광특성이나 입력신호에 대한 증폭도 문제로 인하여 전자파에 의한 오동작의 우려가 있으므로 변전실 등에 설치하는 것은 바람직하지 않다.

이온화식	광전식
• 온도 · 습도 · 바람의 영향을 받는다. • 전자파에 의한 영향이 없다.	• 분광(分光)특성상 다른 파장의 빛에 의해 작동될 수 있다. • 증폭도가 크기 때문에 전자파에 의한 오동작의 우려가 있다.

(3) 적응성

작은 입자에 민감한 이온화식의 경우는 작은 입자의 연기가 발생하는 불꽃화재에 적합하며, 큰 입자에 민감한 광전식의 경우는 큰 입자의 연기가 발생하는 훈소화재에 적합하다.

이온화식	광전식
• B급 화재 등 불꽃화재(작은 입자 화재)에 적합 • 환경이 깨끗한 장소에 유리하다. • 광전식보다 오동작 비율이 높다.	• A급 화재 등 훈소화재가 예상되는 장소에 적합 • 엷은 회색의 연기에 유리하다. • 이온화식보다 오동작 비율이 낮다.

[2] 연기감지기의 구조

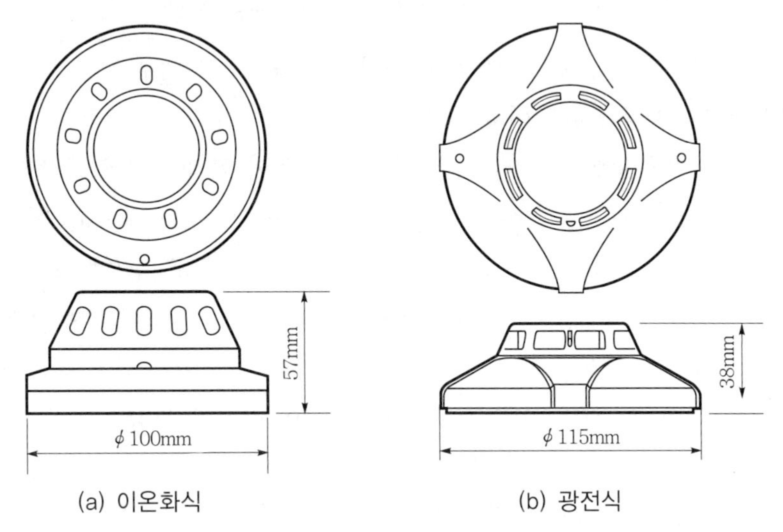

(a) 이온화식 (b) 광전식

[그림 2-1-11] 스포트형 연기감지기(예)

(1) 이온화식(Ionization type) 스포트형 감지기

① **감지기의 구조** : 공기를 이온화시키기 위해서는 고압이나 방사선을 이용하여야 하나 이온화식 감지기에는 이온화 방법으로 방사선원으로 이온화 경향이 매우 큰 물질인 Am (Americium) 241을 이용한다. 감지기 구조는 내부 이온실과 외부 이온실로 구분하고 내부 이온실은 외부로부터 밀폐된 부분이며, 외부 이온실은 연기가 유입되는 부분으로 연기유입구가 설치되어 있다. 내부 및 외부 이온실에는 방사성 동위원소인 Am 241이

미량 설치되어 있으며[3] 평상시에는 내부 이온실과 외부 이온실은 전압이 평형을 이루고 있으며 Am 241에서 방사되는 α선에 의해 주변 공기가 이온화되어 이온전류가 흐르게 된다.

② 동작의 원리

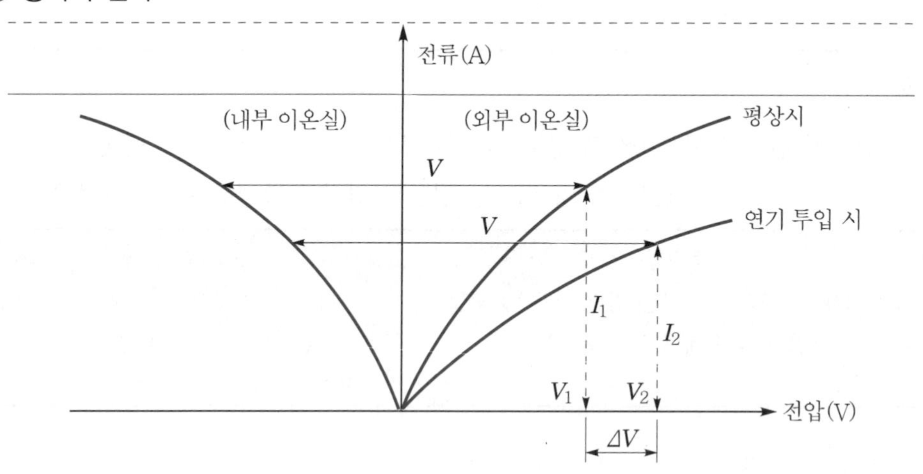

[그림 2-1-12] 이온화식 감지기의 동작의 원리

위와 같은 상황에서 평상시는 이온이 전하를 운반하므로 내부 및 외부 이온실에는 전류(감시전류는 보통 50μA 이하)가 흐르는 것과 겉보기로는 동일하게 되나, 화재가 발생하여 외부 이온실에 연기가 유입하게 되면 이온이 연기 입자에 흡착하게 되며 이로 인하여 저항이 증가하여 전류의 흐름을 방해하므로 전류가 I_1에서 I_2로 감소하게 된다. 그러나 내부 이온실과 외부 이온실 간의 전압 V는 수신기의 전압으로 언제나 일정하므로 내부 및 외부 이온실의 전압분담비율이 변화하여 상대적으로 외부 이온실은 전압이 V_1에서 V_2로 상승하게 된다. 이때 외부 이온실에서 상승하는 전압인 $\Delta V(V_2 - V_1)$를 감도(感度)전압이라 하며, 이를 증폭하여 이 값이 규정치 이상일 경우 감지기가 동작하게 된다. 동작비율은 연기 입자 표면에 흡착하는 이온의 양이므로 입자의 표면적의 합계가 매우 중요한 척도가 되며 따라서 작은 연기 입자에 대해 감도가 높게 된다.

(2) 광전식(光電式 ; Photoelectric type) 스포트형 감지기

① **감지기의 구조** : 광전식의 경우는 적외선을 방사하는 송광부(送光部)와 이를 받는 수광부(受光部)로 구성되어 있다. 송광부는 적외선 LED(파장은 0.95μm)를 이용하며 송광부와 90° 방향에 있는 수광부는 포토 다이오드(Photo diode)를 사용한다.

3) 제조사마다 Am 241의 방사선원 용량이 다르나 국내 제품은 1.5μ curie를 주로 사용하며 이는 원자력법의 규제를 받지 않는 수준 이하로 하기 위함이다.

수광부는 광에너지를 전기적 에너지로 변환시켜 주는 소자(素子)로서 광에너지의 변화에 따라 기전력이 발생하게 된다.
보통 2초에 1회 LED가 점등되어 광을 발사하며, 연기가 흡입되는 체임버는 광이 반사되지 않도록 흑색의 암(暗)상자로 되어 있다.

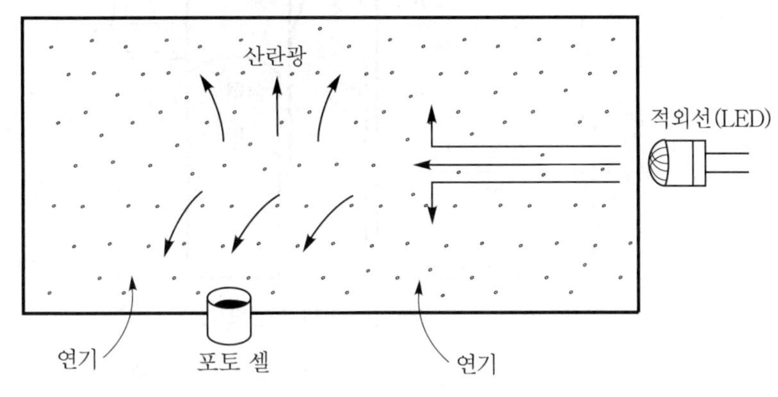

[그림 2-1-13] 광전식 감지기의 구조

② **동작의 원리** : 송광부와 수광부 사이는 평상시에는 송광부의 빛이 직접 수광부에 전달되는 것을 방지하기 위해서 차폐판이 설치되어 있다. 그러나 화재 시 연기가 유입되면 송광부에서 방사되는 적외선 파장이 연기와 부딪혀 난반사를 일으키게 되므로 수광부에서는 입사광량인 수광량이 증가하게 된다. 평상시는 난반사되는 빛이 없어 출력이 0V이나 연기가 유입되어 난반사가 되면 1mV 정도의 전압 상승이 발생하게 되며 출력 전압을 증폭하여 이 값이 규정치 이상일 경우 감지기가 동작하게 된다. 이때 수광부의 파장과 연기 입자의 크기가 같을 때 감도가 최대를 이르며, 이와 같이 빛이 난반사되어 산란되는 것을 이용하므로 광전식 감지기 동작을 산란광식(散亂光式 ; Light scattering type) 동작방식이라 한다.

(3) 광전식 분리형(Projected beam type) 감지기

① **감지기의 구조** : 일종의 분포형 감지기로서 송광부와 수광부를 별도로 분리하여 설치하는 연기감지기이다. 구조는 송광부, 수광부, 수광제어부로 구성되어 있으며 송광부의 발광소자에서는 LED를 이용하여 적외선 펄스를 보내며 이를 수광부에서 수광하고 있는 구조로 송광부와 수광부와의 거리(공칭감시거리)는 최대 100m이다. 분리형 연감지기는 설치위치가 높은 관계로 스포트형 감지기로 화재발생을 감지하기 곤란한 장소나 대공간 등 개방된 장소에 매우 적합한 감지기이다.

CHAPTER 01
CHAPTER 02
CHAPTER 03
CHAPTER 04
CHAPTER 05

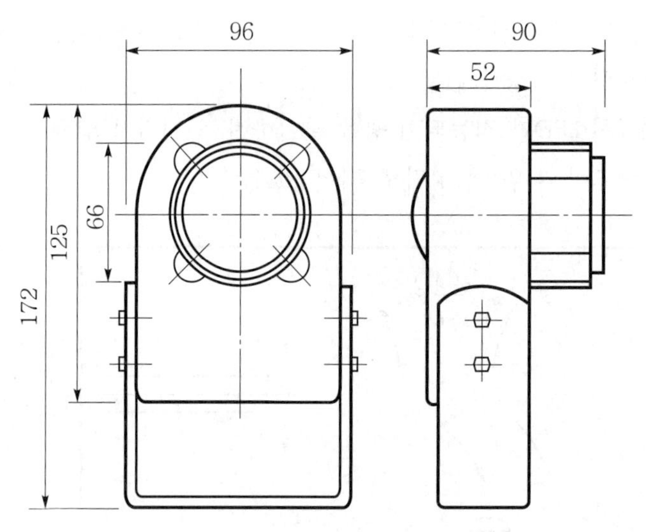

[그림 2-1-14] 분리형 감지기의 외관도(예)

② 동작의 원리 : 동작은 화재 시 광축(송광부와 수광부의 축) 사이로 연기가 유입되면 수광량이 감소하므로 이를 검출하는 방식이다. 즉, 연기가 위로 상승하여 광축의 경로상에 유입하게 되면 적외선의 수광량이 감소하게 되며 이로 인하여 신호의 강도가 약해져서 적외선이 수광되지 않는 상황인 암흑도(暗黑度 ; Obscuration)가 사전에 설정된 조건 이상으로 일정시간(보통 5~10초) 유지되면 이를 화재로 인식하여 신호를 출력하게 된다. 이와 같이 수광량이 감소되는 것을 검출하는 방식을 감광식(減光式 ; Light obscuration type) 동작방식이라고 한다.

③ 분리형 연감지기의 특징

국소적인 연기의 체류나 일시적인 연기의 통과에는 동작하지 않으므로 비화재보의 방지 기능이 매우 높으며 대공간(경기장 · 회의장 · 아트리움 · 공동구 · 격납고) 등에 매우 이상적인 감지기이다. 스포트형과 분리형 연감지기에 대한 비교는 다음과 같다.

㉠ 구조

스포트형	송광부와 수광부가 통합되어 있다.
분리형	송광부와 수광부가 분리되어 있다.

㉡ 감지방식

스포트형	수광량의 증가를 검출하는 산란광식이다.
분리형	수광량의 감소를 검출하는 감광식이다.

(주) • 광전식 스포트형, 공기흡입형 = 산란광식
• 분리형 연감지기 = 감광식(減光式)

㉢ 설치기준

스포트형	면적기준	4m 미만 : 1종, 2종=1개/150m^2, 3종=1개/50m^2
		4~20m 미만 : 1종, 2종=1개/75m^2
분리형	거리기준	공칭감시거리 5m 이상 ~ 100m 이하

㉣ 설치장소

스포트형	계단, 경사로, 피트, 덕트, 승강기 기계실 등과 같은 수직부분 및 복도 등으로 연기의 유통로 부분에 설치한다.
분리형	넓은 공간의 홀, 강당, 체육관 등과 같은 대공간에 설치한다.

㉤ 신뢰도

스포트형	오동작의 빈도가 높으며 비화재보의 우려가 많아 신뢰도가 낮다.
분리형	오동작의 빈도가 낮으며 비화재보의 우려가 없어 신뢰도가 높다.

(4) 공기흡입형 감지기(Air sampling detector)

① **감지기의 구조 :** 감지기 외관은 붉은색의 난연성의 ABS 배관으로 관경 20~25mm에 구경 2~2.5mm의 샘플링 홀을 설치하고 주변의 공기를 마이크로프로세서로 조절되는 공기흡입펌프(Aspirator라 한다)를 이용하여 흡입하고, 흡인된 공기 속에 포함된 연기 입자를 레이저 빔(VESDA 제품은 파장 0.786μm)을 이용하여 산란광식 방식으로 검출한다. 최초로 개발할 당시 호주에서의 상품명에 따라 일명 VESDA(Very Early Smoke Detecting Apparatus) 감지기라고도 칭한다.

② **동작의 원리 :** 평상시 공기흡입펌프를 이용하여 배관의 샘플링 홀에서 홀 주변의 표본공기를 계속하여 흡입한다. 연소가 진행되면 초기 단계에 열분해로 인한 초미립자(超微粒子 ; Submicrometer particle)가 대량으로 발생하며, 초미립자를 포함한 흡입된 주변의 표본공기는 이중필터를 통과하면서 먼지와 분진은 제거되고 연기성분의 초미립자만 통과된다. 필터를 통과한 표본공기는 감지 체임버(검출부)에서 연기농도를 산란광식과 동일한 방법으로 분석하여 밀도가 설정치 이상이 되면 이를 검출하여 화재신호를 발신하는 방법이다.

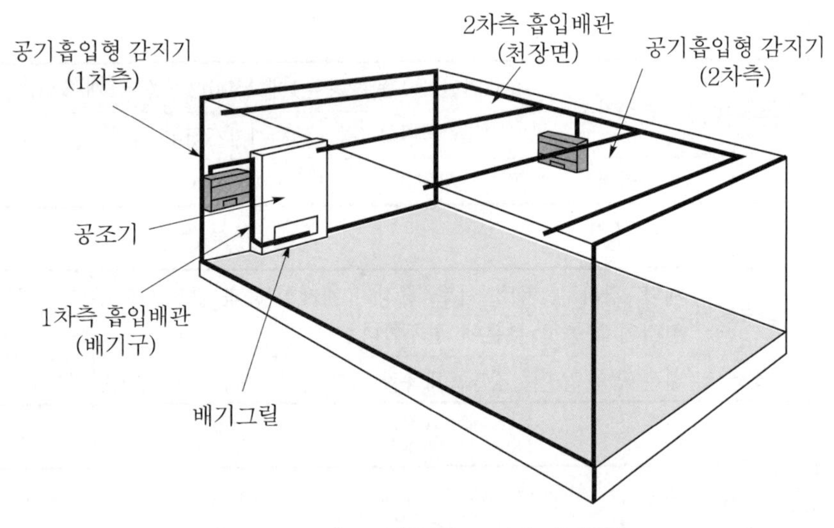

[그림 2-1-15] 공기흡입형 감지기 설치(예)

③ 공기흡입형 감지기의 특징

특 징	• 일반 연기감지기에 비해 조기 감지의 능력이 탁월하다. • 화재의 발생 초기 단계에서 감지가 가능하며 화열 이외에 연기 피해도 방지할 수 있다. • 풍속, 분진, 습기, 온도 등 환경적 요인에 의한 오동작의 우려가 적다. • 기류의 강제 유동으로 인해 일반 연기감지기로 검출이 불가능한 장소에서도 감지가 가능하다.

④ 적용이 가능한 장소

㉠ 고가의 시설물이나 영구보존할 자료가 있는 장소

예 박물관, 미술관, 문서보관소, 도서관 등

㉡ 인명안전을 위하여 조기에 피난을 해야 하는 장소

예 병원, 장애인시설, 노인복지시설 등

㉢ 화재를 조기에 발견하여야 하는 중요 보안시설

예 전화국의 통신기계실, 중앙전산센터, 방송국, 원자력발전소 등

㉣ 층고가 높거나 개방된 지역이나, 빠른 환기로 인하여 연기가 축적되지 아니하여 감지가 어려운 장소

예 클린룸, 의약품제조소, 비행기 격납고 등

[3] 연기감지기의 기준

(1) 연감지기 설치장소

① 기준 : 제7조 2항(7.4.2)

다음의 장소에는 연감지기를 설치해야 한다. 다만, 교차회로방식에 따른 감지기가 설치된 장소 또는 NFTC 2.4.1 단서에 따른 감지기가 설치된 장소에는 그렇지 않다.

㉠ 계단·경사로 및 에스컬레이터 경사로
㉡ 복도(30m 미만의 것을 제외한다)
㉢ 엘리베이터 승강로(권상기실이 있는 경우에는 권상기실)·린넨슈트·파이프 피트 및 덕트 기타 이와 유사한 장소
㉣ 천장 또는 반자의 높이가 15m 이상 20m 미만의 장소
㉤ 다음의 어느 하나에 해당하는 특정소방대상물의 취침·숙박·입원 등 이와 유사한 용도로 사용되는 거실
ⓐ 공동주택·오피스텔·숙박시설·노유자시설·수련시설
ⓑ 교육연구시설 중 합숙소
ⓒ 의료시설, 근린생활시설 중 입원실이 있는 의원·조산원
ⓓ 교정 및 군사시설
ⓔ 근린생활시설 중 고시원

② 해설

㉠ 교차회로방식에 따라 감지기가 설치된 장소란 예를 들어, 준비작동식 스프링클러설비의 기동용 감지기로 복도에 차동식 감지기 A, B를 설치할 경우에는 연감지기 설치조항을 적용하지 아니하여도 무방하다는 의미이다.
㉡ NFTC 2.4.1 단서에 따른 감지기란 다음에 예시한 감지기로서 이는 신뢰도가 높으며 오동작의 우려가 낮은 관계로 다음의 감지기가 설치된 장소에는 연감지기의 설치조항을 적용하지 아니하여도 무방하다는 의미이다.

NFTC 2.4.1 단서 규정에 따른 감지기	
• 불꽃감지기	• 정온식 감지선형 감지기
• 분포형 감지기	• 복합형 감지기
• 광전식 분리형 감지기	• 아날로그방식의 감지기
• 다신호방식의 감지기	• 축적방식의 감지기

(2) 연감지기 설치기준

① 스포트형 감지기 : 제7조 3항 10호(2.4.3.10)

㉠ 부착높이 기준 : 부착높이에 따라 다음 표에 따른 바닥면적마다 1개 이상으로 배치할 것

[표 2-1-6] 바닥면적별 연기감지기 배치기준(NFTC 표 2.4.3.10.1)

부착높이	연기감지기	
	1·2종	3종
4m 미만	150m^{2}마다	50m^{2}마다
4m 이상 ~ 20m 미만	75m^{2}마다	−

⊡ 위 조항의 경우는 스포트형 연기감지기에만 적용하는 것으로 분포형인 광전식 분리형 연감지기는 해당하지 않는다.

㉡ 복도 및 계단의 설치기준 : 다음 표에 의한 기준마다 1개 이상 설치할 것

[표 2-1-7] 복도 및 계단의 연감지기 설치기준

부착높이	연기감지기	
	1·2종	3종
복도 및 통로	보행거리 30m마다	보행거리 20m마다
계단 및 경사로	수직거리 15m마다	수직거리 10m마다

⊡ 연감지기의 경우 복도에는 보행거리 30m마다(1·2종의 경우) 1개 이상을 설치하라는 의미는 최소한 30m 간격마다 해당 지점에 연감지기를 1개 배치하라는 의미이다. 예를 들면, 복도길이가 50m일 경우 중간 지점에 연감지기(1종)를 설치한다면 좌측과 우측 모두 25m 이내이므로 보행거리 30m마다 설치한 것으로 적용하여서는 아니 된다. 즉, 연감지기나 통로유도등에 있어서 "보행거리 ~마다"의 경우는 수평거리 개념이 아니라 해당하는 구간마다 연감지기를 1개씩 배치하는 것으로 복도길이가 30m를 초과할 경우는 2개를 설치하라는 의미이다.

㉢ 천장 또는 반자가 낮은 실내 또는 좁은 실내에 있어서는 출입구의 가까운 부분에 설치할 것

⊡ 천장이 낮거나 좁은 실내는 출입구 쪽이 연기의 체류가 적으므로 비화재보를 방지하기 위해서는 출입구 쪽에 설치하도록 한다.

천장 또는 반자 부근에 배기구가 있는 경우에는 그 부근에 설치할 것

⊡ 배기구에서는 연기가 배출되므로 근처에 설치하여야 하나, 급기구에서는 1.5m 이상 이격하여 설치하여야 한다.

감지기는 벽 또는 보로부터 0.6m 이상 떨어진 곳에 설치할 것

⊡ 벽과의 이격거리 60cm 기준은 차동식 감지기는 적용하지 않으나, 연기감지기의 경우는 벽이나 보의 경우는 연기의 흐름을 방해하므로 일정한 거리를 이격하여 연기의 유통이 원활한 위치에 설치하기 위하여 규정한 것이다.

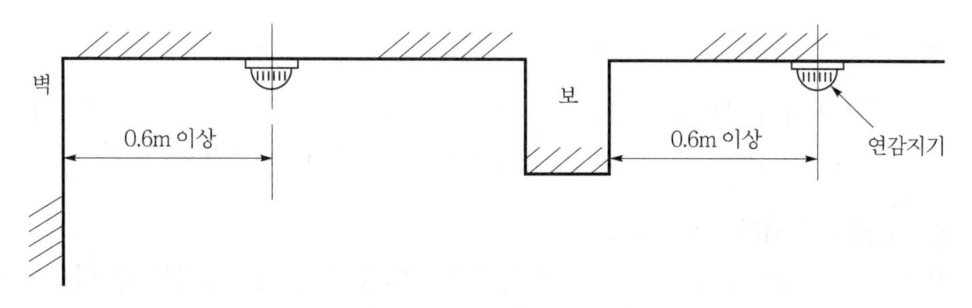

[그림 2-1-16] 연기감지기의 이격거리

② 분리형 감지기 : 제7조 3항 15호(2.4.3.15)

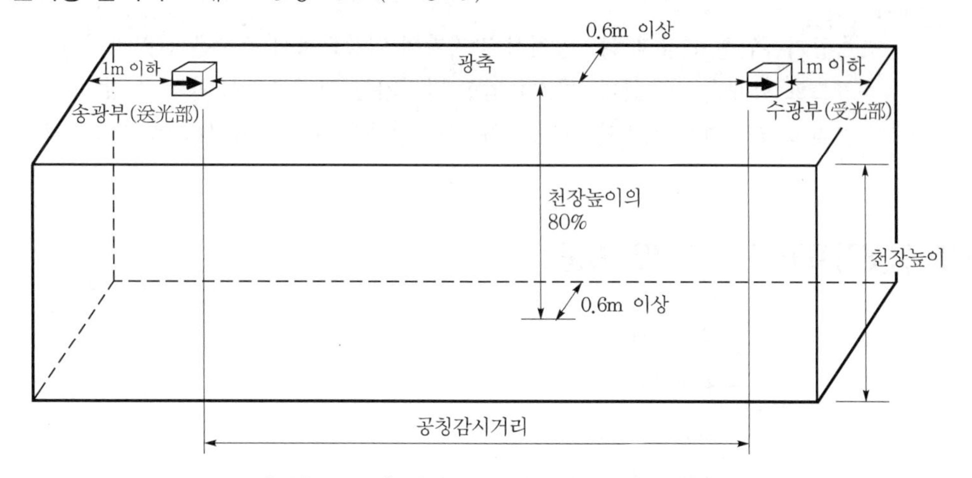

[그림 2-1-17] 광전식 분리형 감지기 설치기준

㉠ 감지기의 수광면은 햇빛을 직접 받지 않도록 설치할 것

㉡ 광축(光軸 ; 송광면과 수광면의 중심을 연결한 선)은 나란한 벽으로부터 0.6m 이상 이격하여 설치할 것

> ⊡ 벽으로부터 광축의 이격거리만 규제하고 있으며 가장 중요한 광축과 광축 사이의 간격, 즉 분리형 연감지기의 배치기준을 국내에는 규정하고 있지 않으므로 이는 제조사의 사양을 따라야 한다.

㉢ 감지기의 송광부와 수광부는 설치된 뒷벽으로부터 1m 이내 위치에 설치할 것

㉣ 광축의 높이는 천장 등(천장의 실내에 면한 부분 또는 상층의 바닥 하부면) 높이의 80% 이상일 것

> ⊡ 화재 시 발생한 열이 천장면의 최상부에 도달하게 될 경우 연기가 이 부분을 침투할 수 없으므로 광축이 너무 높은 경우는 분리형 연감지기의 조기 작동에 지장을 주게 된다.

ⓜ 감지기의 광축의 길이는 공칭감시거리 범위 이내일 것

> ⊡ 감지기에 관한 형식승인 기술기준[4]에 의하면 분리형 연감지기의 유효감지거리인 공칭감시거리는 5m 이상 100m 이하로서 5m 간격으로 한다.

③ 공기흡입형 감지기 : NFTC 2.4.4.2

전산실 또는 반도체 공장 등에 광전식 공기흡입형 감지기를 설치할 수 있으며 이 경우 설치장소·감지면적 및 공기흡입관의 이격거리 등은 형식승인 내용에 따르며 형식승인 사항이 아닌 것은 제조자의 시방에 따라 설치할 것

> ⊡ 공기흡입형 연감지기는 광전식 감지기의 일종으로서 검출은 산란광식에 의한 방식으로 화재를 검출한다. 공기흡입형 감지기는 아날로그식 광전식 감지기로 검정을 받고 있으며 감지기에 대한 세부 설치기준은 제조사의 사양에 따르도록 한다.

3 불꽃감지기의 구조 및 기준

[1] 동작의 원리

불꽃감지기는 자외선과 적외선식으로 구분하며 동작의 원리는 다음과 같다.

(1) 자외선식(UV type)

자외선 영역은 일반적으로 0.1 ~ 0.4μm의 범위에 있는 파장으로 가연물의 연소 시 자외선 영역 중 화재 시에는 0.18 ~ 0.26μm의 파장에서 강한 자외선의 에너지 레벨이 발생되므로 보통 이를 검출하여 그 검출신호를 화재신호로 발신하는 것으로 검출소자는 보통 UV 트론(Tron)으로 광전효과를 사용한다.

(2) 적외선식(IR type)

적외선 영역은 일반적으로 0.78 ~ 220μm의 범위에 있는 파장으로 불꽃연소에 관련된 물질은 탄소연료를 위주로 하며 이 경우 적외선 영역 중 화재 시에는 대략 4.35μm(4.3 ~ 4.4μm)에서 적외선의 강한 에너지 레벨이 발생한다. 이는 탄소가 함유된 탄화수소물질의 화재 시에 발생하는 CO_2가 열을 받아서 생기는 특유의 파장 중 4.35μm의 파장에서 많은

4) 감지기의 형식승인 및 제품검사의 기술기준 제19조

양의 적외선을 방출하기 때문에 최대에너지 강도를 갖는 것으로 이러한 현상을 CO_2 "공명방사(共鳴放射 ; Resonance radiation)"라 하며 이 파장을 검출할 경우 화재로 인식하는 것으로 따라서 적외선 감지기는 이 파장을 검출하여 화재신호로 발신하는 것이다.

[2] 불꽃감지기의 장단점

장 점	• 부착높이에 제한이 없어 모든 높이에 대해 설치가 가능하다. • 천장 이외 모서리나 벽 등에 설치할 수 있으며 감지기의 설치위치에 제한이 없다. • 열감지기나 연기감지기에 비해 감지면적이 넓어 감지기의 설치수량을 대폭 줄일 수 있다. • 열발생, 분진, 바람, 부식성 가스 등 환경적 요인에 장애를 받지 않는다.
단 점	• 훈소화재와 같이 불꽃이 보이지 않는 화재에는 적응성이 낮다. • 연기가 발생하는 화재초기에는 감지대상이 아니며 불꽃이 발생하는 단계에서부터 감지가 가능하다. • 기둥이나 보 등에 의해 시야가 확보되지 못하는 지역은 감지할 수 없다. • 가격이 다른 감지기에 비해 가격이 매우 고가이다.

[3] 설치기준

(1) 설치 적응장소

① 감지기 부착면의 높이가 20m 이상인 장소(NFTC 표 2.4.1)

② 지하층, 무창층으로 환기가 잘 되지 아니하거나 실내 면적이 $40m^2$ 미만인 장소(NFTC 2.4.1)

③ 반자높이 2.3m 이하인 곳으로서 오동작의 우려가 있는 장소(NFTC 2.4.1)

④ 화학공장 · 격납고 · 제련소(製錬所) 등(NFTC 2.4.1)

(2) 설치방법 : 제7조 3항 13호(2.4.3.13)

① 기준

㉠ 공칭감시거리 및 공칭시야각은 형식승인 내용에 따를 것

㉡ 감지기는 공칭감시거리와 공칭시야각을 기준으로 감시구역이 모두 포용될 수 있도록 설치할 것

② 해설

㉠ 공칭감시거리 : 공칭감시거리(Detection range)[5)]란 불꽃감지기가 감시할 수 있는 최대거리이며 형식승인 기준에 의하면 불꽃감지기의 유효감지거리는 20m 미만의 경우는 1m 간격으로, 20m 이상의 경우는 5m 간격으로 분할한다. 불꽃감지기의 경우는 형식승인 기준에 감지기의 유효감지거리의 구분, 감도시험, 시야각 등에 적합하여야 한다.

5) 불꽃감지기에서 "공칭감시거리"를 2015. 3. 19. "유효감지거리"로 개정하였다.

예를 들면, 불꽃감지기에는 옥내형과 옥외형 또는 도로형이 있는데 감도시험에 있어 옥내형과 옥외형 또는 도로형의 유효감지거리 값이 각기 다르므로 옥외형을 옥내에 설치하여서는 아니된다.[6)]

㉡ 공칭시야각 : 감지기에서 감시하는 영역인 감시공간까지의 직선거리가 되며 공칭시야각(視野角 ; Field of view)이란 불꽃감지기가 감지할 수 있는 원추형의 감시각도를 말하며, 시야각은 5° 간격으로 구분되어 있으며, 도로형의 경우는 최대시야각이 180° 이상이어야 한다. 공칭시야각은 최소 수평, 수직 90° 이상인 불꽃감지기로 선정하여야 감시구역을 유효하게 감시할 수 있다.

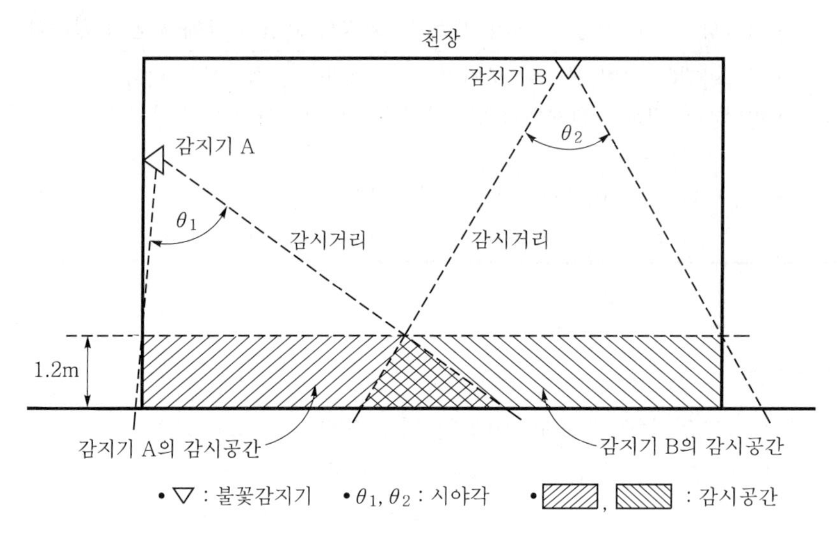

[그림 2-1-18] 불꽃감지기 설치

(3) 설치위치 : 제7조 3항 13호(2.4.3.13)

① 기준

㉠ 감지기는 화재감지를 유효하게 감지할 수 있는 모서리 또는 벽 등에 설치할 것

㉡ 감지기를 천장에 설치하는 경우 감지기는 바닥을 향하여 설치할 것

㉢ 수분이 많이 발생할 우려가 있는 장소에는 방수형으로 설치할 것

㉣ 그 밖의 설치기준은 형식승인 내용에 따르며 형식승인 사항이 아닌 것은 제조사의 시방에 따라 설치할 것

6) 소방청 질의 회신 : 소방정책과-3378호(2005. 7. 29.)

② 해설

㉠ 스포트형 감지기는 열이나 연기를 유효하게 감지하기 위하여 45° 이상 경사지게 설치할 수 없으나 불꽃감지기의 경우는 불꽃 속의 특정 파장을 검출하는 것이므로 천장에 설치하기보다는 벽이나 모서리(Corner)에 설치하는 것이 효과적이다.

㉡ 불꽃감지기의 감지영역은 원뿔구조와 같은 형태이며 부착면과 바닥까지의 거리가 길수록 감지면적이 증가하게 된다. 그러나 어느 정도까지는 바닥면적이 증가하지만 일정한 거리를 지나면 오히려 감지면적이 감소하는 특징이 있다(아래 그림의 가운데 곡선부분). 따라서 바닥의 감지영역은 원형이지만 감지면적을 중첩하여 설치하여야 한다.

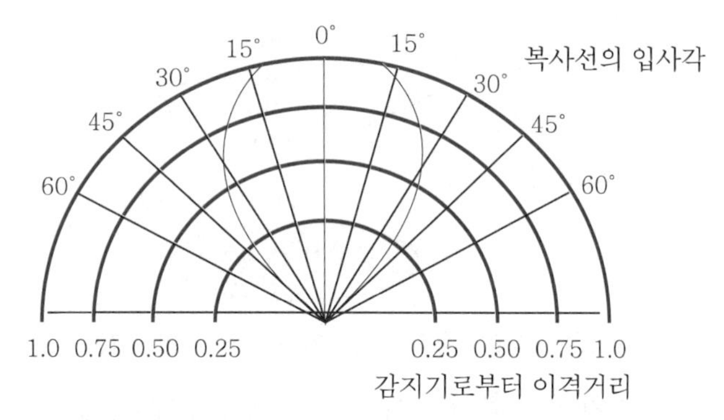

(주) 가로축의 수치는 비율(1.0=100%)을 의미함.
* 근거 : NFPA 72(2022 edition) Fig. A.17.8.3.2.3

❹ 감지기의 형식(type)

[1] 축적형 감지기

(1) 개념

① 연기감지기의 경우 연기 축적에 따라 축적형 및 비축적형으로 구분하고, 축적형이라 함은 일정농도 이상의 연기가 일정시간 지속(축적시간)될 경우에 작동하는 감지기로서 비화재보를 방지하기 위한 목적의 감지기이다. 이를 블록 다이어그램으로 그리면 다음 그림과 같다. 공칭축적시간은 축적시간을 반올림한 것으로(예 축적시간 14초 → 공칭축적시간 10초, 축적시간 15초 → 공칭축적시간 20초) 감지기를 제조사에서 검정을 받을 경우 관련 시험은 공칭축적시간에 의해 시험한다.

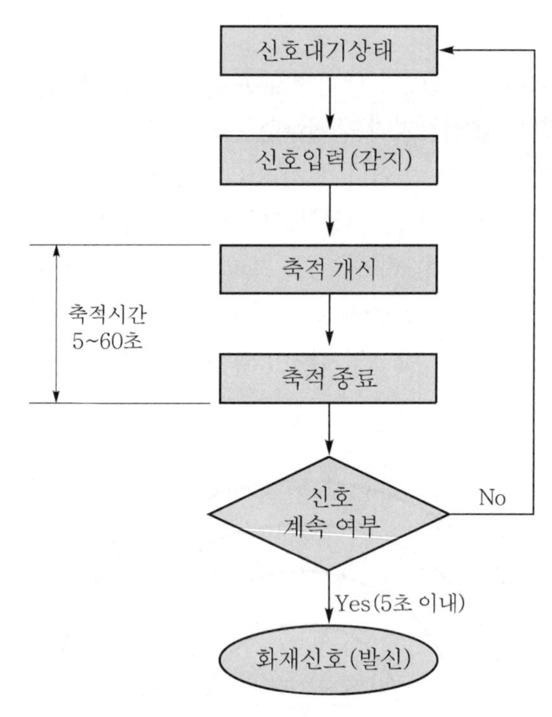

[그림 2-1-19] 축적형 감지기의 동작 다이어그램

② 감지기의 공칭축적시간은 최대 60초이나 국내 제품의 대부분은 30초용 제품으로 제작하고 있다. 축적형 감지기의 경우 모두 연기감지기만 적용되며, 열감지기는 축적형 감지기가 해당되지 않는다.

(2) 축적형 감지기의 적용 : 제7조 1항 단서의 8호[2.4.1(8)]

다음에 사용하는 감지기는 축적기능을 포함한 적응성 있는 감지기(축적형)를 설치해야 한다(단, 축적형 수신기를 설치한 장소를 제외한다).

① 지하층·무창층 등으로 환기가 잘 되지 아니하거나 실내 면적이 40m^2 미만인 장소

② 감지기의 부착면과 실내 바닥과의 거리가 2.3m 이하인 곳으로서 일시적으로 발생한 열·연기 또는 먼지 등으로 인하여 화재신호를 발신할 우려가 있는 장소

(3) 비축적형 감지기의 적용 : 제7조 3항 단서(2.4.3)

다음에 사용하는 감지기는 축적기능이 없는 것(비축적형)으로 설치해야 한다.

① 교차회로방식에 사용되는 감지기

② 급속한 연소확대가 우려되는 장소에 사용되는 감지기

③ 축적기능이 있는 수신기에 연결하여 사용되는 감지기

> ⊡ 축적기능이란 오동작을 방지하는 순기능(順機能)만 있는 것이 아니라 동작이 지연되는 역기능도 가지고 있다. 따라서 축적기능이 불필요하거나 축적이 중복될 경우에는 이를 사용할 수 없도록 규제한 것이다. 교차회로방식의 경우는 감지기의 오동작을

방지하기 위하여 AND회로를 구성한 것이므로 감지기까지 축적기능을 부여할 필요가 없다. 급속한 연소확대가 우려되는 유류취급소 등과 같은 장소에는 화재를 감지할 경우 즉시 동작신호가 발생하여야 하므로 축적기능을 적용할 수 없으며, 수신기가 축적기능이 있을 경우는 감지기도 축적형이라면 2중 축적이 되므로 적용할 수 없다.

[2] 아날로그형 감지기

(1) 개념

아날로그(Analog)감지기라 함은 주위의 온도나 연기량의 변화에 따라 각각 다른 출력을 발하는 방식의 감지기를 말한다. 화재 동작신호는 1개이나 열이나 연기의 변화를 단계별로 출력할 수 있는 감지기이며, 이는 감지기 내 마이크로 프로세서를 내장하여 온도(정온식 감지기의 경우) 또는 연기의 농도(연기감지기의 경우) 변화를 다단계의 아날로그 출력으로 R형 수신기에 발신하여 이에 따라 단계별로 화재대응을 할 수 있는 감지기이다. 일반적으로 아날로그감지기는 위치를 표시하는 주소기능이 있는 어드레스(Address)감지기의 기능을 가지고 있다.

(2) 특징

① 수신기는 R형 수신기에 국한하여 적용할 수 있다.
② 감지기가 주소화 기능을 가지고 있다.
③ 감지기 동작 시 신호는 전류신호가 아닌 다중통신(Multiplexing communication)에 의한 디지털 데이터(Digital data) 신호를 사용한다.
④ 감지기의 감지레벨(열이나 연기)을 수신기에서 조정할 수 있다.
⑤ 감지기는 자기진단(Self diagnostics) 기능을 가지고 있다.
  ㉠ 오염 시 : 장해신호를 발신
  ㉡ 탈락 시 : 이상경보신호를 발신
  ㉢ 고장 시 : 고장신호를 발신

[3] 다신호식 감지기

(1) 감지기는 화재신호를 수신한 후 수신기에 출력할 때의 신호가 1개의 출력신호, 2개 이상의 출력신호, 변화하는 연속적인 출력신호인지에 따라 단신호식 · 다신호식 · 아날로그식으로 구분한다. 다신호식 감지기라 함은 1개의 감지기 내에 서로 다른 종별 또는 서로 다른 감도 등의 기능이 있는 것으로서 동작 시 각각 다른 2개의 화재신호를 발신하는 감지기를 말한다. 보상식 감지기는 차동식과 정온식의 2가지 요소가 있으나 단신호를 출력하므로 다신호식 감지기가 아니며 복합형 감지기의 경우에도 AND 회로는 1개의 신호를 발신하므로 다신호식 감지기가 아니다.

(2) 그러나 복합형 감지기에서 OR 회로의 경우는 보상식과 달리 각 요소별로 신호를 발신하므로 이는 다신호식 감지기에 해당하며 다신호식 감지기의 경우는 다신호식의 전용 수신기를 사용하여야 한다.

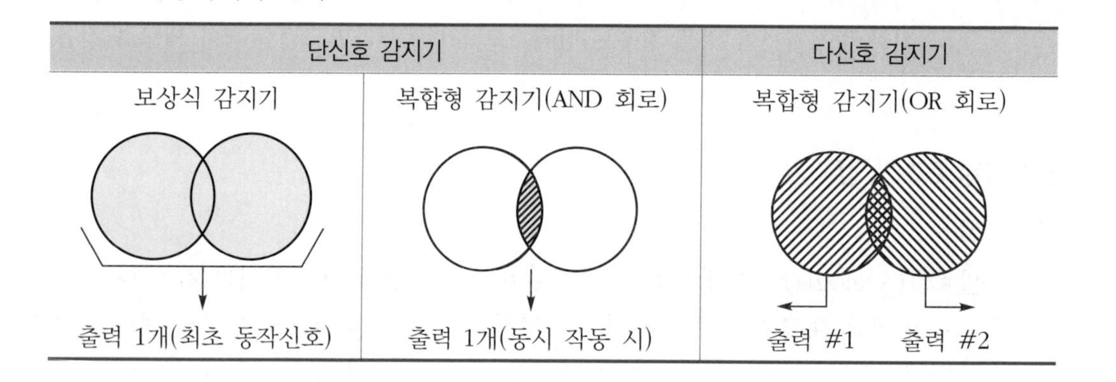

04 감지기의 적응성과 비화재보

❶ 부착높이별 적응성 : 제7조 1항의 표(표 2.4.1)

[1] 기준

[표 2-1-8] 부착높이별 적응감지기

부착높이	감지기의 종류
4m 미만	• 차동식(스포트형, 분포형) • 보상식(스포트형) • 정온식(스포트형, 감지선형) • 이온화식 또는 광전식(스포트형, 분리형, 공기흡입형) • 복합형 감지기(열복합, 연기복합, 열연기복합) • 불꽃감지기
4m 이상 8m 미만	• 차동식(스포트형, 분포형) • 보상식(스포트형) • 정온식(스포트형, 감지선형) 특종 또는 1종 • 이온화식 1종 또는 2종 • 광전식(스포트형, 분리형, 공기흡입형) 1종 또는 2종 • 복합형 감지기(열복합, 연기복합, 열연기복합) • 불꽃감지기

부착높이	감지기의 종류
8m 이상 15m 미만	• 차동식 분포형 • 이온화식 1종 또는 2종 • 광전식(스포트형, 분리형, 공기흡입형) 1종 또는 2종 • 연기복합형 • 불꽃감지기
15m 이상 20m 미만	• 이온화식 1종 • 광전식(스포트형, 분리형, 공기흡입형) 1종 • 연기복합형 • 불꽃감지기
20m 이상	• 불꽃감지기 • 광전식(분리형, 공기흡입형) 중 아날로그방식

(비고) 1. 감지기별 부착높이 등에 대하여 별도로 형식승인을 받은 경우에는 그 성능인정 범위 내에서 사용할 수 있다.
2. 부착높이 20m 이상에 설치되는 광전식 중 아날로그방식의 감지기는 공칭감지농도 하한값이 감광률 5%/m 미만인 것으로 한다.

[2] 해설

(1) 개념

위 표는 부착높이별로 적응성 있는 감지기의 종류를 규정한 것으로 이 경우 감지기는 종류별로 열감지기, 연기감지기, 불꽃감지기, 복합형 감지기로 구분하기 때문에 부착높이 기준도 감지기 종류별로 구분하였다. 부착높이가 4m 이하로 낮은 지역에는 열, 연기, 불꽃 등 모든 감지기를 설치할 수 있으나, 천장이 높은 경우에는 열이 감지기까지 도달하여 작동하기에는 시간이 지연되어 조기에 화재경보를 발하지 못하게 되므로 연기감지기나 또는 불꽃감지기를 설치하여야 한다. 종류가 같은 감지기일지라도 종별(예 1종, 2종, 3종)에 따라 부착높이가 달라지게 되므로 감지기 선정 시 높이에 따른 적응성 여부를 검토하여야 한다.

(2) 부착높이의 정의

감지기의 종류별 높이에 대한 설치 규정은 건물의 높이를 의미하는 것이 아니라 "부착높이"로서 감지기가 천장면에 부착될 경우의 높이를 의미한다. 일본의 경우 부착높이에 대한 용어의 정의를 최고높이와 최저높이의 평균치를 감지기의 부착높이로 적용하고 있다.

(3) 높이 20m 이상의 적용

① 높이 20m 이상되는 경우 불꽃감지기 및 광전식(분리형, 공기흡입형) 중 아날로그방식에 대해서만 유효하다. 이는 열식 아날로그감지기의 경우 해당 소자는 정온식으로서 20m 이상의 경우는 적응성이 없는 관계로 이를 제외시킨 것이다.

② 또한 국내는 불꽃감지기 이외 분리형과 공기흡입형 연감지기(아날로그방식)도 인정하고 있으나, 일본의 경우는 높이 20m 이상되는 장소에는 오직 불꽃감지기만을 적응성 감지기로 인정하고 있다.[7] 국내를 포함하여 국제적으로 분리형 연감지기의 경우는 일반적으로 비아날로그방식의 감지기가 대부분이며, 공기흡입형 연감지기는 모두 아날로그방식이므로 실질적으로 20m 이상의 장소에 주로 설치할 수 있는 감지기는 공기흡입형 감지기와 불꽃감지기가 된다.

❷ 감지기의 제외 장소 : 제7조 5항(2.4.5)

다음의 장소에는 감지기를 설치하지 아니한다.

(1) 천장 또는 반자의 높이가 20m 이상인 장소, 다만 제1항 단서 각 호의 감지기로서 부착높이에 따라 적응성이 있는 장소는 제외한다.

> ⊡ 단서 조항의 의미는 결국 NFTC 2.4.1 단서에 있는 8가지 종류의 감지기 중에서 20m 이상에 적응성이 있는 것은 불꽃감지기, 광전식 분리형 감지기(아날로그방식), 공기흡입형 감지기(아날로그방식)이므로 해당하는 3종류의 감지기가 해당 장소의 용도에 적응성이 없다면 설치하지 않지만, 해당 장소의 용도에 적응성이 있다면 이를 설치하라는 의미이다.

(2) 헛간 등 외부와 기류가 통하는 장소로서 감지기에 의해 화재발생을 유효하게 감지할 수 없는 장소

(3) 부식성 가스가 체류하고 있는 장소

(4) 고온도 및 저온도로서 감지기의 기능이 정지되기 쉽거나 감지기의 유지관리가 어려운 장소

(5) 목욕실・욕조나 샤워시설이 있는 화장실 기타 이와 유사한 장소

> ⊡ 과거에는 화장실이나 목욕실은 감지기를 제외하였으나 화장실에서 흡연으로 인한 화재발생의 빈도가 높아 이를 보완하기 위하여 화장실에 감지기를 설치하도록 2007. 4. 12. 개정하였으며, 다만 욕조나 샤워시설이 있어 목욕을 할 수 있는 경우 목욕 시 발생하는 수증기로 인하여 좁은 화장실에서 감지기의 오동작이 발생하므로 이를 감안한 것이다.

(6) 파이프 덕트 등 그 밖에 이와 비슷한 것으로서 2개층마다 방화구획된 것이나 수평 단면적이 $5m^2$ 이하인 장소

7) 일본 소방법 시행규칙 제23조 4항 1호

(7) 먼지·가루 또는 수증기가 다량으로 체류하는 장소 또는 주방 등 평시에 연기가 발생하는 장소(연기감지기에 한한다)

(8) 프레스 공장·주조(鑄造)공장 등 화재발생 위험이 적은 장소로서 감지기의 유지관리가 어려운 장소

꼼꼼체크 ▌ 주조공장

주형(鑄型 ; 틀)을 짜서 그 안에 쇳물을 부어서 제조하는 작업장

❸ 지하구의 경우 : NFPC 605 제6조 1항 1호/NFTC 605 2.2.1.1

지하구에 설치하는 감지기는 먼지·습기 등의 영향을 받지 아니하고 발화지점(1m 단위)과 온도를 확인할 수 있는 것을 설치할 것

1. NFPC 203 제7조 1항(NFTC 203 2.4.1)의 감지기 중 먼지나 습기 등의 영향을 받지 않으려면 비화재보 시 적응성 있는 감지기는 다음 8종류의 감지기를 말한다.
   ① 불꽃감지기 ② 정온식 감지선형 감지기
   ③ 분포형 감지기 ④ 복합형 감지기
   ⑤ 광전식 분리형 감지기 ⑥ 아날로그방식의 감지기
   ⑦ 다신호방식의 감지기 ⑧ 축적방식의 감지기
2. 지하구의 감지기는 위 감지기 중에서 발화지점(1m 단위)과 온도를 확인할 수 있어야 하므로 지하구에서 화재발생 시 수신기에 화재발생 위치를 1m 범위 내로 정확한 거리와 온도를 표시할 수 있는 기능의 감지기이어야 한다.

❹ 비화재보의 경우

[1] 비화재보(非火災報)의 개념

실제 화재 시 발생하는 열·연기·불꽃 등 연소생성물이 아닌 다른 요인에 의해 설비가 작동되어 경보되는 현상을 비화재보라 한다. NFPA 72에서는 비화재보(Unwanted alarm)의 종류를 다음과 같이 분류하고 있다.[8)]

(1) 고의적인 경보(Malicious alarm)

고의성이 있는 행동에 따른 비화재보

① 장난

② 고의적인 행위

8) NFPA 72(2022 edition) 3.3.326 Unwanted alarm

(2) 환경적 경보(Nuisance alarm)

환경적, 설비적인 요인에 따른 비화재보

① 기계적인 결함

② 설비의 고장

③ 잘못된 시설

④ 시설의 유지관리 미비

⑤ 감지기 주변의 환경(열이나 연기발생 등)

(3) 우발적인 경보(Unintentional alarm)

고의성이 없는 행동에 따른 비화재보

① 오조작

② 실수에 의한 행동

(4) 미확인 경보(Unknown alarm)

① 원인이 확인되지 않은 원인불명의 비화재보

② 기타 원인을 알 수 없는 사유에 따른 제반 경보

[2] 비화재보 시 적응성 감지기

(1) 제7조 1항 단서(2.4.1 단서)의 경우

지하층·무창층 등으로서 환기가 잘 되지 아니하거나 실내 면적이 40m^2 미만인 장소, 감지기의 부착면과 실내 바닥과의 사이가 2.3m 이하인 곳으로서 일시적으로 발생한 열기·연기 또는 먼지 등으로 인하여 화재신호를 발신할 우려가 있는 장소에는 다음에서 정한 감지기 중 적응성 있는 감지기를 설치해야 한다.

① 불꽃감지기

② 정온식 감지선형 감지기

③ 분포형 감지기

④ 복합형 감지기

⑤ 광전식 분리형 감지기

⑥ 아날로그방식의 감지기

⑦ 다신호방식의 감지기

⑧ 축적방식의 감지기

⊡ ① 지하층이나 무창층으로 환기가 불량하거나 실내 면적이 협소한(약 40m^2 미만) 경우, 실내 층고가 낮은 경우(기준 2.3m 이하)로 비화재보의 우려가 있는 장소에는 이를 방지하기 위하여 8가지 종류의 감지기를 선정하여 이에 한하여 설치하도록 규정한 것이다.

② 위 기준에 대한 수치의 근거는 제7조 3항 10호 다목의 경우 "천장 또는 반자가 낮은 실내 또는 좁은 실내에 있어서는"이라는 조항에 대해 일본의 사찰편람[9]에서는 이를 2.3m 이하, 40m^2 미만으로 적용하고 있는 것을 참고로 하여 국가화재안전기준 제정 시 동 수치만을 준용한 것이다.

---

9) 동경소방청 사찰편람 6.1 자동화재탐지설비 注7 2393의 4P : 低い天井の居室（天井高が2.3m以下）又は狭い（おおむね40m²未満）に設ける場合は´ 出入口附近に設けること。

(2) NFTC 2.4.6의 경우

단서에도 불구하고 일시적으로 발생한 열·연기 또는 먼지 등으로 인하여 화재신호를 발신할 우려가 있는 장소에는 NFTC 표 2.4.6(1) 및 표 2.4.6(2)에 따라 해당 장소에 적응성 있는 감지기를 설치할 수 있으며, 연기감지기를 설치할 수 없는 장소에는 표 2.4.6(1)을 적용하여 설치할 수 있다.

→ ① NFTC 2.4.1 단서의 경우 비화재보의 우려가 있는 경우에는 8가지의 감지기를 설치하되 그럼에도 불구하고 비화재보의 우려가 있는 경우 표 2.4.6(1) 및 표 2.4.6(2)의 장소에 대해서는 해당 표를 적용하라는 의미이다. 따라서 이는 반드시 "비화재보 우려가 있는 장소"라는 전제하에 환경장소 및 적응장소에 해당하는 용도에 국한하여 해당 표를 적용하여야 한다.
또한 표 2.4.6(1)은 연감지기를 설치할 수 없는 경우에 적응성 있는 감지기를 예시한 것이며, 표 2.4.6(2)는 연감지기를 설치할 수 있는 경우 적응성 있는 감지기 및 장소를 예시한 것이다.

② 표 2.4.6(1) 및 표 2.4.6(2)의 근거는 일본에서 "자동화재탐지설비 감지기의 설치에 관한 선택기준(개정 1991. 12. 6. : 消防予 240호)"이다. 일본에서 선택기준의 운용을 보면 환경상태가 유사한 장소에 있어서는 적응장소 이외에 대해서도 본 기준을 적용할 수 있으며, 기존 건물의 경우는 비화재보의 발생이 많거나 실보(失報)의 우려가 있는 감지기의 경우는 본 기준을 준용해서 감지기를 교환하도록 지도하고 있다. 참고로 본서에서는 표 2.4.6(1) 및 표 2.4.6(2)를 게재하지 않았으니 NFTC 203을 참고하기 바란다.

05 수신기(Fire alarm control unit) 각론(구조 및 기준)

❶ 수신기의 종류

[표 2-1-9] 수신기의 종류별 특징

수신기	신호전달방식	신호의 종류	수신 소요시간	비 고
P	개별 신호선방식	전회로 공통신호	5초	축적형은 60초 이내
R	다중 통신선방식	회로별 고유신호	5초	
M	공통 신호선방식	발신기별 고유신호	20초	2회 기록 소요시간

[1] P(Proprietary)형 수신기

가장 기본이 되는 형태의 수신기로서 감지기 또는 발신기로부터 발하여지는 신호를 직접 또는 중계기를 통하여 공통신호로서 수신하여 화재의 발생을 당해 소방대상물의 관계자에게 경보하여 주는 수신기이다.

[2] R(Record)형 수신기

전압강하 및 간선수의 증가에 따른 문제점으로 인하여 대규모 단지 및 고층빌딩의 경우에 적용하며, 감지기 또는 발신기로부터 발하여지는 신호를 직접 또는 중계기를 통하여 고유신호로서 수신하여 화재의 발생을 당해 소방대상물의 관계자에게 경보하여 주는 수신기이다.

[3] M(Municipal)형 수신기

국내에는 설치사례가 없으며 일본, 미국 등에 설치되어 있는 공공용 수신기로서 도로나 중요 건물에 설치된 M형 발신기를 이용하여 소방서에 설치된 M형 수신기에 화재발생을 통보하는 화재속보설비를 겸한 설비이다. 현재는 유선전화 및 휴대전화의 보급으로 인하여 구 시가지에 한하여 일부 설치되어 있으며, 기존 시설도 순차적으로 철거하는 추세로 M형 발신기의 경우 신호 전달은 발신기별 고유신호를 이용하는 공통신호선에 의한 전송방식이다. 국내의 경우 2016. 1. 11. 수신기의 형식승인 기준에서 M형 수신기를 수신기 종류에서 삭제하였다.

[표 2-1-10] P형과 R형설비의 비교

구 분	P형 수신기	R형 수신기
구성	P형 수신기와 감지기, 발신기로 구성	R형 수신기와 감지기, 발신기, 중계기로 구성
신호전달	온오프 접점에 따라 전류를 이용한 공통신호 방식	다중통신의 디지털 데이터에 따라 통신을 이용한 고유신호 방식
배선	수신기에서 각 층의 단말장치까지 직접 실선배선	수신기에서 중계기까지는 통신선으로 연결하고, 중계기에서 각 층의 단말장치까지는 실선배선
설치장소	시스템구성이 단순하므로 전압강하 및 간선수 증가에 지장이 없는 소규모건물이나 저층건물에 적합하다.	전압강하 및 간선수가 대폭 증가하는 고층빌딩, 대단지 아파트, 부지가 넓은 공장 등에 적합하다.

❷ 수신기의 기준

[1] 수신기의 적용

해당 특정소방대상물의 경계구역을 각각 표시할 수 있는 회선수 이상의 수신기를 설치할 것

➔ ① 과거에는 전화통화장치가 있는 P형－1급과 전화통화장치가 없는 P형－2급으로 수신기와 발신기를 구분하였으나, 2016. 1. 11. 수신기의 형식승인 기준을 개정하여 수신기와 발신기 간의 전화통화장치는 선택사항으로 개정되었다.
② 이에 따라 4층 이상 특정소방대상물에 대해 전화통화가 가능한 수신기 설치 조항을 2022. 5. 9. 화재안전기준을 개정하여 삭제하였다. 이로 인하여 자동화재탐지설비에서 "전화선"은 의무사항에서 선택사항으로 조정되었다.

[2] 비화재보 방지기능

(1) 비화재보 방지기능이 필요한 경우 : NFTC 2.2.2

수신기는 다음의 장소인 경우 축적기능 등이 있는 것(축적형 감지기가 설치된 장소에는 감지기회로의 감시전류를 단속적으로 차단시켜 화재를 판단하는 방식 외의 것을 말한다)으로 설치해야 한다. 다만, NFTC 2.4.1 단서에 따른 감지기를 설치한 경우에는 그렇지 않다.

① 지하층·무창층 등으로서 환기가 잘 되지 아니하거나 실내 면적이 $40m^2$ 미만인 장소
② 감지기의 부착면과 실내 바닥과의 거리가 2.3m 이하인 장소로서 일시적으로 발생한 열·연기 또는 먼지 등으로 인하여 화재신호를 발신할 우려가 있는 경우

(2) 비화재보 방지기능이 필요하지 않은 경우 : NFTC 2.2.2 단서

다만, NFTC 2.2.2 단서 조항에 따라 NFTC 2.4.1에서 지정하는 감지기를 설치한 경우에는 비화재보 방지기능이 필요하지 않기에 축적기능의 수신기를 적용하지 아니한다.

➔ 단서의 감지기는 불꽃감지기 등 8종목의 감지기로서 이는 신뢰도가 높아 오동작의 우려가 적으므로 축적기능 수신기의 적용을 배제한 것이다.

[3] 수신기 설치기준 : 제5조 3항(2.2.3)

수신기는 다음의 기준에 따라 설치해야 한다.

(1) 수위실 등 상시 사람이 근무하는 장소에 설치할 것. 다만, 사람이 상시 근무하는 장소가 없는 경우에는 관계인이 쉽게 접근할 수 있고 관리가 용이한 장소에 설치할 수 있다.

➔ 상시 근무자가 없는 경우에는 접근이 쉽고 관리가 용이한 장소에 화재수신기를 설치할 경우 이를 인정하도록 한 것이다. 그러나 화재수신기와 수계 소화설비의 제어반을 겸하는 복합식 수신기(예 스프링클러 제어반을 겸하는 화재수신기 등)의 경우는 감시제어반의 기준을 적용받는 것으로 이러한 복합식 수신기의 경우는 화재수신기의 설치조항을 적용하여서는 아니되며 NFPC 103 제13조 3항(NFTC 103 2.10.3)을 적용하여야 한다.

(2) 수신기가 설치된 장소에는 경계구역 일람도를 비치할 것. 다만, 주수신기(모든 수신기와 연결되어 각 수신기의 상황을 감시하고 제어할 수 있는 수신기)를 설치하는 경우에는 주수신기를 제외한 기타 수신기는 그렇지 않다.

> ⊡ 아파트의 경우 각 동별로 전용 수신기가 있으며 관리실의 방재센터 내에 주수신기가 있을 경우 주수신기에서는 동별 수신기를 감시하나 제어를 하지 못하므로 위 기준에 의한 주수신기로 적용하지 않아야 한다. 따라서 이 경우는 경계구역의 일람도를 각 동별 수신기 직근에 설치하여야 한다.

(3) 수신기의 음향기구는 그 음량 및 음색이 다른 기기의 소음 등과 명확히 구별될 수 있는 것으로 할 것

(4) 수신기는 감지기·중계기 또는 발신기가 작동하는 경계구역을 표시할 수 있는 것으로 할 것

(5) 화재·가스·전기 등에 대한 종합방재반을 설치한 경우에는 당해 조작반에 수신기의 작동과 연동하여 감지기·중계기 또는 발신기가 작동하는 경계구역을 표시할 수 있는 것으로 할 것

(6) 하나의 경계구역은 하나의 표시등 또는 하나의 문자로 표시되도록 할 것

(7) 수신기의 조작 스위치는 바닥으로부터의 높이가 0.8m 이상 1.5m 이하인 장소에 설치할 것

> ⊡ 수신기 전면에 있는 각종 조작용 스위치의 높이를 0.8~1.5m로 규정한 것은 일반인이 지면에 서 있는 상태에서 가장 편리하게 조작할 수 있는 위치를 의미한다. 따라서 의자에 앉아서 탁상용(Desk type)의 수신기 조작부를 사용하는 최근의 제품때문에 본 조항은 0.6~1.5m로 개정되어야 한다.

(8) 하나의 특정소방대상물에 2 이상의 수신기를 설치하는 경우에는 수신기를 상호 간 연동하여 화재발생 상황을 각 수신기마다 확인할 수 있도록 할 것

> ⊡ 한 건물에 증축이나 개축 등으로 인하여 수신기를 추가로 설치하거나, 또는 동별로 수신기를 설치한 아파트에서 지하 주차장으로 서로 통하는 경우에 해당하는 사항이다. 이 경우 화재발생 상황을 확인하라는 의미는 경계구역을 표시하라는 것이 아니고, 다른 수신기에서 작동된 화재발생 신호(즉, 대표 신호)를 수신하라는 의미이며 이 경우 화재신호를 수신하는 것일 뿐 각 수신기를 제어할 수 있는 것은 아니다.

06 중계기(Transponder) 각론(구조 및 기준)

❶ 개 요

(1) 일반적으로 R형 설비에서 사용하는 신호전송장치로서 감지기 및 발신기 등 말단기기장치와 수신기 사이에 설치하여, 화재신호를 수신기에 통보하고 이에 대응하는 출력신호를 말단기기장치에 송출하는 중계 역할을 하는 장치이다.

(2) P형 설비에는 없는 중계기가 R형 설비에 필요한 것은 감지기의 동작은 전류에 의한 접점신호이나 수신기의 입력은 디지털 데이터 신호로서 통신신호이기 때문이다. 따라서 전류신호를 통신신호로 변환시켜 주어야 하며 또한 대응하는 출력에 대한 통신신호를 전류신호로 변환하여야 한다. 이러한 기능을 수행하는 것이 중계기이며, 아날로그감지기의 경우는 직접 통신신호를 송출하므로 중계기를 거치지 않고 수신기에 직접 연결한다.

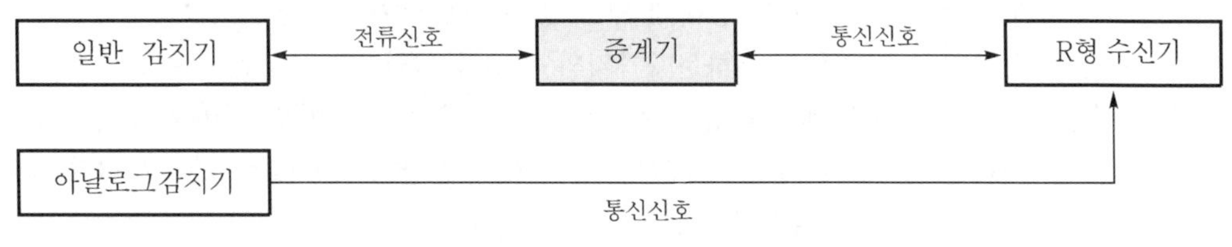

[그림 2-1-20(A)] 중계기와 R형 수신기

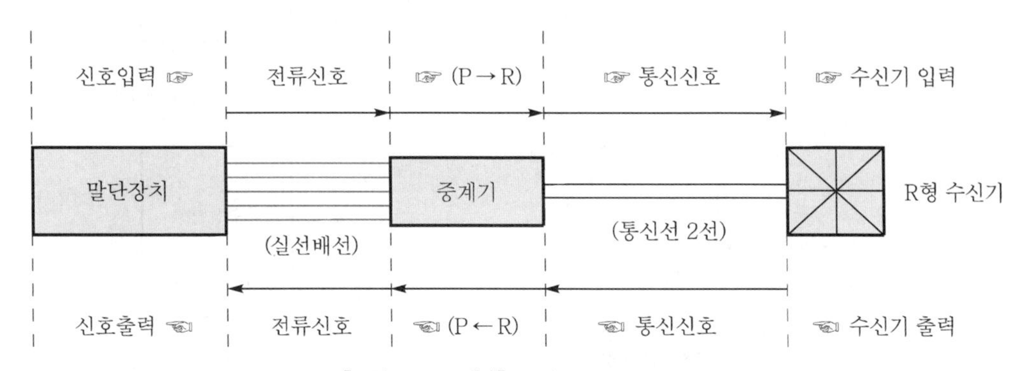

[그림 2-1-20(B)] 중계기의 신호체계

❷ 설치기준 : 제6조(2.3)

(1) 수신기에서 직접 감지기회로의 도통시험을 행하지 아니하는 것에 있어서는 수신기와 감지기 사이에 설치할 것

⊡ R형의 경우는 수신기에서 도통시험을 직접 행하는 구조가 아니며 도통시험이 불량할 경우 이에 대한 표시가 나타나는 구조이다. 따라서 "수신기에서 직접 감지기회로의 도통시험을 행하지 아니하는 것"이란 결국 R형 시스템을 말하는 것으로 이는 중계기를 수신기와 감지기 사이에 설치하라는 의미이다. 다만, 아날로그감지기는 해당되지 않으므로 비(非)아날로그감지기에 해당하는 사항이다.

(2) 조작 및 점검에 편리하고 화재 및 침수 등의 재해로 인한 피해를 받을 우려가 없는 장소에 설치할 것

(3) 수신기에 따라 감시되지 아니하는 배선을 통하여 전력을 공급받는 것에 있어서는 전원입력측의 배선에 과전류 차단기를 설치하고 당해 전원의 정전이 즉시 수신기에 표시되는 것으로 하며, 상용전원 및 예비전원의 시험을 할 수 있도록 할 것

⊡ ① 중계기에 접속하는 통신선을 이용하여 감지기의 감시에 필요한 미소전류를 공급할 수는 있으나 경종 등의 출력을 공급하기 위해서는 해당하는 전류가 공급되어야 하므로 중계기에 별도로 전원을 공급하여야 한다.

② 중계기의 전원은 수신기를 통하지 않고 중계기에 전원을 직접 공급하는 경우와 수신기를 통하여 전원을 공급하는 2가지의 경우가 있다. 위 조항에서 수신기에 따라 "감시되지 아니하는 배선을 통하여 전력을 공급받는 중계기"란 의미는 집합형 중계기를 뜻하는 것으로 집합형 중계기는 수신기의 전원을 사용하는 것이 아니라 외부전원을 별도로 공급받는 것이다.

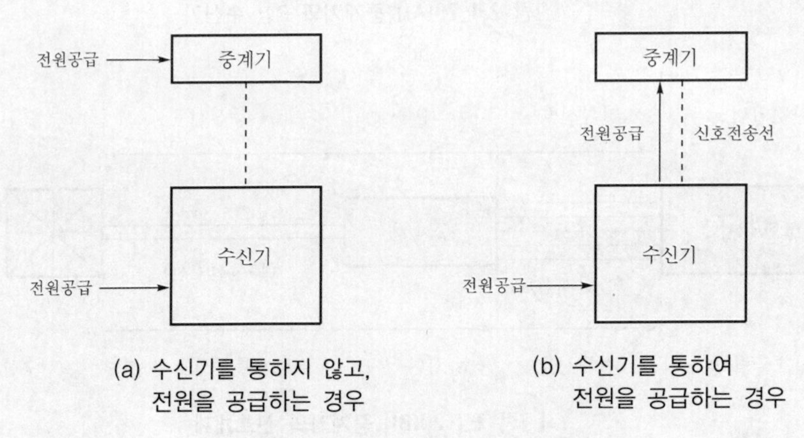

(a) 수신기를 통하지 않고, 전원을 공급하는 경우

(b) 수신기를 통하여 전원을 공급하는 경우

[그림 2-1-21] 중계기의 전원공급방식

❸ 중계기의 분류

[1] 공급 전원방식에 의한 분류

(1) 외부 전원을 이용하는 방식

외부에서 직접 중계기에 전원을 공급하는 방식이다.

(2) 수신기 전원을 이용하는 방식

수신기에 공급된 수신기의 전원을 수신기를 통하여 전력을 공급받는 방식이다.

[2] 목적에 의한 분류

(1) 입력용 중계기

감지기 등의 동작신호를 수신기에 전달하는 입력 전용의 기능을 갖는 중계기이다.

(2) 출력용 중계기

수신기의 제어신호에 대한 대응 출력을 현장에 설치된 관련 설비에 전달하는 출력 전용의 기능을 갖는 중계기이다.

(3) 입출력 겸용 중계기

입력용과 출력용의 두 가지 기능을 모두 가지고 있는 중계기로서 국내의 경우는 일반적으로 입출력 겸용의 중계기를 사용하고 있다.

[3] 용량에 의한 분류

(1) 집합형

① 전원장치를 내장(A.C 110/220V)하며 보통 전기 피트(Pit)실 등에 설치한다.

② 회로는 대용량(30~40회로)의 회로를 수용하며 하나의 중계기당 보통 1~3개층을 담당한다.

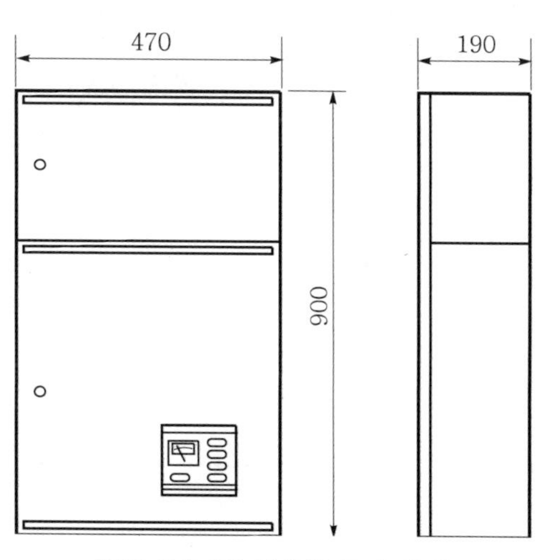

[그림 2-1-22] 집합형 중계기(예)

CHAPTER 01
CHAPTER 02
CHAPTER 03
CHAPTER 04
CHAPTER 05

(2) 분산형

① 전원장치를 내장하지 않고 수신기의 전원(D.C 24V)을 이용하며 발신기함 등에 내장하여 설치한다.

② 회로는 소용량(5회로 미만)으로 말단기기별로 중계기를 설치한다.

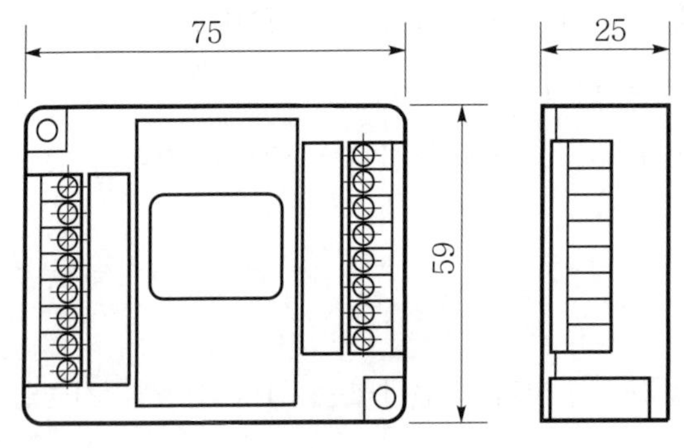

[그림 2-1-23] 분산형 중계기(예)

07 발신기(Manual fire alarm box) 각론(구조 및 기준)

❶ P형 발신기의 구분

구 분	전화장치가 있는 발신기(선택)	전화장치가 없는 발신기(기본)
구조	명판, 누름버튼 스위치, 응답표시등, 보호판, 전화잭	명판, 누름버튼 스위치, 보호판
누름스위치	해당됨	해당됨
전화잭	해당됨	해당되지 않음
응답표시등	해당됨	해당됨

(1) 종전까지는 전화통화 기능이 있는 P－1급 발신기와 기능이 없는 P－2급 발신기로 구분하였으나, 2016. 4. 1. 발신기 형식승인 기준을 개정하여 전화통화장치는 선택사항으로 변경하고, 형식은 P형 발신기로 단일화하였다.

(2) 아울러 종전의 P－1급 발신기에서만 요구한 응답표시등(발신기 버튼을 누를 경우 동작 여부를 알 수 있도록 표시되는 램프)을 모든 P형 발신기에 설치하도록 하였다.

(3) 이후, 화재안전기준에서 4층 이상 특정소방대상물에 대해 전화통화가 가능한 수신기 설치 조항을 2022. 5. 9. 삭제하였으며 이로 인하여 자동화재탐지설비 배선에서 "전화선"은 공식적으로 의무사항에서 제외되었다.

❷ 발신기의 기준

[1] 설치위치 : 제9조 1항(2.6.1)

(1) 조작이 쉬운 장소에 설치하고 그 스위치는 바닥으로부터 0.8m 이상 1.5m 이하의 높이에 설치할 것

(2) 특정소방대상물의 층마다 설치하되, 해당 층의 각 부분으로부터 하나의 발신기까지 수평거리가 25m 이하가 되도록 설치할 것. 다만, 복도 또는 별도로 구획된 실로서 보행거리가 40m 이상일 경우에는 추가로 설치해야 한다.

(3) 제2호에도 불구하고 (2)의 기준을 초과하는 경우로서 기둥 또는 벽이 설치되지 아니한 대형공간의 경우 발신기는 설치대상 장소의 가장 가까운 장소의 벽 또는 기둥 등에 설치할 것

> ⊡ 칸막이 등으로 구획된 경우에 경종의 음량 청취는 음파가 직진하므로 수평거리로 적용하여도 문제가 없으나, 누름스위치의 경우는 관계인이 해당 발신기를 찾아서 직접 작동하여야 하므로 수평거리 25m를 기준으로 설치한 기준은 보행거리가 합리적이다. 이를 감안하여 보행거리 40m 이내가 되도록 수평거리 기준에 보행거리 기준을 추가하였다.

[2] 위치표시등 기준 : 제9조 2항(2.6.2)

(1) 발신기의 위치를 표시하는 표시등은 함의 상부에 설치할 것

> ⊡ 이 조항에서 말하는 함이란 발신기 셋트(경종, 표시등, 누름스위치)함이나 소화전함의 표면을 말하며 야간에 발신기를 식별할 수 있도록 하기 위하여 적색의 표시등을 설치하도록 한 것이다. 그러나 발신기 표시등이 발신기(누름스위치)에 내장된 일체형 제품이 출시되고 있으므로 이 경우는 함의 상부가 아니어도 입법의 취지로 보아 인정하도록 한다.

(2) 그 불빛은 부착면으로부터 15° 이상의 범위 안에서 10m 이내의 어느 곳에서도 쉽게 식별할 수 있는 적색등으로 해야 한다.

> ⊡ 국내 수신기 형식승인 기준상 가장 큰 문제점은 정전 시 축전지 용량의 한계로 인하여 발신기 표시등은 점등되지 않도록 제작되고 있다는 것이다. 이는 형식승인 기준에서 정전 시 축전지만을 비상전원으로 인정하는 수신기 특성상 정전 시 발신기 표시등에 대한 점등을 의무화하고 있지 않다. 따라서 화재 시 정전이 된 경우에는 현재 발신기 표시등은 점등되지 아니한다.

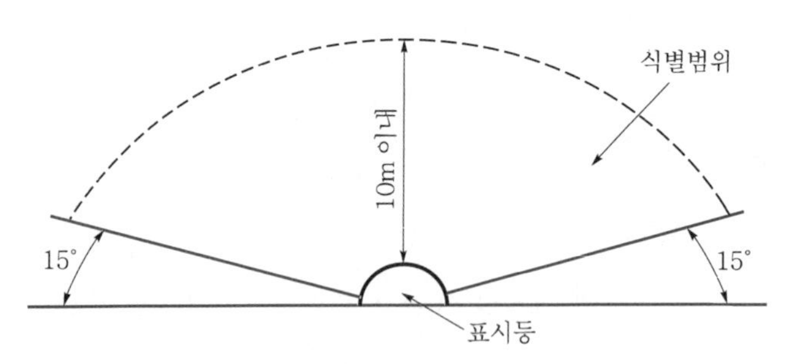

[그림 2-1-24] 발신기 표시등 식별범위

❸ 음향장치의 기준

[1] **설치위치** : 제8조 1항(2.5.1)

(1) 주음향장치는 수신기의 내부 또는 그 직근에 설치할 것

(2) 지구음향장치는 특정소방대상물의 층마다 설치하되 해당 특정소방대상물의 각 부분으로부터 하나의 음향장치까지의 수평거리는 25m 이하가 되도록 하고, 해당 층의 각 부분에 유효하게 경보를 발할 수 있도록 할 것. 다만, NFTC 202(비상방송설비) 규정에 적합한 방송설비를 자동화재탐지설비의 감지기와 연동하여 작동하도록 설치한 경우에는 지구음향장치를 설치하지 아니할 수 있다.

> ⊡ 음향장치란 경종(Bell)을 말하는 것으로 칸막이 등으로 구획된 경우에도 경종의 음량은 음파가 직진하므로 수평거리로 적용한 것이다.

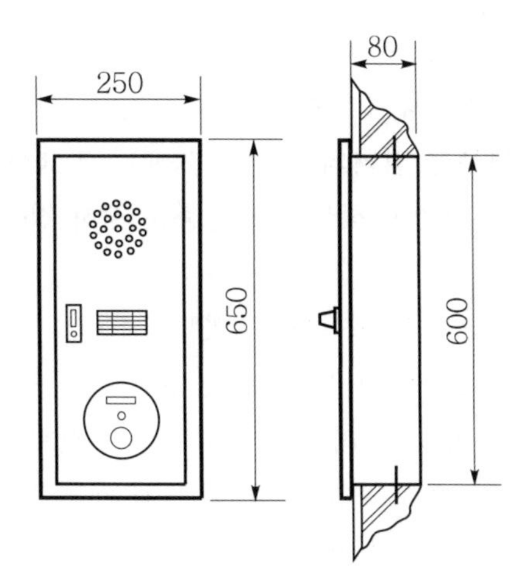

[그림 2-1-25] 표시등 및 경종

(3) 위 규정에도 불구하고 해당 기준을 초과하는 경우로서 기둥 또는 벽이 설치되지 아니한 대형 공간의 경우 지구음향장치는 설치대상 상소의 가장 가까운 장소의 벽 또는 기둥 등에 설치할 것

(4) **터널의 경우** : NFPC 603(도로터널) 제8조 3호/NFTC 603 2.4.1.2

음향장치는 발신기 설치위치와 동일하게 설치할 것. 다만, NFTC 202(비상방송설비)에 적합하게 설치된 방송설비를 비상경보설비와 연동하여 작동하도록 설치한 경우에는 비상경보설비의 지구음향장치를 설치하지 않을 수 있다.

[2] 경보방식

(1) 기준

① **경보의 방식** : 층수가 11층(공동주택의 경우에는 16층) 이상의 특정소방대상물에는 다음의 기준에 따라 경보를 발할 수 있도록 할 것[제8조 1항 2호(2.5.1.2)]

㉠ 2층 이상의 층에서 발화한 때에는 발화층 및 그 직상 4개 층에 경보를 발할 것

㉡ 1층에서 발화한 때에는 발화층 · 그 직상 4개 층 및 지하층에 경보를 발할 것

㉢ 지하층에서 발화한 때에는 발화층 · 그 직상층 및 기타의 지하층에 경보를 발할 것

② **2 이상의 수신기** : 하나의 특정소방대상물에 2 이상의 수신기가 설치된 경우 어느 수신기에서도 지구음향장치 및 시각경보장치를 작동할 수 있도록 해야 한다[제8조 3항(2.2.3.8)].

(2) 해설

① 일반적인 경보방식

경보의 순위는 발화층이 0순위, 불길이 위로 올라가므로 직상층이 1순위가 된다. 그러나 지하층의 경우는 임의의 층에서 화재가 발생한 경우 지상으로 탈출하려면 화재가

발생한 층을 경유하여야 하므로 지하층은 지하 전층에 동시에 경보를 발하여야 한다. 이 경우 경보의 순위는 발화층이 0순위, 불길이 위로 올라가므로 직상층이 1순위가 된다. 그러나 지하층의 경우는 임의의 층에서 화재가 발생한 경우 지상으로 탈출하려면 화재가 발생한 층을 경유하여야 하므로 지하층은 지하 전층에 동시에 경보를 발하여야 한다.

② 경보방식의 개정(개정 2022. 5. 9./시행 2023. 2. 10.)

종전까지는 5층 이상으로 연면적 3,000m²를 초과하는 경우 직상 1개층·발화층 우선경보를 오랫동안 적용하였다. 그러나 건물이 점차 고층화되고 수직연소 확대로 인한 잠재적인 위험요소를 경감하고 화재 시 신속한 대피의 필요성에 따라 11층 이상 건물(공동주택은 16층)부터는 발화층 및 직상 4개층에 대한 우선경보방식으로 2022. 5. 9. 개정하였다. 이에 따라 10층 이하(공동주택은 15층 이하)의 건물은 전층 경보방식으로 적용하여야 한다. 또한 개정 부칙(시행일)에서 발령 후 9개월이 경과한 날부터 시행하도록 규정하여 시행일은 2023. 2. 10.부터이다.

11층					
7층	○				
6층	○				
5층	○	○			
4층	○	○			
3층	◉	○			
2층		○			
1층		◉	○		
B1		○	◉	○	○
B2		○	○	◉	○
B3		○	○	○	◉

(주) ◉ : 화재발생, ○ : 동시경보

[그림 2-1-26] 발화층·직상 4개층 우선경보의 방식

③ 수직회로의 경보방식 : 계단 등과 같은 수직회로의 경우에는 45m가 하나의 경계구역이므로 직상층·발화층 우선경보를 적용할 수가 없으며 설계 시 주경종만 작동되도록 한다.

④ 터널의 경보방식(NFPC 603 제8조 5호/NFTC 603 2.4.1.3) : 음향장치는 터널 내부 전체에 동시에 경보를 발하도록 설치하여야 한다. 터널의 경우에는 일반소방대상물과 같이 구분경보를 하지 않고 터널 전체에 동시경보가 되도록 한 것은, 일반소방대상물과 달리 층이 동일한 평면이며 터널의 길이가 길어 화재가 발생한 지점과 멀리 떨어져 있는 경우에도 피난할 수 있는 출입구가 좌우 양쪽의 입구에 한정되어 있으므로 신속하게 터널 전체에 화재발생을 알려서 조기에 대피가 가능하도록 한 조치이다.

[3] 화재 시 배선의 안전조치

(1) 기준 : 제5조 3항 9호(2.2.3.9)

화재로 인하여 하나의 층의 지구음향장치 배선이 단락되어도 다른 층의 화재통보에 지장이 없도록 각 층 배선상에 유효한 조치를 할 것

(2) 해설

① 당초 NFPC(NFTC) 202(비상방송설비)에서는 화재 시 배선의 안전조치에 대해 "화재로 인하여 하나의 층의 확성기 또는 배선이 단락 또는 단선되어도 다른 층의 화재통보에 지장이 없도록 할 것"으로 규정하고 있다. 이에 따라 화재 시 스피커의 단락·단선으로 다른 층에 방송 송출이 되지 않는 것을 방지하기 위하여 회로별 퓨즈 설치 등 다양한 방법을 시행하고 있다.

② 방송설비에서만 규정한 동 조항을 확대하여 자동화재탐지설비에서도 반영하기 위해 당시 NFPC 203의 제5조 3항 9호를 2022. 5. 9. 신설하고 고시한 날부터 즉시 시행하도록 하며 화재시 배선의 안전조치 사항을 도입하였다. 다만, 개정 부칙 제2조(일반적 적용례)에 따르면 "고시는 이 고시 시행 후 특정소방대상물의 신축·증축·개축·재축·이전·용도변경 또는 대수선의 허가·협의를 신청하거나 신고하는 경우부터 적용한다"라고 규정하고 있다. 이에 기존 건축물은 소급하지 않고 2022. 5. 9. 이후 신축 등의 허가동의 건축물부터 적용하여야 한다.

[4] 음향장치의 성능 : 제8조 1항 4호(2.5.1.4)

(1) 음향장치는 정격전압의 80% 전압에서 음향을 발할 수 있는 것으로 할 것. 다만, 건전지를 주전원으로 사용하는 음향장치는 그렇지 않다.

(2) 음향의 크기는 부착된 음향장치의 중심으로부터 1m 떨어진 위치에서 90dB 이상이 되는 것으로 할 것

(3) 감지기 및 발신기의 작동과 연동하여 작동할 수 있는 것으로 할 것

> ① 음량은 발생 음압에 관계없이 청감으로 느끼는 "소음의 강도"이며 단위는 폰(Phone, 표시할 경우 phon)을 사용하며, 음압(音壓 ; Sound pressure)은 음파가 가하는 단위면적당 압력으로서 음의 강도에 해당하며 단위는 dB(데시벨)을 사용한다.
>
> ② 이에 따라 경종의 음량은 90dB 이상으로 규정하고 있으나 "음량"이 아니고 "음압"으로 개정되어야 한다.

④ 시각경보장치의 기준

[1] 대상 : 소방시설법 시행령 별표 4의 2호 경보설비

시각경보장치를 설치하여야 할 특정소방대상물은 자동화재탐지설비를 설치하여야 할 특정소방대상물 중 다음의 어느 하나에 해당하는 것으로 한다.

(1) 근린생활시설, 문화 및 집회시설, 종교시설, 판매시설, 운수시설, 의료시설, 노유자시설

(2) 운동시설, 업무시설, 숙박시설, 위락시설, 창고시설 중 물류터미널, 발전시설 및 장례식장

(3) 교육연구시설 중 도서관, 방송통신시설 중 방송국

(4) 지하가 중 지하상가

➔ 청각장애인을 위하여 시각경보장치(Strobe light)를 도입한 것으로 공공기관이나 불특정 다수인이 모이는 장소를 위주로 하여 적용하도록 규정한 것이다.

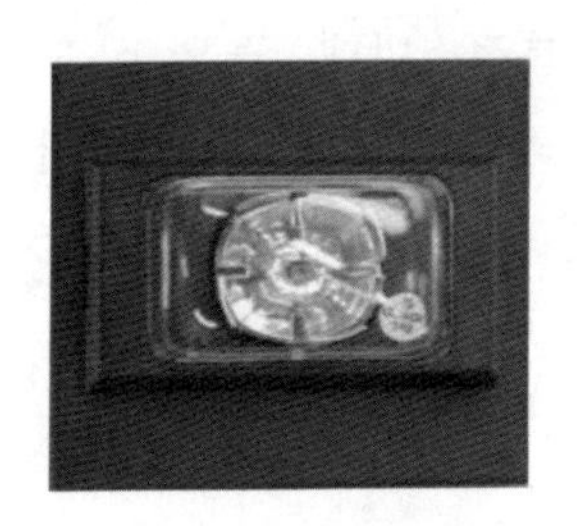

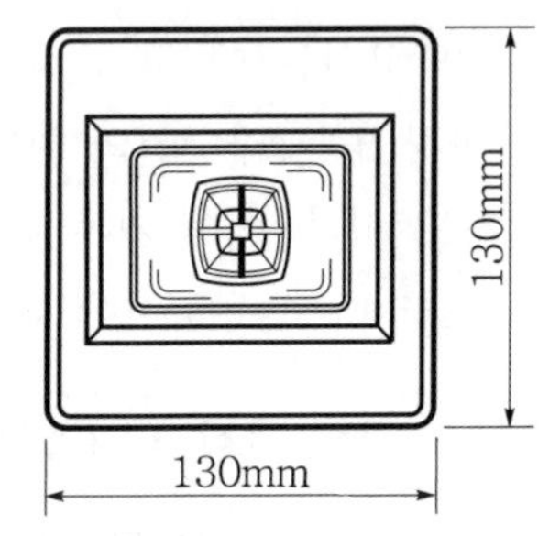

[그림 2-1-27] 시각경보기(예)

[2] 설치기준 : 제8조 2항 본문(2.5.2)

(1) 청각장애인용 시각경보장치는 소방청장이 정하여 고시한 "시각경보장치의 성능인증 및 제품검사의 기술기준"에 적합한 것으로 설치해야 한다.

(2) 시각경보장치의 광원은 전용의 축전지설비 또는 전기저장장치에 의하여 점등되도록 할 것. 다만, 시각경보기에 작동전원을 공급할 수 있도록 형식승인을 얻은 수신기를 설치한 경우에는 그렇지 않다.

→ ① 시각경보기에 대해서는 보통 경종과 병렬로 설치하고 있으나 소비전류가 큰 관계로 직상층·발화층 우선경보 시 경종 및 시각경보기의 정상적인 작동이 가능한지 반드시 부하 계산을 검토하여야 한다. 일반적으로 시각경보기는 제논(Xenon) 섬광램프를 사용하는 관계로 소비전류가 100~300mA로 매우 큰 관계로 수신기의 전원을 이용할 경우 안정적인 동작을 확보할 수 없어 전용의 축전지설비를 설치하여야 한다. 필요시에는 별도의 전원반을 설치하여 시각경보기 전원선을 별도 배선으로 설치하는 것이 바람직하다.

② R형 설비의 경우는 전원공급장치를 별도로 사용하므로 시각경보기를 설치하여도 무리가 없으나 P형 설비의 경우 별도의 전원반이나 별도의 축전지를 사용하지 않을 경우는 과부하로 인하여 시스템이 무력화될 수 있다.

[3] 설치위치 : 제8조 2항(2.5.2)

(1) 복도, 통로, 청각장애인용 객실 및 공용으로 사용하는 거실(로비, 회의실, 강의실, 식당, 휴게실, 오락실, 대기실, 체력단련실, 접객실, 안내실, 전시실, 기타 이와 유사한 장소를 말한다)에 설치하며 각 부분으로부터 유효하게 경보를 발할 수 있는 위치에 설치할 것

(2) 공연장, 집회장, 관람장 또는 이와 유사한 장소에 설치하는 경우에는 시선이 집중되는 무대부 부분 등에 설치할 것

→ 시각경보기는 반드시 발신기와 동일하게 설치할 필요는 없으며, 제8조 2항(2.5.2)에서 "각 부분으로부터 유효하게 경보를 발할 수 있는 위치"의 의미는 모든 곳에서 식별이 용이하도록 설치하라는 선언적 의미이다. 또한 공연장 등의 경우는 관람을 위한 용도이므로 무대부 부분에 국한하여 설치하라는 의미이다.

(3) 설치높이는 바닥으로부터 2m 이상 2.5m 이하의 장소에 설치할 것. 다만, 천장의 높이가 2m 이하인 경우에는 천장으로부터 0.15m 이내의 장소에 설치해야 한다.

→ 천장이 2m 이하인 경우는 천장에서 15cm 이내에 설치하라는 것은 NFPA 72(2022 edition) 18.5.5.2에 의한 것으로 낮은 천장의 경우는 15cm(6인치) 이내에 설치하는 것을 준용한 것이다.

(4) **터널의 경우 :** NFTC 603 2.4.1.4

시각경보기는 주행차로 한쪽 측벽에 50m 이내의 간격으로 비상경보설비 상부 직근에 설치한다.

❺ 발신기의 입출력선(P형의 경우)

공통선을 사용하여 하나의 공통선당 7개 회로의 경계구역을 배선할 수 있으며, 공통선을 "－"선으로 하여 각 회로선은 "＋"선으로 회로 구성을 한다. 경계구역 및 경보의 방식에 따라 배선수가 증가되며 경계구역별 배선수는 다음과 같다.

[1] 입출력선의 전선수

(1) 기준 : 제11조 7호(2.81.7)

P형 수신기 및 GP형 수신기의 감지기회로의 배선에 있어서 하나의 공통선에 접속할 수 있는 경계구역은 7개 이하로 할 것

(2) 해설

① 하나의 경계구역마다 독립적으로 각각 2선으로 구성하여 감지기와 발신기를 접속하고 말단에 종단저항을 설치하는 것이 이상적이나, 경제적인 부담을 경감시켜 주기 위하여 경계구역 회로 1선을 공통선으로 하여 7회로까지를 같이 사용하도록 허용한 것으로 이는 일본의 소방법 기준을 국내에서 준용한 것이다.

② 그러나 이는 경제성을 떠나서 잘못된 방법으로 공통선이 단선될 경우 7개의 회로가 작동되지 않으므로 언젠가는 개정되어야 한다. 수신기에서 이를 확인하려면 공통선 1선을 단자에서 풀어 놓은 후 도통시험을 할 경우 단선으로 표시되는 회로가 7개 회로 이하가 되어야 한다.

③ 과거에는 전화통화장치가 있는 P형-1급과 없는 P형-2급의 수신기 및 발신기로 구분하였으나, 2016. 1. 11. 수신기의 형식승인 기준을 개정하여 수신기와 발신기 간의 전화통화장치는 선택사항으로 개정되었다. 이후, 4층 이상 특정소방대상물에 대해 전화통화가 가능한 수신기 설치 조항을 2022. 5. 9. 화재안전기준 개정 시 삭제하였다. 이에 따라 "전화선"은 의무사항에서 제외되었기에 (수신기 제품에 따라 설치는 가능함) 자동화재탐지설비 배선에서 최소배선수 적용 시 전화선을 제외하고 계산하여야 한다.

[표 2-1-11] 입출력선의 소요 전선수

<table>
<tr><th colspan="3">입출력선</th><th>소요 전선수</th><th>비 고</th></tr>
<tr><td colspan="3">① 회로선(＋선)</td><td>1선/경계구역마다</td><td rowspan="5">경계구역수나 층수와 관련됨</td></tr>
<tr><td colspan="3">② 회로공통선(－선)</td><td>1선/7경계구역(회로)마다</td></tr>
<tr><td rowspan="3">③ 경종선 (＋선)</td><td colspan="2">전층경보</td><td>1선만 필요</td></tr>
<tr><td rowspan="2">구분경보</td><td>지상층의 경우</td><td>1선/층마다</td></tr>
<tr><td>지하층의 경우</td><td>1선만 필요</td></tr>
</table>

④ 경종선의 경우는 경보방식과 지상층 경보와 지하층 경보에 따라 소요 전선수가 다르며, 전층경보나 구분경보 중 지하층의 경우는 전층이 동시에 경보되므로 공통선을 제외하면 경종선 1선만 필요로 한다.

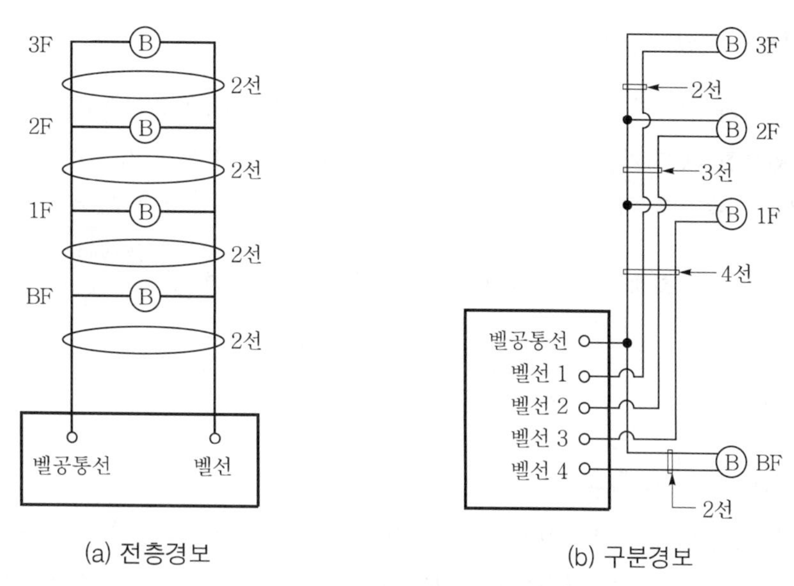

(a) 전층경보 (b) 구분경보

[그림 2-1-28] 경보방식에 따른 경종선

[2] 비입출력선의 전선수

전화선, 발신기 응답선, 표시등선, 경종·표시등 공통선과 같은 비입출력선의 경우는 경계구역이나 층수와 무관하게 언제나 1선씩만 필요하다.

전화선과 응답선(발신기)에 대한 －선으로는, 회로공통선을 사용하며, 따라서 회로공통선을 －선으로 하여 회로선, 응답선(발신기), 전화선의 3선은 각각 ＋선으로 회로구성이 되게 배선한다. 마찬가지로 경종과 표시등은 경종표시등공통선을 －선으로 하고 경종선 및 표시등선은 각각 ＋선으로 하여 회로구성이 되게 배선한다.

[표 2-1-12] 비입출력선의 소요 전선수

비입출력선	소요 전선수	비 고
전화선(＋선) : 선택사항	1선만 필요	경계구역수나 층수와 무관함
응답선(＋선)	1선만 필요	
표시등선(＋선)	1선만 필요	
경종·표시등 공통선(－선)	1선만 필요	

08 전원기준

❶ 상용전원 : 제10조 1항(2.7.1)

[1] 전원은 전기가 정상적으로 공급되는 축전지, 전기저장장치(외부 전기에너지를 저장해 두었다가 필요한 때 전기를 공급하는 장치) 또는 교류전압의 옥내 간선으로 하고 전원까지의 배선은 전용으로 할 것

[2] 개폐기에는 "자동화재탐지설비용"이라고 표시한 표지를 할 것

❷ 비상전원

[1] **기준** : 제10조 2항(2.7.2)

자동화재탐지설비에는 그 설비에 대한 감시상태를 60분간 지속한 후 유효하게 10분 이상 경보할 수 있는 축전지설비(수신기에 내장하는 경우 포함) 또는 전기저장장치를 설치해야 한다. 다만, 상용전원이 축전지설비인 경우 또는 건전지를 주전원으로 사용하는 무선식 설비인 경우에는 그렇지 않다.

[2] **해설**

(1) 자동화재탐지설비의 경우 상용(常用)전원은 교류전원만 인정하는 것이 아니라 축전지설비도 인정하고 있으며, 이 경우 축전지설비란 축전지실에 설치하는 거치형(据置形)의 축전지설비 등을 의미한다.

(2) 비상전원은 반드시 축전지설비에 한하며 자동식 발전기는 경보설비에서 비상전원으로 인정하지 않고 있다. 이는 정전 시 발전기 엔진이 가동되어 정격회전수에 도달하여야 정격 사이클(Cycle)과 정격전압이 발생하므로 발전기의 경우는 이러한 전압확립시간인 기동시간의 갭(Gap)(보통 10초 이상)이 발생하게 된다. 그러나 경보설비는 목적상 평시나 정전시를 포함하여 화재발생 상황에 대해 즉시 경보를 발하여야 하기 때문에 자동식 발전기의 경우에도 이를 비상전원으로 인정하지 않고 있다.

(3) 축전지의 용량은 정전된 시점에서 수신기가 60분간을 화재를 감시하여야 하며 60분이 지난 순간에 화재신호 입력으로 인한 경종이 작동된다면 최소 10분간 경종이 울릴 수 있는 그러한 용량 이상의 축전지를 설치하라는 의미이다.

(4) 제10조 2항(2.7.2)의 단서조항은 자동화재탐지설비의 상용전원을 축전지설비로 공급할 경우에는 정전과 무관하게 언제나 전원이 즉시 공급되므로 수신기에 별도의 비상전원용 축전지를 필요로 하지 않는다는 뜻으로 이는 건전지가 주전원인 경우도 동일한 의미이다.

(5) 전기저장장치(Energy Storage System ; ESS)란, 생산된 전기를 전력 계통에 저장했다가 전기가 가장 필요한 시기에 공급해 에너지 효율을 높이는 것으로 목적에 따라 단계별 저장이 가능한 장치이다.

09 배선의 기준

❶ 송배선(送配線) 방식

감지기 사이의 회로의 배선은 송배선식으로 할 것[제11조 4호(2.8.1.4)]

[1] 목적

송배선 방식이란 도통(導通)시험을 확실하게 하기 위한 배선방식으로 일명 보내기 방식이라고 한다. 도통시험이란 회로별로 감지기 및 발신기 배선에 대하여 이상 유무(정상, 단선, 단락)를 확인하기 위한 시험방법이다.

꼼꼼체크 Ⅰ 송배선 방식의 용어

종전까지는 화재안전기준에서 송배전(送配電) 방식이라는 잘못된 용어를 사용하여 필자가 교재에서 오랫동안 오류를 지적한 사안이다. 2022. 12. 1.자로 화재안전기준이 분법화(NFPC와 NFTC) 되면서 드디어 송배전(送配電) 방식이란 잘못된 용어를 송배선(送配線) 방식으로 수정하였다.

[2] 적용

(1) 송배선 방식으로 하려면, 첫 번째로 감지기 배선은 감지기 1극에 2개씩 총 4개의 단자를 이용하여 배선을 하므로 배선의 도중에서 분기하지 않도록 다음 그림과 같이 시공하여야 한다. 예를 들어, 감지기 D를 배선할 경우 A와 B 사이를 직접 결선한 후 중간에서 2선으로 분기배선(T-tapping)하여서는 아니 된다. 즉 언제나 감지기 1개에 대한 배선은 입력 2선, 출력 2선 총 4선으로 접속되어야 한다.

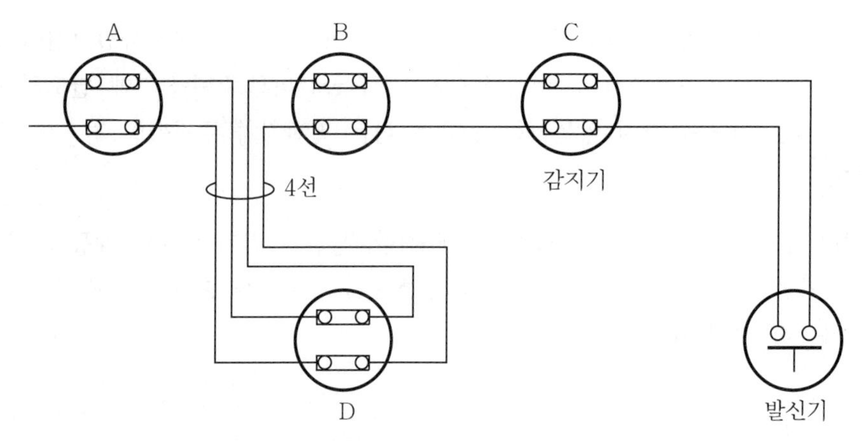

[그림 2-1-29(A)] 송배선 방식의 결선

(2) 두 번째는 도통시험이 가능하도록 하기 위하여 말단부위에 종단(終端)저항을 설치하여야 하며 일반적으로 점검이나 유지관리의 편의상 발신기에 설치한다. 종단저항은 시스템마다 차이는 있으나 대부분 10kΩ 의 저항을 발신기 내부 단자에 설치하여 회로(경계구역)별로 폐회로를 구성하도록 한다.

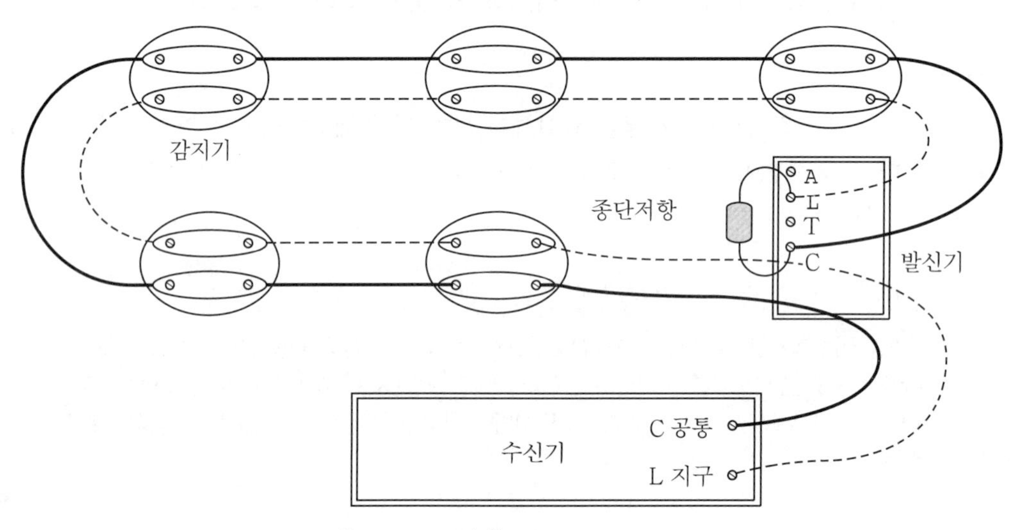

[그림 2-1-29(B)] 종단저항의 설치

수신기에서 도통시험을 행할 경우는 회로별로 수신기 전압 24V가 인가되므로 선로저항을 무시하고 종단저항만 적용할 경우 $V = I \times R$, $I = \dfrac{24}{10 \times 10^3} = 0.0024 = 2.4\text{mA}$의 감시전류가 회로별로 흐르게 된다. 따라서 송배선식으로 배선이 설치되어 있을 경우 감시전류의 상황에 따라 정상(감시전류≒정상범위), 단선(감시전류≒0), 단락(감시전류≒∞)이 되며 평상시 감시전류는 전류값이 매우 미소하여 지구경종(소비전류 50mA)이나 지구표시창을 작동시킬 수 없다.

[3] 기준 : NFTC 2.8.1.3

감지기회로의 도통시험을 위한 종단저항은 다음의 기준에 따라야 한다.

① 점검 및 관리가 쉬운 장소에 설치할 것

② 전용함을 설치하는 경우 그 설치높이는 바닥으로부터 1.5m 이내로 할 것

③ 감지기회로의 끝부분에 설치하며, 종단감지기에 설치할 경우에는 구별이 쉽도록 해당 감지기의 기판 및 감지기 외부 등에 별도의 표시를 할 것

그림과 같이 연감지기가 6개를 송배선 방식으로 배관 배선할 경우 종단저항을 발신기에 설치한다면 배선수를 기재하시오.

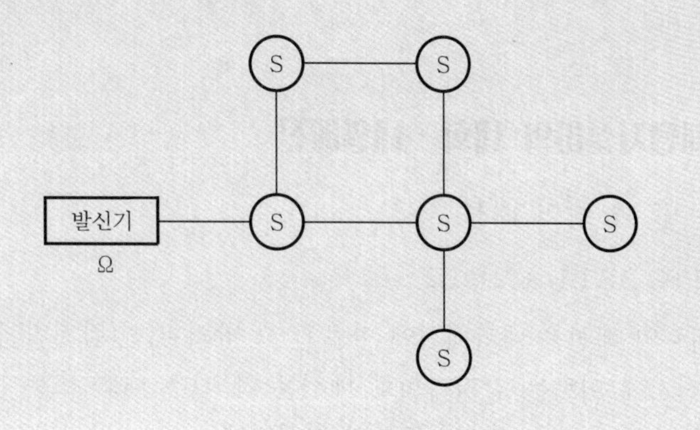

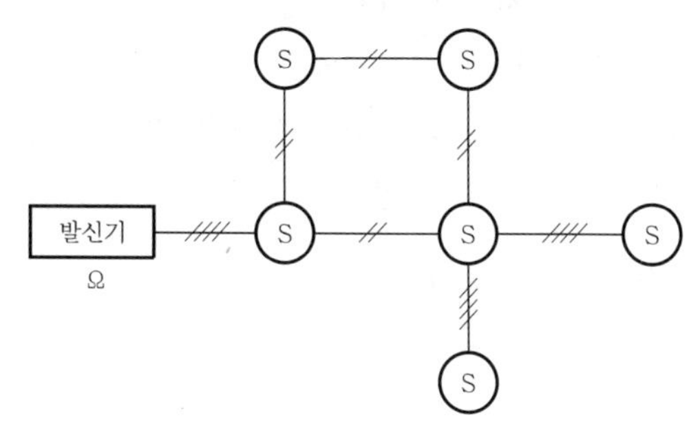

[보충] Loop 상태는 2선으로, Tree 상태는 4선이 된다.

[4] 전로저항 : 제11조 8호(2.8.1.8)

자동화재탐지설비의 감지기회로의 전로(電路)저항은 50Ω 이하가 되도록 하여야 하며, 수신기의 각 회로별 종단에 설치되는 감지기에 접속되는 배선의 전압은 감지기 정격전압의 80% 이상이어야 한다.

→ ① 전로저항은 선로 자체의 전선저항과 접속점의 저항을 의미하며 이는 경계구역별로 외부 배선의 회로저항을 말하는 것이다. 50Ω 이하로 제한하는 것은 P형 수신기의 경우 외부 배선의 저항을 규제하지 않을 경우 동작전류가 감소하여 릴레이가 작동하지 않는 등 수신기에 발생하는 장애를 방지하기 위함이다. 아울러 이는 P형 설비에 해당하는 사항으로 전류신호가 아닌 통신신호를 사용하는 R형 설비에 적용하는 것은 아니다.

② 종단감지기의 전압은 정격전압의 80% 이상이어야 하므로 수신기의 정격전압이 24V 이므로 80%인 19.2V 이상이어야 하며 따라서 회로별로 4.8V까지만 선로 전압강하를 허용하는 것이다.

❷ 자동화재탐지설비의 내화 · 내열배선

[1] 전원회로 및 그 밖의 배선

(1) 기준 : NFTC 2.8.1.1 & 2.8.1.2

① 전원회로의 배선은 내화배선에 따르고 그 밖의 배선(감지기 상호 간 또는 감지기로부터 수신기에 이르는 감지기회로 배선은 제외)은 내화 또는 내열배선에 따를 것

② 감지기 상호 간 또는 감지기로부터 수신기에 이르는 감지기회로는 아날로그식, 다신호식 감지기나 R형 수신기용으로 사용되는 것은 전자파 방해를 받지 않는 실드선 등을 사용해야 하며, 광케이블의 경우에는 전자파 방해를 받지 아니하고 내열성능이 있는 경우 사용할 것. 다만, 전자파 방해를 받지 않는 방식의 경우에는 그렇지 않다.

[표 2-1-13] 자동화재탐지설비 배선의 적용

자동화재탐지설비 배선		배선 종류	비 고
전원회로 배선		내화배선	–
감지기회로 배선 (감지기 상호 간 또는 감지기로부터 수신기에 이르는 감지기회로 배선)	아날로그식, 다신호식 감지기, R형 수신기용	전자파 방해를 받지 않는 쉴드선(차폐선)	광케이블 가능 (전자파 방해를 받지 않고 내열성이 있을 것)
	감지기 상호 간	내화배선 또는 내열배선	–
	기타	내화배선 또는 내열배선	–
그 밖의 회로배선		내화배선 또는 내열배선	–

(2) 해설

[표 2-1-13]을 기준으로 자동화재탐지설비에서 구성품(Device)별 배선을 적용하면 [그림 2-1-30]과 같다.

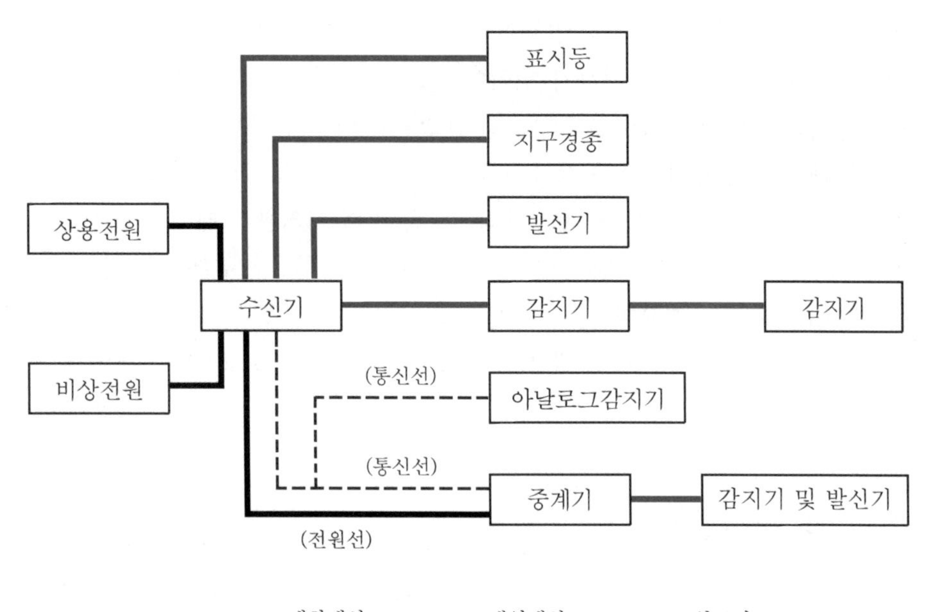

(주) 1. 감지기와 감지기 간은 내열 이상이다.
2. 전원선은 수신기에서 공급하는 분산형 중계기용 전원선이다.

[그림 2-1-30] 자동화재탐지설비의 내화 및 내열배선

현장에서 중계기(분산형)용 전원선의 경우 내열배선으로 시공하고 있으나 원칙적으로 전원선의 일종이므로 내화배선으로 하여야 하며, 일본의 사찰편람(査察便覽) 6.1 자동화재탐지설비 6.1.9-그림 4(p. 2515)에서는 중계기에 공급하는 전원선을 내화배선으로 시공하도록 도시(圖示)하고 있다.

[2] R형에서의 신호선(통신선) 배선

(1) **기준** : NFTC 2.8.1.2.1

아날로그식, 다신호식 감지기나 R형 수신기용으로 사용되는 것은 전자파 방해를 방지하기 위하여 쉴드선 등을 사용하여야 하며, 광케이블의 경우에는 전자파 방해를 받지 아니하고 내열성능이 있는 경우 사용할 것. 다만, 전자파 방해를 받지 아니하는 방식의 경우에는 그렇지 않다.

(2) 신호선의 개념

① 다중통신에서 사용하는 신호선은 전력선이 아니라 분류상 제어용 케이블이며, 소방시설용 경보설비는 전송하는 신호가 매우 약한 신호이므로 주위로부터의 전자파 및 전자유도의 각종 노이즈(Noise)로 인하여 오신호(誤信號)가 입력되는 등 오동작이 될 우려가 있다. 따라서 이를 방지하기 위하여 신호선은 쉴드선을 사용하여야 한다.

② 쉴드선이란 차폐선(遮蔽線 ; Shield wire)으로서 이는 전자유도를 방지하기 위하여 동테이프나 알루미늄 테이프를 감거나 또는 동선을 편조(編組)한 것으로 신호선 2가닥을 서로 꼬아서 자계(磁界)를 서로 상쇄시키도록 하며 이러한 상태의 선을 일명 트위스트 페어 케이블(Twist pair cable)이라 하며, 쉴드선은 차폐층 부분이 접지되어 유도전파를 대지로 흘릴 수 있으며 신호선 단자에 접지단자가 별도로 부설되어 있다. 외부의 노이즈에 의해 내부에 자속이 발생할지라도 차폐선이 서로 교차되어 있기에 +와 −가 상쇄하게 된다.

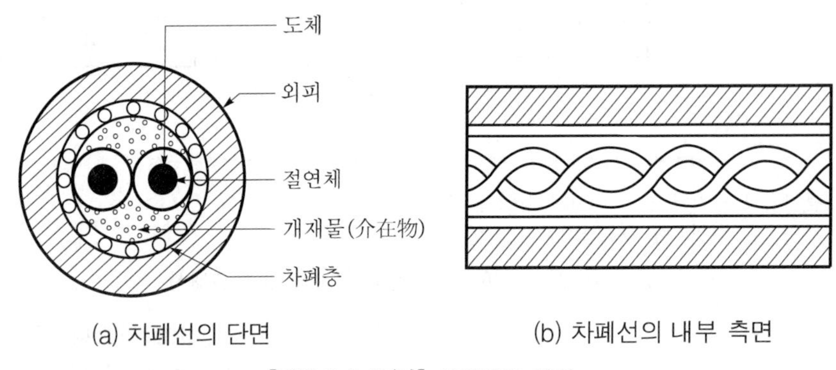

(a) 차폐선의 단면　　　　(b) 차폐선의 내부 측면

[그림 2-1-31(A)] 차폐선의 단면

③ 단서 조항에서 전자파 방해를 받지 아니하는 방식의 경우 차폐선을 제외할 수 있도록 한 것은 제조사에 따라 R형 수신기가 전자파를 방지할 수 있는 노이즈 필터(Noise filter) 등을 설치하는 제품이 있으므로 이러한 경우 차폐선을 사용하지 않고 일반전선을 사용할 수 있는 근거를 마련한 것이다. R형 설비에서 사용하는 차폐선에는 내열성 케이블(H−CVV−SB)과 난연성 케이블(FR−CVV−SB)의 2종류가 있다.

(3) 신호선(차폐선)의 재질

① 내열성 케이블(전선기호 H−CVV−SB) : 내열성 케이블에 사용하는 H−CVV−SB는 "비닐절연 비닐시스 내열성 제어용 케이블"로서 차폐방식은 가는 동선을 여러 가닥으로 직조한 동선편조(銅線編組) 방식으로 하며, 차폐부분은 서로간에 접속한 후 반드시 접지하여야 한다. 동선편조는 주위에 고압선이 있을 경우 유도장애에 따라 오동작되는 것을 막는 것이 주목적으로, 동선으로 편조한 방식은 굴곡성이 양호하며 차폐효과가

우수한 방식으로 이는 일종의 정전차폐(靜電遮蔽)를 이용한 방식이다. 내열성 케이블은 R형 설비에서 신호선으로 사용하는 가장 일반적인 신호선이다.

② **난연성 케이블(전선기호 FR－CVV－SB)** : 난연성 케이블에 사용하는 FR－CVV－SB는 "비닐절연 비닐시스 난연성 제어용 케이블"로서 차폐방식은 위와 같이 동선편조를 이용한다.

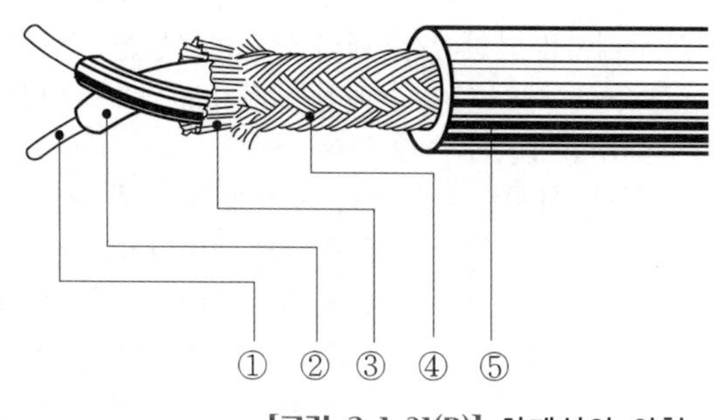

[그림 2-1-31(B)] 차폐선의 외형

[3] 내화배선의 종류 및 공사방법

전선은 전류를 전송하기 위해 사용되는 도체인 전선 자체를 말하는 것이며, 배선은 전선을 사용하여 전기회로를 구성하고 공사방법에 따라 시설한 것을 말한다. 소방설비에서 사용하는 상용전원 및 비상전원 등 전원부분의 배선은 화재 시에도 일정 시간까지는 그 기능이 유지되어야 하므로 내열 및 내화조치가 필요하며, 전원을 제외한 기타부분의 배선은 기본적으로 내열 이상의 조치가 필요하다. 내화배선 및 내열배선은 전선 자체의 재질이 상이한 것이 아니며 사용하는 전선은 동일하나 공사방법에 따라 내화 또는 내열배선으로 분류하는 것이다.

(1) 내화배선의 사용전선 : NFTC 102(옥내소화전) 표 2.7.2(1)

① **개념** : 내화 및 내열배선으로 소방시설에 사용하는 전선을 총칭하여 소방용 전선이라 한다. 소방용 전선은 「소방용 전선의 성능인증 및 제품검사의 기술기준」 제3조에 따라 소방용 전선의 일반성능 및 구조는 전기용품안전인증 또는 KS 인증이나 V-check 인증을 받은 난연성의 전선이어야 한다.

[표 2-1-14(A)] 내화배선의 종류 및 공사방법[NFTC 102 표 2.7.2(1)]

사용전선의 종류	공사방법
1. 450/750V 저독성 난연 가교 폴리올레핀 절연전선 2. 0.6/1kV 가교 폴리에틸렌 절연 저독성 난연 폴리올레핀 시스 전력 케이블 3. 6/10kV 가교 폴리에틸렌 절연 저독성 난연 폴리올레핀 시스 전력용 케이블 4. 가교 폴리에틸렌 절연 비닐시스 트레이용 난연 전력 케이블 5. 0.6/1kV EP 고무절연 클로로프렌 시스 케이블 6. 300/500V 내열성 실리콘 고무 절연전선(180℃) 7. 내열성 에틸렌-비닐 아세테이트 고무절연 케이블 8. 버스덕트(Bus duct) 9. 기타 「전기용품 및 생활용품 안전관리법」 및 「전기설비기술기준」에 따라 동등 이상의 내화성능이 있다고 주무부장관이 인정하는 것	금속관・2종 금속제 가요전선관 또는 합성수지관에 수납하여 내화구조로 된 벽 또는 바닥 등에 벽 또는 바닥의 표면으로부터 25mm 이상의 깊이로 매설해야 한다. 다만 다음의 기준에 적합하게 설치하는 경우에는 그렇지 않다. 가. 배선을 내화성능을 갖는 배선 전용실 또는 배선용 샤프트・피트・덕트 등에 설치하는 경우 나. 배선 전용실 또는 배선용 샤프트・피트・덕트 등에 다른 설비의 배선이 있는 경우에는 이로부터 15cm 이상 떨어지게 하거나 소화설비의 배선과 이웃하는 다른 설비의 배선 사이에 배선 지름(배선의 지름이 다른 경우에는 가장 큰 것을 기준으로 한다)의 1.5배 이상의 높이의 불연성 격벽을 설치하는 경우
내화전선	케이블 공사의 방법에 따라 설치해야 한다.

(비고) 내화전선의 내화성능은 KS C IEC 60331-1과 2(온도 830℃ / 가열시간 120분) 표준 이상을 충족하고, 난연성능 확보를 위해 KS C IEC 60332-3-24 성능 이상을 충족할 것

② 해설

㉠ 국제 표준의 변화에 대처하기 위한 KS 규격의 선진화 계획에 따라 전기분야의 경우 국내 규격과 IEC 규격[10])을 일치시키기 위한 전면적인 개편작업을 시행하고 있으며 이에 따라 KS 규격의 경우 국제 규격과 일치화(Identical) 또는 부합화(Modified)시키고 있다. 이로 인해 당시 관련부서에서는 소방에서 주로 사용한 HIV 전선(KSC 3328)은 국제규격이 아닌 관계로 2009. 8. 21.자로 전면폐지하고 해당규격은 IEC 기준과 부합화시킨 KSCIEC 60227(450/750V 염화비닐절연 케이블)를 대응규격으로 선정하였다.

㉡ 이에 따라 소방에서는 2009. 10. 22.자로 이를 내화・내열전선으로 수용하여 화재안전기준을 개정하였다. 이후, 화재 시 유독가스로 인한 질식을 방지하기 위하여 염소나 브롬 등을 첨가하지 않는 저독성(Halongen free)의 친환경 소재 전선을 사용하게 됨에 따라 또 다시 2013. 6. 10. 내화・내열전선을 친환경 전선으로 전면 개정하였으며, 내화배선의 종류는 NFTC 102의 표 2.7.2(1)과 같다.

10) IEC(Internation Electrotechnical Commission ; 국제전기기술위원회)는 전기통신 분야의 규격을 통일하기 위한 국제기구이다.

(2) 내화배선의 공사방법

① 기준 : 사용전선의 종류 1호~9호 전선에 대한 내화배선의 공사방법은 다음 표와 같으며, 내화전선의 경우는 케이블 공사방법에 따른다.

[표 2-1-14(B)] 내화배선의 공사방법[NFTC 102 표 2.7.2(1)]

<table>
<tr><td rowspan="3">1호~9호 사용전선의 공사방법</td><td colspan="2">전선관사용 : 금속관 · 2종 금속제 가요전선관 · 합성수지관에 수납</td></tr>
<tr><td>매립하는 경우</td><td>매립하지 않는 경우</td></tr>
<tr><td>내화구조로 된 벽 또는 바닥에 표면으로부터 25mm 이상 매립한다.</td><td>가. 내화성능의 배선 전용실 또는 배선용 샤프트 · 피트 · 덕트 등에 설치하는 경우
나. 타 설비 배선이 있는 경우 15cm 이상 이격하거나 또는 이웃하는 가장 큰 타 설비 배선 직경의 1.5배 이상 높이의 불연성 격벽을 설치하는 경우</td></tr>
<tr><td>내화전선의 공사방법</td><td colspan="2">케이블 공사방법에 따라 설치한다.</td></tr>
</table>

② 해설

㉠ 1호~9호의 전선은 KS 인증 등의 국가공인제품일 경우에는 그 자체가 내화배선용 사용전선이 되지만 반드시 내화배선의 공사방법에 따라 전선관을 사용하여 매립 시공하여야 하며, 내화성능의 배선 전용실에 설치할 경우는 매립으로 인정하는 것이다.

㉡ 그러나 내화전선의 공사방법이란 NFTC 102 표 2.7.2(1)의 맨 아래 칸에 있는 내화전선을 말하는 것으로 이는 제조사에서 자체적으로 내화전선을 개발할 경우 NFTC 102 표 2.7.2(1)의 비고에 따라 내화성능시험을 실시하여 성능인증을 받은 전선을 뜻하며, 내화배선 공사방법이 아닌 케이블 공사방법으로 시공하라는 의미이다.

㉢ 내화성능을 갖는 배선 전용실(샤프트 · 피트 · 덕트 포함) 등에 설치하는 경우는 다음의 그림과 같이 설치하도록 한다.

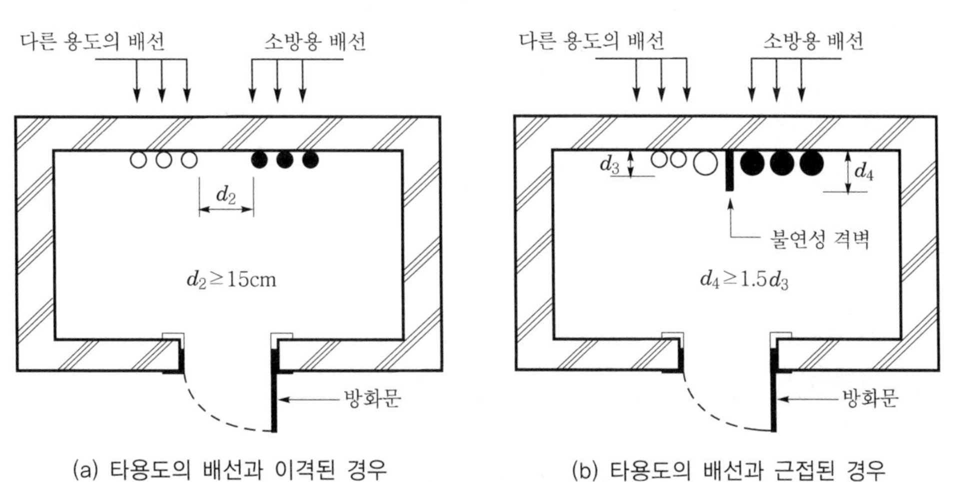

[그림 2-1-32] 배선 전용실에 설치하는 방법

[4] 내열배선의 종류 및 공사방법

(1) 내열배선의 사용전선 : NFTC 102(옥내소화전) 표 2.7.2(2)

[표 2-1-15(A)] 내열배선의 종류 및 공사방법[NFTC 102 표 2.7.2(2)]

사용전선의 종류	공사방법
사용전선은 [표 2−1−14(A)]의 사용전선 종류와 동일함	금속관·금속제 가요전선관·금속덕트 또는 케이블(불연성 덕트에 설치하는 경우에 한한다) 공사방법에 따라야 한다. 다만, 다음의 기준에 적합하게 설치하는 경우에는 그렇지 않다. (이하는 [표 2−1−14(A)]의 공사방법과 동일함)
내화전선	케이블 공사의 방법에 따라 설치하여야 한다.

① 내열배선의 경우 사용전선이 내화배선의 사용전선과 동일한 것은 내화 및 내열배선의 경우 사용전선의 재질이 다른 것이 아니라 어떠한 공사방법으로 시공하는가에 따라 내화배선과 내열배선으로 구분하기 때문이다. 따라서, NFTC 102 표 2.7.2(1)의 내화배선과 표 2.7.2(2)의 내열배선에서 사용전선은 동일한 것이다.

② [표 2−1−15(A)]의 맨 아래 칸은 종전의 화재안전기준에서는 "내화전선·내열전선"이었으나 NFTC 102의 표 2.7.2(2) 도입 시 "내화전선"만 규정하고 "내열전선"은 삭제하였다. 왜냐하면 소방용 전선의 내열성능기준은 난연전선기준이 혼재되어 있고 국제표준도 없으므로 소방용 내열전선은 내화전선성능 이상을 확보하도록 하기 위해 케이블 공사방법에서 "내열전선" 항목을 삭제하였다.

(2) 내열배선의 공사방법

① 기준 : 사용전선의 종류 1호~9호 전선에 대한 내열배선의 공사방법은 다음 표와 같으며, 내화전선의 경우는 케이블 공사방법에 따른다.

[표 2-1-15(B)] 내열배선의 공사방법[NFTC 102 표 2.7.2(2)]

	전선관 공사	노출 공사
1호~9호 사용전선의 공사방법	① 금속관·금속제 가요전선관·금속덕트 공사인 경우 ② 케이블 공사(불연성 덕트 내에 설치하는 경우)인 경우	① 내화성능의 배선 전용실 또는 배선용 샤프트·피트·덕트 등에 설치하는 경우 ② 타 설비 배선이 있는 경우 15cm 이상 이격하거나 또는 이웃하는 가장 큰 타 설비 배선 직경의 1.5배 이상 높이의 불연성 격벽을 설치하는 경우
내화전선의 공사방법	케이블 공사방법에 따라 설치한다.	

② 해설

㉠ 1호~9호 사용전선의 공사방법이란, NFTC 102 표 2.7.2(2)에 제시한 1호~9호의 전선을 표 2.7.2(2)의 공사방법에 따라 공사하는 것을 말한다. 즉, 1호~9호의 전선은

KS 인증 등의 국가공인제품일 경우에는 그 자체가 내열배선용 사용전선이 되지만 반드시 전선관을 사용하여 노출 공사를 하거나 또는 전선관 대신 내화성능의 배선 전용실 등에 배선을 노출 공사 등으로 시공하여야 한다.

㉡ 그러나 내화전선 공사방법이란 NFTC 102 표 2.7.2(1)의 맨 아래 칸에 있는 내화전선을 말하는 것으로 이는 제조사에서 자체적으로 내화전선을 개발할 경우 NFTC 102 표 2.7.2(1)의 비고에 따라 내화성능시험을 실시하여 성능인증을 받은 전선을 뜻하며, 이는 1호~9호의 전선처럼 내열배선 공사방법이 아닌 케이블 공사방법으로 시공하라는 의미이다.

❸ 자동화재탐지설비의 계통도(R형)

R형의 경우는 제조사별로 배선수 적용에 차이가 있으나 가장 일반적인 경우는 다음과 같다.

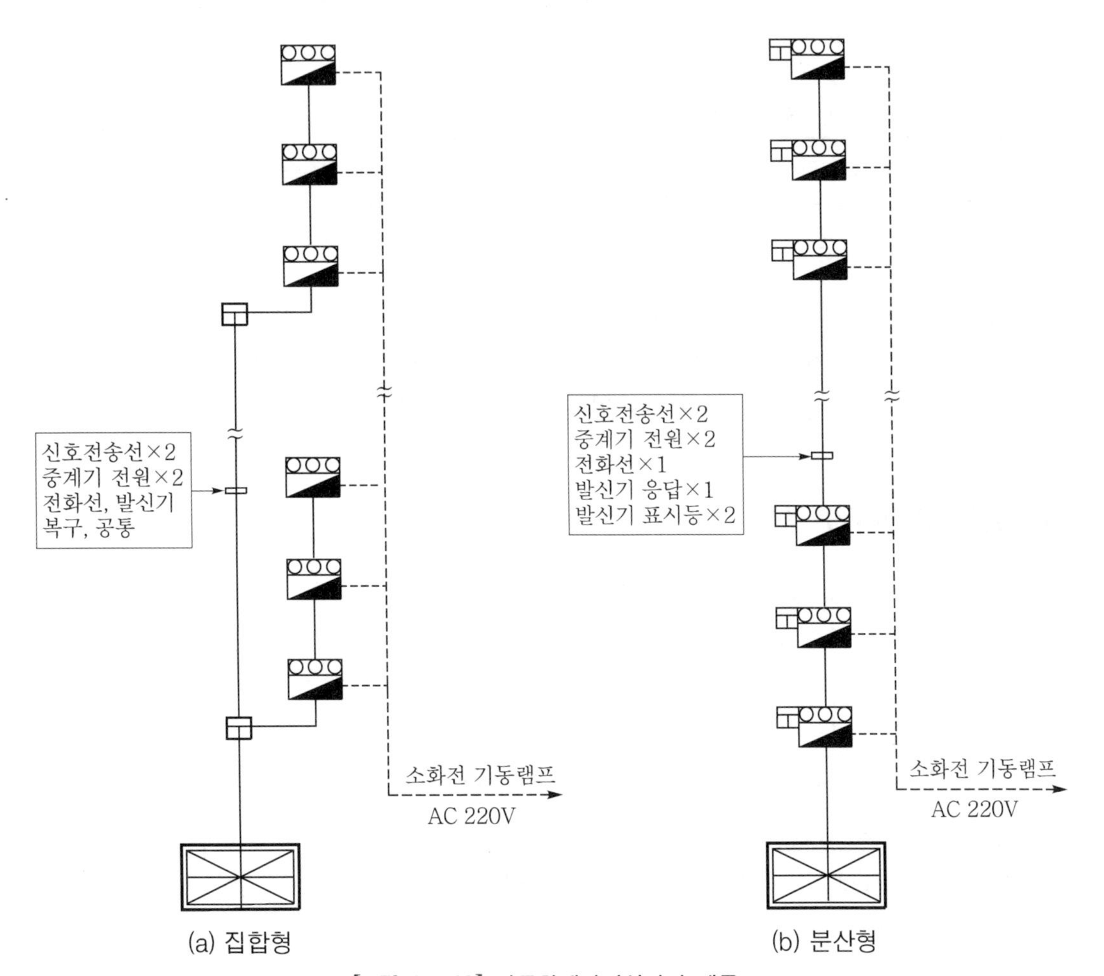

[그림 2-1-33] 자동화재탐지설비의 계통도

❶ 비상방송설비 대상 및 면제

[1] 대상 : 소방시설법 시행령 별표 4

비상방송설비 대상
① 연면적 3,500m^2 이상인 것은 모든 층
② 지상 11층 이상인 것은 모든 층
③ 지하 3층 이상인 것은 모든 층

(주) 위험물저장 및 처리시설 중 가스시설, 사람이 거주하지 않거나 벽이 없는 축사 등 동물 및 식물관련시설, 지하가 중 터널 및 지하구는 제외한다.

[2] 면제 : 소방시설법 시행령 별표 5

비상방송설비를 설치하여야 하는 특정소방대상물에 자동화재탐지설비 또는 비상경보설비와 같은 수준 이상의 음향을 발하는 장치를 부설한 방송설비를 화재안전기준에 적합하게 설치한 경우에는 그 설비의 유효범위 안의 부분에서 설치가 면제된다.

❷ 비상방송설비의 구성

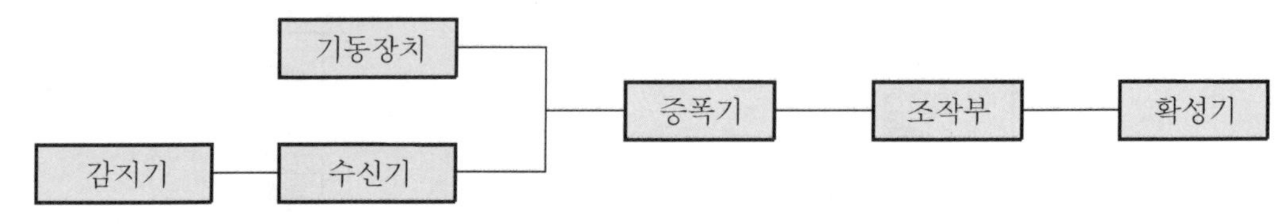

[그림 2-2-1] 비상방송설비 구성도

비상방송설비는 확성기(Speaker), 음량조정기(Attenuator), 증폭기(Amplifier), 조작부(Operation panel), 기동장치 등으로 구성되어 있다.

[1] 확성기(Speaker)

화재 시 음향을 발하는 부분으로, 원리는 플레밍(Flaming)의 왼손법칙에 따라 입력신호에 대한 전기에너지가 운동에너지로 변환하게 되면 이때 스피커의 앞부분이 운동에너지에 따라 진동하게 되며 이러한 스피커의 진동이 공기라는 매질을 통하여 파장형태로 전파되어 청취가 가능한 음으로 전달되는 것이다.

(1) 콘(Cone)형

용량은 보통 3W로 사무실 등의 천장 매입형으로 설치하며, 옥내용으로서 주파수 특성이 좋고 음질이 우수하다.

(2) 혼(Horn)형

용량은 보통 5W로 주차장 등에서 벽이나 기둥에 설치하며, 옥외용으로서 주파수 특성이 나쁘고 음질이 불량하다.

[2] 음량조정기(Attenuator ; ATT)

음량조정기는 가변(可變)저항을 이용하여 전류를 변화시켜 음량(Volume)을 조절하는 장치이다.

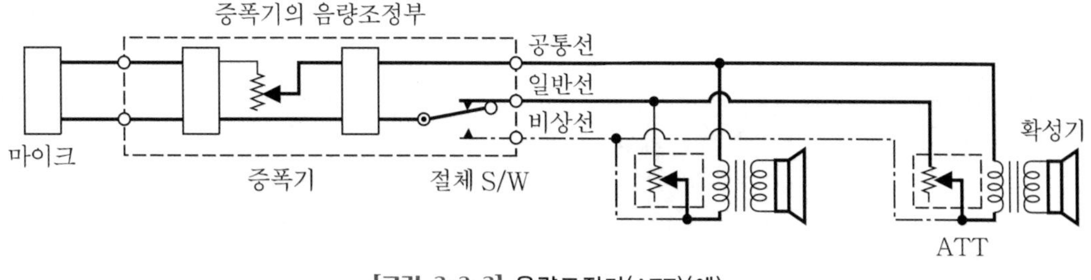

[그림 2-2-2] 음량조정기(ATT)(예)

(1) 평상시

비상방송설비의 경우에도 평소에는 일반방송을 하고 있으므로 재실자가 음량을 조절하여 방송을 청취할 수 있도록 하기 위하여 일부실에는 실별로 ATT(음량조절기)를 설치한다. 그러나 이 경우 각 실에서 음량을 0으로 조절한 상태에서도 화재 시에는 비상방송이 송출되어야 하므로 이를 위하여 [그림 2-2-2]와 같이 3선식으로 배선하고 ATT 내부의 볼륨스위치에는 가변(可變)저항이 설치되어 있다. 이 경우 평소에는 공통선과 일반선을 이용하여 방송을 송출하며 각 실에서 ATT(음량조절기)를 사용하여 필요시 볼륨스위치를 0으로 한 경우는 그림에서 ATT의 화살표에 있는 가변저항 접촉부가 이동하여 저항을 크게 조정함으로써 전류가 감소하게 되어 결국 음량이 줄어들게 된다.

(2) 화재 시

이때 화재가 발생하여 감지기 입력신호가 수신되면 감지기 신호와 연동하여 증폭기 내부의 절체스위치가 작동하게 되며 일반선 단자에서 비상선 단자로 절체되어 공통선과 비상선을 이용한 방송이 송출된다. 이 경우 비상선은 ATT에서 가변저항을 통하지 않고 직접 확성기에 접속되어 있으므로 음량을 0으로 줄인 경우에도 비상방송 송출에는 지장이 없게 된다.

(3) 3선식 배선의 적용

따라서 음량조정장치가 있는 경우는 반드시 "3선식 배선방식(비상선－공통선－일반선)"을 적용하여야 하며 화재 시에는 감지기의 동작신호와 연동하여 릴레이에 의해 방송설비용 스위치가 일반라인에서 비상라인으로 자동 접속되도록 한다.

[3] 증폭기(Amplifier)

(1) 개념

방송을 하기 위하여 마이크에 음성입력을 하는 경우 입력측에 들어가는 적은 신호를 스피커와 같이 출력측에 큰 신호로 변환시키기 위해서는 이를 증폭하여야 하는 장치를 말한다. 즉 입력측에 가해진 신호의 전압, 또는 전력 등을 확대하여 출력측에 큰 에너지의 변화로 출력하는 장치이다.

(2) 종류[11)]

이동형	휴대형	5 ~ 15W 정도
	탁상형	10 ~ 60W 정도
고정형	데스크(Desk)형	30 ~180W 정도
	랙(Rack)형	200W 이상

(3) 개별 특징

이동형	휴대형	• 경량의 증폭기로서 휴대를 목적으로 제작된 것으로 소화활동 시 안내방송 등에 이용된다. • 마이크・증폭기・확성기를 일체화한 경량화된 제품이다.
	탁상형	소규모 방송설비에 사용되며 입력장치로는 마이크・라디오・사이렌・카세트테이프 등을 사용한다.
고정형	데스크형	책상식의 형태로 입력장치로는 랙형과 유사하다.
	랙 형	데스크형과 외형은 같으나 규격화되어 교체・철거・신설이 용이하며 용량의 제한이 없다.

11) 도해 건축전기설비(일본) 井上書院 1993년 p.182

[4] 조작부(Operating panel)

비상방송설비를 제어하고 조작하기 위한 각종 장치가 있는 판넬을 뜻하며 보통 방재센터 내에 증폭기와 조작부가 일체형으로 설치되어 있다.

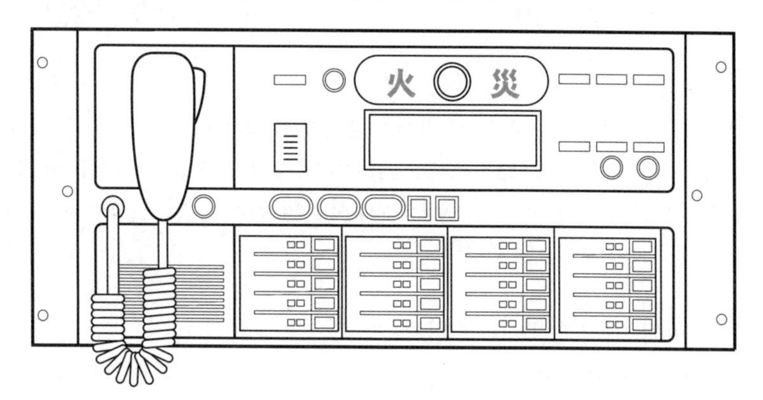

[그림 2-2-3] 조작부(예)

[5] 기동장치

(1) 개념

방송을 기동시켜 주는 장치로서 자동화재탐지설비와 연동되어 자동기동되는 방법과 기동장치를 수동으로 조작하는 수동기동되는 방법이 있다. 이 중 수동식 기동장치란 비상전화와의 연동기동·발신기와 연동기동·누름스위치와의 연동기동의 3가지 방법이 있다. 기동장치란 의미는 원칙적으로 수동식 기동장치를 뜻하는 것으로 일본의 경우는 방송설비가 자동화재탐지설비와 연동되는 경우는 기동장치를 생략할 수 있으나[12] 국내는 이에 대한 상세 기준이 없는 실정이다.

(2) 기준 : NFPC 202(이하 동일) 제4조 9호/NFTC 202(이하 동일) 2.1.1.11

기동장치에 따른 화재신고를 수신한 후 필요한 음량으로 화재발생 상황 및 피난에 유효한 방송이 자동으로 개시될 때까지의 소요시간은 10초 이하로 할 것

① 구 기준에서는 필요한 음량으로만 규정하고 있어 방송 시 전자사이렌 음을 송출할 수도 있었으나 "필요한 음량으로 화재발생 상황 및 피난에 유효한 방송"으로 개정되었으므로 반드시 피난에 필요한 안내방송이 송출되어야 한다.

② 감지기 동작 후 방송이 송출될 때까지의 수신 소요시간은 10초 이하이어야 하며, 자동화재탐지설비 수신기의 경우는 5초(축적형은 60초) 이하로 관련 형식승인 기준에서 규정하고 있다.

12) 동경소방청 사찰편람(査察便覽) 6.4 비상경보설비 6.4.4.3 기동장치 p.2573

3 비상방송설비 기준

[1] 확성기 기준 : 제4조 1호 & 2호(2.1.1.1 & 2.1.1.2)

(1) 확성기의 음성입력은 3W(실내에 설치하는 것에 있어서는 1W) 이상일 것

> ⊡ 확성기의 음성입력
> ① 사무실 등 실내는 보통 천장 매립형으로 3W용 원추(Cone)형을 설치하며, 지하 주차장의 경우 반자가 없으므로 노출로 설치하며 보통 5W용의 혼(Horn)형을 설치한다.
> ② 음성입력으로 규정한 것은 방송되는 메시지의 경우는 발신기와 같이 출력 음량으로 규정하기가 곤란하기 때문이다.

(2) 확성기는 각 층마다 설치하되, 그 층의 각 부분으로부터 하나의 확성기까지의 수평거리가 25m 이하가 되도록 하고, 해당 층의 각 부분에 유효하게 경보를 발할 수 있도록 설치할 것

[2] 음량조정기 기준 : 제4조 3호(2.1.1.3)

음량조정기를 설치하는 경우 음량조정기의 배선은 3선식으로 할 것

[3] 조작부 기준 : NFTC 2.1.1.4 & 2.1.1.5/2.1.1.10 & 2.1.1.11

(1) 조작부의 조작스위치는 바닥으로부터 0.8m 이상 1.5m 이하의 높이에 설치할 것

(2) 조작부는 기동장치의 작동과 연동하여 당해 기동장치가 작동한 층 또는 구역을 표시할 수 있는 것으로 할 것

(3) 증폭기 및 조작부는 수위실 등 상시 사람이 근무하는 장소로서 점검이 편리하고 방화상 유효한 곳에 설치할 것

(4) 하나의 특정소방대상물에 2 이상의 조작부가 설치되어 있는 때에는 각각의 조작부가 있는 장소 상호 간에 동시통화가 가능한 설비를 설치하고, 어느 조작부에서도 당해 소방대상물의 전 구역에 방송을 할 수 있도록 할 것

> ⊡ ① 증폭기(Amplifier)와 조작부(Operating panel)는 원칙적으로 동일 장소에 설치하여야 하며 상시 사람이 근무하는 장소에 있어야 한다.
> ② 위 조항 중 상시 사람이 근무하는 장소란 문귀는 방송설비가 자동화재탐지설비와 동일한 경보설비이므로 NFTC 203(자동화재탐지설비) 2.2.3.1 단서 조항과 같이 "다만, 사람이 상시 근무하는 장소가 없는 경우에는 관계인이 쉽게 접근할 수 있고 관리가 용이한 장소에 설치할 수 있다."를 단서 조항으로 삽입하는 것이 바람직하다. 구 기준에서는 필요한 음량으로만 규정하고 있어 방송 시 전자사이렌 음을 송출할 수도 있었으나 "필요한 음량으로 화재발생 상황 및 피난에 유효한 방송"으로 개정되었으므로 반드시 피난에 필요한 안내방송이 송출되어야 한다.

[4] 경보의 기준

(1) 경보를 발하는 방식 : NFTC 2.1.1.7(2023. 2. 10. 개정)

층수가 11층(공동주택의 경우에는 16층) 이상의 특정소방대상물은 다음의 기준에 따라 경보를 발할 수 있도록 해야 한다.

① 2층 이상의 층에서 발화한 때에는 발화층 및 그 직상 4개층에 경보를 발할 것

② 1층에서 발화한 때에는 발화층·그 직상 4개층 및 지하층에 경보를 발할 것

③ 지하층에서 발화한 때에는 발화층·그 직상층 및 기타의 지하층에 경보를 발할 것

(2) 비상방송과 일반방송의 겸용 시 : 제4조 6호(2.1.1.8)

다른 방송설비와 공용하는 것에 있어서는 화재 시 비상경보외의 방송을 차단할 수 있는 구조로 할 것

⊡ ① 경보의 방식 : 자동화재탐지설비에서 경보의 방식이 개정된 것과 보조를 맞추기 위해 비상방송에서도 우선경보의 경우 발화층 및 직상 4개층으로 하고 자동화재탐지설비와 같이 2023. 2. 10.부터 시행하도록 하였다.

② 비상경보 외의 방송 차단 : 일반방송과 비상방송을 겸하는 설비의 경우는 일반방송으로 방송 중 비상방송의 신호가 입력되면 자동으로 비상방송으로 절환되어야 한다는 의미이다.

[5] 음향장치 기준 : 제4조 10호(2.1.1.12)

음향장치는 다음의 기준에 따른 구조 및 성능의 것으로 해야 한다.

(1) 정격전압의 80% 전압에서 음향을 발할 수 있는 것으로 할 것

(2) 자동화재탐지설비의 작동과 연동하여 작동할 수 있는 것으로 할 것

[6] 화재 시 배선의 안전조치 : 제5조 1호(2.2.1.1)

(1) 기준

화재로 인하여 하나의 층의 확성기 또는 배선이 단락 또는 단선되어도 다른 층의 화재통보에 지장이 없도록 할 것

(2) 해설

방송설비용 확성기(스피커) 배선은 화재 시 화염에 의해 스피커선이 단락되어도 직상층 경보에 지장이 없도록 하기 위하여 층별로 스피커 분기 지점에 퓨즈나 부가장치를 설치하여야 한다. 스피커 배선이 단락될 경우에는 과전류가 흘러 증폭기(앰프)에 충격을 주게 되어 증폭기가 작동불능이 되어 이로 인하여 발화층 및 직상층에 방송 송출이 되지 않을 수 있다. 이에 대한 대책은 다음과 같다.

① 각 층의 스피커 배선에 퓨즈를 설치한다.

설 치	각 층 중계기함, 스피커 단자대에 출력전압에 맞는 퓨즈를 설치한다.
장 점	시공비가 저렴하고, 설치가 용이하다.
단 점	퓨즈 이상 발생 시 단선 여부 확인이 곤란하다. (이를 보완하기 위해 작동확인 LED가 부설된 퓨즈를 설치)

② 각 층별로 앰프 또는 다채널앰프를 설치한다.

설 치	방재실의 비상방송반 증폭기에 설치한다.
장 점	스피커 배선에 별도로 퓨즈를 설치할 필요가 없다.
단 점	앰프 증가에 따른 비용이 증가된다.

③ 별도의 부가장치를 설치한다. 화재 시 스피커 배선이 단락되어도 앰프에 과전류가 흐르는 것을 차단하여 직상층의 방송 송출에 지장이 없도록 하는 부가장치가 다양하게 개발되어 있다.

설 치	소방용 중계기 또는 통신단자함에 설치한다.
장 점	단선이나 단락 시 감지할 수 있는 기능이 있다.
단 점	주로 제조사의 특허용 제품으로 해당 제품을 사용하여야 한다.

[7] 전원회로 배선기준

전원회로의 배선은 NFPC 102(옥내소화전) 표 2.7.2(1)에 따른 내화배선에 따르고, 그 밖의 배선은 NFPC 102(옥내소화전) 표 2.7.2(1) 또는 2.7.2(2)에 따른 내화배선 또는 내열배선에 따를 것

[8] 전원기준 : 제6조(2.3)

비상방송설비의 상용전원은 다음의 기준에 따라 설치해야 한다.

(1) 전원은 전기가 정상적으로 공급되는 축전지, 전기저장장치 또는 교류전압의 옥내간선으로 하고, 전원까지의 배선은 전용으로 할 것

(2) 개폐기에는 "비상방송설비용"이라고 표시한 표지를 할 것

(3) 비상방송설비에는 그 설비에 대한 감시상태를 60분간 지속한 후 유효하게 10분 이상 경보할 수 있는 축전지설비(수신기에 내장하는 경우를 포함한다) 또는 전기저장장치를 설치해야 한다.

자동화재탐지설비 및 시각경보장치(NFPC & NFTC 203)
비상방송설비(NFPC & NFTC 202)

단원문제풀이

01 다음 괄호 속에 알맞은 단어를 기입하시오.

> 광전식 스포트형은 동작방식이 수광부에 입사하는 수광량이 (①)된 것을 검출하므로 일명 (②)식에 의한 감지기이며, 광전식 분리형은 수광량이 (③)한 것을 검출하므로 일명 (④)식에 의한 감지기가 된다.

| 해답 |

① 증가, ② 산란광(散亂光), ③ 감소, ④ 감광(減光)

02 자동화재탐지설비의 비상전원의 용량에 대하여 괄호 속에 알맞은 숫자나 단어를 적으시오.

> 자동화재탐지설비는 그 설비에 대한 감시상태를 (①)분간 지속한 후 유효하게 (②)분 이상 경보할 수 있는 (③)설비(수신기에 내장하는 경우를 포함한다) 또는 (④)를 설치해야 한다. 다만, (⑤)이 (⑥)설비인 경우 또는 (⑦)를 (⑧)으로 사용하는 (⑨)설비인 경우에는 그렇지 않다.

| 해답 |

① 60	② 10	③ 축전지
④ 전기저장장치	⑤ 상용전원	⑥ 축전지
⑦ 건전지	⑧ 주전원	⑨ 무선식

03 소화설비에서 교차회로방식을 적용하지 않는 감지기는 어떠한 감지기인가?

| 해답 |

1. 불꽃감지기
2. 정온식 감지선형 감지기
3. 분포형 감지기
4. 복합형 감지기
5. 광전식 분리형 감지기
6. 아날로그방식의 감지기
7. 다신호방식의 감지기
8. 축적방식의 감지기

04 축적형 감지기를 사용하여야 하는 경우와 사용하지 않는 경우는?

| 해답 |

1. 사용하여야 하는 경우
   ① 지하층·무창층으로 환기가 잘 되지 아니하거나 실내 면적이 40m² 미만인 장소
   ② 감지기의 부착면과 실내 바닥과의 거리가 2.3m 이하인 곳으로서 일시적으로 발생한 열·연기 또는 먼지 등으로 인하여 화재신호를 발신할 우려가 있는 장소
2. 사용하지 않는 경우
   ① 교차회로방식에 사용되는 감지기
   ② 급속한 연소확대가 우려되는 장소에 사용되는 감지기
   ③ 축적기능이 있는 수신기에 연결하여 사용되는 감지기

05 보상식과 열복합형 감지기를 1. 목적, 2. 동작방식(AND 회로 또는 OR 회로), 3. 신호출력(단신호 또는 다신호)방식, 4. 적응성에 대해 상호 비교하시오.

| 해답 |

1. 목적

보상식 감지기	열복합형 감지기(차동식 + 정온식)
실보(失報) 방지가 목적이다.	비화재보 방지가 목적이다.

2. 동작방식

보상식 감지기	열복합형 감지기(차동식 + 정온식)
차동식과 정온식의 OR 회로	• 차동식과 정온식의 AND 회로 → 단신호 • 차동식과 정온식의 OR 회로 → 다신호

3. 신호출력방식

보상식 감지기	열복합형 감지기(차동식 + 정온식)
[단신호] = OR 회로 차동요소와 정온요소 중 어느 하나가 먼저 작동하면 해당하는 동작신호만 출력된다.	AND 회로 = [단신호] OR 회로 = [다신호] • 단신호 : 차동요소와 정온요소가 둘 다 작동할 경우 동작신호가 출력된다. • 다신호 : 두 요소 중 어느 하나가 작동하면 해당하는 동작신호(#1)가 출력되고 이후 또 다른 요소가 작동되면 두 번째 동작신호(#2)가 출력된다.

4. 적응성

보상식 감지기	열복합형 감지기(차동식 + 정온식)
심부성 화재가 예상되는 장소	일시적으로 오동작의 우려가 높은 장소

06 연기감지기 이온화식과 광전식 감지기의 감도에 따른 특성을 연기 입자, 연기의 색상, 파장의 크기에 대해 비교하시오.

| 해답 |

1. 연기 입자
   ① 이온화식은 상대적으로 작은 연기 입자(0.01~0.3μm)인 비가시적 입자에 민감하며, 따라서 표면화재에 적응성이 높다.
   ② 광전식은 입자의 빛에 의한 산란을 이용하는 것이므로 상대적으로 큰 연기 입자(0.3~1μm)인 가시적 입자에 민감하며, 따라서 입자가 큰 훈소화재에 적응성이 높다.
2. 연기의 색상
   ① 이온화식은 연기 입자에 이온이 흡착되는 것에 관계되므로 연기의 색상과는 무관하다.
   ② 광전식은 수광량의 증가를 검출하므로 연기의 색상에 따라 빛이 흡수 또는 반사되는 정도가 다르므로 검은색보다는 흰색의 연기가 감도에 유리하다.
3. 파장의 크기
   ① 파장과 입자의 크기가 같을 때 감도가 최대가 되며, 입자가 크면 광을 흡수하게 되고 입자가 작으면 광이 통과하게 된다.
   ② 비가시적 입자 크기의 최대치인 0.3μm 까지는 이온화식이 민감하며, 0.3μm 이상 가시적 크기의 입자는 광전식이 민감하다. 광전식은 송광부의 발광 다이오드 파장인 0.95μm 를 전후하여 감도가 극대치를 이루고 이보다 적으면 감도가 급격하게 떨어진다.

07 연기감지기 광전식의 경우 스포트형과 분리형의 차이점을 구조, 감지방식, 설치기준, 설치장소, 신뢰도에 대해 서로 비교하시오.

| 해답 |

1. 구조

구분	내용
스포트형	송광부와 수광부가 통합되어 있다.
분리형	송광부와 수광부가 분리되어 있다.

2. 감지방식

구분	내용
스포트형	수광량의 증가를 검출하는 산란광식이다.
분리형	수광량의 감소를 검출하는 감광식이다.

(주) 광전식 스포트형, 공기흡입형=산란광식/분리형 연감지기=감광식(減光式)

3. 설치기준

구분	기준	내용
스포트형	면적기준	4m 미만 : 1종, 2종=1개/150m^2, 3종=1개/50m^2
		4~20m 미만 : 1종, 2종=1개/75m^2
분리형	거리기준	공칭감시거리 5m 이상 ~ 100m 이하

4. 설치장소

스포트형	계단, 피트, 덕트, 승강기 기계실 등과 같은 수직부분 및 복도 등으로 연기의 유통로 부분에 설치
분리형	넓은 공간의 홀, 강당, 체육관 등과 같은 대공간에 설치

5. 신뢰도

스포트형	오동작의 빈도가 높으며 비화재보의 우려가 많아 신뢰도가 낮다.
분리형	오동작의 빈도가 낮으며 비화재보의 우려가 없어 신뢰도가 높다.

08 불꽃감지기의 자외선(UV)과 적외선(IR) 방식의 차이점을 검출 파장, 감도, 연기의 영향, 관리적 측면에 대해 상호 비교하여라.

| 해답 |

1. 검출 파장

UV	IR
0.18~0.26μm의 자외선 파장	적외선 4.35μm (CO_2 공명방사방식)

2. 감도

UV	IR
감도가 높으나 비화재보의 우려가 높다.	감도가 낮으나 비화재보의 우려가 낮다.

3. 연기의 영향

UV	IR
파장이 짧기 때문에 연기 증가 시 급격하게 감도가 저하되며 연기 속에서 불꽃을 감지하지 못한다.	파장이 길기 때문에 연기의 영향을 받지 않으며 연기 속에서 불꽃을 감지할 수 있다.

4. 관리적 측면

UV	IR
투과창이 오손될 경우 감도가 저하되므로 수시로 청소가 필요함(검출 파장의 대역이 좁다).	투과창이 오손되어도 감도기능의 저하가 크지 않다.

09 1층 경비실에 있는 수신기를 지하층에 방재센터를 신설하여 이설하고자 할 경우 수신기의 전원선은 배선 전용실(EPS room)을 이용하여 시공하려고 한다. 이때 다음의 물음에 답하시오.

1. 수신기의 전원선을 수납하여 사용할 수 있는 전선관의 종류는 무엇인가?
2. 배선 전용실을 이용하여 전원선을 시공하고자 할 경우 관련된 필요한 기준을 3가지 쓰시오.

| 해답 |

1. 내화전선이므로 금속관, 2종 금속제 가요전선관, 합성수지관
2. ① 배선 전용실은 내화성능을 갖는 구조일 것
   ② 다른 설비의 배선이 있는 경우 이로부터 15cm 이상 떨어지게 설치할 것
   ③ 소화설비배선과 이웃하는 다른 설비의 배선이 있는 경우, 배선지름(배선의 지름이 다른 경우에는 가장 큰 것을 기준으로 한다)의 1.5배 이상 높이의 불연성 격벽을 설치할 것

10 기존 건축물에서 직상 1개층·발화층 우선 경보로 시공된 경우 각 부호(A~H)에 해당하는 전선수를 기입하라. (단, 전화선은 선택하는 것으로 한다.)

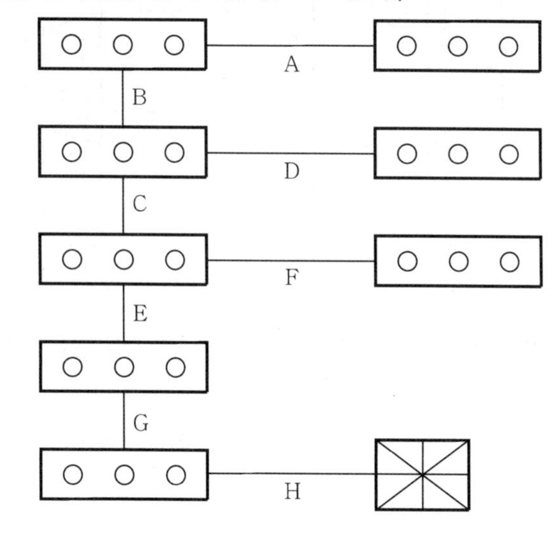

| 해답 |

A=D=F=7, B=8, C=11, E=14, G=16, H=19(H는 공통선 1선을 추가함)

| 해설 |

1. 시작하는 부분은 항상 기본 7선이다(A, D, F).
2. B는 A보다 회로선 1선만 증가됨(경종선은 동일 층이므로 증가 안 됨).
3. C 및 E는 각각 2회로 증가 및 경종선 1선 증가로 총 3선씩 증가됨.
4. G는 1회로 증가 및 경종선 1선 증가로 총 2선 증가됨.
5. H는 1회로 증가, 경종선 1선 증가, 공통선 1선 증가(공통선은 7회로당 1선임)로 총 3선 증가함.
   즉 H=회로선 8선+경종선 5선+공통선 2선+기본 4선=19선

CHAPTER 01
CHAPTER 02
CHAPTER 03
CHAPTER 04
CHAPTER 05

11 칸막이가 없이 개방되어 있는 지상 10층/지하 2층 건축물에 자동화재탐지설비와 비상방송설비를 시공하고자 할 경우 각 번호에 알맞은 답을 적으시오. (단, 주된 출입구에서 내부 전체가 보이는 구조는 아님)

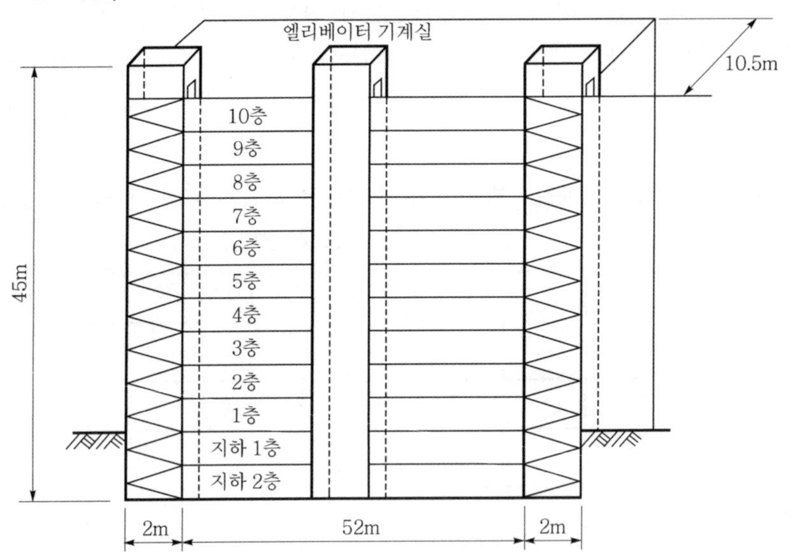

1. 각 층 바닥면적이 동일한 위 건물에 필요한 자동화재탐지설비의 최소경계구역수를 구하시오.
2. 1층의 감지기가 동작할 경우 연동되어 비상방송이 송출되는 층을 모두 적으시오.

| 해답 |

1. 최소경계구역수
   ① 층별 구역수 : 1층의 바닥면적은 $56\times10.5=588\text{m}^2$로 600m^2 이하이나 1변의 길이가 52m로 50m를 초과하므로 2개 구역으로 하여야 한다.
   ∴ 12개층(지하 2층~지상 10층)×2개 구역=24구역
   ② 계단의 경우 별도로 하되 지하 2층의 경우는 지상과 지하층을 구분하여야 한다. 또한 높이 45m 이하로 지상층은 단일구역이다.
   ∴ 계단 2개×2개 구역=4구역
   ③ 엘리베이터 기계실은 별도구역으로 선정하며 높이와 무관하다.
   ∴ 1구역
   답 24구역+4구역+1구역=29개 구역
2. 비상방송 송출
   NFTC 202(비상방송설비) 2.1.1.7의 개정 시행(2023. 2. 10.)에 따라 10층 이하의 건물은 전층경보로 방송송출이 되어야 한다.
   답 지하 2~10층인 전층

12 **다음 내화구조 건물에서 조건을 이용하여 자동화재탐지설비 경계구역의 수 및 건물에 설치하는 감지기 종류별로 수량을 구하라.**

[조건]

1) 지하 2층에서 6층까지의 직통계단은 1개소이다.
2) 각 층은 차동식 스포트형(1종)을 설치한다.
3) 5층 이하는 바닥면적이 630m^{2}이며, 화장실 면적(샤워시설 있음)은 각 층별로 40m^{2}이다.
4) B1, 1층은 반자높이가 4m 이상이며, 기타 층은 반자높이가 4m 미만이다.
5) 복도는 없는 구조이며, 6층 면적은 120m^{2}이다.

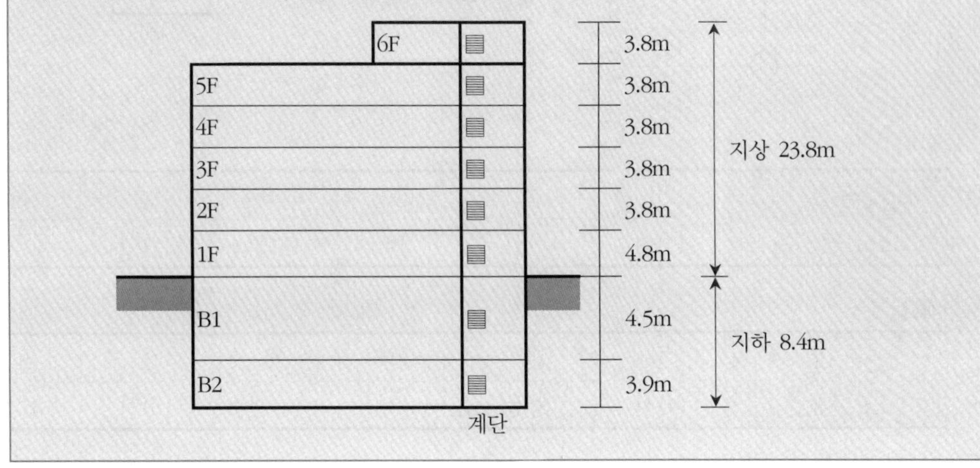

| 해답 |

1. 경계구역 수＝경계구역 수는 각 층의 바닥면적으로 산정한다.
   ① 5층 이하 : 630m^2÷600m^2≒2회로, 층별 2회로×7개층＝14회로
   ② 6층 : 120m^2÷600m^2≒1회로
   ③ 계단 : 지상층 1, 지하층 1(계단은 45m까지 1회로이나, 지하 2층 이상은 별도 회로로 하여야 한다)
   따라서, 총 회로수＝14＋1＋2＝17회로
2. 감지기 수＝감지기 설치면적으로 산정한다. 샤워시설이 있으므로 화장실 면적을 제외한다. 즉, 5층 이하는 630m^2－화장실 40m^2＝590m^{2}로 산정한다.
   ① 차동식
   • 4m 미만(B2층, 2층, 3층, 4층, 5층) : 590÷90≒7개, 층별 7개×5개층＝35개
   • 4m 이상(B1층, 1층) : 590÷45≒14개, 층별 14개×2개층＝28개
   • 6층 : 120÷90≒2개
   따라서, 차동식은 총 65개이다.
   ② 연기식
   • 계단 : 지상 2개(연기), 지하 1개(연기)
   따라서, 감지기 총 수량 : 차동식 65개, 연기식 3개

꼼꼼체크 **연감지기 수량**

연감지기는 수직거리 15m마다 1개씩이므로 지상층 계단은 2개가 필요하다.

13 준비작동식 스프링클러설비에서 기동용 감지기를 A, B의 교차회로 방식으로 아래 그림과 같이 수퍼 비조리 판넬(Supervisory panel)에 결선 시공하였다. 이때 각 구간별로 필요한 감지기 배선 가닥수를 괄호 속에 쓰시오.

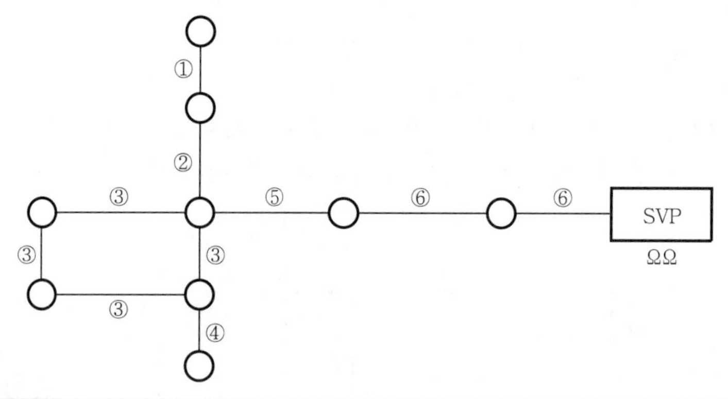

구 간	①	②	③	④	⑤	⑥
소요 전선수	( )선	( )선	( )선	( )선	( )선	( )선

| 해답 |

구 간	①	②	③	④	⑤	⑥
소요 전선수	(4)선	(8)선	(4)선	(4)선	(8)선	(8)선

14 비상방송설비의 앰프와 스피커, 음량조정장치 간의 전선수를 전선에 막대 표시(예 —/—)로 도시하시오. (단, AT는 음량조정기를 뜻함)

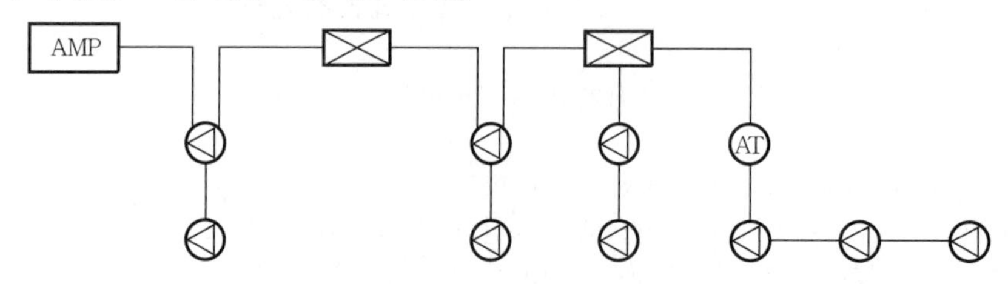

| 해답 |

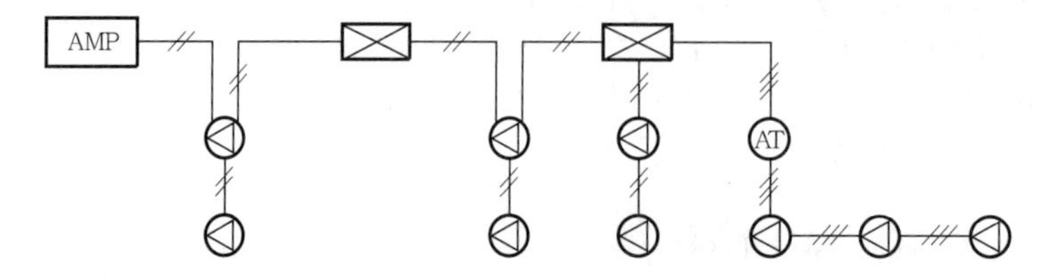

CHAPTER

03

피난구조설비

01 피난기구(NFPC & NFTC 301)

01 적용기준

① 설치대상 : 소방시설법 시행령 별표 4

특정소방대상물	적용기준
모든 특정소방대상물(단, 위험물저장 및 처리시설 중 가스시설·지하가 중 터널 및 지하구는 그렇지 않다)	모든 층(다만, 피난층·1층·2층·층수가 11층 이상의 층은 제외)(주)

(주) 노유자시설 중 피난층이 아닌 지상 1층과 피난층이 아닌 2층은 제외한다.

꼼꼼체크 ▮ 노유자시설의 적용

피난층, 1층, 2층, 11층 이상의 층은 피난기구 설치대상이 아니나 노유자시설의 경우는 1층과 2층이 피난층일 경우에만 피난기구를 제외한다는 의미이다.

② 제외대상 : NFTC 301 2.2

다음의 어느 하나[(1)부터 (7)까지를 의미함]에 해당하는 특정소방대상물 또는 그 부분에는 피난기구를 설치하지 않을 수 있다. 다만, NFTC 2.1.2.2에 따라 숙박시설(휴양콘도미니엄을 제외한다)에 설치되는 완강기 및 간이완강기의 경우에는 그렇지 않다.

꼼꼼체크 ▮ 간이완강기

숙박시설에 설치하는 간이완강기는 다음 (1)~(7)의 제외대상에 해당할 경우에도 이를 설치하여야 한다. 다만, 휴양콘도미니엄의 경우는 제외대상에 해당될 경우 설치하지 아니한다.

(1) 다음의 기준에 적합한 층 : 다음의 모두를 만족해야 함.

① 주요구조부가 내화구조로 되어 있어야 할 것

② 실내에 면하는 부분의 마감이 불연재료·준불연재료 또는 난연재료로 되어 있고 방화구획이 건축법 시행령 제46조의 규정에 적합하게 구획되어 있어야 할 것

꼼꼼체크 ▌ 건축법 시행령 제46조

건축물의 층별, 면적별, 용도별 방화구획에 대한 조항임.

③ 거실의 각 부분으로부터 직접 복도로 쉽게 통할 수 있어야 할 것

④ 복도에 2 이상의 특별피난계단 또는 피난계단이 건축법 시행령 제35조의 규정에 적합하게 설치되어 있어야 할 것

꼼꼼체크 ▌ 건축법 시행령 제35조

피난계단 및 특별피난계단의 대상 및 기준에 관한 조항임.

⑤ 복도의 어느 부분에서도 2 이상의 방향으로 각각 다른 계단에 도달할 수 있어야 할 것

꼼꼼체크 ▌ 양방향 피난

위의 ⑤에 해당하는 구조를 양방향 피난이 가능한 구조라고 칭한다.

(2) 다음의 기준에 적합한 특정소방대상물 중 그 옥상의 직하층 또는 최상층(단, 문화 및 집회시설, 운동시설 또는 판매시설을 제외한다)

① 주요구조부가 내화구조로 되어 있어야 할 것

② 옥상의 면적이 1,500m^2 이상이어야 할 것

③ 옥상으로 쉽게 통할 수 있는 창 또는 출입구가 설치되어 있어야 할 것

④ 옥상이 소방 사다리차가 쉽게 통행할 수 있는 도로(폭 6m 이상) 또는 공지(공원 또는 광장 등을 말한다)에 면하여 설치되어 있거나, 옥상으로부터 피난층 또는 지상으로 통하는 2 이상의 피난계단 또는 특별피난계단이 건축법 시행령 제35조의 규정에 적합하게 설치되어 있어야 할 것

(3) 주요구조부가 내화구조이고 지하층을 제외한 층수가 4층 이하이며, 소방 사다리차가 쉽게 통행할 수 있는 도로 또는 공지에 면하는 부분에 영(令) 제2조 1호 각 목의 기준에 적합한 개구부가 2 이상 설치되어 있는 층(단, 문화집회 및 운동시설·판매시설 및 영업시설 또는 노유자시설의 용도로 사용되는 층으로서 그 층의 바닥면적이 1,000m^2 이상인 것을 제외한다)

꼼꼼체크 **기준에 적합한 개구부**

1. 영 제2조 1호의 기준에 적합한 개구부란 다음의 각각을 모두 만족하는 개구부(건축물에서 채광·환기·통풍 또는 출입 등을 위하여 만든 창·출입구, 그 밖에 이와 비슷한 것)를 말한다.
2. 소방시설법 시행령 제2조 1호
   ① 개구부의 크기가 지름 50cm 이상의 원이 내접할 수 있을 것
   ② 그 층의 바닥면으로부터 개구부 밑부분까지의 높이가 1.2m 이내일 것
   ③ 도로 또는 차량이 진입할 수 있는 빈터를 향할 것
   ④ 화재 시 건물로부터 쉽게 피난할 수 있도록 창살 그 밖의 장애물이 설치되지 아니할 것
   ⑤ 내부 또는 외부에서 쉽게 부수거나 열 수 있을 것

(4) 갓복도식 아파트 또는 건축법 시행령 제46조 4항에 해당하는 구조 또는 시설을 설치하여 인접(수평 또는 수직) 세대로 피난할 수 있는 아파트

꼼꼼체크 **건축법 시행령 제46조 4항에 해당하는 구조 또는 시설**

인접 세대와 공동으로 또는 각 세대별로 설치된 요건을 모두 갖춘 대피공간

(5) 주요구조부가 내화구조로서 거실의 각 부분으로부터 직접 복도로 피난할 수 있는 학교(강의실 용도로 사용되는 층에 한한다)

(6) 무인공장 또는 자동창고로서 사람의 출입이 금지된 장소(관리를 위하여 일시적으로 출입하는 장소를 포함한다)

(7) 건축물의 옥상부분으로서 거실에 해당하지 아니하고 건축법 시행령(시행령 제119조 1항 9호)에 해당하여 층수로 산정된 층으로 사람이 근무하거나 거주하지 않는 장소

❸ 감소대상 : NFTC 301 2.3

피난기구를 감소할 수 있는 조건은 다음의 (1)~(3)의 3가지 방법이 있다.

(1) 다음의 기준에 적합한 층에는 규정에 따른 피난기구의 1/2을 감소할 수 있다. 이 경우 설치하여야 할 피난기구의 수에 있어서 소수점 이하의 수는 1로 한다.
   ① 주요구조부가 내화구조로 되어 있을 것
   ② 직통계단이 피난계단 또는 특별피난계단으로 2 이상 설치되어 있을 것

(2) 주요구조부가 내화구조이고 다음의 기준에 적합한 건널복도가 설치되어 있는 층에는 규정에 따른 피난기구 수에서 당해 건널복도 수의 2배수를 뺀 수로 한다.
   ① 내화구조 또는 철골조로 되어 있을 것

② 건널복도 양단의 출입문에 자동폐쇄장치를 한 60분+방화문 또는 60분 방화문(방화셔터를 제외한다)이 설치되어 있을 것
③ 피난·통행 또는 운반의 전용 용도일 것

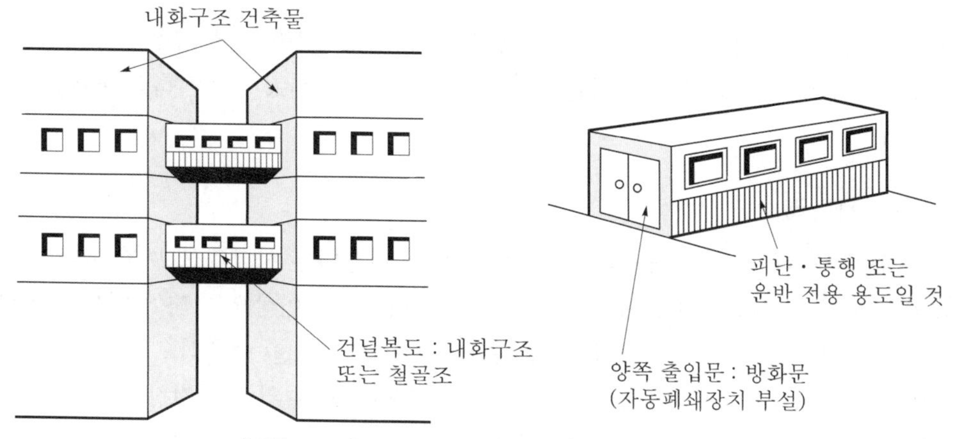

[그림 3-1-1] 감소대상의 건널복도가 설치된 경우

(3) 다음의 기준에 적합한 노대(露臺)가 설치된 거실의 바닥면적은 규정에 따른 피난기구의 설치개수 산정을 위한 바닥면적 산정에서 이를 제외한다.
① 노대를 포함한 소방대상물의 주요구조부가 내화구조일 것
② 노대가 거실의 외기에 면하는 부분에 피난상 유효하게 설치되어 있어야 할 것
③ 노대가 소방 사다리차가 쉽게 통행할 수 있는 도로 또는 공지에 면하여 설치되어 있거나, 또는 거실부분과 방화구획되어 있거나 또는 노대에 지상으로 통하는 계단 그 밖의 피난기구가 설치되어 있어야 할 것

꼼꼼체크 | 노대(露臺)

특별피난계단 구조에서 부속실의 일종인 발코니(Balcony)로서 직접 옥외에 면하여 있는 공간을 말한다.

02 피난기구의 종류

❶ 피난사다리

피난사다리란 형식승인 기준[1]에 의하면 화재 시 긴급대피에 사용하는 사다리로서 고정식·

1) 피난사다리의 형식승인 및 제품검사의 기술기준(소방청 고시)

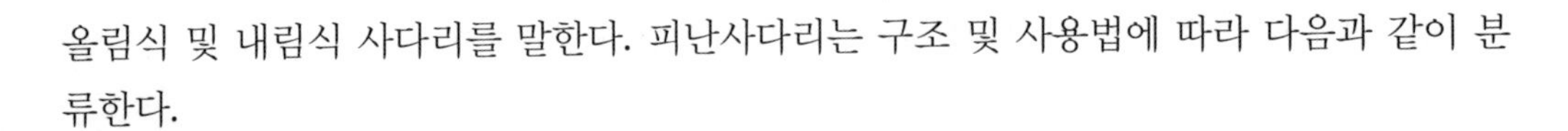

올림식 및 내림식 사다리를 말한다. 피난사다리는 구조 및 사용법에 따라 다음과 같이 분류한다.

[1] 고정식 사다리

고정식 사다리란 상시 사용할 수 있도록 소방대상물의 벽면 등에 고정되어 있는 것으로 구조상 ① 수납식(收納式), ② 접는식(=일명 절첩식 ; 折疊式), ③ 신축식(伸縮式)으로 분류한다.

[2] 올림식 사다리

올림식 사다리란 소방대상물 등에 기대어 세워서 사용하는 사다리로 보통 사다리의 상부 지지점을 걸고 올려 받쳐서 사용하는 것이다. 형태는 2단 이상으로 되어 있으며 형식승인 기준상 중량은 35kg 이하이어야 하며, 구조상 ① 접는식, ② 신축식으로 분류한다. 상부 지지점에는 미끄러지거나 또는 넘어지지 아니하도록 하기 위한 안전장치와 하부 지지점에는 미끄럼방지장치를 설치하여야 한다.

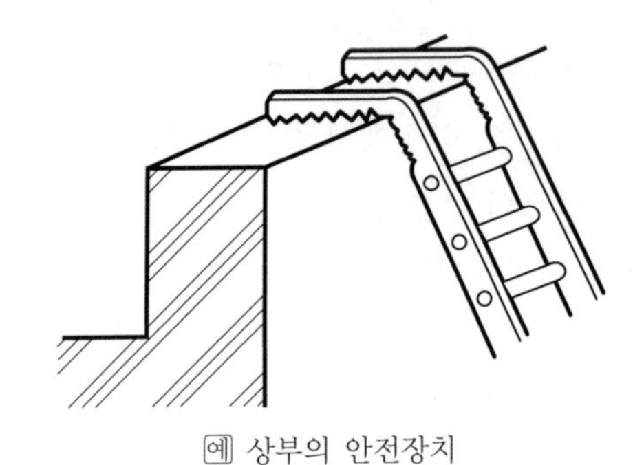

예 상부의 안전장치

[그림 3-1-2] 올림식 사다리

[3] 내림식 사다리

(1) 내림식 사다리란 평상시에는 접어둔 상태로 두었다가 사용 시에는 견고한 부분에 걸어 내린 후 사용하는 것으로 형식승인 기준상 중량은 20kg 이하이어야 하며, 세로봉의 재질이나 구조에 따라 ① 와이어 로프(Wire rope)식, ② 체인(Chain)식, ③ 하향식 피난구용 내림식 사다리 등으로 분류할 수 있다.

(2) 하향식 피난구용 내림식 사다리는 피난구 해치(Hatch ; 피난사다리를 항상 사용 가능한 상태로 넣어 두는 장치)에 격납(格納)하여 보관하고 사용 시에는 사다리 등이 소방대상물과 접촉되지 아니하는 내림식 사다리를 말하며, 이는 NFPC 301(이하 동일) 제5조 3항 9호 / NFTC 301(이하 동일) 2.1.3.9에서 설치기준을 규정하고 있다.

❷ 완강기(緩降機)

[1] 개념

완강기에는 일반완강기와 간이완강기가 있다. 일반완강기란 지지대에 걸어서 사용자의 몸무게에 의하여 자동적으로 내려올 수 있는 기구로 사용자가 교대하여 연속적으로 사용할 수 있으며, 간이완강기란 지지대 또는 단단한 물체에 걸어서 사용자의 몸무게에 의하여 자동적으로 내려올 수 있는 기구이나 사용자가 교대하여 연속적으로 사용할 수 없는 일회용의 것을 말한다.

[2] 구성요소

완강기란 사용자가 자중(自重)에 의해 자동적으로 하강할 수 있는 것으로서, 속도조절기(일명 조속기 ; 調速器) · 로프 · 벨트 · 훅(속도조절기의 연결부) · 완강기 지지대 등으로 구성되어 있다.

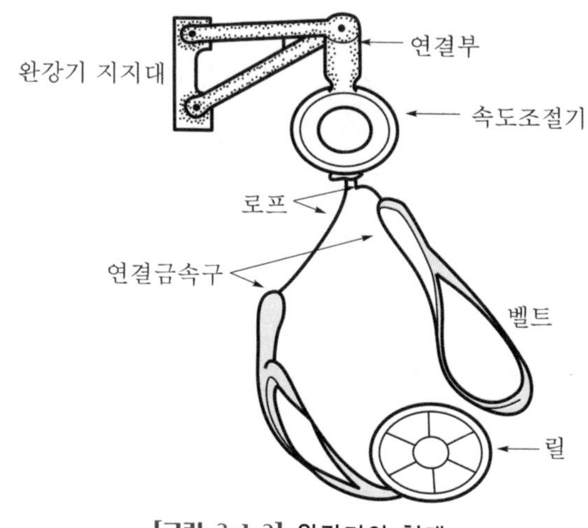

[그림 3-1-3] 완강기의 형태

❸ 다수인 피난장비

다수인 피난장비는 화재 시 2인 이상의 피난자가 동시에 해당 층에서 지상 또는 피난층으로 하강하는 피난기구를 말한다. 이는 완강기와 같이 외벽을 통하여 피난자의 자중에 의하여 하강하되 2인 이상이 동시에 함께 사용하는 장비이다. 다수인 피난장비는 국내에서 개발된 제품으로 피난기구에는 최대사용길이 또는 높이 및 최대사용자수 및 최대사용하중을 반드시 표기하도록 규정하고 있다.

[1] 구성요소

(1) 피난장비 본체

로프・속도조절기구(조속기)・벨트로 구성되어 있다.

(2) 고정지지대

피난장비를 건물의 구조체에 고정시키는 기구를 말한다.

(3) 벨트

피난장비 사용자가 겨드랑이 등에 끼워 양손을 놓아도 안전하게 하강할 수 있게 사용자를 잡아주는 기구를 말한다.

(4) 보호대

피난장비를 사용하여 하강하는 때에 화염 등으로부터 사용자를 보호하기 위한 바지형태 등의 기구를 말한다.

(5) 탑승장치

피난장비를 사용하여 하강하는 때에 화염 등으로부터 사용자를 보호하기 위한 캐빈(Cabin) 형태의 기구를 말한다.

[2] 관련 기준 : 제5조 3항 8호(2.1.3.8)

다수인 피난장비는 다음에 적합하게 설치할 것

(1) 피난에 용이하고 안전하게 하강할 수 있는 장소에 적재 하중을 충분히 견딜 수 있도록 "건축물의 구조기준 등에 관한 규칙" 제3조에서 정하는 구조안전의 확인을 받아 견고하게 설치할 것

(2) 다수인 피난장비 보관실은 건물 외측보다 돌출되지 아니하고, 빗물・먼지 등으로부터 장비를 보호할 수 있는 구조일 것

(3) 사용 시에 보관실 외측 문이 먼저 열리고 탑승기가 외측으로 자동으로 전개될 것

(4) 하강 시에 탑승기가 건물 외벽이나 돌출물에 충돌하지 않도록 설치할 것

(5) 상・하층에 설치할 경우에는 탑승기의 하강경로가 중첩되지 않도록 할 것

(6) 하강 시에는 안전하고 일정한 속도를 유지하도록 하고 전복, 흔들림, 경로이탈 방지를 위한 안전조치를 할 것

(7) 보관실의 문에는 오작동 방지조치를 하고, 문 개방 시에는 당해 소방대상물에 설치된 경보설비와 연동하여 유효한 경보음을 발하도록 할 것

(8) 피난층에는 해당 층에 설치된 피난기구가 착지에 지장이 없도록 충분한 공간을 확보할 것

(9) 한국소방산업기술원 또는 성능시험기관으로 지정받은 기관에서 그 성능을 검증받은 것으로 설치할 것

4 구조대(救助袋)

구조대는 3층 이상의 층에 설치하고 비상 시 건축물의 창, 발코니 등에서 지상까지 포대(布袋)를 사용하여 그 포대 속을 활강하는 피난기구이다.

구조대는 경사강하식(일명 사강식 ; 斜降式)과 수직강하식(일명 수강식 ; 垂降式)의 2종류가 있다.[2)]

[1] 종류

(1) 경사강하식 구조대(사강식)

건축물의 개구부에서 지상으로 비스듬하게 고정시키거나 설치하여 사용자가 그 각도에 의해 미끄럼식으로 내려올 수 있는 구조대이다.

(2) 수직강하식 구조대(수강식)

건축물의 개구부에서 지상으로 수직으로 설치하는 것으로서 일정한 간격으로 설치한 협축부(狹縮部)에 의한 마찰로 하강속도를 감속시키는 구조대이다.

[2] 구성요소

(1) 경사강하식 구조대

구조는 취부틀(상부 설치금구), 구조대 본체, 낙하방지장치, 하부지지장치, 유도선, 수납함 등으로 구성되어 있다.

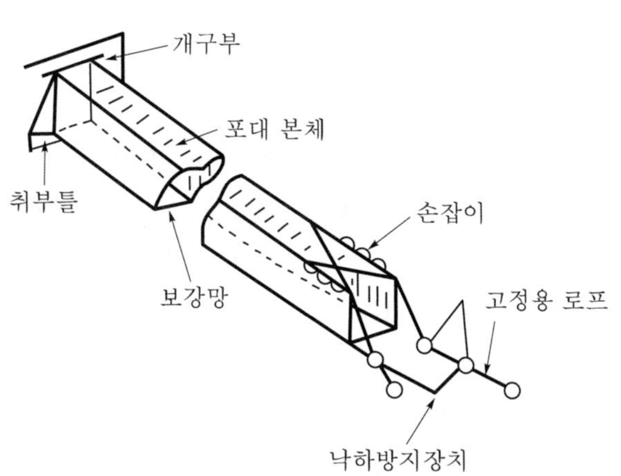

[그림 3-1-4] 경사강하식 구조대(각형)(예)

2) 구조대의 형식승인 및 제품검사의 기술기준(소방청 고시)

(2) **수직강하식 구조대**

개구부에서 수직으로 포대를 하강하고 그 속으로 하강 피난하는 구조대로서, 포대의 협착 작용에 의한 마찰로 감속하는 방식과 나선상으로 감속하는 방식이 있다. 구조는 구조대 본체, 취부틀, 하부캡슐로 되어 있으며 하부는 지면에서 떨어져서 고정하지 않는다. 따라서 하부지지장치, 유도선은 불필요하며 하강공간은 좁아도 된다.

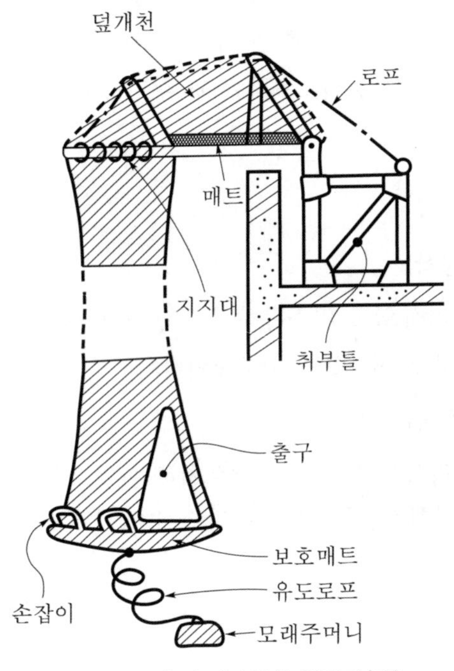

[그림 3-1-5] 수직강하식 구조대(예)

5 승강식 피난기

[1] 개념

대피실 안에 설치된 승강식 피난기를 이용하여 아래층으로 피난하는 장비로, 피난자가 승강장치에 오르면 자중(自重)으로 아래층으로 하강하며 탑승자가 아래층에서 바닥면에 내리면 무동력으로 피난기가 다시 윗층으로 상승하여 윗층의 다음 피난자가 사용할 수 있도록 한 피난기구이다. 승강식 피난기는 2대를 1조로 좌우측에 설치하여 피난자가 층마다 좌측과 우측의 피난기를 교대로 사용하여 지그재그 방향으로 탑승과 하강을 반복하면서 피난층으로 피난하도록 되어 있다. 따라서 대피실 안은 최상층부터 피난층까지 승강식 피난기가 통과하여야 하므로 상하층이 전부 관통되는 구조이어야 한다.

[2] 관련 기준 : 제5조 3항 9호(2.1.3.9)

승강식 피난기는 하향식 피난구용 내림식 사다리와 같이 대피실을 만든 후 사용하는 피난기구이며, 관련 기준은 하향식 피난구용 내림식 사다리와 동일하므로 이를 참고하도록 한다. 승강식 피난기에 대해서는 "승강식 피난기의 성능인증 및 제품검사 기술기준(소방청 고시)"이 제정되어 있다.

6 공기안전매트

[1] 개념

공기안전매트는 화재발생 시 사람이 건물 내에서 외부로 뛰어내릴 때 충격을 흡수하여 안전하게 지상에 도달할 수 있도록 포지에 공기를 주입하는 구조로 된 인명구조장비이다.

[2] 종류

공기안전매트는 공기주입방법에 따라 실린더 방식과 송풍기 방식의 2종류로 구분한다.

(1) 실린더 방식

압축공기용 실린더를 공기안전매트의 공기주입 잭을 이용하여 주입시켜 사용하는 것으로 신속하게 사용할 수 있는 장점이 있다.

(2) 송풍기 방식

외부의 전원을 이용하여 휴대용 송풍기를 가동시켜 공기안전매트에 공기를 주입하는 방식으로 반드시 인근에 전원을 공급할 수 있는 단자가 있어야 한다.

CHAPTER 01
CHAPTER 02
CHAPTER 03
CHAPTER 04
CHAPTER 05

03 피난기구의 화재안전기준

1 피난기구의 적응성

피난기구는 NFTC 표 2.1.1에 따라 특정소방대상물의 설치장소별로 그에 적응하는 종류의 것으로 설치하여야 한다(NFTC 표 2.1.1).

[표 3-1-1] 특정소방대상물의 설치장소별 피난기구의 적응성(NFTC 표 2.1.1)

층 별 / 설치장소별 구분	1층	2층	3층	4~10층
노유자시설	미끄럼대・구조대・피난교・다수인 피난장비・승강식 피난기			구조대(주 1)・피난교・다수인 피난장비・승강식 피난기

층 별 / 설치장소별 구분	1층	2층	3층	4~10층
의료시설・근린생활시설 중 입원실이 있는 의원・접골원・조산원	–	–	미끄럼대・구조대・피난교・피난용 트랩・다수인 피난장비・승강식 피난기	구조대・피난교・피난용 트랩・다수인 피난장비・승강식 피난기
다중이용업소로서 영업장의 위치가 4층 이하인 다중이용업소	–	미끄럼대・피난사다리・구조대・완강기・다수인 피난장비・승강식 피난기		
그 밖의 것	–	–	미끄럼대・피난사다리・구조대・완강기・피난교・피난용 트랩・간이완강기(주 2)・공기안전매트(주 3)・다수인 피난장비・승강식 피난기	피난사다리・구조대・완강기・피난교・간이완강기(주 2)・공기안전매트(주 3)・다수인 피난장비・승강식 피난기

㈜ 1. 구조대의 적응성은 장애인 관련시설로서 주된 사용자 중 스스로 피난이 불가한 자가 있는 경우 제4조 2항 4호에 따라 추가로 설치하는 경우에 한한다.

2 & 3. 간이완강기의 적응성은 제4조 2항 2호에 따라 숙박시설의 3층 이상에 있는 객실에, 공기안전매트의 적응성은 제4조 2항 3호에 따라 공동주택(공동주택관리법 제2조 1항 2호 가목부터 라목까지 중 어느 하나에 해당하는 공동주택)에 추가로 설치하는 경우에 한한다.

꼼꼼체크 ▌ 공동주택관리법 시행령 제2조 1항 2호 가~라목

의무관리대상 공동주택이란, 해당 공동주택을 전문적으로 관리하는 자를 두고 자치의결기구를 의무적으로 구성하여야 하는 일정한 의무가 부과되는 아파트를 말하며, 다음 중 어느 하나에 해당하는 공동주택이다.

① 300세대 이상의 공동주택
② 150세대 이상으로서 승강기가 설치된 공동주택
③ 150세대 이상으로서 중앙 집중식 난방방식(지역난방방식을 포함)의 공동주택
④ 건축법 제11조에 따른 건축허가를 받아, 주택 외의 시설과 주택을 동일 건축물로 건축한 건물로서 주택이 150세대 이상인 건축물

→ 피난층이나 1층의 경우는 피난기구를 사용할 필요가 없는 높이이며 11층 이상 고층의 경우에는 피난기구를 개인이 사용하여 인위적으로 피난하기에는 부적절하므로 이를 제외한 것이다. 다만, 장애인 등이 이용하는 노유자시설의 경우는 1층이나 2층의 경우도 피난기구를 설치하여야 한다.

❷ 피난기구의 설치수량

피난기구는 다음의 기준에 따른 개수 이상을 설치해야 한다.

[1] 기본 설치수량 : 제5조 2항 1호(2.1.2.1)

층마다 설치하되, 특정소방대상물의 종류에 따라 그 층의 용도 및 바닥면적을 고려하여 한 개 이상 설치하며, 시행령 별표 2 제1호 가목의 아파트등에 있어서는 각 세대마다 한 개 이상 설치할 것

[표 3-1-2] 피난기구 기본 설치기준

소방대상물	설치수량
① 숙박시설·노유자시설 및 의료시설로 사용되는 층	1개 이상/그 층의 바닥면적 500m²마다
② 위락시설·문화집회 및 운동시설·판매시설로 사용되는 층 또는 복합용도의 층(주)	1개 이상/그 층의 바닥면적 800m²마다
③ 계단실형 아파트	1개 이상/각 세대마다
④ 그 밖의 용도의 층	1개 이상/그 층의 바닥면적 1,000m²마다

(주) 복합용도의 층 : 하나의 층이 「소방시설법 시행령」 별표 2의 1호 내지 4호 또는 8호 내지 18호 중 2 이상의 용도로 사용되는 층을 말한다.

(저자 주) 개정된 용도별 분류(시행령 별표 2)에 따르면 "문화집회 및 운동시설"은 "문화 및 집회시설"과 "운동시설"로 분류한다.

[2] 추가 설치수량 : 제5조 2항 2호 & 3호(2.1.2.2 & 2.1.2.3)

[표 3-1-3] 피난기구 추가 설치기준

소방대상물	피난기구	적 용
숙박시설 (휴양콘도미니엄 제외)	완강기 또는 둘 이상의 간이완강기를 추가 설치	객실마다 설치
공동주택(주)	공기안전매트×1개 이상을 추가로 설치할 것	하나의 관리주체가 관리하는 공동주택구역마다 설치(다만, 옥상으로 피난이 가능하거나 인접 세대로 피난할 수 있는 구조인 경우에는 추가로 설치하지 않을 수 있다)

(주) 공동주택은 공동주택관리법 시행령 제2조 1항 2호 가~라목 중 어느 하나에 해당하는 공동주택에 한한다.

❸ 피난기구의 설치기준

[1] 설치위치 : 제5조 3항 1호 & 2호(2.1.3.1 & 2.1.3.2)

(1) 피난기구는 계단·피난구 기타 피난시설로부터 적당한 거리에 있는 안전한 구조로 된 피난 또는 소화활동상 유효한 개구부(가로 0.5m 이상, 세로 1m 이상인 것을 말한다. 이 경우 개구부 하단이 바닥에서 1.2m 이상이면 발판 등을 설치하여야 하고, 밀폐된 창문은 쉽게 파괴할 수 있는 파괴장치를 비치하여야 한다)에 고정하여 설치하거나 필요할 때에만 신속하고 유효하게 설치할 수 있는 상태에 둘 것

> ⊡ 발판을 설치하는 개구부 하단의 바닥에서 높이 1m는 1.2m 이상으로 2010. 12. 27. 개정되었다.

(2) 피난기구를 설치하는 개구부는 서로 동일 직선상이 아닌 위치에 있을 것. 다만, 피난교·피난용 트랩·간이완강기·아파트에 설치되는 피난기구(다수인 피난장비는 제외한다)·기타 피난상 지장이 없는 것에 있어서는 그렇지 않다.

[2] 설치 일반기준 : 제5조 3항 3호~7호(2.1.3.3~2.1.3.7)

(1) 피난기구는 특정소방대상물의 기둥·바닥·보, 기타 구조상 견고한 부분에 볼트조임·매입·용접 기타의 방법으로 견고하게 부착할 것

> ⊡ 피난기구는 벽에만 부착하는 것이 아니라 사용자가 피난 및 사용에 지장이 없다면 필요시에는 바닥이나 천장에 부착하여 사용할 수도 있다.

(2) 4층 이상의 층에 피난사다리(하향식 피난구용 내림식 사다리는 제외한다)를 설치하는 경우에는 금속성 고정사다리를 설치하고 당해 고정사다리는 쉽게 피난할 수 있는 구조의 노대를 설치할 것

(3) 완강기는 강하 시 로프가 소방대상물과 접속하여 손상되지 않도록 하고 로프의 길이는 부착위치에서 지면 기타 피난상 유효한 착지면(着地面)까지의 길이로 할 것

(4) 미끄럼대는 안전한 강하속도를 유지하도록 하고, 전락방지를 위한 안전조치를 할 것

> **꼼꼼체크 ▌ 전락방지**
>
> 전락(轉落)이란 일본식 표현으로 우리식 표현은 추락방지이다.

(5) 구조대의 길이는 피난상 지장이 없고 안전한 강하속도를 유지할 수 있는 길이로 할 것

[3] 설치위치 표시 : NFTC 2.1.4

피난기구를 설치한 장소에는 가까운 곳의 보기 쉬운 곳에 피난기구의 위치를 표시하는 발광식 또는 축광식 표지와 그 사용방법을 표시한 표지(외국어 및 그림 병기)를 부착할 것

(1) 방사성 물질을 사용하는 위치표지는 쉽게 파괴되지 아니하는 재질로 처리할 것

(2) 축광식 표지는 소방청장이 정하여 고시한 "축광표지의 성능인증 및 제품검사의 기술기준"에 적합해야 한다.

1. 방사성 물질의 표지판

   방사성 물질을 사용하는 표지판은 발암성이 있는 관계로 현재 사용하지 않고 있으므로 삭제되어야 한다.

2. 축광표지의 성능인증 및 제품검사의 기술기준

   ① 위치표지는 주위 조도 0lx에서 60분간 발광 후 직선거리 10m 떨어진 위치에서 보통 시력으로 표시면의 문자 또는 화살표 등을 쉽게 식별할 수 있는 것으로 할 것

   ② 위치표지의 표시면은 쉽게 변형·변질 또는 변색되지 아니할 것

   ③ 위치표지의 표시면의 휘도는 주위 조도 0lx에서 60분간 발광 후 $7mcd/m^2$로 할 것

   ※ 조도(照度)의 단위는 (lx)이며, 광도(光度)의 단위는 (cd)이다.

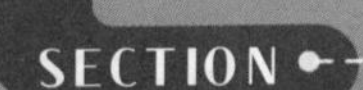

SECTION 02 유도등 및 유도표지설비 (NFPC & NFTC 303)

01 개 요

1 설치대상 : 소방시설법 시행령 별표 4

[1] 피난구유도등·통로유도등 및 유도표지

모든 특정소방대상물. 다만, 다음의 어느 하나에 해당하는 경우는 제외한다.

(1) 동물 및 식물 관련시설 중 축사로서 가축을 직접 가두어 사육하는 부분

(2) 지하가 중 터널

[2] 객석유도등

다음의 어느 하나에 해당하는 특정소방대상물에 설치한다.

(1) 유흥주점영업시설(단, 유흥주점영업 중 손님이 춤을 출 수 있는 무대가 설치된 카바레, 나이트클럽 또는 그 밖의 이와 비슷한 영업시설만 해당한다)

(2) 문화 및 집회시설

(3) 종교시설

(4) 운동시설

> **꼼꼼체크 I 유흥주점영업**
>
> 주로 주류를 조리·판매하는 영업으로서 유흥종사자를 두거나 유흥시설을 설치할 수 있고 손님이 노래를 부르거나 춤을 추는 행위가 허용되는 영업

[3] 피난유도선 : 다중이용업법 시행령 별표 1의 2

영업장 내부 피난통로 또는 복도가 있는 다중이용업법의 영업장에는 피난유도선을 설치하여야 한다.

❷ 제외대상 : NFPC 303(이하 동일) 제11조/NFTC 303(이하 동일) 2.8

다음의 어느 하나에 해당하는 경우에는 유도등을 설치하지 아니한다.

[1] 피난구유도등

(1) 바닥면적이 1,000m^2 미만인 층으로서 옥내로부터 직접 지상으로 통하는 출입구(외부의 식별이 용이한 경우에 한한다)

(2) 대각선 길이가 15m 이내인 구획된 실의 출입구

(3) 거실 각 부분으로부터 하나의 출입구에 이르는 보행거리가 20m 이하이고 비상조명등과 유도표지가 설치된 거실의 출입구

(4) 출입구가 3 이상 있는 거실로서 그 거실 각 부분으로부터 하나의 출입구에 이르는 보행거리가 30m 이하인 경우에는 주된 출입구 2개소 외의 출입구(유도표지가 부착된 출입구를 말한다). 다만, 공연장 · 집회장 · 관람장 · 전시장 · 판매시설 · 운수시설 · 숙박시설 · 노유자시설 · 의료시설 · 장례식장의 경우에는 그렇지 않다.

[2] 통로유도등

(1) 구부러지지 아니한 복도 또는 통로로서 길이가 30m 미만인 복도 또는 통로

(2) 위에 해당하지 않는 복도 또는 통로로서 보행거리가 20m 미만이고 그 복도 또는 통로와 연결된 출입구 또는 그 부속실의 출입구에 피난구유도등이 설치된 복도 또는 통로

[3] 객석유도등

(1) 주간에만 사용하는 장소로서 채광이 충분한 객석

(2) 거실 등의 각 부분으로부터 하나의 거실 출입구에 이르는 보행거리가 20m 이하인 객석의 통로로서 그 통로에 통로유도등이 설치된 객석

[4] 유도표지

다음의 어느 하나에 해당하는 경우에는 유도표지를 설치하지 아니한다.

(1) 유도등이 해당 설치규정에 적합하게 설치된 출입구 · 복도 · 계단 및 통로

(2) NFTC 2.8.1.1 & 2.8.1.2와 2.8.2에 해당하는 출입구 · 복도 · 계단 및 통로

꼼꼼체크 NFTC 303 2.8.1.1 & 2.8.1.2와 2.8.2

피난구유도등 제외장소로 바닥면적이 1,000m^2 미만이거나 대각선 길이가 15m 이내인 출입구와 통로유도등 제외장소를 말한다.

❸ 유도등 및 유도표지의 적용 : 제4조(표 2.1.1)

특정소방대상물의 용도별로 설치하여야 할 유도등 및 유도표지는 다음 표에 따라 그에 적응하는 종류의 것으로 설치해야 한다.

[표 3-2-1] 설치장소별 유도등과 유도표지의 종류(NFTC 표 2.1.1)

<table>
<tr><th colspan="2">설치장소</th><th>유도등 적용</th></tr>
<tr><td>①</td><td>공연장 · 집회장(종교집회장 포함) · 관람장 · 운동시설</td><td rowspan="2">• 대형 피난구유도등
• 통로유도등
• 객석유도등</td></tr>
<tr><td>②</td><td>유흥주점영업시설(춤을 출 수 있는 무대가 설치된 카바레, 나이트클럽 또는 그 밖에 이와 비슷한 영업시설만 해당)</td></tr>
<tr><td>③</td><td>위락시설 · 판매시설 · 운수시설 · 관광숙박업 · 의료시설 · 장례식장 · 방송통신시설 · 전시장 · 지하상가 · 지하철역사</td><td>• 대형 피난구유도등
• 통로유도등</td></tr>
<tr><td>④</td><td>숙박시설(관광숙박업 이외) · 오피스텔</td><td rowspan="2">• 중형 피난구유도등
• 통로유도등</td></tr>
<tr><td>⑤</td><td>① ~ ③ 외의 건물로 지하층 · 무창층 또는 층수가 11층 이상인 특정소방대상물</td></tr>
<tr><td>⑥</td><td>근린생활시설(① ~ ⑤ 이외) · 노유자시설 · 업무시설 · 발전시설 · 종교시설(집회장 용도로 사용하는 부분 제외) · 교육연구시설 · 수련시설 · 공장 · 창고시설 · 교정 및 군사시설(국방 · 군사시설 제외) · 기숙사 · 자동차정비공장 · 운전학원 및 정비학원 · 다중이용업소 · 복합건축물 · 아파트</td><td>• 소형 피난구유도등
• 통로유도등</td></tr>
<tr><td>⑦</td><td>그 밖의 것</td><td>• 피난구유도표지
• 통로유도표지</td></tr>
</table>

(비고) 1. 소방서장은 특정소방대상물의 위치 · 구조 및 설비의 상황을 판단하여 대형 피난구유도등을 설치하여야 할 소방대상물에 중형 또는 소형 피난구유도등을, 중형 피난구유도등을 설치하여야 할 소방대상물에 소형 피난구유도등을 설치하게 할 수 있다.
2. 복합건축물과 아파트의 경우, 주택의 세대 내에는 유도등을 설치하지 않을 수 있다.

→ 통로유도등에도 대형, 중형, 소형의 규격 기준이 있으나 통로유도등은 보행거리 20m 이내마다 설치하여야 하는 거리기준으로 인하여 대, 중, 소의 크기가 무의미하다. 이로 인하여 NFTC 표 2.1.1에서 피난구유도등은 용도별이나 층별로 대형, 중형, 소형 피난구유도등을 규정하고 있으나 통로유도등은 크기를 규정하지 아니한 것이다.

02 유도등의 종류

❶ 피난구유도등

피난구유도등은 피난구 또는 피난경로로 사용되는 출입구를 표시하여 피난을 유도하는 등을 말한다[제3조 2호(1.7.1.2)].

[1] **유도등의 규격 :** 피난구유도등은 대형, 중형, 소형의 3종류가 있으며 규격은 정사각형의 경우는 최소길이(mm)가, 직사각형의 경우는 짧은 변의 길이와 최소면적이 규정되어 있다.3)

[그림 3-2-1(A)] 피난구유도등의 기본 형태

[2] **유도등의 형상 :** 피난구유도등의 표시면(피난구나 피난방향을 안내하기 위한 문자 또는 부호 등이 표시된 면)의 색상은 녹색바탕에 백색문자를 사용하며, 표시면은 ISO 기준에 의한 그림문자로 하며 이때 식별이 용이하도록 비상문 · 비상탈출구 · EXIT · FIRE EXIT 또는 화살표 등을 함께 표시할 수 있다.

[그림 3-2-1(B)] 표시면 심벌의 여러 종류

❷ 통로유도등

피난통로를 안내하기 위해 유도하는 등을 말하며, 종류에는 복도 통로유도등, 거실 통로유도등, 계단 통로유도등이 있다.

3) 유도등의 형식승인 및 제품검사의 기술기준(소방청 고시)

[1] **유도등의 규격** : 통로유도등도 대형, 중형, 소형의 3종류가 있으며, 규격은 피난구유도등과 같이 최소길이(mm)와 최소면적이 규정되어 있다.

(a) 양방향 표시 (b) 단방향 표시

[그림 3-2-2] 통로유도등의 기본 형태

[2] **유도등의 형상** : 통로유도등의 표시면은 백색바탕에 녹색으로 문자를 사용하며 표시면은 ISO 기준에 의한 그림문자와 함께 피난방향을 지시하는 화살표를 표시하여야 한다. 다만, 계단에 설치하는 것에 있어서는 피난의 방향을 표시하지 아니할 수 있다.

[3] **통로유도등의 종류**

① **복도 통로유도등** : 피난통로가 되는 복도에 설치하는 피난구의 방향을 명시하는 통로유도등으로 바닥으로부터 높이 1m 이하의 위치에 설치하며, 바닥에 매립하는 경우도 복도 통로유도등의 범주에 속한다.

② **거실 통로유도등** : 거실이나 주차장 등 개방된 통로에 설치하며, 피난구의 방향을 명시하는 통로유도등이다.

③ **계단 통로유도등** : 피난통로가 되는 계단이나 경사로에 설치하며, 바닥면 및 디딤 바닥면을 비추는 통로유도등이다.

❸ 객석유도등

객석의 통로, 바닥 또는 벽에 설치하는 유도등을 말한다.

[1] **점멸기와 비상전원** : 유도등에는 유도등을 점검하기 위해서 자동복귀형의 점멸기를 설치하여야 하나 객석유도등은 점멸기를 설치하지 않아도 무관하며 객석유도등의 비상전원은 내부에 설치하지 않고 외부에 설치할 수 있다.

(a) 객석유도등 외형

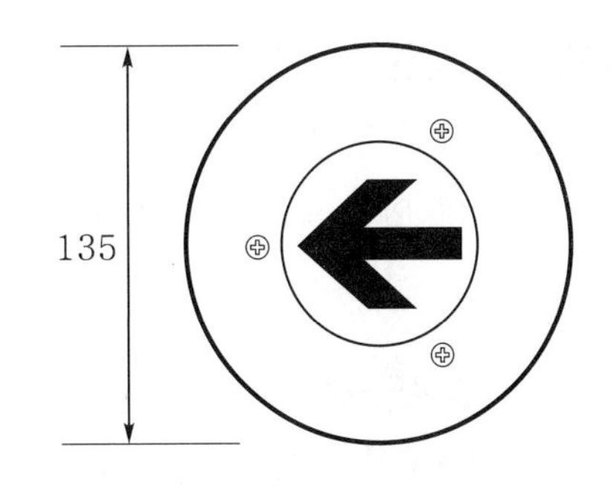

(b) 객석유도등 도면

[그림 3-2-3(A)] 객석유도등의 기본 형태

[2] **설치위치 :** 객석유도등의 설치위치를 화재안전기준에서는 통로, 바닥, 벽에 설치하도록 제7조 1항(2.4.1)에서 규정하고 있으나 형식승인 기준에서는 이외에 객석용 의자 등에 견고하게 부착할 수 있으며[4] 바닥면을 비출 수 있어야 한다.

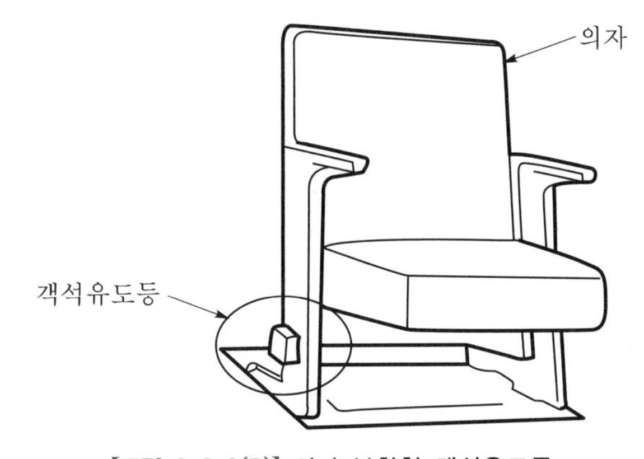

[그림 3-2-3(B)] 의자 부착형 객석유도등

❹ 유도표지

전원에 의한 조명시설 없이 축광성 야광도료(전등이나 태양광을 흡수하여 이를 축적시킨 후 일정시간 발광이 계속되는 것)를 이용하는 것으로 어두운 곳에서도 도안·문자 등이 쉽게 식별될 수 있도록 된 것을 말한다.

[1] **유도표지의 규격 :** 축광유도표지의 재질은 난연재료 또는 방염성능이 있는 합성수지이거나 이와 동등 이상의 것으로서 예를 들어, 도자기 재질의 유도표지는 동등 이상에 해당한다. 형식승인 기준에서 표시면의 두께는 1.0mm 이상이어야 하며 크기는 긴 변과 짧은 변만 규정되어 있다.

4) 유도등의 형식승인 및 제품검사의 기술기준 제12조

[2] **축광표지의 종류** : 축광유도표지의 종류에는 피난구유도표지와 통로유도표지가 있으며, 과거에는 방사성 물질을 이용한 발광유도표지를 사용하였으나 발암성 물질로 현재는 사용이 금지되어 있어 축광식의 유도표지를 사용하고 있다.

(1) **축광유도표지**

① **피난구축광유도표지** : 피난구 또는 피난경로로 사용되는 출입구를 표시하여 피난을 유도하는 표지를 말한다. 피난구유도표지의 경우 표시면 가장자리에서 5mm 이상의 폭이 되도록 녹색 또는 백색계통의 축광성 야광도료를 사용하여야 한다.

② **통로축광유도표지** : 피난통로가 되는 복도, 계단 등에 설치하는 것으로서 피난구의 방향을 표시하는 유도표지를 말한다.

(2) **축광위치표지** : 옥내소화전설비의 함, 발신기, 피난기구(완강기, 간이완강기, 구조대, 금속제피난사다리), 소화기, 투척용 소화용구 및 연결송수관설비의 방수구 등 소방용품의 위치를 표시하기 위한 축광표지를 말한다.

(3) **축광보조표지** : 피난로 등의 바닥 · 계단 · 벽면 등에 설치함으로서 피난방향 또는 소방용품의 위치를 알려주는 보조역할을 하는 표지를 말한다.

❺ 피난유도선

[1] 개념

피난유도선이라 함은 햇빛이나 전등불에 따라 축광하거나 전류에 따라 빛을 발하는 유도체로서 어두운 상태에서 피난을 유도할 수 있도록 띠 형태로 설치되는 피난유도시설을 말하며, 피난유도선은 성능시험 대상품목[5])으로 규정되어 있다.

[2] 종류

피난유도선에는 "축광식 피난유도선"과 "광원점등식 피난유도선"의 2종류가 있으며, 다중이용업소에서 영업장 내부 피난통로 또는 복도에 설치하는 피난유도선은 광원점등방식의 피난유도선에 국한하여 이를 설치하여야 한다.

(1) **축광식 피난유도선** : 전원의 공급 없이 전등 또는 태양 등에서 발산되는 빛을 흡수하여 이를 축적시킨 상태에서 전등 또는 태양 등의 빛이 없어지는 경우 일정시간 동안 발광이 유지되어 어두운 곳에서도 피난유도선에 표시되어 있는 피난방향 안내문자 또는 부호 등이 쉽게 식별될 수 있도록 함으로써 피난을 유도하는 기능의 피난유도선을 말한다.

5) 피난유도선의 성능인증 및 제품검사의 기술기준(소방청 고시)

(2) **광원점등식 피난유도선** : 수신기의 화재신호의 수신 및 수동조작에 의하여 표시부에 내장된 광원을 점등시켜 표시부의 피난방향 안내문자 또는 부호 등이 쉽게 식별되도록 함으로써 피난을 유도하는 기능의 피난유도선을 말한다.

→ 피난유도선은 소방시설법 시행령 별표 1에서 소방시설 중 하나로 분류하고 있으나, 대상은 다중이용업법에 따라 적용하고, 설치기준은 제9조(2.6)를 따른다.

CHAPTER 01
CHAPTER 02
CHAPTER 03
CHAPTER 04
CHAPTER 05

03 유도등의 형식

❶ 고휘도 유도등

현재 국내에서 사용하는 고휘도 유도등의 광원은 대부분 LED 제품이나 그 외에도 형식승인을 받은 제품으로는 CCFL, T5 형광등을 사용한 제품이 있다. 이는 전부 광효율이 높고, 수명이 길며, 전력소모가 적고, 슬림형의 특징을 가지고 있다.

[1] 고휘도 유도등의 종류

(1) **LED** : 발광 다이오드를 이용한 것으로 형광램프에 비해 광도는 낮으나 소비전력이 매우 적은 특징을 가지고 있으며 또한 램프의 교체가 필요하지 않은 우수한 장점이 있다.

(2) **CCFL** : 냉음극형 형광등(Cold Cathode Fluorescent Lamp)으로서, 우리가 사용하는 일반적인 형광등은 방전관이 방전을 시작할 때 열전자를 사용하는 열음극형(熱陰極型)이나, CCFL은 방전 시 가열되지 않고 이온 충격에 의한 2차 전자 방출과 이온의 재결합에 의해 생기는 광전자 방출로 방전을 시작하는 형태의 형광등으로 국내 제품의 경우 CCFL 형광램프 관경은 2.6mm이다.

(3) **T5 형광등** : 20 ~ 60kHz의 고주파를 이용하여 전자식 안정기로만 점등되는 형광램프이며 이에 비해 일반 형광등은 60Hz로 자기식(磁氣式) 안정기를 사용하는 제품이다. T5의 의미는 형광등 관경에 대한 규격으로서 일반 유도등의 형광등 32mm는 T10, 28mm는 T9, 26mm는 T8이며, T5 관경은 16mm의 형광등 규격(관경)을 의미한다.

[2] 고휘도 유도등의 특징

특 징	① 일반유도등과 달리 다양한 광원을 사용할 수 있으며 휘도가 높다. ② 표시면의 크기 및 두께가 대폭 축소되어 소형화가 가능하다. ③ 전력소비가 매우 적어 에너지 절감이 가능하다. ④ 일반유도등에 비해 수명이 매우 길다. ⑤ 소형, 경량인 관계로 설치위치 변경 및 시공이 편리하다. ⑥ 시각적으로 매우 미려(美麗)하다. ⑦ 설치공간을 최소화할 수 있으며, 이로 인하여 낮은 천장이나 출입문의 경우에도 시공이 가능하다.

❷ 점멸유도장치(내장형) 유도등

유도등 상하부 또는 내부에 4W의 점멸형 램프(고휘도의 제논램프)를 부착한 유도등으로 화재 및 비상 시에는 주기적으로 점멸하는 점멸형 램프가 동작하여 피난효과를 증대시킨다. 이 유도등은 청각장애자에게 매우 효과적인 유도등으로 동 제품은 형식승인 기준에 따라 생산이 가능하게 되었으며 비상전원은 유도등용 및 점멸장치용의 비상전원으로 2가지가 내장되어 있다.

[그림 3-2-4] 점멸형 유도등(예)

❸ 음성유도장치(내장형) 유도등

유도등 하부 또는 내부에 일정 음압 이상의 음성으로 피난구를 안내하는 장치가 부설된 유도등으로, 경고음과 음성으로 구성되어 있다. 이 유도등은 시각장애자에게 매우 효과적인 유도등으로 동 제품은 형식승인 기준에 따라 생산이 가능하게 되었으며, 비상전원은 유도등용 및 음성장치용의 비상전원으로 2가지가 내장되어 있다.

❹ 복합표시형 유도등

복합표시형 피난구유도등이라 함은 피난구유도등의 표시면과 피난 목적이 아닌 안내표시면이 구분되어 함께 설치된 유도등을 말하며 국내 검정기준에서도 이를 규정하고 있다.

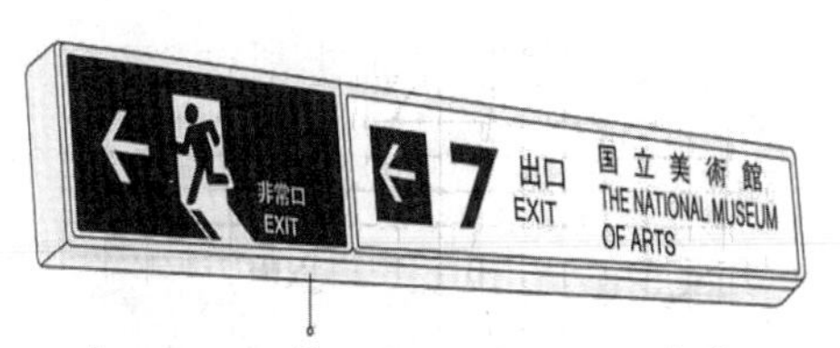

[그림 3-2-5] 복합표시형 유도등(예)

04 유도등, 유도표지 및 피난유도선의 화재안전기준

❶ 피난구유도등 : NFTC 2.2.1~2.3

피난구 또는 피난경로로 사용되는 출입구의 위치를 표시하는 녹색의 등으로 설치기준은 다음과 같다.

[1] 설치기준

(1) **설치장소(NFTC 2.2.1)** : 피난구유도등은 다음의 장소에 설치해야 한다.

구 분	설치장소
①	옥내로부터 직접 지상으로 통하는 출입구 및 그 부속실의 출입구(NFTC 2.2.1.1)
②	직통계단·직통계단의 계단실 및 그 부속실의 출입구(NFTC 2.2.1.2)
③	위 ① 및 ②에 의한 출입구에 이르는 복도 또는 통로로 통하는 출입구(NFTC 2.2.1.3)
④	안전구획된 거실로 통하는 출입구(NFTC 2.2.1.4)

(2) **설치높이(NFTC 2.2.2)** : 피난구의 바닥으로부터 높이 1.5m 이상으로서 출입구에 인접하도록 설치해야 한다.

(3) **추가 설치(NFTC 2.2.3)** : 피난층으로 향하는 피난구의 위치를 안내할 수 있도록 2.2.1.1 또는 2.2.1.2의 출입구 인근 천장에 2.2.1.1 또는 2.2.1.2에 따라 설치된 피난구유도등의 면과 수직이 되도록 피난구유도등을 추가로 설치해야 한다. 다만, 2.2.1.1 또는 2.2.1.2에 따라 설치된 피난구유도등이 입체형인 경우에는 그렇지 않다.

[2] 해설

(1) 최근의 건축물은 구조가 매우 복잡하고 용도가 다양하여 화재 등 위급상황 시 재실자가 직관적으로 피난구를 쉽게 식별하기가 어려워지고 있다. 이에 따라 신속하게 피난구를 찾을 수 있도록 출입구 인근에 피난구유도등을 추가로 설치하거나 입체형 피난구유도등 설치하도록 2021. 7. 8. 유도등 추가 설치기준을 도입하였다.

(2) 출입문 상부에 설치된 피난구유도등과 수직한 방향으로 피난구유도등을 추가로 설치하거나 또는 입체식 유도등 하나만 설치하거나 둘 중 한 가지 방법을 선택하도록 한다.

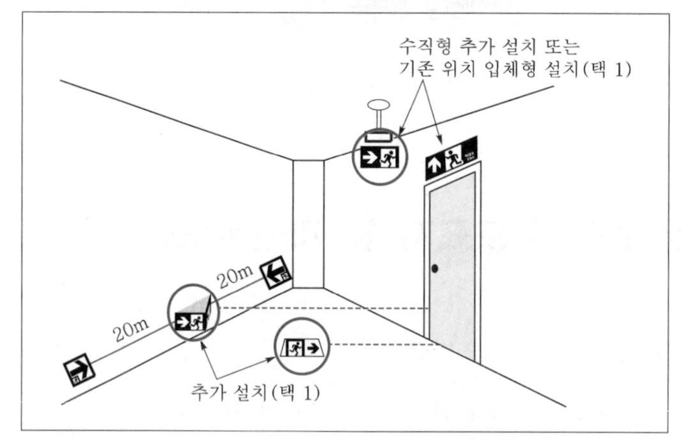

[그림 3-2-6(A)] 배치도(수직형 추가 설치 또는 입체형 설치)

(a) 수직형 유도등 추가 설치

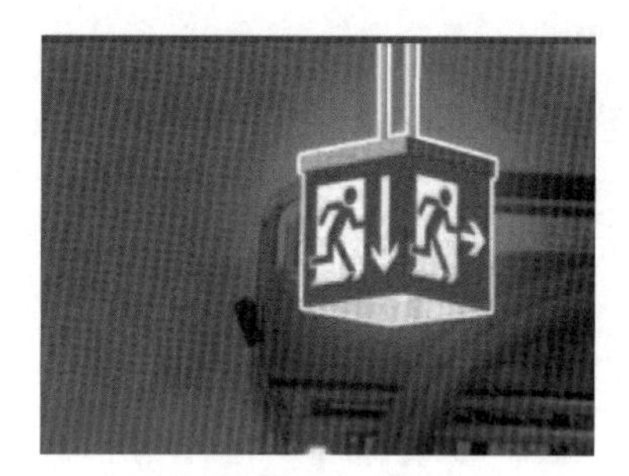

(b) 입체형 유도등 설치

[그림 3-2-6(B)] 실물 사진

❷ 통로유도등

통로유도등은 특정소방대상물의 각 거실과 그로부터 지상에 이르는 복도 또는 계단의 통로에 다음의 기준에 따라 설치해야 한다.

[1] **복도 통로유도등** : 제6조 1항 1호(2.3.1.1)

(1) 복도에 설치하되, 제6조 1항 1호(2.3.1.1)에 따라 피난구유도등이 설치된 출입구의 맞은편 복도에는 입체형으로 설치하거나 바닥에 설치할 것

(2) 구부러진 모퉁이 및 설치된 통로유도등을 기점으로 보행거리 20m마다 설치할 것

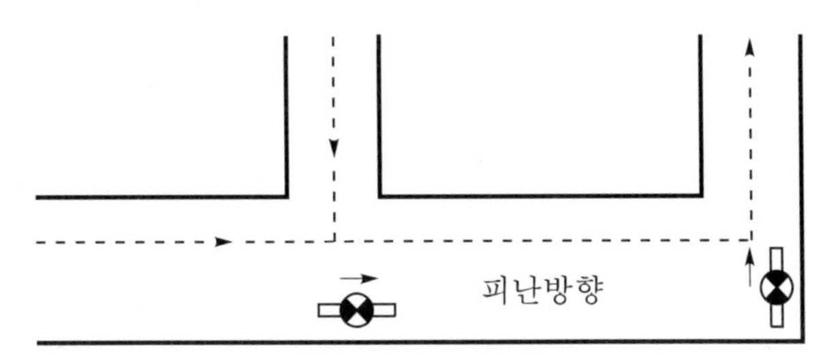

[그림 3-2-7] 구부러진 모퉁이의 경우

(3) 바닥으로부터 높이 1m 이하의 위치에 설치할 것. 다만, 지하층 또는 무창층의 용도가 도매시장・소매시장・여객자동차터미널・지하역사 또는 지하상가인 경우에는 복도・통로 중앙부분의 바닥에 설치해야 한다.

[2] 거실 통로유도등 : 제6조 1항 2호(2.3.1.2)

(1) 거실의 통로에 설치할 것. 다만, 거실의 통로가 벽체 등으로 구획된 경우에는 복도 통로유도등을 설치해야 한다.

(2) 구부러진 모퉁이 및 보행거리 20m마다 설치할 것

(3) 바닥으로부터 높이 1.5m 이상의 위치에 설치할 것. 다만, 거실 통로에 기둥이 설치된 경우에는 기둥부분의 바닥으로부터 높이 1.5m 이하의 위치에 설치할 수 있다.

> 복도통로등이나 계단통로등은 바닥에서 높이 1m 이하의 위치에 설치하나, 거실통로등은 피난구유도등과 같이 바닥에서 높이 1.5m 이상의 위치에 설치하여야 한다. 그러나 주차장과 같이 통로에 기둥이 있는 경우에는 기둥부분에 1.5m 이하의 위치에 설치할 수 있다.

[3] 계단 통로유도등 : 제6조 1항 3호(2.3.1.3)

(1) 각 층의 경사로참 또는 계단참마다(1개층에 경사로참 또는 계단참이 2 이상 있는 경우에는 2개의 계단참마다) 설치할 것

> 예를 들어, 지하층의 깊이가 깊어서 1개층에 계단참이 3개소 있을 경우 계단참 2개소에만 통로유도등을 설치하여도 무방하다는 의미이다.

(2) 바닥으로부터 높이 1m 이하의 위치에 설치할 것

(3) **설치방법**

① 바닥에 설치하는 통로유도등은 하중에 따라 파괴되지 아니하는 강도의 것으로 할 것
② 통행에 지장이 없도록 설치할 것
③ 주위에 이와 유사한 등화(燈火)광고물・게시물 등을 설치하지 아니할 것

❸ 객석유도등 : 제7조(2.4)

[1] 설치위치 : 객석유도등은 객석의 통로, 바닥 또는 벽에 설치해야 한다.

[2] 설치수량

(1) 객석 내의 통로가 경사로 또는 수평로로 되어 있는 부분은 다음의 식에 따라 산출한 수(소수점 이하의 수는 1로 본다)의 유도등을 설치하고, 그 조도는 통로바닥의 중심선 0.5m 높이에서 측정하여 0.2lx 이상이어야 한다.

$$N = \frac{L}{4} - 1$$ … [식 3-2-1]

여기서, N : 설치개수(개)

L : 객석통로의 직선부분의 길이(m)

⊡ 객석의 통로길이(m)를 4로 나누는 것은 4m마다 객석등을 설치하라는 뜻으로 길이를 4m마다 등분할 경우 객석유도등을 중심으로 좌측과 우측이 각각 4m 이내가 된다. 아울러 1을 빼주는 것은 예를 들어, 4m씩 N등분한 경우는 객석등을 $(N-1)$개 설치하면 객석등마다 좌우 4m 이내가 되므로 1을 빼준 것이다.

(2) 객석 내의 통로가 옥외 또는 이와 유사한 부분에 있는 경우에는 해당 통로 전체에 미칠 수 있는 수의 유도등을 설치하되, 그 조도는 통로바닥의 중심선 0.5m의 높이에서 측정하여 0.2lx 이상이 되어야 한다.

(3) 객석 내의 통로가 옥외 또는 이와 유사한 부분에 있는 경우에는 해당 통로 전체에 미칠 수 있는 수의 유도등을 설치한다.

❹ 유도표지 : 제8조(2.5)

[1] 설치위치

(1) 계단에 설치하는 것을 제외하고는 각 층마다 복도 및 통로의 각 부분으로부터 하나의 유도표지까지의 보행거리가 15m 이하가 되는 곳과 구부러진 모퉁이의 벽에 설치할 것

(2) 피난구유도표지는 출입구 상단에 설치하고, 통로유도표지는 바닥으로부터 높이 1m 이하의 위치에 설치할 것

[2] 설치방법

(1) 주위에는 이와 유사한 등화·광고물·게시물 등을 설치하지 아니할 것

(2) 유도표지는 부착판 등을 사용하여 쉽게 떨어지지 아니하도록 설치할 것

(3) 축광방식의 유도표지는 외광 또는 조명장치에 의하여 상시 조명이 제공되거나 비상조명 등에 의한 조명이 제공되도록 설치할 것

(4) 방사성 물질을 사용하는 유도표지는 쉽게 파괴되지 아니하는 재질로 처리할 것

(5) 유도표지는 "축광표지의 성능인증 및 제품검사의 기술기준"에 적합한 것이어야 한다.

❺ 피난유도선 : 제9조(2.6)

구획된 각 실로부터 주출입구 또는 비상구까지 설치할 것(공통사항)

[1] 축광방식 피난유도선

(1) 설치위치

① 바닥으로부터 높이 50cm 이하의 위치 또는 바닥면에 설치할 것

② 피난유도 표시부는 50cm 이내의 간격으로 연속되도록 설치할 것

(2) 설치방법

① 부착대에 의하여 견고하게 설치할 것

② 외광 또는 조명장치에 의하여 상시 조명이 제공되거나 비상조명등에 의한 조명이 제공되도록 설치할 것

[2] 광원점등방식의 피난유도선

(1) 설치위치

① 수신피난유도 표시부는 바닥으로부터 높이 1m 이하의 위치 또는 바닥면에 설치할 것

② 피난유도 표시부는 50cm 이내의 간격으로 연속되도록 설치하되 실내 장식물 등으로 설치가 곤란할 경우 1m 이내로 설치할 것

(2) 설치방법

① 수신기로부터의 화재신호 및 수동조작에 의하여 광원이 점등되도록 설치할 것

② 비상전원이 상시 충전상태를 유지하도록 설치할 것

③ 바닥에 설치되는 피난유도 표시부는 매립하는 방식을 사용할 것

④ 피난유도 제어부는 조작 및 관리가 용이하도록 바닥으로부터 0.8m 이상 1.5m 이하의 높이에 설치할 것

05 전원 및 배선의 기준

[1] 전원

(1) 기준

① **상용전원** : 제10조 1항(2.7.1)
전기가 정상적으로 공급되는 축전지설비, 전기저장장치 또는 교류전압의 옥내간선으로 하고, 전원까지의 배선은 전용으로 해야 한다.

② **비상전원** : 제10조 2항(2.7.2)
㉠ 축전지로 할 것

꼼꼼체크 | **유도등의 발전설비 비상전원 적용**
자동식 발전기의 경우 유도등에서는 비상전원으로 인정되지 않으며 축전지설비(전기저장장치 포함)에 국한한다.

㉡ 유도등을 20분 이상 유효하게 작동시킬 수 있는 용량으로 할 것. 다만, 다음의 특정소방대상물의 경우에는 그 부분에서 피난층에 이르는 부분의 유도등을 60분 이상 유효하게 작동시킬 수 있는 용량으로 해야 한다.
ⓐ 지하층을 제외한 층수가 11층 이상의 층
ⓑ 지하층 또는 무창층으로서 용도가 도매시장・소매시장・여객자동차터미널・지하역사 또는 지하상가

(2) 해설

① **비상전원의 용량** : 유도등의 비상전원 용량은 다음과 같이 적용하도록 한다.

특정소방대상물	비상전원 용량	유도등의 비상전원 적용
① 10층 이하의 경우	20분 이상	해당하는 모든 유도등
② 지상의 층수가 11층 이상의 층인 경우	60분 이상	해당 층이나 해당 용도에서 피난층에 이르는 부분의 유도등
③ 지하층 또는 무창층으로서 용도가 도매시장・소매시장・여객자동차터미널・지하역사 또는 지하상가		

② **비상전원의 감시장치** : 유도등의 경우 상용전원이 정전되는 경우에는 즉시 자동으로 비상전원으로 절환되어 작동되어야 하며 형식승인 기준에서는 유도등에는 비상전원의 상태를 감시할 수 있는 장치를 유도등 외부에 설치하도록(객석유도등은 제외) 규정하고 있다.

[2] 배선

(1) 배선의 일반기준 : 제10조 3항(2.7.3.1 & 2.7.3.3)

① **결선방식** : 유도등의 인입선과 옥내배선은 직접 연결할 것

> **꼼꼼체크** | **직접연결**
>
> 직접연결의 뜻은 배선 도중에 개폐기를 설치할 수 없다는 의미이다.

② **내화 · 내열 배선** : 3선식 배선은 내화배선 또는 내열배선으로 할 것

(2) 3선식 배선방식

① 3선식 배선의 개념

유도등설비는 2선식에 의해 상시점등이 원칙이며, 특수한 경우에 한하여 3선식 배선으로 적용하여야 한다. 3선식 배선의 경우는 평소에는 소등상태이나 비상시에 점등하는 방식으로 이는 유지관리가 불량하여 유도등이 고장일 경우에 평상시 육안으로 이를 식별할 수 없어 불량상태가 방치될 소지가 있다. 따라서 상시점등인 2선식 배선을 원칙으로 하나 다음의 "3선식 배선의 적용"과 같은 특별한 경우에 한하여 비상시 점등인 3선식 배선을 인정하고 있다.

② 3선식 배선의 적용 : 제10조 4항(2.7.3.2)

유도등은 전기회로에는 점멸기를 설치하지 아니하고 항상 점등상태를 유지할 것. 다만, 특정소방대상물 또는 그 부분에 사람이 없거나 다음의 어느 하나에 해당하는 장소로서 3선식 배선에 따라 상시 충전되는 구조인 경우에는 그렇지 않다.

㉠ 외부의 빛에 의해 피난구 또는 피난방향을 쉽게 식별할 수 있는 장소
㉡ 공연장, 암실(暗室) 등으로서 어두워야 할 필요가 있는 장소
㉢ 특정소방대상물의 관계인 또는 종사원이 주로 사용하는 장소

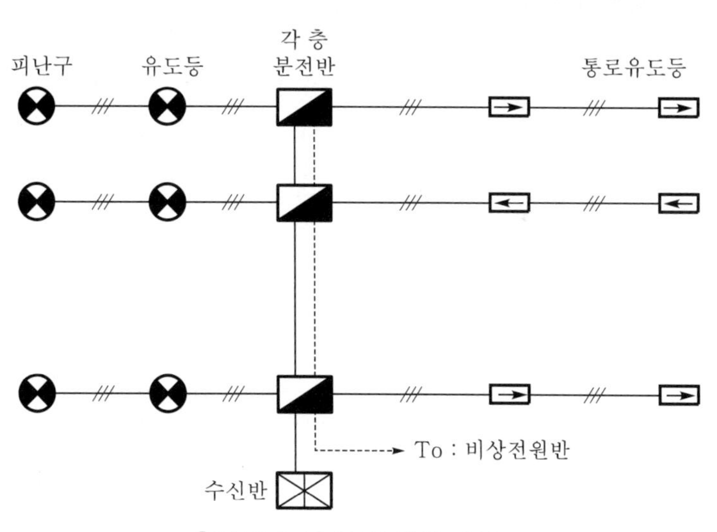

[그림 3-2-8] 3선식 배선 계통도

3선식 배선의 적용	소방대상물 또는 그 부분에 사람이 없는 경우
	외부광(光)에 따라 피난구 또는 피난방향을 쉽게 식별할 수 있는 장소
	공연장, 암실 등으로서 어두워야 할 필요가 있는 장소
	특정소방대상물의 관계인 또는 종사원이 주로 사용하는 장소

③ 3선식 배선 시 점등조건 : NFTC 2.7.4

3선식 배선에 따라 상시 충전되는 유도등의 전기회로에 점멸기를 설치하는 경우에는 다음의 어느 하나에 해당되는 경우에 자동으로 점등되도록 해야 한다.

㉠ 자동화재탐지설비의 감지기 또는 발신기가 작동되는 때

㉡ 비상경보설비의 발신기가 작동되는 때

㉢ 상용전원이 정전되거나 전원선이 단선되는 때

㉣ 방재업무를 통제하는 곳 또는 전기실의 배전반에서 수동으로 점등하는 때

㉤ 자동식 소화설비가 작동되는 때

④ 3선식 배선의 장단점

장 점	㉠ 평소에 주간(晝間)의 경우에도 유도등을 상시 점등시켜야 하는 불합리한 점을 개선시킬 수 있다. ㉡ 유도등을 소등시킴으로써 에너지를 절감할 수 있다. ㉢ 유도등 등기구의 수명을 연장할 수 있다.
단 점	㉠ 유도등 램프 및 배선 등에 이상이 있는 경우 외관상태로는 불량사항에 대해 식별이 되지 않는다. ㉡ 이로 인하여 관리가 미비할 경우 화재 시 유도등 점등 및 피난유도에 문제가 발생될 수 있다.

⑤ 3선식 배선의 결선

㉠ 공통선(백색)·충전선(흑색)·점등선(적색 또는 녹색)의 3선을 이용하며 축전지는 충전선과 공통선을, 램프는 공통선과 점등선을 이용하여 접속한다.

㉡ 평소에는 점등선에 점멸기를 설치하여 소등상태로 사용하나 축전지에는 상시 충전상태를 유지하고 있다.

㉢ 화재 시 수신기의 입력신호에 따라 유도등용 분전반 내 릴레이가 동작하게 되면 점등선의 릴레이가 자동 투입하여 각 층의 유도등이 점등하게 된다.

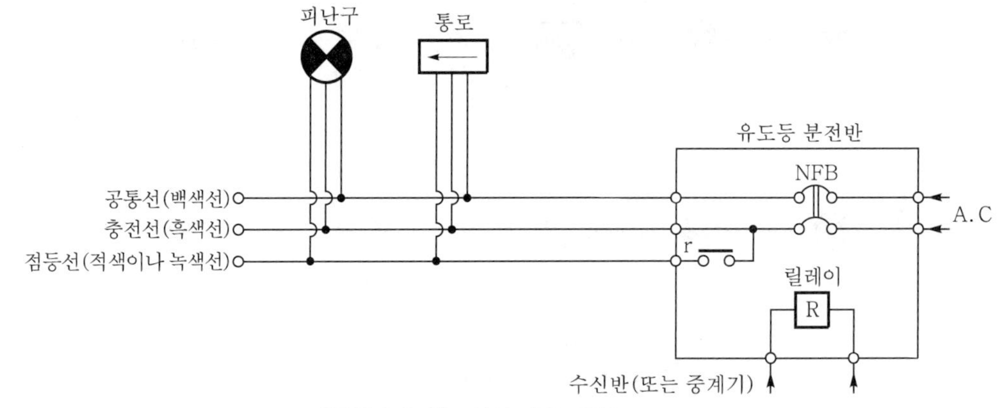

[그림 3-2-9] 3선식 배선 결선도

CHAPTER

04

소화활동설비

SECTION 01 거실제연설비(NFPC & NFTC 501)

01 적용기준

❶ 설치대상 : 소방시설법 시행령 별표 4

[1] 대상

거실제연설비에 대한 설치대상은 다음의 표와 같다.

[표 4-1-1] 거실제연설비 대상

특정소방대상물	적용기준	설치장소
문화 및 집회시설 · 종교시설 · 운동시설	무대부 바닥면적 200m² 이상인 경우	해당 무대부
	영화상영관으로 수용인원 100인 이상인 경우	해당 영화상영관
근린생활시설 · 판매시설 · 운수시설 · 숙박시설 · 위락시설 · 의료시설 · 노유자시설 · 창고시설 중 물류터미널	지하층이나 무창층에 설치된 해당 용도로 사용되는 바닥면적의 합계가 1,000m² 이상인 층	해당 부분
운수시설 중 시외버스정류장 · 철도 및 도시철도시설 · 공항시설 및 항만시설의 대기실 또는 휴게시설	지하층 또는 무창층의 바닥면적 1,000m² 이상인 것	모든 층
지하가(터널 제외)	연면적 1,000m² 이상	−
지하가 중 터널	행정안전부령으로 정하는 경우(주)	−
갓복도형 아파트를 제외한 특정소방대상물	특별피난계단 또는 비상용 승강기의 승강장	−

(주) 예상 교통량 · 경사도 등 터널의 특성을 고려하여 행정안전부령으로 정하는 위험등급 이상에 해당하는 터널을 말한다.

[2] 해설

(1) 거실제연설비의 설치 목적은 화재 시 발생한 연기가 배출되지 않고 체류할 수 있는 지하층이나 무창층에 대하여 급배기를 실시함으로써 화재실에서 발생하는 연기를 배출하고

다른 장소로 전파되는 것을 억제함으로써 재실자의 안전한 피난을 위한 피난경로 확보 및 소방대가 원활한 소화활동을 하도록 지원하는 소화활동설비이다. 이에 따라 [표 4-1-1]을 보면 지하층이나 무창층이 거실제연설비 대상인 이유이다.

(2) 다만, "문화 및 집회시설·종교시설·운동시설"의 경우 무창층이나 지하층이 아닌 경우에도 거실제연설비가 대상인 이유는 다음과 같다.

① **연기 확산의 위험성** : 무대부나 영화상영관의 경우 공연장 내부는 대공간이며 무대부 등으로 인하여 높은 천장구조로 되어 있다. 이에 따라 화재가 발생하면 수직기류가 상승하여 순식간에 불길이 천장 상부로 전파되고 연기가 공연장 내부로 확산될 우려가 높다.

② **높은 수용인원 밀도** : 무대부가 있는 장소나 영화상영관의 경우는 수용인원 밀도(바닥면적당 수용인원)가 다른 용도보다 매우 높아 화재 시 많은 사람이 일시에 대피하지 못할 경우 인명피해의 우려가 크다.

③ **장소의 폐쇄성** : 실내에 무대부가 있는 공연장의 경우 외부와 소음이 차단되는 구획된 공간이며, 영화상영관의 경우는 객석에 조명을 하지 않아 실내가 어두운 관계로 화재 시 신속한 대피가 어려운 특성이 있다.

(3) 지하가 중 터널의 경우 행정안전부령으로 정하는 위험등급 이상에 해당하는 500m 이상의 터널에만 제연설비를 적용하도록 규정하고 있다. 행정안전부령으로 정하는 위험등급 이상에 해당하는 터널이란 "소방시설법 시행규칙" 제16조에서 "도로의 구조·시설기준에 관한 규칙" 제48조에 따라 국토교통부 장관이 정하는 위험등급의 터널로 규정하고 있으며 동 규칙 제48조에서는 이를 국토교통부 장관이 별도로 위임하도록 하였다.

❷ 제외대상

[1] 설치면제 : 소방시설법 시행령 별표 5

제연설비를 설치하여야 하는 특정소방대상물에 다음의 어느 하나에 해당하는 설비를 설치한 경우에는 설치가 면제된다.

(1) 공기조화설비를 화재안전기준의 제연설비 기준에 적합하게 설치하고 공기조화설비가 화재 시 제연설비 기능으로 자동전환되는 구조로 설치되어 있는 경우

(2) 직접 외기로 통하는 배출구의 면적의 합계가 해당 제연구역[제연경계(제연설비의 일부인 천장을 포함한다)에 의하여 구획된 건축물 내의 공간을 말한다] 바닥면적의 1/100 이상이며, 배출구로부터 각 부분의 수평거리가 30m 이내이고, 공기유입이 화재안전기준에 적합하게(외기를 직접 자연유입할 경우에 유입구의 크기는 배출구의 크기 이상인 경우) 설치되어 있는 경우

(3) 제연설비를 설치하여야 하는 특정소방대상물 중 노대와 연결된 특별피난계단 또는 노대가 설치된 비상용 승강기 승강장의 경우 또는 피난용 승강기(건축법 시행령에 따른 배연설비가 설치된 경우)

[2] **설치제외** : NFPC 501(이하 동일) 제13조/NFTC 501(이하 동일) 2.9

제연설비를 설치하여야 할 특정소방대상물 중 화장실·목욕실·주차장·발코니를 설치한 숙박시설(가족호텔 및 휴양콘도미니엄에 한한다)의 객실과 사람이 상주하지 아니하는 기계실·전기실·공조실·50m^2 미만의 창고 등으로 사용되는 부분에 대하여는 배출구·공기 유입구의 설치 및 배출량 산정에서 이를 제외할 수 있다.

02 제연설비의 공학이론

❶ 연기의 확산 요인

화재가 발생하게 되면 생성되는 연기가 건물 전체에 확산되어 피난이나 소화활동에 심각한 장애를 주게 된다. 연기(Smoke)란 NFPA 92에서는 "물질이 연소되는 경우 열분해를 거치면서 발생하는 부유성의 고체나 액체상태의 입자 및 가스"로 정의하고 있으며[1] 화재 시 연기가 건물에 확산되는 요인으로는 다음과 같은 5가지가 있다.[2]

① 굴뚝효과(Stack effect)
② 부력(浮力 ; Buoyancy)
③ 팽창(Expansion)
④ 바람(Wind)
⑤ 공조설비(HVAC system)

❷ 제연설비의 목적

제연설비의 목적에 대해서는 국내의 급기가압 제연설비를 제정할 때 참고한 British Standard[3]와 NFPA 92에서는 다음과 같이 규정하고 있다.

1) NFPA 92(2022 edition) 3.3.12(Smoke) : The airborne solid and liquid particulates and gases evolve when a material undergoes pyrolysis of combustion, together with the quantity of air that is entrained or otherwise mixed into the mass(공기 중 고체 및 액체 미립자와 가스는 물질이 연소하는 열분해를 거치면서 물질에 혼입되거나 혼합되는 공기의 양과 함께 발생한다).
2) SFPE handbook 3rd edition chap.12 p.4-275
3) 급기가압설비에 대한 영국의 기준인 B.S(British Standard) Code 5588-4는 유럽규격(EN ; European Norm)과 부합화(附合化)하기 위하여 BS-EN 12101-6으로 2005년 개정되었다 : BS EN 12101-6(2005년) Smoke and heat control systems-Specification for pressure differential systems.

[1] British Standard의 경우 [4)]

(1) 인명 안전(Life safety)

(2) 소화활동경로 부여(Dedicated fire fighting route)

(3) 재산보호(Property protection)

[2] NFPA Code의 경우 [5)]

(1) 계단실, 피난로, 방연구역, 승강로 또는 이와 유사한 구역에 연기가 유입되는 것을 억제한다.

(2) 피난에 소요되는 시간 동안 방연구역과 피난로의 방어환경(Tenable environment)을 유지시켜 준다.[6)]

(3) 제연구역으로부터 연기의 확산을 억제한다.

(4) 각 비상요원이 소화 및 구조활동을 수행하고 화재의 위치를 파악하여 통제할 수 있도록 제연구역 외부에 조건을 제공한다.

(5) 인명을 보호하고 재산손실을 감소시켜 준다.

❸ 공기 유체역학

[1] 압력의 단위

압력(壓力 ; Pressure)이란 단위면적당 가해지는 힘으로서 면에 대해 수직방향으로 작용하게 되며 지표면에 있는 모든 물체는 대기압을 받게 되므로 압력의 크기를 나타낼 때는 대기압을 기준점, 즉 0으로 하고 측정치의 압력을 나타내는 게이지 압력과 대기압을 포함하는 절대압력(=게이지 압력+대기압)의 2가지를 사용하며, 일반적으로 실무에서는 게이지 압력으로 나타낸다. 일반적으로 사용하는 압력의 단위는 다음과 같다.

(1) SI 단위계

Pa(=N/m^2)

(2) 중력단위계

kgf/cm^2, kgf/m^2(공학에서는 편의상 kgf를 kg으로 표기한다)

---

4) BS EN 12101-6(2005년) 0.4(Analysis of the problem)

5) NFPA 92(2018 edition) 1.2 Purpose : NFPA 92A와 92B는 2012년 판에서 NFPA 92(Smoke control system)로 통합한 후 전면 개정되었다.

6) 방어환경(Tenable environment) : 연기나 열을 제한시키거나 또는 재실자에게 생명에 지장을 주지 않을 정도의 수준으로 연기나 열을 억제시켜 주는 공간

(3) 이외에 공학에서 사용하는 단위로서 기압의 단위인 atm · bar, 수은주로 표시하는 mmHg, 수주(水柱)로 표시하는 mmAq · mAq 등이 있다.

① $1\text{atm} = 760\text{mmHg} = 1.033\text{kgf/cm}^2 = 1.013\text{bar}$

② $1\text{bar} = 10^5\text{Pa} = 0.1\text{MPa}$

$1\text{Pa}(1\text{N/m}^2) = \dfrac{1}{9.81}(=0.102)\text{mmAq} = 1.02 \times 10^{-5}\text{kgf/cm}^2$

③ $1\text{mmAq} = 1\text{kgf/m}^2 = 10^{-4}\text{kgf/cm}^2$

$1\text{kgf/cm}^2 = 10\text{mAq} = 0.98 \times 10^5\text{Pa}$

꼼꼼체크 ❙ mmAq

1. 배관 내의 수압에 비하여 덕트 내의 공기압력은 미소압력이므로 제연 팬의 경우 압력은 보통 수주(水柱)높이인 mmAq로 나타낸다.
2. Aq란 라틴어의 Aqua(물)의 의미로 물기둥이 바닥면에 가하는 압력을 의미한다.

[2] 덕트에서의 정압과 동압

제연설비에서 정압(靜壓 ; Static pressure)이란 덕트 내에서 기체의 흐름에 평행인 물체의 표면에 수직으로 미치는 압력으로서 그 표면에 수직인 구멍을 통하여 측정한다. 한쪽 끝이 폐쇄된 덕트의 다른 끝에서 팬으로 공기를 주입시키면 덕트 내에는 공기의 유동이 없으므로 이때 발생하는 압력은 정압이 된다.

이에 비해 동압(動壓 ; Dynamic pressure)이란 기체의 속도에 의해 발생되는 풍속과 관계되는 압력으로서 동압은 속도에너지를 압력에너지로 환산한 값으로 다음의 식으로 표현한다.

$$\text{동압 } P_V(\text{mmAq}) = \frac{V^2}{2g} \cdot \gamma \qquad \cdots \text{[식 4-1-1]}$$

여기서, V : 풍속(m/sec)

g : 중력가속도(m/sec^2)

γ : 기체의 비중량(kgf/m^3)

따라서 덕트 내의 압력은 정압에 기류의 동압이 가해진 결과이며 정압과 동압을 총칭하여 전압(全壓 ; Total pressure)이라 한다.

[3] 제연용 송풍기 적용

송풍기는 유체(流體) 중 액체를 이송하는 펌프와 기본적인 원리가 같은 것으로 다만, 유체 중 기체를 대상으로 하는 것으로 펌프와 송풍기는 동일한 유체이송기계이다. 송풍기는 회전차(Impeller)의 회전운동으로 공기에 에너지를 가하여 풍량과 압력을 얻는 기계장치로서, 팬과 블로워로 구분하며 토출압력의 크기에 따라 다음과 같이 구분한다.

(1) 압력에 의한 분류

[표 4-1-2] 압력에 의한 송풍기 분류

종 류	압력기준	비 고
팬(Fan)	0.1kg/cm^2 미만	송풍기
블로워(Blower)	0.1kg/cm^2 이상 1kg/cm^2 미만	
공기압축기(Compressor)	1kg/cm^2 이상	압축기

(2) 송풍기의 종류

송풍기는 압력을 높이는 작동원리에 따라 용적식과 비용적식이 있으며, 일반적인 송풍기는 비용적식으로 공기의 이송방향과 임펠러축이 이루는 각도에 따라 날개의 지름방향으로 공기가 흐르는 원심식 송풍기와 축방향으로 공기가 흐르는 축류식 송풍기로 구분한다. 임펠러의 형상 및 구조에 따라 여러 가지로 분류된다.

꼼꼼체크 ▌ 용적식 송풍기

용적식(容積式)의 경우는 왕복펌프와 같이 특수한 모양의 로터리 또는 피스톤으로 일정한 체적 내에 기체를 흡입하여 이 기체의 체적을 축소함으로써 압력을 높이는 형식이다.

비용적식 송풍기 중 특히 제연설비에서 주로 사용하는 송풍기는 원심력에 의해 에너지를 얻는 원심식(遠心式 ; Centrifugal type) 송풍기와 회전차가 회전함으로써 발생하는 날개의 양력에 의하여 에너지를 얻게 되는 축류식(軸流式 ; Axial flow type) 송풍기가 있다.

[표 4-1-3] 제연용 송풍기의 구분 및 종류

구 분		종 류	날개방향
원심식 송풍기	• 임펠러의 회전에 의한 원심력으로 공기에 에너지를 주는 방식 • 날개의 지름방향으로 공기가 흐르게 된다.	• 다익형(多翼型) 팬	전곡형(前曲形)
		• 터보 팬 • 리미트 로드 팬 • 에어포일 팬	후곡형(後曲形)
축류식 송풍기	• 임펠러가 회전함으로써 발생하는 날개의 양력에 의하여 에너지를 주는 방식 • 날개의 축방향으로 공기가 흐르게 된다.	• 베인형 • 튜브형 • 프로펠러형 • 덕트 인라인형	–

(3) 송풍기의 동력

송풍기 동력에서 풍량의 기준은 송풍기가 단위시간당 흡입하는 공기의 양으로서 토출측일 경우는 흡입상태로 환산하는 것을 말한다.

흡입상태는 별도로 명기하지 않는 한 온도 20℃, 1기압, 습도 65%, 공기의 비중량 γ를 1.2kgf/m^3로 적용하며 이를 "표준흡입상태"라고 한다. 이때의 송풍기 축동력 식은 [식 4-1-2]로 적용하며 이는 축동력이므로 제연설비 설계 시 모터 동력을 구할 경우 전달계수인 K(보통 1.1 적용)값을 곱하여야 한다.

$$L = \frac{Q \times H}{6,120 \times \eta} \quad \cdots \text{[식 4-1-2]}$$

여기서, L : 송풍기의 축동력(kW)
Q : 풍량(m^3/min)
H : 전압(mmAq)
η : 효율(소수점 수치)

(4) 제연설비용 다익형 송풍기(Multiblade fan)

건축물의 제연설비에 주로 사용하는 송풍기는 원심식의 다익형 송풍기로 일명 시로코 팬(Sirocco fan)이라고 부르는 것으로 날개는 앞보기형 날개(前曲形)로서 제연설비에서 가장 대표적으로 사용하는 송풍기이다.

꼼꼼체크 ▌ 송풍기의 명칭

Sirocco fan은 최초로 개발한 회사의 상품명이다.

① 다익형 송풍기의 특징

㉠ 날개 폭이 좁고 날개 수가 많으며 앞보기형 날개이다.

㉡ 낮은 속도에서 운전되며, 낮은 압력에서 많은 공기량이 요구될 때 주로 사용된다.

㉢ 일반적으로 운전영역 중 정압이 최대인 점에서 효율이 최대가 되며, 최대정압효율은 60 ~ 68% 정도이다.

㉣ 일정한 회전수에서는 풍량의 증가에 따라 소요동력이 점차 증가하게 된다.

㉤ 주로 건물의 공기조화 및 환기용으로 많이 사용되고 있다.

② 다익형 송풍기의 장단점

구분	내용
장 점	• 정상운전영역이 정격공기량의 30 ~ 80%로 넓은 범위에서 운전이 가능하다. • 특성곡선상 풍량변동에 대한 정압곡선이 다른 송풍기에 비해 완만하다. • 동일한 공기량과 압력에 대하여 임펠러의 직경이 작기 때문에 설치공간을 최소화할 수 있다. • 제작비가 저렴하여 경제성이 매우 높다.
단 점	• 깃의 형태와 구조적인 취약점으로 인하여 공정에 사용하는 물질 이동용으로는 적합하지 않다. • 소형으로 대풍량을 취급할 수 있으나 고속회전에 적합하지 않으므로 높은 압력(최대정압은 100 ~125mmAq로 보통 70 ~ 80mmAq)은 발생할 수 없다. • 다른 기종에 비하여 소음이 크고 효율이 대체로 낮은 편이다.

❹ 거실 제연설비의 개념

[1] 급기 및 배기의 적용

거실은 그 공간이 화재가 발생하는 화재실이므로 해당 화재실에서 연기와 열기를 직접 배출시켜야 하며, 배기만 실시하고 급기를 실시하지 않을 경우는 배기시킨 공간으로 주위에서 연기가 계속 유입되어 재실자가 피난할 수 있는 피난경로를 확보해 주지 못하게 된다. 따라서 배출시킨 배기량 이상으로 급기를 하여 피난 및 소화활동을 위한 공간을 조성하도록 한다.

구 분	적 용	제연대책	제연방식	적용장소
거실 제연	화재실(Fire area)	• 적극적인 대책 • 연기배출(Smoke venting)	급배기방식	거실

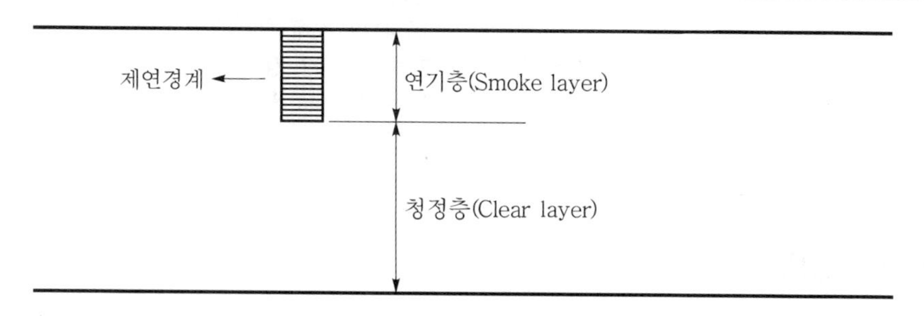

[2] 피난 및 소화활동의 영역을 확보

피난 및 소화활동을 위한 공간을 조성하기 위해 상부에 배기구를 설치하여 제연경계 하부만큼의 연기를 배출시키며 배출되지 않은 연기는 제연경계 상부에 체류하게 된다. 또한 제연경계 하단부로는 외기가 주입되어 제연경계 하부는 피난 및 소화활동의 공간이 조성되며, 이때의 급기량은 배기량 이상이 되어야 한다. 급기를 할 경우 풍속은 저속으로 급기하여야 하며 화재안전기준에서는 이를 5m/sec 이하로 규정하고 있다. NFPA 204(Smoke & heat venting ; 2021 edition)에서는 급기풍속을 200ft/min(1.02m/sec) 이하로 제한하고 있다.

[3] 급기량과 배출량의 대소 관계

거실제연에서는 재실자의 피난 이외에 소방대의 소화활동을 위하여 화재실에 청정층(Clear layer)을 형성하여야 하므로 화재안전기준에서는 종전까지 거실제연에서 급기량을 배출량과 동등 이상으로 규정하였으나, 배출량의 배출에 지장이 없는 양으로 급기하도록 2022. 9. 15. 이를 개정하였다. 급기량이 배출량과 동등 이상이어야 하는 것은 국제적인 근거가 부족하며 NFPA 92[7]에서는 대규모 공간에서 양압이 생성되는 것을 피하기 위해

7) NFPA 92(2021 edition) 4.4.4.1.2 Mechanical makeup air shall be less than the mass flow rate of the mechanical smoke exhaust(기계적 급기량은 기계적 배연의 질량유량보다 적어야 한다).

급기량을 배출량보다 적게 공급하도록 규정한 것을 참고하여 개정한 것이다. 또한 NFPA 92 A.4.4.4.1에서는 급기량은 배출량의 85~95%로 설계하도록 권장하고 있다.[8]

03 거실 제연설비의 종류

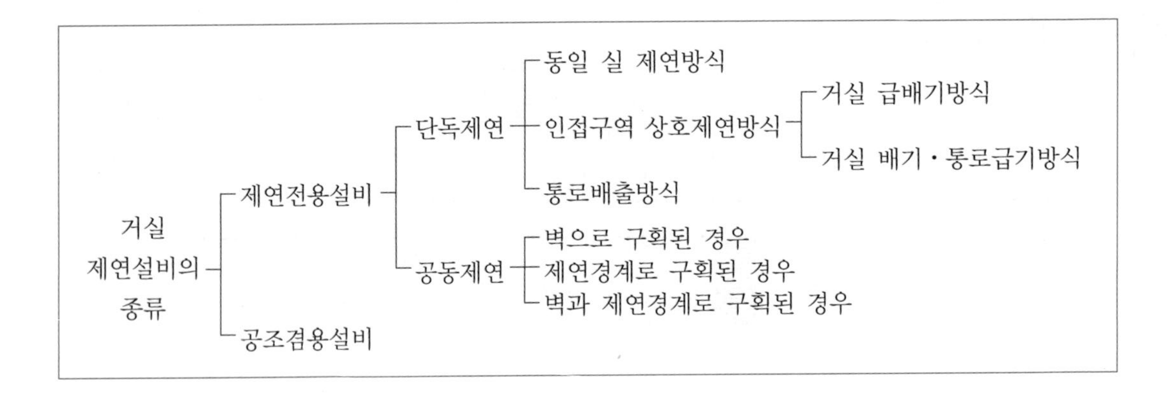

1 제연전용설비

거실 제연의 경우 제연방식은 제연전용설비와 공조겸용설비의 2가지로 크게 구분하며 제연전용설비는 다시 단독제연과 공동제연으로 구분할 수 있다.

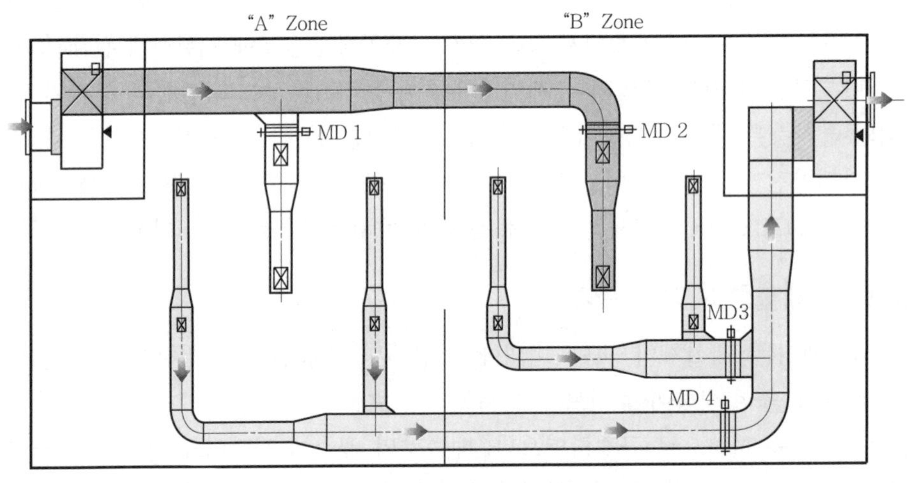

[그림 4-1-1] 거실 제연설비의 덕트 구성(예)

8) NFPA 92(2021 edition) A.4.4.4.1 : It is recommended that makeup air be designed at 85 percent to 95 percent of the exhaust, not including the leakage through small paths(급기량은 미소경로를 통한 누설을 제외하고 배출량의 85~95% 수준으로 설계하는 것이 권장된다).

[1] 단독제연방식

(1) 동일 실 제연방식

① 적용 : 화재실에서 급기 및 배기를 동시에 실시하는 방식으로 설계 빈도는 매우 낮은 일반적이지 않은 제연방식으로 화재 시 피해의 범위가 작은 소규모 거실에 적용한다.

② 특징

㉠ 화재 시 급기구의 위치가 화점(火點) 부근이 될 경우 연소를 촉진시키게 되며, 급기와 배기를 동일 실에서 동시에 실시하게 되므로 실내의 기류가 난기류가 되어 청정층(Clear layer)과 연기층(Smoke layer) 간에 와류가 되어 청정층의 형성을 방해하게 된다. 따라서 이를 방지하기 위하여 급기구와 배기구는 소규모거실의 경우 직선거리 5m 이상을 이격 또는 구획된 실에서 긴 변의 1/2분 이상이어야 한다[제8조 2항 1호(2.5.2.1)].

㉡ 화재 시 피해의 범위가 작은 소규모 화재실(Fire area)의 경우에 일반적으로 적용하게 되며, 화재 시 덕트 분기점에 있는 MD(Motor control damper)는 [그림 4-1-1]에서 해당 구역의 감지기 동작과 연동하여 사전에 다음의 표와 같은 시퀀스(Sequence) 구성에 따라 개폐되도록 한다.

제연구역	급 기	배 기
A구역 화재 시	MD_1(Open)	MD_4(Open)
	MD_2(Close)	MD_3(Close)
B구역 화재 시	MD_2(Open)	MD_3(Open)
	MD_1(Close)	MD_4(Close)

(2) 인접구역 상호제연방식

① 적용 : 화재실에서 배기를 하고, 인접구역에서 급기를 실시하여 급기가 해당 구역으로 유입되는 방식으로 거실 제연은 대부분 이 방식으로 설계한다.

② 종류

㉠ 거실 급배기방식 : 백화점 등의 판매장과 같이 복도가 없이 개방된 넓은 공간에 적용하는 방식이다. 구역별로 제연경계를 설치한 후 화재구역에서 배기하고 인접구역에서 급기하여 제연경계 하단부에서 급기가 유입되는 방식이다.

㉡ 거실 배기·통로급기방식 : 지하상가와 같이 각 실이 구획되어 있는 경우는 인접한 거실에서 화재실로 급기가 불가하므로 거실에서 배기를 하고, 급기는 통로에서 실시하는 방식이다. 거실은 화재실로서 연기를 직접 배출시켜야 하므로 배기를 실시하나 급기는 통로부분에서 실시하되, 구획된 각 실의 복도측 외벽에 급기가 유입되는 하부 그릴을 설치하여 화재실로 급기가 유입되도록 한다.

③ 특징

㉠ 거실 급배기방식 : 화재실은 연기를 배출시켜야 하므로 화재실에서는 직접 배기를 실시하며 인접실(인접한 제연구역이나 통로)에서는 급기를 실시하여 화재실로 급기가 유입되어 청정층이 형성되도록 조치한다. MD는 [그림 4-1-1]에서 해당 구역의 감지기 동작과 연동하여 사전에 다음의 표와 같은 시퀀스 구성에 따라 개폐되도록 한다.

제연구역	급 기	배 기
A구역 화재 시	MD_2(Open)	MD_4(Open)
	MD_1(Close)	MD_3(Close)
B구역 화재 시	MD_1(Open)	MD_3(Open)
	MD_2(Close)	MD_4(Close)

㉡ 거실 배기 · 통로급기방식 : 이 방식은 통로에서는 급기만을 실시하며 배기를 하지 않으므로 통로를 제연구역으로 간주하지 않는다는 개념이 반영되어 있는 것으로, 만일 통로를 화재구역으로 간주할 경우는 통로에서도 배기를 하여야 한다.

(3) 통로배출방식 : 제5조 2항(2.2.2)

① **적용** : 통로에 연기가 체류되지 않도록 화재 시 통로를 유효한 피난경로로 확보하기 위하여 통로에서 급배기를 실시하는 방식이다.

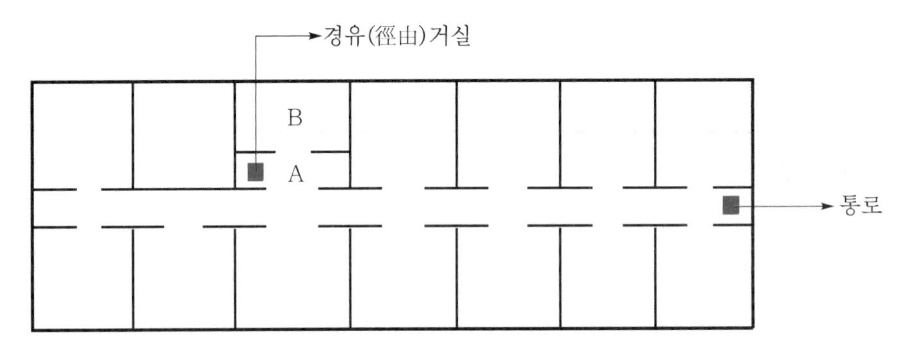

[그림 4-1-2] 통로배출방식에서의 경유거실

② 특징

㉠ $50m^2$ 미만으로 각 실이 각각 구획되어 통로에 면(面)한 경우에 한하여 적용할 수 있으며 거실에서 배기하지 않고 통로에서 배기를 실시하는 방식이다. 이 방식은 화재실의 면적이 작고 출입구가 통로에 면해 있으므로 거실에서 화재 시 통로까지 피난하는 데 소요되는 시간이 짧아 피난에 큰 지장이 없다고 간주한 것으로, 화재실에서의 연기가 통로로 유입되는 것을 배출시켜 통로를 피난경로로 사용하는 데 지장이 없도록 설계한 방식이다.

ⓛ 이 경우 A처럼 다른 거실 B의 피난을 위해 통과하는 실을 경유(經由)거실이라 하며, 복도에 면한 실별로 50m^2 미만인 경우에도 경유거실이 있는 경우에는 반드시 경유거실인 A부분에서도 별도로 배기를 실시하여야 한다[제5조 2항(2.2.2)]. 종전에는 이 경우 경유거실의 배기량은 50%를 할증하였으나, 건축 준공 이후 거실의 구획 변경에 따라 경유거실이 발생하거나 사라지는 등 현장 적용의 어려움을 고려하여 50% 할증조항을 2022. 9. 15.자로 삭제하였다.

ⓒ 통로에서 배기만 실시하고 급기를 실시하지 않을 경우, 배기시킨 공간으로 연기가 통로로 계속 유입되어 피난할 수 있는 피난경로를 확보해 주지 못하게 된다. 이를 위하여 이는 배출만 하여서는 아니 되고 통로에 급기도 하도록 한 것으로 배출량의 배출에 지장이 없는 범위 내에서 급기를 하여 피난 및 소화활동을 위한 공간을 조성하도록 한다.

[2] 공동제연방식

(1) 공동제연의 개념

단독제연은 하나의 제연구역에 대한 개별적인 제연방식이나 이에 비해 공동제연이란 단독제연에 대비되는 제연방식으로, 벽으로 구획되거나 제연경계로 구획된 2 이상의 제연구역에 대해 어느 하나의 구역에서 화재가 발생하여도 2 이상의 제연구역에 대해 동시에 제연(급기 및 배기)을 실시하는 것을 말한다. 공동제연방식에서 구획된 각각의 제연구역에 대해 제연구획을 하는 방법이나 몇 개의 제연구역을 공동제연구역으로 설정할 것인가의 사항은 소요 배출량과 건물의 형상 등을 감안하여 설계자가 결정하게 된다.

(2) 공동제연의 특징

공동제연은 단독제연에 비해 다음과 같은 특징을 가지고 있다.

① 예상제연구역의 회로 구역수와 댐퍼 수량을 대폭적으로 줄일 수 있다.
② 예상제연구역 설정과 화재 시 동작 시퀀스가 매우 단순해진다.
③ 일반적으로 송풍기의 용량은 증가하게 된다.
④ 단독제연과 달리 벽으로 구획된 경우에는 바닥면적이나 한 변의 길이를 제한하지 아니한다.

(3) 공동제연의 종류

① **벽으로 구획된 경우** : 제6조 4항 1호(2.3.4.1)
벽으로 구획된 공동제연의 경우에 거실과 통로와의 부분은 제연경계로 설치할 수 있으며, 벽으로 구획된 경우에는 공동제연구역의 면적이나 직경의 길이는 별도로 규제하지 않는다.

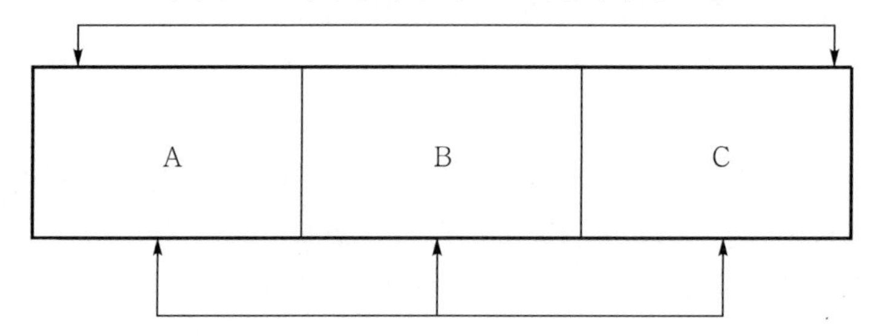

② **제연경계로 구획된 경우** : 제6조 4항 2호(2.3.4.2)

제연경계로 구획된 경우란 하나의 예상제연구역이 모두 제연경계로 구획된 경우만 해당하는 것이 아니라, 하나의 예상제연구역 중 통로의 출입문 부분을 제외하고 어느 부분에 제연경계가 있는 경우에도 적용하여야 한다.

다만, 이 경우는 벽으로 구획된 것과 달리 각 예상제연구역 중 최대배출량만을 적용하는 관계로 공동제연구역에 대해서는 1,000m^2 이하이고, 직경 40m의 원 내에 있어야 한다.

③ **벽과 제연경계로 구획된 경우** : 제연경계로 구획된 경우와 벽으로 구획된 경우가 복합되어 있는 경우로서 제6조 4항 1호와 2호(2.3.4.1과 2.3.4.2)를 동시에 적용하여야 한다. 따라서 배출량은 "벽으로 구획된 것을 합한 배출량"과 "제연경계로 구획된 것 중 최대배출량" 2가지를 합산하여야 한다.

❷ 공조겸용설비

[1] 적용

평소에는 공조 모드로 운행하다가 화재 시 해당 구역 감지기의 동작신호에 따라 제연 모드로 변환되는 방식이다.

제연전용설비보다 신뢰도는 낮으나 반자 위의 제한된 공간으로 인하여 대형 건축물의 경우는 대부분 공조겸용설비를 적용하고 있다.

[2] 특징

(1) 2개층 이상을 1개의 공조기가 담당할 경우는 층별구획을 하여야 하므로 공조기에서 각 층으로 분기되는 공조겸용 제연덕트에 층별로 FD(방화댐퍼 ; Fire damper)가 필요하며, 또한 화재 시 해당 층만 급배기가 되려면 덕트에 MD가 있어야 하므로 결국 MFD를 설치하여 감지기 동작신호에 따라 작동되도록 한다.

(2) 공조겸용일 경우는 공조기의 전원을 차단할 경우에도 감지기가 동작할 경우 동작신호에 따라 제연설비의 전원이 자동으로 접속되는 D.D.C(Direct Digital Control) 설비를 자동제어 분야에서 조치해 주어야 한다.

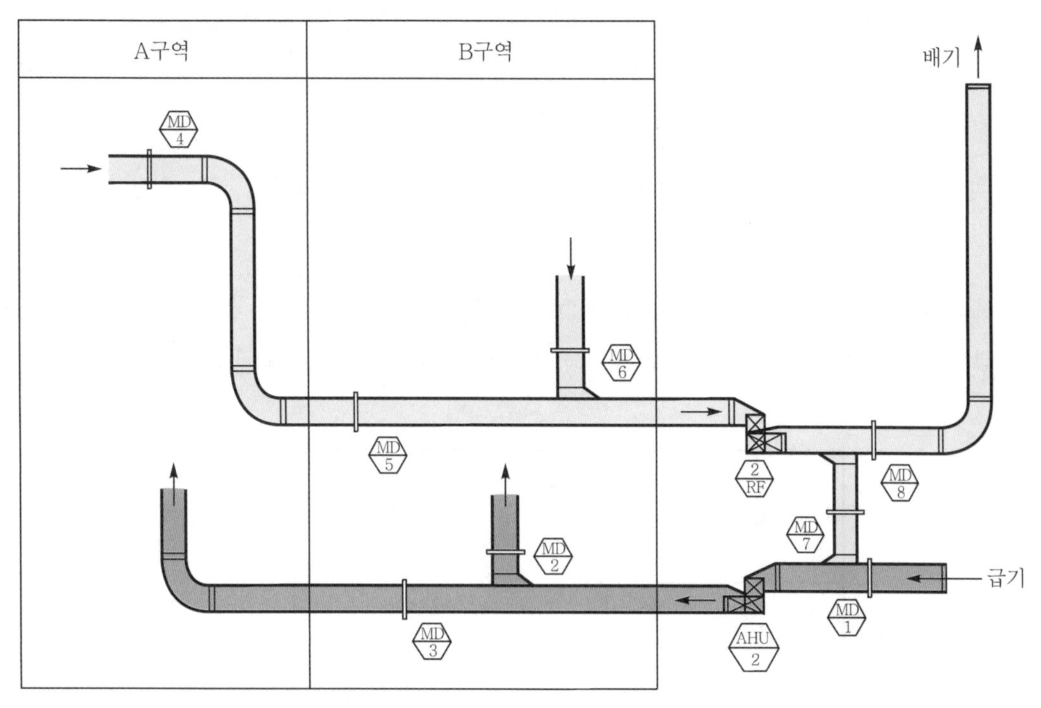

[그림 4-1-3] 공조겸용 거실 제연설비(예)

구 분	급 기			배 기				
	MD_1	MD_2	MD_3	MD_4	MD_5	MD_6	MD_7	MD_8
A구역 화재 시	Open	Open	Close	Open	Open	Close	Close	Open
B구역 화재 시	Open	Close	Open	Close	Close	Open	Close	Open
공조 시	Open	Open	Open	Open	Open	Open	Open	Open

04 거실 제연구역의 화재안전기준

❶ 제연구역의 설정

(1) 하나의 제연구역 면적은 1,000m^2 이내로 할 것[제4조 1항 1호(2.1.1.1)]

(2) 거실과 통로(복도를 포함)는 각각 제연구획할 것[제4조 1항 2호(2.1.1.2)]

⊡ ① 거실과 통로를 각각 제연구획하라는 뜻은 거실은 화재실이며, 통로(복도)는 피난경로이므로 화재실과 피난경로를 동일한 제연구역으로 적용하지 말고 별개의 Zone으로 구분하여 제연구획하라는 의미이다. 이는 일반적으로 거실은 화재실로서 배출을 하여야 하나, 통로는 피난경로로서 급기를 하여 피난 및 안전공간을 확보하여야 하므로 거실과 통로 즉, 화재실과 피난통로를 동일한 제연구역으로 설정하는 것을 금지한 것이다.

② 위 조문에서 통로란 대형 거실의 경우 고정식 칸막이로 구획되어 있지 아니한 거실 내부의 이동경로를 말하며, 복도란 고정식 칸막이를 설치하여 형성된 실 밖의 이동경로를 말한다.

(3) 하나의 제연구역은 2개 이상의 층에 미치지 않도록 할 것. 다만, 층의 구분이 불분명할 경우는 그 부분을 다른 부분과 별도로 제연구획해야 한다[제4조 1항 5호(2.1.1.5)].

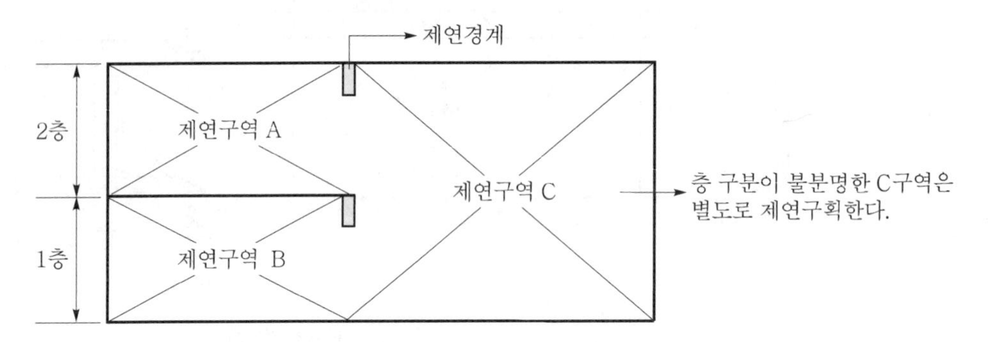

❷ 제연구역의 범위 : 제4조 1항 3호~4호(2.1.1.3~2.1.1.4)

[1] 거실부분

하나의 제연구역은 직경 60m의 원 내에 들어갈 수 있을 것

[2] 통로부분

제연구역은 보행 중심선의 길이가 60m를 초과하지 아니할 것

⊡ 바닥면적 1,000m² 이내로 설정하였음에도 직경의 길이(거실의 경우)나 보행 중심선의 길이(통로의 경우)를 별도로 규제하는 것은 바닥면적 이외에 형상을 규제하여 제연구역의 범위를 한정하도록 하기 위한 목적으로, 이는 마치 자동화재탐지설비에서 하나의 경계구역은 600m² 이하이나 한 변의 길이는 50m 이내이어야 한다는 것과 동일한 개념이다.

❸ 제연경계의 기준 : 제4조 2항(2.1.2)

[1] 기준

제연구역의 구획은 보·제연경계벽(이하 제연경계)·벽(화재 시 자동으로 구획되는 가동벽, 셔터, 방화문 포함)으로 하되, 다음의 기준에 적합해야 한다.

(1) 제연경계의 폭이 0.6m 이상이고, 수직거리는 바닥으로부터 2m 이내이어야 한다. 다만, 구조상 불가피한 경우 2m를 초과할 수 있다.

(2) 재질은 내화재료, 불연재료 또는 제연경계벽으로 성능을 인정받은 것으로서 화재 시 쉽게 변형·파괴되지 아니하고 연기가 누설되지 않는 기밀성 있는 재료로 할 것

(3) 제연경계벽은 배연 시 기류에 따라 그 하단이 쉽게 흔들리지 아니하여야 하며, 또한 가동식의 경우에는 급속히 하강하여 인명에 위해를 주지 아니하는 구조일 것

(4) 가동식의 벽, 제연경계벽, 댐퍼 및 배출기의 작동은 감지기와 연동되어야 하며, 예상제연구역(또는 인접장소) 및 제어반에서 수동으로 기동이 가능해야 한다[제11조 2항(2.8.2)].

[2] 해설

(1) **제연구역의 구획** : 제4조 2항 본문(2.1.2)

① **구획방법** : 제연구역에 대한 구획방법은 보(Beam), 제연경계벽(고정식의 벽체), 가동벽(감지기와 연동하여 자동으로 작동되는 벽체), 셔터, 방화문으로 구획하여야 한다. 이 경우 고정식의 벽체가 아닌 가동벽(可動壁)이나 셔터, 방화문의 경우는 대전제가 화재 시 감지기와 연동하여 자동으로 작동하거나 또는 항상 자동으로 닫힌 상태를 유지하여야 한다.

② **가동벽의 종류** : 가동벽에는 작동방식에 따라 다음 그림과 같이 회전형, 하강형, 셔터 기동형의 3가지 종류가 있다.

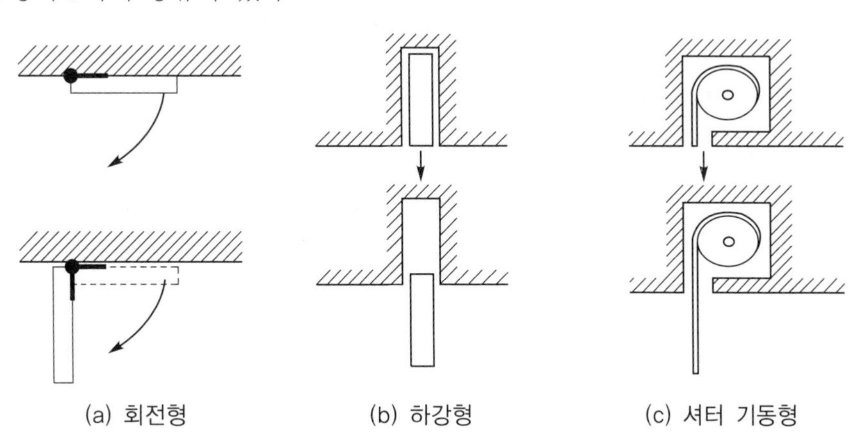

[그림 4-1-4] 가동벽의 작동방식별 종류

(2) **제연경계의 폭** : 제4조 2항 2호(2.1.2.2)

제연경계의 폭은 60cm 이상이어야 한다. 제연경계의 폭이란 천장이나 반자로부터 제연경계의 수직 하단까지의 길이를 말하며, 수직거리란 바닥으로부터 제연경계 수직 하단까지의 거리를 말한다. 수직거리는 결국 제연경계 하단부까지의 높이로서 재실자가 피난을 하거나 소방대가 소화활동을 할 수 있는 공간이므로 원칙적으로 2m 이내이어야 하나, 건물의 구조에 따라 2m를 초과할 수 있다. 제연경계의 폭은 화재 시 배기를 실시하면 배출되지 않는 연기는 상부로 수직 상승하여 체류하는 공간으로서 제연경계의 폭이 클수록 많은 연기를 화재실 내에 가두는 것으로 일반적으로 보의 높이를 참고하여 폭을 60cm 이상으로 규정하였다.

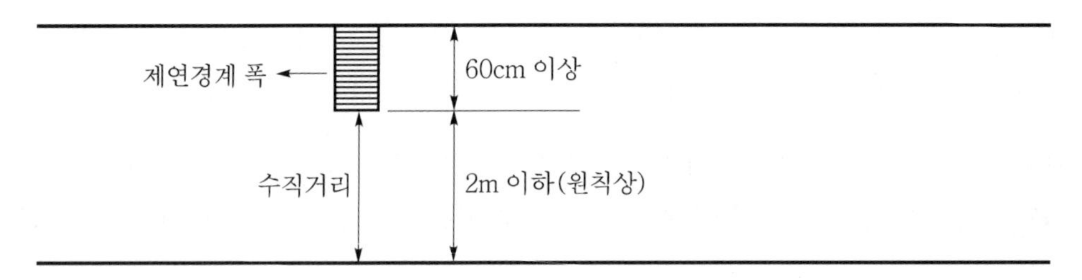

(3) **제연경계의 재질** : 제4조 2항 1호(2.1.2.1)

화재 후에도 제연설비 작동이 정상적으로 수행되기 위해서는 제연경계의 재질은 화재 시 화염이나 화열에 의해 손상되지 않아야 한다. 따라서 물성(物性)은 내화재나 불연재이어야 하며, 내화재나 불연재일 경우에도 화열에 의해 용이하게 변형이나 파손이 되지 않아야 한다. 따라서 일반유리의 경우에는 불연재이지만 화재 시 파괴되기에 이를 사용할 수 없으므로 유리의 경우에는 망입유리를 사용하여야 한다.

4 제연방식

[1] **기준** : 제5조 1항 & 3항(2.2.1 & 2.2.3)

(1) 예상제연구역에 대하여는 화재 시 연기배출과 동시에 공기유입이 될 수 있게 하고, 배출구역이 거실일 경우에는 통로에 동시에 공기가 유입될 수 있도록 해야 한다.

(2) 통로의 주요 구조부가 내화구조이며 마감이 불연재료 또는 난연재료로 처리되고 가연성 내용물이 없는 경우에 그 통로는 예상제연구역으로 간주하지 않을 수 있다. 다만, 화재 시 연기의 유입이 우려되는 통로는 그렇지 않다.

[2] 해설

(1) 거실의 제연 적용 : 제5조 1항(2.2.1)

거실 제연의 경우는 대전제가 제연구역인 화재실에 대해 연기를 배출하고 동시에 급기를 하는 것으로, 급기의 방법은 화재실에 직접 급기하는 강제유입방식과 인접구역에 급기하여 화재구역으로 유입되는 인접구역 유입방식의 2가지가 있다. 아울러 통로가 있는 거실의 경우에는 반드시 통로에 동시에 급기를 하여 피난경로를 확보하도록 하여야 한다. 통로에 급기를 할 경우에는 거실의 출입문 하단에 그릴을 설치하여 급기가 거실로 유입되도록 한다.

(2) 통로의 제연 적용 : 제5조 3항(2.2.3)

일반적으로 통로가 있는 거실의 경우는, 거실에서는 배출하고 통로에서 급기하여 통로부터의 급기가 거실로 유입되는 방식을 적용하고 있다. 이 경우 통로에서는 배출을 하지 않고 급기만을 한다는 것은 결국 통로에서 연기 발생이 없다는 것으로, 이는 결국 통로를 예상제연구역으로 적용하지 않는다는 의미이다. 이 경우 전제 조건으로 통로에서 화재가 발생하지 않는다고 가정하여야 하므로 통로의 주요구조부(내력벽, 기둥, 바닥, 보, 지붕틀 및 주계단)가 내화구조이며, 내장재는 가연재가 아닌 불연재나 난연재이어야 한다.

05 배출량 및 배출 관련 기준

❶ 단독제연방식의 배출량

하나의 예상제연구역만을 단독으로 제연하는 방식이다.

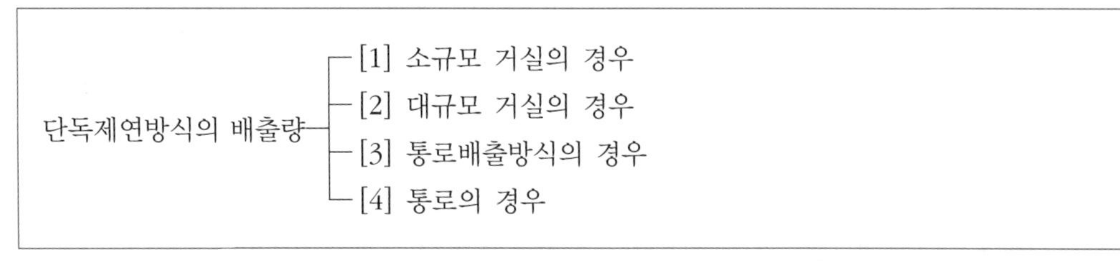

[1] 소규모 거실의 경우(바닥면적 400m² 미만) : 제6조 1항 1호(2.3.1)

(1) 기준

바닥면적 1m²당 1m³/min(CMM) 이상으로 하되, 예상제연구역 전체에 대한 최저배출량은 5,000m³/h(CMH) 이상으로 할 것. 다만, 예상제연구역 전체에 대한 최저배출량은 5,000m³/h 이상으로 할 것

[표 4-1-4] 소규모 거실(400m^2 미만)의 배출량

예상제연구역	배출량	비 고
소규모 거실	1CMM/바닥면적(m^2) 이상	최저 5,000CMH

(2) 해설(소규모 거실의 배출)

소규모 거실에서 400m^2 미만으로 구획된 거실이란 방화구획을 말하는 것이 아니라 칸막이나 벽 등으로 구획된 예상제연구역을 말한다. 그러나 거실과 통로 사이에 벽체와 출입문 대신에 제연경계를 설치한 것은 제연구획된 것으로 간주하여 위 조항을 적용할 수 있다. 또 이 조항은 하나의 예상제연구획 즉, 단독제연방식인 경우에 적용하는 것으로 공동제연일 경우에는 제6조(2.3.4)를 적용하여야 한다. 또한 400m^2 미만의 소규모 거실의 경우는 벽체 등의 칸막이 구획만 인정되는 것으로 제연경계로 구획하는 것(통로 쪽은 제외)은 인정하지 아니한다.

[2] 대규모 거실의 경우(바닥면적 400m^2 이상) : 제6조 2항(2.3.2)

(1) 기준

① 예상제연구역이 직경 40m인 원의 범위 안에 있을 경우에는 배출량이 40,000CMH 이상으로 할 것. 다만, 예상제연구역이 제연경계로 구획된 경우에는 그 수직거리에 따라 배출량은 다음 표에 따른다.

[표 4-1-5(A)] 대규모 거실의 배출량(직경 40m 이내)(NFTC 표 2.3.2.1)

예상제연구역	제연경계 수직거리	배출량
직경 40m인 원 내에 있는 경우	2m 이하	40,000CMH 이상
	2m 초과 2.5m 이하	45,000CMH 이상
	2.5m 초과 3m 이하	50,000CMH 이상
	3m 초과	60,000CMH 이상

② 예상제연구역이 직경 40m인 원의 범위를 초과할 경우에는 배출량이 45,000CMH 이상으로 할 것. 다만, 예상제연구역이 제연경계로 구획된 경우에는 그 수직거리에 따라 배출량은 다음 표에 따른다.

[표 4-1-5(B)] 대규모 거실의 배출량(직경 40m 초과)(NFTC 표 2.3.2.2)

예상제연구역	제연경계 수직거리	배출량
직경 40m인 원을 초과하는 경우	2m 이하	45,000CMH 이상
	2m 초과 2.5m 이하	50,000CMH 이상
	2.5m 초과 3m 이하	55,000CMH 이상
	3m 초과	65,000CMH 이상

(2) 해설(대규모 거실의 배출)

대규모 거실의 경우는 소규모 거실과 달리 칸막이 구획은 물론이고 제연경계로 구획된 경우도 적용이 가능하다. 소규모 거실의 경우는 화재 시 피해의 범위가 작고 연기가 발생할 경우 실내에서 통로로 피난이 용이한 규모이므로 이를 단순히 연기를 배출하는 배연차원의 개념을 반영하여 배출량을 바닥면적 기준으로 단순화시킨 것이다. 그러나 대규모 거실의 경우는 규모가 큰 관계로 피난에 시간이 소요되므로 거실 내부에 반드시 청정층(Clear layer)을 형성하여야 하므로 공학적 원리에 따라 제연경계 높이별로 배출량을 결정한 것이다.

[3] 통로배출방식의 경우 : 제6조 1항 2호(2.3.1.2)

(1) 기준

거실의 바닥면적이 $50m^2$ 미만인 예상제연구역을 통로배출방식으로 하는 경우에는 통로 보행중심선의 길이 및 수직거리에 따라 다음 표에서 정하는 기준량 이상으로 할 것

[표 4-1-6] 통로배출방식의 배출량

예상제연구역	제연경계 수직거리	배출량
통로의 보행중심선 40m 이하	2m 이하	25,000CMH 이상
	2m 초과 2.5m 이하	30,000CMH 이상
	2.5m 초과 3m 이하	35,000CMH 이상
	3m 초과	45,000CMH 이상
통로의 보행중심선 40m 초과 60m 이하	2m 이하	30,000CMH 이상
	2m 초과 2.5m 이하	35,000CMH 이상
	2.5m 초과 3m 이하	40,000CMH 이상
	3m 초과	50,000CMH 이상

(2) 해설(통로배출방식의 배출)

각 거실이 $50m^2$ 미만으로 구획되고 출입문이 통로에 면해 있는 것을 전제로 적용하여야 한다. 통로배출방식의 배출량은 통로의 길이를 먼저 40m 이하 또는 60m 이하로 구분한 후 제연경계 수직높이에 따라 해당하는 배출량을 적용하도록 한다. 대규모 거실은 예상제연구역에 대해 대각선의 직경을 40m와 60m에 따라 구분 적용하나, 통로배출은 예상제연구역에 대해 통로의 보행중심선의 길이를 40m와 60m에 따라 구분 적용하게 된다.

[4] 통로의 경우 : 제6조 3항(2.2.3)

(1) 기준

예상제연구역이 통로인 경우의 배출량은 45,000CMH 이상으로 할 것. 다만, 예상제연구역이 제연경계로 구획된 경우에는 그 수직거리에 따라 배출량은 제6조 2항 2호의 표(표 2.3.2.2)에 따른다.

(2) **해설(통로의 배출)**

제연경계 설치 유무에 따라 다음 표에 의한 배출량을 적용한다. 통로배출방식과 달리 통로의 경우는 통로 자체가 예상제연구역인 경우를 뜻하며 이는 통로에서 급기와 배기를 각각 실시하는 것이다. 통로는 제5조 3항(2.2.3)에 의해 원칙적으로 예상제연구역으로 적용하지 아니할 수 있으나 이를 예상제연구역으로 적용할 경우에 제6조 3항(2.3.3)의 기준을 적용하게 된다.

[표 4-1-7] 통로의 경우 배출량

<table>
<tr><th>예상제연구역</th><th colspan="2">배출량</th></tr>
<tr><td>제연경계로 구획되지 않은 경우</td><td colspan="2">45,000CMH 이상</td></tr>
<tr><td rowspan="6">제연경계로 구획된 경우</td><td colspan="2">제연경계 수직거리에 따라 "대규모 거실의 직경 40m인 원을 초과하는 기준"을 적용한다.</td></tr>
<tr><th>수직거리</th><th>배출량</th></tr>
<tr><td>2m 이하</td><td>45,000CMH 이상</td></tr>
<tr><td>2m 초과 2.5m 이하</td><td>50,000CMH 이상</td></tr>
<tr><td>2.5m 초과 3m 이하</td><td>55,000CMH 이상</td></tr>
<tr><td>3m 초과</td><td>65,000CMH 이상</td></tr>
</table>

❷ 공동제연방식의 배출량

2 이상의 예상제연구역을 동시에 제연하는 방식이다.

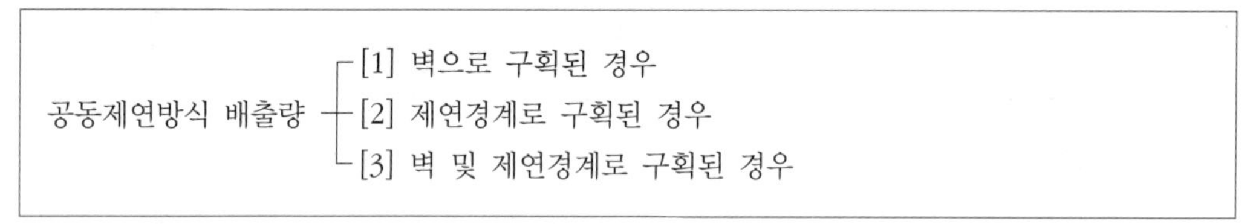

[1] 벽으로 구획된 경우

(1) **기준** : 제6조 4항 본문 & 1호(2.3.4 & 2.3.4.1)

① 배출은 각 예상제연구역별로 단독제연방식에 따른 배출량 이상을 배출하되, 2개 이상의 예상제연구역이 설치된 소방대상물에서 배출을 각 예상지역별로 구분하지 아니하고 공동예상제연구역을 동시에 배출하고자 할 때 벽으로 구획된 경우의 배출량은 다음의 ②에 따라야 한다. 다만, 거실과 통로는 공동예상제연구역으로 할 수 없다.

② 공동예상제연구역 안에 설치된 예상제연구역이 각각 벽으로 구획된 경우(제연구역의 구획 중 출입구만을 제연경계로 구획한 경우를 포함한다)에는 각 예상제연구역의 배출량을 합한 것 이상으로 할 것.

다만, 예상제연구역의 바닥면적이 400m² 미만인 경우 배출량은 바닥면적 1m²당 1m³/min 이상으로 하고 공동예상구역 전체 배출량은 5,000m³/h 이상으로 할 것

(2) 해설(배출량 적용)

① 하나의 제연구역이 벽(구조에 불문하고 개구부가 없는 경우를 벽이라고 칭한 것으로 칸막이 등으로 구획한 것도 벽으로 적용한다)으로 각각 구획된 경우, 이를 공동제연으로 적용할 경우의 배출량은 하나의 예상제연구역에 해당하는 각각의 배출량을 별도로 구하여 이를 전부 합산하도록 한다. 다음 그림과 같이 제연구역이 벽으로 구획된 거실 ①, ②, ③을 동시에 배출할 경우 각 거실의 배출량을 합한 것(=①+②+③)으로 한다.

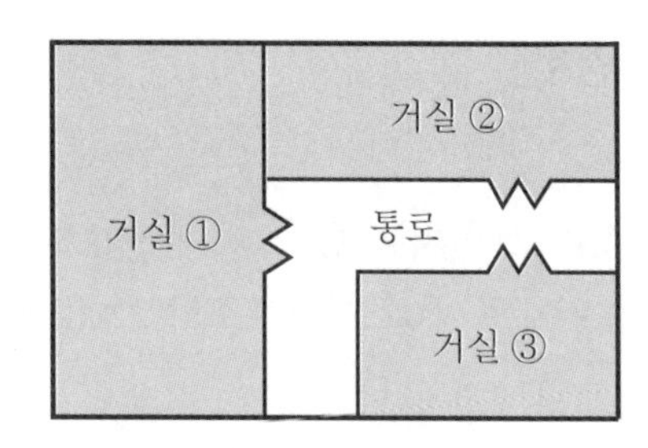

② 공동제연에서 각 예상제연구역이 400m² 미만인 소규모 거실인 경우 배출량이 5,000CMH에 미달되어도 최소배출량 기준을 적용하지 않도록 2022. 9. 15. 개정하였다. 대신 공동예상구역 전체가 5,000CMH에 미달될 경우는 최소배출량인 5,000CMH를 적용하도록 하였다.

[2] 제연경계로 구획된 경우

(1) 기준 : 제6조 4항 2호(2.3.4.2)

① 공동예상제연구역 안에 설치된 예상제연구역이 각각 제연경계로 구획된 경우(예상제연구역의 구획 중 일부가 제연경계로 구획된 경우를 포함하나 출입구 부분만을 제연경계로 구획한 경우를 제외한다)에 배출량은 각 예상제연구역의 배출량 중 최대의 것으로 할 것

② 이 경우 공동제연예상구역이 거실일 때에는 그 바닥면적이 1,000m² 이하이며, 직경 40m 원 안에 들어가야 하고, 공동제연예상구역이 통로일 때에는 보행중심선의 길이를 40m 이하로 해야 한다.

(2) 해설(배출량 적용)

하나의 제연구역이 제연경계로만 구획되거나 또는 거실의 구획된 일부가 제연경계인 경우(출입구만 제연경계인 경우는 벽으로 구획된 경우로 적용한다), 이를 공동제연으로 적용할 경우의 배출량은 하나의 예상제연구역에 해당하는 각각의 배출량을 구하여 이 중에서 최대배출량으로 적용한다. 다음 그림과 같이 제연구역이 제연경계로 구획된 거실 ①, ②, ③을 동시에 배출할 경우 각 거실 ①, ②, ③의 배출량 중 최대의 것으로 한다.

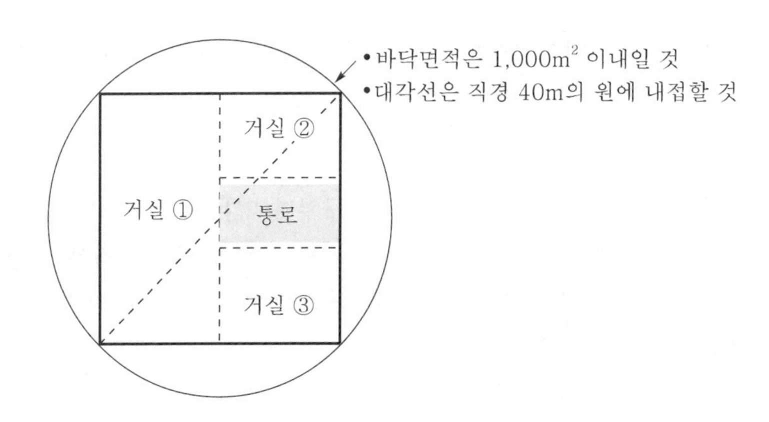

[3] 벽과 제연경계로 구획된 경우

(1) 기준

화재안전기준에 별도로 규정하고 있지는 않으나 제연경계로 구획된 경우와 벽으로 구획된 경우가 복합되어 있는 경우에는 제6조 4항 1호와 2호(2.3.4.1과 2.3.4.2)를 동시에 만족하여야 한다.

(2) 해설(배출량 적용)

하나의 제연구역이 벽으로 된 경우와 제연경계로 구획된 경우가 복합하여 설치된 경우, 이를 공동제연으로 적용할 경우의 배출량은 하나의 예상제연구역 중 벽으로 구획된 것의 배출량에, 제연경계로 구획된 것 중 최대량을 합산한 것으로 적용한다. 벽과 제연경계로 구획된 경우는 다음 그림과 같이 제연경계로 구획된 "거실 ①과 ② 중 최대의 것"+"벽으로 구획된 ③"의 배출량으로 한다.

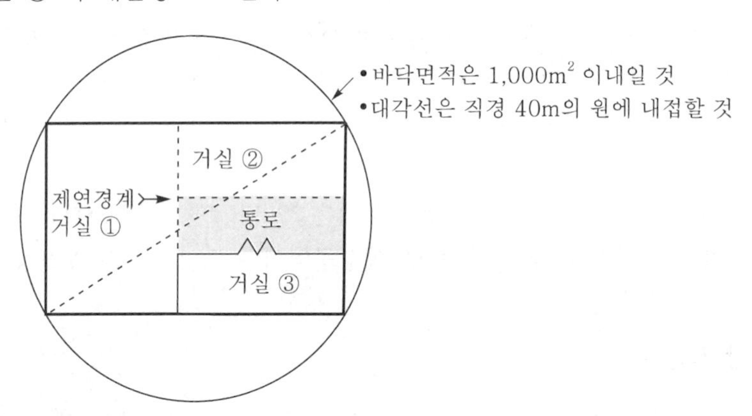

❸ 배출구의 기준

[1] 배출구 수평거리

예상제연구역 각 부분으로부터 10m 이내 : 제7조 2항(2.4.2)

[2] 배출구 제외

화장실·목욕실·주차장·발코니를 설치한 숙박시설(가족호텔 및 휴양콘도미니엄에 한한다)의 객실과 사람이 상주하지 아니하는 기계실·전기실·공조실·50m² 미만의 창고 등으로 사용되는 부분에 대하여는 배출구·공기유입구의 설치 및 배출량 산정에서 이를 제외할 수 있다[제12조(2.9.1)].

[3] 배출구의 위치

(1) 소규모 거실의 경우 : 제7조 1항 1호(2.4.1.1)

바닥면적이 400m² 미만인 거실인 경우(통로는 제외) 배출구의 설치는 다음의 기준에 적합할 것

[표 4-1-8(A)] 소규모 거실(400m² 미만)의 배출구 위치

예상제연구획	배출구
벽으로 구획된 경우	천장 또는 반자와 바닥 사이의 중간 윗부분에 설치할 것
제연경계로 어느 한 부분이 구획된 경우	천장·반자 또는 이에 가까운 벽부분에 설치 (다만, 벽에 설치할 경우는 배출구의 하단이 가장 짧은 제연경계의 하단보다 높게 설치할 것)

(2) 대규모 거실 및 통로의 경우 : 제7조 1항 2호(2.4.1.2)

바닥면적 400m² 이상인 거실과 통로의 경우 배출구의 설치는 다음과 같다.

[표 4-1-8(B)] 대규모 거실(400m² 이상) 및 통로의 배출구 위치

예상제연구획	배출구
벽으로 구획된 경우	천장·반자 또는 이에 가까운 벽에 설치 (다만, 벽에 설치할 경우 배출구 하단과 바닥 간 거리는 2m 이상일 것)
제연경계로 어느 한 부분이 구획된 경우	천장·반자 또는 이에 가까운 벽(제연경계 포함)에 설치 (다만, 벽 또는 제연경계에 설치 시 배출구 하단이 가장 짧은 해당 제연경계 하단보다 높게 설치)

❹ 배출설비의 기준

[1] 배출기 : 제9조 1항(2.6.1)

(1) 배출기의 배출능력은 규정에 따른 배출량 이상이 되도록 할 것

(2) 배출기와 배출풍도의 접속부분에 사용하는 캔버스는 내열성(석면재료는 제외)이 있는 것으로 할 것

(3) 배출기의 전동기 부분과 배풍기 부분은 분리하여 설치하여야 하며, 배풍기 부분은 유효한 내열처리를 할 것

[2] 배출풍도 : 제9조 2항(2.6.2)

(1) 아연도금강판 또는 이와 동등 이상의 내식성·내열성이 있는 것으로 하며, 건축법 시행령 제2조 10호에 따른 불연재료(석면재료를 제외한다)인 단열재로 풍도 외부에 유효한 단열 처리를 할 것

(2) 강판의 두께는 배출풍도의 크기에 따라 다음 표에 따른 기준 이상으로 할 것

[표 4-1-9] 배출풍도의 크기 및 두께

풍도 단면의 긴 변 또는 직경(mm)	450 이하	450 초과 750 이하	750 초과 1,500 이하	1,500 초과 2,250 이하	2,250 초과
강판두께(이상)	0.5mm	0.6mm	0.8mm	1.0mm	1.2mm

[3] 배출 풍속 : 제9조 2항 2호(2.6.2.2)

(1) **배출기 흡입측의 풍도 안의 풍속** : 15m/sec 이하

(2) **배출기의 배출측 풍속** : 20m/sec 이하

① 배출기에서 흡입측 풍도의 풍속이란 결국 배출측 덕트에서의 풍속을 말하며 이는 초속 15m 이하로 하여야 한다. 배출측의 덕트의 풍속을 규제하는 이유는 결국 배출덕트의 크기를 결정하는 것으로 이를 이용하여 배출덕트의 단면을 구할 수 있다. 배출덕트의 단면을 구할 경우 마찰손실을 무시하고 원형 덕트라면, 배출덕트 내의 풍속이 최소 15m/sec이므로 풍량을 $Q(\mathrm{m^3/sec})$, 풍속을 V, 덕트의 단면을 A라면 $Q(\mathrm{m^3/sec}) = V(\mathrm{m/sec}) \times A(\mathrm{m^2})$가 성립한다.

② 예를 들면, 제6조 2항(2.3.2.1)에 따라 400m² 이상의 거실로서 직경 40m 이내이며 벽으로 구획되어 있다면 제연경계 수직거리가 2m에 해당하므로 배출량은 40,000CMH가 된다. 즉 Q=40,000m³/h이며 V=15m/sec를 적용하면 원형 배출덕트의 단면적인 $A(\mathrm{m^2})$를 계산할 수 있다. 이 경우 설계자는 각형으로 변환한 후 덕트의 가로와 세로의 비(종횡비 ; Aspect ratio)를 결정하게 되는데, 마찰손실을 감안하여 덕트의 단면은 가능하면 정사각이 되도록 한다.

06 유입구 및 급기 관련 기준

1 급기방식의 종류

[1] 기준 : 제8조 1항(2.5.1)

예상제연구역에 대한 공기유입은 유입풍도를 경유한 강제유입방식 또는 자연유입방식으로 하거나, 인접한 제연구역 또는 통로에 유입되는 공기(가압의 결과를 일으키는 경우를 포함한다. 이하 같다)가 해당 구역으로 유입되는 방식으로 할 수 있다.

[2] 해설

(1) 강제유입방식

급기풍도 및 송풍기를 이용하여 해당 제연구역에 기계적으로 직접 급기하는 방식이다. 강제유입방식은 하나의 예상제연구역에 대해 화재실에서 배출과 동시에 급기를 수행하는 "동일 실 급배기방식"에서 주로 사용하는 방식이다.

(2) 자연유입방식

창문 등 개구부를 이용하여 해당 제연구역에 급기하는 자연급기방식이다. 화재안전기준에서는 인정하고 있으나 실무에서 설계 적용이 된 사례는 없으며 급기풍량, 급기풍속, 급기구의 위치 등이 언제나 만족하여야 하므로 자연유입방식은 현실적으로 적용할 수 없다.

(3) 인접구역 유입방식

인접한 제연구역이나 통로에 유입되는 공기를 이용하여 해당 제연구역으로 급기하는 방식이다. 거실제연설비에서 가장 일반적인 공기유입방식으로 인접구역 유입방식은 "거실 급배기방식"과 "거실 배기・통로급기방식"의 2가지로 분류할 수 있다.

2 유입구의 기준

[1] 유입구의 위치 : 제8조 2항~4항(2.5.1~2.5.4)

화재안전기준에서 규정하는 각 유입구의 위치에 대한 기준은 다음과 같다.

(1) 제8조 2항 1호(2.5.2.1) → 벽으로 구획된 단독제연의 소규모 거실

① 기준 : 바닥면적 400m^2 미만의 거실인 예상제연구역(제연경계에 따른 구획을 제외한다. 다만, 거실과 통로와의 구획은 그렇지 않다)에 대해서는 바닥 외의 장소에 설치하고 공기 유입구와 배출구 간의 직선거리는 5m 이상 또는 구획된 실의 장변의 1/2분 이상으로 할 것. 다만, 공연장・집회장・위락시설의 용도로 사용되는 부분의 바닥면적이 200m^{2}를 초과하는 경우의 공기 유입구는 2호(2.5.2.2)의 기준에 따른다.

CHAPTER 01 CHAPTER 02 CHAPTER 03 CHAPTER 04 CHAPTER 05

② 해설

[표 4-1-10(A)] 단독제연에서 동일 실 제연 : 벽으로 구획된 소규모 거실

적용(단독제연)	유입구 위치	비 고
소규모 거실(400m^2 미만의 일반 용도)로서 벽으로 구획된 경우	반자, 벽 등에 설치	• 배출구와 직선거리 : 5m 이상 또는 거실의 긴 변의 1/2 이상 • 통로와 거실 간의 구획은 제연경계도 가능

(주) ●=유입구 위치, 빗금=예상제연구역

(2) 제8조 2항 2호(2.5.2.2) → 벽으로 구획된 단독제연의 대규모 거실

① 기준 : 바닥면적이 400m^2 이상의 거실인 예상제연구역(제연경계에 따른 구획을 제외한다. 다만, 거실과 통로와의 구획은 그렇지 않다)에 대해서는 바닥으로부터 1.5m 이하의 높이에 설치하고 그 주변은 공기의 유입에 장애가 없도록 할 것

② 해설

[표 4-1-10(B)] 단독제연에서 동일 실 제연 : 벽으로 구획된 대규모 거실

적용(단독제연)	유입구 위치	비 고
• 공연장 · 집회장 · 위락시설의 경우는 사용하는 부분의 바닥면적이 200m^{2}를 초과하는 경우 • 대규모 거실(400m^2 이상)로서 벽으로 구획된 경우	바닥에서 1.5m 이하의 높이에 설치 h 유입구 높이 $h \leq 1.5$m	• 유입구 주변은 공기의 유입에 장애가 없을 것 • 통로와 거실 간의 구획은 제연경계도 가능

(3) 제8조 2항 3호(2.5.2.3) → 제연경계로 구획되거나 통로가 제연구역인 경우로 단독제연

① 기준 : 제8조 2항 1호 & 2호(2.5.2.1 & 2.5.2.2)에 해당하는 것 외의 예상제연구역(통로인 예상제연구역을 포함한다)에 대한 유입구는 다음의 기준에 따를 것. 다만, 제연경계로 인접하는 구역의 유입공기가 해당 예상제연구역으로 유입되게 한 때에는 그렇지 않다.

㉠ 유입구를 벽에 설치할 경우에는 제8조 2항 2호(2.5.2.2)의 기준에 따를 것

㉡ 유입구를 벽 외의 장소에 설치할 경우에는 유입구 상단이 천장 또는 반자와 바닥 사이의 중간 아랫부분보다 낮게 되도록 하고, 수직거리가 가장 짧은 제연경계 하단보다 낮게 되도록 설치할 것

② 해설

[표 4-1-10(C)] 동일 실 제연 : 제연경계로 구획되거나 통로가 제연구역인 경우

적용(단독제연)	유입구 위치
• 거실이 제연경계로 구획된 경우 • 통로가 제연구역인 경우	벽에 설치하는 경우 : 바닥에서 1.5m 이하의 높이에 설치 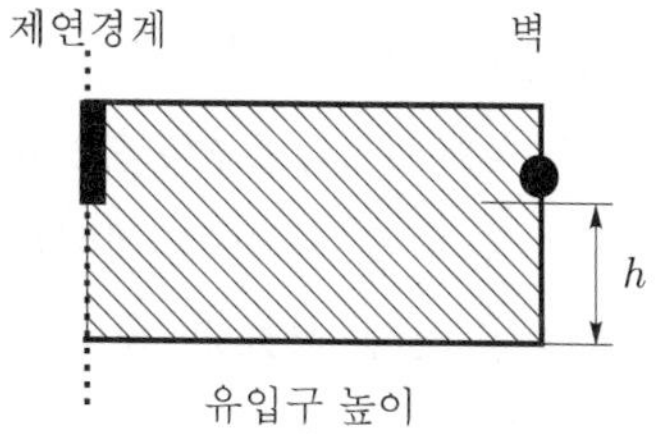 제연경계 벽 h 유입구 높이 $h \le 1.5\text{m}$
	벽 외의 장소에 설치하는 경우 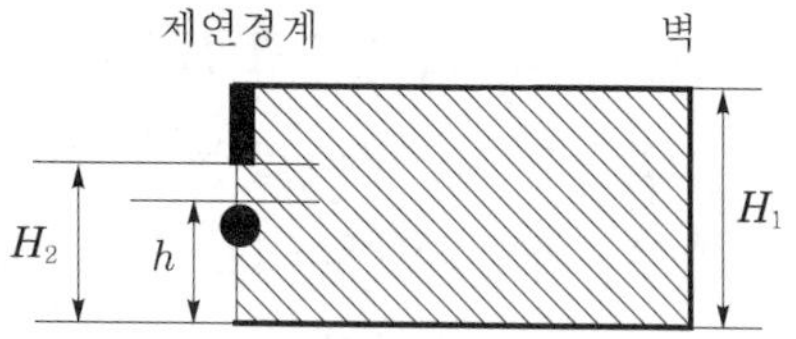 제연경계 벽 H_2 h H_1 유입구 높이 h $h < \left(\frac{1}{2}\right)H_1$ 및 $h < H_2$

(주) 제8조 2항 3호(2.5.2.3)에서 벽 외의 장소에 설치하는 경우란 덕트를 인출(引出)하여 제연경계 하단부에 설치하는 경우이며, 이는 벽이 있는 부분이 아니므로 벽 외의 장소(바닥도 포함됨)라고 표현한 것임.

(4) 제8조 3항 1호(2.5.3.1) → 벽으로 구획된 공동제연으로 동일 실 급배기방식(강제유입)

① **기준** : 공동예상제연구역 안에 설치된 각 예상제연구역이 벽으로 구획되어 있을 때에는 제8조 2항 1호 & 2호(2.5.2.1 & 2.5.2.2)에 따라 설치할 것

② **해설** : 동일 실 급배기방식에서 벽으로 구획된 공동예상제연구획의 경우를 뜻한다. 종전까지 해당 기준은 "공동예상제연구역 안에 설치된 각 예상제연구역이 벽으로 구획되어 있을 때에는 대규모 거실 기준을 적용하도록" 규정하였다. 그러나 공동예상제연의 경우 하나의 예상제연구역 바닥면적별로 유입구(급기구) 위치를 정하도록 2022. 9. 15. 자로 이를 개정하였다. 이에 따라 공동예상제연구역에서 하나의 예상제연구역이 소규모나 대규모 거실이냐에 따라서 해당 기준을 다음의 표와 같이 적용하도록 한다.

구 분	유입구 위치[제8조 3항 1호(2.5.3.1)]	
개정 전	대규모 거실 기준을 적용함(NFSC 제8조 2항 2호를 적용)	
개정 후 (2022. 9. 15.)	각 예상제연구역이 소규모 거실(400m^2 미만)일 경우	NFPC 제8조 2항 1호(NFTC 2.5.2.1) 적용
	각 예상제연구역이 대규모 거실(400m^2 이상)일 경우	NFPC 제8조 2항 2호(NFTC 2.5.2.2) 적용

(5) 제8조 3항 2호(2.5.3.2) → 제연경계로 구획된 공동제연으로 동일 실 급배기방식(강제유입)

① **기준** : 공동예상제연구역 안에 설치된 각 예상제연구역의 일부 또는 전부가 제연경계로 구획되어 있을 때에는 공동예상제연구역 안의 1개 이상의 장소에 제8조 2항 3호(2.5.2.3)의 규정에 따라 설치할 것

② **해설** : 동일 실 급배기방식에서 제연경계로 구획된 공동예상제연구획의 경우를 뜻한다. 이 경우는 제8조 2항 3호(2.5.2.3)와 유사하며 공동예상제연구역 안의 임의의 1개 구역에 유입구를 다음과 같이 설치한다.

㉠ 유입구를 벽에 설치한 경우 : 바닥에서 1.5m 이하 위치에 설치

㉡ 유입구를 벽 이외의 곳에 설치한 경우 : 반자높이의 중간 이하 위치에 설치하며 가장 짧은 제연경계 하단보다 낮을 것

(6) 제8조 4항(2.5.4) → 인접구역 상호제연방식의 경우(단독 또는 공동제연 포함)

① **기준** : 인접한 제연구역 또는 통로에 유입되는 공기를 해당 예상제연구역에 대한 공기유입으로 하는 경우에는 그 인접한 제연구역 또는 통로의 유입구가 제연경계 하단보다 높은 경우에는 그 인접한 제연구역 또는 통로의 화재 시 그 유입구는 다음의 어느 하나에 적합해야 한다.

㉠ 각 유입구는 자동폐쇄될 것

㉡ 해당 구역 내에 설치된 유입풍도가 해당 제연구획 부분을 지나는 곳에 설치된 댐퍼는 자동폐쇄될 것

② **해설**

㉠ 인접구역 상호제연방식에 해당하는 모든 경우를 뜻한다. 이 경우는 유입구를 인접구역이나 통로의 반자에 설치할 수 있으며 제연경계 하단부 또는 출입문 하부의 그릴을 통하여 상호제연하도록 한다. 따라서 이 경우 해당 구역 화재 시에는 화재가 발생하는 해당 구역 내의 유입구는 자동으로 폐쇄되어야 하며, 화재가 발생하지 않는 인접구역 내 설치된 유입풍도가 지나는 경계부위에 댐퍼가 있을 경우 상호제연을 위하여 댐퍼가 자동으로 폐쇄되어야 한다.

㉡ 대부분의 거실 제연은 인접구역 상호제연방식을 적용하므로 이 경우 제8조 4항(2.5.4)을 적용할 수 있다. 따라서 공동제연에 대한 기준을 규정한 제8조 3항(2.5.3)은 "동일 실 급배기방식"을 전제로 한 공동제연임을 유의하여야 한다.

[표 4-1-10(D)] 인접구역 상호제연의 경우

인접구역 상호제연방식		
기 준	방 식	유입구 위치
제8조 4항 (2.5.4)	• 인접한 구역에서 유입되는 것을 공기유입으로 하는 경우 • 통로에 유입되는 것을 공기유입으로 하는 경우	• 유입구 위치의 높이 기준이 없음. • 다만, 인접한 제연구역 또는 통로의 유입구가 제연경계 하단보다 높은 경우 – 그 유입구(인접한 제연구역이나 통로의 유입구)는 자동폐쇄될 것 – 해당 구역 내에 설치된 유입풍도가 해당 제연구획 부분을 지나는 곳에 설치된 댐퍼는 자동폐쇄될 것

[2] 유입구의 조건 : 제8조 5항 & 6항(2.5.5 & 2.5.6)

(1) 예상제연구역에 공기가 유입되는 순간의 풍속은 5m/sec 이하가 되도록 하고, 유입구의 구조는 유입공기를 상향으로 분출하지 않도록 설치해야 한다. 다만, 유입구가 바닥에 설치되는 경우에는 상향으로 분출이 가능하며 이때의 풍속은 1m/sec 이하가 되도록 해야 한다.

→ 종전에는 하향 60° 이내로 분출하도록 하였으나 급기구의 설치상황에 따라 급기 기류의 방향을 일률적으로 제한할 수 없는 현장 상황을 감안하여, 상향으로 분출하지 않도록 선언적인 내용으로 2022. 9. 15. 개정하였다. 또한 유입구가 바닥에 있는 경우도 감안하여 이 경우는 상향 분출이 가능하되 대신에 풍속을 초속 1m 이하로 제한하였다.

(2) 예상제연구역에 대한 공기 유입구의 크기는 해당 예상제연구역 배출량 1CMM에 대하여 35cm^2 이상으로 해야 한다.

[3] 유입량 및 유입풍도 : 제8조 7항 & 제10조(2.5.7 & 2.7)

(1) 예상제연구역에 대한 공기유입량은 제6조 1항~4항(2.3.1~2.3.4)에 따른 배출량의 배출에 지장이 없는 양으로 해야 한다.

→ 거실제연설비는 화재실에서 발생하는 연기를 직접 배출하고 동시에 화재실이나 또는 인접구역을 통해서 급기를 하는 시스템이다. 이때 제연경계 아래쪽에 있는 체적에 해당하는 연기를 배출하고 배출되지 못한 연기는 상승하여 제연경계 위쪽에 체류하게 된다. 동시에 배출한 제연경계 아래쪽 체적에 해당하는 양의 공기를 급기하여 제연경계 하부에 피난 및 소화활동을 위한 공간을 확보하는 것이 국내 거실 제연설비의 동작 개념이다. 종전까지는 급기량이 배출량과 동등 이상으로 규정하였으나, "배출량의 배출에 지장이 없는 양으로 급기하도록" 2022. 9. 15. 이를 개정하였다.

(2) 유입풍도 안의 풍속은 20m/sec 이하로 하고, 풍도의 강판두께는 제9조 2항 1호(2.6.2.1)에 따라 설치해야 한다.

(3) 옥외에 면하는 배출구 및 공기 유입구는 비 또는 눈 등이 들어가지 아니하도록 하고, 배출된 연기가 공기 유입구로 순환·유입되지 않도록 해야 한다.

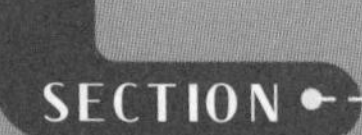

SECTION 02 부속실 제연설비 (NFPC & NFTC 501A)

○ 급기가압제연설비의 고시 기준은 당시 영국의 BS-Code를 참고하여 1995년 7월 9일부터 도입・시행하였다. 이후 여러 차례의 개정을 거쳐 2004년 6월 4일 화재안전기준 501A로 반영되고 몇 차례의 개정을 거쳐 현재의 기준으로 확정되었다.
특히 2004년 화재안전기준 501A로 반영될 당시는 NFPA 101(Life safety code)과 NFPA 92(Smoke control system) 중 일부 기준을 반영하여 최소차압 및 최대차압에 대한 기준을 개정하였다. 또한 2004년 6월 4일 설계자 재량으로 성능설계를 하기 위한 조치로 누설면적과 방연풍속의 기준이 되는 별표 1과 별표 2를 삭제하였다.

○ 이후 수 차례의 개정을 거쳐 NFSC 501A를 고시기준인 NFPC(성능기준) 501A와 공고기준인 NFTC(기술기준) 501A로 분법화하여 현재에 이르고 있다. 본서에서는 특별피난계단 부속실, 비상용이나 피난용 승강기의 승강장에 대한 급기가압제연설비를 총칭하여 부속실 제연설비로 표기하였다.

01 개 요

❶ 설치대상

특정소방대상물(갓복도형 아파트를 제외한다)에 부설된 특별피난계단, 비상용 승강기의 승강장 또는 피난용 승강기의 승강장[소방시설법 시행령 별표 4의 5호(소화활동설비) 가목의 7)]

[1] 특별피난계단의 경우

(1) 특별피난계단 대상 : 건축법 시행령 제35조 2항 & 3항

① 2항 : 건축물(갓복도식 공동주택을 제외)의 11층(공동주택의 경우에는 16층) 이상의 층(바닥면적이 400m^2 미만인 층을 제외한다) 또는 지하 3층 이하의 층(바닥면적이 400m^2 미만인 층을 제외한다)으로부터 피난층 또는 지상으로 통하는 직통계단은 특별피난계단으로 설치하여야 한다.

② 3항 : 판매시설의 용도로 쓰는 층으로부터의 직통계단은 그 중 1개소 이상을 특별피난계단으로 설치하여야 한다.

[표 4-2-1] 특별피난계단의 대상 기준

건축물 구분		특별피난계단 대상
일반건축물의 경우	일반건축물	• 지상 11층 이상의 경우 • 지하 3층 이하의 경우
	판매시설의 용도	• 지상 5층 이상의 경우 • 지하 2층 이하의 경우
아파트의 경우	• 계단식 아파트 • 중(重)복도식 아파트	• 지상 16층 이상의 경우 • 지하 3층 이하의 경우
	갓복도식 아파트	특별피난계단 대상이 아님

(주) 갓복도식이란 편복도형의 아파트를 의미한다.

(2) 특별피난계단의 제연설비 : 건축물의 설비기준 등에 관한 규칙 제14조 2항 본문 및 7호

① 특별피난계단 및 비상용 승강기의 승강장에 설치하는 배연설비의 구조는 제14조 2항 각 호의 기준에 적합하여야 한다.

② 공기유입방식을 급기가압방식 또는 급·배기방식으로 하는 경우에는 (중략) 소방관계 법령의 규정에 적합하게 할 것

[2] 비상용 승강기의 경우

(1) 비상용 승강기 대상

① 높이 31m를 초과하는 건축물에는 대통령령으로 정하는 바에 따라 1항에 따른 승강기뿐만 아니라 비상용 승강기를 추가로 설치하여야 한다. 다만, 국토교통부령으로 정하는 건축물의 경우에는 그러하지 아니하다(건축법 제64조 2항).

② 10층 이상인 공동주택의 경우에는 1항의 승용승강기를 비상용 승강기의 구조로 하여야 한다(주택건설기준 등에 관한 규정 제15조 2항).

(2) 비상용 승강기의 제연설비 : 건축물의 설비기준 등에 관한 규칙 제14조 2항 본문 및 7호

① 특별피난계단 및 비상용 승강기의 승강장에 설치하는 배연설비의 구조는 다음 (중략) 기준에 적합하여야 한다.

② 공기유입방식을 급기가압방식 또는 급·배기방식으로 하는 경우에는 (중략) 소방관계 법령의 규정에 적합하게 할 것

[3] 피난용 승강기의 경우

(1) 피난용 승강기 대상 : 건축법 제64조 3항

고층 건축물에는 승용승강기 중 1대 이상을 피난용 승강기의 설치기준에 적합하게 설치하여야 한다.

(2) 피난용 승강기의 제연설비 : 건축물의 피난·방화구조 등의 기준에 관한 규칙 제30조

① 승강장의 출입구를 제외한 부분은 해당 건축물의 다른 부분과 내화구조의 바닥 및 벽으로 구획할 것

② 승강장은 각 층의 내부와 연결될 수 있도록 하되, 그 출입구에는 60+방화문 또는 60분 방화문을 설치할 것. 이 경우 방화문은 언제나 닫힌 상태를 유지할 수 있는 구조이어야 한다.

③ (전략) 배연설비를 설치할 것. 다만, 「소방시설법 시행령」 별표 5 제5호 가목에 따른 제연설비를 설치한 경우에는 배연설비를 설치하지 아니할 수 있다.

꼼꼼체크 **건축물의 층수 분류**

1. 고층 : 층수가 30층 이상이거나 높이가 120m 이상인 건축물을 말한다(건축법 제2조 1항 19호).
2. 준초고층 : 고층 건축물 중 초고층이 아닌 것을 말한다(건축법 시행령 제2조 15의 2호).
3. 초고층 : 층수가 50층 이상이거나 높이가 200m 이상인 건축물을 말한다(건축법 시행령 제2조 15호).

❷ 제연구역의 선정

제연구역은 다음의 어느 하나에 따라야 한다.

[1] 계단실 및 그 부속실을 동시에 제연하는 것 : NFPC 501A(이하 동일) 제5조 1호/NFTC 501A(이하 동일) 2.2.1.1

(1) 기준

① 계단실과 부속실을 동시에 제연하는 경우 부속실의 기압은 계단실과 같게 하거나 계단실의 기압보다 낮게 할 경우에는 부속실과 계단실의 압력 차이는 5Pa 이하가 되도록 해야 한다[제6조 4호(2.3.4)].

② 계단실 및 부속실을 동시에 제연하는 경우 계단실에 대해서는 그 부속실의 수직풍도를 통해 급기할 수 있다[제16조 2호(2.13.1.2)].

③ 계단실과 부속실을 동시에 제연하거나 또는 계단실만을 제연하는 경우 급기구는 계단실 매 3개층 이하의 높이마다 설치할 것[제17조 2호(2.14.1.2)]

(2) 해설

급기용 덕트는 원칙적으로 전용의 수직풍도에 의해 개별적으로 급기를 하여야 하나, 계단실 및 부속실을 동시 제연할 경우는 부속실의 풍도를 이용하여 계단실에도 급기할 수 있으며, 계단실은 전체가 하나의 개방된 공간이므로 부속실과 달리 급기구를 각 층마다 설치하지 않고 3개층 이하 높이마다 설치하도록 한다.

[2] 부속실만을 단독으로 제연하는 것 : 제5조 2호(2.2.1.2)

(1) 기준

특별피난계단의 경우 부속실이 설치되는 경우에 적용하는 부속실 단독으로 제연하는 방식이다.

(2) 해설

① 지하층만 특별피난계단 등이 대상이 되어 법상 지하층에만 부속실을 설치하는 경우에는 지상층이 부속실 설치대상이 아니므로 지하층 부속실에만 제연을 할 수 있다.

② 지상층이 특별피난계단인 경우는 피난층에도 부속실을 설치하여 제연하여야 한다.

[3] 계단실을 단독제연하는 것 : 제5조 3호(2.2.1.3)

(1) 기준

① 계단실만 제연하는 경우에는 전용 수직풍도를 설치하거나 계단실에 급기풍도 또는 급기 송풍기를 직접 연결하여 급기하는 방식으로 할 것[제16조 3호(2.13.1.3)]

② 급기구는 계단실 매 3개층 이하의 높이마다 설치할 것. 다만, 계단실의 높이가 31m 이하로서 계단실만을 제연하는 경우에는 하나의 계단실에 하나의 급기구만을 설치할 수 있다[제17조 2호(2.14.1.2)].

(2) 해설

① 영미(英美)의 경우 원칙적으로 계단실 단독가압(Stairwell pressurization system)을 적용하고 있으나, 국내에서는 계단실 단독제연의 설계 사례는 거의 없다고 할 수 있다. 왜냐하면 특별피난계단 구조에서 계단실은 노대를 통하여 연결하거나 창문 또는 제연설비가 있는 부속실을 통하여 연결하도록 규정하고 있기 때문이다.[9] 따라서 공학적 측면에서 계단실 단독제연을 적용할 수는 있으나 특별피난계단 구조로서의 법적 기준에는 미달하게 되는 문제점이 있어 국내에서는 설계 사례가 거의 없는 실정이다.

② 계단실 단독제연의 경우는 전용의 수직풍도를 설치하거나 계단실에 급기풍도나 급기 송풍기를 직접 연결하여 급기하도록 한다. 급기용 송풍기는 1층보다는 옥상층에 설치하여야 하며, 이는 1층은 피난층이므로 계단실의 방화문을 개폐하는 빈도가 높기 때문에 송풍기는 옥상층에 설치하는 것이 합리적이다.

[4] 비상용 승강기 승강장을 단독제연하는 것 : 제5조 4호(2.2.1.4)

(1) 기준

비상용 승강기의 승강장이 구획되는 경우에 승강장만을 단독으로 제연하는 방식이다.

---

9) 건축물의 피난·방화구조 등의 기준에 관한 규칙 제9조 2항 3호 특별피난계단의 구조

(2) 해설

① 아파트의 경우에 한하여 비상용 승강기의 승강장과 특별피난계단의 부속실을 겸용으로 사용할 수 있다.[10] 이에 비해 일반용도의 건축물은 반드시 전용의 비상용 승강기 승강장을 설치하고 승강장 단독제연방식으로 선정하여야 한다.

② 비상용 승강기의 승강장을 제연하는 경우에는 비상용 승강기의 승강로를 급기풍도로 사용할 수 있다(제16조 5호). 따라서 비상용 승강기 승강장(특별피난계단 부속실 겸용 포함)의 경우 급기용 덕트 대신 승강기 샤프트를 급기풍도로 대체할 수 있다.

CHAPTER 01 CHAPTER 02 CHAPTER 03 CHAPTER 04 CHAPTER 05

02 부속실 제연설비의 화재안전기준

부속실에 대한 급기가압제연설비에 있어서 가장 중요한 개념은 제연구역에 대한 차압 형성, 적정한 급기량의 공급, 방연풍속의 확보, 제연구역의 과압공기 배출과 거실유입공기의 배출 등이다.

❶ 차압(差壓)

[1] 차압의 개념

차압(Pressure Difference)이란 제연구역과 옥내와의 압력차로서 옥내란 비제연구역을 뜻하는 것으로 복도나 통로 또는 거실 등과 같은 화재실(Fire zone)을 의미한다. 즉 차압은 화재실에서 발생하는 연기가 부속실의 방화문 누설틈새(Crack)를 통하여 부속실로 침투하는 것을 막아주기 위한 최소한의 압력차이다. 이 경우 주의할 점은 법에서 규정한 최소차압의 값은 화재 시 형성되는 압력차를 의미하는 것이 아니라, 평상시 제연용 송풍기를 동작시킨 경우 제연구역과 비제연구역 간에 형성되는 압력차를 말하는 것이다.

[2] 최소차압

(1) 기준

① 제연구역과 옥내와의 사이에 유지하여야 하는 최소차압은 40Pa(옥내에 스프링클러설비가 설치된 경우에는 12.5Pa) 이상으로 해야 한다[제6조 1항(2.3.1)].

② 출입문이 일시적으로 개방되는 경우 개방되지 아니하는 제연구역과 옥내와의 차압은 위 ①의 기준에도 불구하고 ①의 기준에 따른 차압의 70% 이상이어야 한다[제6조 3항(2.3.3)].

10) 건축물의 설비기준 등에 관한 규칙 제10조 2호 가목

(2) 해설

① **최소차압의 개념** : 차압이 낮은 경우는 화재실의 연기가 누설틈새를 통하여 제연구역으로 유입하게 되므로 이를 방지하기 위한 최소한의 압력차가 최소차압(Minimum pressure difference)이다.

② **최소차압의 근거** : B.S Code를 근거로 하여 기준차압을 50Pa로 하고 차압범위를 50Pa ±20%(40~60Pa)로 하여 최소차압을 40Pa로 규정하였다. 또한 NFPA 92에서는 스프링클러 설치 시 천장 높이에 관계없이 차압을 12.5Pa로 규정하고 있다. 따라서 위 2가지 기준을 참조하여 최소차압을 40Pa로 하되 스프링클러 설치 시에는 12.5Pa로 하였다.

(3) 최소차압 측정

① **기준** : NFTC 2.22.2.5.2

기준에 따른 시험 등의 과정에서 출입문을 개방하지 아니하는 제연구역의 실제 차압이 NFTC 2.3.3의 기준에 적합한지 여부를 출입문 등에 차압측정공을 설치하고 이를 통하여 차압측정기구로 실측하여 확인·조정할 것

② **측정방법** : 최소차압을 측정할 경우는 차압계를 이용하여 제연구역인 부속실과 비제연구역인 통로(또는 거실 등)와의 압력차를 측정하게 된다. 일반적으로 차압계는 디지털 계기를 사용하며 차압계의 접속단자에 가느다란 비닐호스를 연결하여 측정하며, 방화문일 경우는 방화문 표면에 설치된 차압측정공으로 호스를 통과시킨 후 측정하도록 한다.

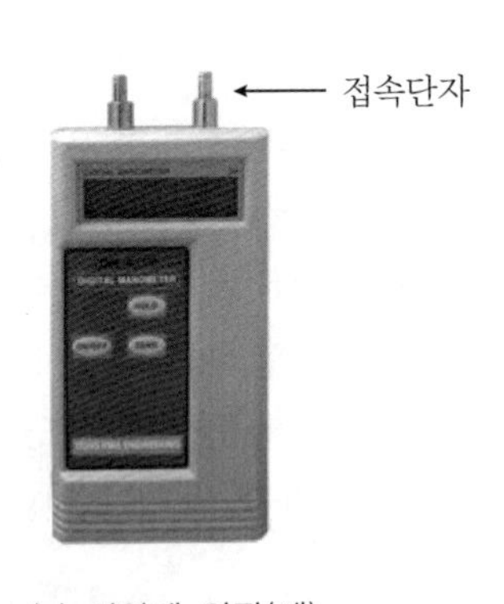

(a) 차압계 외관(예)

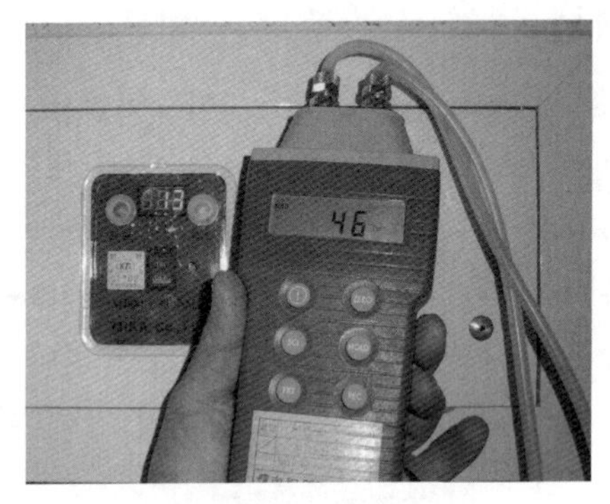

(b) 차압계 측정 모습

[그림 4-2-1] 디지털 차압계

[3] 최대차압

(1) 기준 : 제6조 2항(2.3.2)

제연설비가 가동되었을 경우 출입문의 개방에 필요한 힘은 110N 이하로 해야 한다.

(2) 해설

① **최대차압의 개념** : 부속실에 급기를 하여 차압이 형성되면 방화문에 수직으로 미치는 힘이 작용하게 되며, 차압이 높을 경우 부속실에서 방화문에 미치는 힘이 증가하여 노

약자가 부속실의 방화문을 피난방향으로 열 수 없게 된다. 이를 방지하기 위한 차압의 상한값이 최대차압(Maximum pressure difference)이다.

② **최대차압의 근거** : 최대차압을 정할 경우 차압(Pa)으로 정하는 것과 힘(N)으로 정하는 2가지 방법이 있다. 최대차압을 규제한 것은 결국 도어체크의 폐쇄력과 차압의 결과로 발생한 압력이 방화문에 미치는 힘을 극복하기 위한 것으로 차압(Pa)보다는 힘으로 규제하는 것이 보다 합리적이다. NFPA에서는 방화문을 개방하는데 133N(30lbf)을 초과하지 않도록 규정하고 있다.[11] 이를 준용하되 동양인의 체격을 감안하여 최대차압을 110N 이하로 하였다.

(3) 최대차압 측정

① 기준 : NFTC 2.22.2.5.3

제연구역의 출입문이 모두 닫혀 있는 상태에서 제연설비를 가동시킨 후 출입문의 개방에 필요한 힘을 측정하여 NFTC 2.3.2의 규정에 따른 개방력에 적합한지 여부를 확인하고, 적합하지 아니한 경우에는 급기구의 개구율 조정 및 플랩댐퍼(설치하는 경우에 한한다)와 풍량조절용 댐퍼 등의 조정에 따라 적합하도록 조치할 것

② **측정방법** : 최대차압(힘)을 측정할 경우는 문의 폐쇄력을 측정하는 디지털 타입의 폐쇄력 측정기(Pushpull gauge)를 이용하여 비제연구역(복도나 거실 등)에서 제연구역 부속실로 들어가는 출입문의 폐쇄력을 측정하게 된다. 특히 부속실 출입문의 폐쇄력 측정은 출입문이 개방된 순간(즉, 차압이 0인 순간)의 폐쇄력을 측정하는 것이 목적이며 개방된 순간 이후에 방화문을 열고 들어가는 힘까지 포함할 필요는 없다.

(a) 폐쇄력 측정기 외관(예)

(b) 폐쇄력 측정 모습

[그림 4-2-2] 폐쇄력 측정기

❷ 급기량

제연구역에 급기하여야 할 급기량(Air flow rate)은 누설량과 보충량으로 구분하여 적용하여야 하며 급기량은 이것을 합한 양 이상이 되어야 한다.

---

11) NFPA 101 Life Safety Code(2021 edition) : 7.2.1.4.5.2(Door unlatching & leaf operating forces)

[1] 누설량의 적용

(1) 기준

① 제연구역에 옥외의 신선한 공기를 공급하여 제연구역의 기압을 제연구역 이외의 옥내(이하 옥내)보다 높게 하되 일정한 기압의 차이(이하 차압)를 유지하게 함으로써 옥내로부터 제연구역 내로 연기가 침투하지 못하도록 할 것[제4조 1호(2.1.1.1)]

② 급기량은 다음의 양을 합한 양 이상이 되어야 한다.
제4조 1호(2.1.1.1)의 기준에 따른 차압을 유지하기 위하여 제연구역에 공급하여야 할 공기량, 이 경우 제연구역에 설치된 출입문(창문을 포함한다)의 누설량과 같아야 한다[제7조 1호(2.4.1)].

③ 제7조 1호(2.4.1.1)의 기준에 따른 누설량은 제연구역의 누설량을 합한 양으로 한다. 이 경우 출입문이 2개소 이상인 경우에는 각 출입문의 누설틈새면적을 합한 것으로 한다[제8조(2.5.1)].

(2) 해설

누설량이란 급기가압을 하고 있는 제연구역에서 출입문이 닫혀 있을 경우 제연구역으로부터 창이나 출입문 등의 누설틈새를 통하여 비제연구역인 통로나 거실 등으로 흘러나가는 누설공기량을 말한다. 따라서 최소차압을 유지하기 위해서는 이러한 누설공기량을 계속하여 공급하여야 한다. 누설량은 정량적(定量的)으로는 제연구역과 비제연구역 간의 최소차압이 항상 40Pa(스프링클러설치 시 12.5Pa) 이상이 되도록 유지하여 문의 누설틈새를 통하여 옥내로 연기가 침투하지 못하도록 하는 공기량이며, 정성적(定性的)으로는 출입문이 닫혀 있는 상태에서의 필요한 최소급기량이 된다.

(3) 누설량의 식 검토

① **누설량(Q)의 일반식** : 제연구역의 누설틈새면적을 A(m^2), 제연구역과 비제연구역 간의 차압을 P(Pa), 부속실에 가하는 급기량을 Q(m^3/sec)라면 누설량의 일반식은 다음과 같다.

$$\text{누설량 } Q(m^3/sec) = 0.827 \times A \times \sqrt{P} \times 1.25 \times N \qquad \cdots \text{[식 4-2-1]}$$

여기서, Q : 누설량(m^3/sec)
A : 누설면적(m^2)
P : 차압(Pa)
N : 부속실의 수

② **누설량 식의 해설**

㉠ 누설면적(A) : 누설량 Q는 거실 제연과 달리 바닥면적이나 층고와 무관하며 오직 누설면적과 함수관계가 있다는 것을 알 수 있다(차압 P는 최소차압이며, N은 부속실의 수이므로 모두 상수값이 된다). 따라서 급기가압 시 부속실의 기밀성(氣密性)

은 누설량의 결정에 대단히 중요한 요소가 되며 누설면적 A는 누설면적의 공학적 계산방식에 의해 부속실의 형태에 따라 직접 수계산으로 계산하여야 한다.

㉡ 여유율(1.25) : 1.25는 25% 할증을 한 것으로 여유율에 해당하며, 적용 유체가 공기이므로 누설을 감안하여 이를 보정하기 위해 여유율 25%를 적용하고 있다.

㉢ 부속실의 수(N) : 가압을 행하는 부속실의 수를 뜻하며, 화재실이 어느 층이 될지라도 전층에서 계단쪽으로 연기의 누설을 완전히 봉쇄하기 위해서는 가압을 행하는 부속실을 최고층부터 최저층까지 전층을 동시에 급기하여야 하므로 전 부속실에 대해 적용하고 있다.

[2] 보충량의 적용

(1) 기준

① 피난을 위하여 제연구역의 출입문이 일시적으로 개방되는 경우 방연풍속을 유지하도록 옥외의 공기를 제연구역 내로 보충 공급하도록 할 것[제4조 2호(2.1.1.2)]

② 급기량은 다음의 양을 합한 양 이상이 되어야 한다[제7조 2호(2.4.1.2)].

③ 제7조 2호(2.4.1.2)의 기준에 따른 보충량은 부속실(또는 승강장)의 수가 20 이하는 1개층 이상, 20을 초과하는 경우에는 2개층 이상의 보충량으로 한다. 다만, 산출된 양이 영 이하인 경우에는 영으로 본다[제9조(2.6.1)].

(2) 해설

제연구역에서 피난을 위하여 출입문을 일시적으로 개방할 경우 개방과 동시에 순간적으로 차압이 0이 되며 이때 연기가 복도나 거실로 침투하게 된다. 이를 방지하고자 연기를 막아주는 풍속인 방연풍속[12] 이상의 속도를 갖는 바람을 추가로 공급하는 것이 보충량이다. 보충량이란 정량적으로는 방연풍속을 유지하기 위한 급기량이며, 정성적으로는 출입문이 열려 있는 상태에서 연기를 막아주는 데 필요한 급기량이 된다.

(3) 보충량의 식 검토

① **보충량(q)의 일반식** : 부속실의 방화문 면적을 S, 방연풍속을 V, 방화문 개방 시 거실로 유입되는 풍량을 Q_0라면 보충량의 일반식은 다음과 같다.

$$\text{보충량 } q(\mathrm{m^3/sec}) = K\left(\frac{S \times V}{0.6}\right) - Q_0 \qquad \cdots \text{[식 4-2-2]}$$

여기서, $q(\mathrm{m^3/sec})$: 보충량
K : 개방되는 방화문의 수(20개 이하=1, 21개 이상=2)
S : 제연구역의 방화문 면적($\mathrm{m^2}$)
V : 방연풍속(m/sec) → [표 4-2-2] 참조
Q_0 : 거실유입풍량

12) 방연풍속(防煙風速 ; Air egress velocity)이란 옥내로부터 제연구역 내로 연기의 유입을 유효하게 방지할 수 있는 풍속이다[제3조 2호(1.7.1.2)].

② 보충량 식의 해설

㉠ 개방되는 방화문의 수(K) : 화재 시 대피하기 위해 개방하는 방화문 숫자에 따라 방연풍량의 값도 차이가 나게 된다. 제9조에서는 부속실(또는 승강장)의 수가 20개 이하는 1개층을 개방하는 것으로 하며, 21개 이상은 2개층 이상의 방화문이 열리는 것으로 규정하였다. 부속실의 수란 부속실별로 설치된 수직풍도에 접속되어 있는 부속실의 수를 의미한다. 피난 시 부속실 방향으로 1개층에 대해 여러 개의 방화문이 있어도 1개소의 문만 열리며, 계단쪽으로도 1개소의 문만 동시에 열리는 것으로 가정하여 보충량을 구하여야 한다.

㉡ 방연풍속(V) : 방화문 개방 시 비제연구역(복도나 거실)으로 유입되는 연기를 막아주는 방연풍속에 대해서는 제10조에서 다음과 같이 규정하고 있다.

[표 4-2-2] 방연풍속의 적용

제연구역		방연풍속
계단실 및 그 부속실을 동시에 제연하는 것 또는 계단실만 단독으로 제연하는 경우		0.5m/sec 이상
부속실만 단독으로 제연하는 것 또는 승강장만 단독으로 제연하는 것	부속실 또는 승강장이 면하는 옥내가 거실인 경우	0.7m/sec 이상
	부속실 또는 승강장이 면하는 옥내가 복도로서 그 구조가 방화구조(내화시간이 30분 이상인 구조를 포함한다)인 것	0.5m/sec 이상

㉢ 거실유입풍량(Q_0) : 피난을 위하여 비제연구역(복도나 거실)에서 부속실 출입문을 개방할 경우, 가압공간인 부속실의 급기풍량이 비제연구역인 복도(또는 거실)로 유입되며 이를 거실유입풍량이라고 한다. 이때 거실유입풍량 Q_0(m^3/sec)는 제연구역 내에 출입문이 여러 개 있어도 제연구역으로 들어가는 문과 나가는 문 1짝(pair)의 문만 개방되는 것으로 적용한다.

당초 구 고시에서는 보충량의 계산을 용이하게 하기 위하여 별표 2를 제정하여 거실유입풍량 Q_0를 구할 수 있게 공식을 제시하였다. 그러나 설계자가 다양한 방법에 따라 설계하여 방연풍속이 발생하는 경우 이를 적합하다고 할 수 있으므로, 성능설계를 위하여 현재는 별표 2를 삭제하였다.

③ Resistant factor(0.6) : 급기댐퍼에서 발생하는 풍량과 풍속은 부속실 출입문에서 동일한 효과를 발휘하지 못한다. 왜냐하면 송풍기에서 발생하는 풍량과 풍속이 덕트와 댐퍼를 통하여 부속실 출입구를 통과할 경우 댐퍼와 출입구 간의 거리에 따른 손실, 댐퍼의 개구율, 댐퍼 루버 방향 등으로 인하여 출입문에서의 풍속의 분포 및 급기량의 효과는 댐퍼 전면에서와 같지 않다. 이로 인하여 방화문 출입구에서의 실제상황은 평균적으로 60%의 효과만 나타나게 된다. 따라서 이러한 것을 보정하기 위하여 0.6(Resistant factor)으로 나누어 줌으로써 이론적으로 필요한 100%의 설계 방연풍량을 얻을 수 있게 된다.

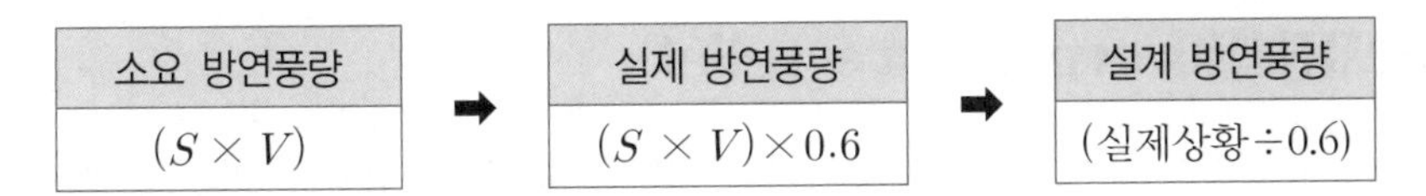

(4) 방연풍속 측정

① 기준 : NFTC 2.22.2.5.1

부속실과 면하는 옥내 및 계단실의 출입문을 동시에 개방할 경우, 유입공기의 풍속이 NFTC 2.7의 규정에 따른 방연풍속에 적합한지 여부를 확인하고, 적합하지 아니한 경우에는 급기구의 개구율과 송풍기의 풍량조절댐퍼 등을 조정하여 적합하게 할 것. 이 경우 유입공기의 풍속은 출입문의 개방에 따른 개구부를 대칭적으로 균등분할하는 10 이상의 지점에서 측정하는 풍속의 평균치로 할 것

② 측정방법

㉠ 방연풍속을 측정하고자 하는 부속실의 방화문(부속실로 들어가는 쪽) 개구부에 최소 10개 이상의 측정지점(Point)을 끈을 이용하여 분할한다.

㉡ 모든 부속실과 계단실의 출입문을 전부 닫은 후 준비가 완료되면 송풍기를 가동하고 부속실의 방화문 2개소(들어가는 문과 나가는 문)를 동시에 열고 각 측정지점에 풍속계의 측정봉을 이용하여 측정지점별로 풍속을 계측하여 그 평균치를 해당 층 부속실의 방연풍속으로 한다.

㉢ 측정 시 방화문은 일시적으로 개방하여야 하며 장시간 개방하여 측정하여서는 아니된다. 하나의 부속실에 방화문이 여러 개가 있을 경우는 들어가는 출입문 중 가장 큰 것과 나가는 출입문 중 가장 큰 것을 개방하며, 제9조에 의거 부속실의 수가 20개 이하는 1개층을, 21개 이상은 2개층을 동시에 개방한 상태에서 측정하여야 한다.

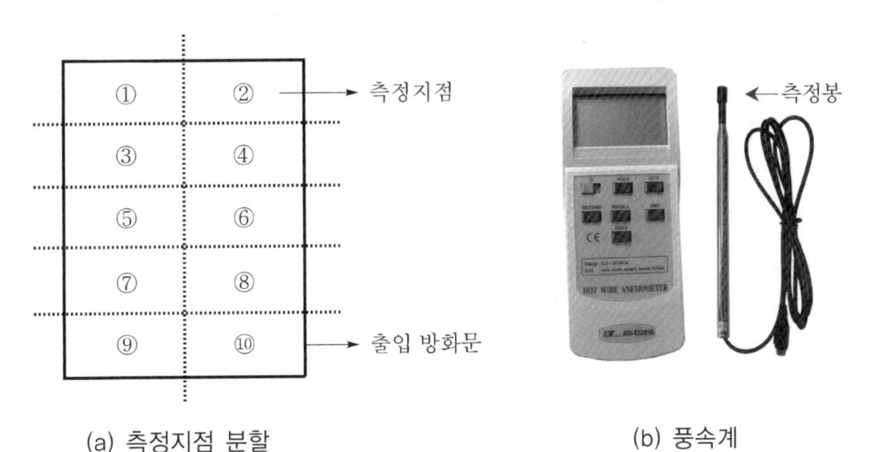

(a) 측정지점 분할 (b) 풍속계

[그림 4-2-3] 방연풍속 측정지점과 풍속계

❸ 과압방지장치(Overpressure relief)

부속실 내에서 방화문 개방에 필요한 힘이 110N을 초과할 경우는 피난 시 노약자가 방화문을 용이하게 개방하기 어려우므로 이 경우 부속실 내의 차압이 설정압력을 초과하는 경우 자동으로 압력을 조절하여 과압을 방지하는 장치이다.

[1] 해설

(1) 과압방지장치의 개념

누설량은 최소차압을 유지하기 위한 급기량이므로 누설량만으로는 문이 닫혀도 차압이 초과되는 일은 없으나, 문이 닫혀 있을 경우에도 불필요한 보충량이 계속하여 공급되므로 이로 인하여 최대차압을 초과하여 과압이 발생하게 되며, 출입문 개방에 필요한 힘이 초과될 수 있다. 이를 방지하기 위해서 제연구역의 차압이 설정압력을 초과할 경우 이를 감지하여 설정압력 범위를 유지시켜주는 "과압방지장치"를 설치하여야 한다. 현장에서 일반 건축물은 플랩댐퍼(Flap damper)로, 아파트는 자동차압급기댐퍼를 주로 설치하고 있다.

(2) 차압감지관의 설치

압력배출을 하기 위한 과압의 측정은 부속실과 화재실에 압력센서를 설치하고 6mm 정도의 동관을 이용하여 차압감지관을 연결하고 양쪽의 압력차를 감지하여 소정의 차압을 초과하게 되면 플랩댐퍼가 개방되어 과압공기량을 배출시키는 방법을 이용하고 있다.

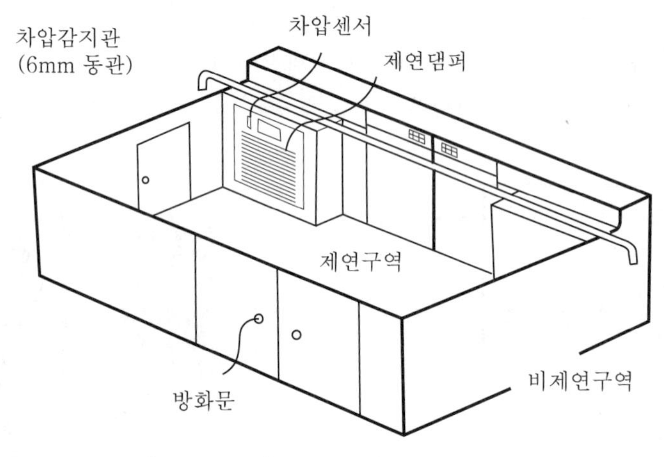

[그림 4-2-4] 차압감지관의 설치 모습

[2] 기준

(1) 플랩댐퍼를 사용하는 경우

(출입문이 닫혀 있을 때) 제연구역에 과압의 우려가 있는 경우에는 과압방지를 위하여 해당 제연구역에 자동차압급기댐퍼 또는 과압방지장치를 다음의 기준에 따라 설치해야 한다[제11조(2.8.1)].

① 과압방지장치는 제연구역의 압력을 자동으로 조절하는 성능이 있는 것으로 할 것
② 과압방지를 위한 과압방지장치는 2.3(차압)과 2.7(방연풍속)의 해당 조건을 만족할 것
③ 플랩댐퍼는 소방청장이 고시하는 「플랩댐퍼의 성능인증 및 제품검사의 기술기준」에 적합한 것으로 설치할 것
④ 플랩댐퍼에 사용하는 철판은 두께 1.5mm 이상의 열간압연 연강판(KS D 3501) 또는 이와 동등 이상의 내식성 및 내열성이 있는 것으로 할 것

(2) 자동차압급기댐퍼(이하 자동차압댐퍼)를 사용하는 경우 : NFTC 2.14.1.3

과압방지장치로서 플랩댐퍼 대신 자동차압댐퍼를 설치할 수 있으며 이는 플랩댐퍼와 급기댐퍼의 기능을 겸한 것이다.

① 자동차압댐퍼를 설치하는 경우 차압범위의 수동설정기능과 설정범위의 차압이 유지되도록 개구율을 자동조절하는 기능이 있을 것
② 자동차압댐퍼는 옥내와 면하는 개방된 출입문이 완전히 닫히기 전에 개구율을 자동감소시켜 과압을 방지하는 기능이 있을 것
③ 자동차압댐퍼는 주위온도 및 습도의 변화에 의해 기능이 영향을 받지 아니하는 구조일 것
④ 자동차압댐퍼는 「자동차압급기댐퍼의 성능인증 및 제품검사의 기술기준」에 적합한 것으로 설치할 것
⑤ 자동차압댐퍼가 아닌 댐퍼는 개구율을 수동으로 조절할 수 있는 구조로 할 것

자동차압댐퍼의 해설

① 급기댐퍼와 플랩댐퍼의 기능을 겸한 자동차압댐퍼는 차압센서를 이용하여 급기댐퍼의 풍량을 층별로 조절하여 적정 차압을 유지하고 과압을 방지하는 급기댐퍼와 플랩댐퍼의 기능을 겸한 댐퍼이다. 자동차압댐퍼는 DC 24V의 전동모터로 작동되는 구조로서 감지기 작동에 따라 자동이나 수동으로도 작동되는 구조로서 차압을 수동으로도 설정할 수 있다.
② 한국소방산업기술원에서는 자동차압댐퍼에 대해 성능시험 인증제도를 실시하고 있으며 현장에서는 반드시 인증제품에 한하여 이를 사용하여야 한다.

4 유입공기배출장치(Air release)

[1] 해설

(1) 개념

부속실 제연설비가 동작 시 제연구역에서 비제연구역으로 유입되는 공기는 ① 방화문의 누설틈새를 통하여 유입되는 누설공기량, ② 출입문 개방 시 거실로 유입되는 거실유입공기량, ③ 플랩 댐퍼에 의하여 거실로 유입되는 과압공기량의 3가지가 있다. 이러한 공기량

은 시간이 경과함에 따라 비제연구역의 복도나 통로 등에 체류하게 되며 특히 비제연구역이 밀폐공간일 경우는 부속실과 비제연구역 간의 압력차가 없어져 최소차압이 유지되는 것을 방해하는 요인이 된다.

또한 화재 시에는 비제연구역인 거실이나 복도 등의 실내압력이 증가하게 되므로 차압을 지속적으로 유지하려면 비제연구역에서 일정수준 이상 증가되는 압력은 외부로 배출시켜 주어야 한다. 따라서 항상 최소차압 이상 유지되려면 비제연구역으로 유입된 위와 같은 불필요한 모든 급기량이나 압력이 증가된 비제연구역의 실내공기를 완전히 건물 외부로 배출시켜야 하며 이러한 설비를 "유입공기배출장치"라고 한다.

(2) 유입공기배출장치의 특징

① 비제연구역이 개방공간이거나 대공간일 경우는 유입공기가 체류하거나 화재실의 압력이 증가하여 제연구역 간 차압 확보에 장애를 주는 효과가 매우 낮으므로 개념상 유입공기 배출에 대한 효과가 적다. 따라서 다음과 같은 경우나 이와 유사한 경우는 유입공기배출장치를 제외하도록 하는 법의 개정이 필요하다.

㉠ 복도가 외기에 개방된 구조인 경우 : 복도에 배연창이 설치되어 있거나, 복도에 노대가 있거나, 복도가 외기와 직접 통하는 편복도식 구조인 건물의 경우

㉡ 외기와 직접 통하는 램프가 있는 대형 주차장의 경우

㉢ 아트리움(Atrium) 같이 중정(中井)이 있는 건축물의 경우

② 아파트의 경우 유입공기배출장치를 제외하고 있으며 이는 다른 용도와 달리 다음과 같은 특수성이 있기 때문이다.

㉠ 아파트의 경우는 한 세대의 거주인원이 4인 내지 5인으로서 화재 시 한번의 피난(방화문을 한번 개방한다는 뜻)으로 피난이 종료되어 지속적으로 방화문이 개방되는 용도가 아닌 특징이 있다.

㉡ 아파트의 경우에는 특별피난계단 대상이 원칙적으로 계단식 아파트인 관계로 비제연구역에 복도가 없는 구조이며 화재실에 해당하는 세대는 모두 방화문으로 구획되어 있다. 따라서 일반건축물의 경우 복도가 있으며 각 실이 일반출입문으로 복도에 면한 것과 달리 아파트는 화재발생이 한 세대의 내부에 국한된다는 특징이 있다.

㉢ 계단식 아파트의 경우는 복도가 없는 관계로 세대 출입문에서 계단실까지의 이동거리가 매우 짧아 피난하는데 시간이 소요되지 않으므로 일반건물과 같이 층별 수용인원에 의한 피난소요시간이 길지 않은 특징이 있다.

[2] 기준

유입공기는 화재층의 제연구역과 면하는 옥내로부터 옥외로 배출되도록 해야 한다. 다만, 직통계단식 공동주택의 경우에는 그렇지 않다.

(1) **배출방식의 종류** : 제13조 2항(2.10.2)

유입공기의 배출은 다음의 기준에 따른 배출방식으로 해야 한다.

① **수직풍도에 따른 배출** : 옥상으로 직통하는 전용의 배출용 수직풍도를 설치하여 배출하는 것으로서 다음의 어느 하나에 해당하는 것

㉠ 자연배출식 : 굴뚝효과에 따라 배출하는 것

내부 단면적은 다음 식에 따라 산출하는 수치 이상으로 할 것. 다만, 수직풍도의 길이가 100m를 초과하는 경우에는 산출수치의 1.2배 이상의 수치를 기준으로 해야 한다[제14조 4호 가목(2.11.1.4.1)].

$$A_P = \frac{Q_N}{2}$$ … [식 4-2-3(A)]

여기서, A_P : 수직풍도의 내부 단면적(m^2)

Q_N : 수직풍도가 담당하는 1개층의 제연구역의 출입문 1개의 면적과 방연풍속을 곱한 값(m^3/sec)(출입문은 옥내와 면하는 출입문을 말한다)

⊡ 옥상으로 직통하는 전용의 수직풍도를 설치하되 송풍기가 없이 굴뚝효과(Stack effect)를 이용하여 자연배출하는 것으로 기계배출식보다 풍도의 단면적이 커지게 된다.

㉡ 기계배출식 : 수직풍도의 상부에 전용의 배출용 송풍기를 설치하여 강제로 배출하는 것. 다만, 지하층만을 제연하는 경우 배출용 송풍기의 설치위치는 배출된 공기로 인하여 피난 및 소화활동에 지장을 주지 아니하는 곳에 설치할 수 있다. 내부 풍도 단면적은 송풍기를 이용한 기계배출식의 경우 풍속 15m/sec 이하로 할 것[제14조 4호 나목(2.11.1.4.2)]

② **배출구에 따른 배출** : 건물의 옥내와 면하는 외벽마다 옥외와 통하는 배출구를 설치하여 배출하는 것으로 개폐기의 개구면적은 다음과 같다[제15조 2호(2.12.1.2)].

$$A_o = \frac{Q_N}{2.5}$$ … [식 4-2-3(B)]

여기서, A_o : 개폐기의 개구면적(m^2)

Q_N : 수직풍도가 담당하는 1개층의 제연구역의 출입문 1개의 면적과 방연풍속을 곱한 값(m^3/sec)(출입문은 옥내와 면하는 출입문을 말한다)

(주) 배출구를 이용하는 배출용 장치를 개폐기라 칭한다.

㉠ 빗물과 이물질이 유입하지 아니하는 구조로 할 것

㉡ 옥외쪽으로만 열리도록 하고 옥외의 풍압에 따라 자동으로 닫히도록 할 것(NFTC 2.12.1.1.2)

⊡ 배출구의 경우는 옥외의 풍압에 의하여 자동으로 닫혀야 하므로 배연창은 배출구로서 인정할 수 없다. 배출구는 건물의 각 면에 설치하여 화재 시 유입공기를 배출하다가 외부에서 배출구 방향으로 바람이 불면 풍압에 의해 제15조에 따라 자동으로 닫혀야 하는 기능 때문에 국내에서는 설치 사례가 없다.

③ **제연설비에 따른 배출** : 거실제연설비가 설치되어 있고 당해 옥내로부터 옥외로 배출하여야 하는 유입공기의 양을 거실제연설비의 배출량에 합하여 배출하는 경우 유입공기의 배출은 당해 거실제연설비에 따른 배출로 갈음할 수 있다.

(2) 배출풍도 및 댐퍼의 구조와 기준

① **수직풍도의 구조** : 제14조 1호 & 2호(2.11.1.1 & 2.11.1.2)

㉠ 수직풍도는 내화구조로 하되 "건축물의 피난·방화구조 등의 기준에 관한 규칙" 제3조 1호(벽) 또는 2호(외벽)의 기준 이상의 성능으로 할 것

㉡ 내부면은 0.5mm의 아연도금강판 또는 동등 이상의 내식성·내열성이 있는 것으로 마감하는 접합부에 대하여는 통기성이 없도록 조치할 것

② **배출댐퍼의 기준** : 제14조 3호(2.11.13)

㉠ 두께는 1.5mm 이상의 강판 또는 이와 동등 이상의 성능이 있는 것으로 설치하며 비내식성 재료에는 부식방지 조치를 할 것

㉡ 평상시 닫힌 구조로 기밀상태를 유지할 것

㉢ 개폐 여부를 당해 장치 및 제어반에서 확인할 수 있는 감지기능을 내장하고 있을 것

㉣ 구동부의 작동상태와 닫혀 있을 때의 기밀상태를 수시로 점검할 수 있는 구조일 것

㉤ 풍도의 내부마감상태에 대한 점검 및 댐퍼의 정비가 가능한 이·탈착(離脫着)구조로 할 것

㉥ 화재층의 옥내에 설치된 화재감지기의 동작에 따라 당해 층의 댐퍼가 개방될 것

㉦ 개방 시의 실제 개구부(개구율)의 크기는 수직풍도의 내부 단면적과 같도록 할 것

㉧ 댐퍼는 풍도 내의 공기 흐름에 지장을 주지 않도록 수직풍도의 내부로 돌출하지 않게 설치할 것

5 급기 관련 기준

[1] 급기방식 : 제16조(2.13)

(1) 부속실만을 제연하는 경우

동일 수직선상의 모든 부속실은 하나의 전용 수직풍도를 통해 동시에 급기할 것. 다만, 동일 수직선상에 2대 이상의 급기송풍기가 설치되는 경우에는 수직풍도를 분리하여 설치할 수 있다.

(2) **계단실 및 부속실을 동시에 제연하는 경우**

계단실에 대하여는 그 부속실의 수직풍도를 통해 급기할 수 있다.

(3) **계단실만을 제연하는 경우**

전용 수직풍도를 설치하거나 계단실에 급기풍도 또는 급기송풍기를 직접 연결하여 급기하는 방식으로 할 것

(4) **하나의 수직풍도마다 전용의 송풍기로 급기할 것**

> ① 부속실이 한 층에 여러 개소가 있을 경우 각 부속실별로 수직풍도를 전용으로 설치하여야 한다.
> ② 또한 소화설비의 경우는 펌프를 동별로 설치하지 않고 단지 내 1개를 설치하여 각 동에서 이를 공유할 수 있으나 부속실 제연의 경우는 전용의 수직덕트별로 전용의 송풍기를 각각 설치하여야 한다.

[2] 급기구의 기준 : 제17조(2.14)

(1) 급기용 수직풍도와 직접 면하는 벽체 또는 천장(당해 수직풍도와 천장 급기구 사이의 풍도를 포함한다)에 고정하되, 급기되는 기류 흐름이 출입문으로 인하여 차단되거나 방해받지 않도록 옥내와 면하는 출입문으로부터 가능한 먼 위치에 설치할 것

(2) 계단실과 그 부속실을 동시에 제연하거나 또는 계단실만을 제연하는 경우 급기구는 계단실 매 3개층 이하의 높이마다 설치할 것. 다만, 계단실의 높이가 31m 이하로서 계단실만을 제연하는 경우에는 하나의 계단실에 하나의 급기구만을 설치할 수 있다.

(3) 급기댐퍼는 두께 1.5mm 이상의 강판 또는 이와 동등 이상의 강도가 있는 것으로 설치하여야 하며, 비내식성 재료의 경우에는 부식방지조치를 할 것

(4) 옥내에 설치된 화재감지기에 따라 모든 제연구역의 댐퍼가 개방되도록 할 것. 다만, 둘 이상의 특정소방대상물이 지하에 설치된 주차장으로 연결되어 있는 경우에는 주차장에서 하나의 특정소방대상물의 제연구역으로 들어가는 입구에 설치된 제연용 연기감지기의 작동에 따라 특정소방대상물의 해당 수직풍도에 연결된 모든 제연구역의 댐퍼가 개방되도록 할 것 : 하나의 소방대상물이라도 감지기 작동 시 주차장 전체의 댐퍼가 개방되는 것은 불합리하므로 2013. 9. 3. 이를 합리적으로 개정하였다.

[3] 급기풍도의 기준 : 제18조(2.15)

(1) 수직풍도는 2.11.1.1(내화구조) 및 2.11.1.2(내부면은 0.5mm 이상의 아연도금강판 또는 동등 이상의 내식성·내열성이 있는 것으로 마감하는 접합부에 대하여는 통기성이 없을 것)의 기준을 준용할 것

(2) 수직풍도 이외의 풍도로서 금속판으로 설치하는 풍도는 다음 기준에 적합할 것

① 풍도는 아연도금강판 또는 이와 동등 이상의 내식성·내열성이 있는 것으로 하며, 불연재료(석면재료를 제외한다)인 단열재로 유효한 단열처리를 하고, 강판의 두께는 풍도의 크기에 따라 다음 표에 따른 기준 이상으로 할 것. 다만, 방화구획이 되는 전용실에 급기송풍기와 연결되는 덕트는 단열이 필요 없다.

[표 4-2-3] 수직풍도 이외의 풍도(크기 및 두께)

풍도 단면의 긴 변 또는 직경(mm)	450 이하	450 초과 750 이하	750 초과 1,500 이하	1,500 초과 2,250 이하	2,250 초과
강판두께(이상)	0.5mm	0.6mm	0.8mm	1.0mm	1.2mm

② 풍도에서의 누설량은 급기량의 10%를 초과하지 않을 것

(3) 풍도는 정기적으로 풍도 내부를 청소할 수 있는 구조로 설치할 것

[4] 외기 취입구의 기준 : 제20조(2.17)

(1) 외기를 옥외로부터 취입하는 경우 취입구는 연기 또는 공해물질 등으로 오염된 공기를 취입하지 아니하는 위치에 설치해야 하며, 배기구 등(유입공기, 주방의 조리대의 배출공기 또는 화장실의 배출공기 등을 배출하는 배기구를 말한다)으로부터 수평거리 5m 이상, 수직거리 1m 이상 낮은 위치에 설치할 것

(2) 취입구를 옥상에 설치하는 경우에는 옥상의 외곽면으로부터 수평거리 5m 이상, 외곽면의 상단으로부터 하부로 수직거리 1m 이하의 위치에 설치할 것

(3) 취입구는 빗물과 이물질이 유입하지 아니하는 구조로 할 것

(4) 취입구는 취입공기가 옥외의 바람의 속도와 방향에 따라 영향을 받지 아니하는 구조로 할 것

① 외부로부터 급기를 취입(吹入)하여 급기덕트에 공급하는 외부 공기의 취입구는 1층 옥외에 설치하거나 옥상층에 설치하는 2가지 방법을 사용한다.

② 유입공기 배출풍도의 경우는 배출물질 중 연기가 포함되어 있으므로, 1층 옥외에 설치하는 옥외 취입구는 이로부터 일정한 거리를 이격하여야 한다. 옥상에 설치하는 옥상 취입구는 배기구로부터 이격거리 외에 옥상 외곽면으로부터 일정한 수평거리 및 수직거리를 유지하여야 한다.

③ 옥상 취입구가 건물구조상 이격거리 기준을 만족할 수 없는 경우는 급기송풍기를 지하층 팬 룸에 설치하여야 한다.

❻ 장비 및 부속장치 관련 기준

[1] 급기용 송풍기의 기준 : 제19조(2.16)

(1) 송풍기 송풍능력은 송풍기가 담당하는 제연구역에 대한 급기량의 1.15배 이상으로 할 것. 다만, 풍도에서의 누설을 실측하여 조정하는 경우에는 그렇지 않다.

> ⊡ 위 조항에 따라 급기량을 계산으로 구한 후 송풍기의 용량 산정 시는 최종적으로 15%를 할증하여 적용하여야 한다. 이 경우 15%는 여유율 개념으로 할증하는 것이다.

(2) 송풍기에는 풍량조절장치를 설치하여 풍량조절을 할 수 있도록 할 것

> ⊡ ① 풍량 조절을 위하여 풍량을 조절하기 용이한 장소에 볼륨 댐퍼를 설치한다.
> ② 아울러, 송풍기의 경우에도 볼륨 댐퍼는 급기용 송풍기의 배출측이나 급기측에 편리한 위치에 설치가 가능하다.

(3) 송풍기에는 풍량을 실측할 수 있는 유효한 조치를 할 것

(4) 송풍기는 인접장소의 화재로부터 영향을 받지 아니하고 접근 및 점검이 용이한 곳에 설치할 것

(5) 송풍기는 옥내의 화재감지기의 동작에 따라 작동하도록 할 것

(6) 송풍기와 연결되는 캔버스는 내열성(석면재료 제외)이 있는 것으로 할 것

[2] 배출용 송풍기의 기준 : 제14조 5호(2.11.1.5)

(1) 열기류에 노출되는 송풍기 및 그 부품은 250℃에서 1시간 이상 가동상태를 유지할 것

(2) 송풍기의 풍량은 자연배출방식의 Q_N(m³/sec)에 여유량을 더한 양을 기준으로 할 것

(3) 송풍기는 옥내의 화재감지기의 동작에 따라 연동하도록 할 것

(4) 수직풍도의 상부의 말단(기계배출식의 송풍기도 포함한다)은 빗물이 흘러들지 아니하는 구조로 하고, 옥외의 풍압에 따라 배출성능이 감소하지 아니하도록 유효한 조치를 할 것

[3] 수동기동장치의 기준 : 제22조 1항(2.19.1)

배출댐퍼 및 개폐기의 직근과 제연구역에는 다음의 기준에 따른 장치의 작동을 위하여 전용의 수동기동장치를 설치해야 한다. 다만, 계단실 및 부속실을 동시에 제연하는 제연구역의 경우에는 그 부속실에만 설치할 수 있다.

(1) 전층의 제연구역에 설치된 급기댐퍼의 개방

(2) 당해 층의 배출댐퍼 또는 개폐기의 개방

(3) 급기송풍기 및 유입공기의 배출용 송풍기(설치한 경우)의 작동

(4) 개방・고정된 모든 출입문(제연구역과 옥내 사이의 출입문에 한한다)의 개폐장치의 작동

> ① 도어릴리저(Door releaser)란, 평상시에는 제연구역의 출입문을 열어 놓은 후 화재 시에는 감지기와 연동하여 홀더(Holder)가 풀리면 출입문이 자동으로 닫히는 방화문이다. 이 경우 수동기동장치가 동작 시에는 도어릴리저가 자동으로 풀리도록 하라는 의미이다.
> ② 따라서 화재 시 감지기가 동작하기 전에 재실자가 화재를 먼저 발견한 경우에는 수동기동장치를 누르면 송풍기 동작, 댐퍼 개방 이외에 도어릴리저의 경우 해당 장치가 작동되어 출입문이 닫혀야 한다.

[4] 발신기의 기준 : 제22조 2항(2.19.2)

위의 기준에 따른 장치는 옥내에 설치된 수동발신기의 조작에 따라서도 작동할 수 있도록 해야 한다.

> ① 발신기도 수동기동장치와 동일한 기능을 가지고 있어야 하며, 발신기와 수동기동장치는 각각 별도로 설치하여야 한다.
> ② 발신기는 수평거리 25m(또는 보행거리 40m 이내)를 기준으로 설치하나 수동기동장치는 복도 등에 있는 배출댐퍼 옆과 제연구역별로 설치하도록 규정하고 있다.

[5] 제어반 및 비상전원의 기준

(1) 제어반의 기능 : 제23조(2.20)

제연설비의 제어반은 다음의 기능을 보유할 것

기 능	① 급기용 댐퍼의 개폐에 대한 감시 및 원격조작기능 ② 배출댐퍼 또는 개폐기의 작동 여부에 대한 감시 및 원격조작기능 ③ 급기송풍기와 유입공기의 배출용 송풍기(설치한 경우)의 작동 여부에 대한 감시 및 원격조작기능 ④ 제연구역의 출입문의 일시적인 고정개방 및 해정(解錠)에 대한 감시 및 원격조작기능 ⑤ 수동기동장치의 작동 여부에 대한 감시기능 ⑥ 급기구 개구율의 자동조절장치(설치한 경우)의 작동 여부에 대한 감시. 다만, 급기구에 차압표시계를 고정 부착한 자동차압 댐퍼를 설치하고 당해 제어반에도 차압표시계를 설치한 경우에는 그렇지 않다. ⑦ 감시선로의 단선에 대한 감시기능 ⑧ 예비전원이 확보되고 예비전원의 적합 여부를 시험할 수 있어야 할 것

> • 개폐기란 배출구에 의한 배출용 장치를 말한다.
> • 해정(解錠)이란 자물쇠 등과 같이 잠긴 것을 푸는 장치란 의미로 도어릴리즈의 경우 작동되는 것을 말한다.

(2) 비상전원 : 제24조(2.21)

비상전원은 자가발전설비, 축전지설비 또는 전기저장장치로서 제연설비를 유효하게 20분 이상 작동할 수 있도록 할 것. 다만, 2 이상의 변전소에서 전력을 동시에 공급받을 수 있거나 하나의 변전소로부터 전력의 공급이 중단되는 때에는 자동으로 다른 변전소로부터 전원을 공급받을 수 있도록 상용전원을 설치한 경우에는 그렇지 않다.

[6] 제연구역의 출입문 기준 : 제21조 1항(2.18.1)

(1) 기준

제연구역의 출입문은 다음의 기준에 적합해야 한다.

① 제연구역의 출입문(창문을 포함한다)은 언제나 닫힌 상태를 유지하거나 자동폐쇄장치에 의해 자동으로 닫히는 구조로 할 것. 다만, 아파트인 경우 제연구역과 계단실 사이 출입문은 자동폐쇄장치에 의해 자동으로 닫히는 구조로 해야 한다.

② 제연구역의 출입문에 설치하는 자동폐쇄장치는 제연구역의 기압에도 불구하고 출입문을 용이하게 닫을 수 있는 충분한 폐쇄력이 있을 것

③ 제연구역의 출입문 등에 자동폐쇄장치를 사용하는 경우에는 "자동폐쇄장치의 성능인증 및 제품검사의 기술기준"에 적합한 것으로 설치할 것

→ "자동폐쇄장치"란 제연구역의 출입문 등에 설치하는 것으로서 화재발생 시 옥내에 설치된 감지기 작동과 연동하여 출입문을 자동적으로 닫게 하는 장치이다[제3조 10호(1.7.1.10)]. 동 제품은 "자동폐쇄장치의 성능인증 및 제품검사의 기술기준"에 따라 소방산업기술원에서 인증받은 제품을 사용하여야 한다.

(2) 해설(자동폐쇄 관련 사항)

① 부속실의 입구쪽 방화문은 개방 후 부속실에서 급기하는 바람의 방향이 개방되는 방향과 역방향이므로 도어체크의 폐쇄력으로 자연적으로 자동폐쇄가 가능하다. 그러나 부속실에서 출구쪽 계단방향 방화문은 바람의 방향과 방화문의 개방방향이 같으므로 방화문은 한번 개방된 이후에는 자동폐쇄가 되지 못하는 경우가 있으며 이로 인해 차압이 형성되지 못하게 된다. 또한 최근의 방화문은 방화문 성능기준 향상으로 방화문의 누설이 최소화되어 이러한 현상이 더욱 심화되고 있다. 따라서 이러한 문제점을 근본적으로 해결하기 위하여 감지기와 연동되는 자동폐쇄장치를 도입하게 된 것이다.

② 제연구역에 창문이 있는 경우에는 출입문과 동일한 기준을 적용하게 되므로 고정창이 아니고 개방창인 경우에는 화재 시에는 창문이 자동으로 닫히는 구조(배연창의 반대 개념)가 되어야 한다. 이는 화재 시 급기가압을 할 경우 제연구역 내에 창문이 있는 경우 창문이 개방되면 가압이 되지 않으므로 이를 보완한 것이다.

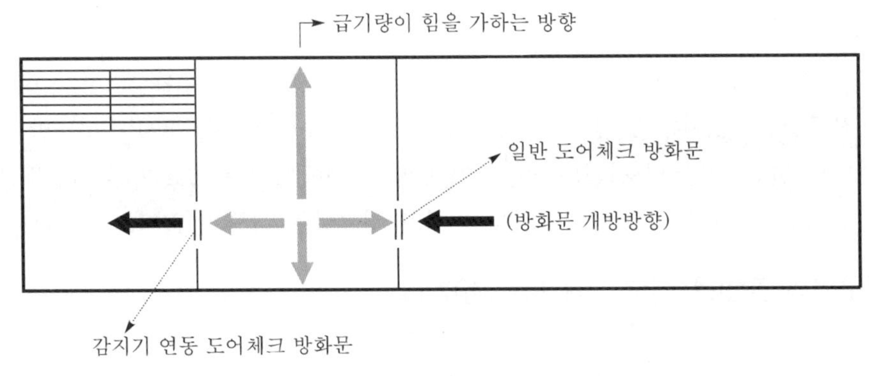

[그림 4-2-5] 아파트 부속실의 방화문 조건

[7] 옥내의 출입문 기준 : 제21조 2항(2.18.2)

(1) **관련 기준**

옥내의 출입문(방화구조의 복도가 있는 경우로서 복도와 거실 사이의 출입문에 한한다)은 다음의 기준에 적합하도록 할 것

① 출입문은 언제나 닫힌 상태를 유지하거나 자동폐쇄장치에 의해 자동으로 닫히는 구조로 할 것

② 거실쪽으로 열리는 구조의 출입문에 자동폐쇄장치를 설치하는 경우에는 출입문의 개방 시 유입공기의 압력에도 불구하고 출입문을 용이하게 닫을 수 있는 충분한 폐쇄력이 있는 것으로 할 것

(2) **해설** : 위에서 말하는 옥내란 방연풍속을 0.5m/sec 이상을 적용하는 부속실이 면하는 옥내가 복도로서 방화구조 이상인 경우를 말한다. 따라서 이와 같은 복도와 거실 간의 출입문(예 복도에 면하는 사무실의 출입문)은 거실에서 발생하는 화재 시 연기의 확산을 피난경로인 복도쪽으로 제한하고 복도와 부속실 간의 안정적인 차압 확보를 위하여 출입문에 대해 일반형 도어체크 또는 감지기 연동형의 자동폐쇄장치를 요구한 것이다.

03 누설면적 설계실무

❶ 누설틈새면적(A)을 계산

제연구역으로부터 공기가 누설하는 틈새면적은 다음의 기준에 따라야 한다.

[1] 출입문 : 제12조(2.9.1.1)

(1) **기준** : 출입문의 틈새면적은 다음의 식에 따라 산출하는 수치를 기준으로 할 것.

다만, 방화문의 경우에는 "한국산업표준"에서 정하는 문세트(KS F 3109)에 따른 기준을 고려하여 산출할 수 있다.

$$A = \left(\frac{L}{l}\right) \times A_d$$ … [식 4-2-4]

여기서, A : 설치된 출입문의 틈새의 면적(m^2)

L : 설치된 출입문의 틈새의 길이(m)

다만, L의 수치가 l의 수치 이하인 경우에는 l의 수치로 할 것

l : 기준이 되는 출입문 틈새의 길이(m)

A_d : 기준이 되는 출입문 틈새의 면적(m^2)

[표 4-2-4] 출입문의 틈새면적 적용

출입문의 유형		기준 틈새길이 l(m)	기준 틈새면적 A_d(m^2)
외여닫이문	제연구역 실내쪽으로 개방	5.6m	$0.01m^2$
	제연구역 실외쪽으로 개방		$0.02m^2$
쌍여닫이문(Double leaf door)		9.2m	$0.03m^2$
승강기 출입문(Lift landing door)		8.0m	$0.06m^2$

(2) 해설

① 틈새의 길이란 방화문의 4면의 둘레길이를 말하며, 틈새의 면적이란 방화문의 둘레와 문틀과의 틈새면적을 말한다. 설치된 출입문의 실제 틈새길이가 위 표에서 제시한 기준 틈새길이보다 작을 경우는 누설틈새면적은 [표 4-2-4]의 수치로 적용한다.

② 설치된 출입문의 실제 틈새길이가 위의 표에서 제시한 기준 틈새길이보다 긴 경우는 [식 4-2-4]에 의해 계산하여 틈새면적을 구한다.

③ 외여닫이문의 경우 제연구역 실내쪽은 가압공간이므로 누설면적을 작게($0.01m^2$) 적용한 것이며, 제연구역 실외쪽은 비가압공간이므로 누설면적을 크게($0.02m^2$) 적용한 것이다.

복도에서 전실로 들어가는 외짝문의 경우 방화문의 4변 둘레가 5.2m와 6.2m라면 각각에 대해 틈새면적(m^2)을 구하시오.

1. 틈새길이 5.2m인 경우 : 기준 틈새길이 5.6m보다 적으므로 5.6m로 적용하며, 제연구역 실내쪽으로 개방되는 것이므로 $0.01m^2$가 된다.
2. 틈새길이 6.2m인 경우는 기준 틈새길이 5.6m보다 크므로 [식 4-2-4]에 의거 비례식으로 구한다. 제연구역 실내쪽으로 개방되므로 5.6 : 0.01 = 6.2 : x

   따라서, $x = \frac{6.2}{5.6} \times 0.01 \doteqdot 0.011m^2$로 적용한다.

[2] 창문 : 제12조(2.9.1.1)

창문의 틈새면적은 다음의 식에 따라 산출하는 수치를 기준으로 할 것. 다만, "한국산업표준"에서 정하는 창세트(KS F 3117)에 따른 기준을 고려하여 산출할 수 있다.

[표 4-2-5] 창문의 누설면적 적용

창문의 유형		틈새면적(틈새길이 1m당)
여닫이식 창문	창틀에 방수 Packing이 없는 경우	$2.55 \times 10^{-4} m^2$
	창틀에 방수 Packing이 있는 경우	$3.61 \times 10^{-5} m^2$
미닫이식 창문(Sliding)		$1.00 \times 10^{-4} m^2$

[3] 승강로

제연구역으로부터 누설하는 공기가 승강기의 승강로를 경유하여 승강로의 외부로 유출하는 유출면적은 승강로 상부의 승강로와 기계실 사이의 개구부 면적을 합한 것을 기준으로 할 것

❷ 누설틈새면적의 합(A_t)을 계산

누설틈새면적의 계산이란 위의 기준에 따라 구해진 출입문, 창문, 승강로 등의 틈새가 여러 가지 형태로 배열되어 있을 경우 이에 대한 누설면적의 합(合)을 구하는 것을 말한다. 우선 누설틈새면적은 배열방법에 따라 병렬배열, 직렬배열, 직・병렬이 혼합된 혼합배열의 3가지 종류가 있다. 부속실 제연설비에서 누설량을 계산할 경우 가장 먼저 대상 건물에 대한 누설틈새면적(이하 누설면적)부터 구하여야 한다.
누설면적의 합은 누설경로를 검토한 후 다음과 같이 계산하며, 음영 표시는 가압공간을 뜻한다.

[1] 병렬배열(Leakage path in Parallel)

하나의 제연구역에서 급기량이 외부로 누설되는 누설면적 A_1, A_2, …… A_n이 있을 때 이를 병렬배열이라 하며, 이 경우 누설면적의 합(A_t)에 대한 일반식은 다음과 같다.

$A_t = A_1 + A_2 + A_3 + \cdots A_n$ (일반식)

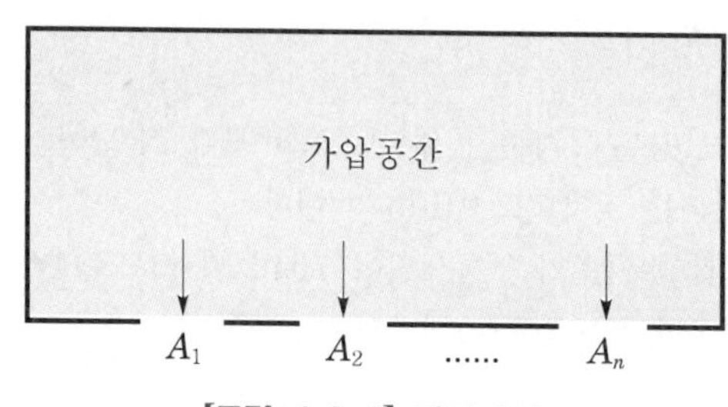

[그림 4-2-6] 병렬배열

위의 일반식을 수학기호를 이용하여 표현하면 [식 4-2-5]와 같다.

$$A_t = \sum_{i=1}^{n} A_i \quad \cdots \text{[식 4-2-5]}$$

여기서, A_t : 병렬배열 시 누설면적의 합(m^2)
A_i : 설치된 출입문의 누설면적(m^2)
n : 병렬배열되어 있는 누설면적 A_i의 개수

따라서 가압공간에 누설면적이 A_1, A_2의 2개소만 있을 경우는 $A_t = (A_1 + A_2)$가 되며, 이 계산식은 저항 R_1과 R_2가 있을 때 직렬저항의 합 $(R_1 + R_2)$와 같다.

[2] 직렬배열(Leakage path in Series)

하나의 제연구역에 급기량이 유입되는 누설면적 A_1이 있고 인접실에 급기량이 누설되는 누설면적 A_1, A_2, …… A_n이 연접(連接)되어 있을 때 이를 직렬배열이라 하며 이 경우 누설면적의 합(A_t)에 대한 일반식은 다음과 같다.

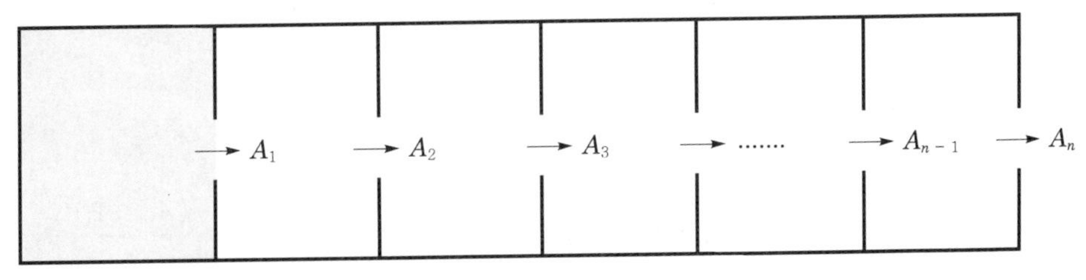

[그림 4-2-7] 직렬배열

$$\frac{1}{A_t^2} = \frac{1}{A_1^2} + \frac{1}{A_2^2} + \cdots\cdots + \frac{1}{A_{n-1}^2} + \frac{1}{A_n^2}$$

위의 일반식을 수학기호를 이용하여 표현하면 다음과 같다.

$$\frac{1}{A_t^2} = \sum_{i=1}^{n} \frac{1}{A_i^2}$$

이때 양변을 $-\frac{1}{2}$승(乘)을 하면 다음의 식이 된다.

$$A_t = \left(\sum_{i=1}^{n} \frac{1}{A_i^2} \right)^{-\frac{1}{2}} \quad \cdots \text{[식 4-2-6(A)]}$$

여기서, A_t : 직렬배열 시 누설면적의 합(m^2)
A_i : 설치된 출입문의 누설면적(m^2)
n : 직렬배열되어 있는 누설면적 A_i의 개수

따라서 가압공간에 누설면적이 A_1, A_2의 2개소만 있을 경우는 $\frac{1}{A_t^2}=\frac{1}{A_1^2}+\frac{1}{A_2^2}$가 되며, 이 계산식은 저항 R_1과 R_2가 있을 때 병렬저항의 합 $\frac{1}{R}=\frac{1}{R_1}+\frac{1}{R_2}$와 매우 유사하다.

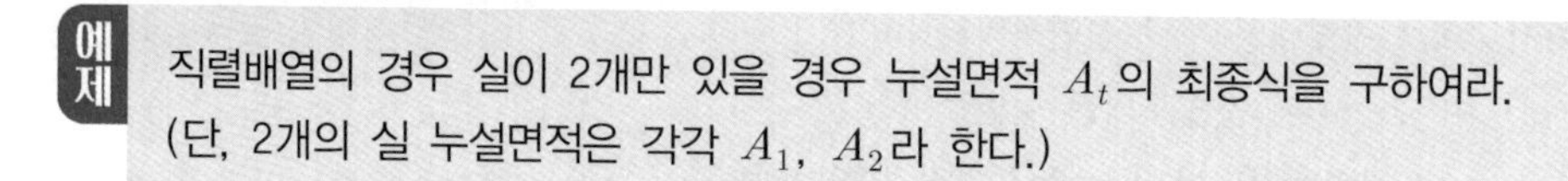
예제 직렬배열의 경우 실이 2개만 있을 경우 누설면적 A_t의 최종식을 구하여라. (단, 2개의 실 누설면적은 각각 A_1, A_2라 한다.)

풀이 인접된 실이 있는 경우 직렬배열에서 실이 2개만 있을 경우의 일반식은 $\frac{1}{A_t^2}=\frac{1}{A_1^2}+\frac{1}{A_2^2}$ 이다. 이는 저항 R_1과 R_2가 있을 때 병렬저항의 합 $\frac{1}{R}=\left(\frac{1}{R_1}+\frac{1}{R_2}\right)$과 유사하다.

이를 다시 정리하면, 누설면적의 합 $\frac{1}{A_t^2}=\frac{1}{A_1^2}+\frac{1}{A_2^2}$에서

양변에 역수를 취하면 $A_t^2=\dfrac{1}{\dfrac{1}{A_1^2}+\dfrac{1}{A_2^2}}$

이때 $\dfrac{1}{\dfrac{1}{A_1^2}+\dfrac{1}{A_2^2}}=\dfrac{1}{\dfrac{A_1^2+A_2^2}{A_1^2\cdot A_2^2}}=\dfrac{A_1^2\cdot A_2^2}{A_1^2+A_2^2}$

$\therefore\ A_t^2=\dfrac{A_1^2\cdot A_2^2}{A_1^2+A_2^2}$ 양변을 $\frac{1}{2}$승을 하면, 최종식은 $A_t=\dfrac{(A_1^2\times A_2^2)^{\frac{1}{2}}}{(A_1^2+A_2^2)^{\frac{1}{2}}}=\dfrac{(A_1\times A_2)}{(A_1^2+A_2^2)^{\frac{1}{2}}}$가 된다.

따라서 실이 2개인 경우 최종식은 다음 식과 같다.

$$A_t=\frac{A_1\times A_2}{(A_1^2+A_2^2)^{\frac{1}{2}}}$$ (누설틈새가 2개소인 경우의 직렬배열) … [식 4-2-6(B)]

[3] 혼합배열의 경우

위에서 설명한 직렬 및 병렬배열의 누설면적이 혼합되어 있을 경우 등가누설면적 A_t의 계산방법은 다음과 같다.

① 바람의 방향(급기 또는 배기)을 유의하여 적용하여야 한다.

② 누설경로의 계산은 직·병렬 배열 시 가압공간의 먼 위치부터 역순으로 계산하여야 한다.

③ 계산은 구간별로 직렬배열은 직렬공식을, 병렬배열은 병렬공식을 각각 적용한다.

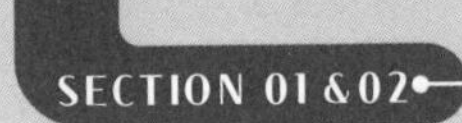

단원문제풀이

01 거실제연설비(NFPC & NFTC 501)에서 제연구역의 구획 설정방법 5가지를 써라.

| 해답 |

1. 하나의 제연구역의 면적은 1,000m² 이내로 할 것
2. 거실과 통로(복도를 포함한다)는 각각 제연구획할 것
3. 통로상의 제연구역은 보행중심선의 길이가 60m를 초과하지 아니할 것
4. 하나의 제연구역은 직경 60m 원 내에 들어갈 수 있을 것
5. 하나의 제연구역은 2개 이상 층에 미치지 아니하도록 할 것. 다만, 층의 구분이 불분명한 부분은 그 부분을 다른 부분과 별도로 제연구획해야 한다.

꼼꼼체크

NFPC 501 제4조 1항(NFTC 501 2.1.1)에 해당하는 기준이다.

02 다음 조건과 같은 거실에 제연설비를 설치하고자 한다. 본 거실의 배기팬 구동에 필요한 전동기 용량(kW)을 계산하시오.

[조건]

1) 바닥면적 850m²인 거실로서 예상제연구역은 직경 50m이고, 제연경계벽의 수직거리는 2.7m이다.
2) 덕트의 길이는 170m, 덕트 저항은 0.2mmAq/m, 그릴 저항은 4mmAq, 기타 부속류의 저항은 덕트 저항의 60%로 하며, 효율은 55%, 전달계수는 1.1로 한다.
3) 배기량의 기준은 다음 표를 사용한다.

예상제연구역	제연경계 수직거리	배출량
직경 40m인 원을 초과하는 경우	2m 이하	45,000CMH 이상
	2m 초과 2.5m 이하	50,000CMH 이상
	2.5m 초과 3m 이하	55,000CMH 이상
	3m 초과	65,000CMH 이상

| 해답 |

1. 400m^2 이상이므로 제연경계 높이에 따라 배출량이 결정되며 조건에 따라 배출량은 55,000CMH 가 된다.

   $55{,}000\text{CMH} = \frac{55{,}000}{60}\text{m}^3/\text{min} = 916.7\text{m}^3/\text{min}$

2. 저항 중 덕트 저항 : $0.2\text{mmAq/m} \times 170\text{m} = 34\text{mmAq}$

   그릴 저항 : 4mmAq

   기타 부속류 저항 : 덕트 저항의 60%이므로 $34\text{mmAq} \times 0.6 = 20.4\text{mmAq}$

   따라서, 손실저항 전체 $= 34 + 4 + 20.4 = 58.4\text{mmAq}$이며 이것이 송풍기의 전압에 해당된다.

3. 송풍기의 동력식 $P(\text{kW}) = \frac{Q \times H}{6{,}120 \times \eta} \times K$에서

   $Q = 916.7\text{m}^3/\text{min}$, $H = 58.4\text{mmAq}$, $\eta = 55\%$, $K = 1.1$이므로

   $P(\text{kW}) = \frac{916.7 \times 58.4}{6{,}120 \times 0.55} \times 1.1 = 17.5\text{kW}$

03 **바닥면적이 380m^{2}인 거실에 대해 안전을 위해 배출량에 50% 여유율을 주어 적용하고자 한다. 이 경우 거실제연설비에 다음의 물음에 답하라.**

1. 해당하는 장소의 소요풍량(CMH)은 얼마인가?
2. 흡입측 풍도의 높이를 600mm로 할 때 폭은 최소 얼마(mm)로 해야 하는가?
3. 송풍기의 전압이 50mmAq이고 효율이 55%이며 회전수는 1,200rpm이다. 다익형 송풍기를 사용할 경우 최소 축동력(kW)을 구하라. (단, 소수 둘째자리까지만 구하라.)
4. 제연설비 설치 후 회전차 크기는 변화시키지 않고 배출풍량을 20% 증가시키려면 최소 회전수는 얼마이어야 하는가?
5. 문제 4에서 회전수가 증가하였을 때 송풍기의 전압(mmAq)은 얼마인가?
6. 문제 3에서의 계산 결과를 근거로 축동력 15kW 전동기를 설치하였다. 그러나 풍량을 20% 증가시킨 후에도 이 전동기를 사용할 수 있는지 검토하라.
7. 제연설비에서 가장 많이 사용하는 송풍기 명칭을 쓰고, 주요 특징을 기술하라.

| 해답 |

1. 배출량에 50%의 여유율을 주는 조건이므로 배출량의 1.5배로 하여야 한다.

   따라서 $380\text{m}^2 \times 1\text{CMM/m}^2 \times 60 = 22{,}800\text{CMH}$에서 $22{,}800 \times 1.5 = 34{,}200\text{CMH}$

2. $34{,}200\text{CMH} \div 3{,}600 = 9.5\text{m}^3/\text{sec}$, $Q = V \times A$에서 $Q = 9.5\text{m}^3/\text{sec}$, 배기설비에서 풍속 $V = 15\text{m/sec}$ 이므로 $A = \frac{Q}{V} = \frac{9.5}{15} \doteqdot 0.63\text{m}^2$

   조건에서 폭이 600mm이므로 $0.63 \div 0.6 = 1.05\text{m}$

   따라서, 덕트 폭은 1,050mm

3. $34{,}200\text{CMH} \div 60 = 570\text{CMM}$

이때 축동력 $L = \dfrac{H(\text{mmAq}) \times Q(\text{CMM})}{6{,}120 \times \eta} = \dfrac{50 \times 570}{6{,}120 \times 0.55} \fallingdotseq 8.47\text{kW}$

4. $\dfrac{Q_1}{Q_2} = \dfrac{N_1}{N_2}$에서 $\dfrac{Q_1}{Q_1 \times 1.2} = \dfrac{N_1}{N_2}$ $\therefore \dfrac{1}{1.2} = \dfrac{1{,}200}{N_2}$

$N_2 = 1.2 \times 1{,}200 = 1{,}440\text{rpm}$

5. $\dfrac{H_1}{H_2} = \dfrac{N_1^2}{N_2^2}$, $\dfrac{50}{H_2} = \left(\dfrac{1{,}200}{1{,}440}\right)^2$, $H_2 = \left(\dfrac{1{,}440}{1{,}200}\right)^2 \times 50 = 72\text{mmAq}$

6. 풍량을 20% 증가시키면 문제 4에서 회전수는 1,440rpm이 된다.

$\dfrac{L_1}{L_2} = \dfrac{N_1^3}{N_2^3}$이므로 $\dfrac{8.47}{L_2} = \left(\dfrac{1{,}200}{1{,}440}\right)^3$

$L_2 = \left(\dfrac{1{,}440}{1{,}200}\right)^3 \times 8.47 \fallingdotseq 14.64\text{kW}$ $\therefore$ 축동력 15kW용은 사용할 수 있다.

7. ① 다익형 송풍기(상품명 시로코 팬)

② • 날개폭이 넓고 날개수가 많다.
- 특성곡선상 정압곡선이 다른 송풍기에 비해 완만하기 때문에 풍량 변동에 대한 정압의 변화가 완만하다.
- 소형으로 대풍량을 취급할 수 있으나 고속회전에는 적합하지 않아 높은 압력은 발생할 수 없다.
- 다른 기종에 비해 소음이 크고 효율이 낮은 편이다.

04 다음의 거실제연설비에서 조건을 보고 각 물음에 답하라. 최종 답은 소수 둘째자리까지 구한다.

[조건]

1) 예상제연구역의 바닥면적은 500m^2, 직경은 50m이다.
2) 제연경계 하단까지의 수직거리는 3.2m이다.
3) 송풍기의 효율은 50%이다.
4) 전압은 65mmAq이다.
5) 배출구 흡입측 풍도 높이는 600mm이다.

1. 배출량(m^3/min)을 구하여라.
2. 전동기의 용량(kW)을 구하여라. (단, 전달계수는 1.1이다.)
3. 흡입측 풍도의 최소 폭(mm)을 구하여라.
4. 흡입측 풍도 강판의 두께(mm)는 얼마인가?

| 해답 |

1. 배출량

예상제연구역의 바닥면적은 500m^2이고, 직경은 50m이며 제연경계 수직거리가 3.2m이므로 [표 4-1-5(B)]에 따라 배출량은 65,000CMH이므로

$65{,}000\text{m}^3/\text{h} = 65{,}000\text{m}^3/60\text{min} \fallingdotseq 1083.33\text{m}^3/\text{min}$

CHAPTER 01 CHAPTER 02 CHAPTER 03 CHAPTER 04 CHAPTER 05

2. 전동기 용량

전동기 용량은 [식 4−1−2]에 전달계수를 곱하여

$$P = \frac{Q \times H \times 1.2}{6{,}120 \times \eta}$$

여기서, P : 송풍기의 동력(kW)

Q : 풍량(m^3/min)

H : 전압(mmAq)

η : 효율(소수점 수치)

따라서, $P = \frac{1083.33 \times 65 \times 1.2}{6{,}120 \times 0.5} = 27.61\text{kW}$

3. 흡입측 풍도의 최소 폭

$Q = V \times A$

여기서, Q : 풍량(m^3/sec)

V : 풍속(m/sec)

A : 풍도의 단면적(m^2)

따라서 $Q = 1083.33m^3/\text{min} = 1083.33m^3/60\text{sec} = 18.06m^3/\text{sec}$

배출기의 흡입측 풍속 V는 15m/s 이하이므로 $18.06 = 15 \times A$

$A = \frac{18.06}{15} = 1.2037m^2$, 그런데 풍도 높이가 600mm이므로

따라서 최소 폭은 $1.2037m^2/0.6m = 2.00617m = 2006.17mm$

4. 흡입측 풍도의 강판

표 [4−1−9]에 따라 긴 변이 2006.17mm이므로 두께는 1mm 이상이어야 한다.

05 그림과 같은 구조의 1개층 평면에서 각 개구부의 누설면적이 A, B, C, D, E라면 빗금친 부분에 급기가압을 한 경우 전체 누설면적의 합을 구하라.

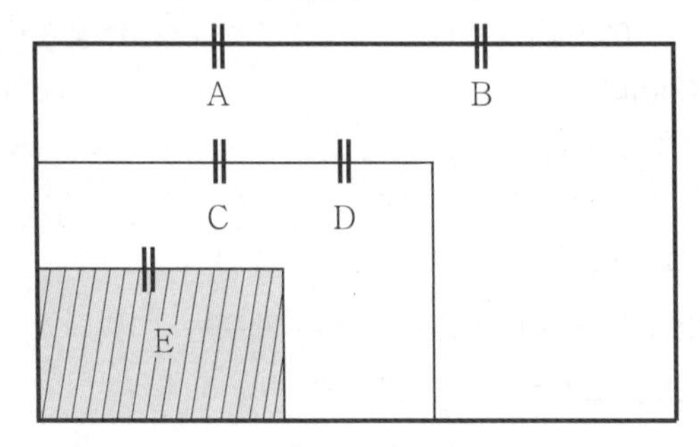

| 해답 |

꼼꼼체크

① 가압공간의 가장 먼 곳에서부터 역순으로 계산한다.
② 바람의 방향에 유의한다.

1. 먼저 맨 윗 실의 누설면적을 구하면 (A+B)와 (C+D)에 대한 직렬배열이 된다.

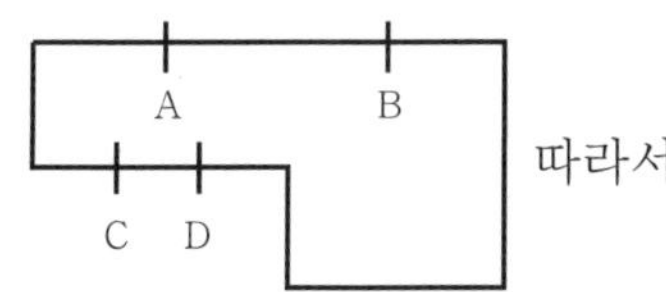

따라서, $\dfrac{(A+B)\times(C+D)}{[(A+B)^2+(C+D)^2]^{\frac{1}{2}}}=A_{A-D}$라 하자. … 식 ㉠

2. 두 번째는 A_{A-D}와 E와의 또 다른 직렬이 된다.

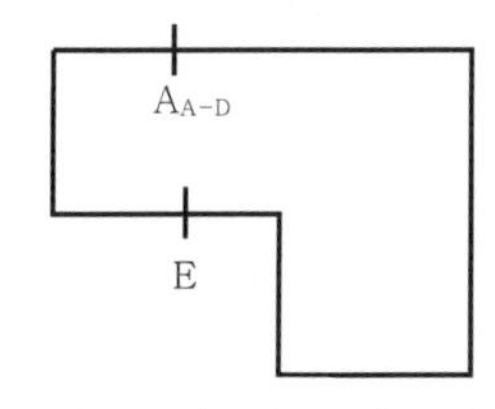

따라서, $\dfrac{A_{A-D}\times E}{[A_{A-D}^2+E^2]^{\frac{1}{2}}}=A_{A-E}$이 된다. … 식 ㉡

식 ㉡에 식 ㉠을 대입하면 전체의 누설면적 A_T는 다음과 같다.

$$A_T=\frac{\dfrac{(A+B)\times(C+D)}{[(A+B)^2+(C+D)^2]^{\frac{1}{2}}}\times E}{\left[\dfrac{(A+B)^2\times(C+D)^2}{[(A+B)^2+(C+D)^2]}+E^2\right]^{\frac{1}{2}}}$$

06 A실과 실 외부와의 압력차를 50Pa로 유지할 경우 실 A에서 실 D까지 각 실에 그림과 같이 누설경로 ⓐ～ⓕ가 있는 경우 A실에 급기할 풍량(CMH)은 얼마인가? (단, 각 방화문의 누설 틈새는 $0.01m^2$이며 급기량의 여유율은 25%로 적용한다.)

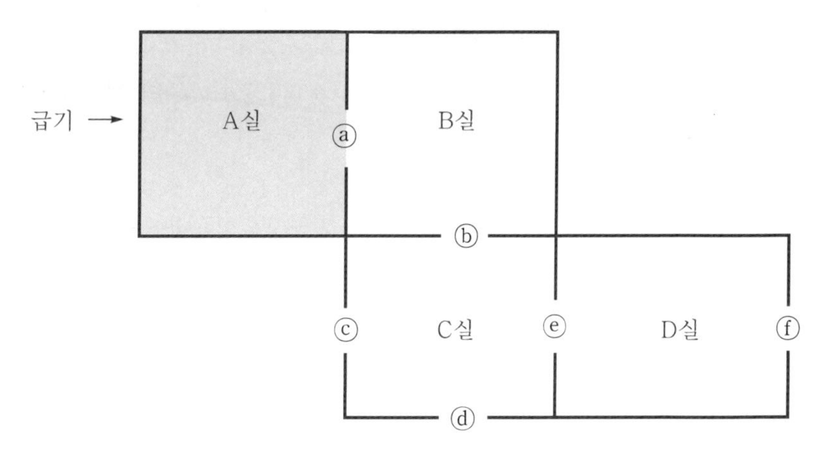

| 해답 |

1. D실의 누설면적 : ⓔ와 ⓕ의 직렬이다.

$\dfrac{0.01\times0.01}{[0.01^2+0.01^2]^{\frac{1}{2}}}\fallingdotseq 0.00707$ ………………………………………… ㉠

2. C실의 누설면적

① 우선 ⓒ, ⓓ, 식 ㉠은 병렬배열이 되므로 이를 구하면

$0.01+0.01+0.00707=0.02707$ ………………………………… ㉡

② C실은 ⓑ와 식 ㉡의 직렬배열이 된다.

즉, $\dfrac{0.01 \times 0.02707}{[0.01^2 + 0.02707^2]^{\frac{1}{2}}} \fallingdotseq \dfrac{0.00027}{0.02881} \fallingdotseq 0.00937$ ································ ㉢

3. B실의 누설면적 : ⓐ와 식 ㉢의 직렬배열이다.

즉, $\dfrac{0.01 \times 0.00937}{[0.01^2 + 0.00937^2]^{\frac{1}{2}}} \fallingdotseq \dfrac{0.00009}{0.01378} \fallingdotseq 0.00653$ ······································ ㉣

총 누설면적은 식 ㉣이 된다.

따라서 A실에 급기할 풍량은 $Q = 0.827 \times A \times \sqrt{P} \times 1.25$에서

$Q = 0.827 \times 0.00653 \times \sqrt{50} \times 1.25 = 0.04773\text{m}^3/\text{sec}$

따라서, $0.04773 \times 3{,}600 = 171.828\text{m}^3/\text{h}$

07 특별피난계단의 계단실 및 부속실 제연설비의 화재안전기준(NFPC & NFTC 501A)에 따라 부속실에 제연설비를 설치하고자 한다. 다음 조건에 따라 다음에 답하라.

[조건]
1) 제연구역에 설치된 출입문의 크기는 폭 1.6m, 높이 2.0m이다.
2) 외여닫이문으로 제연구역의 실내쪽으로 열린다.
3) 주어진 조건 외에는 고려하지 않으며, 계산값은 소수 넷째자리에서 반올림하여 셋째자리까지 구한다.

1. 출입문의 누설틈새면적(m^2)을 산출하라.
2. 위의 누설틈새를 통한 최소누설량(m^3/s)을 $Q = 0.827A\sqrt{P}$의 식을 이용하여 산출하라.

| 해답 |

1. 누설틈새면적

외여닫이문으로 실내쪽으로 열릴 경우 [표 4-2-4]를 이용하여 틈새길이 5.6m 기준에 틈새면적은 0.01m^2이다. 누설틈새면적은 비례식으로 구한다.

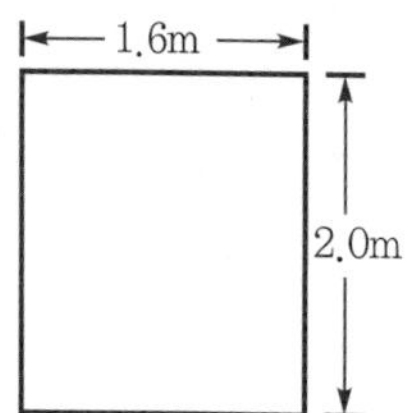

① 폭의 경우 1.6×2=3.2m이다.

따라서 폭의 틈새면적 5.6 : 0.01 = 3.2 : x_1

$x_1 = \dfrac{0.01 \times 3.2}{5.6} = 0.006\text{m}^2$

② 높이의 경우 2.0×2=4m이다.

따라서 높이의 틈새면적 5.6 : 0.01 = 4 : x_2

$x_2 = \frac{0.01 \times 4}{5.6} = 0.007\text{m}^2$

따라서 틈새면적의 합 $= 0.006 + 0.007 = 0.013\text{m}^2$

2. 최소누설량

① 스프링클러설비가 없는 경우 : $Q = 0.827A\sqrt{P}$에서 스프링클러가 없는 경우 최소차압은 40Pa이다.

따라서, 최소누설량 $Q = 0.827 \times 0.013 \times \sqrt{40} = 0.827 \times 0.013 \times 6.325 = 0.068\text{m}^3/\text{s}$

② 스프링클러설비가 있는 경우 : $Q = 0.827A\sqrt{P}$에서 스프링클러가 있는 경우 최소차압은 12.5Pa이다.

따라서, 최소누설량 $Q = 0.827 \times 0.013 \times \sqrt{12.5} = 0.827 \times 0.013 \times 3.536 = 0.038\text{m}^3/\text{s}$

08 거실제연설비(NFPC & NFTC 501)에서 다음 조건과 평면도를 참고하여 각 물음에 답하라.

[조건]
1) 예상제연구역의 A구역과 B구역은 2개의 거실이 인접한 구조이다.
2) 제연경계로 구획된 경우에는 인접구역 상호제연방식을 적용한다.
3) 최소배출량 산정 시 송풍기 용량 산정은 고려하지 않는다.

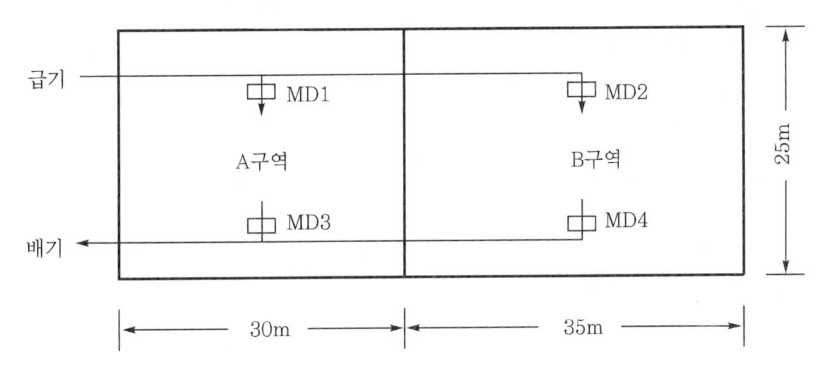

1. A구역과 B구역을 자동방화셔터로 구획할 경우 A구역의 최소배출량(m^3/h)을 구하라.
2. A구역과 B구역을 자동방화셔터로 구획할 경우 B구역의 최소배출량(m^3/h)을 구하라.
3. A구역과 B구역을 제연경계로 구획할 경우 예상제연구역의 급·배기 댐퍼별 동작상태(개방 또는 폐쇄)를 표기하라.

제연구역	급기댐퍼	배기댐퍼
A구역 화재 시	MD1 :	MD3 :
	MD2 :	MD4 :
B구역 화재 시	MD1 :	MD3 :
	MD2 :	MD4 :

CHAPTER 01 CHAPTER 02 CHAPTER 03 CHAPTER 04 CHAPTER 05

| 해답 |

1. A구역 최소배출량

   공동제연방식에서 셔터로 구획된 것에 해당하여 수직거리는 0이다.

   A구역의 바닥면적은 $30 \times 25 = 750\text{m}^2$이고, 직경(대각선)은 $\sqrt{25^2 + 30^2} = \sqrt{1,525} \fallingdotseq 39.05$로 40m 이내이다.

   따라서, 벽으로 구획되어 수직거리는 0m이므로 [표 4-1-5(A)]에 따라 최소배출량은 $40,000\text{m}^3/\text{h}$이 된다.

2. B구역 최소배출량

   공동제연방식에서 셔터로 구획된 것에 해당하여 수직거리는 0이다.

   B구역의 바닥면적은 $35 \times 25 = 875\text{m}^2$이고, 직경(대각선)은 $\sqrt{25^2 + 35^2} = \sqrt{1,850} \fallingdotseq 43.01$로 40m를 초과한다.

   따라서, [표 4-1-5(B)]에 따라 최소배출량은 $45,000\text{m}^3/\text{h}$이 된다.

3. 급·배기 댐퍼별 동작상태

   인접구역 상호제연방식이므로 화재 시 해당 구역에서 배기하고, 인접구역에서 급기하여야 한다.

제연구역	급기댐퍼	배기댐퍼
A구역 화재 시	MD1 : 폐쇄	MD3 : 개방
	MD2 : 개방	MD4 : 폐쇄
B구역 화재 시	MD1 : 개방	MD3 : 폐쇄
	MD2 : 폐쇄	MD4 : 개방

03 연결송수관설비(NFPC & NFTC 502)

01 개 요

❶ 적용기준

[1] 설치대상 : 소방시설법 시행령 별표 4(가스시설, 지하구 제외)

[표 4-3-1] 연결송수관 설치대상

	특정소방대상물	적용기준	설치장소
①	5층 이상의 특정소방대상물	연면적 6,000m² 이상인 경우	모든 층
②	①에 해당되지 아니하는 특정소방대상물	지하층을 포함한 층수가 7층 이상인 경우	모든 층
③	① 및 ②에 해당되지 아니하는 지하 3층 이상의 특정소방대상물	지하층의 바닥면적 합계가 1,000m² 이상인 경우	모든 층
④	지하가 중 터널	길이가 1,000m 이상인 것	–

[2] 제외대상

(1) **설치 면제** : 소방시설법 시행령 별표 5 제18호

연결송수관설비를 설치하여야 할 특정소방대상물 옥외에 연결송수구 및 옥내에 방수구가 부설된 옥내소화전설비·스프링클러설비·간이스프링클러설비 또는 연결살수설비를 화재안전기준에 적합하게 설치한 경우에는 그 설비의 유효범위 안의 부분에서 설치가 면제된다. 다만, 지표면에서 최상층 방수구의 높이가 70m 이상인 경우에는 설치해야 한다.

① 옥내에 송수구가 부설(附設)된 것이란 연결송수관용 호스를 접결할 수 있는 65mm의 방수구가 해당 소방설비의 배관에 부설되어 있는 것을 말한다.

② 유효범위란 해당 소화설비가 화재를 진화할 수 있는 범위를 말하며 옥내소화전은 호스 접결구를 중심으로 반경 25m 이내, 스프링클러나 살수설비는 헤드의 유효방사범위 내에 포함된 부분을 말한다.

③ 면제조건에 불구하고 70m 이상인 경우는 설치하여야 하며, 이는 연결송수관용 가압 송수장치 설치대상이 70m 이상의 장소이기 때문이다.

(2) 설치 제외

다음에 해당하는 층에는 방수구를 설치하지 않을 수 있다(NFTC 502 2.3.1.1).

① 아파트의 1층 및 2층

② 소방차의 접근이 가능하고 소방대원이 소방차로부터 각 부분에 쉽게 도달할 수 있는 피난층

③ 송수구가 부설된 옥내소화전이 설치된 소방대상물(집회장·관람장·백화점·도매시장·소매시장·판매시설·공장·창고시설·지하가를 제외한다)로서 다음의 어느 하나에 해당하는 층

㉠ 지하층을 제외한 층수가 4층 이하이고 연면적이 6,000m^2 미만인 특정소방대상물의 지상층

㉡ 지하층의 층수가 2 이하인 특정소방대상물의 지하층

(3) 특례조항 : 소방시설법 시행령 별표 6 3호 & 4호

① 화재안전기준을 달리 적용하여야 하는 특수한 용도 또는 구조를 가진 특정소방대상물 (예 원자력발전소, 핵폐기물처리시설)

→ ① 방사능 물질을 취급하는 원자력발전소나 방폐장 등의 경우는 화재가 발생할 경우 소화작업 시 방사한 소화수로 인하여 방사능 물질이 함유된 침출수에 대한 처리가 매우 큰 문제가 될 수 있다.

② 따라서 직접적으로 화재를 진압하는 소화설비가 아닌 소화활동설비인 연결송수관 설비와 연결살수설비에 대해서는 이를 제외할 수 있는 근거를 마련한 조항이다.

② 위험물안전관리법 제19조에 따른 자체소방대가 설치된 특정소방대상물 중 제조소등에 부속된 사무실

❷ 연결송수관설비의 개념 및 종류

[1] 개념

연결송수관과 옥내소화전의 개념상 차이는 연결송수관은 소방대에 의해 사용되는 타력(他力)설비이며, 옥내소화전은 관계자가 사용하는 자력(自力)설비이다. 따라서 연결송수관 방수구는 소방대가 건물 외부에서 침투하여 연결송수관 방수구에 접근하기에 용이하도록 계단에서 5m 이내에 설치하도록 규정하고 있으나, 옥내소화전은 관계인 누구나 초기화재 시 사용하기에 편리하여야 하므로 복도에 설치하는 것이 원칙이다. 또한 소화전

호스는 관계인이 즉시 사용하기 위하여 방수구에 상시 접결(接結)되어야 하나, 연결송수관용 호스는 소방대가 사용하는 것이므로 평소에는 접결하지 않고 방수기구함 내 별도로 보관하는 것이다. 두 설비의 상호 비교는 다음 표와 같다.

[표 4-3-2] 연결송수관과 옥내소화전 비교

구 분	옥내소화전설비	연결송수관설비
개념	자력(自力)설비	타력(他力)설비
수원	설치	높이 31m 이상 또는 11층 이상의 경우
가압송수장치	설치	높이 70m 이상의 경우
호스 및 노즐	상시 접결	방수기구함 내 보관
위치	사용이 편리한 장소	계단에서 5m 이내(수평거리 기준)
사용자	관계인	소방대

꼼꼼체크 | 관계인

관계인이란 소방대상물의 소유자·점유자·관리자를 말한다.

[2] 종류

(1) 건식 방식

입상관에 물을 채워두지 않고 비워 놓은 방식으로 10층 이하의 저층 건물에 적용하며 소방펌프차로 물을 공급하는 설비이다.

(2) 습식 방식 : NFPC 502(이하 동일) 제5조 1항 2호/NFTC 502(이하 동일) 2.2.1.2

옥상수조에 의해 입상관에 물이 상시 충수되어 있는 방식으로 높이가 31m 이상 또는 11층 이상의 고층 건물에 적용하는 설비이다.

꼼꼼체크 | 보충자료

저층 건물일지라도 옥내소화전과 주배관을 겸용할 경우는 습식 설비로 간주한다.

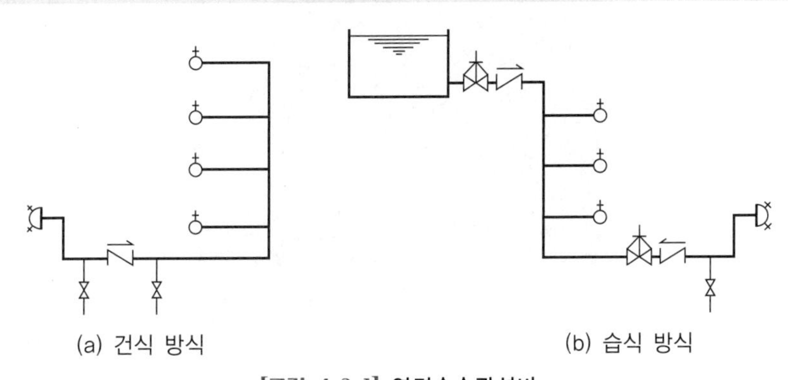

(a) 건식 방식 (b) 습식 방식

[그림 4-3-1] 연결송수관설비

❸ 구성요소

[1] 송수구

연결송수관설비의 배관에 소방펌프차로 소화수를 공급하기 위하여 건물 외벽 등에 설치하는 송수용 호스 접결구이다. 송수구는 소방차가 외부에서 접속하여 물을 공급하게 되므로 소방차의 진입이나 소방차에서 급수호스를 연결할 때에 건물 주변의 수목이나 화단 등으로 인하여 장애가 없는 위치로 송수구의 위치 및 높이를 선정하여야 하며 송수구는 스탠드형, 벽체 노출형, 매립형 등의 형태가 있다.

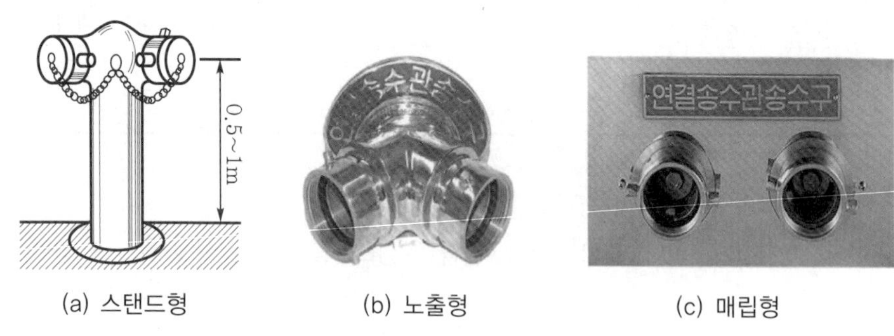

(a) 스탠드형 (b) 노출형 (c) 매립형

[그림 4-3-2(A)] 송수구의 여러 형태

[2] 방수구

방수기구함 내에 있는 호스 및 노즐을 이용하여 소방펌프차에 의해 송수되는 물을 각 층에서 방수하기 위한 방수용 호스 접결구이다. 방수구는 소방대가 사용하는 관계로 외부에서 침투하여 접근이 용이한 계단 근처(5m 이내)에 설치하는 것이나, 옥내소화전용 방수구는 건물 내의 관계인이 사용하는 설비이므로 이 기준을 적용하지 않는다. 다만, 대부분의 건물이 연결송수관 배관을 옥내소화전 배관과 겸용으로 사용하기 때문에 옥내소화전 방수구도 계단 직근에 설치되어 있을 뿐이다.

[그림 4-3-2(B)] 방수구와 방수기구함(예)

[3] 방수기구함

소방대가 사용하는 연결송수관용 호스 및 노즐을 상시 보관하기 위한 기구함으로 소방대가 침투하여 사용하게 되므로 호스 및 노즐은 옥내소화전과 같이 평소에 방수구에 접속하지 않고 별도의 기구함에 수납하여 보관하는 것으로 일본 소방법에서는 이를 격납함(格納函)이라고 한다.

02 연결송수관설비의 화재안전기준

❶ 송수구의 설치기준

[1] 설치 위치 : NFTC 2.1.1.1~2.1.1.3

(1) 소방차가 쉽게 접근할 수 있고 잘 보이는 장소에 설치하되 화재층으로부터 지면으로 떨어지는 유리창 등이 송수 및 그 밖의 소화작업에 지장을 주지 아니하는 장소에 설치할 것

(2) 지면으로부터 높이가 0.5m 이상 1m 이하의 위치에 설치할 것

(3) 송수구는 화재층으로부터 지면으로 떨어지는 유리창 등이 송수 및 그 밖의 소화작업에 지장을 주지 아니하는 장소에 설치할 것

> ⊡ 지면에서의 높이는 소방차에서 호스를 접결하기 쉽게 하기 위한 것으로 높이 기준은 소방차가 주차하는 지면을 기준으로 하여야 한다. 따라서 바닥이란 용어 대신 "지면"이란 용어를 사용한 것이다.

[2] 설치 수량 : 제4조 6호(2.1.1.7)

송수구는 연결송수관의 수직배관마다 1개 이상을 설치할 것. 다만, 하나의 건축물에 설치된 각 수직배관이 중간에 개폐밸브가 설치되지 아니한 배관으로 상호 연결되어 있는 경우에는 건축물마다 1개씩 설치할 수 있다.

> ⊡ 계단식 아파트의 경우 계단별 수직배관을 인입측에서 서로 접속한 경우에는 송수구를 계단별로 설치하지 않아도 되나 반드시 동별로는 설치하여야 한다.

CHAPTER 01
CHAPTER 02
CHAPTER 03
CHAPTER 04
CHAPTER 05

[3] 송수구 : 제4조 4호 & 5호, 8호 & 9호(2.1.1.5 & 2.1.1.6, 2.1.1.9 & 2.1.1.10)

(1) 구경 65mm의 쌍구형(双口型)으로 할 것

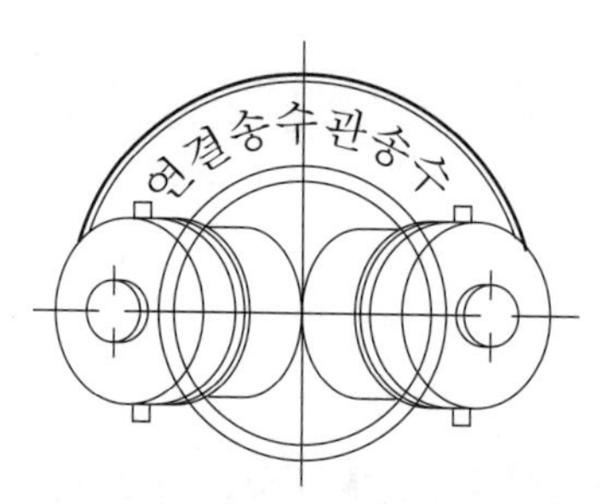

[그림 4-3-3] 쌍구형 송수구

(2) 송수구에는 그 가까운 곳의 보기 쉬운 곳에 송수압력범위를 표시한 표지를 할 것

> ⊡ 송수압력범위란 소방차가 송수구에 호스를 접결하여 가압송수할 경우 최상층에서 0.35MPa 이상의 방사압이 발생하여야 한다. 따라서 설계자는 건물의 높이와 배관의 손실을 감안하여 소방차에서 가압할 수 있는 압력의 범위를 사전에 계산하여 이를 제시하여야 한다. 실제 화재 시 소방관은 표지판에 게시된 송수압력의 범위를 감안하여 가장 적합한 방수압력이 발생하는 소방차를 선정하거나 조치를 할 수 있다.

(3) 송수구에는 가까운 곳의 보기 쉬운 곳에 "연결송수관설비 송수구"라고 표시한 표지를 설치할 것

(4) 송수구에는 이물질을 막기 위한 마개를 씌울 것

[4] 밸브

(1) **개폐밸브** : 제4조 3호(2.1.1.4)

송수구로부터 연결송수관설비의 주배관에 이르는 연결배관에 개폐밸브를 설치한 때에는 그 개폐상태를 쉽게 확인 및 조작할 수 있는 옥외 또는 기계실 등의 장소에 설치할 것. 이 경우 개폐밸브에는 그 밸브의 개폐상태를 감시제어반에서 확인할 수 있도록 급수개폐밸브 작동표시 스위치(탬퍼 스위치)를 다음의 기준에 따라 설치해야 한다.

① 급수개폐밸브가 잠길 경우 탬퍼 스위치의 동작으로 인하여 감시제어반 또는 수신기에 표시되어야 하며 경보음을 발할 것

② 탬퍼 스위치는 감시제어반 또는 수신기에서 동작의 유무 확인과 동작시험, 도통시험을 할 수 있을 것

③ 탬퍼 스위치의 작동표시 스위치에 사용되는 전기배선은 내화전선 또는 내열전선으로 설치할 것

(2) 자동배수밸브 : NFTC 2.1.1.8

송수구의 부근에는 자동배수밸브 및 체크밸브를 다음의 기준에 따라 설치할 것. 이 경우 자동배수밸브는 배관 안의 물이 잘 빠지는 위치에 설치하되 배수로 인하여 다른 물건이나 장소에 피해를 주지 않아야 한다.

① 습식의 경우 : 송수구 → 자동배수밸브 → 체크밸브 순으로 설치할 것

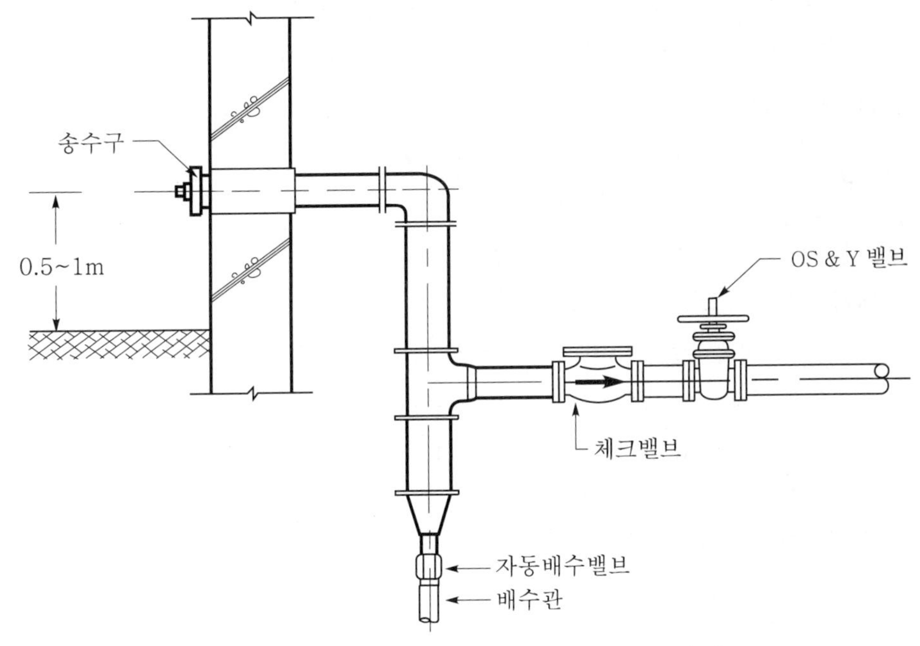

[그림 4-3-4] 연결송수관 배관 및 밸브(습식의 경우)

② 건식의 경우 : 송수구 → 자동배수밸브 → 체크밸브 → 자동배수밸브 순으로 설치할 것

⊡ 건식의 경우 체크밸브에서 송수구 쪽에 있는 자동배수밸브는 소방차로부터 급수한 후에 송수구와 체크밸브 사이의 배관에 남아 있는 물을 배수하는 것이며, 체크밸브에서 방수구 쪽에 있는 자동배수밸브는 건식이므로 체크밸브에서 방수구 간의 주관에 남아 있는 물을 자동배수시키는 것이다.

❷ 방수구의 설치기준

[1] 설치 위치 : 제6조 4호(2.3.1.4)

방수구의 호스 접결구는 바닥으로부터 높이 0.5m 이상 1m 이하의 위치에 설치할 것

[2] 설치 수량

(1) 기본 배치 : 제6조 2호(2.3.1.2.1)

CHAPTER 01
CHAPTER 02
CHAPTER 03
CHAPTER 04
CHAPTER 05

① 아파트 또는 바닥면적 1,000m^2 미만인 층 : 제6조 2호(2.3.1.2.1)

용도별	아파트인 경우 (면적/층수 무관)	➡ 계단으로부터 5m 이내 설치
바닥면적별	바닥면적 1,000m^2 미만인 층 (용도 무관)	

㉠ 계단이 2 이상일 경우는 그 중 1개의 계단을 말한다.

㉡ 부속실이 있는 계단은 부속실의 옥내 출입구로부터 5m 이내에 설치할 수 있다.

② 바닥면적 1,000m^2 이상인 층 : 제6조 2호(2.3.1.2.2)

바닥면적별	바닥면적 1,000m^2 이상인 층 (아파트는 제외)	➡ 계단으로부터 5m 이내 설치

(주) 각 계단이 3 이상일 경우는 2개소의 계단에 설치함.

(2) **추가 배치** : 제6조 2호(2.3.1.2.3)

위 기준과 같이 방수구를 배치한 후 방수구로부터 소방대상물의 각 부분까지는 수평거리를 적용하며 다음과 같이 25m 또는 50m 이내가 되어야 한다. 만일 수평거리를 초과되는 부분이 있으면 방수구를 추가로 설치하여 해당되는 수평거리 이내가 되어야 하며, 이때 추가로 설치하는 방수구는 계단에서 5m 이내와 무관하게 설치하는 것이다.

① 지하가(터널은 제외한다) 또는 지하층의 바닥면적 합계가 3,000m^2 이상인 경우 : 수평거리 25m 이내일 것

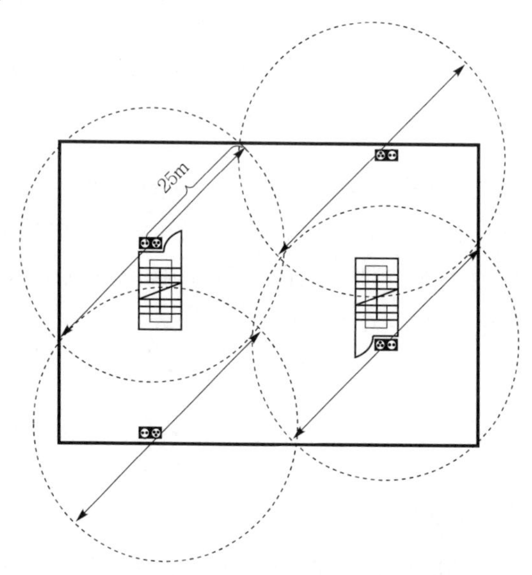

[그림 4-3-5(A)] 25m 수평거리인 경우(예)

② ①에 해당하지 않는 기타의 경우 : 수평거리 50m 이내일 것

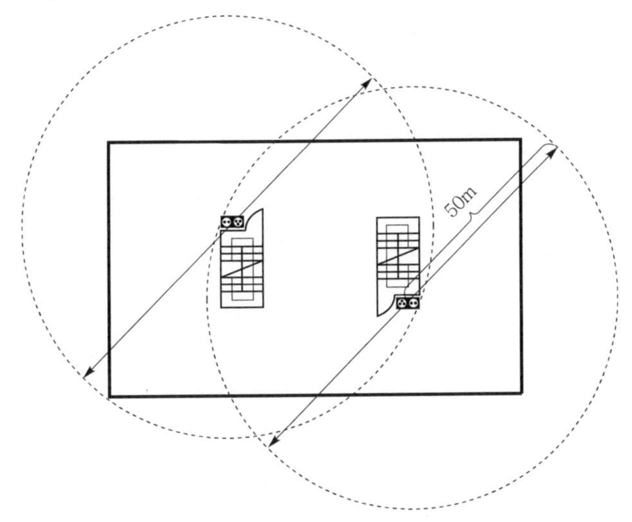

[그림 4-3-5(B)] 50m 수평거리인 경우(예)

→ 예를 들면, 실무 적용 시 바닥면적이 2,000m²인 지상층의 경우라면 최소 2개의 계단에 방수구를 설치한 후(5m 이내), 설치한 방수구로부터 해당 층별로 수평거리를 그려서 50m 이내가 된다면 양호하며, 50m를 초과하는 부분이 있다면 50m 이내가 되도록 추가로 방수구를 배치하도록 한다.

[3] 방수구 : 제6조 3호 & 5호 & 7호(2.3.1.3 & 2.3.1.5 & 2.3.1.7)

(1) 11층 이상의 부분에 설치하는 방수구는 쌍구형으로 할 것. 다만, 다음에 해당하는 층에는 단구형으로 할 수 있다.

① 아파트의 용도로 사용되는 층

② 스프링클러설비가 유효하게 설치되어 있고 방수구가 2개소 이상 설치된 층

→ 스프링클러설비가 설치된 경우 11층 이상의 층에 방수구를 2개소 이상에 설치한다면 방수구를 쌍구형으로 하지 않고 단구형(單口型)으로 설치하여도 무방하다는 뜻이다.

(2) 방수구는 연결송수관설비의 전용 방수구 또는 옥내소화전 방수구로서 구경은 65mm 이상일 것

→ 전용 방수구란 연결송수관 전용 설비의 주배관에 접속된 방수구를 말하며, 옥내소화전 방수구란 옥내소화전과 연결송수관이 겸용인 주배관에 접속된 방수구를 말한다.

(3) 방수구는 개폐기능을 가진 것으로 설치하여야 하며, 평상시 닫힌 상태를 유지할 것

[4] 위치 표시 : 제6조 6호(2.3.1.6)

방수구의 위치 표시는 표시등 또는 축광식 표지로 하되 다음의 기준에 따라 설치할 것

(1) 표시등을 설치하는 경우에는 함의 상부에 설치하되, 소방청장이 고시한 "표시등의 성능인증 및 제품검사의 기술기준"에 적합한 것으로 설치할 것

(2) 축광식 표지를 설치하는 경우에는 소방청장이 고시한 "축광표지의 성능인증 및 제품검사의 기술기준"에 적합한 것으로 설치해야 한다.

❸ 방수기구함의 기준 : 제7조(2.4)

[1] 설치 위치

그 층의 방수구마다 보행거리 5m 이내에 설치한다.

[2] 설치 수량

피난층과 가장 가까운 층을 기준으로 3개층마다 설치한다.

[3] 호스 및 관창

방수기구함에는 길이 15m의 호스와 방사형 관창을 다음의 기준에 따라 비치할 것

(1) 호스는 방수구가 담당하는 각 부분에 유효하게 물이 뿌려질 수 있는 개수 이상을 비치할 것. 이 경우 쌍구형 방수구는 단구형 방수구의 2배 이상의 개수를 설치해야 한다.

(2) 방사형 관창은 단구형 방수구의 경우에는 1개, 쌍구형 방수구의 경우에는 2개 이상을 비치할 것

[4] 표지 설치

방수기구함에는 "방수기구함"이라고 표시한 축광식 표지를 할 것. 이 경우 축광식 표지는 소방청장이 고시한 "축광표지의 성능인증 및 제품검사의 기술기준"에 적합한 것으로 설치해야 한다.

❹ 배관의 기준

[1] 기준

(1) 배관의 구경

① 주배관의 구경은 100mm 이상의 것으로 할 것[제5조 1항 1호(2.2.1.1)]

② 주배관의 구경이 100mm 이상인 옥내소화전설비・스프링클러설비 또는 물분무등소화설비의 배관과 겸용할 수 있다[제5조 4항(2.2.4)].

(2) 배관의 방식

지면으로부터의 높이가 31m 이상인 소방대상물 또는 지상 11층 이상 소방대상물은 습식설비로 할 것[제5조 1항 2호(2.2.1.2)]

(3) 배관의 보호

연결송수관설비의 수직배관은 내화구조로 구획된 계단실(부속실을 포함) 또는 파이프덕트 등 화재의 우려가 없는 장소에 설치해야 한다. 다만, 학교 또는 공장이거나 배관 주위를 1시간 이상의 내화성능이 있는 재료로 보호하는 경우에는 그렇지 않다[제5조 5항(2.2.5)].

(4) 배관의 규격

다음의 어느 하나에 해당하는 것을 사용하며, 배관이음은 각 배관과 동등 이상의 성능에 적합한 배관이음쇠를 사용한다. 배관용 스테인리스강관(KS D 3576)을 용접할 경우에는 알곤용접방식에 따른다.

① 금속배관을 사용할 경우
다음의 어느 하나에 해당하는 것 또는 동등 이상의 강도・내식성 및 내열성을 가진 것 [제5조 2항 & 3항(2.2.2 & 2.2.3)]

배관 내 사용압력	배관의 규격
1.2MPa 미만인 경우	• 배관용 탄소강관(KS D 3507) • 이음매 없는 구리 및 구리합금관(KS D 5301) 다만, 습식의 배관에 한한다. • 배관용 스테인리스강관(KS D 3576) • 일반배관용 스테인리스강관(KS D 3595) 다만, 배관용 스테인리스강관(KS D 3576)의 이음을 용접으로 할 경우에는 텅스텐 불활성 가스 아크용접(Tungsten Inertgas Arc Welding)방식에 따른다. • 덕타일 주철관(KS D 4311)
1.2MPa 이상인 경우	• 압력배관용 탄소강관(KS D 3562) • 배관용 아크용접 탄소강강관(KS D 3583)

② 비금속배관을 사용할 경우 : 다음의 어느 하나에 해당하는 장소에는 소방청장이 정하여 고시한 "소방용 합성수지배관의 성능인증 및 제품검사의 기술기준"에 적합한 소방용 합성수지배관으로 설치할 수 있다.

㉠ 배관을 지하에 매설하는 경우

㉡ 다른 부분과 내화구조로 구획된 덕트 또는 피트의 내부에 설치하는 경우

㉢ 천장(상층이 있는 경우에는 상층바닥의 하단을 포함한다)과 반자를 불연재료 또는 준불연재료로 설치하고 소화배관 내부에 항상 소화수가 채워진 상태로 설치하는 경우

[2] 해설

(1) 배관의 구경

주관은 100mm 이상이어야 하므로 옥내소화전 등과 같이 소화설비와 겸용할 경우에는 연결송수관설비의 기준을 만족하여야 하므로 옥내소화전의 입상주관도 동시에 100mm 이상을 사용하게 된다.

(2) 배관의 방식

화재안전기준에서는 11층 이상이나 높이 31m일 경우 습식 설비를 규정하고 있으나 이에 해당될 경우는 옥상 저수조에 주관을 접속하여 사용하고 있다. 그러나 이 경우는 연결송수관용 가압펌프가 없는 건물이므로 소방대가 도착하기까지는 낙차압을 이용하는 것 외에는 정상적인 역할을 할 수 없다. 옥내소화전 배관과 겸용일 경우는 소화전 펌프를 이용할 수는 있으나 방사압과 방사량이 상이하여 적법한 시설로 사용할 수 없으며 다만, 소방대가 도착하여 건식 상태인 배관보다는 습식 상태의 배관일 경우는 소방차를 접속하여 물을 공급할 때 신속하게 송수 및 방수가 되는 이점이 있다.

(3) 배관의 보호

소화설비란 근본적으로 초기화재에 사용하는 설비로서 소방차가 출동하기 전까지 건물에서 자체적으로 소화하는 데 필요한 시설물이기에 일반적으로 소화설비용 배관은 내화성능을 요구하지 않는다. 이에 비해 연결송수관설비는 화재가 진행되는 중기화재 이후에 소방대가 도착하여 사용하는 설비인 관계로 배관의 설치 주변에 대한 내화성능을 요구하는 것이다. 학교나 공장의 경우는 내화구조의 계단실이 없는 구조가 많은 관계로 이에 대한 대책으로 "배관 주위를 1시간 이상의 내화성능이 있는 재료로 보호"할 경우 이를 제외하도록 하고 있다.

(4) 배관의 규격

옥내소화전설비와 겸용하는 연결송수관설비의 경우 옥내소화전은 상한값이 0.7MPa이며 펌프의 사양에 따라 배관의 구간별 마찰손실을 계산하면 압력분포를 사전에 파악할 수 있어 내압력에 따른 배관의 규격을 결정하기가 용이하다. 그러나 연결송수관설비의 경우는 70m 이상일 경우 펌프를 설치할지라도 외부의 소방차에 의한 직렬연결 상태이므로 접속할 소방펌프차에 따라 배관의 압력분포가 달라지나 국내는 이에 대한 세부지침이 없는 실정이다.

5 전원 및 배선의 기준

[1] 전원 : 제9조(2.6)

가압송수장치의 상용전원회로의 배선 및 비상전원은 다음의 기준에 따라 설치해야 한다.

(1) 상용전원의 경우

① 저압수전인 경우에는 인입개폐기의 직후에서 분기하여 전용 배선으로 할 것

② 특별고압수전 또는 고압수전일 경우에는 전력용 변압기 2차측의 주차단기 1차측에서 분기하여 전용 배선으로 하되, 상용전원 공급에 지장이 없을 경우에는 주차단기 2차측에서 분기하여 전용 배선으로 할 것. 다만, 가압송수장치의 정격입력전압이 수전전압과 같은 경우에는 저압수전의 기준에 따른다.

(2) 비상전원의 경우

① 비상전원은 자가발전설비 또는 축전지설비(내연기관에 따른 펌프를 사용하는 경우에는 내연기관의 기동 및 제어용 축전지를 말한다) 또는 전기저장장치로 설치해야 한다.

② 연결송수관설비를 유효하게 20분 이상 작동할 수 있어야 할 것

[2] 배선 : 제10조(2.7)

(1) 비상전원으로부터 동력제어반 및 가압송수장치에 이르는 전원회로배선은 내화배선으로 할 것(다만, 자가발전설비와 동력제어반이 동일한 실에 설치된 경우에는 자가발전기로부터 그 제어반에 이르는 전원회로배선은 그렇지 않다)

(2) 상용전원으로부터 동력제어반에 이르는 배선, 그 밖의 연결송수관설비의 감시·조작 또는 표시등 회로의 배선은 내화배선 또는 내열배선으로 할 것. 다만, 감시제어반 또는 동력제어반 안의 감시·조작 또는 표시등 회로의 배선은 그렇지 않다.

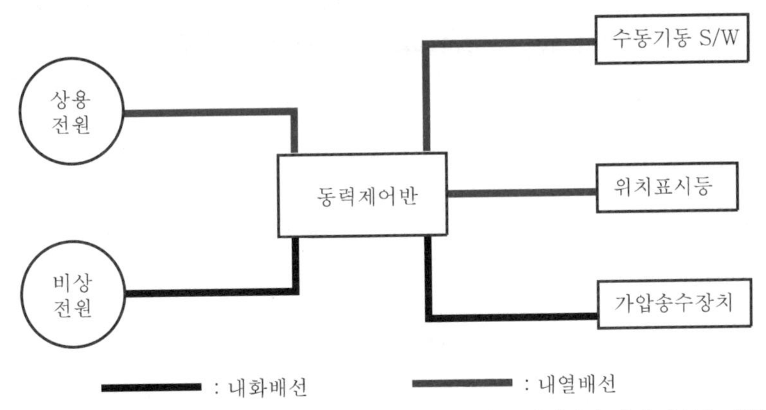

(주) 발전기와 동력제어반이 동일한 실에 있을 경우는 발전기와 동력제어반 간의 배선은 내화배선에서 제외할 수 있다.

[그림 4-3-6] 연결송수관설비의 내화 및 내열배선

03 연결송수관설비의 설계 실무

고층 건축물에서 중간 펌프인 증압펌프[13]를 설치하는 경우 유지관리상 증압펌프를 방재실이나 송수구 직근에서 원격으로 시동할 수 있도록 수동스위치를 설치하도록 한다. 중간 펌프에 대한 화재안전기준상 설치기준 및 펌프의 설계기준은 다음과 같다.

❶ 가압송수장치의 설치기준

[1] 설치대상

(1) **기준** : 제8조 본문(2.5.1)

지표면에서 최상층 방수구의 높이가 70m 이상의 특정소방대상물에 설치한다.

(2) **해설**

① 연결송수관용 펌프는 소화설비용 펌프와 달리 소방차의 소방펌프 수압을 받아 이를 중계하는 중간 펌프의 역할을 하게 된다. 이때, 70m의 기준은 건물의 층고를 기준으로 하는 것이 아니라 지표면에서 최상층에 설치된 방수구까지의 높이를 기준으로 한다.

② 또한 수리적으로 소방차의 펌프와 연결송수관 펌프가 직렬연결된 상태이므로 방수구에서의 토출압은 2대의 펌프가 합산된 압력이다. 따라서 연결송수관 가압펌프는 건물의 중간층에만 반드시 설치하는 것이 아니라 직렬연결 상태이므로 최고위(最高位) 층에서 규정 방사압이 토출될 수 있으면 펌프 설치 위치는 지하층에 설치하여도 무방하다. 이 경우 반드시 소방차에서 급수한 송수구의 가압수가 연결송수관 펌프의 흡입측으로 접속되어야 한다.

[2] 기동방법 : 제8조 9호(2.5.1.9)

(1) 가압송수장치는 방수가 개방될 때 자동으로 기동되거나 또는 수동스위치의 조작에 따라 기동되도록 할 것

> ① 연결송수관용 펌프는 자동으로만 기동되는 것이 아니라 수동기동방식도 인정하고 있으며 이 경우는 원격스위치를 설치하여 원격으로 기동하는 방식이다.
> ② 수동스위치를 옥외 송수구 부근에 설치할 경우 행인에 의해 오조작을 할 우려가 있으므로, 이 경우에는 방재센터에서도 펌프의 기동 및 정지용 스위치를 별도로 설치하여 수동으로 관리하는 것이 편리하다.

13) 이를 일명 부스터 펌프(Booster pump)라고 한다.

(2) 수동스위치는 2개 이상을 설치하되 그 중 1개는 송수구 부근에 설치해야 한다.

① 송수구로부터 5m 이내의 보기 쉬운 장소에 바닥으로부터 높이 0.8m 이상 1.5m 이하로 설치할 것

② 1.5mm 이상의 강판함에 수납하여 설치하고 "연결송수관설비 수동스위치"라고 표시한 표지를 부착할 것. 이 경우 문짝은 불연재료로 설치할 수 있다.

③ 「전기사업법」 제67조에 따른 「전기설비기술기준」에 따라 접지하고 빗물 등이 들어가지 않는 구조로 할 것

[3] 기동장치 : 제8조 10호(2.5.1.10)

(1) 기동장치로는 기동용 수압개폐장치 또는 이와 동등 이상의 성능이 있는 것으로 설치할 것. 다만, 기동용 수압개폐장치 중 압력 체임버를 사용할 경우 그 용적은 100 이상의 것으로 할 것

(2) 내연기관을 사용할 경우, 내연기관의 연료량은 펌프를 20분(층수가 30층 이상 49층 이하는 40분, 50층 이상은 60분) 이상 운전할 수 있는 용량일 것

❷ 펌프의 기준

[1] 양정 계산

연결송수관 가압펌프의 양정 계산은 관련 기준이 없으나 실무상 다음과 같이 적용하도록 한다.

$$\text{펌프의 양정 } H(\text{m}) = H_1 + H_2 + H_3 + H_4 \quad \cdots \text{[식 4-3-1]}$$

여기서, H_1 : 건물높이의 낙차(m)

H_2 : 배관의 마찰손실수두(m)

H_3 : 호스의 마찰손실수두(m)

H_4 : 노즐선단 방사압의 환산수두

[2] 토출량 계산 : 제8조 7호(2.5.1.7)

펌프의 토출량은 2,400Lpm(계단식 아파트의 경우에는 1,200Lpm) 이상이 되는 것으로 할 것. 다만, 당해 층에 설치된 방수구가 3개를 초과할 경우 초과되는 1개마다 800Lpm(계단식 아파트의 경우에는 400Lpm)을 가산하도록 하며 5개 이상인 경우에는 5개로 한다.

(1) 위의 의미는 계단식 아파트 이외의 경우 방수구가 3개 이하일 경우는 2,400Lpm이며, 5개를 최대로 하여 방수구 1개를 추가할 때마다 800Lpm을 가산하라는 의미이다. 계단식 아파트 및 기타 용도에 대하여 표로 작성하면 다음과 같다.

[표 4-3-3] 방수구별 펌프 토출량

층별 방수구의 수	펌프 토출량	
	계단식 아파트	기타 용도
① 3개 이하인 경우	1,200Lpm	2,400Lpm
② 4개인 경우	1,600Lpm=1,200+400	3,200Lpm=2,400+800
③ 5개 이상인 경우	2,000Lpm=1,600+400	4,000Lpm=3,200+800

(2) 이때 단구형은 방수구를 1개로 적용하여야 하며, 쌍구형은 방수구를 2개로 적용해야 한다.

❸ 계통도

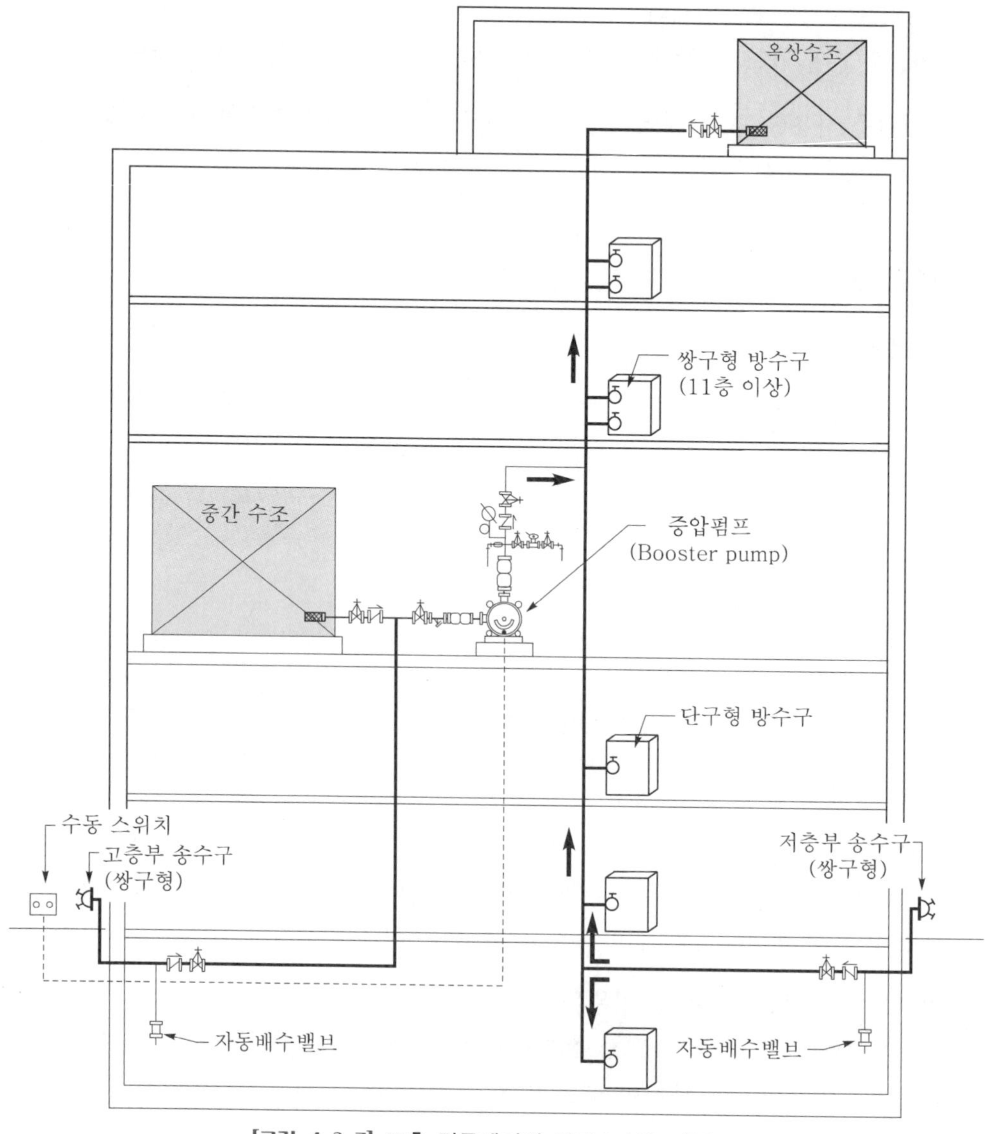

[그림 4-3-7] 고층 건물에서의 연결송수관 계통도

04 연결살수설비(NFPC & NFTC 503)

01 개 요

❶ 적용기준

[1] 설치대상 : 소방시설법 시행령 별표 4

설치대상은 다음 표와 같으며 지하구를 제외한다.

[표 4-4-1] 연결살수설비 대상

	특정소방대상물		적용기준	설치장소
①	판매시설 · 운수시설 · 창고시설 중 물류터미널		해당 용도로 사용하는 부분의 바닥면적의 합계 1,000m^2 이상인 경우	해당 시설
②	지하층 부분(주 1)	• 국민주택 규모 이하의 아파트로서 대피시설로만 사용하는 지하층(주 2)	바닥면적의 합계 700m^2 이상인 경우	모든 지하층
		• 교육연구시설 중 학교의 지하층		
		• 기타의 경우 지하층	바닥면적의 합계 150m^2 이상	
③	가스시설 중 지상에 노출된 탱크		용량 30ton 이상인 탱크시설	–
④	위의 ① 및 ②에 부속된 연결통로		연결통로 부분	–

(주) 1. 피난층으로 주된 출입구가 도로와 접한 경우는 제외한다.
2. 주택법 시행령 제46조 1항의 규정에 의한 국민주택 규모를 말한다.

꼼꼼체크 ▮ 국민주택 규모

국민주택 규모란, 주택법 제2조(정의) 6호에 따르면 주거전용면적이 1세대당 85m^2 이하, 비수도권으로 읍 또는 면 지역은 100m^2 이하인 주택을 말한다.

[2] 제외대상

(1) **설치 면제** : 소방시설법 시행령 별표 5의 제19호

① 송수구를 부설한 스프링클러설비 · 간이스프링클러설비 · 물분무소화설비 또는 미분무소화설비를 화재안전기준에 적합하게 설치할 경우에는 그 설비의 유효범위 안의 부분에서 설치가 면제된다.

② 가스 관계 법령에 따라 설치되는 물분무장치 등에 소방대가 사용할 수 있는 연결송수구가 설치되거나 물분무장치 등에 6시간 이상 공급할 수 있는 수원이 확보된 경우에는 설치를 면제한다.

⊡ 이는 연결살수설비의 대상 중 용량 30ton 이상의 탱크시설에 설치하는 가스시설에 대한 면제기준이다.

(2) **설치 제외** : NFPC 503(이하 동일) 제7조/NFTC 503(이하 동일) 2.4

다음의 어느 하나에 해당하는 장소에는 연결살수설비의 헤드를 설치하지 않을 수 있다.

① 상점(판매시설 및 운수시설을 말하며 바닥면적이 150m^2 이상인 지하층에 설치된 것은 제외한다)으로서 주요구조부가 내화구조(또는 방화구조)이며, 바닥면적이 500m^2 미만으로 방화구획이 되어 있는 특정소방대상물 또는 그 부분

② 스프링클러헤드 설치 제외 장소에 해당하는 모든 경우

※ NFPC 103(스프링클러설비) 제15조/NFTC 103 2.12 참고할 것

⊡ ① 설치 면제란 법적 대상에서 해당하는 시스템 전체를 무조건 제외시킬 수 있는 것을 의미한다.
② 설치 제외란 해당하는 시스템 자체를 제외하는 것이 아니라 해당하는 장소에 한하여 설비 중 일부(예 헤드)를 제외할 수 있는 것을 의미한다.

❷ 연결살수설비의 개념 및 특성

[1] 연결살수설비의 개념

연결살수설비의 설치 목적은 지하층에서 화재가 발생할 경우 열기와 연기가 배출되지 않고 체류하여 소방대가 출동하여도 진입이 곤란하며, 아울러 지하층은 소방활동이 매우 곤란한 장소인 관계로 소방대의 소방활동에 지장이 없도록 하기 위하여 바닥면적이 일정 규모 이상인 지하층에 설치하여 소방대가 화점에 접근하지 않은 상태에서도 소방차를 이용하여 살수가 가능하도록 조치하기 위한 소화활동을 지원하는 설비이다. 따라서 최초에는 연기가 배출되지 않는 지하층만 연결살수설비 대상으로 적용하였으나, 판매시설의 경우 화재 시 화재하중이 매우 큰 관계로 연기가 충만하여 소방대의 진입이 곤란할 수 있으므로 지상층일지라도 판매시설에도 연결살수설비를 설치하도록 추가하였다.

[2] 살수설비헤드의 특성

살수 전용 헤드와 스프링클러 폐쇄형 헤드를 사용할 경우 수평거리 및 배관의 관경에 차이가 있는 이유는 다음과 같다.

(1) 스프링클러헤드는 소화설비용으로 초기화재에 사용하는 설비로서 헤드의 방사량은 방사압력이 0.1MPa일 경우 80Lpm으로 살수헤드보다 방사압 및 방사량이 적다. 이에 비해서 살수 전용 헤드는 화재가 진행된 이후에 소방차가 도달하여 주수를 하여야 하므로 중기(中期)화재용으로서 헤드의 방사량은 성능시험기준에서 방사압력이 0.5MPa일 경우 169~194Lpm 이내로 스프링클러헤드보다 유량이 크다.[14] 또한 내열성에 대한 기준도 스프링클러헤드는 화재 시 즉시 작동하여 소화가 되는 초기화재 용도이나 살수헤드는 소방대가 출동하여 사용하므로 화재가 진전된 상태에서 사용하는 중기화재 용도이다. 이로 인하여 살수설비헤드가 스프링클러헤드보다 더 높은 내열성능을 필요로 한다.

(2) 따라서 스프링클러헤드보다 살수헤드가 주수(注水)밀도가 높은 관계로 수평거리 및 관경을 크게 적용하고 있다. 살수설비용 전용 헤드는 제조사에서 보통 하향형으로 제조하여 출시하고 있으며, 이 경우 하향형 살수 전용 헤드를 상향형으로 설치하여서는 아니 된다.

02 연결살수설비의 화재안전기준

❶ 송수구의 기준

[1] 설치 위치 : 제4조 1항 1호 & 4호(2.1.1.1 & 2.1.1.2 & 2.1.1.5)

(1) 소방 펌프차가 쉽게 접근할 수 있고 노출된 장소에 설치할 것

(2) 가연성 가스의 저장·취급시설에 설치하는 송수구는 그 방호대상물로부터 20m 이상 거리를 두거나, 방호대상물에 면하는 부분이 높이 1.5m 이상, 폭 2.5m 이상의 철근콘크리트벽으로 가려진 장소에 설치해야 한다.

(3) 소방관의 호스연결 등 소화작업에 용이하도록 지면으로부터 높이가 0.5m 이상 1m 이하의 위치에 설치할 것

14) 소방설비용 헤드의 성능인증 및 제품검사의 기술기준 제13조

[2] 설치 수량 : 제4조 1항 3호(2.1.1.4)

개방형 헤드를 사용하는 송수구의 호스 접결구는 각 송수구역마다 설치할 것. 다만, 송수구역을 선택할 수 있는 선택밸브가 설치되어 있고 각 송수구역의 주요구조부가 내화구조로 되어 있는 경우에는 그렇지 않다.

⊡ 연결살수설비에서 송수구역이 2구역 이상일 경우 송수를 원활히 하기 위하여 구역별로 송수구를 설치할 수 있으나, 송수구는 1개만 설치하고 다음 그림과 같이 선택밸브 및 조작부를 설치하여 송수하는 2가지 방법이 있다.

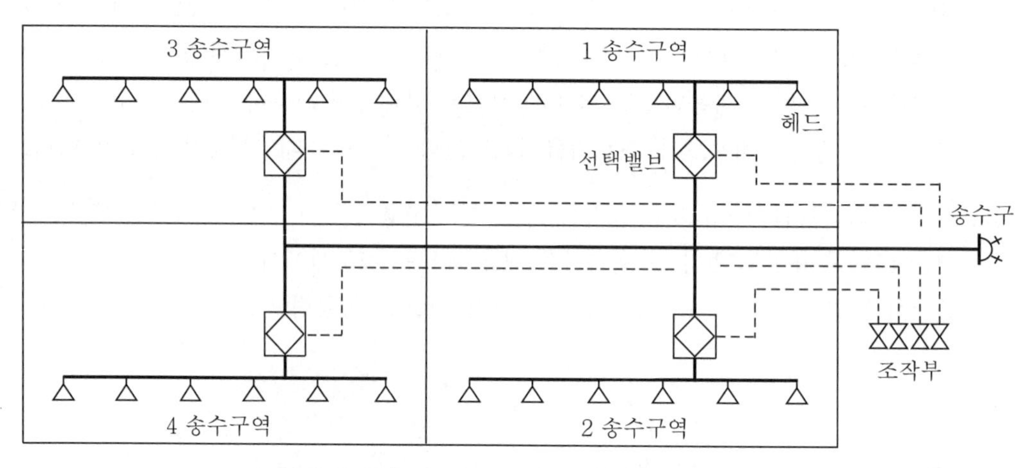

[그림 4-4-1] 연결살수설비 평면도(선택밸브방식)

[3] 송수구 : 제4조 1항 2호 & 6호 & 7호(2.1.1.3 & 2.1.1.7 & 2.1.1.8)

(1) **송수구 구경** : 송수구는 구경 65mm의 쌍구형으로 할 것

다만, 하나의 송수구역에 부착하는 살수헤드수가 10개 이하인 것은 단구형으로 할 수 있다.

(2) **송수구 표지** : 송수구의 부근에는 "연결살수설비 송수구"라고 표시한 표지와 송수구역 일람표를 설치할 것. 다만, 선택밸브를 설치한 경우에는 그렇지 않다.

⊡ ① 송수구역 일람표란 송수구별이나 선택밸브별로 살수설비가 설치된 층에 대한 살수구역(Zone)의 평면도를 그림으로 표시하도록 하여, 소방대가 화재가 발생한 구역을 쉽게 확인하고 송수하도록 하기 위해 설치한다.

② 선택밸브가 있는 경우에는 송수구 부근이 아닌 선택밸브 부근에 설치하여야 한다.

(3) **송수구 마개** : 송수구에는 이물질을 막기 위한 마개를 씌워야 한다.

[4] 밸브

(1) 연결배관의 개폐밸브 : 제4조 1항 5호(2.1.1.6)

송수구로부터 주배관에 이르는 연결배관에는 개폐밸브를 설치하지 않을 것. 다만, 스프링클러설비·물분무소화설비·포소화설비 또는 연결송수관설비의 배관과 겸용하는 경우에는 그렇지 않다.

> ⊡ 미분무소화설비도 포함하도록 개정되어야 한다.

(2) 선택밸브 : 제4조 2항(2.1.2)

선택밸브는 다음의 기준에 따라 설치해야 한다. 다만, 송수구를 송수구역마다 설치한 때에는 그렇지 않다.

> ⊡ 송수구가 송수구역마다 설치된 경우는 선택밸브가 필요하지 않다.

① 화재 시 연소의 우려가 없는 장소로서 조작 및 점검이 쉬운 위치에 설치할 것
② 자동개방밸브에 따른 선택밸브를 사용하는 경우에 있어서는 송수구역에 방수하지 아니하고 자동밸브의 작동시험이 가능하도록 할 것
③ 선택밸브 부근에는 송수구역 일람표를 설치할 것

(3) 자동배수밸브 및 체크밸브 : 제4조 3항(2.1.3)

송수구의 가까운 부근에 자동배수밸브와 체크밸브를 다음의 기준에 따라 설치해야 한다.
① **폐쇄형 헤드를 사용하는 설비의 경우** : 송수구 → 자동배수밸브 → 체크밸브의 순으로 설치할 것
② **개방형 헤드를 사용하는 설비의 경우** : 송수구 → 자동배수밸브의 순으로 설치할 것
③ 자동배수밸브는 배관 내의 물이 잘 빠질 수 있는 위치에 설치하되, 배수로 인하여 다른 물건 또는 장소에 피해를 주지 아니할 것

❷ 헤드의 기준

헤드에 관한 기준은 아래 기준에 의하되 기타 기준은 스프링클러설비의 헤드 기준을 준용한다.

[1] 헤드의 적용

(1) 사용헤드 : 제6조 1항(2.3.1)

연결살수설비 전용 헤드 또는 스프링클러헤드로 설치할 것

> ⊡ 연결살수설비 전용 헤드란 개방형 헤드이며, 스프링클러헤드란 개방형이나 폐쇄형 헤드를 말한다.

(2) 개방형 헤드 : 제4조 4항(2.1.4)

개방형 헤드의 경우 하나의 송수구역당 설치하는 살수헤드수는 10개 이하일 것

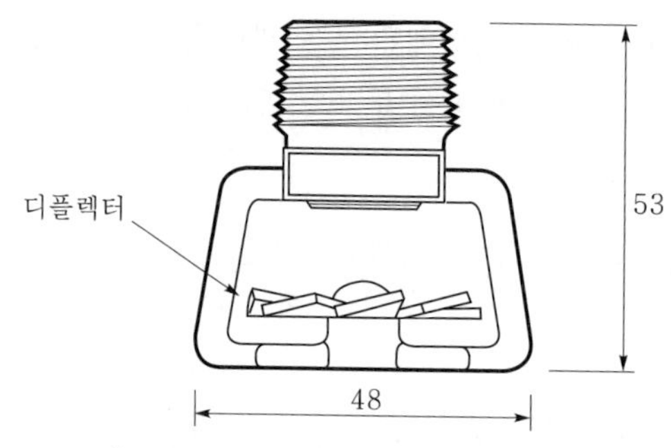

[그림 4-4-2] 개방형 살수헤드(예)

㉠ 연결살수설비는 설비 자체에 가압송수장치가 없이 소방차의 송수압력에 의해 송수되는 것을 이용하여 헤드에서 방수가 되므로, 소방차의 송수능력에 한계가 있는 관계로 송수구역당 개방형 살수헤드를 10개 이하로 제한한 것이다.

[2] 헤드의 설치기준

(1) 건축물의 경우 : 제6조 2항 & 3항(2.3.2.1 & 2.3.2.2)

건축물에 설치하는 연결살수설비의 헤드는 다음의 기준에 따라 설치해야 한다.

① **설치 위치** : 천장 또는 반자의 실내에 면하는 부분에 설치할 것

② **수평거리** : 천장 또는 반자의 각 부분으로부터 살수헤드까지의 수평거리는 다음과 같다. 다만, 살수헤드의 부착면과 바닥과의 높이가 2.1m 이하일 부분에 있어서는 살수헤드의 살수분포에 따른 거리로 할 수 있다.

㉠ 살수설비 전용 헤드 : 3.7m 이하

㉡ 스프링클러헤드 : 2.3m 이하

③ **폐쇄형 스프링클러헤드를 설치하는 경우** : 스프링클러설비의 기준에 따라 설치해야 한다.

※ CHAPTER 01(소화설비) – SECTION 03(스프링클러설비)에서 "06(헤드의 화재안전기준)"과 내용이 동일하므로 이를 참조할 것

(2) 가연성 가스 저장·취급시설의 경우 : 제6조 4항(2.3.4)

가연성 가스의 저장·취급시설에 설치하는 연결살수설비의 헤드는 다음의 기준에 따라 설치해야 한다. 다만, 지하에 설치된 가연성 가스의 저장·취급시설로서 지상에 노출된 부분이 없는 경우에는 그렇지 않다.

① 연결살수설비 전용의 개방형 헤드를 설치할 것

② 가스저장탱크·가스홀더 및 가스발생기의 주위에 설치하되, 헤드 상호 간의 거리는 3.7m 이하로 할 것

꼼꼼체크 ▌ 가스저장탱크와 가스홀더

가스저장탱크란 액화상태의 가스저장탱크를 말하며, 가스홀더(Gas holder)란 액상이나 기체상태로 저장하는 지상의 탱크로서 보통 도시가스 등을 저장하는 시설로 사용한다.

③ 헤드의 살수범위는 가스저장탱크·가스홀더 및 가스발생기의 몸체의 중간 윗부분의 모든 부분이 포함되도록 하고 살수된 물이 흘러내리면서 살수범위에 포함되지 아니한 부분에도 모두 적셔질 수 있도록 할 것

❸ 배관의 기준

[1] 배관의 규격 : 제5조 1항(2.2)

※ "연결송수관설비 배관의 규격"과 내용이 동일하므로 이를 참조할 것

[2] 배관의 구경 : 제5조 2항(2.2.3)

(1) **살수설비 전용 헤드를 사용할 때 :** 다음의 표와 같이 적용한다.

[표 4-4-2] 살수 전용 헤드 사용 시 관경(NFTC 표 2.2.3.1)

살수헤드	1개	2개	3개	4~5개	6~10개
배관구경(mm)	32	40	50	65	80

(2) **스프링클러헤드(폐쇄형) 사용 시 :** NFPC 103 별표 1/NFTC 103 표 2.5.3.3에 따를 것

[표 4-4-3] 스프링클러헤드(폐쇄형) 사용 시 관경

SP 헤드	2개까지	3개까지	5개까지	10개까지	30개까지
배관구경(mm)	25	32	40	50	65

[3] 폐쇄형 헤드 사용 시 배관

(1) **주배관 :** 제5조 4항 1호(2.2.4.1)

주배관은 다음의 어느 하나에 해당하는 배관 또는 수조에 접속해야 한다. 이 경우 접속부분에는 체크밸브를 설치하되 점검하기 쉽게 해야 한다.

① 옥내소화전설비의 주배관(옥내소화전설비가 설치된 경우에 한한다)

② 수도배관(연결살수설비가 설치된 건축물 안에 설치된 수도배관 중 구경이 가장 큰 배관을 말한다)

③ 옥상에 설치된 수조(다른 설비의 수조를 포함한다)

→ 폐쇄형 헤드 사용 시 수원

① 폐쇄형 헤드의 경우 살수설비의 주관은 옥내소화전 주관(설치된 경우), 수도배관 또는 옥상수조 중 어느 하나에 접속하여야 한다.

② 이때 소화전설비는 1차 수원으로, 옥상수조는 2차 수원으로서의 역할을 하게 된다. 즉, 폐쇄형 살수헤드가 화재 시 개방되면 소화전 배관 내의 압력강하로 옥내소화전 펌프가 자동기동하여 살수헤드에서 물을 방사하게 되어 소방대가 도착하기 전까지 소화전 펌프는 소방대 펌프로서의 역할을 수행하게 된다. 또한 소화전 펌프가 동작하지 않을 경우에도 옥상의 수원에 의한 자연낙차압으로 물을 방사하게 된다.

(2) 시험배관 : 제5조 4항 2호(2.2.4.2)

폐쇄형 헤드를 사용하는 연결살수설비에는 다음의 기준에 따른 시험배관을 설치해야 한다.

① 송수구의 가장 먼 거리에 위치한 가지배관의 끝으로부터 연결하여 설치할 것

② 시험장치 배관의 구경은 25mm 이상으로 하고, 그 끝에는 물받이통 및 배수관을 설치하여 시험 중 방사된 물이 바닥으로 흘러내리지 아니하도록 할 것. 다만, 목욕실·화장실 또는 그 밖의 배수처리가 쉬운 장소의 경우에는 물받이통 또는 배수관을 설치하지 않을 수 있다.

[4] 개방형 헤드 사용 시 배관 : 제5조 5항(2.2.5)

수평주행 배관은 헤드를 향하여 상향 $\frac{1}{100}$ 이상의 기울기로 설치하고 주배관 중 낮은 부분에는 자동배수밸브를 설치해야 한다.

[5] 가지배관 또는 교차배관 : 제5조 6항(2.2.6)

(1) 가지배관의 배열은 토너먼트 방식이 아니어야 한다.

(2) 가지배관은 교차배관 또는 주배관에서 분기되는 지점을 기점으로 한쪽 가지배관에 설치되는 헤드의 개수는 8개 이하로 해야 한다.

[6] 배관의 개폐밸브 : 제5조 8항(2.2.8)

급수배관에 설치되어 급수를 차단할 수 있는 개폐밸브는 개폐표시형으로 해야 한다. 이 경우 펌프의 흡입측에는 버터플라이(볼형식의 것을 제외한다) 외의 개폐표시형 밸브를 설치해야 한다.

❹ 계통도

[그림 4−4−3]은 판매시설의 연결살수설비 설치 사례로서 소화전설비는 1차 수원으로서, 옥상수조는 2차 수원으로서의 역할을 하게 된다. 폐쇄형 살수헤드가 화재 시 개방되면 소화전 배관 내의 압력강하로 옥내소화전 펌프가 자동기동하여 살수헤드에서 물을 방사하게 되어 소방대가 도착하기 전까지 소화전 펌프는 소방대 펌프로서의 역할을 대행하게 된다. 또한 소화전 펌프가 동작하지 않을 경우에도 옥상의 수원에 의한 자연낙차압으로 물을 방사할 수 있다.

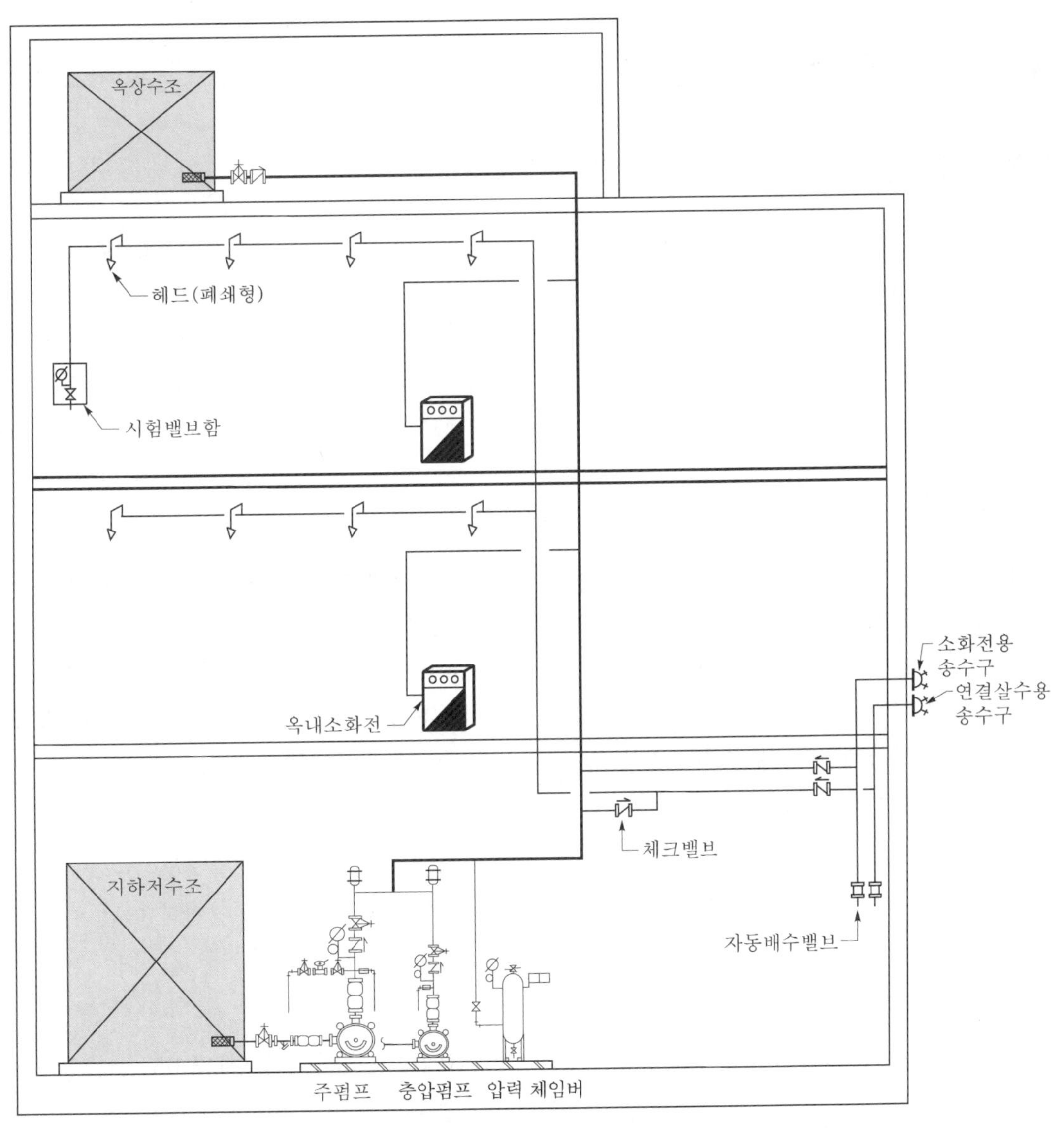

[그림 4-4-3] 연결살수설비(폐쇄형 헤드를 사용하는 경우)

SECTION 05 비상콘센트설비 (NFPC & NFTC 504)

01 개 요

① 설치대상 : 소방시설법 시행령 별표 4

특정소방대상물	적용기준
층수가 11층 이상인 특정소방대상물	11층 이상의 층
지하 3층 이상으로 지하층 바닥면적의 합계가 1,000m^2 이상인 경우	지하층의 모든 층
지하가 중 터널	길이 500m 이상인 것

(주) 위험물저장 및 처리시설 중 가스시설 또는 지하구는 제외한다.

② 개 념

(1) 비상콘센트란 관계인이 사용하는 설비가 아니라 소방대가 사용하는 소화활동설비이다. 소방대가 소화작업 중에 상용전원의 정전이나 소손으로 전원이 차단될 경우에도 비상전원으로 접속이 되며 또한 화재 시를 대비하여 비상콘센트는 내화조치가 되어 있으므로 일정시간까지는 전원을 공급받을 수 있는 수전(受電)용 콘센트이다. 이는 화재 시 소화활동을 보조하기 위해 소화작업에 필요한 각종 소방장비를 사용하거나 조명을 하기 위한 전원설비로 이용할 수 있다.

(2) 비상콘센트란 원칙적으로 외부에서 직접 전원을 접속하기 어려운 고층부분이나 지하 심층(深層)부분을 설치대상으로 하는 것이며, 콘센트라는 용어는 정식 영어가 아닌 일본식 영어 표기로서 영미식 명칭은 Outlet(또는 Receptacle)이라고 한다.

③ 설치기준 : NFPC 504(이하 동일) 제4조 5항/NFTC 504(이하 동일) 2.1.5

[1] 높이

바닥으로부터 높이 0.8m 이상 1.5m 이하의 위치에 설치할 것

[2] 설치수량

※ "연결송수관설비의 설치수량"과 내용이 동일하므로 이를 참조할 것

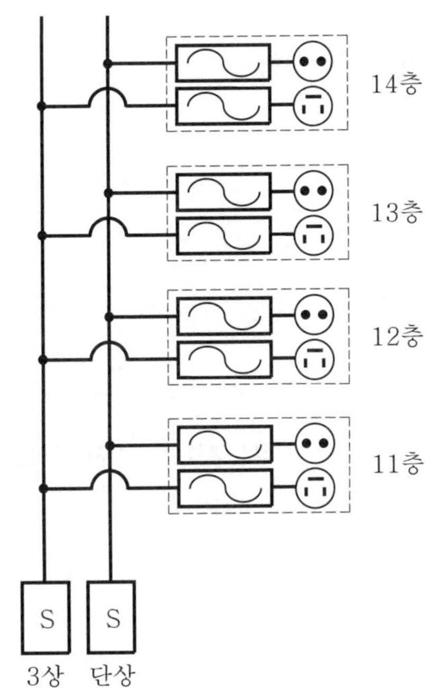

[그림 4-5-1] 비상콘센트설비(1상과 3상을 설치한 경우)

CHAPTER 01
CHAPTER 02
CHAPTER 03
CHAPTER 04
CHAPTER 05

02 비상콘센트의 화재안전기준

❶ 입력전원 기준

[1] 상용전원 : 제4조 1항 1호(2.1.1)

(1) 저압수전의 경우

상용전원회로의 배선은 저압수전인 경우에는 인입개폐기의 직후에서 분기하여 전용으로 할 것

> ⊡ 전압분류 체계 개정
>
> 2021. 1. 1.자로 한국전기설비규정(KEC)이 개정되어 전압의 분류체계가 다음과 같이 개정되었다.
>
> ① 저압(A.C의 경우) : 600V 이하 → 1,000V 이하
>
> ② 고압(A.C의 경우) : 600V 초과 7,000V 이하 → 1,000V 초과 7,000V 이하
>
> ③ 특고압(A.C의 경우) : 7,000V 초과 → 변경 없음

(2) 고압수전(특고압 포함)의 경우

고압수전 또는 특고압수전인 경우에는 전력용 변압기 2차측의 주차단기 1차측 또는 2차측에서 분기하여 전용 배선으로 할 것

(3) 비상콘센트회로의 전원 분기방식의 구성

① 저압인 경우 회로구성(예)

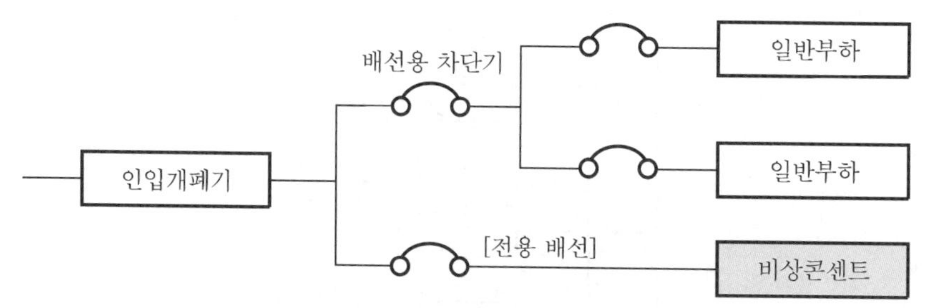

[그림 4-5-2(A)] 인입개폐기 직후에서 분기방법

② 고압이나 특고압인 경우 회로구성

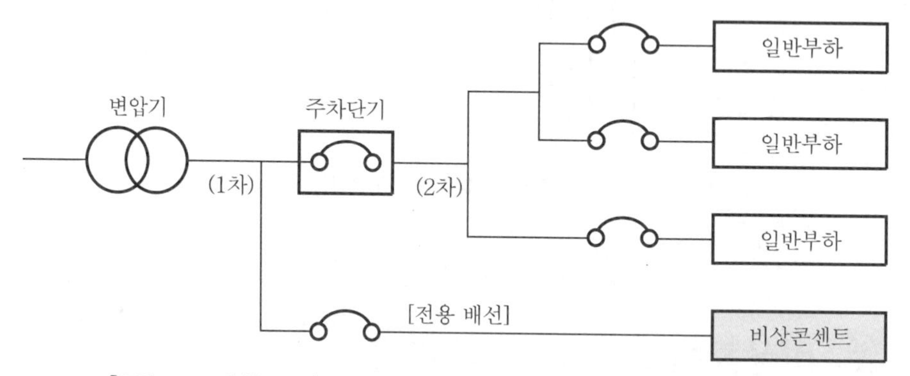

[그림 4-5-2(B)] 변압기의 2차측 주차단기 1차측에서 분기방법(예 1)

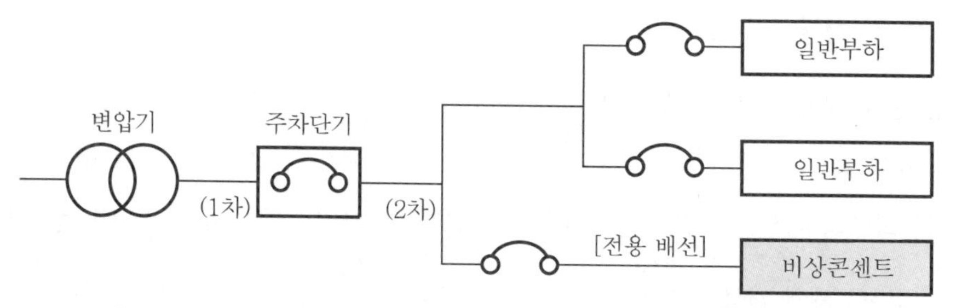

[그림 4-5-2(C)] 변압기의 2차측 주차단기 2차측에서 분기방법(예 2)

[2] 비상전원 : 제4조 1항 2호 & 3호(2.1.1.2 & 2.1.1.3)

(1) 비상전원 대상

① 지상 7층 이상으로 연면적이 2,000m^2 이상일 경우

꼼꼼체크 **비상전원의 근거**

옥내소화전의 비상전원 기준을 준용한 것임.

② 지하층의 바닥면적의 합계가 3,000m^2 이상일 경우

(2) 비상전원의 면제

2 이상의 변전소에서 전력을 동시에 공급받을 수 있거나 하나의 변전소로부터 전력의 공급이 중단되는 때에는 자동으로 다른 변전소로부터 전력을 공급받을 수 있도록 상용전원을 설치한 경우

(3) 비상전원의 종류

자가(自家)발전설비, 비상전원수전설비 또는 전기저장장치를 설치할 것

❷ 전원회로 기준

[1] 전압 및 공급용량 : 제4조 2항 1호(2.1.2.1)

(1) 기준

① 3상의 경우 : 삭제(2013. 9. 3.)

② 1상의 경우 : 전압 교류전압 220V, 공급용량 1.5kVA 이상

(2) 해설

① **단상과 3상** : 단상이란 전등, 전열 등에 사용하는 일반용의 전원회로방식으로 가정용 전원은 일반적으로 단상 2선(또는 단상 3선)이다. 이에 반해 산업용으로 사용하는 동력용 전원방식은 전원회로에 3상(3상 3선 또는 3상 4선)을 사용하고 있다.

② **공급용량** : 전기설비에서 용량을 표시할 경우 소비하는 경우(예 각종 부하)는 [kW]로 표시하나, 공급하는 경우(예 발전기, 변압기)는 [kVA]로 표시한다.

③ **표준전압** : 표준전압은 국가마다 다르지만 대부분의 국가가 IEC(국제전기표준) 규격을 적용하고 있다. 국내의 경우 1상은 220V, 3상은 380V를 표준전압으로 규정하고 있다.

[2] 전원회로 설치

(1) **기준** : 제4조 2항 2호 & 3호 & 8호(2.1.2.2 & 2.1.2.3 & 2.1.2.8)

① 전원회로는 각 층에 있어서 2 이상이 되도록 할 것. 다만, 설치하여야 할 층의 비상콘센트가 1개인 때에는 하나의 회로로 할 수 있다.

② 전원회로는 주배전반에서 전용회로로 할 것. 다만, 다른 설비의 회로에 접속한 것으로서 다른 설비의 회로의 사고에 따른 영향을 받지 아니하도록 되어 있는 것에 있어서는 그렇지 않다.

③ 하나의 전용회로에 설치하는 비상콘센트는 10개 이하일 것. 이 경우 전선의 용량은 각 비상콘센트(최대 3개)의 공급용량을 합한 용량 이상의 것으로 해야 한다.

(2) 해설

① 전원회로 : 제4조 2항 2호(2.1.2.2)

전원회로란 비상콘센트에 전력을 공급하는 회로를 뜻하는 것으로 2013. 9. 3.에 3상용 전원회로가 삭제되었기에, 이제 동 조문은 1상용 콘센트가 한 층에 2개 이상일 경우 수직간선을 구분하여 설치하라는 것으로 적용하여야 한다. 단서의 의미는 비상콘센트가 1개일 경우는 간선을 콘센트별로 하나의 회로로 설치하게 되므로 예외 규정을 둔 것이다.

② 전용의 회로 : 제4조 2항 3호(2.1.2.3)

비상콘센트용 회로는 원칙적으로 주배전반에서부터 전용의 회로로 설치하여야 한다. 그러나 단서 조항에 따라 전용이 아닌 경우도 인정하고 있으나 다만, 다른 부하와 겸용일 경우는 비상콘센트가 아닌 다른 부하의 사고로 인하여 지장이 없도록 하여야 한다. 즉, 다른 부하의 사고 시 주차단기는 겸용 배선에 접속된 일반부하 개폐기보다 먼저 차단되어서는 아니 된다.

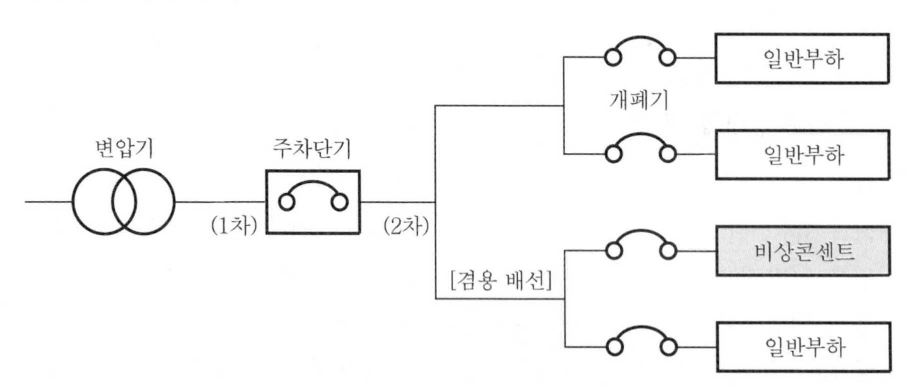

[그림 4-5-3] 겸용 배선일 경우 비상콘센트 회로구성(예)

③ 회로당 콘센트 수량 : 제4조 2항 8호(2.1.2.8)

고층 건물에서 수직하는 간선에 접속한 층별 콘센트가 10개를 초과할 경우는 회로를 분리하여야 한다. 이는 각 콘센트에 소방대용 부하가 접속될 경우를 감안하여 회로별 비상콘센트의 수를 제한한 것이다. 아울러 비상콘센트의 전원용 회로선에 대한 용량 규격은 최대 3개를 기준으로 하여 정하고 있다.

예제 건물에 1상 콘센트를 설치할 경우, 콘센트 전원용 분전반에 콘센트 간선(A)에 흐르는 최대허용전류를 구하여라. (단, 역률은 1로 가정한다.)

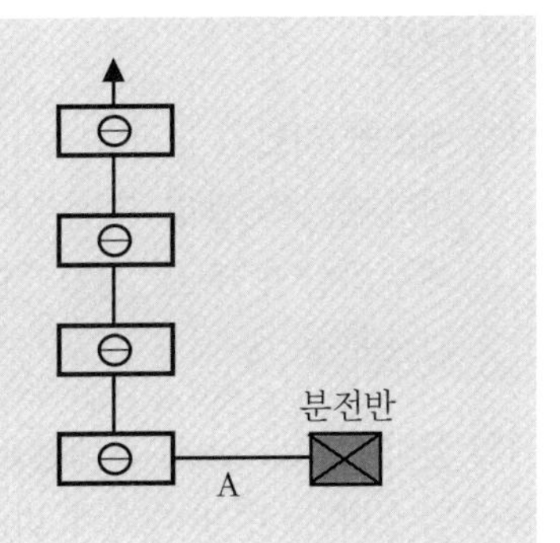

풀이 1상의 경우는 전력을 P(kW), 전류를 I(A), 전압을 V(V)라 하면, P=공급용량×콘센트 3개 =1.5kVA×3=4.5kVA가 된다.
단상에서 전력 $P=VI\cos\Phi$이며 이 경우 정격전압 V=220V이고 $\cos\Phi$(역률)=1이므로, 1상에서 간선에 흐르는 최대허용전류 $I=\frac{4,500\text{VA}}{220\text{V}}$이므로 20.5A가 된다.

❸ 배선용 차단기

[1] 기준 : 제4조 2항 4~7호(2.1.2.4~2.1.2.7)

(1) 전원으로부터 각 층의 비상콘센트에 분기되는 경우에는 분기배선용 차단기를 보호함 안에 설치할 것

(2) 콘센트마다 배선용 차단기를 설치하여야 하며, 충전부가 노출되지 아니하도록 할 것

(3) 개폐기에는 "비상콘센트"라고 표시한 표지를 할 것

(4) 비상콘센트의 풀박스(Pull box)는 방청도장을 한 것으로 1.6mm 이상의 철판으로 할 것

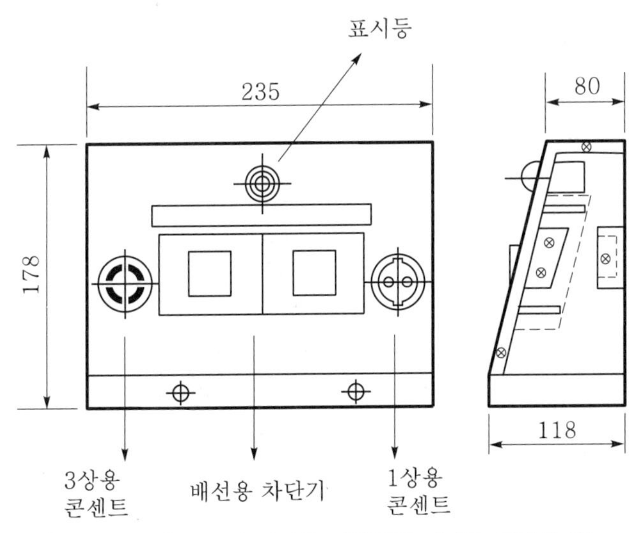

[그림 4-5-4] 소화전 내장형 비상콘센트(기존 건물의 예)

[2] 해설

(1) **배선용 차단기** : 저압에서 사용하는 퓨즈가 없는 차단기(NFB ; No Fuse Breaker)로서 일반개폐기와 달리 충전부가 노출되어 있지 않다. KS 기준에 따르면 공식 명칭은 "주택용 배선차단기"[15)]로 정격전압 380V 이하로 주택 및 이와 유사한 용도에 사용하는 것으로 규정하고 있다.

(2) **풀박스(Pull box)** : 배선의 중간 접속부위 및 경로변경에 사용하는 배선 단자함으로, 풀박스의 녹을 방지하기 위하여 방청(防錆)도장을 하여야 하며 풀박스의 보호를 위하여 철판의 두께는 최소 1.6mm 이상으로 규정하였다.

4 플러그(Plug) 접속기

[1] 기준 : 제4조 3항 & 4항(2.1.3 & 2.1.4)

(1) **3상 교류(380V)** : 삭제(2013. 9. 3.)

(2) **1상 교류(220V)** : 접지형 2극 플러그 접속기(KS C 8305) 사용

(3) 칼받이 접지극에는 접지 공사를 해야 한다.

[2] 해설

(1) **플러그 접속기** : 콘센트 자체를 의미하는 것으로 화재안전기준에서 말하는 플러그 접속기란 KS C 8305에서의 접속기를 말하며, 접지형 2극과 접지형 3극이 있다. KS C 8305의 공식적인 명칭은 배선용 꽂음접속기(Plugs and socket−outlets for domestic and similar purposes)이다.

(2) **플러그 접속기의 종류**

배선용 꽂음접속기 중 접지형으로 2극 및 3극용 제품을 예로 들면 다음과 같다.

① 접지형 2극 콘센트

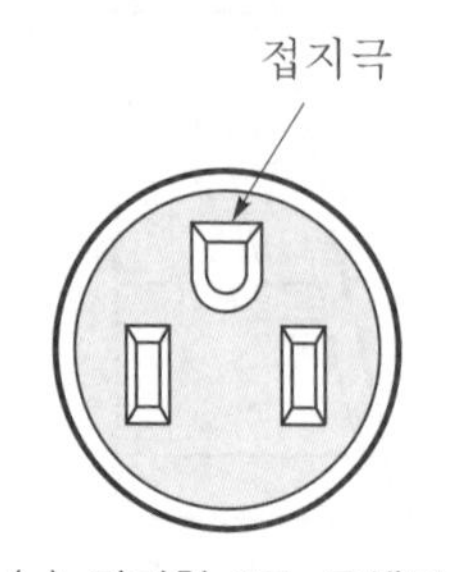

(a) 접지형 2극 콘센트

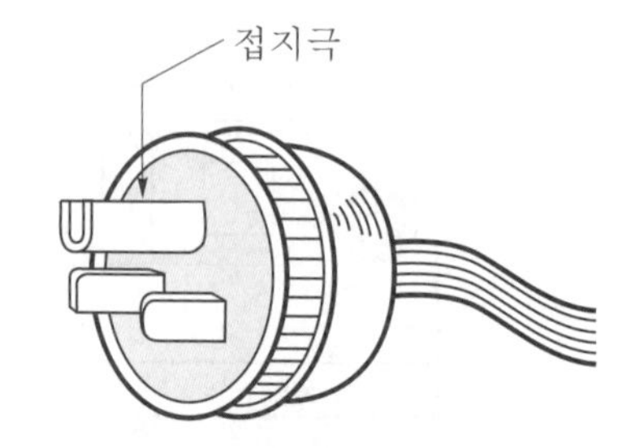

(b) 접지형 2극 플러그

[그림 4-5-5(A)] 1상형(KS C 8305 : 250V, 20A)(예)

15) KSC 8332 : 주택용 배선차단기(MCB ; Miniature Circuit−Breaker for overcurrent protection for household uses)

② 접지형 3극 콘센트

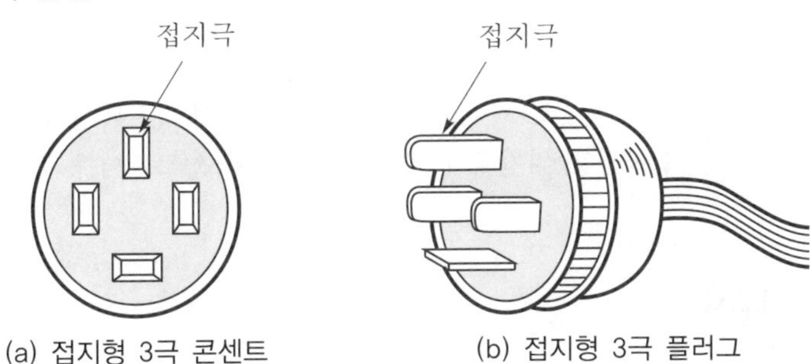

(a) 접지형 3극 콘센트 (b) 접지형 3극 플러그

[그림 4-5-5(B)] 3상형(KS C 8305 : 480V, 32A)(예)

(3) **칼받이 접지** : 칼받이는 콘센트 구멍을 말하며 화재 진압 후, 소화전 방사 후 바닥에 고인 물로 인하여 소방관의 감전재해를 방지하기 위하여 콘센트에는 접지극을 설치해야 한다.

❺ 비상콘센트 보호함 : 제5조(2.2)

비상콘센트를 보호하기 위하여 비상콘센트 보호함은 다음의 기준에 따라 설치해야 한다.

[1] 보호함에는 쉽게 개폐할 수 있는 문을 설치할 것

[2] 보호함 표면에 "비상콘센트"라고 표시한 표지를 할 것

[3] 보호함 상부에 적색의 표시등을 설치할 것. 다만, 비상콘센트 보호함을 옥내소화전함 등과 접속하여 설치하는 경우에는 옥내소화전함 등의 표시등과 겸용할 수 있다.

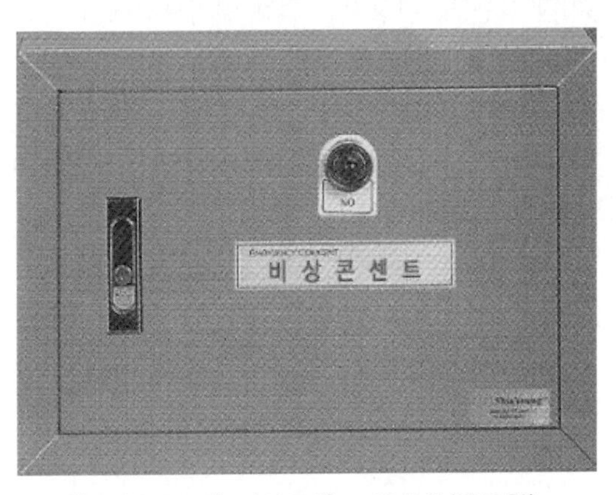

[그림 4-5-6] 비상콘센트 보호함(단독형)

⊡ 표시등
보호함 상부에는 야간이나 어두운 장소에서 위치를 식별할 수 있도록 표시등을 설치한다. 일반적으로 비상콘센트 외함은 옥내소화전함 상부의 발신기함 내부에 설치하게 되므로 이러한 경우는 옥내소화전용 위치표시등이 부착되어 있으므로 이를 겸용할 수 있다.

❻ 비상콘센트 배선

[1] 회로배선 기준 : 제6조(2.3)

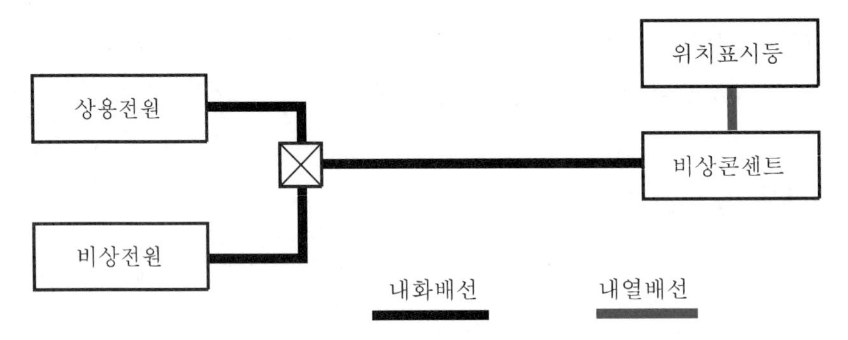

(1) 전원회로 배선

내화배선으로 할 것

(2) 기타 회로 배선

내화배선 또는 내열배선으로 할 것

⊡ ① 전원회로 배선이란 상용 및 비상전원 회로 인입부위에서 비상콘센트까지의 회로배선을 말한다. 기타 회로란 표시등의 경우로서 이는 내열배선 이상으로 적용하여야 한다.
② 비상콘센트 전원회로는 내화배선이므로 수직간선은 물론이나 수직간선에서 분기하여 각 층의 콘센트함까지 공급하는 분기선도 반드시 25mm 이상 매립하거나 또는 케이블 공사방법에 의한 내화배선으로 공사하여야 한다.

[2] 내화 및 내열배선

※ "자동화재탐지설비의 내화·내열배선"과 내용이 동일하므로 이를 참조할 것

[3] 비상콘센트설비 계통도

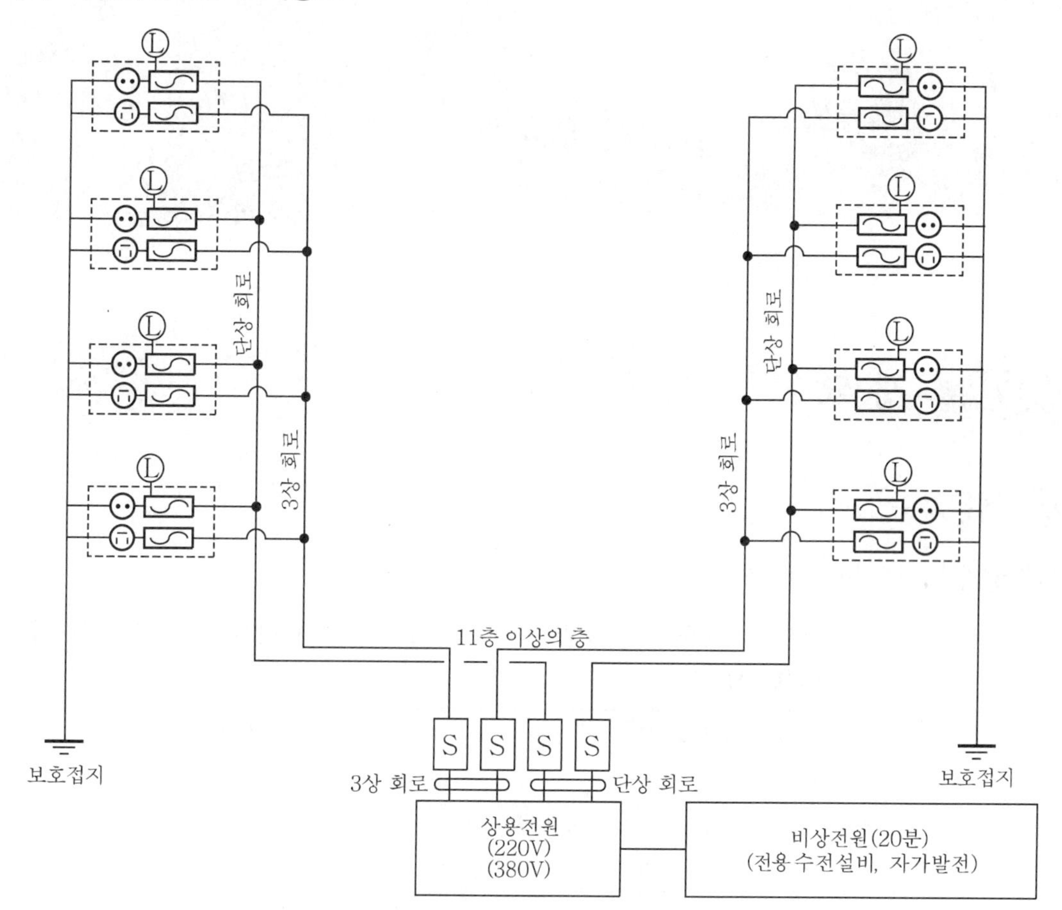

[그림 4-5-7] 비상콘센트설비 구성도(1상과 3상이 설치된 경우)

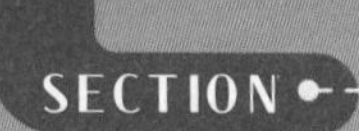

SECTION 06 무선통신보조설비 (NFPC & NFTC 505)

01 개 요

❶ 적용기준

[1] **설치대상** : 소방시설법 시행령 별표 4

무선통신보조설비를 설치하여야 할 소방대상물은 다음과 같다(위험물저장 및 처리시설 중 가스시설은 제외한다).

특정소방대상물	적용기준
지하가(터널은 제외한다)	연면적 1,000m^2 이상
지하층 바닥면적의 합계 3,000m^2 이상 또는 지하 3층 이상으로 지하층 바닥면적의 합계가 1,000m^2 이상인 것	지하층의 모든 층
지하가 중 터널	길이 500m 이상인 것
지하구	지하구 중 공동구
30층 이상인 것	16층 이상 부분의 모든 층

꼼꼼체크 ▮ 국토의 계획 및 이용에 관한 법률 제2조 9호

"공동구"라 함은 지하매설물(전기, 가스, 수도 등의 공급설비, 통신시설, 하수도시설 등)을 공동 수용함으로써 미관의 개선, 도로구조의 보전 및 교통의 원활한 소통을 기하기 위하여 지하에 설치하는 시설물을 말한다.

[2] 제외대상

(1) **설치 면제** : 소방시설법 시행령 별표 5의 20호

특정소방대상물에 이동통신 구내중계기 선로설비 또는 무선이동중계기(전파법 제58조의 2에 따른 적합성 평가를 받은 제품에 한한다) 등을 화재안전기준의 무선통신보조설비 기준에 적합하게 설치한 경우 설치가 면제된다.

(2) **설치 제외** : NFPC 505(이하 동일) 제4조/NFTC 505(이하 동일) 2.1.1

지하층으로서 특정소방대상물의 2면 이상이 바닥면적이 지표면과 동일하거나 지표면으로부터 깊이가 1m 이하인 경우에는 해당 층에 한하여 설치하지 않을 수 있다.

> 설치 제외
>
> 지하층 부분이 지표면과 레벨이 같거나 깊이가 1m 정도일 경우는 전파가 지하층일지라도 쉽게 도달하여 일반무선기 상호 간에 통화가 가능하다고 판단되므로 이 경우에 해당할 경우는 해당 층에 한하여 무선통신보조설비를 제외할 수 있다.

CHAPTER 01
CHAPTER 02
CHAPTER 03
CHAPTER 04
CHAPTER 05

❷ 무선통신보조설비의 구분

[1] 누설동축케이블 방식

(1) **전송장치** : 누설동축케이블(Leaky Coaxial Cable ; LCX)을 사용하며 일반적으로 안테나를 설치하기 어려운 지하공간 및 터널에 주로 설치하는 통신용 케이블이다. 누설동축케이블(LCX)이란, 동축케이블(ECX) 외부도체에 신호 누설용 슬롯(Slot)이 형성되도록 가공하여 케이블 자체가 안테나 역할을 하는 케이블이다. 이는 결국 동축케이블과 안테나를 겸하는 고주파 전송용 회로의 도체이다.

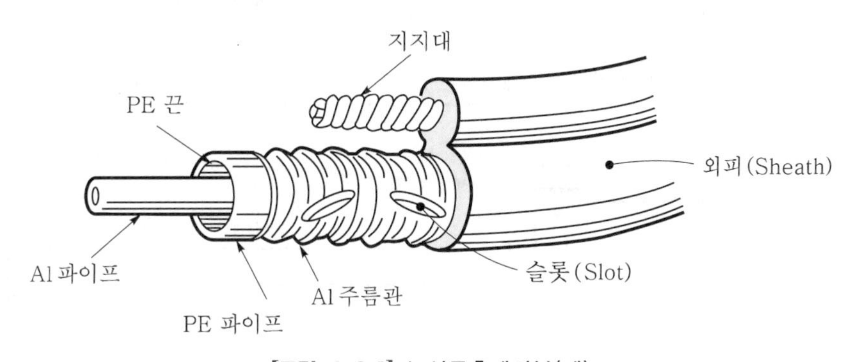

[그림 4-6-1] 누설동축케이블(예)

(2) **특징** : 무선통신보조설비 대상 지역에 누설동축케이블을 포설하고 분배기에서 접속단자함 사이는 동축케이블을 설치하여 다음 그림과 같이 사용한다.

특 징	• 터널, 지하철역 등 폭이 좁고 긴 지하가나 구조가 복잡한 건축물 내부에 적합하다. • 전파를 균일하고 광범위하게 방사할 수 있다. • 케이블이 외부에 노출되므로 유지보수가 용이하다.

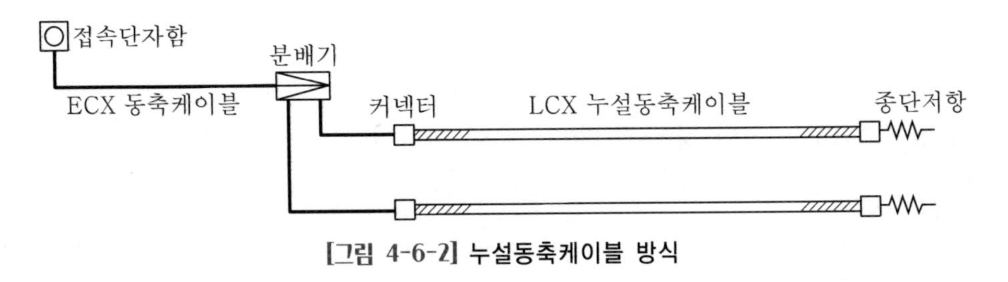

[그림 4-6-2] 누설동축케이블 방식

[2] 안테나방식

(1) **전송장치** : 동축케이블(ECX)과 안테나를 조합한 방식이거나 또는 안테나와 무선중계기를 조합한 방식으로 사용한다. "안테나+동축케이블"방식은 무선통신보조설비방식으로 설치하고 있으나, 무선중계기를 사용하는 경우는 16층 이상 무선통신보조설비 설치 장소에 소방용 안테나를 주로 설치한다.

(2) **특징** : 동축케이블과 안테나를 조합한 것으로 다음 그림과 같이 사용하며, 이동통신 분야에서 무선중계기 기술이 발전됨에 따라 무선통신보조설비의 경우도 LCX방식에서 안테나와 무선중계기방식으로 변화되고 있는 추세이며, LCX에 비해 안테나방식은 전파방사 효율이 좋으며 경제성이 우수하다.

특 징	• 장애물이 적은 대강당, 극장 등에 적합하다. • 말단에서는 전파의 강도가 떨어져서 통화의 어려움이 있다. • 누설동축케이블 방식보다 경제적이다. • 케이블을 반자 내 은폐할 수 있으므로 화재 시 영향이 적고 미관을 해치지 않는다.

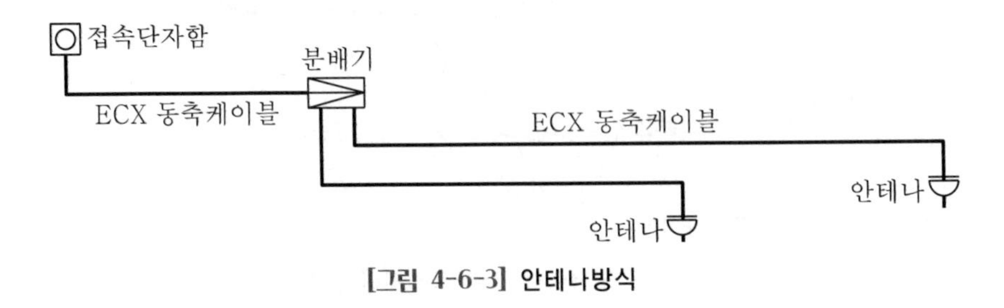

[그림 4-6-3] 안테나방식

[3] 무선통신보조설비의 통신방식

(1) 기준

① 누설동축케이블 또는 동축케이블과 이에 접속하는 안테나가 설치된 층은 모든 부분(계단실, 승강기, 별도 구획된 실 포함)에서 유효하게 통신이 가능할 것[제5조 3항(2.2.3.1)]

② 옥외 안테나와 연결된 무전기와 건축물 내부에 존재하는 무전기 간의 상호통신, 건축물 내부에 존재하는 무전기 간의 상호통신, 옥외 안테나와 연결된 무전기와 방재실 또는 건축물 내부에 존재하는 무전기와 방재실 간의 상호통신이 가능할 것(NFTC 2.2.3.2)

(2) 해설

① 모든 장소에서 유효하게 통신이 가능하도록 2021. 3. 25. 동 조항을 신설하여 이를 명문화하였다. 특히 무선통신이 원활하지 않은 계단실, 승강기, 별도 구획된 실의 경우도 유효하게 통신이 가능하여야 하므로 건물의 전층에서 통신장애가 없도록 누설통신케이블, 안테나 또는 무선중계기 등을 활용하여 설계 및 시공하여야 한다.

② 옥외안테나는 옥내안테나와 달리 종전처럼 무전기를 방재실이나 옥외 접속단자에 유선으로 연결하여 사용한 방식을 획기적으로 개선하고자 2021. 3. 25.에 신설한 조항이다. 이에 따라 옥외에 안테나를 설치하고 옥외안테나에 무선으로 접속하여 방재실과 소방대원 및 지휘부는 물론 종전까지 실현되지 못한 소방대원 상호 간 무선통신이 가능하도록 조치한 것이다.

02 무선통신보조설비의 구성 및 기준

- 전송(傳送)장치
- 옥내 및 옥외안테나
- 무반사 종단저항(Dummy load)
- 분배기 등(분배기 · 분파기 · 혼합기)
- 증폭기(Amplifier)
- 무선중계기

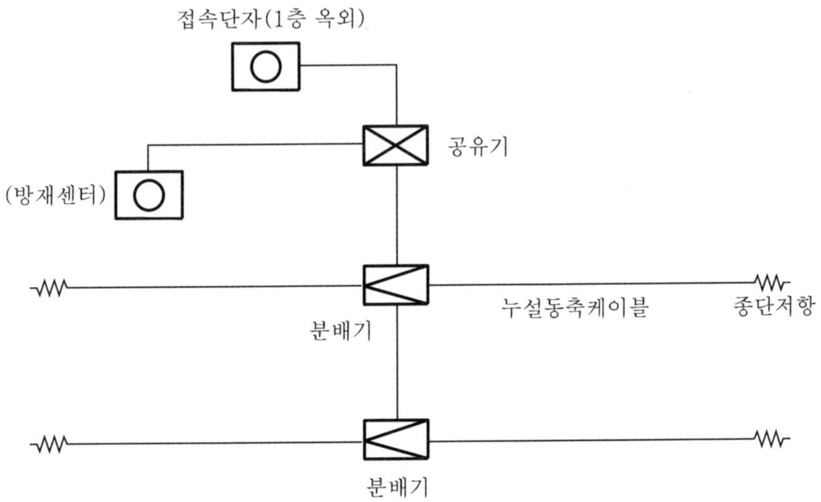

접속단자(1층 옥외)
공유기
(방재센터)
누설동축케이블
종단저항
분배기
분배기

[그림 4-6-4] 무선통신보조설비 계통도(예)

❶ 전송장치

[1] 기준

(1) 소방전용 주파수대에서 전파의 전송 또는 복사에 적합한 것으로서 소방전용의 것으로 할 것. 다만, 소방대 상호 간의 무선연락에 지장이 없는 경우에는 다른 용도와 겸용할 수 있다[제5조 1항 1호(2.2.1.1)].

(2) 누설동축케이블 및 동축케이블은 불연 또는 난연성의 것으로서 습기에 따라 전기의 특성이 변질되지 아니하는 것으로 하고, 노출하여 설치한 경우에는 피난 및 통행에 장애가 없도록 할 것[제5조 1항 3호(2.2.1.3)]

(3) 누설동축케이블 및 동축케이블은 화재에 따라 해당 케이블의 피복이 소실된 경우에 케이블 본체가 떨어지지 않도록 4m 이내마다 금속제 또는 자기제 등의 지지금구(支持金具)로 벽・천장・기둥 등에 견고하게 고정할 것. 다만, 불연재료로 구획된 반자 안에 설치하는 경우에는 그렇지 않다[제5조 1항 4호(2.2.1.4)].

[2] 해설

(1) 다른 용도와 겸용(NFTC 2.2.1.1)

① 소방용 무선통신보조설비의 주파수 대역은 450MHz를 사용하고 있으나, 아파트 지하주차장의 경우 재난방송 수신을 위한 FM 라디오 중계설비를 지하층에 의무적으로 설치하도록 규정하고 있다.

② 이에, 통신분야에서 재난방송 수신을 위한 동축케이블 중계망을 별도로 포설하지 않고, 지하층의 소방용 무선통신보조설비 LCX를 이용하여 재난방송 중계용으로 겸용 사용하고 있다. 주파수 대역을 보면 소방용 주파수(450MHz)와 FM 방송용 주파수(88~108MHz)는 주파수 대역이 서로 다르기에 겸용하여 사용하는 것에 지장이 없다.

(2) 케이블 화재 시 대책(NFTC 2.2.1.3 & 2.2.1.4) : 케이블은 불연성이나 난연성 재질을 사용하여야 하며, 화재가 발생할 경우 케이블 피복이 소손되어 케이블 자체가 천장에서 이탈이나 탈락하지 않도록 고정금구 등을 이용하여 견고하게 고정시켜야 한다. 시중에서는 내열성(Flame Resistance) LCX 제품의 자기지지(Self Supporting ; SS)형으로 20, 32, 42mm 구경의 LCX－FR－SS－20, －32, －42 등의 제품이 있다.

❷ 안테나

[1] 옥내안테나

(1) 기준

① 누설동축케이블과 이에 접속하는 안테나 또는 동축케이블과 이에 접속하는 안테나로 구성할 것[제5조 1항 2호(2.2.1.2)]

② 누설동축케이블 및 안테나는 금속판 등에 따라 전파의 복사 또는 특성이 현저하게 저하되지 않는 위치에 설치할 것[제5조 1항 5호(2.2.1.5)]

③ 누설동축케이블 및 안테나는 고압의 전로로부터 1.5m 이상 떨어진 위치에 설치할 것. 다만, 해당 전로에 정전기 차폐장치를 유효하게 설치한 경우에는 그렇지 않다(NFTC 2.2.1.6).

(2) 해설 : 옥내안테나는 무선통신보조설비방식 중 하나인 안테나방식에서 사용하는 옥내에 설치하는 안테나로 화재안전기준에서는 “안테나”로만 표기하고 있으나, 2021. 3. 25.에 옥외안테나 기준이 신설되어 이와 구분하기 위해 본 교재에서는 옥내안테나로 표기하였다. 옥내안테나는 전파를 효율적으로 송신하거나 수신하기 위하여 사용하는 공중 도체로서 동축케이블 말단에 설치한다. 아울러, 무선중계기를 2022. 12. 1. 무선통신보조설비를 도입하여 안테나를 통하여 수신된 무전기 신호를 무선중계기에서 증폭한 후 특정소방대상물 전체에 무선통신이 원활하게 조치할 수도 있다.

[2] 옥외안테나

(1) 기준

① 건축물, 지하가, 터널 또는 공동구의 출입구(「건축법 시행령」 제39조에 따른 출구 또는 이와 유사한 출입구를 말한다) 및 출입구 인근에서 통신이 가능한 장소에 설치할 것

② 다른 용도로 사용되는 안테나로 인한 통신장애가 발생하지 않도록 설치할 것

③ 옥외안테나는 견고하게 파손의 우려가 없는 곳에 설치하고 그 가까운 곳의 보기 쉬운 곳에 “무선통신보조설비 안테나”라는 표시와 함께 통신 가능거리를 표시한 표지를 설치할 것

④ 수신기가 설치된 장소 등 사람이 상시 근무하는 장소에는 옥외안테나의 위치가 모두 표시된 옥외안테나 위치표시도를 비치할 것

(2) 해설 : 기존의 방재실이나 옥외 접속단자에서 유선으로만 무전기를 접속하여 사용하던 방식을 획기적으로 바꾸기 위해, 2021. 3. 25.에 무선통신보조설비에서 의무적으로 옥외안테나를 설치하도록 개정되어 무전기 접속을 유선식에서 무선식으로 변경하는 계기가 되었다. 종전처럼 지하층이나 옥외 접속단자에 설치된 LCX방식의 접속단자 대신 옥외안테나를 설치함으로써 다음과 같은 장점이 있다.

① 무선으로 소방대용 무전기를 접속함으로써 무전기를 제한적으로 사용하는 송수신 범위가 확대되고 통신환경이 개선되었다.
② 접속단자를 사용할 경우 접속단자의 커넥터 형태가 달라 소방대가 여러 타입의 젠더(Gender)선을 가지고 출동하는 문제가 개선되었다.
③ 기존의 무선통신보조설비는 소방대 상호 간 통화가 불가능하나 옥외안테나에 무선으로 접속함으로써 대원 간 원활한 무선교신이 가능하게 되었다.

❸ 무반사 종단저항(Dummy load)

누설동축케이블의 끝부분에는 무반사 종단저항을 견고하게 설치할 것[제5조 1항 6호(2.2.1.7)]

[1] 목적

누설동축케이블로 전송된 전자파는 케이블 끝에서 반사되어 교신을 방해하게 된다. 따라서 송신부로 되돌아오는 전자파의 반사를 방지하기 위하여 케이블 끝부분에 설치한다.

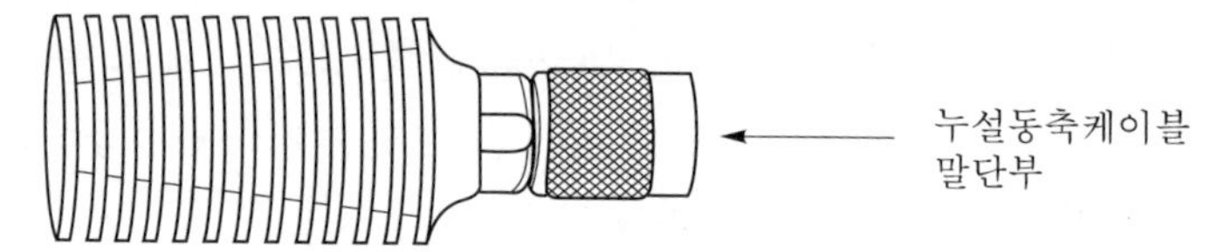

[그림 4-6-5] 무반사 종단저항의 형태

[2] 위치

동축케이블에는 정방향 진행파와 반사파의 합성파가 형성되어 전송된 신호를 왜곡시켜 잡음이 발생하게 되며 이를 방지하기 위해 설치하는 것이 무반사 종단저항이다. 이와 같이 말단에 저항을 설치하게 되면 케이블의 특성임피던스와 종단저항을 같게 함으로써 반사파가 소멸하게 되므로 누설동축케이블의 말단에 설치한다.

❹ 분배기(Distributor) : 제7조(2.4)

[1] 목적

분배기란 제3조 2호(1.7.1.2)에 따르면 신호의 전송로가 분기되는 장소에 설치하는 것으로 임피던스 매칭(Matching)과 신호 균등 분배를 위해 사용하는 장치"를 말한다. 즉, 이는 입력신호를 2개소 이상 분배하는 장치로, 입력신호를 누설동축케이블 방향의 양쪽으로 각 주파수 대역의 신호를 분배해 주게 되며 종류에는 2분배기 · 4분배기 · 6분배기 등이 있다.

(a) 분배기

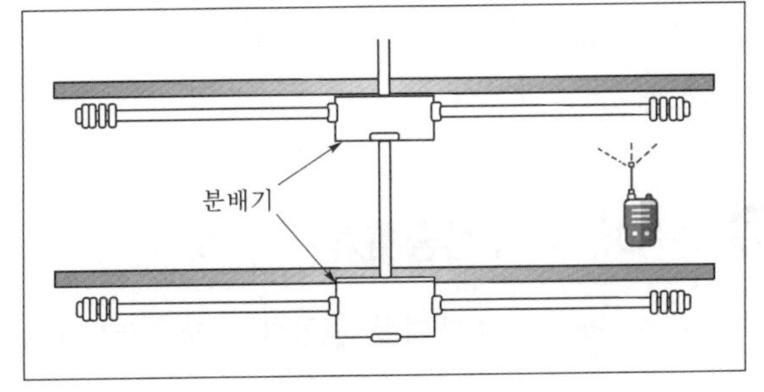

(b)분배기 설치 모습

[그림 4-6-6] 분배기 및 설치상황

[2] 설치기준

분배기·분파기·혼합기 등은 다음의 기준에 따라 설치해야 한다.

(1) 먼지·습기 및 부식 등에 따라 기능에 이상을 가져오지 아니하도록 할 것

(2) 임피던스는 50Ω의 것으로 할 것

(3) 점검에 편리하고 화재 등의 재해로 인한 피해의 우려가 없는 장소에 설치할 것

[3] 용어 해설

제7조(2.4)에서 분배기 등이란 분배기 이외 동일한 역할을 하는 분파기(分波器)·혼합기 등을 말한다.

(1) **분배기(分配器)** : 신호의 전송로가 분기되는 장소에 설치하는 것으로 정합(整合)과 신호 균등 분배를 위해 사용하는 장치를 말한다. 신호의 세기가 미약한 통신회로에서는 입력측에 유기된 전력을 최대한 출력측으로 전달하여야 하며 이를 위해 임피던스 정합과 신호전원의 전력을 효율적으로 각 부하에 균등하게 배분하기 위한 목적으로 사용한다.

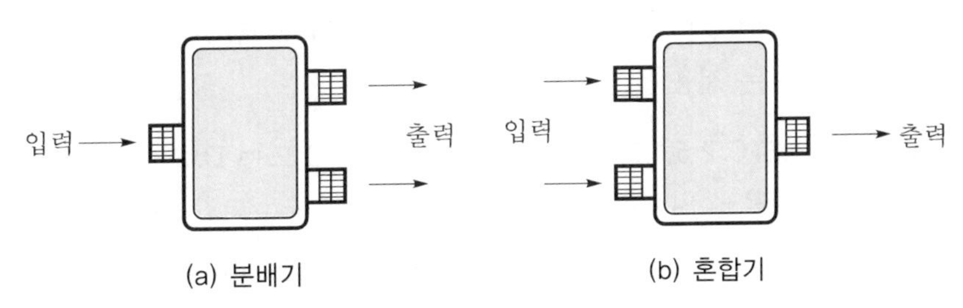

(a) 분배기 (b) 혼합기

[그림 4-6-7] 분배기와 혼합기

(2) **분파기(分波器)** : 주파수가 서로 다른 합성된 신호가 있을 때 이를 효율적으로 분리하기 위해서 사용하는 장치를 말한다. 본 장치는 안테나에서 수신된 외부의 CDMA, Paging, FM 신호를 각각 간섭없이 분리시켜 줄 수 있어야 한다.

(3) **혼합기(混合器)** : 두 개 이상의 입력신호를 원하는 비율로 조합한 출력이 발생하도록 하는 장치를 말한다.

❺ 증폭기 및 무선중계기

증폭기 및 무선중계기를 설치하는 경우에는 다음의 기준에 따라 설치해야 한다[제8조(2.5)].

[1] 기준

(1) 상용전원은 전기가 정상적으로 공급되는 축전지설비, 전기저장장치(외부 전기에너지를 저장해 두었다가 필요한 때 전기를 공급하는 장치) 또는 교류전압의 옥내 간선으로 하고, 전원까지의 배선은 전용으로 할 것(NFTC 2.5.1.1)

(2) 증폭기의 전면에는 주회로 전원의 정상 여부를 표시할 수 있는 표시등 및 전압계를 설치할 것(NFTC 2.5.1.2)

(3) 증폭기에는 비상전원이 부착된 것으로 하고 해당 비상전원 용량은 무선통신보조설비를 유효하게 30분 이상 작동시킬 수 있는 것으로 할 것(NFTC 2.5.1.3)

(4) 증폭기 및 무선중계기를 설치하는 경우에는 「전파법」 제58조의 2에 따른 적합성평가를 받은 제품으로 설치하고 임의로 변경하지 않도록 할 것(NFTC 2.5.1.4)

(5) 디지털방식의 무전기를 사용하는데 지장이 없도록 설치할 것(NFTC 2.5.1.5)

[2] 해설

(1) **상용전원(NFTC 2.5.1.1)** : 증폭기란, 신호 전송 시 전송거리에 따라 신호가 약해져서 말단에서는 수신이 불가능해질 수가 있으며 이 경우 이를 증폭하여 사용하는 장비이다. 상용전원은 자동화재탐지설비와 동일하게 교류 또는 직류일 경우는 축전지나 전기저장장치로 하고 전원까지는 전용배선으로 해야 한다.

(2) **표시등 및 전압계(NFTC 2.5.1.2)** : 증폭기의 앞면에 A.C 또는 D.C 주전원 공급을 표시하는 표시등과 전압계를 설치하여야 한다.

(3) **비상전원(NFTC 2.5.1.3)** : 증폭기의 비상전원 종류에 대해 화재안전기준에서는 규정하지 않고 오직 비상전원의 용량만 정하고 있으나, 국내 무선통신보조설비 기준은 일본소방법 기준을 준용한 것으로 일본소방법 시행규칙[16]의 경우 축전지설비 및 비상전원수전설비에 한하여 적용하며 비상발전기는 인정하지 않고 있다. 이는 발전기 가동 시 전압확립시간(10초 이상) 동안에는 무선통신이 유효하게 동작되지 않기 때문이다.

16) 일본소방법 시행규칙 제31조의 2의2 제7호 "イ"목

(4) 적합성평가(NFTC 2.5.1.4) : 전파법 제58조의2(방송통신기자재 등의 적합성평가)란 방송통신기자재와 전자파장해를 주거나 전자파로부터 영향을 받는 기자재를 제조 또는 판매하거나 수입하려는 자는 해당 기자재에 대하여 적합성평가를 의무적으로 받아야 한다.

(5) 디지털방식의 무전기(NFTC 2.5.1.5)

① 소방관이 사용하는 무전기는 현재 모두 디지털방식으로 교체되었으며, 디지털방식으로 전환한 이유는 양호한 통화품질 확보와 문자메시지, 비상호출, GPS기반 소방관 위치 식별 등 매우 편리한 부가기능을 사용할 수 있기 때문이다. 종전의 아날로그방식은 FM신호이지만 디지털방식은 4FSK신호이다.

> **꼼꼼체크** | **4FSK 신호**
>
> 디지털 신호를 전송하기 위해서는 변조를 해야 하는데 FSK(Frequency Shit Keying)란, "주파수 편이 변조"로 디지털 데이터의 변조방식 중 하나이다. 이는 서로 다른 주파수를 이용하여 변조하는 것으로 4-FSK는 4가지 종류의 주파수를 사용하는 방식이다.

② 무선통신보조설비의 경우 무전기 간에 연결 경로만 제공하는 것이며 아날로그나 디지털 변조는 무전기 단말에서 수행하게 되므로 무전기가 디지털로 전환되어도 무선통신보조설비 사용에는 문제가 없어야 한다. 다만, 증폭기와 중계기가 있을 경우 전송방향에 따라 신호를 분리한 후 증폭하여 중계전송하게 되므로 불통현상이 발생할 수 있다. 따라서 소방관용 디지털무전기 사용에 지장이 없도록 증폭기 및 중계기는 호환되는 제품으로 선정하여 설치하여야 한다.

CHAPTER 01
CHAPTER 02
CHAPTER 03
CHAPTER 04
CHAPTER 05

에센스 소 방 시 설 의 설 계 및 시 공

CHAPTER 05

소화용수설비

01 상수도 소화용수설비 (NFPC & NFTC 401)

01 적용기준

❶ 설치대상 : 소방시설법 시행령 별표 4

상수도 소화용수설비의 설치대상은 다음의 어느 하나에 해당하는 것으로 한다. 다만, 상수도 소화용수설비를 설치하여야 할 특정소방대상물의 대지 경계선으로부터 180m 이내에 지름 75mm 이상인 상수도용 배수관이 설치되지 않는 지역의 경우에는 화재안전기준에 따른 소화수조 또는 저수조를 설치해야 한다.

꼼꼼체크 ▮ 배수관

별표 4의 상수도소화용수설비에서 말하는 배수관은 물을 퇴수하는 배수(排水)가 아니라 물을 공급해 주는 급수의 뜻인 배수(配水)를 뜻한다.

특정소방대상물	적용기준
1. 연면적 5,000m^2 이상	가스시설・지하가 중 터널・지하구의 경우에는 제외
2. 가스시설로서 지상에 노출된 탱크	저장용량의 합계가 100톤 이상인 것
3. 자원순환 관련 시설 중	폐기물재활용시설 및 폐기물처분시설

❷ 설치 면제 : 소방시설법 시행령 별표 5의 제16호

(1) 상수도 소화용수설비를 설치하여야 할 특정소방대상물의 각 부분으로부터 수평거리 140m 이내에 공공의 소방을 위한 소화전이 화재안전기준에 적합하게 설치되어 있는 경우에는 설치가 면제된다.

(2) 소방본부장 또는 소방서장이 상수도 소화용수설비의 설치가 곤란하다고 인정하는 경우

로서 화재안전기준에 적합한 소화수조 또는 저수조가 설치되어 있거나, 이를 설치할 경우에는 그 설비의 유효범위 안의 부분에서 설치가 면제된다.

> **꼼꼼체크 ▌ 공공의 소방을 위한 소화전**
>
> 공공의 소방을 위한 소화전이란 공설 소화전을 의미한다.

02 개 념

❶ 설치 목적

(1) 상수도 소화전이란 '소화전'이라는 용어를 사용하지만 소화설비 용도로 사용하는 것이 아니라, 소방차가 화재현장에 출동하여 화재 시 추가로 급수가 필요한 경우 무한급수원인 상수도로부터 직접 급수를 받아 소방차의 소화활동을 지원해주는 용수시설이다.

(2) 상수도 소화설비는 소방대상물의 평면상(수평투영면적의 각 부분) 수평거리 140m까지를 포용하므로 동별로 설치하는 것이 아니라, 140m를 초과하는 대상 건물이 있는 경우에 추가로 설치하여야 한다. 또한 대지 밖의 도로에 공설 소화전이 있는 경우에도 수평거리 140m 이내에 위치한다면 상수도 소화설비를 설치하지 아니한다.

❷ 상수도소화전 설치

(1) 상수도 소화전의 경우 도로에 설치하는 공설 소화전은 소방기본법 제10조에 따라 시장이나 도지사가 유지·관리하여야 한다. 그러나 이와 달리 상수도 소화전은 소방대상물에 설치된 소방시설물로서 이는 개인 소유의 시설물이다. 따라서 상수도 소화전에서 용수를 사용할 경우는 사용자가 부담하는 것으로 반드시 상수도와 접속할 경우는 계량기 후단에 접속하여야 한다.

(2) 상수도 소화설비에는 상수도 소화전을 보수하거나 교체할 경우 상수도의 급수를 차단할 필요가 있으므로 반드시 상수도 소화전 전단에 제수(制水)밸브를 설치하여야 한다.

(3) 상수도 소화전을 사용한 후 상수도 소화전의 배관 내부에 물이 잔류할 경우에는 겨울에 동파의 요인이 되므로 잔류수(殘留水)를 자연적으로 배출해주는 자동배수밸브도 설치하여야 한다.

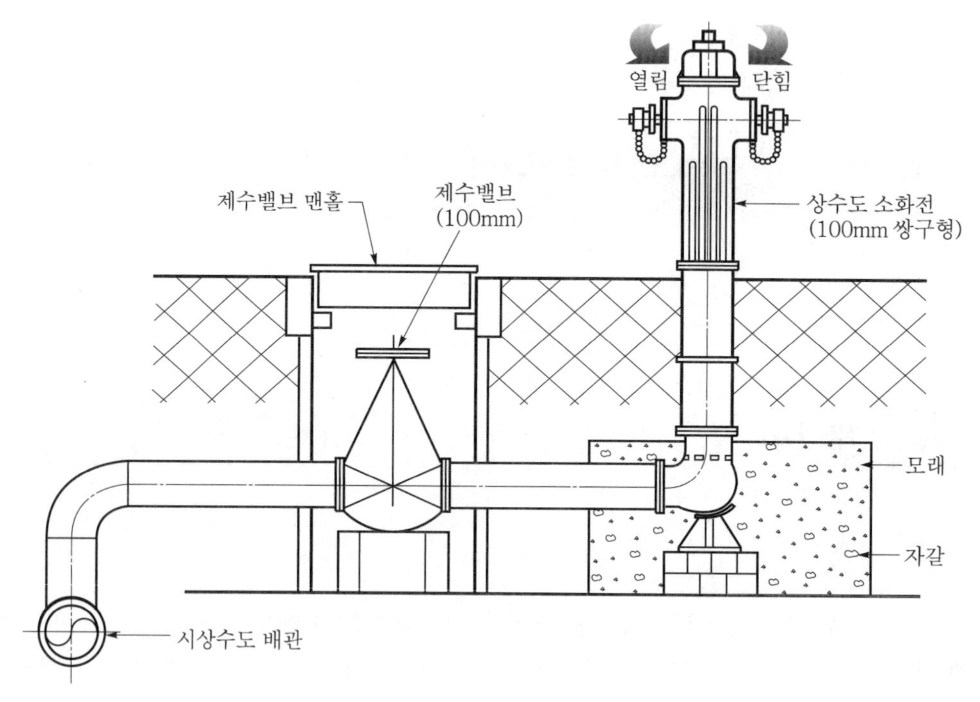

[그림 5-1-1] 상수도 소화전과 상수도 배관

03 설치기준 : NFPC 401(이하 동일) 제4조/NFTC 401(이하 동일) 2.11

❶ 배관경

호칭지름 75mm 이상의 수도관에 호칭지름 100mm 이상의 소화전을 접속할 것

❷ 설치 위치

(1) 소방자동차 등의 진입이 쉬운 도로변 또는 공지에 설치할 것

(2) 특정소방대상물의 수평투영면의 각 부분으로부터 140m 이하가 되도록 설치할 것

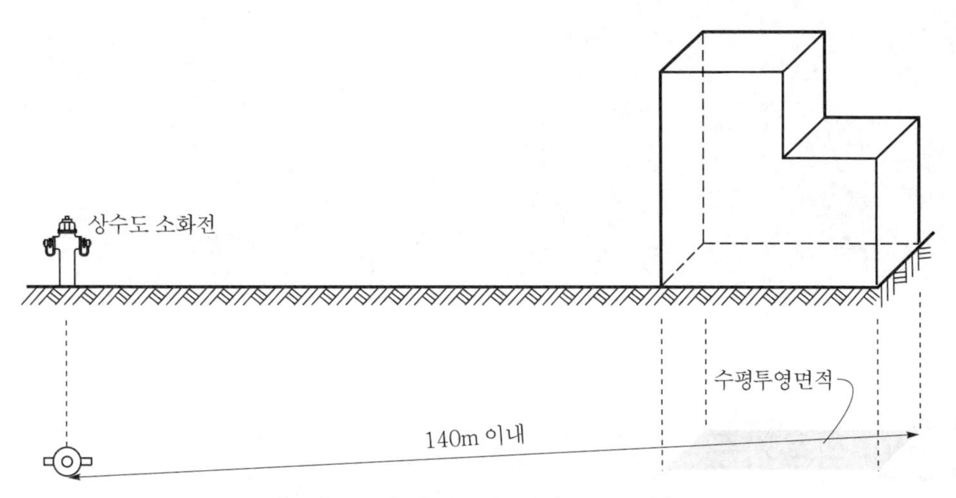

[그림 5-1-2] 수평투영면적과 140m 적용

➔ 140m의 거리기준은 "수평투영면적의 각 부분으로부터 수평거리"이므로 건물 최상층 모서리 끝에서 상수도 소화전까지의 직선거리가 아니라, 지상층 건물을 바닥면에다 수평투영(投影)한 그림자의 1층 바닥면 모서리 끝에서 상수도 소화전까지의 직선거리를 뜻한다.

SECTION

02 소화수조 및 저수조설비 (NFPC & NFTC 402)

01 적용기준

❶ 설치대상

○ 소화수조는 1999. 7. 29. 당시 소방법 시행령을 개정하여 소화수조를 의무적으로 설치하는 소방시설 대상에서 이를 제외하였다. 그러나 상수도 소화용수설비가 대상인 건물에서 주위에 수도배관이 없어(대지 경계선으로부터 180m 이내에 구경 75mm 이상인 상수도용 배수관이 없는 경우) 이를 설치할 수 없는 경우에는 "소화수조나 저수조를 설치하여야 하므로" 법적 대상에서는 삭제되었으나 상수도 소화용수설비를 대처하기 위한 설비로서 관련 조항의 적용을 위하여 소화수조 기준(NFPC & NFTC 402)을 존치(存置)시키고 있다.

○ 소화수조와 저수조의 차이점은 다음과 같다.
"소화수조 또는 저수조"란 수조를 설치하고 여기에 소화에 필요한 물을 항시 채워두는 것으로서, 소화수조는 소화용수의 전용 수조를 말하고, 저수조란 소화용수와 일반 생활용수의 겸용 수조를 말한다[NFPC 402(이하 동일) 제3조 1호/NFTC 402(이하 동일) 1.7.1.1].

❷ 설치 제외 : NFTC 2.1.4

소화수조를 설치하여야 할 특정소방대상물에 있어서 유수(流水)의 양이 0.8m^3/min (800Lpm) 이상인 유수를 사용할 수 있는 경우에는 소화수조를 설치하지 않을 수 있다.

→ 특정소방대상물 주변에 수로(水路) 등이 있어 이를 소화수조로 활용이 가능한 경우를 말하는 것으로 이 경우 유수의 양(Lpm)은 "유수의 단면적(m^2)×유속(m/min)"을 구하여 적용하도록 한다.

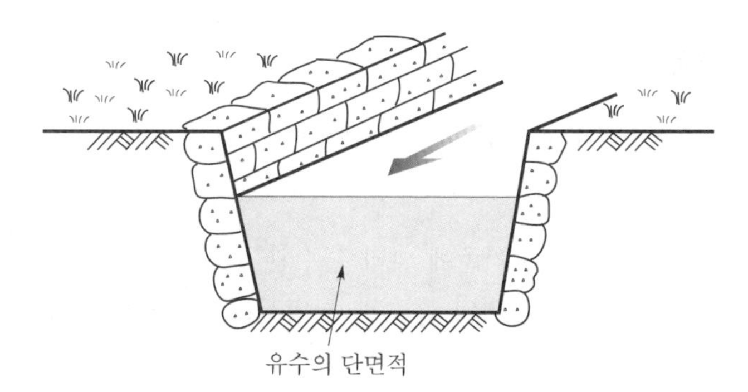

[그림 5-2-1] 유수를 이용한 소화수조

02 설치기준

❶ 설치 위치 : 제4조 1항(2.1.1)

소화수조 및 저수조의 채수구 또는 흡수관 투입구는 소방차가 2m 이내의 지점까지 접근할 수 있는 위치에 설치해야 한다.

❷ 저수량 : 제4조 2항(2.1.2)

소화수조 또는 저수조의 저수량은 특정소방대상물의 연면적을 다음 표에 의한 기준 면적으로 나누어 얻은 수(소수점 이하의 수는 1로 본다)에 $20m^3$을 곱한 양 이상이 되도록 한다.

[표 5-2-1] 저수량 기준

특정소방대상물	기준 면적
① 지상 1층 및 2층의 바닥면적의 합계가 $15,000m^2$ 이상	$7,500m^2$
② 위에 해당하지 아니하는 그 밖의 소방대상물	$12,500m^2$

예제 기준 층 바닥면적이 $6,000m^2$인 지상 5층 건물에서 상수도 소화전 대신 소화수조를 설치하고자 한다. 이 경우 필요로 하는 저수량(m^3)을 구하라.

풀이 기준 층 바닥면적이 $6,000m^2$의 5층 건물이므로 [표 5-2-1]에서 ②의 경우에 해당한다.
저수량은 연면적을 기준으로 하기에 연면적은 $6,000 \times 5 = 30,000m^2$
$30,000 \div 12,500 = 2.4 \rightarrow 3$으로 한다(소수점 이하는 1로 본다).
$\therefore 3 \times 20m^3 = 60m^3$ 즉, $60m^3$가 필요 저수량이 된다.

❸ 흡입방식의 종류

[1] 흡수관 투입구(吸水管 投入口) : 제4조 3항 1호(2.1.3.1)

(1) 기준

소화수조 또는 저수조는 다음의 기준에 따라 흡수관 투입구 또는 채수구를 설치해야 한다.

① 지하에 설치하는 소화용수설비의 흡수관 투입구는 한 변이 0.6m 이상이거나 직경이 0.6m 이상일 것

② 소요수량이 $80m^3$ 미만일 경우는 1개 이상, $80m^3$ 이상인 것은 2개 이상을 설치할 것

③ "흡수관 투입구"라고 표시한 표지를 설치할 것

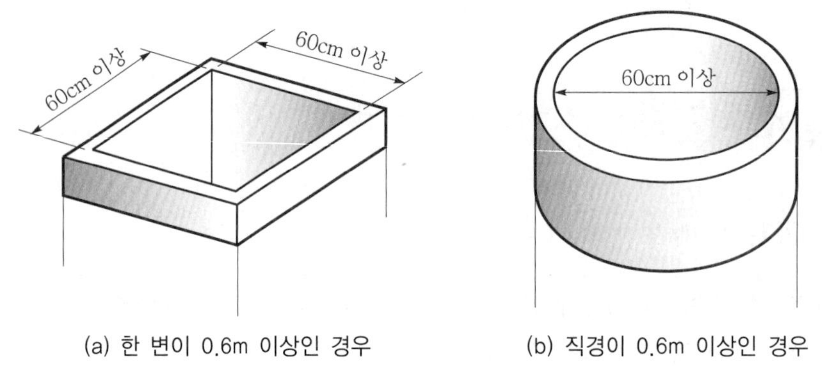

(a) 한 변이 0.6m 이상인 경우 (b) 직경이 0.6m 이상인 경우

[그림 5-2-2] 흡수관 투입구의 형태

(2) 해설

① 물의 이론흡입양정은 10.33m(1기압의 경우)이나 배관 마찰손실 등으로 인하여 실제는 6m 정도가 흡입이 가능한 상한값이 된다. 이때 소방 펌프차의 지면에서 호스 접결구까지의 높이를 약 1.5m로 간주하면 실제 흡입이 가능한 높이는 4.5m 정도가 된다.

② 따라서 지표면에서 수조 내부 바닥까지의 거리가 4.5m 미만일 경우는 소방차의 펌프로 물을 흡입할 수 있으므로 소방호스를 투입하기 위한 지하수조용 맨홀이 흡수관 투입구이다.

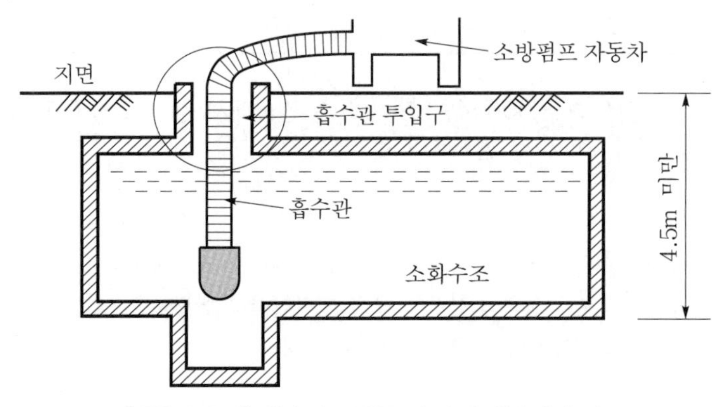

[그림 5-2-3] 흡수관 투입구와 소방차의 흡수관

③ 한 변이 0.6m 이상이란 사각형의 흡수관 투입구를 뜻하며, 직경이 0.6m 이상이란 원형의 흡수관 투입구를 말한다. 이 경우 사각형 흡수관 투입구의 최소면적은 $0.36m^2$ (0.6m×0.6m)이며, 원형 흡수관 투입구의 최소면적은 약 $0.28m^2$(π×0.3m×0.3m)가 된다.

[2] 채수구(採水口) : 제4조 3항 2호(2.1.3.2)

소화용수설비에 설치하는 채수구는 다음의 기준에 따라 설치할 것

(1) 기준

① 채수구는 다음 표에 따라 소방용 호스 또는 소방용 흡수관에 사용하는 구경 65mm 이상의 나사식 결합 금속구(이를 채수구라 함)를 설치할 것

[표 5-2-2] 채수구 기준

소요수량	$20m^3$ 이상 ~ $40m^3$ 미만	$40m^3$ 이상 ~ $100m^3$ 미만	$100m^3$ 이상
채수구의 수	1개	2개	3개

② 채수구는 지면으로부터 높이가 0.5m 이상 1m 이하의 위치에 설치할 것

③ "채수구"라고 표시한 표지를 할 것

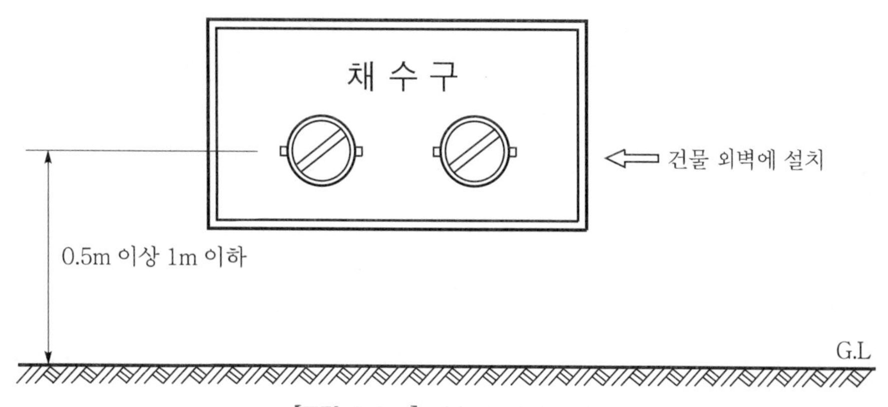

[그림 5-2-4] 채수구 설치 모습

(2) 해설

① 채수구나 흡수관 투입구를 2개 다 설치하는 것이 아니고 상황에 따라 1개만 설치하는 것으로 흡수관 투입구는 소방차의 자체 펌프에 의하여 흡입을 하는 것이고, 채수구는 소방대상물에 설치된 건물 자체의 펌프에 의하여 양수(揚水)된 것을 소방차가 흡입하는 것이다.

② 이에 비해 지표면에서 수조 내부 바닥까지의 거리가 4.5m 이상일 경우에는 소방차 펌프로 흡입 불능상태가 되어 흡수관 투입구를 사용할 수 없으므로, 소방대상물 자체에서 소화수조용 가압펌프를 설치하여(채수구용 가압펌프) 지상으로 송수하게 되면 소방차가 이를 흡입하는 것으로 이때 소방차의 소방호스를 접결하는 것이 채수구이다.

❹ 가압송수장치 : 제5조 1항(2.2)

[1] 기준

(1) 소화수조 또는 저수조가 지표면으로부터의 깊이(수조 내부 바닥까지의 길이를 말한다)가 4.5m 이상인 지하에 있을 경우 다음 표에 의한 가압송수장치를 해야 한다.

[표 5-2-3] 가압송수장치 기준

소요수량	$20m^3$ 이상 ~ $40m^3$ 미만	$40m^3$ 이상 ~ $100m^3$ 미만	$100m^3$ 이상
펌프 토출량	1,100Lpm	2,200Lpm	3,300Lpm

(2) 다만, 규정에 따른 저수량을 지표면으로부터 4.5m 이하인 지하에서 확보할 수 있는 경우에는 소화수조 또는 저수조의 지표면으로부터의 깊이에 관계없이 가압송수장치를 설치하지 않을 수 있다.

꼼꼼체크 ▌ 가압펌프의 적용

지면으로부터 수조까지의 거리(수조 바닥면)가 4.5m 이상인 경우는 가압펌프를 설치하여야 하며, 4.5m 이하인 경우는 가압펌프를 설치하지 않는다는 의미이다.

(3) 소화수조가 옥상 또는 옥탑 부분에 설치된 경우에는 지상에 설치된 채수구에서의 압력이 0.15MPa 이상 되도록 해야 한다.

(주) 채수구 펌프에 대해서는 옥내소화전 항목의 가압송수장치에 대한 일반적인 기술기준을 준용하므로 내용을 생략한다.

[2] 해설

(1) **가압펌프의 적용** : 지면으로부터 수조까지의 거리(수조 바닥면)가 4.5m 이상인 경우는 가압펌프를 설치하여야 하며, 4.5m 이하인 경우는 가압펌프를 설치하지 않는다는 의미이다.

(2) **0.15MPa의 의미** : 맨홀에 흡수관 투입구를 설치하여 물을 흡입하는 경우는 내부가 보강(補强)되어 있는 흡관용 소방호스를 사용하게 된다. 그러나 옥상수조의 경우는 흡수관 투입구를 설치할 수 없으므로, 대신 소방차의 흡수관을 접속하여야 하나 이 경우 자연압이 낮은 경우는 소방차에서 펌프를 사용할 경우 흡입압력으로 인하여 호스가 압착되어 변형되므로 물을 흡입할 수 없게 된다. 따라서 최소 0.15MPa 이상의 낙차압은 발생하여야 옥상수조를 소화수조로 인정한다는 뜻이다.

(3) **지하수조와 저수조의 비교** : 위의 내용을 정리하면 다음과 같다.

[표 5-2-4] 지하수조와 옥상수조

종 류	조 건	적용방법
지하수조	깊이 4.5m 이상	채수구(가압송수장치 설치)
	깊이 4.5m 미만	흡수관 투입구(가압송수장치 제외)
옥상수조	압력 0.15MPa 이상	채수구(가압송수장치 제외)
	압력 0.15MPa 미만	설치할 수 없음.

찾·아·보·기

ㅅ

ㅇ

ㅌ

ㅍ

ㅎ

기타

소방시설의 설계 및 시공

2021. 9. 3. 초 판 1쇄 발행
2022. 4. 7. 초 판 2쇄 발행
2023. 10. 4. 1차 개정증보 1판 1쇄 발행

지은이 | 남상욱
펴낸이 | 이종춘
펴낸곳 | BM (주)도서출판 성안당
주소 | 04032 서울시 마포구 양화로 127 첨단빌딩 3층(출판기획 R&D 센터)
10881 경기도 파주시 문발로 112 파주 출판 문화도시(제작 및 물류)
전화 | 02) 3142-0036
031) 950-6300
팩스 | 031) 955-0510
등록 | 1973. 2. 1. 제406-2005-000046호
출판사 홈페이지 | www.cyber.co.kr
ISBN | 978-89-315-2908-1 (93530)
정가 | 36,000원

이 책을 만든 사람들
기획 | 최옥현
진행 | 박경희
교정·교열 | 김혜린
전산편집 | 이다혜
표지 디자인 | 박현정
홍보 | 김계향, 유미나, 정단비, 김주승
국제부 | 이선민, 조혜란
마케팅 | 구본철, 차정욱, 오영일, 나진호, 강호묵
마케팅 지원 | 장상범
제작 | 김유석